"十一五"国家重点图书出版规划项目

应用生物技术大系

农业微生物研究与产业化进展

李　俊　沈德龙　林先贵　主编

科学出版社

北　京

内 容 简 介

农业微生物在维系与提高土壤生产力、改善农产品品质、降低病虫害发生、保护农田生态环境以及夯实国家粮食安全等方面已起到了非常重要的作用，对它的研究及其产业化日益得到重视。农业微生物产业化也是以后国家支持发展的重要生物领域之一。

本书由从事农业微生物研究与产业化应用的专家学者集体编著而成，内容反映了“十一五”期间该领域取得的新进展，对下一步该学科的发展趋势和产业化前景进行了展望。全书由农业微生物综合研究进展、微生物肥料研究与产业化、农业微生物其他研究与应用、微生物肥料标准摘录4个部分组成；共列出了33个广受关注的方面，以专题的方式进行介绍；微生物肥料标准摘录中摘录了微生物肥料标准体系的主要内容，以便查阅和使用。

本书可供农业微生物学研究、教学、产业化，农业技术推广，农业生产及其相关管理人员，以及想了解农业微生物学研究和应用的读者使用和参考。

图书在版编目（CIP）数据

农业微生物研究与产业化进展 / 李俊，沈德龙，林先贵主编. —北京：科学出版社，2011.4（2025.1重印）
（应用生物技术大系）

ISBN 978-7-03-030670-8

Ⅰ. 农… Ⅱ. ①李… ②沈… ③沈… Ⅲ. ①农业-微生物学-应用-研究 Ⅳ. S182

中国版本图书馆CIP数据核字（2011）第051343号

责任编辑：李 晓 付 聪 / 责任校对：张小霞
责任印制：赵 博 / 封面设计：耕者设计工作室

科学出版社 出版
北京东黄城根北街16号
邮政编码：100717
http：//www.sciencep.com

三河市春园印刷有限公司印刷
科学出版社发行 各地新华书店经销
*
2011年4月第 一 版 开本：B5（720 × 1000）
2011年4月第一次印刷 印张：33 1/4
2025年1月第三次印刷 字数：658 000

定价：158.00元

（如有印装质量问题，我社负责调换）

《农业微生物研究与产业化进展》
编委会名单

林先贵　中国科学院南京土壤研究所
姜　昕　中国农业科学院农业资源与农业区划研究所
赵其国　中国科学院南京土壤研究所
荆玉祥　中国科学院植物研究所
贺纪正　中国科学院生态环境研究中心
袁红莉　中国农业大学生物学院
高昭远　中国农业科学院农业资源与农业区划研究所
黄为一　南京农业大学生命科学学院
黄晨阳　中国农业科学院农业资源与农业区划研究所
盛下放　南京农业大学生命科学学院
葛　诚　中国农业科学院农业资源与农业区划研究所
董志扬　中国科学院微生物研究所
窦　森　吉林农业大学
褚海燕　中国科学院南京土壤研究所
燕永亮　中国农业科学院生物技术研究所

序

微生物在我国农业中的重要作用日益凸显，农业中面临的许多重大难题的解决都离不开微生物的应用。因此，近几年来，国家对农业微生物研究及产业化应用日益重视，并给予了较大的支持，使其取得了显著的进展。今后，农业微生物学的研究与产业化应用将会继续得到国家支持，其发展空间很大。

下面仅以生物固氮的研究与生产应用为例，说明农业微生物的重要性。人类认识生物固氮现象至今有 130 多年的历史，由于其特殊的重要性，世界各国从未停止对它的研究，并取得了许多重大的成果。不少成果已在农业生产实践中得到了应用，其中利用豆科作物接种根瘤菌实现高效共生固氮，及其与非豆科作物的间作、套作和轮作的种植体系，达到了较大幅度减少化肥用量、提高土壤肥力和农业可持续发展的目的。这一举措已在美国、巴西等为代表的欧美国家得到了广泛的应用。大豆等豆科作物的根瘤菌接种率在 60% 以上，每年可节省数十亿美元的化学氮肥投入，还有显著的生态效益。而在我国，30 多年来农业生产中一直过分依赖化肥，大豆种植的根瘤菌接种率仅为 2%，忽视了自然界赋予人类的生物固氮（共生固氮为其主要形式）的应用。我国长期过量使用氮肥，已引起水体富营养化、土壤酸化、温室气体（氧化亚氮）排放等严重的环境问题。因此，在借鉴国外经验的基础上，结合我国的国情，加强以共生固氮为应用目标的攻关研究，集成耕作与栽培的配套技术，提供相关的政策引导，建立相应的技术推广体系，使生物固氮在我国农业中发挥其应有的作用，这对减少化学氮肥的用量和氮污染，实现土壤肥力的提高，推动我国农业向“低碳”和“可持续发展”的方向转变是必不可少的。在我国农区的布局上，氮含量高的区域实行豆、禾、经济作物间套轮作，可缓解和排除“氨阻遏”的障碍，发挥根瘤菌的固氮作用，实现两种作物互惠和高产；在有条件的草地发展一定面积的豆、禾、牧草混播种植制度。做好这一措施可达到“五保”目标，即保粮食安全，保畜牧业发展，保环境友好，保社会效益，保持续发展。可见，其科学意义和现实意义非常重大。

除上述提到的生物固氮的研究与应用之外，农业微生物还在培肥地力，提高化肥利用率，抑制农作物对硝态氮、重金属、农药的吸收，净化和修复土壤，降低农作物病害发生，促进农作物秸秆和城市垃圾的腐熟利用，保护环境，以及提高农作物产品品质和食品安全等方面表现出不可替代的作用，农业微生物产业化、规模化发展为发挥微生物在维持与提高土壤肥力，保持土壤质量及健康，实现农业生产的持续、稳定发展和保障农产品质量与安全提供了重要支撑。这些方面的具体内容，均在该书中有相应的专题进行阐述。

鉴于农业微生物学的研究与应用对我国农业可持续发展的不可替代作用，需要国家在“十二五”期间，继续支持农业微生物的应用基础研究，大力推进以微生物肥料和微生物农药为代表的农业生物产业发展，着力推进行业的创新能力建设，加快产业化发展。同时，进一步加强产、学、研的相互结合，整体提升微生物肥料和微生物农药的研发与产业化能力，扩大推广应用范围，发挥其在农业可持续发展、农产品质量安全、节本增效和节能减排等方面的综合效应。

该书由从事农业微生物研究、教学、生产、推广等方面的专家和学者共同编著，内容较为全面，既有近几年农业微生物学研究的新进展，也有这一领域产业化方面的新发展；表述上深入浅出，针对性强，有较高的学术水准和前瞻性，将对本学科的创新与产业发展起到积极的推动作用；该书以专题的形式安排，便于读者选择使用。相信该书的出版将有助于科技工作者、产业化人员和有关推广部门了解、把握农业微生物的重要研究进展和产业发展动态与趋势。

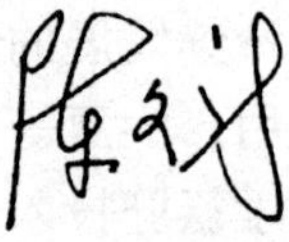

中国科学院院士

2011 年春

前　　言

本书是在我国农业微生物研究与产业化处于快速发展阶段，其制品在农业生产作用日益凸显、国家持续加大支持力度的背景下，我们组织国内从事农业微生物研究、教学、质量标准、生产、技术推广应用等方面的专家和学者共同编著而成。其主要目的既是为了总结近几年农业微生物研究与产业化所取得的新成果和新进展，更重要的是力图从中凝练出未来本领域研究及产业化的发展方向和核心内容，以推动本学科的创新与产业发展。

近 10 年的农业生产实践证明，以微生物肥料和微生物农药为代表的农业微生物产品在维系与提高土壤生产力、改善农产品品质、降低病虫害发生、保护农田生态环境以及夯实国家粮食安全等方面起到了不可或缺的作用。因此，农业微生物研究与产业化得到了国家的重视和支持，取得了许多新成果和新进展。农业微生物研究进展突出表现在农用微生物资源、重要农用微生物功能基因组研究和微生物修复三个方面：农业微生物各种类资源建设已跃上一个新台阶，目前我国收集、保藏、鉴定的菌种库藏资源达 15 000 余株，并对资源开展了功能基因发现、新代谢物发掘等研究，为农业微生物产业化提供了菌种保证；重要农用微生物功能基因组研究已揭开序幕，其作用机制研究不断深入，为其应用的拓展和效果的稳定奠定基础；以土壤的微生物修复和秸秆等有机物料的微生物腐解为代表的研究，取得了显著进展，提出了土壤的微生物调控措施和消减对策，是实现土壤健康维护及其生产力持续提高的一条根本途径。现阶段是我国农业微生物产业化发展的黄金时期，自 2008 年以来，无论是国家政策，还是产业化专项，均是有史以来力度最大、涉及面最广的时期，为我国农业微生物产业发展提供了极其良好的机遇。我国微生物肥料产业近几年来发展迅速，已形成了 800 多家生产企业、产能 800 万 t、产值超百亿元的产业规模。在国家生物产业发展战略中，明确指出微生物肥料和微生物农药是生物农业领域产业的重要产品，是生物产业的组成部分，发展前景广阔。

本书是农业微生物学各方面专家和学者智慧的结晶。作者中既有我们尊敬的陈文新院士、赵其国院士和老专家，又有年富力强的中青年学者和骨干。本书在内容上，不仅涉及微生物与土壤质量、微生物与养分循环利用、微生物功能基因组与蛋白质组学、微生物作用分子机制、微生物与土壤生物化学、微生物分子生态学、微生物新资源、生物固氮、有机物料的微生物腐解、微生物肥料产业化等研究与应用的热点领域，而且还涉及微生物农药、微生物农田环境治理、食用菌等领域。在本书的结构上，分为农业微生物综合研究进展、微生物肥料研究与产业化、农业微生物其他研究与应用和微生物肥料标准摘录四个部分；前三部分涵盖了目前广受关注的33个重要专题，每一专题从文前引言、目前的主要进展、展望（或应用前景）三个层次进行介绍；在本书的微生物肥料标准摘录中，摘录了微生物肥料标准体系的主要内容。全书的结构与安排，力求为读者提供查阅和使用的便利。

本书编写过程中，得到陈文新院士、赵其国院士、葛诚研究员等老专家的支持；陈文新院士亲自为本书作序，并提出宝贵建议；各位作者在繁忙的工作中认真收集资料，撰写文稿；出版社诸多同志对编写工作给予具体指导和帮助，在此一并致谢。由于时间和经验所限，作者对部分关注的领域和方向把握不够全面，疏漏及不足之处在所难免，敬请读者批评指正。

编　者

2011年3月15日

目 录

第一部分：农业微生物综合研究进展

充分发挥根瘤菌在优化我国农牧种植业体系中的重要作用

——根瘤菌选种原则参考

目前我国农业生产中两大问题必须解决：一是过分依赖化学氮肥；二是作物重茬，病虫危害严重，大量施用化学农药。化学氮肥不仅用量越大，肥效越低，而且生产过程需消耗大量能源并排放温室气体。我国每年生产氮肥（纯 N）3000多万吨，需消耗 1 亿多吨标准煤，而且用量过大，作物不能吸收，大量流失，引起我国江河湖海水体污染、土壤酸化、温室气体（氧化亚氮）排放等严重环境问题。为进一步推动我国农业向"低碳"和"可持续发展"的方向转变，我们建议大力发展基于豆科植物-根瘤菌共生固氮的农牧业种植体系，即优选根瘤菌接种豆科作物并与禾本科或经济作物进行间套轮作的种植体系。

从我们 30 多年来对全国根瘤菌资源的广泛、持续收集与基础及应用基础研究，获得了对根瘤菌的一些新认识，可供根瘤菌选种参考。

1　我国根瘤菌资源有极大的多样性

我们在全国 32 个省（直辖市）708 个县不同生态环境中的近 600 种豆科植物上分离了 10 000 多株根瘤菌，对其中的近 6000 株进行了详细研究，发现它们有极大的表型和遗传型多样性，不仅分离到了别国已报道的大部分根瘤菌种，还发表了根瘤菌新属 2 属，新种 33 种，占国际根瘤菌属种的 1/3 强，其中有很多是其他国家没有的。因此，我们拥有极丰富的根瘤菌种质资源可供选育。

2　根瘤菌与宿主具共生混杂性（symbiotic promiscuity）

100 多年来一直强调根瘤菌的宿主专一性，但是，随着根瘤菌遗传多样性研究的不断扩大和深入，我们发现：一种植物可与多属、种根瘤菌结瘤固氮；而多属、种豆科植物亦可与同一种根瘤菌共生（陈文新等，2004）。Perret 等（2000）从分子水平上也揭示了这种共生关系的混杂性。这说明一种豆科植物可以拥有更

本章作者：陈文新、陈文峰、隋新华、田长富。

丰富的根瘤菌选种资源。

3 同种根瘤菌不同菌株与宿主共生有效性具很大差异

有人认为一种植物有一株根瘤菌作接种剂即可，何必费事去保存太多的菌株。可我们用大量菌株对大豆、花生、莱豆、蚕豆、苜蓿、紫云英等不同作物品种进行了温室盆栽匹配实验，结果表明：不同菌株对不同植物品种的共生有效性相差很大。例如，紫花苜蓿不同品种分别接种 20 多株草木樨中华根瘤菌（*Sinorhizobium meliloti*）45 天之后，地上部分生物量最大可增加 10 倍之多；而有的菌株与对照没有显著差异，甚至有负效应的（陈丹明等，2002）。当然若能选到广谱高效菌株，则更便于大规模生产。

4 根瘤菌分布具明显生物地理学特性

我们曾对全国各大生态地理区域的大豆、蚕豆、锦鸡儿等豆科植物的根瘤菌进行遗传背景和结瘤基因等研究和统计分析，发现它们均有明显的生物地理学特征，且各具其一定的结瘤基因谱系（Man et al., 2008；Tian et al., 2007；Lu et al., 2009）。这说明不同地区的根瘤菌适应于不同地区的豆科植物。我们曾将不同地区的蚕豆根瘤菌菌株按相同比例对甘肃的春播蚕豆进行混合接种，然后对各菌株的占瘤率进行检查，结果春播区分离的根瘤菌占瘤率为 96% 以上，冬播区分离的菌株占瘤率为零（结果未发表）。这说明不同菌株对不同作物品种、不同土壤、降水等生态条件的适应性各不相同。所以不是“有一个菌株即可以用遍天下”。

根据以上认识，我们认为进行根瘤菌选种时：可以扩大其宿主范围选择菌株；选种时必须针对作物品种进行筛选；并需选择对种植地区适应性强和竞争结瘤能力强的菌株。现在我们对优良菌株筛选必须经过三个步骤：首先用大量菌株针对作物品种接种，以蛭石（可控制营养成分）为基质进行温室盆栽，从中选出一批共生效率高的菌株；再以种植地区的土壤为基质，筛选出与土壤中土著菌竞争结瘤强、占瘤率高的菌株；最后至种植地区进行田间小区接种实验，证实其的确优秀后方可在其大区推广（Jia et al., 2008）。

5 豆科植物根瘤菌与禾本科作物间作、混播可排除根瘤菌“氨阻遏”的障碍，且两种作物互惠共高产

“氨阻遏”是指所有固氮生物在有一定量的化合氮存在的环境中即丧失其固

氮酶合成的活性。对于根瘤菌来说，“氨阻遏”会导致其在豆科作物上结瘤固氮数少。几十年来科学家们企图用基因工程手段改造菌株以排除这个障碍，但至今未见可在田间使用的效果。而我国田间化肥施用量大，土壤含氮量高，因而接种固氮生物不可能产生效果，导致固氮生物在我国农田生态系统中难有用武之地。它们的作用只能在那些荒漠贫瘠地区发挥，这极大地限制了生物固氮作用。一次，我们在云南农业大学朱有勇教授课题组进行的蚕豆、小麦间作实验田中看到：与小麦间作的蚕豆全根系被根瘤完全包被住，而同一块地单作蚕豆，根系上根瘤廖廖无几。他们的研究也证明间作条件下小麦的根分泌物有利于蚕豆的结瘤(朱有勇，2004)。除此之外，我们认为还可能有另一个重要的原因，即小麦须根系的吸肥能力强，它吸走了蚕豆根系领地的氮肥，为蚕豆根瘤菌排除了“氨阻遏”的障碍。这种观点由中国农业大学李隆教授课题组的温室盆栽实验得到确证(Xiao et al., 2004)。豆科为同茬或后茬作物提供氮素营养是早已揭示的事实，但禾本科促豆科结瘤固氮，两种作物双双高产是一个创新性发现，尤其是禾本科为豆科根瘤菌排除氨阻遏具有更广泛的意义，为在中国当前农田高氮肥土壤中推广豆科作物接种高效根瘤菌并与禾本科或经济作物间套轮作，优化我国的种植体系提供了有力的科学依据。

基于以上认识，我们对大豆、苜蓿品种进行了大范围的根瘤菌筛选及田间小区实验，均获得高增产效果。例如，2008 年我们在石家庄郊县与河北省大豆育种分中心合作开展了大豆接种高效根瘤菌的田间试验，结果表明：冀豆 12 接种高效固氮根瘤菌 CCBAU 05525 后，大豆产量比不接菌、不追肥的对照（产量为 $2655kg/hm^2$）增产 35.59%，比追施氮肥（75kg N/亩①）的还增产 11.24%；冀豆 17 接种此高效固氮菌株后，大豆产量比不接菌、不追肥的对照（产量为 $3447kg/hm^2$）增产 17.8%，比追施氮肥（量同上）增产 14.8%。2009 年又开展了同样的田间试验，结果表明，冀豆 12 接种此高效菌株后，产量比对照增产达 19.04%（以上资料均未发表）。这些结果说明，大豆接种相匹配的高效根瘤菌不仅可提高大豆的产量，而且可替代化学氮肥的施用，从而起到防止化学氮肥过量施用对环境造成的危害，并节约成本。

除此之外，大豆接种高效固氮根瘤菌后并与玉米间作，大豆产量可高达 $4120kg/hm^2$，可以提高土地利用效率（土地当量，land equivalent ratio，LER；LER=1.31)，还有防止玉米倒伏的作用（单作玉米易被风吹倒)。两者的根际和根内微生物种类和数量也发生了变化。接种根瘤菌的处理，大豆收获后土壤中的碱解氮含量比对照处理（41.7mg/kg）高 36.5mg/kg；有效磷的含量比对照土壤（3.9mg/kg）高 10.1mg/kg。这说明接种根瘤菌后有利于土壤碱解氮和有效

① 1 亩≈$667m^2$，后同。

磷的增加，对后茬作物的生长有利。

2006～2008 年连续 3 年在内蒙古与刘景辉研究员合作开展的紫花苜蓿接种高效固氮根瘤菌并与无芒雀麦间作的试验结果表明：不施肥的情况下，间作的紫花苜蓿干草产量比单作的增高 100% 以上，无芒雀麦的干草产量与单作的增产 74.12%，双双高产（未正式发表）。

综上所述，我们的看法是：不仅在我国农区应大力推广豆科与禾本科间作、套作、轮作种植体系，还应在有条件的牧区混播豆、禾牧草，优质牧草可取代部分饲粮。基于此，可保我国粮食安全，保畜牧业发展，保环境美好，保农牧民增收，保农牧业持续发展。

参考文献

陈丹明，曾昭海，隋新华，等. 2002. 紫花苜蓿高效共生根瘤菌的筛选. 草业科学，19 (6)：27-30.

陈文新，汪恩涛，陈文峰. 2004. 根瘤菌-豆科植物共生多样性与地理环境的关系. 中国农业科学，37 (1)：81-86.

朱有勇. 2004. 生物多样性持续控制作物病害理论与技术. 昆明：云南科学技术出版社：349-353.

Jia R Z，Tian C F，Man C X，et al. 2008. Screening of high effective alfalfa rhizobial strains with a comprehensive protocol. Ann Microbiol，58 (4)：731-739.

Lu Y L，Chen W F，Wang E T，et al. 2009. Genetic diversity and biogeography of rhizobia associated with Caragana species in three ecological regions of China. Syst Appl Microbiol，32：351-361.

Man CX，Wang H，Chen WF，et al. 2008. Diverse rhizobia associated with soybean grown in the subtropical and tropical regions of China. Plant Soil，310 (1-2)：77-87.

Perret X，Staehelin C，Broughton WJ. 2000. Molecular basis of symbiotic promiscuity. Microbiol Mol Biol Rev，64：180-201.

Tian CF，Wang E T，Han T X，et al. 2007. Genetic diversity of rhizobia associated with Vicia faba in three ecological regions of China. Arch Microbiol，188 (3)：273-282.

Xiao Y B，Li L，Zhang F S. 2004. Effect of root contact on interspecific competition and N transfer between wheat and fababean using direct and indirect ^{15}N techniques. Plant Soil，262：45-54.

土壤微生物与土壤质量研究

自从20世纪90年代以来，土壤质量就成为人类所共同关注的热点问题之一，土壤质量是指在由土壤所构成的天然或人为控制的生态系统中，土壤所具有的维持生态系统生产力和人与动植物健康而自身不发生退化以及不产生其他生态与环境问题的能力，包括土壤的肥力质量、环境质量及健康质量，是土壤特定功能的综合体现。土壤质量与土壤生态系统及农业可持续发展有密切联系，它是土壤生态与环境系统诸多特性和过程的综合反映。土壤微生物是土壤生态系统的重要组分之一，它与土壤肥力及土壤健康有着密切关系，在土壤形成与发育、物质转化与能量传递过程中发挥着重要作用，在动植物残体的分解、有机质的矿化、腐殖质和团聚体的形成和维持土壤生态系统平衡中也起着不可替代的作用，是评价土壤质量的重要指标之一。土壤微生物多样性是指土壤生态系统中所具有的微生物种类的多样性，它是土壤微生物发育程度与活性的重要体现。综上可见，土壤微生物与土壤质量的关系密切，良好的土壤质量有利于保持土壤微生物的正常发育与多样性的稳定。

面对人口、资源、环境、粮食的尖锐矛盾，农业的可持续发展正在受到越来越广泛的重视。土壤是植物生长的基地和营养库，是一种极为重要、富有生命力的有限资源，是人类生存最基本的自然资源。土壤质量在土壤资源开发利用、农业发展、环境保护中具有特殊作用，它不仅关系到食物安全，而且影响到生态环境的持续发展，土壤质量问题已日益成为世界范围内共同关注的重大课题。要实现农业可持续发展，必须在保护有限土地资源、确保耕地总量动态平衡的同时，加大力度防治土壤退化，保持和提高土壤质量（吕贻忠和李保国，2006）。土壤微生物是土壤生态系统的基本组分，与土壤肥力及土壤健康有着密切关系，在土壤形成与发育、物质转化与能量传递过程中发挥着重要作用。由于土壤微生物的比表面积远远大于动物和植物，可与环境因子充分作用，因此与植物或动物群落相比，土壤微生物对环境改变的反应更敏感，是评价土壤质量的重要指标之一。土壤微生物受土壤营养状况、pH、质地、水分和通气性等的影响，环境变更或管理分异都会导致土壤微生物多样性及其生态功能的变化（Winding et al.，2005；Pankhurst et al.，1995；Carter et al.，1999）。本章围绕土壤质量的科学内涵，概述了土壤微生物与土壤肥力质量、环境质量、健康质量的关系，为土壤质量评价提供相应的微生物学依据。

本章作者：赵其国、林先贵、褚海燕。

1 土壤质量的基本概念和核心内容

1.1 土壤质量的基本概念

自从20世纪90年代以来，土壤质量就成为人类所共同关注的热点问题之一，只有“清洁”或“健康”的土壤才能持续生产出既丰富又优质的农产品，它与人类的生存与健康紧密地联系在一起。土壤质量不仅考虑土壤的生产性，而且将与生态系统及环境有密切联系，它反映出土壤生态与环境系统的许多特性和过程的综合结果和总体面貌（陈怀满，2006）。美国国家研究委员会于1993年给出了土壤质量的定义（NRC，1993），认为土壤质量是“土壤调节土壤生态系统及外部环境影响的能力”；美国土壤学会给出的定义略有差异（SSSA，1995），认为土壤质量是“在自然或人工生态系统内，土壤维持植物和动物生产力、保持和提高水质和空气质量、支撑人类健康和生活环境某种特定的能力”。中国学者在研究和实践中对土壤质量的定义给出了相当有深度的思考，认为土壤质量是指在由土壤所构成的天然或人为控制的生态系统中，土壤所具有的维持生态系统生产力和人与动植物健康而自身不发生退化以及不产生其他生态与环境问题的能力，是土壤特定或整体功能的综合体现（张桃林等，1999；周健民，2003）。

土壤质量的功能和平衡有赖于以下3个既独立而又有机联系的组成要素的结合（徐建民和汪海珍，2004）：

（1）土壤肥力质量，即土壤提供植物养分和生产生物物质的能力。

（2）土壤环境质量，即土壤容纳、吸收和降解各种环境污染物的能力。

（3）土壤健康质量，即土壤影响或促进人类和动植物健康的能力。

土壤质量的含义因人们利用土壤的目的不同而表现出不同的侧重点。土地管理者或作物生产者主要关心的是土壤肥力高低，并通过对其维持或提高来获取最大的经济效益。土地经营者主要关心的是土壤质量优劣，并通过保护环境维持其生产能力。农产品的消费者主要关心的是土壤的健康功能，要求土壤能生产出丰富、健康和廉价的食物。所有这些均是土壤质量内涵的具体体现。由此可见，土壤质量是保障土壤生态安全和资源可持续利用的能力指标，是现代土壤学研究的核心。土壤质量的内涵综合表征了土壤维持生产力、环境净化能力以及保障动植物健康能力的量度（吕贻忠和李保国，2006）。

1.2 土壤质量的影响因素

影响土壤质量的因素很多，包括土壤特性、社会经济、生态系统等综合因素，这些因素相互作用并共同影响土壤质量。一般认为土壤的内在质量相对比较稳定，主要是母质、气候、生物、地形、时间等相互作用的结果，它对土壤本身的理化性质和生物学特性影响较大。人为因素是影响土壤质量甚大的重要因素，合理的人类活动可使土壤质量向好的方向发展，如定期施用有机质、合理施用化肥、采用保护性耕作、种植豆科作物等均可以保持或提高土壤质量。相反，不合理的人类活动可以使土壤质量向坏的方向变化，如毁林、过度放牧、过量使用化肥等不合理的土地利用和耕作管理，将会造成土壤污染、水土流失、土壤肥力下降而导致土壤退化，从而加速土壤质量下降（吕贻忠和李保国，2006；黄昌勇，2000）。

在农田生态系统中影响土壤质量的主要途径有以下几个方面。

（1）土壤耕作。合理的土壤耕作使农业生产实现增产增收，反之，不合理的土壤耕作会加剧土壤退化，导致土壤质量的下降。例如，坡耕地采取坡改梯措施可有效地防止水土流失，豆科作物轮作、保护性耕作能够提高土壤肥力，改善土壤结构。

（2）灌溉。不合理的灌溉会造成水资源浪费、土壤盐渍化和土壤重金属污染，对土壤质量带来不利的影响。

（3）施肥。化肥的不合理使用会造成农产品品质的下降、地下水污染、水体富营养化、温室气体释放等，也将不可避免地导致土壤质量下降。

（4）农药。过量地不合理使用农药，不仅使土壤及作物表面的有害生物致死，而且会使土壤中许多有益生物致死，并造成土壤农药残留，降低土壤生产力及影响农产品品质。

（5）地膜。农业生产中使用的地膜基本都是不可降解地膜，其覆盖面广，厚度过薄、易破碎、残留量较大，在土壤中不易腐烂，污染范围广。

1.3 土壤质量的评价指标

土壤质量是土壤的许多物理、化学和生物学性质，以及形成这些性质的一些重要过程的综合体现，显得十分复杂，目前尚无统一的评估指标或标准。土壤质量指标是表示从土壤生产潜力和环境管理的角度监测和评价土壤的一般性健康状况的那些性状、功能或条件（孙波和赵其国，1999）。这些指标或因素可与土壤直接有关，也可与受土壤影响的某些因子（如作物和水）相关，既包括描述性（descriptive）指标，也包括运行（performance）指标。理想的指标应该是公正、灵敏、具预测能力、有阈值可参考、数据资料可以转化、综合以及易于收集和交流的（张桃林等，1999）。一般来说，下面一些因素对表征土壤质量具有重要作用。

1）土壤方面

(1) 化学性质：①土壤酸度（pH）；②吸附化合物的能力（CEC 和 AEC）、植物养分含量和有效量、养分循环和转化效率以及养分相互作用；③盐分含量及组成；④重金属、有机污染物含量及有效性。

(2) 物理性质：①土壤颗粒分布、结构、容重、孔隙度及其排布、抗风蚀和水蚀性能；②团聚体的体积与稳定性；③土壤水分、持水性能、入渗速率、入渗容量。

(3) 土壤生物学性质：①有机质的数量与类型；②土壤微生物与动物的数量、类型和功能；③专性呼吸作用强度；④酶活性。

2）作物方面

作物产量、植物健壮状况、根系生长模式。

3）水环境方面

地表水质量和地下水质量。

4）生物学方面

呼吸、矿化、硝化等过程的微生物活动和自然过程以及农业生产系统的养分动力学。

5）植物营养方面

植物营养质量以及与土壤质量有关的食物质量。

2 土壤微生物多样性的科学内涵

土壤微生物多样性，是指土壤生态系统中所有的微生物种类、它们拥有的基因以及这些微生物与环境之间相互作用的多样化程度。一般认为，土壤微生物多样性存在于基因、物种、种群以及群落 4 个层面（林先贵和胡君利，2008），是土壤生态系统的一个基本生命特征，也是时间和空间的函数（黄昌勇，2000；周德庆，1993）。

2.1 土壤微生物的物种多样性

土壤微生物的物种多样性是指土壤生态系统中微生物的物种丰富度和均一

度，这是微生物多样性的最直接表现形式。根据原位的、不经培养的微生物系统发育学研究发现，自然界 95%～99% 的微生物种群尚未被分离培养或描述过，从而推算地球上仅细菌就有 10 万～50 万种（Amann et al., 1995）。因为绝大多数微生物种群尚不能分离培养，所以目前着重研究一些和人类关系最为密切的微生物种类，并通过培养基最大限度地培养各种菌落，由此了解土壤中可培养的微生物种群。

2.2 土壤微生物的遗传多样性

土壤微生物的遗传多样性是指土壤微生物在基因水平上所携带的各类遗传物质和遗传信息的总和。这是微生物多样性的本质和最终反映。与高等生物相比，微生物的多样性在基因水平上更为突出，不同种群间的遗传物质和基因表达具有很大的差异（李顺鹏，2002）。根据研究手段不同，微生物遗传多样性一般表现在基因组大小和基因数目的多样性、遗传物质化学组成和 DNA 序列的差异、rRNA 基因（如 16S rRNA、18S rRNA 基因）序列的差异以及由基因序列所揭示的遗传背景多样性等方面。

2.3 土壤微生物的结构多样性

土壤微生物的结构多样性是指土壤微生物群落在细胞结构组分上的多样化程度，这是导致微生物代谢方式和生理功能多样化的直接原因。例如，微生物标记物分析法通过提取和分析微生物群落中可以用作不同类群标记性指纹的生化组分或胞外产物来获取微生物群落组成和结构多样性的信息（焦晓丹和吴凤芝，2004）。因为不同菌群的特征谱图不同，在高度专一性基础上又具有多样性，所以标记物的组成变化能够说明微生物群落结构的变化，从而可以对土壤微生物群落进行识别和定量描述。

2.4 土壤微生物的功能多样性

土壤微生物的功能多样性是指土壤微生物群落所能执行的功能范围以及这些功能的执行过程，如分解功能、营养传递功能以及促进或抑制植物生长的功能等，这些对土壤生态功能及自然界元素循环具有重要意义。目前一般采用底物诱导下的代谢响应模式测算土壤微生物群落的代谢功能多样性（郑华等，2004）。正是由于微生物具有多种多样的代谢方式和生理功能，因而可以适应各种不同的生态环境，并以不同的生活方式与其他生物相互作用，从而构成了地球上丰富多彩的生态体系。

3 土壤微生物与土壤质量

土壤微生物是土壤生态系统的重要组分之一，几乎所有的土壤过程都直接或间接地与土壤微生物有关。土壤微生物是使土壤具有生命力的主要成分，与土壤肥力及土壤健康有着密切关系，在土壤形成与发育、物质转化与能量传递过程中发挥着重要作用，在动植物残体的分解、有机质的矿化、腐殖质和团聚体的形成以及维持土壤生态系统平衡中起着不可替代的作用，是评价土壤质量的重要指标之一（郑昭佩和刘作新，2003；林先贵，2010）。土壤微生物在维护土壤健康、保障土壤可持续利用和调控生态安全等方面发挥着重要作用。例如，丰富而稳定的土壤微生物多样性有利于保持土壤肥力、防控土传病害、促进农业增产和保障产品质量（王书锦等，2002）；其次，土壤微生物种质资源在修复污染环境方面也大有作为，尤其在土壤修复、水体治理以及固废处理过程中可以起到关键性作用，而利用微生物分解有毒有害物质的生物修复技术则被公认为治理大面积污染区域的一种有价值的方法（李顺鹏，2002）。由此可见，土壤微生物与土壤质量的关系甚为密切，良好的土壤质量有利于保持土壤微生物的正常发育与多样性的稳定。

3.1 土壤微生物与土壤肥力质量

土壤微生物生物量作为土壤有机质的活性部分，是参与调控土壤中能量和养分循环以及有机物质转化所对应微生物的数量，反映了土壤同化和矿化能力（吴晓芙和胡曰利，2002）；微生物量库的任何变化都会影响土壤养分的循环和有效性，其分布与相应土层的土壤养分含量相关（杨瑞吉等，2004）。土壤微生物生物量是土壤有机质中具有生命的部分，它的大小反映了参与调控土壤中能量和养分循环以及有机物质转化的微生物数量（Arunachalam et al., 1999；Taylor et al., 2002）。通常情况下，土壤微生物生物量与土壤有机碳含量关系密切：土壤有机碳含量高，土壤微生物生物量也相应较高（Ding et al., 1992）。由于土壤微生物生物量碳、氮能够敏感且及时地反映或预示土壤的变化，因而被越来越多地用作土壤质量的生物指示指标（Yu et al., 1999；Ren and Stefano，2000）。土壤微生物生物量可以敏感地反映出不同土壤生态系统间的差异。Lutzoni 等（2001）发现，草地或林地开垦为耕地后会导致土壤微生物生物量的下降，这可能是由于耕作使土壤有机物很快分解，进而土壤微生物活性降低。陈国潮和何振立发现在不同利用方式下，高度风化的酸性红壤中微生物生物量碳普遍较低，且与土壤有机质之间有较明显的相关性（Chen and He，1998）。Chander 等

(1998）的研究表明，造林可以改进土壤有机质状态，增加土壤营养库与微生物活性。Carter 和 Sarathchandra 等研究发现免耕或施用有机肥可使土壤表层微生物生物量增加（Carter 1986；Sarathchandra et al., 1989）。傅声雷等在广东鹤山“林、果、草、鱼”复合生态系统中的研究也得出，受施肥的影响，果园土壤微生物生物量要明显高于林、草、鱼等子系统（Fu et al., 1995）。但 Lee 和 Jose 发现施用氮肥可导致棉白杨（cottonwood）和火炬松（loblolly pine）土壤微生物生物量降低（Lee and Jose，2003）。Stark 等发现施肥或不施肥对土壤微生物特性没有明显影响（Stark et al., 2007），但管理方式的不同对微生物生物量有影响，即作物轮作与植被类型对土壤微生物生物量及酶活性的影响大于施肥。Chu 等（2007）在长期定位施肥试验中发现平衡施肥能显著增加土壤微生物生物量；施用氮肥显著增加土壤氨氧化细菌的数量，无机氮肥比有机氮肥的增效更明显。Hu 等（2009）研究发现接种菌根真菌显著增加缺磷土壤微生物生物量磷、植株生物量，菌根真菌接种在施用化肥土壤中比施用有机肥土壤中更为有效。

土壤酶是一种生物催化剂，主要来源于土壤微生物和植物根系的分泌物及动植物残体分解释放的酶，包括氧化还原酶类、水解酶类、裂合酶类和转移酶类等。由于土壤的生物和生物化学过程受控于酶的活性，因此土壤酶活性反映了土壤中各种生物化学过程的强度和方向。随着对土壤酶活性与土壤性质关系的深入了解以及土壤酶学理论与体系的逐渐完善（Burns and Dick，2001），土壤酶的专一性、易测定性和综合性等特点使其有可能成为一个有潜力的土壤生物指示指标（Dick，1994；Kandeler et al., 1999）。长期的定位试验表明，土壤酶在识别不同的土壤管理措施的效果时较为敏感。同不施肥的对照相比，向土壤中施用动物粪肥、绿肥和作物残体等，土壤酶活性有不同程度的增加。Bandick 以酥油草和三叶草轮作系统以及小麦休耕地为对象（Bandick and Dick，1999），研究了只施用无机氮肥、增施绿肥和施用粪肥处理后土壤芳基硫酸酯酶、脲酶、酰胺酶、β-葡聚糖酶、β-半乳糖酶和脱氨酶的变化特点；结果表明，轮作、增施绿肥和施用粪肥处理的土壤酶活性明显上升，β-葡聚糖酶可以作为衡量土壤质量的指标，但脱氨酶不能作为土壤质量指标。Chu 等对长期定位施肥试验的研究发现，NPK 平衡施肥显著增加土壤脱氢酶活性，提高了微生物整体活性及其代谢活性（Chu et al., 2007），并发现均衡施肥对提高耕作土壤硝化活性也有重要的作用（Chu et al., 2008）。施用不同的肥料对土壤酶活性的影响是不同的。Dick 研究发现，长期使用农家肥的土壤表现较高的酶活性、微生物生物量和微生物活性（Dick，1988）。但增加氨态氮肥的使用比例会降低那些与氮肥循环有关的酰胺酶和脲酶等土壤酶的活性。能够使田间绿肥或作物残体水平提高的农作制度，也会使许多酶的活性明显增强。和文祥试验结果表明，不同培肥方式对土壤酶活性影响明显，特别是水解酶类中的脲酶反应最显著，而过氧化氢酶则较差，揭示出土壤脲酶是很好的土壤质量指标（和文祥等，2001）。作物对土壤水解酶活性具有明显的增强作用；用秸秆和化肥处理可提高土壤酶的总体活性，其中尤以厩肥的增幅最大；随耕作年限的延长，除不施肥处理外，其余培肥方式的酶活性持续增加，对土壤酶活性进行主要成分分析，发现起主要作用的是土壤脲酶和尿酸酶。同时，不同的耕作方式和作物茬口对土壤酶的活性影响也很明显。例如，同连作系统相比，土壤酶活性对轮作系统更为敏感。王俊华等的研究结果也发现，在长期不同施肥处理之后，土壤脱氢酶、转化酶、脲酶及磷酸酶的活性均产生较大的差异，总体上是施肥高于不施肥，施肥处理间从高到低依次是 OM（有机肥）、1/2 OM ＋ 1/2 NPK、NPK、NP、PK、NK；同时，脱氢酶活性随着年限的增加逐渐下降，转化酶与磷酸酶的活性趋于增高，而脲酶活性的年际变化规律在不同施肥处理间表现不同（王俊华等，2007）。Chu 等（2007）对长期定位施肥试验的研究发现，长期施用有机肥导致总细菌群落发生改变，而施用无机肥则没有显著影响；长期施用氮肥导致土壤氨氧化细菌具有更高的多样性，无机氮肥比有机氮肥的影响更为显著。

3.2 土壤微生物与土壤环境及健康质量

土壤微生物是气候和土壤环境条件变化的敏感指标，土壤微生物群落结构和多样性及其变化在一定程度上反映了土壤的质量。然而，随着近代工农业的发展，大面积土壤受到严重污染，导致了土壤微生物群落结构和多样性的变化。吴建军等通过磷脂脂肪酸（phospholipid fatty acid，PLFA）对重金属复合污染水稻土壤微生物群落结构的研究结果表明，重金属污染改变了土壤微生物群落结构，在污染较重的土壤中，细菌的指示性脂肪酸含量相对较高，而在污染程度低的土壤中，放线菌和革兰氏阴性菌的脂肪酸相对含量较高；随着污染程度提高，微生物向着 C_{mic}/N_{mic} 低、真菌相对含量增加、放线菌与革兰氏阴性菌含量相对减少的趋势发展（吴建军等，2008）。Suhadolc 等采用随机扩增多态性分析技术（total soil DNA-RAPD）和 PLFA 技术研究了重金属长期污染草地土壤中模拟增加重金属活性对微生物群落结构及微生物降解除草剂的影响，结果表明随着土壤中重金属生物有效性的提高，土壤微生物群落结构无论在基因型还是表型上均发生了变化（Suhadolc et al.，2004）。秦华等通过盆栽实验研究了邻苯二甲酸二(2-乙基己基）酯（DEHP）对土壤微生物群落功能多样性的影响，结果显示，施用 DEHP 明显降低了土壤微生物功能多样性，土壤微生物群落的 Shannon 指数、Simpson 指数、McIntosh 指数和均度均显著低于无污染的对照（秦华等，2005）。张晶等对多环芳烃污染稻田土壤的细菌群落和分支杆菌种群多样性 DGGE 指纹图谱分析结果表明，多环芳烃（PAH）污染对土壤细菌群落多样性指数并无显著影响，但造成细菌群落结构的改变；中度 PAH 污染稻田土壤的分支杆菌多样性指数较重度和轻度的略高，PAH 污染使 1 种或几种分支杆菌得到富集（张晶等，2008）。

此外，土壤微生物对土壤中有害物质，如重金属、农药、酸害、除草剂等反应敏感，因此可借助土壤微生物生物量分析诊断土壤环境的健康状况（Perucci et al., 2000）。在指示土壤过程或土壤健康状况时，土壤微生物生物量碳与土壤有机碳的比值（即 C_{mic} ∶ C_{org}）和土壤微生物代谢熵（即土壤微生物基础呼吸与土壤微生物生物量之间的比值，qCO_2）等也被用作土壤性质或健康的生物指标。研究发现，C_{mic} ∶ C_{org} 比值的变化可以反映土壤有机碳的动态。如果以成熟森林的 C_{mic} ∶ C_{org} 比值为参照值，那么当 C_{mic} ∶ C_{org} 比值高于参照值时，可认为土壤中有机碳处于积累阶段；反之则反映了土壤有机质处于消耗阶段（Insam et al., 1989；Ding et al., 1992；Yi et al., 1995）。土壤微生物代谢熵（qCO_2）则将微生物生物量的大小与微生物的生物活性和功能有机地联系起来，可对微生物的能量利用效率进行度量（Wardle and Ghani，1995）。qCO_2 的变化与土壤微生物群落组成的变化有关，并且随土壤熟化程度的增加而逐渐减小（Insam et al., 1989）。Ding 等认为，qCO_2 伴随着生态系统由初级向高级的演替而呈现下降趋势，在 qCO_2 较低的土壤中微生物对碳的利用效率较高，维持相同微生物生物量所需的能量就较少，土壤质量也越好（Ding et al., 1992）。

4 结语

面对土壤质量退化和耕地数量、质量下降的严峻形势，加强耕地保护的科技含量，科学治理水土流失以及土地沙化盐碱化等土壤退化问题，有步骤地实施土壤污染修复，保护和提高土壤肥力，减少耕地的隐性流失，推广可持续农业必将是维持土壤健康、实现耕地可持续利用、保障粮食安全的重要途径。土壤微生物与土壤生态系统结构和功能的关系值得深入研究，丰富多样的微生物种类不仅是维持土壤健康的重要因素，其多样性变化也是监测土壤质量变化的敏感指标，作为生物指示物，土壤微生物用于评价土壤质量是可行的（Requena et al., 2001；Wolters，2001）。土壤微生物群落定性和定量变化，如微生物生物量、活性、种类组成、分布、功能、种间的相互作用等的变化，可作为监测土壤质量短期和长期变化的敏感指标，也能用于鉴别特定的生态恢复过程或管理方式的优劣。综合运用多种土壤微生物研究方法测定多项指标能更好地反映外部环境改变后土壤质量的变化，有时微生物测定结果也要结合生态因子进行综合分析才能获得准确的信息（Tscherko and Kandeler，1999；Pennane，1996）。

随着人们对土壤质量监测和评价的重视，土壤微生物指标作为一个敏感的、普适的综合指标来评价土壤质量，是土壤质量研究的重要方向。与土壤理化指标不同，土壤微生物指标因其具有对环境的敏感性能被用作土壤变化的早期预警生物指标，其在因污染、土壤管理措施、种植制度、土地利用等引起的农业土壤变化预警上显示了极大的优越性。但由于土壤样品的预处理、分析过程和测定单位标准化的不同，这些指标在某些情况下对土壤质量的诊断有效，而在某些情况下则完全没有作用。因此在现有的技术条件下，仅用一种或两种生化参数来阐明土壤系统机能的复杂性是远远不够的。只有将土壤化学、物理和生物等相关学科统一起来表征土壤质量，微生物学指标才能在土壤诊断与评价中具有重要作用。相信随着实验分析手段的不断改进与创新，对土壤微生物种类、群落结构及其功能群的认识将会不断扩展和深入，作为评价土壤质量的土壤微生物学指标也会更精确和更优化，最终为陆地生态系统管理及其可持续发展提供更好的科学依据。

参考文献

陈怀满．2006．环境土壤学．北京：科学出版社．

和文祥，来航线，武永军，等．2001．培肥对土壤酶活性影响的研究．浙江大学学报（农业与生命科学版），27（3）：265-268．

黄昌勇．2000．土壤学．北京：中国农业出版社：50-55．

焦晓丹，吴凤芝．2004．土壤微生物多样性研究方法的进展．土壤通报，35（6）：789-792．

李顺鹏．2002．环境生物学．北京：中国农业出版社．

林先贵．2010．土壤微生物研究原理与方法．北京：高等教育出版社．

林先贵，胡君利．2008．土壤微生物多样性的科学内涵及生态服务功能．土壤学报，45（5）：892-900．

吕贻忠，李保国．2006．土壤学．北京：中国农业出版社．

秦华，林先贵，陈瑞蕊，等．2005．DEHP 对土壤脱氢酶活性及微生物功能多样性的影响．土壤学报，42（5），829-834．

孙波，赵其国．1999．红壤退化中的土壤质量评价指标及评价方法．地理科学进展，18（2）：118-128．

王俊华，尹睿，张华勇，等．2007．长期定位施肥对农田土壤酶活性及其相关因素的影响．生态环境，16（1）：191-196．

王书锦，胡江春，张宪武．2002．新世纪中国土壤微生物学的展望．微生物学杂志，22（1）：36-39．

吴建军，蒋艳梅，吴愉萍，等．2008．重金属复合污染对水稻土微生物生物量和群落结构的影响．土壤学报，45（6）：1102-1109．

吴晓芙，胡曰利．2002．土壤微生物生物量作为土壤质量生物指标的研究．中南林学院学报，22（3）：51-53．

徐建民，汪海珍．2004．土壤质量指标及评价体系研究进展．见：周健民，石元亮．面向农业与环境的土壤科学（综述篇）．北京：科学出版社：364-372．

杨瑞吉，杨祁峰，牛俊义．2004．表征土壤肥力主要指标的研究进展．甘肃农业大学学报，39（1）：88．

张晶，张惠文，李新宇，等．2008．多环芳烃胁迫下稻田土壤细菌及分支杆菌种群多样性研究．中国生态农业学报，16（2），405-410．

张桃林，潘剑君，赵其国．1999．土壤质量研究进展与方向．土壤，31（1）：1-7．
郑华，欧阳志云，方治国，等．2004．Biolog 在土壤微生物群落功能多样性研究中的应用．土壤学报，41（3）：456-461．
郑昭佩，刘作新．2003．土壤质量及其评价．应用生态学报，14（1）：131-134．
周德庆．1993．微生物学教程．北京：高等教育出版社：1：281-282．
周健民．2003．新世纪土壤学的社会需求与发展．中国科学院院刊，18（5）：348-352．
Amann R L, Ludwig W, Schleifer K H. 1995. Phylogenetic identification and in situ detection of individual microbial cellswithout cultivation. Microbiological Reviews, 59: 143-169.
Arunachalam K, Arunachalam A, Melkania N P. 1999. Influence of soil properties on microbial populations, activity and biomass in humid subtropical mountainous ecosystems of India. Biology and Fertility of Soils, 30: 217-223.
Bandick AK, Dick RP. 1999. Field management effects on soil enzyme activities. Soil Biology and Biochemistry, 31: 1471-1479.
Burns RG, Dick RP. 2001. Enzymes in the Environment: Ecology, Activity and Applications. New York: Marcel Dekker, Inc.
Carter M R. 1986. Microbial biomass as an index for tillage induced changes in soil biological properties. Soil and Tillage Research, 7: 29-40.
Carter M R, Gregorich E G, Angers D A, et al. 1999. Interpretation of microbial biomass measurements for soil quality assessment in humid temperate regions. Can J Soil Sci, 79: 507-520.
Chander K, Goyal S, Nandal D P, et al. 1998. Soil organic matter, microbial biomass and enzyme activities in a tropical agroforestry system. Biology and Fertility of Soils, 27: 168-172.
Chen G C, He Z L. 1998. Study on soil microbial biomass in red soil utilized by different ways. Chinese Journal of Soil Science, 29: 276-278 (in Chinese with English abstract).
Chu H, Fujii T, Morimoto S, et al. 2007. Community structure of ammonia-oxidizing bacteria under long-term application of mineral fertilizer and oragnic manure in a sandy loam soil. Applied and Environmental Microbiology, 73: 485-491.
Chu H, Fujii T, Morimoto S, et al. 2008. Population size and specific nitrification potential of soil ammonia-oxidizing bacteria under long-term fertilizer management. Soil Biology and Biochemistry, 40 (7): 1960-1963.
Chu H, Lin X, Fujii T, et al. 2007. Soil microbial biomass, dehydrogenase activity, bacterial community structure in response to long-term fertilizer management. Soil Biology and Biochemistry, 39: 2971-2976.
Dick R P. 1988. Influence of long-term residue management on soil enzyme activity in relation to soil chemical properties of a wheat-fallow system. Soil Biology and Biochemistry, 6: 159-164.
Dick R P. 1994. Soil enzyme activities as indicators of soil quality. *In*: Doran J W, Coleman D C, Bezdicek D F et al. Defining Soil Quality for a Sustainable Environment. Madison: Soil Science Society of America.
Ding M M, Yi W M, Liao L Y, et al. 1992. Effects of afforestation on microbial biomass and activity in soils of tropical China. Soil Biology and Biochemistry, 24: 865-872.
Fu S L, Yi W M, Ding M M, et al. 1995. Nutrient dynamics of soil microbes for the ecosystems of forest, orchard, grassland and fish ponds. Acta Ecologica Sinica, 15 (Suppl. A): 148-155 (in Chinese with English abstract).
Hu J, Lin X, Wang J, et al. 2009. Arbuscular mycorrhizal fungus enhances crop yield and P-uptake of

maize (Zea Mays L.): a field case study on a sandy loam soil as affected by long-term P-deficiency fertilization. Soil Biology and Biochemistry, 41: 2460-2465.

Insam H, Parkinson D, Domsch K H. 1989. Influence of macroclimate on soil microbial biomass. Soil Biology and Biochemistry, 21: 211-221.

Kandeler E, Palli S, Stemmer M, et al. 1999. Tillage changes microbial biomass and enzyme activities in particle-size fractions of a Haplic Chernozem. Soil Biology and Biochemistry, 31: 1253-1264.

Lee K H, Jose S B. 2003. Soil respiration, fine root production, and microbial biomass in cottonwood and loblolly pine plantations along a nitrogen fertilization gradient. Forest Ecology and Management, 185: 263-273.

Lutzoni F, Pagel M, Reeb V. 2001. Major fungal lineages are derived from lichen symbiotic ancestors. Nature, 411: 937-940.

National Research Council (NRC). 1993. Soil and Water Quality: an Agenda for Agriculture. Washington, D/C: National Academy Press.

Pankhurst C E, Hawke B G, McDonald H J, et al. 1995. Evaluation of soil biological properties as potential bioindicators of soil health. Aust J Exp Agri, 35: 1015-1028.

Pennane T, Frostegard A, Fritze H, et al. 1996. Phospholipid acid composition and heavy metal tolerance of soil microbial communities along two heavy metal polluted gradients in coniferous forests. Applied and Environmental Microbiology, 62 (2): 420-428.

Perucci P, Dumontet S, Bufo S A, et al. 2000. Effects of organic amendment and herbicide treatment on soil microbial biomass. Biology and Fertility of Soils, 32: 17-23.

Ren T Z, Stefano G. 2000. Soil bioindicators in sustainable agriculture. Scientia Agricultura Sinica, 33: 68-75 (in Chinese with English abstract).

Requena N, Perez-Solis E, Azcon-Aguilar C, et al. 2001. Management of indigenous plant-microbe symbioses aids restoration of desertified ecosystems. Applied and Environmental Microbiology, 67: 495-498.

Sarathchandra S U, Perrott K W, Littler R A. 1989. Soil microbial biomass: influence of simulated temperature changes on size, activity and nutrient content. Soil Biology and Biochemistry, 21: 987-993.

Soil Science Society of America (SSSA). 1995. SSSA statement on soil quality. Agronomy News, SSSA, Madison, WI.

Stark C, Condron L M, Stewart A, et al. 2007. Effects of past and current crop management on soil microbial biomass and activity. Biology and Fertility of Soils, 43 (5): 531-540.

Suhadolc M, Schroll R, Gattinger A, et al. 2004. Effects of modified Pb-, Zn-, and Cd-availability on the microbial communities and on the degradation of isoproturon in a heavy metal contaminated soil. Soil Biology and Biochemistry, 36: 193-195.

Taylor T P, Wilson B, Mills M S, et al. 2002. Comparison of microbial numbers and enzymatic activities in surfacesoils and sub-soils using various techniques. Soil Biology and Biochemistry, 34: 387-401.

Tscherko D, Kandeler E. 1999. Classification and monitoring of soil microbial biomass, N-mineralisation and enzyme activities to indicate environmental changes. D ie B odenkultur, 50: 215-226.

Wardle D A, Ghani A. 1995. A critique of the microbial metabolic quotient (qCO_2) as a bioindicator of disturbance and ecosystem development. Soil Biology and Biochemistry, 27: 1601-1610.

Winding A, Hund-Rinke K, RutgersM. 2005. The use of microorganisms in ecological soil classification and assessment concep ts. Ecotox Environ Safe, 62: 230-248.

Wolters V. 2001. Biodiversity of soil animals and its function. Eur J Soil, 37: 221-227.

Yi W M, Fu S L, Zhou C Y, et al. 1995. A study on soil microbial biomass in artificial and natural forests. Acta Ecologica Sinica, 15 (Suppl. A): 141-147 (in Chinese with English abstract).

Yu S, Li Y, Wang J H, et al. 1999. Study on the soil microbial biomass as a bioindicator of soil quality in the red earth ecosystem. Acta Pedologica Sinica, 36: 413-422 (in Chinese with English abstract).

土壤微生物与全球气候变化的研究进展

全球气候正在发生巨大变化。大气二氧化碳浓度已达到 380μmol/mol，是工业时期前的 1.36 倍，预计 2100 年将升至 580μmol/mol；大气臭氧浓度为 25～50nmol/mol，预计 2100 年达到 60～90nmol/mol。全球气候变化已影响到植物生理和生长过程以及土壤生态系统的结构与功能。作为对土壤生态系统的反馈，地下生态系统也在发生变化。充分了解土壤微生物的响应是全面揭示全球气候变化对土壤生态系统影响不可或缺的组成部分。本章从土壤微生物群落和功能两方面简要回顾了当前全球气候变化对土壤微生物影响的国内外研究现状和中国科学院南京土壤研究所微生物室的部分研究成果，揭示大气二氧化碳浓度升高刺激作物生长，增大生物量，增加土壤碳源输入，而加快土壤微生物生长并改变微生物群落；大气臭氧浓度升高损伤作物生长，降低生物量，抑制土壤微生物生长并改变微生物群落。本章进一步以微生物生态服务为出发点，提出今后工作的重心，以更好的利用土壤微生物调控土壤生态系统以应对全球气候变化。

1　前言

全球气候变化是指在全球范围内气候平均状态统计学意义上的巨大改变或者持续较长一段时间的气候变动。全球气候变化包括温室效应和全球增暖、臭氧层破坏、森林锐减和物种灭绝、土地退化和淡水资源短缺等。全球气候变化对生态系统将产生巨大的影响，如冰川融化、海平面上升、飓风频发、酷暑与严寒交替降临、干旱蔓延、作物生产力下降、动植物行为发生变异等。大气二氧化碳浓度和大气臭氧浓度变化是全球气候变化中备受关注的焦点，也是目前环境科学研(Kanerva et al., 2008)。联合国政府间气候变化专门委员会（IPCC）组织报道：在过去的 200 年里，大气二氧化碳浓度逐渐升高，目前大气二氧化碳浓度是工业时期前的 1.36 倍，达到了 380μmol/mol，并仍以每年 1～2μmol/mol 的速度增加，预计到 2100 年全球大气二氧化碳浓度将达到 580μmol/mol；臭氧在大气中的背景浓度为 25～50nmol/mol。近几十年来，由于大量使用化石燃料、含 N 化肥等，使大气中 NO_x、挥发性有机化合物（VOC）剧增，导致大气中臭氧浓度以每年 0.55%～2.5% 的速度增长，预计到 2100 年全球大气臭氧浓度将达到 60～90nmol/mol (Schrader et al., 2009)。这些全球性的气候变化必将对整个陆

本章作者：林先贵、冯有智。

地生态系统产生巨大的影响。

二氧化碳是植物光合作用的原料。大气二氧化碳浓度升高将直接影响陆地植物的光合作用（Moran and Jastrow，2010）。大气二氧化碳浓度升高因刺激了作物的光合作用，而增加了植物地上部和地下部生物量。此外，大气二氧化碳浓度升高提高了植物的水分利用能力，增大了植物的根系分泌物和枯枝落叶以及植株体内的C/N比（Paterson et al.，1997）。如果说大气二氧化碳浓度升高对作物的影响是正效应，那大气臭氧浓度升高则为负效应。臭氧直接作用于植物叶片导致叶片的损伤并破坏光合作用，明显降低了植物地上部和地下部生物量（Andersen，2003；Kasurinen et al.，2005）。由于植物存在自我修复机制，会利用更多的碳来修补叶片的损伤而维持光合作用，因此减少了植物向根部的碳输入，降低了植物的根冠比（Cooley and Manning，1987）；植物根系分泌物的释放量和组成也会相应改变（Winkler et al.，2009）。此外，植物会从土壤中吸收更多的氮素来抵抗臭氧的胁迫，进而影响土壤氮循环。这些变化都会对土壤生态系统产生巨大的影响。

植物是土壤生态系统碳源和能源的主要输入者，因此全球大气二氧化碳浓度和大气臭氧浓度升高必将通过植物而影响土壤生态系统。土壤微生物是土壤生态系统中一个不可或缺的组成部分。它们是土壤中极为活跃的生物因子，是推动土壤C、N、S、P等重要养分循环的动力（Brookes，1995；Vettori et al.，1996）。土壤微生物维持土壤生态系统平衡的同时，也敏锐地反映着土壤生态系统的变化。微生物群落在土壤中处在一个动态平衡过程中，任何影响土壤理化的因子都会干扰土壤微生物群落的平衡，进而影响土壤微生物群落与功能，最终影响土壤肥力、土壤环境质量及健康。因此，全球气候变化必将影响土壤微生物，而充分揭示土壤微生物的响应也必将有助于我们更全面的评价全球气候变化对土壤生态系统的影响以及如何利用微生物来应对该全球变化。

本章归纳总结当今国内外学者对全球大气二氧化碳浓度升高和大气臭氧浓度升高对土壤微生物影响研究的主要进展，以及中国科学院南京土壤研究所微生物室在这两个方面的部分研究成果，并提出该领域今后需着重关注的研究重点。

2　大气二氧化碳浓度升高对土壤微生物的影响

大气二氧化碳浓度升高通过植物介导而间接地影响土壤微生物。这种影响是多因素的、难测量的，且易受模拟系统、模拟时间、土壤类型、耕作方式和介导植物类型等影响（Gruber and Galloway，2008）。随着世界各国大气二氧化碳模拟试验点运行时间的加长，地下部累积效应的加深，近年来有了相对较明确的结论，即大气二氧化碳浓度升高通过提高土壤微生物碳源有效性而影响土壤微生物：改变了微生物群落结构和丰度（Lesaulnier et al.，2008；He et al.，2010），增强了土壤微生物活性（Baronti et al., 2008；Pregitzer et al., 2008；Jackson et al., 2009；Dijkstra et al., 2010）以及功能（Blagodatskaya et al., 2010）。

2.1 大气二氧化碳浓度升高对微生物群落的影响

大气二氧化碳浓度升高条件下，植物光合作用的增强为土壤微生物提供了更多的碳源和能源，为此土壤微生物有着积极的响应（Paterson et al., 1997）。大多数研究发现大气二氧化碳浓度升高刺激土壤微生物的生长，增加微生物生物量，如Marilley等（1999）利用可培养技术发现大气二氧化碳浓度升高增加草原生态系统土壤微生物数量；He等（2010）利用磷脂脂肪酸分析技术也发现大气二氧化碳浓度升高显著增加草地土壤微生物生物量和细菌生物量。稻田生态系统的研究也发现大气二氧化碳浓度升高显著增加表层土壤中微生物生物量碳和氮（Inubushi et al., 2001）。与此同时，土壤微生物群落结构也发生变化。Montealegre等（2000，2002）和Klamer等（2002）结合可培养技术和分子生物学方法研究后发现高浓度二氧化碳显著改变草原生态系统土壤微生物的组成，且对土壤真菌群落影响最大；Lesaulnier等（2008）和He等（2010）结合高通量基因组测序技术发现大气二氧化碳浓度升高通过增加土壤小分子有机碳含量而改变土壤微生物群落结构。功能微生物群的研究也得到同样的结论：大气二氧化碳浓度升高条件下，水稻土碳循环末端功能微生物紫色光合细菌多样性（Feng et al., 2009）和好氧不产氧光合细菌群落大小和丰度都增加（Feng et al., 2010）；大气二氧化碳浓度升高条件下，菌根真菌对火炬松的侵染率和菌丝体长度均增加（Pritchard et al., 2008）。

2.2 大气二氧化碳浓度升高对微生物功能的影响

土壤微生物群落结构的变化必将伴随着功能的改变。研究发现由于受微生物碳源有效性增加的刺激，土壤微生物活性、分泌的各类水解酶活性等均增加（Ball et al., 2000；Sowerby et al., 2000；Williams et al., 2000；Phillips et al., 2002）。Baronti等（2008）对地中海典型草地生态系统研究发现，大气二氧化碳浓度升高通过增加土壤有机质含量而增大了土壤呼吸强度，即二氧化碳的释放；Pregitzer等（2008）和Jackson等（2009）对森林土壤的研究也发现，大气二氧化碳浓度升高条件下，杨树土壤和火炬松土壤的呼吸远远大于对照。Blagodatskaya等（2010）通过对4种植物的研究发现大气二氧化碳浓度升高条件下，土壤微生物的呼吸增大，生长速率加快。大气二氧化碳浓度升高也因刺激产甲烷菌生长而增加了水稻土中甲烷的排放量（Ziska et al., 1998；Allen et al., 2003；Cheng et al., 2006；Lou et al., 2008）。

作为土壤微生物功能的重要表征，土壤酶活对大气二氧化碳浓度升高响应的研究也是土壤微生物响应研究的重要组成部分。近些年来国内外对大气二氧化碳浓度升高对土壤酶活性影响的研究不多。多数研究认为大气二氧化碳浓度升高增加了土壤酶活性，如 Korner 和 Arnone（1992）在对热带地区的人工生态系统的研究发现，大气二氧化碳浓度升高通过增加根系分泌物而增强了土壤蛋白酶活性；Moorhead 和 Linkins（1997）的研究表明，大气二氧化碳浓度升高条件下，白羊毛胡子草（*Eriophorum vaginatum*）及桦木（*Betula nana*）根表的外生菌根真菌的磷酸酶活性增加；Dhillion 等（1996）经 4 年的研究发现大气二氧化碳浓度升高条件下，草地土壤脱氢酶和磷酸酶活性均增加，且脱氢酶活性显著增加。

3 大气臭氧浓度升高对土壤微生物的影响

大气臭氧浓度升高也通过植物而间接影响土壤微生物（Schrader et al., 2009）。虽然臭氧本身可以杀菌消毒，但是植物和土壤已经去除了大气中绝大部分的臭氧，使得进入土壤的臭氧浓度极低，很难直接影响土壤微生物（Turner et al., 1974）。目前研究表明大气臭氧浓度升高通过损伤植物生长，降低植物生物量，从而抑制土壤微生物生长与活性，最终降低土壤物质和能量循环速率而减少土壤肥力。

3.1 大气臭氧浓度升高对微生物群落的影响

由于臭氧对植物的毒害效应，土壤微生物也间接受到臭氧的胁迫效应。Scagel 和 Andersen（1997）研究臭氧对北美黄松土壤中活性微生物和总微生物群落组成的影响发现，在高臭氧浓度下真菌和细菌生物量减少；Schrader 等（2009）发现在臭氧浓度升高的情况下，土壤微生物生物量显著下降，并通过食物链减少了原生动物，如线蚓（enchytraeid）、黏管虫（collembolan）和土壤螨（mite）的数量。Dohrmann 和 Tebbe（2005）利用单链构象多态性（single-strand conformation polymorphism，SSCP）指纹图谱对根际土壤微生物群落结构进行研究，发现臭氧敏感型植物 *S. asper* 根际土壤中 Actinobacteria 群落结构发生变化。Andrew 和 Lilleskov（2009）经 6 年的研究发现大气臭氧浓度升高条件下，杨树根系菌根真菌的子实体生物量下降和群落结构显著改变，并影响到菌根真菌驱动的食物网络；Pritsch 等（2009）利用 PLFA 发现大气臭氧浓度升高条件下土壤微生物群落结构显著改变。

3.2 大气臭氧浓度升高对微生物功能的影响

大气臭氧浓度升高条件下，土壤微生物的活性也受到抑制。Scagel 和

Andersen（1997）研究发现，高臭氧浓度因减少植物根冠比，而显著降低森林土壤呼吸强度。Edwards（1991）研究也发现，大气臭氧浓度升高减弱火炬松树苗根系土壤呼吸强度。Morsky 等（2008）发现大气臭氧浓度升高因减少产甲烷菌碳源有效性，进而降低泥炭沼泽土壤的甲烷排放量。土壤酶活性也受到大气臭氧浓度升高的抑制。Larson 等（2002）发现高浓度臭氧显著降低杨树、桦树和枫树土壤中的纤维素水解酶活性；Pritsch 等（2009）发现山毛榉土壤中各类土壤水解酶在大气臭氧浓度升高条件下均显著下降；Reddy 等（1995）研究表明大气臭氧浓度升高抑制火炬松土壤磷酸酶和芳基硫酸酯酶的活性。

4　本实验室研究成果

FACE（free air concentration enrichment）系统全名为自由空气环境下浓度增高控制系统。美国于 20 世纪 80 年代末率先发展的一个相对大尺度的模拟未来（2050 年前后）大气二氧化碳等气体浓度升高的开放体系。由于 FACE 试验圈内外气体可以自由流通，十分接近自然大气环境，所以该技术成为研究气候变化条件下生态系统响应的最理想手段。

中国科学院南京土壤研究所于 2001 年建成世界上第一个稻麦复种农田生态系统的 FACE-CO_2 平台，弥补了国际上的不足。FACE-CO_2 试验圈内二氧化碳气体浓度由计算机实时监视，根据风速和风向自动控制，以达到高于当前大气二氧化碳浓度 200μmol/mol，即 580μmol/mol。实现和保持 FACE 试验圈内二氧化碳气体目标浓度的自动控制技术已达到世界先进水平。目前 FACE-CO_2 平台已成为与美国的大豆/玉米轮作、日本的水稻和澳大利亚的小麦 FACE-CO_2 平台并驾齐驱的国际四大平台之一。来自国内 4 所大学和 4 个研究院所的 140 多位科研人员和研究生利用该平台，系统研究水稻/小麦农田生态系统对大气二氧化碳浓度升高或大气臭氧浓度升高的响应与适应机制。已发表论文 150 多篇，其中 SCI 收录论文 40 多篇，在国际上形成一定的影响。

本实验室自 2002 年起利用中国 FACE-CO_2 和 2007 年起利用 FACE-O_3 平台系统研究大气二氧化碳浓度升高和大气臭氧浓度升高对稻田生态系统土壤微生物的影响，取得了一些可喜的研究成果。

4.1　大气二氧化碳浓度升高对土壤微生物的影响

我们重点研究了碳、氮循环中关键功能微生物群，如纤维素降解菌、光合细菌和产甲烷菌以及自生固氮菌和氨氧化细菌的群落和功能对大气二氧化碳浓度升高的响应。

在微生物群落上，研究发现，大气二氧化碳浓度升高通过增加土壤中纤维素降解菌多样性，进而有加快稻麦秸秆降解的趋势（图 1），为土壤微生物提供更多的可利用碳源。因此，实时定量 PCR 技术（图 2A）和双层平板计数（图 2B）

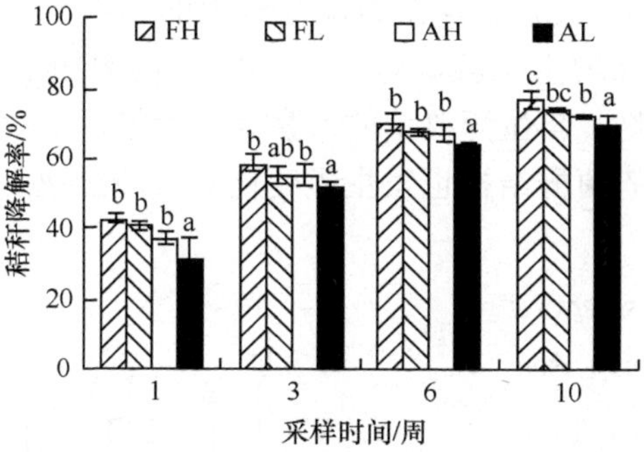

图 1 大气二氧化碳浓度升高条件下水稻土中秸秆降解率

F. 大气二氧化碳浓度升高；A. 当前二氧化碳浓度；H. 高施肥量；L. 低施肥量

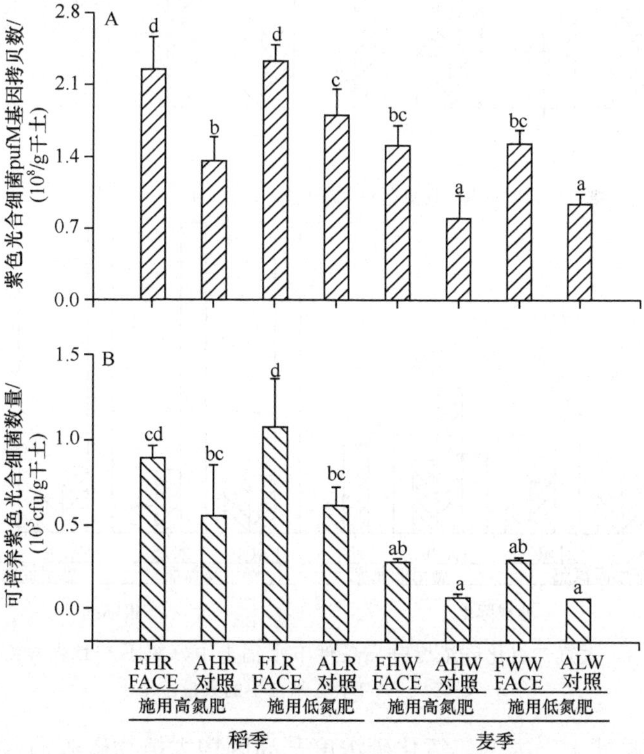

图 2 大气二氧化碳浓度升高条件下水稻土中紫色光合细菌

A. 实时定量 PCR；B. 双层平板法计数

均发现大气二氧化碳浓度升高条件下水稻土碳循环末端重要功能微生物–紫色光合细菌的数量增加，且变性梯度凝胶电泳（denaturing gradient gel electrophoresis，DGGE）指纹图谱显示其物种丰富度增大；另一类光合细菌，好氧不产氧光养细菌，不仅数量（图 3A）而且在细菌数量中的相对丰度（图 3B）也都增加。大气二氧化碳浓度升高增大土壤碳输入的同时，也增加了土壤 C/N，进而影响氮循环中的关键微生物。自生固氮菌的数量显著地增加，可以为土壤增加生物固氮量；氨氧化细菌优势菌群结构也发生了变化，可能加速土壤氮循环过程。

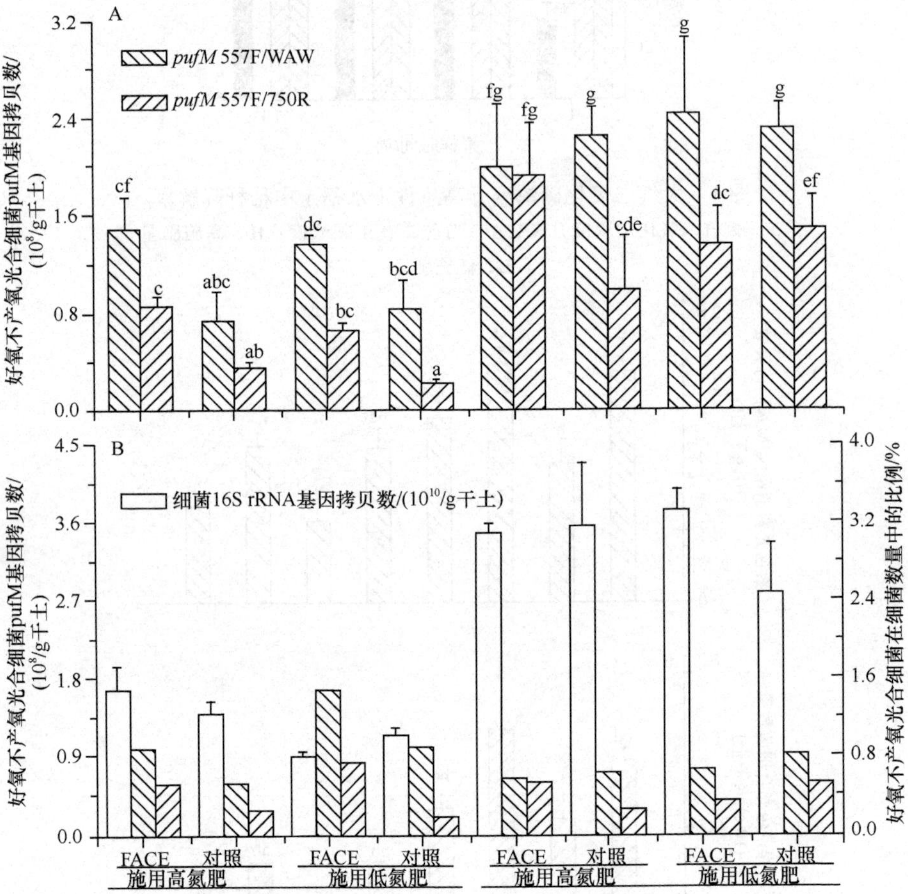

图 3　大气二氧化碳浓度升高条件下水稻土中好氧不产氧光养细菌

A．群落大小；B．在细菌中的数量占比

在微生物功能上，大气二氧化碳浓度升高因增大植物碳源输入，而增强土壤微生物活性和对碳源的利用能力。大气二氧化碳浓度升高条件下土壤脱氢酶（图 4A）和土壤转化酶活性（图 4D）或显著提高或有增加的趋势。此外，大气二氧化碳浓度升高提高了土壤 C/N 值，也增大了土壤微生物对氮源有效性的需求。研究发现土壤脲酶活性显著提高（图 4B），可以使得更多的氮素矿化以提高土壤微生物氮源有效性。不仅如此，在微生物碳源有效性增加的刺激下，土壤氮素循环已被加速。研究发现，土壤硝化和反硝化活性均被提高（图 5），进而促进土壤氮素的流失。该研究结果可为今后大气二氧化碳浓度升高条件下，增加田间氮肥施用量提供理论依据。

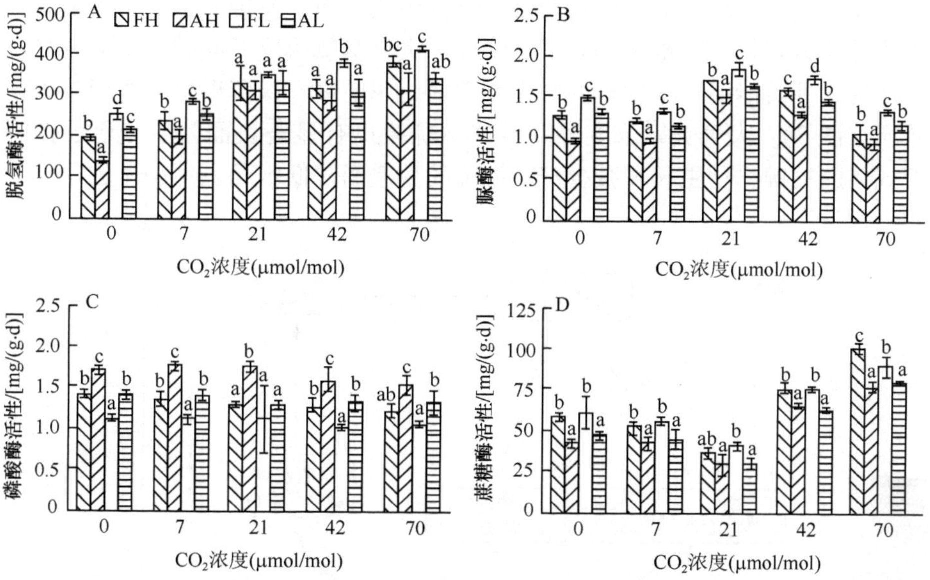

图 4 大气二氧化碳浓度升高对土壤脱氢酶（A）、脲酶（B）、磷酸酶（C）和转化酶（D）的影响

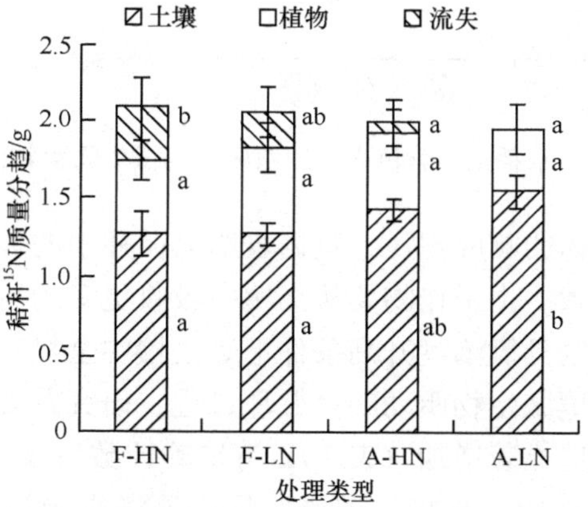

图 5 大气二氧化碳浓度升高对水稻土中秸秆 ^{15}N 质量分趋的影响

综上所述，大气二氧化碳浓度升高通过增加土壤微生物碳源有效性和增大土壤C/N值，而增加土壤微生物多样性，刺激其活性，最终加速土壤碳和氮循环过程。

4.2 大气臭氧浓度升高对土壤微生物的影响

与大气二氧化碳浓度升高的影响相反，大气臭氧浓度降低植物对土壤的碳输入，抑制土壤碳循环中的关键功能微生物群生长。研究发现，大气臭氧浓度升高减少了纤维素降解菌数量和抑制了其活性；大气臭氧浓度升高减少了紫色光合细菌多样性，并可能通过其驱动的微生物食物链影响高一级营养层，进而放大该负面效应（图6）。大气臭氧浓度升高对产甲烷菌也有显著负面效应：通过抑制产甲烷气体的关键物种生长和减少产甲烷菌的数量而降低水稻土甲烷排放。

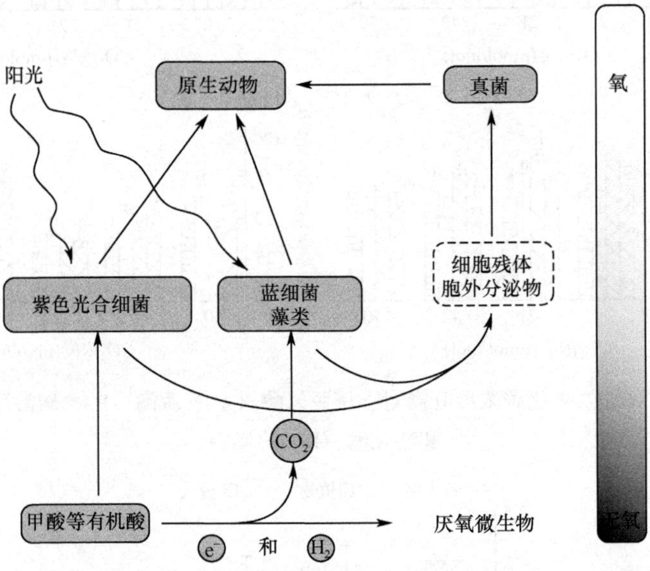

图6　水稻土中紫色光合细菌驱动的微生物食物网络

与碳循环中微生物的响应相反，数据表明氮循环中的关键功能微生物却被大气臭氧浓度升高所刺激。由于作物要从土壤中吸收更多的氮素来抵抗大气臭氧升高的胁迫，进而在大气臭氧浓度升高条件下，土壤中全氮和矿质氮含量降低（表1）。此过程会加快土壤微生物驱动的氮循环过程。研究发现，大气臭氧浓度升高条件下，土壤脲酶活性显著增加（表1）；可培养计数发现自生固氮菌数量增加，基于 *nifH* 基因的PCR-DGGE指纹图谱发现固氮微生物群落结构发生变化，这些都增大了微生物对土壤矿质氮的输入，以满足作物以及微生物对矿质氮的需求。与此同时，可培养计数发现氨氧化细菌（图7A）和反硝化细菌数量（图

7C）增加以及土壤硝化强度增大（图 7B）。

表 1　大气臭氧浓度升高对小麦不同生育期植株氮吸收量、土壤全氮、铵态氮、硝态氮和脲酶活性的影响

生育期	处理	单株氮吸收量/mg	全氮/(g/kg)	铵态氮/(mg/kg)	硝态氮/(mg/kg)	脲酶活性/[mg/(g·24h)]
分蘖期	对照	3.50±0.36 a	1.33 ± 0.07 a	13.72 ±0.48 d	57.98 ± 1.09 cd	0.108 ± 0.029 ab
	FACE	3.81±0.15 a	1.28 ± 0.05 a	15.20 ± 5.28 d	66.57 ± 10.30 d	0.098 ± 0.023 a
拔节期	对照	13.81±0.91 a	1.51 ± 0.06 cd	8.50 ± 1.01 c	56.67 ± 4.39 cd	0.085 ± 0.007 a
	FACE	20.06±0.25 a	1.39 ± 0.12 ab	4.63 ± 0.79 ab	51.95 ± 6.64 c	0.139 ± 0.022 bc
抽穗期	对照	43.46±1.15 b	1.62 ± 0.06 de	2.52 ± 1.02 a	50.57 ± 10.48 c	0.153 ± 0.005 c
	FACE	41.72±0.42 b	1.46 ± 0.10 bc	1.58 ± 0.73 a	36.90 ± 12.33 b	0.198 ± 0.002 d
灌浆期	对照	48.72±3.84 b	1.46 ± 0.03 bc	2.49 ± 1.11 a	23.65 ± 0.78 a	0.120 ± 0.024 abc
	FACE	57.18±1.98 b	1.51 ± 0.03 cd	2.19 ± 0.96 a	22.32 ± 2.57 a	0.216 ± 0.028 d
成熟期	对照	96.11±22.44 c	1.70 ± 0.03 e	7.21 ± 2.99 bc	27.67 ± 3.46 ab	0.116 ± 0.013 abc
	FACE	103.38±21.33 c	1.55 ± 0.05 cd	2.06 ± 1.00 a	17.77 ± 4.10 a	0.148 ± 0.015 b

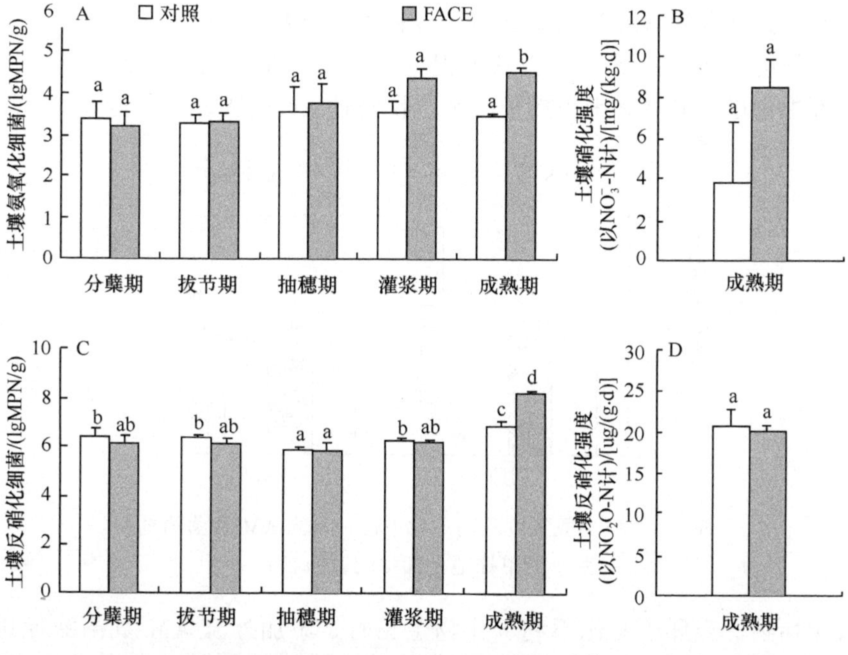

图 7　大气臭氧浓度升高对麦季土壤氨氧化细菌数量（A）和硝化作用强度（B）、土壤反硝化细菌数量（C）和反硝化作用强度（D）的影响

三年的研究表明大气臭氧浓度升高条件下，碳循环中关键功能微生物已受到抑

制。虽然氮循环关键功能微生物在短期内有激活的表现，但是相信随着臭氧累积效应的加剧，其势必会因碳源有效性的降低而受到抑制。因此，大气臭氧浓度升高必将通过抑制土壤微生物，而降低土壤碳、氮等元素的周转速率，最终减少土壤肥力。

4.3 大气二氧化碳浓度升高和臭氧浓度升高对植物-微生物共生关系的影响

丛枝菌根（*Arbuscular mycorrhizae*，AM）是土壤共生真菌中分布最广泛的一类真菌。AM 菌根侵染宿主根部，并将菌丝伸延到土壤中去，从而扩大宿主根部的吸收面，帮助宿主吸收更多的营养及水分，使得宿主产量增加和品质提高。

试验发现，大气二氧化碳浓度升高对 AM 真菌的侵染能力没有显著影响，接种 AM 真菌后土壤酶活性也无显著变化，但是改变了土壤中菌根真菌的多样性，这可能是因为不同菌根真菌对大气二氧化碳浓度升高的响应不同。针对大气臭氧浓度持续升高的现状，我们也进行了外源添加 AM 真菌对小麦修复的研究。试验发现，大气臭氧浓度升高条件下，接种外源 AM 菌剂对小麦根系 AM 真菌侵染具有促进作用。由于 AM 真菌能促进作物从土壤中对养分的吸收，因此植株地上部生物量均显著高于不接种对照，收获时植株受灾程度降低 50%（图 8）。

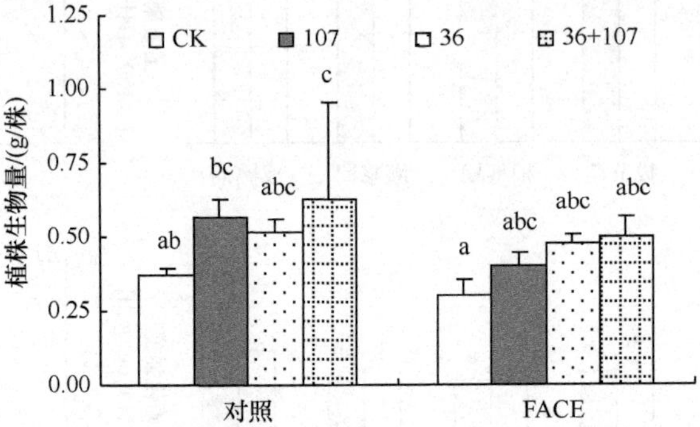

图 8　大气臭氧浓度升高条件下接种不同 AM 真菌菌剂对小麦单株地上部生物量的影响

综上所述，当环境变化不利于作物生长时，添加外源 AM 真菌能促进作物吸收更多营养，抵抗外界胁迫，反之则效果不明显。

5 学科展望

土壤微生物在土壤生态系统中发挥着重要作用，而我们对全球气候变化影响中的土壤微生物活动的研究才刚刚起步。在不断深入了解土壤微生物对全球气候变化响应的同时，我们更应该思考如何利用土壤微生物应对全球气候变化，更好的为人类服务。因此，以后的工作重点应从以下两个方面入手。

一是全面揭示全球气候变化对生态系统影响中的土壤微生物驱动过程。正确认识土壤微生物驱动过程有助于我们揭示土壤微生物多样性对全球变化的响应机制及演变趋势、典型地球环境关键过程中微生物的进化与适应、全球变化下土壤微生物与重要元素的生物地球化学过程。为此，我们需要从以下 4 个方面来加强对土壤微生物过程的认识。第一，新技术的引入，如稳定同位素探针技术、高通量基因组测序技术等，有助于我们更深入地揭示全球气候变化对土壤微生物群落和功能的影响；改进土壤微生物的可培养方法，为进一步研究微生物过程学提供可能。第二，在模拟参数上，从现在大气组分单因素模拟上升到多因素模拟，如 CO_2 和 O_3 共同模拟、CO_2 和温度共同模拟以及不同植物介导等，更真实地反映未来全球气候变化对土壤微生物的影响。第三，累积效应，由于土壤生物生态过程巨大的时空变异，短期局部的研究结果有时并不能反映真实状态，因此长期定位试验以及不同空间尺度下研究更能说明问题。第四，尺度效应，如根际与非根际土壤微生物的差异响应。全球气候变化多通过影响植物而间接影响土壤微生物，因而需要区分研究根际与非根际土壤微生物的不同响应。

二是合理利用土壤微生物调控土壤生态系统以应对全球气候的变化。土壤微生物调控着土壤生态系统。全球气候变化过程通过微生物影响土壤生态系统。在土壤微生物对全球气候变化响应的认知上，针对部分或整体土壤微生物，我们可以采用以下两种手段进行人为调控：一是内源手段，主要是刺激、强化和改造土壤微生物；二是外源手段，调控与全球变化相关的土壤生物过程，如加强土壤养分与水分管理、采用保护性耕作与生态互作等措施，以达到防止土壤退化、减少温室气体排放和增加土壤碳汇等目的。

21 世纪以来，全球气候变化已成为世界各国广泛关注的重要议题。在未来全球气候变化下，深刻理解微生物调控的地球生态系统的演化，将更具有重要的经济、社会和生态环境意义。我们相信，随着科学技术的进步，土壤微生物资源在地下生态系统中的地位、功能及其调控能力将会日益明确，利用土壤微生物来应对该全球变化也将完全成为可能。

参 考 文 献

Allen L H, Albrecht S. L, Colon-Guasp W, et al. 2003. Methane emissions of rice increased by elevated carbon dioxide and temperature. Journal of Environmental Quality, 32: 1978-1991.

Andersen C P. 2003. Source-sink balance and carbon allocation below ground in plants exposed to ozone. New Phytologist, 157: 213-228.

Andrew C, Lilleskov E A. 2009. Productivity and community structure of ectomycorrhizal fungal sporocarps under increased atmospheric CO_2 and O_3. Ecology Letters, 12: 813-822.

Ball A S, Milne E, Drake B G. 2000. Elevated atmospheric-carbon dioxide concentration increases soil respiration in a mid-successional lowland forest. Soil Biology & Biochemistry, 32: 721-723.

Baronti S, Tognetti R, Lanini G M, et al. 2008. Soil respiration and microbial activity in a Mediterranean grassland exposed to Free Air CO_2 Enrichment (FACE). Community Ecology, 9: 65-73.

Blagodatskaya E, Blagodatsky S, Dorodnikov M, et al. 2010. Elevated atmospheric CO_2 increases microbial growth rates in soil: results of three CO_2 enrichment experiments. Global Change Biology, 16: 836-848.

Brookes P C. 1995. The Use of Microbial Parameters in Monitoring Soil Pollution by Heavy-Metals. Biology and Fertility of Soils, 19: 269-279.

Cheng W G, Yagi K, Sakai H, et al. 2006. Effects of elevated atmospheric CO_2 concentrations on CH_4 and N_2O emission from rice soil: An experiment in controlled-environment chambers. Biogeochemistry, 77: 351-373.

Cooley D R, Manning W J. 1987. The Impact of Ozone on Assimilate Partitioning in Plants-a Review. Environmental Pollution, 47: 95-113.

Dhillion S S, Roy J, Abrams M. 1996. Assessing the impact of elevated CO_2 on soil microbial activity in a Mediterranean model ecosystem. Plant and Soil, 187: 333-342.

Dijkstra F A, Blumenthal D, Morgan J A, et al. 2010. Contrasting effects of elevated CO_2 and warming on nitrogen cycling in a semiarid grassland. New Phytologist, 187: 426-437.

Dohrmann A B, Tebbe C C. 2005. Effect of elevated tropospheric ozone on the structure of bacterial communities inhabiting the rhizosphere of herbaceous plants native to Germany. Applied and Environmental Microbiology, 71: 7750-7758.

Edwards N T. 1991. Root and soil respiration responses to ozone in pinus-taeda L seedlings. New Phytologist, 118: 315-321.

Feng Y Z, Lin X G, Mao T T, et al. 2010. Diversity of aerobic anoxygenic phototrophic bacteria in paddy soil and its response to elevated atmospheric CO_2. Microbial Biotechnology, doi: 10.1111/j.1751-7915.2010.00211.x.

Feng Y Z, Lin X G, Wang Y M, et al. 2009. Free-air CO_2 enrichment (FACE) enhances the biodiversity of purple phototrophic bacteria in flooded paddy soil. Plant and Soil, 324: 317-328.

Gruber N, Galloway J N. 2008. An Earth-system perspective of the global nitrogen cycle. Nature, 451: 293-296.

He Z L, Xu M Y, Deng Y, et al. 2010. Metagenomic analysis reveals a marked divergence in the structure of belowground microbial communities at elevated CO_2. Ecology Letters, 13: 564-575.

Inubushi K, Hoque M, Miura S, et al. 2001. Effect of free-air CO_2 enrichment (FACE) on microbial biomass in paddy field soil. Soil Science and Plant Nutrition, 47: 737-745.

Jackson R B, Cook C W, Pippen J S, et al. 2009. Increased belowground biomass and soil CO_2 fluxes after a decade of carbon dioxide enrichment in a warm-temperate forest. Ecology, 90: 3352-3366.

Kanerva T, Palojarvi A, Ramo K, et al. 2008. Changes in soil microbial community structure under elevated tropospheric O_3 and CO_2. Soil Biology & Biochemistry, 40: 2502-2510.

Kasurinen A, Keinanen M M, Kaipainen S, et al. 2005. Below-ground responses of silver birch trees exposed to elevated CO_2 and O_3 levels during three growing seasons. Global Change Biology, 11: 1167-1179.

Klamer M, Roberts M S, Levine L H, et al. 2002. Influence of elevated CO_2 on the fungal community in a coastal scrub oak forest soil investigated with terminal-restriction fragment length polymorphism analysis. Applied and Environmental Microbiology, 68: 4370-4376.

Korner C, Arnone J A. 1992. Responses to Elevated Carbon-Dioxide in Artificial Tropical Ecosystems. Science, 257: 1672-1675.

Larson J L, Zak D R, Sinsabaugh R L. 2002. Extracellular enzyme activity beneath temperate trees growing under elevated carbon dioxide and ozone. Soil Science Society of America Journal, 66: 1848-1856.

Lesaulnier C, Papamichail D, McCorkle S, et al. 2008. Elevated atmospheric CO_2 affects soil microbial diversity associated with trembling aspen. Environmental Microbiology, 10: 926-941.

Lou Y S, Inubushi K, Mizuno T, et al. 2008. CH_4 emission with differences in atmospheric CO_2 enrichment and rice cultivars in a Japanese paddy soil. Global Change Biology, 14: 2678-2687.

Marilley L, Hartwig U A, Aragno M. 1999. Influence of an elevated atmospheric CO_2 content on soil and rhizosphere bacterial communities beneath Lolium perenne and Trifolium repens under field conditions. Microbial Ecology, 38: 39-49.

Montealegre C M, van Kessel C, Blumenthal J M, et al. 2000. Elevated atmospheric CO_2 alters microbial population structure in a pasture ecosystem. Global Change Biology, 6: 475-482.

Montealegre C M, van Kessel C, Russelle M P, et al. 2002. Changes in microbial activity and composition in a pasture ecosystem exposed to elevated atmospheric carbon dioxide. Plant and Soil, 243: 197-207.

Moorhead D L, Linkins A E. 1997. Elevated CO_2 alters belowground exoenzyme activities in tussock tundra. Plant and Soil, 189: 321-329.

Moran K K, Jastrow J D. 2010. Elevated carbon dioxide does not offset loss of soil carbon from a corn-soybean agroecosystem. Environmental Pollution, 158: 1088-1094.

Morsky S K, Haapala J K, Rinnan R, et al. 2008. Long-term ozone effects on vegetation, microbial community and methane dynamics of boreal peatland microcosms in open-field conditions. Global Change Biology, 14: 1891-1903.

Paterson E, Hall J M, Rattray E A S, et al. 1997. Effect of elevated CO_2 on rhizosphere carbon flow and soil microbial processes. Global Change Biology, 3: 363-377.

Phillips R L, Zak D R, Holmes W E, et al. 2002. Microbial community composition and function beneath temperate trees exposed to elevated atmospheric carbon dioxide and ozone. Oecologia, 131: 236-244.

Pregitzer K S, Burton A J, King J S, et al. 2008. Soil respiration, root biomass, and root turnover following long-term exposure of northern forests to elevated atmospheric CO_2 and tropospheric O_3. New Phytologist, 180: 153-161.

Pritchard S G, Strand A E, McCormack M L, et al. 2008. Mycorrhizal and rhizomorph dynamics in a loblolly pine forest during 5 years of free-air-CO_2-enrichment. Global Change Biology, 14: 1252-1264.

Pritsch K, Esperschuetz J, Haesler F, et al. 2009. Structure and activities of ectomycorrhizal and microbial communities in the rhizosphere of Fagus sylvatica under ozone and pathogen stress in a lysimeter study. Plant and Soil, 323: 97-109.

Reddy G B, Reinert R A, Eason G. 1995. Loblolly-Pine Needle Nutrient and Soil Enzyme-Activity as Influenced by Ozone and Acid-Rain Chemistry. Soil Biology & Biochemistry, 27: 1059-1064.

Scagel C F, Andersen C P. 1997. Seasonal changes in root and soil respiration of ozone-exposed ponderosa pine (Pinus ponderosa) grown in different substrates. New Phytologist, 136: 627-643.

Schrader S, Bender J, Weigel H J. 2009. Ozone exposure of field-grown winter wheat affects soil mesofauna in the rhizosphere. Environmental Pollution, 157: 3357-3362.

Sowerby A, Blum H, Gray T R G, et al. 2000. The decomposition of Lolium perenne in soils exposed to elevated CO_2: comparisons of mass loss of litter with soil respiration and soil microbial biomass. Soil Biology & Biochemistry, 32: 1359-1366.

Turner N C, Waggoner P E, Rich S. 1974. Removal of Ozone from Atmosphere by Soil and Vegetation. Nature, 250: 486-489.

Vettori C, Paffetti D, Pietramellara G, et al. 1996. Amplification of bacterial DNA bound on clay minerals by the random amplified polymorphic DNA (RAPD) technique. FEMS Microbiology Ecology, 20: 251-260.

Williams M A, Rice C W, Owensby C E. 2000. Carbon dynamics and microbial activity in tallgrass prairie exposed to elevated CO_2 for 8 years. Plant and Soil, 227: 127-137.

Winkler J B, Lang H, Graf W, et al. 2009. Experimental setup of field lysimeters for studying effects of elevated ozone and below-ground pathogen infection on a plant-soil-system of juvenile beech (Fagus sylvatica L.). Plant and Soil, 323: 7-19.

Ziska L H, Moya T B, Wassmann R, et al. 1998. Long-term growth at elevated carbon dioxide stimulates methane emission in tropical paddy rice. Global Change Biology, 4: 657-665.

农业微生物学研究进展与产业化发展

近十年来，我国农业微生物学受到了极大的关注和重视，微生物在农业生产、农产品质量安全和环境保护等方面的重要性日益凸显。农业微生物近几年的研究进展主要表现在农用微生物资源、微生物主导的物质转化、土壤环境的微生物修复等方面。目前我国在收集、保藏、鉴定农业微生物各类种资源建设方面跨上一个新台阶，根瘤菌资源库藏数量和农药残留微生物降解菌种资源库为世界之最；我国开展了以施氏假单胞菌全基因组分析为代表的微生物转化调控机制研究；植物根际促生菌（PGPR）无论在种类的挖掘还是其作用机制方面都得以深入扩展，微生物在土壤障碍消减与调节方面的研究成为学科发展的新增长点；以454测序技术为代表的新一代测序系统，结合宏基因组学技术、稳定性同位素探测技术和二级离子质谱分析等技术，开展了以功能基因组学、代谢物组学、转录组学和蛋白质组学的研究。这些研究正在推进本学科的发展，且已成为农业微生物学研究的热点与前沿。

在产业化方面，以微生物肥料和生防微生物制剂为主导的产品已被国家列为生物产业的组成并得到国家支持。我国的微生物肥料形成了拥有800余家企业、年产量800万t、产值超百亿的产业。农业微生物产业化规模化发展为发挥微生物在维持与提高土壤肥力、保持土壤质量及健康、实现农业生产的持续稳定发展和保障农产品质量与安全等方面提供了重要支撑。

1 引言

农业微生物学是微生物学科的一个重要分支学科，涉及农业的各个学科。广义农业微生物学涉及农业生产的种植业和养殖业、农产品加工、农业生物技术及农业生态等方面的研究和应用。在我国，农业微生物学研究主要包括农用微生物资源、土壤微生物、养分循环转化、生物固氮、微生物肥料、微生物农药、农田环境的微生物修复、沼气发酵、发酵饲料、食用菌等方面（陆建中等，2007）。

农业微生物学从19世纪中叶诞生至今已有150多年的历史。我国开展该学科研究始于20世纪四五十年代，是以土壤微生物作为研究的主要对象建立和发展起来的。这是由土壤微生物种类与功能的多样性所决定的，具体表现出以下3个关键方面。一是微生物在土壤形成与其生产力持续发展中起到核心动力，是土壤活性的核心体现；二是微生物在土壤环境中起到了多种不可替代的作用，它既

本章作者：李俊、李力、姜昕、沈德龙。

是有机质的生产者，又是有机质的分解者，主导和参与了土壤中养分的转化利用，尤其是土壤中的有机质必须依赖微生物的分解，方能实现这些物质的循环利用；三是在近几十年中，农药、除草剂等有毒化学制剂施入土壤，大量残留物的降解也必须依靠微生物。因此，微生物在农业生产、环境保护及人类身体健康等方面的重要性已日益显现，生产实践的需求将是农业微生物学发展的最强推动力。

近20年来，我国农业微生物学受到了极大的关注和重视，在学科进步、产业发展及生产应用等方面均有了较快的发展，取得了许多重要成就。不仅缩短了与国际上先进水平的差距，有些方面还达到了世界领先或先进水平。同时，以土壤微生物多样性与功能、重要微生物功能基因组为核心的研究已成为该学科的热点与前沿。以微生物肥料和生防微生物制剂为主导的产业得以规模化发展，为发挥微生物在维持与提高土壤肥力、保持土壤质量及健康、实现农业生产的持续稳定发展和保障农产品质量与安全等方面提供了重要技术支撑。

本章从农业微生物学发展历程、近年的研究进展与展望、产业化发展三个部分进行简述。农业微生物学涉及面广，本章仅以土壤微生物研究和微生物肥料产业发展应用为主线进行阐述，农业微生物学其他方面的内容请参阅本书的相关专题。

2　农业微生物学的发展历程

我国的农业微生物学的发展历程可大致分为初期建立时期和全面发展时期。回顾其历程，必将对下一阶段的农业微生物学研究和产业化发展具有传承和启发作用。

2.1　初期建立时期

在19世纪中叶，西欧各国就开始了土壤微生物的研究，取得了一系列令人振奋的成果。例如，发现和证明豆科植物的固氮功能及根瘤菌的分离与培养，并做成制剂使用；鉴定出非豆科植物根瘤中共生菌为弗兰克氏菌（*Frankia*）；分离出好氧和厌氧自生固氮细菌；分离、培养出硝化细菌，揭示硝酸盐形成的过程并揭示生物的另一种营养现象——自养营养等开创性成果。随着研究工作的深入，已从多个方面揭示了土壤中的微生物及其重要功能，土壤微生物研究空前活跃，使得土壤微生物学在20世纪初叶成为一门独立的学科。但当土壤微生物学在欧洲迅速发展之际，我国却是一片空白。直到30年代才有张宪武、陈华癸、樊庆笙等少数几位学者在这一领域开展研究，直至1950年之前，我国的土壤微生物学只有一些零星的工作（陈文新等，2002）。

我国农业微生物学科建立始于在20世纪50年代，形成于60年代中期。其标志有两个：一是许多农业院校和科研单位建立了农业微生物教学和研究机构；二是较全面地开展了农业微生物方面的基础与应用研究。这一时期的研究内容涉及土壤微生物区系、根圈（根际）微生物、元素循环中土壤微生物的作用、水稻田土壤中微生物学过程、土壤生化活性和土壤酶、根瘤菌和豆科植物固氮作用、自生固氮细菌、固氮蓝细菌和红萍等方面。特别是当时我国学者首次发现了在水稻田厌氧条件下形成亚硝酸的现象等研究成果，接近或达到了当时的国际发展水平（陈文新等，2002）。在应用方面，主要进行了大豆根瘤菌和花生根瘤菌剂的研制和推广工作，并取得了很好的示范和增产效果。

2.2 农业微生物学全面发展时期

自20世纪80年代以来，我国农业微生物学进入了全面发展时期。人们对农业微生物研究内涵的认识不断扩展和深入。在继续开展微生物在土壤肥力和物质循环研究的同时，已开始注重对污染土壤的微生物的修复研究与应用。同时，以分子生物学为代表的新技术的引入与应用极大地推进了农业微生物研究的深入。这一时期开展的主要研究重点有：生物固氮资源与机制、菌根与丛枝菌根、溶磷菌、硅酸盐细菌、纤维分解菌的功能与应用，并开始了微生物对农药的降解及在土壤环境修复方面的研究。

生物固氮研究一直是受关注的重大科学命题，它的研究及其应用是解决我国粮食、能源和环境等问题的重大举措。当今氮素的来源主要有工业化肥和生物固氮两大途径，而生物固氮提供了全球植物所需氮肥量的75%（约4亿t尿素）。固氮微生物在常温常压下利用可再生能源固定空气中的氮素，并可直接被植物吸收利用，不出现对环境的任何污染，同时可改善土壤结构，增加土壤肥力和抗逆性。生物固氮体系可分为共生、联合（内生）及自生固氮三个方面。其中，共生固氮体系可为与固氮微生物共生结瘤的豆科作物、牧草和某些非豆科树木提供主要的氮素来源，已知的最佳天然联合（内生）固氮体系可为禾本科 C_4 植物甘蔗提供30%以上的氮素来源。但是到目前为止，生物固氮在我国生态农业中的作用还没有充分发挥，其原因在于：干旱、盐碱、酸性、高温、铵、氧等环境胁迫因子对固氮作用的限制，能量供应对固氮作用的限制，固氮微生物与宿主植物互作及其特异性限制等。因此，需要继续开展生物固氮的研究，以提高生物固氮效率、扩大宿主范围、提高生物固氮体系的抗逆性和对不同生态环境的适应性，才能实现生物固氮对我国农业生产的重大作用。

由于菌根能有效地帮助植物从土壤中吸收磷、锌、铜等营养元素，促进植物生长，提高植物在逆境中生长能力，因而其研究与应用得到了重视。丛枝菌根作为菌根中最重要的一类，它能与地球上80%以上的陆生植物形成共生体。这类真菌的菌丝在各种植物根系中交叉感染，形成植物根间的菌丝桥，在植物间交流营养元素，有助于植物群落的稳定生长。实验证明用菌根真菌接种可使西瓜增产42%～48%，玉米增产4.7%～18.8%，芋头增产76%（陈文新等，2002）。但到目前为止，由于它的纯培养尚未成功，因而难以在生产中大面积应用。

微生物对土壤磷素和钾的活化利用研究也得到关注。已开展的微生物溶磷机理研究表明，这类微生物通过产生各类有机酸，降低环境中的pH，使难溶性磷酸盐（无机磷）溶解为可吸收的有效磷；或通过产生的胞外磷酸酶，将有机磷分解为可吸收的有效磷。硅酸盐细菌的解钾机制研究发现，该类细菌可通过破坏钾长石晶格结构，释放其中的钾，为作物提供营养；存在的作用机制为有机酸与氨基酸的酸溶作用，以及它与荚膜多糖络合的联合作用。这增进了人们对硅酸盐细菌解钾功能的认识。

同样，我国农业微生物的产业化应用在这一时期得到快速稳定的发展。尤其是在总结我国微生物肥料研究、生产和应用历史经验后，加强了应用基础和机制，制订实施了微生物肥料的国家标准和农业行业标准，强化了质量安全监管，是保障微生物肥料行业发展的主要原因。在产品研发方面，相继推出联合固氮菌肥、硅酸盐菌剂、光合细菌菌剂、PGPR制剂和有机物料（秸秆）腐熟菌剂等适应农业发展需求的新品种，它们在农业可持续发展，减少化肥使用、促进农作物废弃物、城市垃圾的腐熟和开发利用、土壤环境的净化作用、保护环境，以及提高农作物产品品质和食品安全等方面的作用日益显现。同时，从制造和协助作物吸收营养、增进土壤肥力、增强植物抗病和抗干旱能力、降低和减轻植物病（虫）害、降解有机物料、产生多种生理活性物质刺激和调控作物生长等不同方面开展了较为全面的研究，得出微生物肥料的效应多为功能综合作用的结果。这些为我国微生物肥料行业的初步形成奠定了基础（李俊等，2006）。

3 农业微生物学近年研究进展与展望

本部分将通过农业微生物资源研究与评价、土壤微生物研究、生物固氮、学科展望4个方面进行阐述。

3.1 农业微生物资源研究与评价进展跨上新台阶

菌种资源是我国重要的国家生物资源，也是进行微生物研究和应用的基本材料。在农业微生物资源研究与利用研究方面，进行了大量的农业微生物菌种资源收集、鉴定和保藏，建立了资源共享平台；开展了资源评价与机制、微生物生态、微生物对土壤障碍消减与调节等方面的研究，为我国生物肥料、生物农药、土壤生态菌剂的发展提供了重要技术支撑。

3.1.1 农业微生物各类菌种资源的收集、保藏、鉴定得到持续提高

中国农业微生物菌种保藏管理中心是我国综合性农业微生物资源保藏机构，目前的库藏资源达 15 000 余株以上，其保藏的种类与数量仅次于美国的 ATCC 和荷兰的 CBS。其中，库藏食用菌菌种资源 1500 余株，涵盖了我国可栽培资源的所有菌种；其收集、整理保藏的木霉属真菌资源有 23 种 368 株。中国农业大学根瘤菌资源库藏达到 8000 余株，是全世界最大的根瘤菌资源库。农业部沼气科学研究厌氧微生物资源库保藏的严格厌氧微生物资源包括 18 属、33 种产甲烷古菌，已成为国内拥有最多产甲烷古菌资源的单位；其中从分离得到的产甲烷古菌的新种——胜利嗜热甲烷微球菌，是目前报道的生长温度最高的甲基营养型产甲烷古菌（Feng et al., 2009）。南京农业大学以各类农药、除草剂、杀菌剂和杀虫剂等为靶标，筛选获得了高效有毒残留物的降解菌种；还进行了以化工企业排放的各类有毒有机染物，如持久性污染物（POP）、苯环类污染物、石油类污染物、医药和化工中间体及染料类污染物以及各种抗生素为靶标，筛选和收集了各类降解菌株 2000 余株，建立了国内最大的农药残留微生物降解菌种资源库。

3.1.2 农业微生物资源能力建设得到了显著改善

为了保证微生物资源的规范和可持续利用，中国农业微生物菌种保藏管理中心组织全国相关单位制定了微生物资源共性、采集环境等 60 个描述规范，以及收集、整理、复核、保藏等技术规程 38 个。推行微生物资源规范化描述、整理标准化，出版了相应的技术规范和规程。自 2006 年以来，完成 2.2 万余株农业微生物资源规范化整理与信息化，占目前全国农业微生物资源量的 35% 以上，占农业微生物鉴定菌株的 90% 以上，并采用了液氮库、超低温冰箱、冷冻干燥等先进保藏技术方法。建设并完善网站（www.accc.org.cn）的资源数据检索系统，提高资源共享效率，每年对外共享菌株 2000 株/次以上。

3.1.3 农业微生物资源的挖掘应用得到了全面提升

农业微生物资源的研究与应用，还体现在新菌种鉴定、新基因发现、新代谢物发掘方面。它们为微生物肥料、微生物农药、生物饲料、农产品加工用微生

物、农业废弃物转化利用、食用菌资源、农业环境治理等方面研究提供重要支撑。

(1) 饲料微生物领域：在饲喂微生物菌株的研究与应用方面，目前我国允许使用的直接饲喂饲料添加剂达到16种；在饲料酶基因的获取与应用方面，中国农科院饲料研究所克隆并重组表达了大量性质各异的饲料用酶编码基因，包括蛋白酶、脂肪酶、植酸酶、木聚糖酶、葡聚糖酶、甘露聚糖酶、半乳糖苷酶及乳糖酶等，进行了植酸酶、木聚糖酶等蛋白质改造研究，提高了其比活力、热稳定性等酶学特性。

(2) 农业环境微生物领域：南京农业大学利用库藏农药降解微生物资源，开发的农药残留微生物降解技术，能有效消除农田土壤中的农药残留"库"容量95%以上，使农产品品质达到无公害或绿色食品标准。

(3) 微生物农药领域：华中农业大学分离到苏云金芽孢杆菌（*Bacillus thuringiensis*）2000多个分离体，完成了YBT1520的全基因组测序。我国鉴定了12个新血清型，克隆了60多个杀虫新基因。

3.2 当前我国土壤微生物研究进展

近几年的研究表明，微生物在土壤形成、养分供给、肥力维持、病害抑制调控、土壤环境净化，以及促进植物生长等方面具有不可替代的作用，其主要进展归纳如下。

3.2.1 重要农用微生物功能基因组研究已揭开序幕，其作用机制研究不断深入

微生物在氮、磷、钾素形态转化方面具有重要作用。共生固氮和联合固氮微生物通过氮素的固定，为作物提供大量的氮素营养。一些具有解钾和溶磷的微生物，可以将土壤中难溶的磷钾活化变成植物可以直接吸收利用的元素形态。目前世界上大约40多株固氮微生物完成了全基因组分析，其中2008年中国农业科学院等单位已经将施氏假单胞菌全基因组组进行了测序分析，这是国际上第一例联合固氮微生物基因组序列分析（Yan et al., 2008）。目前，中国农业科学院、山东农业大学等单位对胶冻样类芽孢杆菌（*Paenibacillus mucilaginosus*）和多黏类芽孢杆菌（*Paenibacillus polymyxa*）进行基因组测序与分析。还对存在于草酸青霉（*Penicillium oxalicum*）和洋葱伯克霍尔德菌（*Burkholderia cepacia*）中的解磷基因进行了研究，并研究、分离了其功能相关基因。

华中农业大学等单位完成了苏云金芽孢杆菌YBT1520的全基因组测序，测

定了棉铃虫核多角体病毒（HaSNPV）和斜纹夜蛾多角体病毒（SpltMNPV）的全基因组序列，对单个基因的功能研究也有了较多工作积累。这标志着国内昆虫杆状病毒的基础研究已进入国际先进水平。对绿僵菌（*Metarizium anisopliae*）和白僵菌（*Beauveria basiana*）的全基因组测序已基本完成，并克隆了体壁降解酶等侵染致病相关基因。完成了井冈霉素（Validamycin）和尼可霉素（Nikkomycin）基因簇全序列分析及部分基因的功能研究。通过对突变株阐明阿维链霉菌（*Streptomyces avermitilis*）阿维菌素生物合成的全过程研究，并完成了阿维菌素合成的全基因簇序列和功能分析。此外，球形芽孢杆菌的全基因组测序已经发表。这些进展已使抗生素合成路线的优化及新型抗生素药物的创新成为可能。

3.2.2 土壤污染的微生物修复取得了显著进展

我国研究工作者近几年在农药和重金属污染方面开展了大量的研究工作，取得了较大的进展。南京农业大学分离鉴定了多株高效降解菌株，建立了目前国内最大的农药残留微生物降解菌种资源库，包括甲基对硫磷、三嗪类降草剂、三唑磷、呋喃丹、六六六、DDT、菊酯类等农药的微生物降解菌株，已经筛选出农药残留微生物降解菌500余株，其中高效微生物降解菌40余株，克隆获得新的有机磷农药降解基因（*mpd*），对有机磷农药的代谢途径、基因表达与调控、甲基对硫磷水解酶（MPH）的结构与功能等有了深入而系统的认识（段玉玺等，2009）。福建农业大学将分离出的有机氯农药（六六六、DDT）降解菌株制成复合菌剂，应用于盆栽试验和田间小区试验，所得到的降解效应类似于纯培养试验，对有机氯的降解率达到了50%～60%；浙江工业大学通过循环富集法筛得多效唑高效降解菌群，能彻底降解多效唑，并建立了受多效唑污染土壤的再生修复技术，35天土壤中多效唑的降解效果达12%～86%。华东理工大学等从试验土壤中分离到高效降解阿维菌素的菌株，土壤接种该优势菌后有助于加快残留的阿维菌素降解。

3.2.3 植物根际促生菌研究得到重视，研究方向得以扩展

植物根际促生菌（plant growth promoting bacteria，PGPB），被界定为在一定条件下有利于植物生长的、自由生活在土壤、根际、根表、叶际的细菌。近年来的研究表明，PGPB通常有两种不同方式促进植物生长：一是它们通过提供植物所短缺的物质来直接影响植物的代谢。这些细菌能够固氮、溶磷、溶铁，并产生植物激素，如生长素、赤霉素、细胞分裂素。此外，它们还能提高植物的抗逆

性，包括干旱、高盐、重金属毒害和农药；二是间接促进植物生长，主要通过防止有害的植物病原微生物侵染，也称生物防治型 PGPB；它们产生的物质能抑制其他微生物，通过限制病原菌获得有效铁或通过改变宿主植物的代谢，以增强其抵抗病原菌感染的能力。生物防治型 PGPB 也可能通过固氮或分泌激素等机制促进植物生长。近几年植物根际促生菌研究体现以下 3 个特点。

（1）PGPR 种类迅速增加。许多土壤细菌尤其是根际细菌，可以通过直接影响植物的新陈代谢来刺激其生长。这些细菌包括醋酸菌属、无色杆菌属、鱼腥藻属、节杆菌属、固氮螺菌属、固氮菌属、芽孢杆菌属、伯克霍尔德菌属、梭菌属、肠杆菌属、黄杆菌属、弗兰克氏菌属、噬氢菌属（*Hydrogenophaga*）、克吕沃尔氏菌属（*Kluyvera*）、微鞘藻属（*Microcoleus*）、叶杆菌属（*Phyllobacterium*）、假单胞菌属、沙雷氏菌属、葡萄球菌属、霉菌属、副溶血性弧菌属以及包括与豆科植物共生根瘤菌属。考虑到生态环境的适应性和生产应用方便，近年来有目的地从芽孢杆菌中分离 PGPR 类成为研究和应用的热点（胡江春等，2004）。

（2）PGPR 的防治机制不断揭示。生物防治型 PGPB 对植物病原菌的防治机制包括三个方面，即化学的（产生抗生素、嗜铁素小分子物质、溶解酶等）、环境的（竞争和替代病原菌）和代谢的（系统获得抗性或诱导抗性以及调控植物激素水平）三个方面。PGPB 产生的具有植物病原菌防治的物质包括抗生素，如农杆菌素 84（agrocin 84）、农杆菌素 434（agrocin 434）、2,4-二乙酰基间苯三酚、草生欧文氏菌素（herbicolin）、吩嗪（phenazine）、oomycin、藤黄绿脓菌素（pyoluteorin）、硝吡咯菌素（pyrrolnitrin）、嗜铁素（siderophore）（Kloepper et al., 1980）；小分子物质，如氰化氢（HCN）；水解酶，如几丁质酶、昆布多糖酶（1aminarinase）、Q-1,3-葡聚糖酶、蛋白酶、脂肪酶等。

（3）PGPR 的应用领域日益扩展。除了在农业生产中应用，近年来 PGPB 的应用已扩展至环境领域。PGPB 可用于废水净化，一些 PGPB 能够产生胞外聚合物，如多糖、糖蛋白、脂多糖等，可与金属离子结合（李文亮等，2007）。例如，一种生枝动胶菌（*Zoogloea ramigera*）能形成具有很高金属键合活性的扩散性荚膜，当其生长在金属元素含量高的污水污泥中时，其吸收的金属离子的量可占细胞吸附总量的 25%；在废水处理中，采用光合细菌去除水中的 COD，其去除主要发生在光合细菌处理工段，经预酸化处理后废水在光合细菌处理下，COD 去除率达 90%（孔秀琴等，2009）。而固氮螺菌（*Azospirillum*）在废水的生物修复中促进微藻（*Microalgae*）的增殖和代谢，使其微藻中使用比单独使用时能更好地净化废水中的营养盐。从土壤中分离出的假单胞菌属（*Pseudomonas* sp.），在培养 38 h 的条件下可以使废水中的甲醇净化 90% 以上。

PGPB 还可应用于沙漠地区的植被恢复。固氮螺菌（*Azospirillum*）的接种可促进仙人掌幼苗的定居和生长。在侵蚀严重或受干扰的沙漠地区进行植被修复时，可借助接种 PGPB 和泡囊一丛枝菌根（即 VA 菌根）来促进沙漠植物的生长，以保持土壤稳定，防止水土流失及减少粉尘污染。

3.2.4 微生物在土壤障碍消减与调节研究是学科发展的新增长点

土壤障碍的发生类型很多，随着农业产业结构调整步伐加快，大棚作物面积迅速发展，但由于大棚的特殊生产环境和施肥上的不合理，使大棚土壤酸化盐化和作物生理缺素日益突出，影响蔬菜瓜类作物的生长、产量及品质。如何提高设施农业生产条件下的合理施肥水平，保证农产品的品质和食品安全，成为当前促进农业结构调整和发展无公害农产品生产的重要措施之一。土壤障碍现象，主要表现为土壤酸化盐化对作物产生不同程度的危害。另外，同一作物或近缘作物连作以后，即使在正常管理的情况下，也会产生产量降低、品质变劣、生育状况变差的现象，也是连作障碍所致。

针对不同的障碍发生类型设计针对性强的土壤微生物调控措施和消减对策，研究开发根际促生菌、菌根真菌、光合细菌等均有广泛的应用前景。土传病害是土壤障碍类型中最为严重的类型之一。植物土传病害的生物防治是利用土壤环境中有益的微生物产生拮抗病原微生物的拮抗物质，或寄生于病原微生物，或通过竞争土壤营养遏制病原微生物的滋生，或抑制植物病原菌的活动，或通过代谢产物诱导植物产生抗病性等作用，达到防治病害的目的。拮抗微生物由于兼具保护生态和抗病的双重功效，在植物病害防治中发挥着巨大的作用，得到了世界各国研究者的重视。

3.3 生物固氮研究进展

近年来，生物固氮机制的研究进展迅速，开展了固氮微生物和宿主植物基因组、功能基因组学研究等工作，初步从能量供应（碳代谢）对固氮作用的限制、固氮微生物与宿主植物互作及其特异性限制和固氮酶活性调节三大因素揭示了限制生物固氮效率。目前广受关注、正在开展的研究方向及取得的进展有以下五方面。

(1) 在根瘤菌与豆科宿主植物相互作用方面，有关早期根瘤的发生、发展和形成过程中微生物与植物相互识别、信号分子间相互作用的研究已经取得了重要进展。但是，在根瘤共生体的中、晚期，两者相互作用的研究仍缺乏系统性，如对只结瘤不固氮的突变体（nod＋fix-）的关键功能基因及其调控机制不清楚，包括根瘤类菌体的分化、固氮和衰老等生理过程的功能基因及其表达调控机制等。

（2）共生受体激酶 SYMRK 在共生信号传递途径中是根瘤菌、放线菌和菌根真菌共生信号接受和转导的交汇点，是所有植物内共生体形成所必不可少的受体蛋白。由此接口在非豆科植物中进行延伸，并与共生固氮特有的信号转导途径进行焊接，是根瘤菌扩大宿主范围，向非豆科植物进军的基点。

（3）固氮基因调控机制，以及碳代谢和氮代谢之间的调控偶联途径已经得到了解析，但是碳代谢总体调控蛋白 CRP 对固氮基因的表达也有普遍抑制作用，进一步解析碳代谢调控系统对固氮基因的调控偶联机制。

（4）在斯氏假单胞菌全基因组测序的基础上，进一步开展联合固氮微生物比较基因组和生物固氮体系进化，固氮基因网络调控机制研究。寻找联合固氮菌最佳固氮水平的新基因和新机制。

（5）根瘤菌系统发育研究有了新的进展。采用多个基因序列分析（multilocus sequence analysis，MLSA）进行生物固氮资源的分类在近几年普遍得到应用。MLSA 法已被用于中华根瘤菌属（Martens et al.，2008）、慢生根瘤菌属（Rivas et al.，2009）、巴西菜豆的根瘤菌、新疆地区多种野生豆科根瘤菌的系统学研究中（Han et al.，2008）。MLSA 法中用到的基因有：*recA*、*atpD*、*glnII*、*dnaK*、*rpoB*、*rpoA*、*gap*、*gltA*、*gyrB*、*pnp*、*thrC*、*gyrB* 等。随着新方法的不断引入，特别是根瘤菌多相分类技术的应用，根瘤菌的系统分类得到了迅猛发展，新的属、种不断发现。根据 16S rDNA 序列，根瘤菌可分为 6 个系统发育分支，分别为 α-Proteobacteria 纲的 4 个分支：① *Mesorhizobium*-*Sinorhizobium*-*Rhizobium* 分支；② *Bradyrhizobium* 分支；③ *Azorhizobium* 分支；④ *Methylobacterium* 分支。β-Proteobacteria 纲的两个分支即是⑤ *Burkholderia* 分支；⑥ *Rolstonia*分支。到目前为止，现有的根瘤菌包括在 11 属中，共 58 种。其中，另类根瘤菌属（*Allorhizobium*）内 1 种，固氮根瘤菌（*Azorhizobium*）内 2 种，慢生根瘤菌属（*Bradyrhizobium*）包含 6 种，根瘤菌属（*Rhizobium*）内包含 17 种，中慢生根瘤菌属（*Mesorhizobium*）内 12 种，中华根瘤菌属（*Sinorhizobium*）11 种。此外还有以前被分类于非共生细菌属种的共生固氮菌，包括苍白杆菌属内的 2 种（*Ochrobactrum lupini*，*Ochrobactrum cytisi*）、结瘤甲基杆菌（*Methylobacterium nodulans*）、假含羞草戴维斯菌（*Devosia neptuniae*）、结瘤伯克氏菌（*Burkholderiatubrum tuberum*）、植物伯克氏菌（*Burkholderiatubrum phymatum*）以及台湾罗尔斯通氏菌（*Ralstonia taiwanensis*）。另外，从豆科植物的根瘤内共分离得到叶瘤杆菌属（*Phyllobacterium*）内的 7 种。

3.4 农业微生物学研究展望

本学科的研究展望主要包含微生物的多样性和资源评价研究、微生物与植物生长的互作研究、有机质分解与氮磷等元素微生物转化、污染土壤的微生物修复4个方面。当前，应积极采用454测序技术为代表的新一代测序系统，结合宏基因组学技术、稳定性同位素探测技术和二级离子质谱分析等技术，开展以功能基因组学、代谢物组学、转录组学和蛋白质组学的研究，将在农业微生物功能机制和提高其应用效果方面取得突破。同时，应注重与相关学科的交叉与融合，在此基础上，必将极大促进该学科的全面发展，并为农业微生物学产业提供技术支撑。

3.4.1 微生物的多样性和资源评价研究

目前能够培养的土壤微生物还不到总数百分之一，因而多样性研究是农业微生物学的一个巨大任务。也是土壤微生物多样性有待解密的黑匣子。特别是我国幅员辽阔，气候地理环境复杂，孕育着巨大的生物多样性。当前分子生物学、生物信息学等新技术与传统方法相结合，已极大提高了微生物的研究能力。土壤原位测定技术和小亚单位核糖体核酸（16S rRNA）同源性与测序方法的发展为直接研究不可培养的原核生物提供了有效手段。有人采用DNAPDNA杂交发现1g土壤样品中含有4000种不同的细菌基因组（陈文新等，2002），其中的绝大部分是不能用经典平皿方法培养的。要继续推进微生物的多样性和资源评价研究，应做好如下几方面的工作。

（1）基于基因组学的免培养研究技术是推动土壤微生物资源评价深度和广度的重要方法。近来发展的454测序技术、土壤宏基因组学技术、16S rRNA探针杂交技术、荧光抗体技术等也已开始用于土壤环境中某些特殊微生物的分离与鉴定，即序列引导分离技术。当然，土壤宏基因组学技术除用于新基因和生物活性物质的筛选和挖掘之外，也为土壤微生物纯培养技术提供可供选择的培养基资源（蔡莹等，2006）。提高微生物的可培养性应综合采用多种有效的方法，并结合分子生物学技术使两种方法相辅相成。虽然分子生物学技术的发展为土壤微生物研究带来了前所未有的机遇，但如果仅停留在分子或基因水平上，就不能实现一个完整细胞或菌株的获取，难以做到土壤微生物种质资源的开发与应用。因此，众多研究方法的有机结合是土壤微生物研究的必然，综合传统纯培养技术、功能分析以及分子遗传学方法的策略，能够更完整地描绘微生物生态系统中的个体特征。

（2）提高微生物的可培养性是提高土壤微生物资源评价深度的重要手段。分离与纯培养技术的突破与创新，对于探索微生物生命机制和开发种质资源，即使在分子生物学时代也依然是不可替代的重要研究手段。在收集土壤微生物种质资源的过程中需要改进传统培养方法或采用新型培养技术（曹凤明等，2009），以提高微生物的可培养性并获得目标菌种，从而提高土壤微生物资源评价深度。在改进培养措施方面，可以尝试维持微生物间的相互作用、分散微生物细胞、利用琼脂替代物、减少毒性氧化物质的毒害作用、延长培养时间、供应新型电子供体和受体等方式；在新型培养技术方面，如稀释培养法、高通量培养法、扩散盒培养法、细胞包囊法等。

（3）加强微生物资源的收集、保藏、鉴定和重要微生物资源的选育是土壤微生物资源评价及应用的重点。从农业微生物资源的应用层面上来说，固氮菌（及根瘤菌）、溶磷菌、解钾菌、PGPR、光合细菌、菌根真菌、木质纤维素腐解菌、各种土壤修复降解菌、重金属耐性菌等有益微生物是微生物种质资源的收集重点。按照规定程序和方法进行菌种评价是应用的前提。从自然界分离筛选得到的优良微生物菌种经过长期的人工培养和保藏，原有的某些优良性状可能发生衰退，因此，为了恢复菌种原有性状或进一步提高菌种的优良特性，需要进行菌种的复壮，这是微生物菌种选育必须做好的工作。菌种保藏目的就在于尽可能保持菌种的活力防止死亡，保持菌种纯度防止污染，保持原有的性状防止退化。

3.4.2 微生物与植物生长的互作研究

植物在土壤中不能脱离微生物而生长，特别是根圈微生物和共生微生物。根圈（rhizosphere，也称“根际”）是植物生长中根系直接影响的土壤范围，是微生物与植物相互作用最活跃的界面。目前人们对根圈微生物动态的认识仍然很粗浅，因而使某些有益微生物的应用缺少理论依据和正确指导。利用现代分子生态学技术研究微生物与植物之间的影响，对于深入了解微生物对植物生长和生态环境的影响有重要的理论与实际意义。这些新技术方法包括群落水平生理图谱（BIOLOG® community-level physiological profile）、磷脂酸分析（PLFA）、荧光原位杂交（FISH）、分子指纹方法（AFLP、ARDRA）、以PCR为基础的rRNA或rDNA变性梯度凝胶电泳（DGGE）分析以及DNA芯片技术等。微生物和植物共生是很普遍的现象。根瘤菌和豆科植物共生结瘤固氮是研究微生物和寄主相互作用的很好模型，在目前取得重要进展的基础上，应继续深入了解其分子机制。菌根的研究和应用在不久的将来也会有更快发展。现在植物内生菌引起了人们很大的注意，包括细菌和真菌，它们虽然不与植物形成特殊形态结构，但二者关系密切，值得深入研究。微生物在植物根际和植物体内的有效定殖是菌株发挥其生物学功能的前提条件。

微生物的根际定殖已成为测量各种微生物-植物系统的一个重要参数，亦即测量引入微生物的根部定殖已成为揭示有益微生物的根圈微生态学特征，提高其根圈适应性和增产效果的重要研究内容。近年来随着分子生物学、蛋白质组学和基因工程等技术的发展，尤其是各种标记基因的相继发现，为人们研究功能微生物与植物的相互作用及接种菌在宿主植物根部的定殖情况提供了便捷的手段。

3.4.3 有机物料分解与氮磷等元素的微生物转化

土壤的物质循环及其动态研究一直是土壤微生物学的基本任务之一，包括土壤有机质、氮素、磷素、钙素、铁素在土壤中的循环转化与利用，以及有害元素的动态转化，这些研究同农业生产和环境保护均有密切关系。土壤是地球上有机质的主要储藏库，是微生物作用的活跃场所。秸秆还田腐熟是提高土壤有机质的重要手段，并且能补充大量的钾素养分。与土壤有机质相关的另一个问题是秸秆、畜禽粪便等有机物料的堆腐，即堆肥，它是加速有机质转化的一种特殊形式，虽然不在土壤中进行，但要回到土壤中去，与土壤中的物质循环和微生物活性的调节都密切相关。下面仅以有机物料分解特性与腐熟菌剂研发方面作简要展望。

秸秆等有机物物料在自然界中的分解，通常需要一个长时间的作用过程。它是在微生物产生的纤维素酶、半纤维素酶、木质素酶的共同作用下，逐步有序的接力分解过程。这是由于秸秆中的纤维素、半纤维素和木质素（简称“三素”）结构紧密有序（有晶体和非晶体区）、组成复杂（相对分子质量从几万至千万）、抗分解力强（非常稳定）。多数作物秸秆还因其表面存在大量蜡质层，又增加了秸秆的分解难度。同样，与秸秆复杂成分对应的分解“三素”的酶也非常复杂，表现在参与秸秆腐解的酶的种类多、功能专一、协同互作等方面。微生物是产生“三素酶”的主要来源，但不同微生物甚至是同一菌种的不同菌株，产生的“三素酶”的能力差异很大。在有氧中温条件下，强烈分解纤维素的真菌是木霉属（*Trichoderma*）、青霉属（*Penicillium*）和曲霉属（*Aspergillus*）的一些种，其中尤以木霉属受到充分重视。研究表明，木霉菌含有水解纤维素所必须的纤维素酶的三种组分，在秸秆腐熟菌剂的菌种组合中，应优先选用木霉菌。

由于分解秸秆的“三素酶”为多酶体系，每一体系又由多种酶组成，各酶组分之间存在协同作用。通常每一特定的微生物仅能产生其中的1～3种酶，因此，对于构建和生产高效秸秆分解菌剂而言，就需要多种能产“三素酶”的微生物菌种，且各菌种的酶系可相互补充，才能加速纤维素类物质的分解。尤其是细菌与真菌之间具有比较强的相互作用。需要说明的是，多个菌的作用并不是简单效应的算术之和。目前最新研究认为，实现秸秆的快速腐解，其关键是要尽早启动对半纤维素的分解，即要求菌剂产品中要有产半纤维素复合酶的微生物种类。

在秸秆腐熟菌剂的筛选方法上，利用微生物之间的功能协同作用与其生态适应性互补关系，复合菌系的研究越来越受到的人们的重视。中国农业大学和中国农业科学院等单位通过采用“腐解功能菌群富集—条件（定向）诱导—筛选培育—稳定高效复合菌系—发酵工艺研究—示范应用”的新技术路线，筛选和构建适应于不同作物秸秆类型、不同地域、不同应用条件下的多个高效秸秆腐解复合菌系，该菌系表现出强的生态适应性，并在多个试验区取得了良好效果。这为高效秸秆腐解菌剂的筛选构建提供了一条有效途径（李文学等，2010）。

3.4.4 污染土壤的微生物修复

土壤和水域的污染是各国政府和人民都十分关切的问题。土壤的污染源包括有机物（农药、除草剂等）和无机物质（重金属等）。同时，克隆基因经过土壤载体进入植物和人体，是否会造成长远不利影响，也引起了人们关注。因此，土壤环境的微生物治理研究更加活跃起来。目前开展的土壤微生物修复研究中，多种微生物生态学新技术不断引入和应用，加快了人们对土壤微生物活动规律的研究和认识。目前，这一领域的研究已成为热点。

针对修复对象，制订和应用相应的研究策略，是解决污染修复的关键。例如，要获得对农药残留高效降解的微生物，不仅要筛选、诱导、驯化产各种胞外降解酶类种类多且活性高的菌株，对其降解机制了解，还要求其生态适应性强，这样才能实现达到预期的目的。同时还要了解，选用的微生物菌株的降解过程是通过直接作用为主，还是间接作用为主，或是这两种方式联合作用的结果。前者由微生物分泌降解酶类，通过酶促反应降解农药，常见的降解酶类主要有水解酶类和氧化还原酶类，这是实现农残降解的主要方式。后者通过微生物的活动改变了化学和物理的环境而间接作用于农药，如微生物活动使环境 pH、氧化-还原电位发生变化而引起农药降解。

4 我国农业微生物产业发展与趋势

由于农业微生物在维持土壤肥力，恢复、保持土壤质量健康，以及实现农业可持续发展中的不可替代作用，我国在未来相当长的时期将继续大力发展农业微生物产业。因此，国家的强劲需求，是我国农业微生物产业发展的推动力（李俊等，2006，2010）。

农业微生物产业包括微生物肥料、微生物农药、饲料添加菌剂、食用菌等行业。本章仅以微生物肥料为例来阐明我国农业微生物产业的发展，其他参阅本书的相关专题。

4.1 国家生物产业政策促进了我国农业微生物产业的发展

自2008年以来，与微生物肥料相关的生物产业无论是国家政策，还是产业化专项，均是有史以来力度最大、涉及面最广的时期，为我国微生物肥料发展提供了极其良好的机遇。2009年6月国务院颁布《促进生物产业加快发展的若干政策》、国家发改委实施《绿色农用生物产品高技术产业化专项》和《国家高技术产业化示范工程项目》、农业部和财政部联合部署实施《国家土壤有机质提升试点补贴项目》，同时国家税务总局发布《有机肥（生物有机肥）产品免征增值税的通知》，为我国微生物肥料产业发展提供了政策和资金支持。明确微生物肥料是生物农业领域产业的重要产品，是生物产业的组成部分。

《促进生物产业加快发展若干政策》的定位是把生物产业培育成为高技术领域的支柱产业和国家的战略性新兴产业。它确定的4个政策目标为：一是引导技术、人才、资金等资源向生物产业集聚；二是建立以企业为主体、市场为导向、产学研相结合的产业技术创新体系、培育若干个跨国经营的大型生物企业和一大批拥有自主知识产权的创新型中小生物企业；三是加强生物技术专利保护和物种种质资源保护；四是保障生物安全。同时，在《促进生物产业加快发展若干政策》文件中，将生物农业领域列为现代生物产业发展的5个重点领域之一，而生物肥料是生物农业领域产业的重要产品。因此，它的颁布实施必将促进我国生物产业的进一步发展，更是指导未来微生物肥料行业全面提升的纲领性文件。

下一步将在这一纲领性文件的基础上，制订涉及促进微生物肥料行业发展的财税政策、产业化投入和市场准入等方面的实施细则。使这些方面的内容具体和可操作，如企业所得税收的减免优惠政策，国家对生物技术研发与产业化的投入比例，出台财政性资金优先采购自主创新生物产品制度，支持符合条件的中小生物企业在中小企业板和创业板上市，鼓励符合条件的生物企业在境内外上市筹资等办法。尤其是国家要建立和完善生物产品市场准入政策，对涉及国家安全、人体健康安全、动植物安全、环境保护的生物产品和技术，由国务院有关部门依法实施市场准入制度。

4.2 发展形成了微生物肥料为核心的产业

由于国家近几年对微生物肥料的支持和新生物技术的应用，我国的微生物肥料产业发展迅速，已形成了拥有800余家生产企业、产能800万t、11个品种、产值超百亿的微生物肥料产业规模，并已成为我国农业生物产业的重要组成部分。目前登记的微生物肥料产品数量达 1200 个，应用面积在 1 亿亩[①]以上。微生物肥料在国家生态示范区、绿色和有机农产品基地中已成为肥料主力军，其用量超过 400 万 t，约占我国微生物肥料年产量的 50%，且这一数字还呈不断上升趋势。由于微生物肥料在培肥地力，提高化肥利用率，抑制农作物对硝态氮、重金属、农药的吸收，净化和修复土壤，降低农作物病害发生，促进农作物秸秆和城市垃圾的腐熟利用，保护环境，以及提高农作物产品品质和食品安全等方面表现出不可替代的作用，发展前景良好。按现在的发展势头，我国的微生物肥料将在 2012 年总产量达到 1000 万 t 以上，成为肥料家族中的重要成员之一。农业微生物产业化规模化发展为发挥微生物在维持与提高土壤肥力、保持土壤质量及健康，实现农业生产的持续稳定发展和农产品质量与安全提供了重要支撑。

4.3 明确了微生物肥料产业发展重点环节和产业升级的主要内容

4.3.1 微生物肥料产业发展的三个重点环节

结合我国微生物肥料产业特点，凝练出产业发展的以下三个重点。

一是着力推进创新能力建设，建立国家生物肥料新功能、高效生物肥料菌种筛选与评价平台、微生物组合技术和定向发酵调控技术平台，提高创新与产业化能力。

二是以微生物肥料优势产品的产业化为重点，通过示范与引导，优化产业布局，加快产业化发展。

三是采用政府扶持、企业化运作、产学研结合，原始创新与集成创新并举的方针，走“自主创新、集成应用、产业开发”的发展模式，推动优势企业和企业集群的形成，整体提升生物肥料产品的研发与产业化能力，大幅度提高产品质量，发挥其在农业可持续发展、农产品质量安全、节本增效等方面的综合效应。

4.3.2 推动我国生物肥料产业升级的三个方面的主要内容

一是高效营养促生类生物肥料产品的研制与产业化，研制开发具有高效、抗逆、安全的固氮、溶磷、解钾等营养促生类生物肥料，优化生产工艺，缩短培养时间，提高单位产品的菌含量和功能活性，加快其产业化开发。

---

① 1 亩≈667m^2。

二是土壤功能修复及连作障碍克服类生物肥料产品的研制和产业化，筛选高效快速降解农田有机污染物、土壤修复、克服作物连作障碍和秸秆快速腐解的优良菌株，研究和应用保护剂、膜技术材料和工艺，研制高效、抗逆、保质期长、安全的具有土壤功能修复及克服连作障碍产品，建立生产基地，开展相关技术中试与产业化示范。

三是新型复合、专用生物肥料的研制和产业化，研制和开发新型有机-无机-生物复合肥料，完善生产工艺，优化肥料配方，提高生产效益和使用效果。建立专用有机-无机-生物复合肥料生产基地，开展相关技术中试与产业化示范，开发粮食作物、经济作物新型专用微生物肥料、新型复合微生物肥料和生物有机肥，产品质量达到国际水平。

4.4 微生物肥料发展方向

我国的微生物肥料行业与其他国家相比，具有品种种类多、应用范围广的特点，尤其是在研制开发及应用功能微生物与有机营养物质、微生物与无机营养物质的复合而成的新产品方面，处于领先地位。这些产品目前在我国已形成较大生产规模，在提高化肥利用率、降低化肥使用量和减少环境污染等方面，已取得了较好的效果，研制开发具有广阔前景。然而，由于我国长期在微生物肥料方面研究缺乏投入，使得我国的生物肥料产业依然存在整体水平不高、技术创新不足、产品质量与应用效果表现欠稳定等缺陷，这些都是我国微生物肥料行业急需解决的问题，也是行业进一步发展必须解决的难题（陈文新等，2002）。分析我国微生物肥料产业发展的历程，结合我国和世界农业可持续发展的需要，以下 4 个方面将会是下一阶段研究和应用的重点。

4.4.1 选育性能优良菌株是微生物肥料功效的核心环节

采用现代高通量和常规菌种筛选技术，并结合现代分子生物学技术手段，筛选培育具有营养促生、腐熟转化、降解修复等功能的优良菌株，是研制一批有节肥增产、降耗培肥、改良土壤和提高品质等高效多功能、安全实用的微生物肥料产品的基础和关键。重点是筛选可提供作物固氮（根瘤菌）、解磷（AM 真菌等）、解钾功能的微生物菌种，减轻和克服作物病害与连作障碍的新资源，以及修复土壤和分解腐熟有机物料的功能菌群。具体内容包括开展分离筛选优良菌种、培养特性、有效性指标、代谢产物，以及菌种对于土壤、作物品种的适应能力或要求等研究。

4.4.2 功能菌株菌群的组合是微生物肥料功效的保证

自20世纪90年代后期，微生物肥料的研究与应用有向多菌株复合方向发展的趋势，单一菌种的生物肥料已经不再是应用的主体产品。不同功能的多菌株组合、功能互补的复合微生物肥料已成为研究和应用的主要发展方向。需要研究者在深入了解有关微生物特性的基础上，采用新的技术手段，根据用途把几种所用菌种进行科学合理组合，使某种或几种性能组合后明显提高，发挥复合或联合菌群的互惠、协同、共生等作用，排除相互拮抗的发生。

4.4.3 微生物肥料生产工艺和设备的改进，是产品质量提高和效果稳定的基础

我国微生物肥料质量的提升和应用效果的稳定，需要全行业采用现代发酵工程和自动控制技术，以提高产品中功能微生物的密度；采用保护剂和包装新材料，延长菌剂的货架期；使生产设备逐渐走向自动化，工艺流程趋于合理，能准确确定运行参数的量化指标；同时降低生产成本。重点以根瘤菌、胶胨样芽孢杆菌及其他应用性良好的芽孢杆菌菌株为代表，研究其菌体和芽孢高密度形成的条件和障碍因子，通过代谢调控等手段，实现菌体数量（或芽孢成率）以及其他功能性物质的提高，并完成其放大和产业化。

4.4.4 重点的功能产品研究和应用，是微生物行业发展的推动力

目前研发的热点产品主要是有机物料腐熟菌剂（也称发酵菌剂）、土壤修复菌剂（重茬、解毒、农药降解等）、根瘤菌剂和生物有机肥。研制开发连作障碍产品，应针对我国目前农业生产中蔬菜、中药材连作及保护地耕作下，广泛存在的病害发生、品质下降等问题，采用分子生态学方法分析评价连续耕作、保护地耕作下的作物根际微环境，找出障碍因子；通过筛选利用能够改善根际微域的微生物组成，达到促进作物对营养物质的吸收与利用、控制病虫害的发生和提高作物产量和品质的目的。腐熟菌剂和生物有机肥的研究对于我国农业生产的可持续发展具有重大的意义，以秸秆和畜禽粪便快速腐熟为目标，构建快速分解秸秆、畜禽粪便等有机物料的分解复合菌系，完成秸秆、畜禽粪便等有机物料的快速腐熟和无害化处理。在根瘤菌产品研究和应用方面，应针对我国高效共生固氮菌剂产品种类相对单一，存在应用效果不甚明显、稳定性不能满足实际需要的问题，以在中西部具有良好应用前景和效果的豆科牧草、豆科中药材，以及我国主要的

豆科作物，如花生、大豆为应用对象，研制抗逆性强、固氮性能高的根瘤菌剂产品（李俊等，2006，2010）。

本章在撰写过程中，得到陈文新院士、李季伦院士、葛诚研究员、李阜棣教授和喻子牛教授的指导，在此一并致谢！

参考文献

蔡莹，陈秀珍，杨克迁，等. 2006. 云南腾冲热泉土壤微生物基因组文库的构建与分析. 微生物学报，46(3)：247-431.

曹凤明，李俊，沈德龙，等. 2009. 多重PCR技术检测微生物肥料中巨大芽孢杆菌和蜡样群芽孢杆菌的研究与应用. 微生物学通报，36(9)：1436-1441.

陈文新，李阜棣，闫章才. 2002. 我国土壤微生物学和生物固氮研究的回顾与展望. 世界科技研究与发展，24(4)：6～12.

段玉玺，焦石，陈立杰，等. 2009. 抗大豆胞囊线虫的根际促生菌的筛选及其鉴定. 大豆科学，28(3)：507-510.

胡江春，薛德林，马成新，等. 2004. 植物根际促生菌（PGPR）的研究与应用前景. 应用生态学报，15(10)：1963-1966.

孔秀琴，张绍斌，张庆芳. 2009. 预酸化对高含量苯胺废水光合细菌处理的影响，水处理技术，35(6)：103-106.

李俊，姜昕，李力，等. 2006. 微生物肥料的发展与土壤生物肥力的维持. 中国土壤肥料，4：1-5.

李俊，喻子牛，李力. 2010. 2009-2010农业微生物学学科发展报告. 见：中国科学技术协会，中国微生物学会，2009～2010微生物学科发展报告. 北京：中国科学技术出版社.

李文亮，谢经磊，尚重阳. 2007. 苯胺类化合物微生物降解研究进展. 环境科学与管理，32(11)：102-105.

李文学，李力，李俊，等. 2010. 小麦秸秆高效腐解菌复合系WSS-1的选育及其菌群分析. 生态学报，30(3)：0759-0764.

陆建中，林敏，邱德文. 2007. 我国农业微生物产业发展战略与对策. 中国农业科技导报，9(4)：22-25.

陆鹏，洪源范，洪青，等. 2008. 遗传稳定型六六六、甲基对硫磷降解基因工程菌的构建及特性研究. 环境科学，29(7)：1793-1796.

Feng Yixiao, Cheng lei, Zhang Xiaoxia, et al. 2009. Thermococcoides shengliensis gen. nov., sp. nov., from oil-production fluid, representing a novel genus of the order *Thermotogales*1. Int J Syst Evol Microbiol, 10. 1099/ijs. 0. 013912-0v1-ijs. 0. 013912-0.

Handelsman J, Rondon M R, Brady S F, et al. 1998. Molecular biological access to the chemistry of unkown soil microbes: a new frontier for natural products. Chen Biol, 5(10): 245-249.

Han TX, Wang ET, Han LL, et al. 2008. Molecular diversity and phylogeny of rhizobia associated with wild legumes native to Xinjiang, China. Systematic and Applied Microbiology, 31(4): 287-301.

Kloepper J W, Leong T, TeintzeM, et al. 1980. Enhanced Plant growth by Side phones produced by plant growth promoting rhizobacteria. Nature, 286: 885-886.

Martens M, Dawyndt P, Coopman R, et al. 2008. Advantages of multilocus sequence analysis for taxonomic studies: a case study using 10 housekeeping genes in the genus Ensifer (including former *Sinorhizobium*). Int J Syst Evol Microbiol, 58: 200-214.

Rivas R, Martens M, Lajudie P, et al. 2009. Multilocus sequence analysis of the genus Bradyrhizobium. Systematic and Applied Microbiology, 32 (2): 101-110.

Ribeiro RA, Barcellos FA, Thompson FL, et al. 2009. Multilocus sequence analysis of Brazilian *Rhizobium* microsymbionts of common bean (*Phaseolus vulgaris* L.) reveals unexpected taxonomic diversity. Research in Microbiology, Vol. 160 (4): 297-306.

Yan YL, Yang J, Don YT, et al. 2008. Nitrogen fixation island and rhizosphere competence traits in the genome of root-associated Pseudomonas stutzeri A1501. PNAS, 105 (21): 7564-7569.

农业微生物的功能基因组学研究进展

1　功能基因组学概述

1.1　定义

功能基因组学（functional genomics），又称后基因组学（postgenomics），它利用基因组测序产生的大量丰富的数据，应用生物信息学和高通量的试验方法及模型，分析基因及基因组中非编码序列的生物学功能。不同科学工作者根据其研究领域，对功能基因组的定义的侧重点有所不同。Gibson 和 Muse（2009）定义它为确定每一个基因产物的生物化学、细胞学和生理学功能而发展的方法，Pevsner（2009）的定义中，功能基因组学是在基因组的水平上研究 DNA（包括基因与非基因部分）以及 DNA 编码的核酸与蛋白产物的功能的一门学科。

功能基因组学专注于研究基因组信息中的动态部分，如基因转录、翻译和蛋白间的相互作用，以期望在基因、RNA 转录、蛋白质产物等水平上，全面分析基因的功能。其研究目标为了解基因及其产物的性质与功能，以及基因组与其表型之间的关系，揭示基因组功能及调控机制，从而还原基因表达、行使职能、协同调节整个生物体的活动、控制各种生命现象的过程。功能基因组与传统研究基因功能的最大区别在于使只针对单一基因或蛋白质的研究转变为对多个基因和蛋白质的系统研究，因此需要高通量技术的协助，这样才可能同时分析大量的基因功能及基因之间的相互关系。

1.2　历史回顾

基因组（genome）一词是 1920 年 Winkles 用 gene 和 chromosome 组成的，用于描述生物的全部基因和染色体组成的概念。

1986 年美国科学家 Thomas Roderick 提出了基因组学（genomics），指对所有基因进行基因组作图（包括遗传图谱、物理图谱、转录本图谱）、核苷酸序列分析、基因定位和基因功能分析的一门学科，并将其作为一个新创刊的杂志名。

20 世纪 90 年代启动的人类基因组计划（human genome project，HGP）是

本章作者：王磊、王荃、王晓亭。

人类生命科学发展史上的里程碑，随着人类基因组全序列测定工作的完成，人类基因组学研究取得了重大进展。虽然人类的基因比预想的 10 万个左右少得多(是 3 万个左右)，但其中已知功能的基因不到一半。面对数据库中大量的未知功能的基因序列，系统分析这些基因的功能将成为后基因组时代的主要任务。因此，基因组学的研究也相应地转向功能基因组学。

1994 年美国发起的微生物基因组计划（microbial genome program，MGP）是继人类基因组计划以来在生命科学领域启动的又一重大工程，*Science* 杂志连续两年将微生物基因组研究列为年度的世界十大科技进展。相比真核生物，微生物的基因组容量小、结构简单，因而更容易被破译。

1995 年 7 月，美国完成世界上第一个细菌基因组，即流感嗜血杆菌（*Haemophilus influenzae*）的全基因组序列的测序工作（Fleischmann et al., 1995）。自此之后，大量微生物的基因组被相继破译。

1998 年 12 月发表的线虫（*Caenorhabditis elegans*）全基因组的 DNA 序列，是功能基因组学研究具有划时代意义的一个重要事件，线虫是第一个被测定全部基因组序列的多细胞真核生物。虽然线虫本身并不具有什么医学或经济学上的意义，但它却是研究其他许多生物学过程、生命现象的十分优秀的模式生物，为研究人类基因的功能提供了很有价值的参考。

1.3 研究范围

功能基因组学的主要研究内容包括以下几个方面。

（1）基因组多样性：人类基因组 DNA 序列中最常见的变异形式是 SNP，对其进行研究，无论对于了解人类的起源、进化和迁徙，还是对于生物医学均会产生重大的影响。

（2）基因功能：主要包括生物学功能，如作为蛋白质激酶对特异蛋白质进行磷酸化修饰；细胞学功能，如参与细胞间和细胞内信号传递途径；发育上的功能，如参与形态建成等。

（3）突变检测、突变体构建和转基因：突变包括随着时间（如有机体的发育）和空间（如人体不同区域）的变化基因、RNA 和蛋白质产生的自然变异；而构建突变体的主要目的是基因表达被阻断后在细胞和整体所产生的表型变化，以识别基因功能。

（4）比较基因组学：在基因组水平对各个生物进行对照比较，可以揭示生命的起源和进化、发现蛋白质功能。在不同物种、不同进化水平的生物的相关基因之间进行比较分析，是基因研究的重要手段。

（5）基因转录表达谱及其调控：包括基因的表达调控机制，基因在生物体代谢过程中的地位，分析基因、基因产物之间的相互作用关系，确定基因调控网络等。一个细胞的转录表达水平能够精确而特异地反映其类型、发育阶段以及反应状态，是功能基因组学的主要研究内容。转录表达谱包括全长 cDNA 克隆与测序和通过 DNA 芯片获得的基因转录图谱。

(6) 蛋白质组学：在生命体或细胞的整体水平研究蛋白质的表达及其功能、蛋白质之间的相互作用和修饰状态（如磷酸化和糖基化）。

(7) 生物信息技术平台与相应数据库的构建。

1.4 微生物功能基因组学在农业微生物研究中的应用

2009 年 2 月 26 日，国土资源部公布的 2008 年全国土地利用变更调查结果显示，截至 2008 年 12 月 31 日，全国耕地面积为 18.2574 亿亩，又比上一年度减少 29 万亩。这已经是耕地面积第 12 年持续下降。另外，中国的人口仍然在不断地增长。这就对农业生产的效率提出了更高的要求。

农业微生物因与农业的密切联系也成为研究中新的发展点。因功能基因组学专注于基因的生物学功能的研究，是揭示生物学现象的重要手段。功能基因组学能够帮助我们了解农业微生物相关特性的原理。重要的功能基因的鉴定，为我们生产更专一的酶制剂提供了可能；而农业病原菌相关的微生物功能基因组的研究，也将为农作物细菌性病害的研究，为防治农作物病害开辟新的途径。所以微生物功能基因组学的研究在农业微生物研究中应成为重要的组成部分。

2 功能基因组学的主要研究手段

2.1 计算基因组注释

基因组注释（genome annotation）是应用生物信息学的方法，高通量地注释基因组所有编码产物的生物学功能。基因注释包括基因预测，即可读框（ORF）识别，和确定蛋白质功能，即基因组功能注释两部分。

基因预测的方法主要有以下两种。

(1) 搜索数据库，将待查序列与已知的蛋白质序列、mRNA 序列和 DNA 序列进行比对，如果通过搜索发现待查序列与序列表达签（expressed sequence tag，EST）或已知的蛋白质编码序列相似，则可推测该序列是基因序列。

(2) 将每条 DNA 链按 6 个可读框（3 个正向和互补链中的 3 个反向）全部翻译出来，然后找出所有可能的不间断的可读框。

基因功能注释的方法主要有以下三种。

(1) 同源性搜索：基于同源蛋白质，将未知蛋白质序列与数据库中的蛋白质序列进行比对，如果两个蛋白质序列相似度较高，则未知蛋白质可能与数据库中的蛋白质功能相同。常用的方法是 BLAST (basic local alignment search tool) (Altschul et al., 1990)。

(2) 模体搜索：模体是功能相关的保守序列。如果序列整体同源性较差，则需要查找序列上的局部特征，即进行模体搜索，以提高预测的灵敏度。模体数据库是由现有的蛋白质家族各成员的多重联配来构造的。

(3) 直系同源簇 (cluster of orthologous group, COG) 搜索：所谓直系同源 (ortholog) 是指不同物种中由同一个祖先基因特化而来的对应基因，相应旁系同源 (paralog) 是指基因组内基因复制形成的多个基因 (Tatusov et al., 1997)。一般而言，直系同源之间保持了同样的功能，旁系同源则进化出不同的功能。直系同源簇方法就是用同一直系同源簇中的已知基因注释未知基因的功能，即在基因组水平上寻找直系同源体，测未知基因的功能。

2.2 转录组研究技术

转录组 (transcriptom) 也称为表达谱，广义上指某一生理条件下，细胞内所有转录产物的集合；狭义上指所有 mRNA 的集合。与基因组不同的是，转录组的定义中包含了对时间和空间的限定。同一细胞在不同的生长时期及生长环境下，其基因表达情况是不完全相同的。

转录组学 (transcriptomics)，是一门在整体水平上研究细胞中基因转录的情况及转录调控规律的学科。简而言之，转录组学是从 RNA 水平研究基因表达的情况。目前，转录组成为研究基因表达的主要手段，通过特定生理条件下细胞内 mRNA 的丰度来刻画基因表达水平并外推到最终蛋白产物的丰度是目前这一类基因表达研究的基本思想。

研究转录组的基本方法包括芯片技术和转录组测序方法。基于杂交技术的芯片技术包括 cDNA 芯片和寡聚核苷酸芯片。转录组测序方法包括基于序列分析的基因表达系列分析 (serial analysis of gene expression, SAGE)，大规模平行信号测序系统 (massively parallel signature sequencing, MPSS) 和转录组高通量测序。

芯片杂交主要是研究芯片上既定的基因和转录本。虽然基因芯片已成为功能基因组研究中最主要的技术手段，但是芯片无法同时大量地分析组织或细胞内基因组表达的状况，而且由于芯片技术需要准备基因探针，所以可能漏掉那些未知的、表达丰度不高的、可能是很重要的调节基因。

基因表达系列分析是近年来发展的以测序为基础的分析特定组织或细胞类型中基因群体表达状态的一项技术。其显著特点是能够快速高效地、接近完整地获得基因组的表达信息。基因表达系列分析可以定量分析已知基因及未知基因表达情况，在疾病组织、癌细胞等差异表达谱的研究中，基因表达系列分析可以帮助研究者获得完整转录组学图谱、发现新的基因及其功能、作用机制和通路等信息。大规模平行信号测序系统是对基因表达系列分析的改进，它能在短时间内检测细胞或组织内全部基因的表达情况，是功能基因组研究的有效工具。

转录组测序不限于预先确定的基因集，可以检测未发现的转录本和可变剪接体，另外，除去 cDNA 转化过程中的实验误差以外，转录组测序方法只涉及抽样的随机误差，这类噪声可以通过统计分析滤除。随着并行测序技术的发展，测序成本降低，大规模转录组测序将成为转录组研究的重要方法。

转录组可以提供什么条件下什么基因表达的信息，并据此推断相应未知基因的功能，揭示特定调节基因的作用机制。通过这种基于基因表达谱的分子标签，不仅可以辨别细胞的表型归属，还可以用于疾病的诊断，如阿尔茨海默病（Alzheimer' s disease，AD）等。转录组的研究应用于临床的的另一个例子是可以将表面上看似相同的病症分为多个亚型，尤其是对原发性恶性肿瘤，通过转录组差异表达谱的建立，可以详细分析出患者的生存期以及对药物的反应等。

2.3 蛋白质组研究技术

蛋白质组（proteome）一词，是由蛋白质（protein）与基因组（genome）两个词组合而成的。Marc Wilkins 在 1995 年最早提出了这个概念，即“一个基因组所表达的全套蛋白质”，包括一种细胞或者一种组织所表达的全部蛋白质。蛋白质组随着细胞所处环境或者存在的位置不同而改变。在转录时剪接形式的不同，翻译后修饰形式的不同都会造成同一基因的蛋白质产物不同。

蛋白质是基因功能的直接实施者，研究蛋白质的结构、定位和蛋白质之间的相互作用，将为揭示生命现象的本质提供直接的基础。而蛋白质组学本质上就是在大规模水平上研究包括蛋白质表达水平、翻译后修饰、蛋白质间的相互作用等特征。蛋白质组学的研究试图比较细胞在不同生理或病理条件下蛋白质表达的异同，对相关蛋白质进行分类和鉴定，从而动态描述基因调节以解释基因表达调控机制。

蛋白质组学的研究内容有：①蛋白质定位：这在一定程度上有助于了解蛋白质的功能，如荧光蛋白表达系统就是用于研究蛋白质在细胞内定位的；②蛋白质鉴定：常用的技术有二维电泳、免疫共沉淀、蛋白质芯片、抗体芯片和 Western 技术等；③蛋白质功能鉴定：如酶的底物及活性分析、配体受体结合分析、基因敲除、RNA 干扰等；④翻译后修饰：如磷酸化，糖基化，酶原激活等。另外，对于蛋白质相互作用的研究，酵母双杂交是很好的方法。

蛋白质组分离技术中最重要的就是二维电泳技术，它利用蛋白质等电点和分子量的差异通过双向凝胶电泳的方法将不同种类的蛋白质进行高分辨率的分离。另外二维色谱（2D-LC）、二维毛细管电泳（2D-CE）、液相色谱-毛细管电泳（LC-CE）等也丰富了蛋白质组分离技术。

二维电泳分离蛋白质组后，可对胶进行银染或荧光染色，利用凝胶图像分析系统对蛋白质点进行定量分析，然后将蛋白质点所在区域进行精确切割，经处理后的样品利用质谱进行分析，最后得到蛋白质的定性数据。这些数据可以用于构建数据库或和已有的数据库进行比较分析。

3 农业微生物的基因组研究

3.1 重要资源微生物的基因组破译

2007 年 2 月，荷兰皇家帝斯曼集团在著名的科学杂志《自然·生物技术》2007 年 2 月号上，发表了一篇学术论文，首次公布了黑曲霉（*Aspergillus niger*）的全基因组 DNA 序列。帝斯曼发起的这一研究项目由 29 个国际性研究团体参与，最终论文由 69 名专家学者合作完成。黑曲霉基因组项目不仅为帝斯曼赢得多项专利，也催生了一系列新型产品，如 PeptoPro® （用于促进运动后肌肉恢复的成分）、Brewers Clarex™ （酶类产品，可防止啤酒因冷藏而发生混浊）和 PreventASe™ （酶类产品，可防止某些食物在烘烤或油炸时形成有毒化合物丙烯酰胺）(Pel et al., 2007)。

经数年努力耗资 200 多万欧元，欧洲联盟（简称欧盟）在 2001 年完成了草木樨根瘤菌（*Sinorhizobium meliloti*）全基因组 DNA 序列的测定。研究揭示了根瘤菌固氮并传输给植物的机制。草木樨根瘤菌与多种豆科植物包括苜蓿（*Medicago truncatula*）在内均可共生，所以多年来这对共生体被研究人员作为植物及微生物固氮研究的目标。另外，草木樨根瘤菌从生物学和发育学的角度与某些植物致病菌，如农杆菌（*Agrobacterium*）和动物致病菌，如布鲁氏菌（*Brucella*）很接近（Galibert et al., 2001）。

2005 年，日本科研人员成功破译了米曲霉（*Aspergillus oryzae*）的全基因组序列，为酿造更具风味的酱油和酒等奠定了基础。米曲霉全基因组 DNA 序列的破译工作从 2001 年 8 月起正式开始，研究分析结果显示，米曲霉基因组大约有 3800 万个碱基对，共有 8 条染色体，包含约 1.2 万个基因。米曲霉的碱基对数目与相近的曲霉菌相比，要多出 30% 左右，这也许与米曲霉所具有的一些独特生物特征有关。米曲霉含有大量参与蛋白质和脂肪分解的酶相关的基因，能够把蛋白质分解成让酿造食品更具美味的氨基酸。米曲霉基因组所包含的信息可以用来研究并优化米曲霉的发酵条件，以提高食品酿造业的生产效率和产品质量。米曲霉基因组的破译，也为研究由曲霉属真菌引起的曲霉病提供了基础（Machida et al., 2005）。

2004年，设立在加利福尼亚的美国能源部联合基因组研究所（DOE Joint Genome Institute）宣布完成了第一株苏云金芽孢杆菌（*Bacillus thuringiensis*, Bt）全基因组DNA序列的测定。事实上，用于测序的菌株*B. thuringiensis* 97-27是从人体的坏死组织上分离得到的，当时认为其是能够引起人体感染的病原菌。经过AFLP和MLST的分析，显示该菌株在种系发生树上与炭疽芽孢杆菌更为接近。但是因为该菌株能够产生苏云金芽孢杆菌所特有的伴孢晶体，且各项生理生化指标与苏云金芽孢杆菌的极为相似，所以将其归类为苏云金芽孢杆菌。有趣的是该菌株没有任何的杀虫活性，利用已知的杀虫基因序列对该基因组序列进行BLAST分析，没有发现任何已知的*cry*、*cyt*或*vip*基因或这些基因的同源基因（Hernandez et al., 1998；Rasko et al., 2005）。

嗜热脱氮土壤芽孢杆菌（*Geobacillus thermodenitrificans*）NG80-2是在我国大港油田分离的一株耐高温并能降解重质烷烃的石油微生物。该菌能够利用原油作为唯一碳源和能源，在高温缺氧的深层油藏环境中良好地生长，并可有效地提高轻、重质烷烃的比例和改善原油流动性。通过全基因组鸟枪法测序，最终获得NG80-2全基因组序列精细图谱，包括一个3 550 324bp的染色体和一个57 693bp的质粒。这是世界上首次完成的针对嗜热石油微生物的全基因组序列破译。采用生物信息学方法预测和分析，揭示了微生物降解长链烷烃（提高原油流动性）的途径和关键酶的功能及其进化机制，初步确认了NG80-2中存在编码邻氨基苯甲酸降解途径（11个基因）、对羟基苯基甘氨酸降解途径（16个基因）、苯乙酸降解途径（12个基因）和苯甲酸降解途径（12个基因）的基因簇。这4个基因簇编码的芳香烃降解途径都与已知细菌中的芳香烃降解途径有所不同，均属首次发现。研究还发现，NG80-2具备不同于普通革兰氏阳性菌的硝酸盐呼吸系统，可为其在油藏环境中缺氧或无氧条件下的生存提供能源。另外，乙醛酸循环途径的存在，说明其可利用乙酸作为唯一碳源或能源，这可能与油藏环境中存在多种产乙酸的微生物有关（Feng et al., 2007）。

好氧甲烷氧化菌消耗由土壤和沉积物中产甲烷区扩散而来的甲烷，它们作为生物过滤器，以减少甲烷排放到大气中，因此它们是应对在全球气候变化战略中有利的靶标。至今为止还没有甲烷氧化菌的最佳生长pH低于5，但是一些活跃的甲烷循环环境是酸性的。近期发现了一个的最佳生长pH为2.0～2.5的极端嗜酸甲烷氧化菌。不同于已知的甲烷氧化菌，它不是属于变形菌门（*Proteobac-*

teria）而是属于疣微菌门（*Verrucomicrobia*），一个广泛存在且多种多样的主要由未知基因型且无法分离培养的菌株构成的细菌门。对其基因草图进行分析发现基因编码颗粒状的甲烷单加氧酶，且与在变形菌门甲烷氧化菌中发现的基因同源。然而，已知的甲烷和甲醛氧化所需的基因结构的不完整或丢失，揭示了细菌采用某些新的甲烷氧化途径。对其三个 *pmoA* 基因（编码颗粒甲烷单加氧酶的亚基）进行的系统发生分析，发现它们位于与变形杆菌完全不同的一个独特的群。这表明变形菌门和疣微菌门在很早以前就已经分开，甲烷氧化功能并不是来源于近期的基因水平转移。研究结果表明，细菌中的甲烷氧化菌在分类学、生态学和遗传学上比以往预测的更加多样，而以往的研究并没有充分评估甲烷氧化菌在酸性环境中的多样性（Dunfield et al., 2007）。

里氏木霉（*Tricode rmareesei*）是产生纤维素酶和半纤维素酶的主要资源微生物，可以用于将生物大分子水解为普通的单糖，然后将单糖转化为生物燃料，如乙醇或者其他化学成分。如今使用的高产菌株是经过经典的突变产生的。为了了解纤维素酶生产是如何通过这些技术改进的，研究进行了大规模平行测序，以确定另外两个高产菌株（NG14 及其直接改造后的菌株 RUT C30）基因组中的突变。研究发现了大量的基因突变：223 个单核苷酸变异，15 个小的缺失或插入，和 18 个导致超过 100kb 的基因组 DNA 丢失的较大的缺失。在这些突变中，发现了先前未报道的 43 个基因的非同义突变，这些基因主要涉及核运输，mRNA的稳定性，转录，分泌/液泡定位和新陈代谢。这种功能分类上的同源性表明，多个突变对改进纤维素酶的生产是必要的。表型芯片表明，相对野生型菌株 QM6a，某些突变导致了两个突变体碳同化模式的巨大改变。该报道提供了一种全新的角度，即从全基因组的角度分析丝状真菌中的经典突变导致的改变。同时为改进里氏木霉菌株，以用于如生物燃料生产等应用提供了可能（Le Crom et al., 2009）。

3.2 通过基因组序列与功能注释研究农业病原菌的致病机制

真菌（fungi）和卵菌（oomycete）是与世界上多数严重的植物病害密切相关的微生物，与其他微生物病原菌不同的是，它们能够破坏寄主植物完整的表面，并感染植物。这将对大规模的农业生产造成严重的后果。许多发表的文章描述了多种真菌和卵菌的基因组序列，如番茄灰霉病菌（*Botrytis cinerea*）、核盘菌（*Sclerotinia sclerotiorum*）、尖孢镰刀菌（*Fusarium oxysporum*）、红球丛赤壳（*Nectria haematococca*）等 10 余种病原菌（Soanes et al., 2007）。科学家们希望通过对基因组序列信息的研究，发现病原菌与植物病害之间的关系。

Soanes 等（2008）对 36 种真菌和卵菌的基因组序列进行了详细的比较分

析，包括7种植物病原菌，希望找到与致病性相关的基因。经过对丝状真菌、子囊菌、植物病原菌和自生生活的真菌间的比较，确定了一系列在病原菌进化过程中所增加的基因家族，而这些基因可能在植物病害中起重要的作用。另外研究还分析了每个基因组编码的分泌蛋白，确定了一组在植物病原真菌中显著表达的蛋白质家族，包括在感染植物过程中可能扰乱宿主细胞生理机能的假定效应蛋白。

2005年，野油菜黄单胞菌（*Xanthomonas campestris*）的全基因组DNA序列测定完成。这是由广西大学、中科院微生物研究所、国家人类基因组南方中心和国家人类基因组北方中心合作完成的。研究人员还利用比较基因组学等方法，系统地研究了与黑腐病致病过程相关的基因。该研究发现，至少有13类共75个基因直接或间接参与黑腐病的发生和发展，约占全野油菜黄单胞菌基因组中4273个基因的1.8%。这些基因的鉴定表明黑腐病致病过程要多种细菌生理和代谢过程共同参与。该研究为深入分析黑腐病的分子机制提供了遗传学基础，并将有助于我国水稻以及其他农作物细菌性病害的研究，为防治农作物病害开辟新的途径（Qian et al.，2005）。

Erwinia pyrifoliae 是一种新发现的腐殖营养病原菌，它能够引起亚洲梨树的火疫病。相对于另一种主要的火疫病病原菌解淀粉欧文氏菌（*E. Amylovora*），对 *E. pyrifoliae* 的基因了解的非常少。*E. pyrifoliae* 模式株DSM 12163T经过基因组高通量测序（454和solexa）及基因注释，确定了包括三型和六型分泌系统及它们的效应器、鞭毛基因、山梨醇代谢、铁摄取决定因子和群体感应元件等在内的可能的毒力因子，阐明了其致病机制。研究发现 *rpoS* 基因的最保守区域存在缺失，这可能与 *E. pyrifoliae* 相比解淀粉欧文氏菌在毒力或宿主范围上的差异相关。通过对 *E. pyrifoliae* 与梨果寄生菌 *E. tasmaniensis* Et1/99的比较基因组学分析，发现两菌株之间总体上高度相似，但在特定区域存在差异，如 *E. pyrifoliae* strain DSM 12163T基因组中一些噬菌体相关基因区域的差别和存在大量的包含转座酶在内的可能的基因组岛。该研究阐明了这组重要的植物相关细菌的宿主范围、毒力/致病性的进化机制（Smits et al.，2010）。

4 农业病原菌与环境中重要微生物的转录组和蛋白组研究

4.1 通过DNA芯片和高通量测序研究农业微生物的转录组

Hauser等（2006）设计和使用DNA芯片进行大豆慢生根瘤菌（*Bradyrhi-*

zobium japonicum）共生和固氮的转录组分析。在芯片所包含的 738 个基因中，一半以上的差异表达的基因位于一段 400kb 的染色体区域内，这一区域与共生相关功能有密切联系。通过比较好氧和微好氧条件下，及 *regR*（与好氧生存相关）突变体及 *nifA*（与微好氧生存相关）突变体在好养和微好氧条件下的基因表达情况，分析了不依赖于 *regR* 或 *nifA* 表达的基因及与氧环境相关的基因，发现了除前人报道以外的一些新的 RegR 和 NifA 的调节子，同时用 RT-PCR 方法验证了芯片数据。

Jarmer 等（2002）运用 DNA 芯片分析比较在限制氮源（谷氨酸盐）和过量氮源（氨基酸和谷氨酸盐）这两种不同的生长条件下枯草芽孢杆菌（*Bacillus subtilis*）中基因表达的变化。结果表明，在氮缺乏时，超过 100 个基因被激活表达，而在这些基因中，与细菌感受态形成及 DNA 重组相关的基因被大量的诱导表达，从而确定了氮源缺乏与细菌感受态形成的关系，阐明了细菌感受态形成的机制。

nifH 是氮固定中的一个重要结构基因，在研究固氮菌遗传变异、进化方面具有重要意义。Zhang 等（2007）设计了一种基于 *nifH* 基因的寡核苷酸芯片，并将其作为一种快速高效的监测各种环境中固氮菌群及其固氮能力的工具。该 *nifH* 芯片被用于分析来自纳米比亚的野生水稻样本根系中固氮微生物的多样性（基于 DNA）和活性（基于 mRNA），显示出了很好的效果。

小 RNA（sRNA）是细菌中广泛存在的一种基因表达的调节元件。Schluter 等（2010）报道了运用高通量测序和芯片杂交的方法对共生固氮菌苜蓿根瘤菌（*Sinorhizobium meliloti*）中的小 RNA 进行了全面扫描。发现了 1125 个可能的小 RNA，包含 82 个已被报道的小 RNA。对可能的小 RNA 进行了启动子分析及同源性分析，发现小 RNA 在近缘细菌中同样存在。这是第一次运用高通量测序对 α-Proteobacterium 细菌的小 RNA 进行全面筛选。

4.2 农业病原菌及重要资源微生物的蛋白质组学研究

番茄灰霉病菌（*B. cinerea*）是一种植物病原真菌，它能够感染多种农作物并造成严重的减产。除此之外，最近几年，番茄灰霉病菌被选定为分子植物病理学中重要的模式系统。尽管如此，其感染的分子基础仍然不明确。由于纤维素是植物细胞壁的主要组成部分之一，研究植物致病菌在纤维素环境中的蛋白质表达情况对于阐明其致病机制起到关键作用。蛋白质组学的方法已经揭示了许多有关致病菌包括番茄灰霉病菌感染周期的重要信息。Fernandez-Acero 等（2009）的研究希望通过蛋白质组学的方法构建包含大量来自番茄灰霉病菌已知蛋白质一个蛋白质组数据库。对三株独立的番茄灰霉病菌进行培养并添加羧甲基纤维素后，提取蛋白质，分别经二维电泳分离，分析蛋白质组图谱，对276个点进行飞行质谱分析，鉴定的蛋白质随后使用显示蛋白质代谢和修饰过程以及氧化还原酶活性之间相关性的PANTHER分类系统分类。这种番茄灰霉病的蛋白质组图谱将成为研究参与植物感染周期的蛋白质的重要基础，这也将为农作物诊断和专门的真菌杀菌剂的设计提供新的靶标。

Mahajan等（2010）通过蛋白质组学研究白腐病的病原菌白腐菌（*Phanerochaete carnosa*）在纤维素和云杉上生长时分泌的蛋白质的差异。综合质谱及测序技术，通过MS BLAST和无间隙比较的方法对白腐菌的蛋白质序列和黄孢平革菌（*Phanerochaete chrysosporium*）的蛋白质序列进行同源蛋白组比较分析。研究发现，在纤维素和云杉上生长的培养物分别有665和365个已注释的蛋白质，其中包括乙二醛氧化酶、过氧化物酶和糖肽等参与木质素降解的蛋白质。总体而言，在纤维素和云杉培养物的胞外滤液中检测到的白腐菌的蛋白质的功能是相似的，说明白腐霉在木质纤维素上生长的适应性可能来自相似的蛋白质家族的微调表达。

5 总结与展望

农业是提供人类生存必需品的生产部门，是国民经济的基础，在国民经济中占有重要地位，其发展是社会分工和国民经济其他部门成为独立的生产部门的前提和进一步发展的基础。农业微生物因其与农业的关系密切，且与农药和化肥相比较更符合可持续发展的概念，必将成为新的研究热点。

目前关于农业微生物的研究，仍处于发展阶段。对于农业微生物的重要生物功能的理论基础，目前还有很多不明确之处，这是机遇，同样也是挑战。高通量的基因组及功能基因组研究技术的发展为农业微生物提供了重要的研究手段。现在越来越多的研究人员开始应用功能基因组学的方法，对农业微生物涉及的科学问题进行研究。随着功能基因组学相关技术的进一步发展，我们对农业微生物的了解将越来越深入，将会发现和优化更多的资源微生物为农业的各个领域服务，为农业的可持续、高效发展提供有力的支持。

参考文献

Altschul S F, Gish W, Miller W, et al. 1990. Basic local alignment search tool. J Mol Biol, 215 (3): 403-410.

Dunfield P F, Yuryev A, Senin P, et al. 2007. Methane oxidation by an extremely acidophilic bacterium of the phylum Verrucomicrobia. Nature, 450 (7171): 879-882.

Feng L, Wang W, Cheng J, et al. 2007. Genome and proteome of long-chain alkane degrading Geobacillus thermodenitrificans NG80-2 isolated from a deep-subsurface oil reservoir. Proc Natl Acad Sci USA, 104 (13): 5602-5607.

Fernandez-Acero F J, Colby T, Harzen A, et al. 2009. Proteomic analysis of the phytopathogenic fungus Botrytis cinerea during cellulose degradation. Proteomics, 9 (10): 2892-2902.

Fleischmann R D, Adams M D, White O, et al. 1995. Whole-genome random sequencing and assembly of Haemophilus influenzae Rd. Science, 269 (5223): 496-512.

Galibert F, Finan T M, Long S R, et al. 2001. The composite genome of the legume symbiont Sinorhizobium meliloti. Science, 293 (5530): 668-672.

Gibson G, Muse S V. 2009. A primer of genome science. Sunderland, Mass, Sinauer Associates.

Hauser F, Lindemann A, Vuilleumier S,, et al. 2006. Design and validation of a partial-genome microarray for transcriptional profiling of the Bradyrhizobium japonicum symbiotic gene region. Mol Genet Genomics, 275 (1): 55-67.

Hernandez E, Ramisse F, Ducoureau J P, et al. 1998. Bacillus thuringiensis subsp. konkukian (serotype H34) superinfection: case report and experimental evidence of pathogenicity in immunosuppressed mice. J Clin Microbiol, 36 (7): 2138-2139.

Jarmer H, Berka R, Knudsen S, et al,. 2002. Transcriptome analysis documents induced competence of Bacillus subtilis during nitrogen limiting conditions. FEMS Microbiol, 2002, 206 (2): 197-200.

Le Crom S, Schackwitz W, Pennacchio L, et al. 2009. Tracking the roots of cellulase hyperproduction by the fungus Trichoderma reesei using massively parallel DNA sequencing. Proc Natl Acad Sci USA, 106 (38): 16151-16156.

Machida M, Asai K, Sano M, et al. 2005. Genome sequencing and analysis of Aspergillus oryzae. Nature. 438 (7071): 1157-1161.

Mahajan S, Master E R. 2010. Proteomic characterization of lignocellulose-degrading enzymes secreted by Phanerochaete carnosa grown on spruce and microcrystalline cellulose. Appl Microbiol Biotechnol, 86 (6): 1903-1914.

Pel H J, de Winde J H, Archer D B, et al. 2007. Genome sequencing and analysis of the versatile cell factory Aspergillus niger CBS 513. 88. Nat Biotechnol, 25 (2): 221-231.

Pevsner J. 2009. Bioinformatics and Functional Genomics. Hoboken, N J: Wiley-Blackwell.

Qian W, Jia Y, Ren S X, et al. 2005. Comparative and functional genomic analyses of the pathogenicity of phytopathogen Xanthomonas campestris pv. campestris. Genome Res, 15 (6): 757-767.

Rasko D A, Altherr M R, Han C S, et al. 2005. Genomics of the Bacillus cereus group of organisms. FEMS Microbiol Rev, 29 (2): 303-329.

Schluter J P, Reinkensmeier, Daschkey S, J et al. 2010. A genome-wide survey of sRNAs in the symbiotic nitrogen-fixing alpha-proteobacterium Sinorhizobium meliloti. BMC Genomics, 11: 245.

Smits T H, Jaenicke S, Reyyonico F, et al. 2010. Complete genome sequence of the fire blight pathogen Erwinia pyrifoliae DSM 12163T and comparative genomic insights into plant pathogenicity. BMC Genomics, 11: 2.

Soanes D M, Alam I, Cornell M, et al. 2008. Comparative genome analysis of filamentous fungi reveals gene family expansions associated with fungal pathogenesis. PLoS One, 3 (6): e2300.

Soanes D M, Richards T A, Talbot N J, et al. 2007. Insights from sequencing fungal and oomycete genomes: what can we learn about plant disease and the evolution of pathogenicity. Plant Cell, 19 (11):

3318-3326.

Tatusov R L, Koonin E V, Lipman D J. 1997. A genomic perspective on protein families. Science, 278 (5338): 631-637.

Zhang L, Hurek T, Reinhold-Hurek B. 2007. A nifH-based oligonucleotide microarray for functional diagnostics of nitrogen-fixing microorganisms. Microb Ecol, 53 (3): 456-470.

固氮微生物功能基因组研究进展

1 引言

基因组学是20世纪医学和生物学飞跃发展中最激动人心的成果之一，所谓基因组研究是指对微生物的全基因进行核苷酸测序，在了解全基因的结构基础上，研究各个基因单独或数个基因间相互作用的功能。在过去的10多年中，“基因组学”一词已被大多数人所接受，但意义却有所变化，已从最初的表示基因组的作图、测序及分析的学科转变为现在更强调基因组的功能。基因组学通常被分成了两个分支，一个是结构基因组学（以构建生物的遗传图谱、物理图谱和转录本图谱及其全序列测序为主要目标），另一个是功能基因组学（利用结构基因组学研究获得的大量数据与信息评价基因功能（包括生化功能、细胞功能、发育功能、适应功能等），其主要手段结合了高通量的大规模的实验方法、统计和计算机分析技术。

近年来，微生物的基因组研究取得了飞速的进展。自1995年流感嗜血杆菌的基因组序列测定完成之后（Fleischmann et al., 1995），目前已有1524种（株）细菌的基因组完成测序，1135多种（株）细菌的基因组测序正在进行中。随着各种微生物基因组测序工作的不断完成和序列信息的积累，微生物基因组学研究的重点已由结构基因组学向功能基因组学转移。微生物功能基因组学研究不仅要阐明微生物基因组内每个基因的作用或功能，还要研究基因的调节及表达谱，进而从整个基因组及其全套蛋白质产物的结构、功能、机制的高度去了解微生物生命活动的全貌，揭示微生物世界的各种前所未知的规律，并使之为人类和社会服务。

生物固氮是生命科学中的重大基础研究课题之一，是跨世纪的研究课题，它在生产实际中发挥着重要的作用：为植物特别是粮食作物提供氮素、提高产量、降低化肥用量和生产成本、减少水土污染和疾病、防治土地荒漠化、建立生态平衡和促进农业可持续发展。在当前生命科学的发展中由于基因组学和功能基因组学的建立和高新技术的创新，又赋予生物固氮研究新的内涵和研究策略，为实现固氮研究的目标增添了新的动力。

本章作者：燕永亮。

2 固氮微生物基因组学研究进展

固氮微生物是指通过生命活动，将空气中游离态的氮素直接转变为含氮化合物的微生物。固氮微生物种类很多，可分为自生固氮微生物，联合固氮微生物和共生固氮微生物三大类群。前二者独立存在于土壤之中或者与宿主植物形成松散的联合关系；后者与高等植物，如根瘤菌等共生时才能固氮。

据不完全统计，目前完成基因组测序工作的菌中含有固氮基因 *nifH* 的至少有 40 株，在分类学上它们分别属于七大类，其中最多的是 α-Proteobacteria 共有 18 株，次之是 γ-Proteobacteria 共有 7 株（表 1）。目前，正在进行基因组测序的微生物基因组亦有几十株，这些基因的完成将会对固氮基因进化以及深化固氮基因表达调控奠定重要基础。

表 1 目前已完成测序含有 *nifH* 基因的细菌

Taxonomy	Strains
γ-Proteobacteria	*Pseudomonas stutzeri* A1501
	Azotobacter vinelandii DJ
	Allochromatium vinosum DSM 180
	Halorhodospira halophila SL1
	Methylococcus capsulatus str. Bath
	Klebsiella pneumoniae 342
	Klebsiella variicola At-22
β-Proteobacteria	*Azoarcus* sp. BH72
	Candidatus Accumulibacter phosphatis clade IIA str. UW-1
	Sideroxydans lithotrophicus ES-1
	Polaromonas naphthalenivorans CJ2
Actinobacteria	*Frankia* sp. CcI3
	Frankia alni ACN14a
	Frankia sp. EAN1pec
d-Proteobacteria	*Anaeromyxobacter* sp. K
	Anaeromyxobacter sp. Fw109-5
	Geobacter sp. M21
	Desulfovibrio magneticus RS-1
	Desulfarculus baarsii DSM 2075
	Desulfovibrio vulgaris str. 'Miyazaki F'

续表

Taxonomy	Strains
α-Proteobacteria	*Rhodospirillum centenum* SW
	Magnetospirillum magneticum AMB-1
	Rhodobacter sphaeroides ATCC 17025
	Xanthobacter autotrophicus Py2
	Bradyrhizobium sp. ORS278
	Rhodobacter sphaeroides KD131
	Rhodobacter sphaeroides ATCC 17029
	Methylocella silvestris BL2
	Azorhizobium caulinodans ORS 571
	Bradyrhizobium sp. BTAi1
	Rhodopseudomonas palustris CGA009
	Rhodospirillum rubrum ATCC 11170
	Rhodobacter capsulatus SB 1003
	Methylobacterium extorquens DM4
	Bradyrhizobium japonicum USDA 110
	Sinorhizobium meliloti 1021
	Gluconacetobacter diazotrophicus PAL5
	Mesorhizobium loti
Firmicutes	*Heliobacterium modesticaldum* Ice1
Bacteroidetes/Chlorobi	*Chlorobium luteolum* DSM 273

各种固氮生物，不论是与作物共生的根瘤菌还是自生的联合固氮菌，它们之所以能够将空气中分子态氮素在常温常压下固定下来，转化为可供有机体利用的化合态的氨，都是通过其体内的固氮酶来完成的。固氮酶由两个组分构成，一个组分是钼铁蛋白，即固氮酶（二氮酶），另一个是铁蛋白，又称为固氮酶还原酶（二氮酶还原酶）。研究表明固氮酶的这两种蛋白质在单独存在时都不呈现固氮酶活性，只有两者加合在一起，形成复合体后，才具有催化氮还原成氨的能力（Martinez-Argudo et al., 2004）。肺炎克氏杆菌 *Klebsiella pneumoniae* 是研究固氮机制的模式生物，在 *Klebsiella pneumoniae* 菌中，固氮基因在染色体上以基因簇的形式存在，含有 21 个基因，这些基因首尾相连位于染色体上，全长大约 23 kb。此 21 个基因构成 8 个转录单位，分别为 *nifJC*、*nifHDKTY*、*nifENX*、*nifUSVW*、*nifZM*、*nifF*、*nifLA* 和 *nifBQ*。大部分基因所编码的蛋白质产物已被分离，其功能已被确定（Arnold et al., 1988）。

在固氮生物体内，固氮酶的活性调节是一个非常复杂的问题，参与此过程的调节因子很多，主要包括两个水平上的调节，一个是在转录水平上对固氮酶的合成以及表达的调节；第二是在固氮酶合成后，在生理生化水平上的调节。固氮酶系统本身是细菌体内氮代谢的重要组成部分，所以固氮基因的表达除了受其本身的操纵子 *nifLA* 的调节以外，还受到氮调节 *ntr* 以及 *gln* 系统的调节，系统之间相互协调发生作用。

2.1 NifLA 对固氮基因的调节作用

目前几乎所有已分离的固氮菌里，*nif* 基因的表达调节都是以 *nifA* 基因为核心的。NifA 蛋白作为正调控因子在转录水平上通过与 RNA 聚合酶 δ^{54} 因子互作从而激活其他所有 *nif* 基因的表达，而 NifL 蛋白作为负调控因子，其表达产物可以通过与 *nifA* 基因的表达产物结合，从而抑制 *nif* 基因的表达。NifA 蛋白属于依赖于 δ^{54} 的 RNA 聚合酶的转录激活蛋白。这些蛋白质都含有保守的 AAA ＋结构域，这种结构可以参与 ATP 的水解，从而改变构象以与 δ^{54}-RNA 聚合酶结合形成开放的转录复合体。由于固氮过程是一个高需能过程以及固氮酶对氧的高度敏感，所以 NifA 蛋白的调节活性通过与阻遏蛋白 NifL 的结合受到外界氧和结合态氨的严格调节，这种调节可能是通过蛋白质与蛋白质直接接触的方式进行的（Dixon 1998；Martinez-Argudo et al., 2004）。作为典型的表达调控蛋白，NifA 蛋白具有独特的具有特定功能的结构域，NifA 蛋白可以分为三个结构域，一个是 N 端结构域，可能与调节作用相关，参与 NifA 蛋白与 NifL 的结合；一个可以与 δ^{54}-RNA 聚合酶结合的催化中心；一个是 C 端结构域，形成螺旋-转角-螺旋结构，可以与 *nif* 基因上游的启动子序列结合。NifA 蛋白激活其他 *nif* 基因的转录，它与 DNA 结合的位点是特异的，该位点位于启动子转录起始位点的上游 −80～−150 区域的一段高度保守的反向重复序列 TGT-N_{10}-ACA，该序列称为上游转录激活序列（UAS）。UAS 与 NifA 结合，然后在一个 DNA 结合蛋白（integration host factor，IHF）的帮助下通过形成一个环状结构与结合 δ^{54}-RNA 聚合酶的启动子区域发生接触，从而可以激活其他 *nif* 基因的转录。

nifLA 调控系统的调控机制可以表示为：当外界氧以及固态氮浓度低时，*nifA* 基因正常表达，通过与 δ^{54}-RNA 聚合酶以及其他 *nif* 基因上游的启动子序列结合，形成开放的转录起始复合物，开启固氮基因的转录。当外界出现氧以及固态氮浓度高时，NifL 蛋白接收信号，改变其空间构象，与 NifA 蛋白结合，阻止其形成转录起始复合物，固氮基因的表达就受到抑制。

2.2 ntr 及 gln 系统对固氮基因的调节作用

氮调节系统主要包括 *ntr* 系统和 *gln* 系统，*ntr* 系统由 *ntrA*、*ntrB* 和 *ntrC* 三个基因组成，其中 *ntrA* 是 δ^{54} 蛋白因子的结构基因（即 RpoN），*ntrB* 和 *ntrC* 是 *ntr* 系统表达的活化因子。*ntr* 氮调控系统在大肠杆菌和肺炎克氏杆菌等肠道细菌中已经进行了深入的研究（Reitzer，2003），在固氮细菌 *Azospirillum brasilense* 中也对该调节系统进行了研究（Steenhoudt and Vanderleyden，2000）。NtrB 蛋白是一个“传感”蛋白或者磷酸酶，它能够通过磷酸化和去磷酸化控制“响应”调控蛋白 NtrC 的活性。在低氨状态下，NtrC 以磷酸化形式存在，通过与目的基因以及 RNA 聚合酶的接触，启动目的基因的表达（Keener and Kustu，1988）。在 *Azospirillum brasilense* 菌中，NtrC 可以激活 *glnB* 和 *glnZ* 基因的表达，而基因 *glnB* 恰恰是 *nifA* 激活所必需的，可见 NtrC 在固氮酶的表达和调节上都具有非常重要的作用（Foor et al.，1980；Huergo et al.，2004）。*gln* 系统由 *glnA*、*glnB*、*glnD* 和 *glnE* 4 个基因组成，其中 *glnA* 是谷氨酰胺合成酶的结构基因，*glnB* 编码 PII 调控蛋白，*glnD* 和 *glnE* 分别编码尿苷转移酶和腺苷转移酶（Foor et al.，1980；Zhang et al.，2005）。

固氮酶的这些基因在真核细胞中是不存在的，固氮基因的功能及表达研究结果将为研究固氮微生物功能基因组学的研究提供参考。*Azotobacter vinelandii* 是一类自由生长的好氧固氮土壤型细菌，该菌有一套系统能够保护固氮酶免受氧的破坏。对该菌的研究已经有 100 多年的历史。*Azotobacter vinelandii* DJ 基因组全长 5.37Mb，进化树分析和基因组比对结果表明该菌与假单胞菌属中的联合固氮菌 *P. stutzeri* A1501 关系最为密切。基因组分析表明与其他菌不同的是 *A. vinelandii* DJ 染色体上有三个氧敏感型固氮酶，它们是由不同的亚单位和金属辅助因子组成，即钼固氮酶、钒固氮酶和铁唯一固氮酶（Setubal et al.，2009），这些固氮酶的表达受到培养基中金属可用性的不同来调控。分析表明这些固氮酶的编码基因也同时编码其他的氧敏感型酶，如一氧化碳脱氢酶和甲酸脱氢酶。在这三个固氮酶中研究较为透彻的是钼依赖型的固氮酶，而在 *A. vinelandii* DJ 中，该固氮酶的编码基因和它们的组装调控系统基因（*nif*）位于染色体上的两个基因组区域，这两个区域均相邻于复制起始位点，这一结构可能有利于满足 Nif 组分的高表达水平的要求。

Klebsiella pneumoniae 342 属于肠道细菌，也是一株研究内生植物内的植物-细菌相互关系的模式菌株。该菌基因组中含有一大小为 5.64Mb 的环形染色体和两个质粒（187 922bp 和 91 096bp）（Fouts et al.，2008）。其中染色体编码了 5425 个 CDS，约占整个染色体的 88.2%，两个质粒分别编码 113（84.5%）

个和 230 (80.1%) 个 CDS。基因组分析表明约有 1/3 的在其他细菌中已经确定的参与植物的定殖或生长的基因在 *K. pneumoniae* 342 中均有发现，这也表明可能还有其他一些因子可能促成了 *K. pneumoniae* 342 的内生植物的生活方式。基因组分析发现 Kp342 拥有一套完整的固氮调控单元，这一结果也证明了该菌确实具备固氮的能力。分析同时表明 Kp342 的氮素循环系统中的中央反应是通过硝酸盐、亚硝酸盐还原酶各自的同化作用来完成对硝酸盐的吸收，并且在厌氧条件下利用硝酸盐作为末端电子受体。另外，在 Kp342 基因组中发现了尿酶复合体和尿素酰胺水解酶的编码基因，在这些酶的作用下 Kp342 能够将尿素分解代谢为氨和二氧化碳，而这一能力在 Kp342 的氮素循环中起着非常重要的作用。

2.3 表达谱技术研究细菌的碳-氮代谢调控机制

为了能够在激烈的生存竞争及环境压力下生存下来，微生物都形成了一套严谨而且高效的氮-碳偶联的代谢调控方式，对于这些代谢途径的研究比较深入(Tian et al., 2001; Wacker et al., 2003; Ruiz-Manzano et al., 2005; Commichau et al., 2006)，但是，现有的研究对于 C-N 偶联调控，特别是信号的传递过程，知之甚少，芯片技术发展起来后，该技术被应用于研究细菌的物质代谢模式，以探索氮-碳代谢过程中所有参与进来的与调控和信号传递相关基因的表达特征，进而能够发现和鉴定新的调控因子或信号蛋白。

大肠杆菌不能直接使用苯丙氨酸作为唯一生长氮源，但是，该菌却具有可以将苯丙氨酸运输至细胞内部的转运系统。因此，Polen 等 (2005) 采用大肠杆菌的基因组芯片研究了将苯丙氨酸填入到大肠杆菌生长体系中后对氨基酸代谢系统的影响，结果表明，加入 0.5 g/L 的苯丙氨酸导致细菌的氨基酸代谢系统表达发生很大波动，特别是对 TyrR 介导的调控系统，加入 5g/L 苯丙氨酸可以使细菌的生长速度减半，引起大量的基因表达变化，而这些基因主要参与到对 pH 改变的响应、可利用的氮源和碳源的反应等。加入氨基酸代谢的中间产物莽草酸以及其他可直接利用氨基酸，如色氨酸和酪氨酸可以减轻由于苯丙氨酸对细菌生长带来的负面影响。

谷氨酸棒状杆菌是当前国际上工业化生产 L-谷氨酸和 L-赖氨酸的重要菌株。由于对该菌的基因表达调控一直处于单基因操作阶段，很难从整体上、全局性的给出一个结果，因为全基因组芯片技术被用来研究该菌在氮饥饿条件下的全基因表达谱，以此来分析氮代谢调控网络。该研究发现，在氮素缺乏的情况，谷氨酸棒状杆菌通过调整细胞的转运系统，改变氮利用的代谢途径以及氨基酸的合成同时降低蛋白质的合成来应对这种不利的环境。同时，转录组水平上的这些发现通过蛋白质学进行了验证。

最近几年，采用基因芯片进行表达谱研究的报道越来越多，主要原因一个是越来越多的基因组序列的破译为全基因组芯片的制备提供了基础，另一个是芯片技术的逐渐成熟。除了上述所提到的这些例子，关于微生物对逆境的适应机制，如微生物对高浓度盐的适应机制（Yale and Bohnert，2001；Kanesaki et al.，2002；Asadulghani et al.，2004），细菌对噬菌体侵染的抵抗机制（Ravantti et al.，2008）等很多领域也有大量的报道。

3 联合固氮菌施氏假单胞 A1501 功能基因组的研究

水稻是当今世界的主要粮食作物，总产量始终居于各类粮食作物之首，而我国是世界水稻生产和消费大国。在我国，水稻播种面积占整个粮食播种面积的25%～30%，总产量占全国粮食总产量的40%～45%。随着耕地面积的日益减少，提高单位面积产量是当今水稻生产的重要课题。除了品种改良以外，以化肥运用为中心的各种栽培技术是提高单产的有效途径。然而化肥的大量使用不仅消耗了大量的能源，还引起了严重的环境污染。迄今为止，水稻等禾本科作物尚不能像豆科植物一样进行自主固氮，在农业环境污染日趋严重以及能源高度紧张的今天，水稻根际联合固氮是解决禾本科作物部分氮素来源的有效途径之一，对水稻根际联合固氮的研究具有非常重要的意义（丘元盛，1980；丘元盛等，1981b；尤崇杓，1990；林敏等，1995）。

水稻土壤中含有大量的适应于该环境的微生物群，这些微生物使土壤发生了许多生物化学变化。在这些微生物中，具有固氮作用的细菌数量非常的多，主要为产碱菌属、芽孢杆菌属、固氮菌属、假单胞菌属以及克雷伯氏菌属等（曾宽容等，1990；贾小明等，1990）。

施氏假单胞菌 A1501（*Pseudomonas stutzeri* A1501）是我国研究水稻联合固氮的重要菌株（尤崇杓，1990），1980 年分离于我国南方水稻田，最初的分类按照其生物学性状表现将其归属于粪产碱菌（*Alcaligenes faecalis*）（丘元盛等，1981a），后来根据对该菌的 16S rRNA 的研究对该菌进行重新鉴定，确认该菌为假单胞菌属，施氏假单胞菌（*Pseudomonas stutzeri*）（Vermeiren et al.，1999）。该菌在微好氧条件下具有很强的固氮能力，而且固氮产物能够迅速的被水稻直接吸收利用（丘元盛，1980；尤崇杓，1990）。此外，施氏假单胞菌 A1501 除了具有明显的固氮活性以外，在厌氧条件下该菌还可以以乳酸为碳源，NH_4^+ 为唯一氮源进行反硝化作用，NO_3^- 为最终电子受体，接受无氧呼吸链传递的末端电子，经 NO_2^- 等氮氧化物最终还原为 N_2。在好气和厌气条件下，低浓度的 NO_2^- 对 A15 菌的生长具有一定抑制作用，但 NH_4^+ 的存在并不抑制细菌对 NO_2^- 的利用，A15 菌在厌氧条件下还具有需硝酸盐的固氮酶活性，当氧存在或者 NO_2^- 代替

NO_3^- 时，固氮活性均受到抑制。反硝化作用产生的 N_2 能为微好氧条件下的 A15 菌所重新固定（Lin，1987）。

近 20 年来，对施氏假单胞菌 A1501 的研究逐步深入，已经进入分子生物学研究阶段。该菌的固氮特性（林敏和尤崇杓，1990；Desnoues et al.，2003），反硝化特性的遗传基础（Yan et al.，2005）以及细菌与寄主之间的相互作用（林敏等，1995）等多个方面的研究都取得了很大进展。中国农业科学院生物技术研究所将 A1501 菌株进行遗传改造获得了重组耐铵工程菌，经 3 年两个阶段，即安全性评价的中间试验和环境释放试验（丘元盛等，1990；林敏等，1995），于 2000 年 6 月，该工程菌通过了农业部生物基因工程安全委员会的审查，获准在辽宁省进行商品化生产（农基安审字 2000A-02-09），这是我国第一例进入商品化生产阶段的植物用基因工程固氮菌。

2002 年在国家科技部（“863”计划以及“973”计划）和国家自然基金委员会的联合支持下，我们启动了施氏假单胞菌 A1501 的基因组计划，并于 2005 年完成了该菌的全基因组测序及功能注释工作（Yan et al.，2008）。施氏假单胞菌 A1501 的基因组全长 4 567 418bp，编码 4146 个 ORF 以及 59 个 tRNA 基因和 4 个 rRNA 操纵子。虽然在 A1501 基因组中没有发现完整前噬菌体（或者接近完整的）的序列存在，但是该基因组上却携带了属于噬菌体整合酶家族的 6 个具有位点特异性的 DNA 重组酶。我们在 A1501 基因组上鉴定出了 42 个重复序列，这些重复序列分为 10 类，总共编码了 57 个转座酶基因。重复序列的长度为 1100～2639bp，总长度为 61 728bp，约为基因组总长度的 1.35%。与已经完成基因组测定的三个假单胞菌 *P. aeruginosa* PA01、*P. putida* KT2440 和 *P. syringae* pv. *tomato* DC3000 相比，其基因组长度以及编码 ORF 的数量只是其他三株的 73% 左右，但是编码区占基因组的比例相差不大。蛋白质同源性比较表明，A1501 菌的 4145 个 ORFs 中有 2734 个可以在 *Pseudomonas putida* KT2440 中找到对应的同源蛋白；有 2560 个 ORF 可以在 *Pseudomonas syringae* pv. *tomato* DC3000 中找到对应的同源蛋白；有 2954 个 ORF 可以在 *Pseudomonas aeruginosa* PA01 中找到对应的同源蛋白。2085 个 ORF 在这 4 株假单胞菌基因组里是共有的。

基因根据其已知的功能或与已知功能基因的同源性，可以划分为三类：①与其他生物中已知功能的基因具有同源性；②与已报道的未知功能的基因同源；③与所有已报道基因没有同源性。在 A1501 中，第一类基因有 3366 个，占 ORF 总数的 81.2%；第二类基因有 473 个，占 ORF 总数的 11.4%；第三类基因，即 A1501 基因组独特的 ORF 有 316 个，占 ORF 总数的 7.6%。将这些 ORF 按照 COG 库进行分类，划分为 23 个功能组以及未知功能组和假设功能组，共 25 个组。每个功能组的基因在该菌的生命活动中起不同的作用。对这些基因的初步分析表明，在长期的进化过程中，A1501 菌形成了一套与自身环境高度适应的系统。例如，厌氧状态下，该菌可以以硝酸盐或亚硝酸盐为底物进行反硝化作用，产生能量；具有鞭毛结构，可以自由运动并在趋化剂的诱导下到达植物的根部，获得碳源；具有 IV 型菌毛结构，可以特异性黏附在植物的根表甚至进入根组织，从而与植物保持长期稳定的共生关系。

A1501 基因组上有 4 个区域（PST0244-PST0260、PST0573-PST0711、PST1463-PST1490 及 PST3342-PST3471）具有典型的基因岛特征。这 4 个基因岛具有与基因组其他区域明显不同的 GC 含量，同时这些区域都是夹在一个 tRNA 基因及一个有功能的整合酶基因之间。基因岛内部含有多组重复序列，这些序列都编码有转座酶基因。这样的结构表明，这些基因岛可能通过基因水平转移从其他物种进入到 A1501 并整合到基因组上。

另外，1501 基因组中所有与固氮相关的基因都分布在一个长度为 49kb 的 DNA 区域，该区域编码了 59 个基因（PST1302-PST1359）。该区域的 G+C 含量比整个基因组的 G+C 含量明显偏高（66.8% vs. 63.8%）（图 1）。尽管该区域没有其他典型基因岛所具有的基本特征，但是根据在其他固氮生物基因组里发现的固氮基因的组织模式及结构特征（Baar et al., 2003；Dobrindt et al., 2004；Young et al., 2006），我们认为 A1501 该区域的所有固氮基因组成了一个“基因岛”结构。举例来说，在 *Wolinella succinogenes* 基因组里，*nif* 基因区域就是固

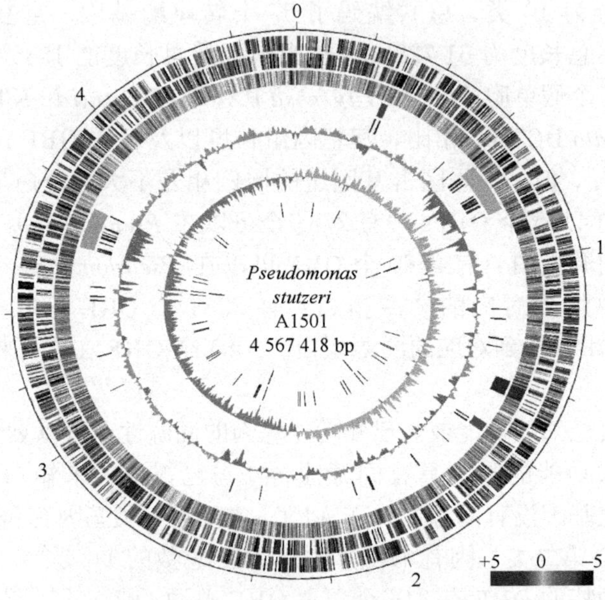

图 1　*P. stutzeri* A1501 染色体圈状示意图及基因在固氮与铵抑制条件下的基因表达谱比较

氮基因岛的重要组成部分（Baar et al., 2003；Dobrindt et al., 2004），而在 *Rhizobium leguminosarum* 菌中，不同区域的 G+C 含量是鉴定基因岛的一个重要指标（Young et al., 2006）。在 A1501 基因组中，49 kb 的 *nif* 基因两端分别是一个维生素 B_{12} 合酶基因（*cobS*，PST1301）和一个谷胱甘肽超氧化物酶基因（PST1360）。我们将其他所有已完成基因组测定的假单胞基因组序列分析后发现：*cobs* 基因与谷胱甘肽超氧化物酶基因在染色体上的位置非常保守，但是这两个基因所包夹的 DNA 区域是异变的，不同的菌株具有不同的基因分布，在 A1501 菌中，这两个基因之间是一个 49 kb 的固氮岛，而在其他菌的基因组上这个区间的大小只有 1.49～6.0 kb，分别编码了 1～5 个 ORF（表 2）。这个现象提示我们，在假单胞菌中 *cobs* 基因与谷胱甘肽超氧化物酶基因之间可能存在一个 DNA 重组的插入热点，而在这个插入热点上，施氏假单胞菌 A1501 通过基因水平转移获得了一个 49 kb 的固氮基因岛。

表 2　已测序假单胞菌基因组上 *cob* 基因簇与谷胱甘肽超氧化物酶之间易变区基因的组成及功能

菌种	基因编码	长度/bp	G+C mol%	功能描述
P. aeruginosa PAO1				
	PA1282	1506	71.3	major facilitator superfamily (MFS)transporter
	PA1283	561	68.3	transcriptional regulator ,TetR family
	PA1284	1821	67.3	acyl-CoA dehydrogenase domain protein
	PA1285	450	68.4	transcripitional regulator ,MarR family
	PA1286	1200	71.0	major facilitator superfamily transporter
P. fluorescens Pf-5				
	PFl4421	405	61.7	transcriptional regulator ,MarR family
	PFl4420	1203	63.0	major facilitator superfamily transporter
P. fluorescens PfO-1				
	Pfl01 _ 1651	405	63.0	transcriptional regulator ,MarR family
	Pfl01 _ 1652	1209	63.6	major facilitator superfamily transporter
	Pfl01 _ 1653	123	66.7	conserved hypothetical protein
P. syringae pv. *tomato* DC3000				
	PSPTO1718	1209	62.2	major facilitator superfamily transporter
P. syringae pv. *phaseolicola* 1448A				
	PSPPH _ 3692	1209	61.2	major facilitator superfamily transporter
	PSPPH _ 3691	123	66.7	hypothetical protein

续表

菌种	基因编码	长度/bp	G+C mol%	功能描述
P. entomophila L48				
	PSEEN1388	1179	64.8	glycosyl hydrolase ,family 5
	PSEEN1389	405	66.4	transcriptional regulator ,MarR family
	PSEEN1390	1203	65.2	major facilitator superfamily transporter
	PSEEN1391	123	64.2	hypothetical protein
P. putida KT2440				
	PP1682	1305	63.4	glycosyl hydrolase ,family 5
	PP1683	405	66.2	transcriptional regulator ,MarR family
	PP1684	1221	63.7	major facilitator superfamily transporter
	PP1685	123	59.4	hypothetical protein

施氏假单胞菌 A1501 基因组的完成是该菌研究过程中的一个突破，是国际上第一例完成的联合固氮菌的基因组，对于我们从整体上全面认识联合固氮菌的遗传背景、代谢网络以及固氮机制提供了最全面、最原始的基础数据，为进一步开展功能基因组学，蛋白质组学等相关研究奠定了坚实的基础。

4 固氮微生物功能基因组学研究展望

4.1 基于组学研究的联合（内生）固氮基因工程菌改造

联合或内生固氮菌大多数是自生固氮菌，其固氮作用大小极易受外界环境因素（氧、铵、温度等）的制约。在研究固氮基因表达和调控的基础上，有针对进行固氮菌的遗传改造，构建高效的固氮菌株，以提高固氮效率，减少化肥施用，为作物提供更多的固氮量。联合固氮菌与宿主根系形成松散的结合方式，所固定的氮主要供自身生长所需，只能为植物供给有限的氮素。因此，探索联合固氮菌的泌铵机制，提高其固氮和泌铵能力，在理论和实际应用上有着重要的意义。

早期的泌铵菌是通过对联合固氮菌的化学诱变，筛选具有泌铵能力的突变株获得的。随着联合固氮菌固氮基因表达调控以及氮代谢系统的深入研究及了解，研究者可以通过分子生物学手段有目的地改造联合固氮菌，获得或提高菌株的泌铵能力。构建泌铵菌采用以下两条途径来实现：①干扰铵吸收的途径；②干扰铵抑制固氮酶的合成或活性。

4.1.1 化学诱变产生泌铵菌

化学抑制剂或铵的类似物甲胺/乙二胺诱变产生的泌铵菌大致有以下几种。

1）GOGAT（谷氨酸合成酶）/GDH（谷氨酸脱氢酶）突变株

最先报道固氮菌可以泌铵的是 *Klebsiella pneumoniae* 的突变株，其铵吸收能力缺失。突变株在固氮条件（微好氧，缺少铵）下，胞外铵的浓度达到 5mmol/L。Zndersen 和 Shanmugam 在 *K. pneumoniae* 的研究中获得 GS 缺失突变株，能在固氮条件下向胞外可分泌 3mmol/L 的铵（T 1977）。另一个 GOGAT 缺失的突变株的例子是 *Rhodospirillum rubrum*，其在固氮条件下的最大泌铵量为 1mmol/L，其为谷氨酸营养缺陷型（M 1978）。

2）抗 GS 抑制剂筛选的泌铵菌

Wall 和 Gest 通过 EMS 和青霉素分别筛选到了 *Rhodospirillum rubrum* 突变株，在以氮气为唯一氮源时，能分泌 15mmol/L 的铵到胞外，在固氮菌中也属报道的最高泌铵量（H 1979）。另外 GS 的抑制剂 L-蛋氨酸-D，L-磺酸亚胺（MSX）对 GS 的活性起到不可逆作用，在 MSX 的筛选下得到的突变株在固氮条件下，*Anabaena cylindrical* 可以分泌 1mmol/L 铵（P 1975），*Anabaena* sp. 33047 可以分泌 8mmol/L 的铵（Ramos et al., 1984）。蓝细菌能够定殖于水稻、小麦的根表，经过 MSX 处理过的 *Anabaena strain* 2B 和 *Anabaena azollae* 最多可分泌 3mmol/L 的铵（F 1985）。从水稻根表分离的抗 MSX 的 *A. siamensis* 的突变株 SS1 分泌铵的量较少（大约 0.05mmol/L）（Thomas et al., 1990）。在几株抗 MSX 的 *A. variabilis* ATCC29413 中有一株突变株的 GS 活性很低，命名为 SA1。SA1 在固氮条件下液体培养基中能分泌 3mmol/L 的铵（Spiller et al., 1986）。

3）抗铵的类似物筛选的泌铵菌

在 *A. vinelandii* 中，抗甲胺（铵的类似物）的突变株在固氮条件下可以分泌 0.5mmol/L 的铵于胞外介质中。淡水菌和联合固氮菌 *Azospirillum brasilense* 的抗乙二胺的突变株在固氮条件下的泌铵量分别为 1.5mmol/L 和 5mmol/L（林敏，1992）。另外，抗乙二胺的 *A. variabilis* 的突变株不能以铵为氮源生长，但加入谷氨酸却可以生长，它的固氮酶活比野生型高 3 倍。抗乙二胺的 *A. brasilense* 的突变株 C_3 和 C_5 即使在 20mmol/L 铵条件下仍然有很高的固氮酶活。在固氮条件下，突变株 C_3 和 C_5 的固氮酶活要比野生型高 2～3 倍。在微好氧条件下，以硝酸盐或谷氨酸盐为氮源，突变株可以分泌大量的铵。C_3 和 C_5 不能转运甲胺。抗甲胺的日勾维肠杆菌的泌铵突变株对植物有促生效应，但进一步用 *glnA*（编码 GS 的基因）做互补实验，发现其突变能够回复，说明此类突变株为 GS 缺陷型。

Christiansen 等将泌铵菌 C_3 和 C_5 接种于盆栽小麦，^{15}N 稀释法分析结果显示接种菌能定殖于小麦根际进行固氮，并能将部分固定的氮素提供植物。结果表明突变株在小麦根际的定殖量为 10^7 cfu/g 鲜根，其在根际的固氮能力约为野生型联合固氮菌的 4 倍，小麦植株的干重、百分氮及总氮含量显著增加。

4.1.2 遗传改造泌铵工程菌

通过化学诱变所获得的泌铵菌，均为 GS 缺失突变株或谷氨酸缺陷型菌株，这类泌铵菌的泌铵能力相对较低。随着分子生物学的发展，对联合固氮菌的固氮、氮代谢调控研究的深入，研究者通过分子生物学手段对野生型联合固氮菌进行改造，提高菌株的泌铵能力。

nifL 缺失的 *A. vinelandii* 突变株，在 15mmol/L 的高铵条件下编码固氮酶的基因仍能正常表达，维持着很高的固氮酶活，其在固氮条件下分泌铵达 10mmol/L 的铵。同样，*K. pneumoniae* 的 *nifL* 突变株也能分泌少量的铵。

Enterobacter gergoviae 57-7 *glnA* 突变株，在 20mmol/L 和 30mmol/L 高铵浓度下仍保持 95% 和 92% 的固氮活性。在以 10mmol/L KNO_3 为唯一氮源的时候，该突变株的泌铵量为 7mmol/L；在无铵条件下，其最大泌铵量为 1.8mmol/L。

21 世纪，人类面临的最紧迫的问题是生产足够的粮食以满足不断增长的人口需要，同时要降低环境污染和节省能源。生物固氮的研究无疑有助于人们应付上述全球性问题。联合固氮菌是固氮生物中重要的类群，但由于联合固氮菌与植物之间是一种松散的结合，未能形成稳定的共生结构，因而其为植物提供的氮素很有限。而泌铵菌向胞外环境分泌铵，为宿主植物提供一定量的氮素，因此成为国内外研究者的研究热点。

目前泌铵菌对于植物的促生作用的研究多局限于实验室环境下，要想真正的应用于大田环境还要从以下几个因素对其进行改良。①提高泌铵菌的根际定殖能力；②结合态氮是抑制固定大气氮的主要因素，高铵条件下提高泌铵菌的固氮能力，即耐铵能力；③在土壤微生物菌群中使泌铵菌成为优势菌群；④提高固氮能源的供给及优化其组成。

虽然泌铵菌还未应用于田间，但其可以向细胞外分泌铵，在实验室环境下为植株提供一定量的氮素促进其生长，可以见其潜在的生物氮肥的价值。随着对泌铵菌的机制研究的进一步深入，获得高效固氮的泌铵菌并将其广泛应用于多种田间作物，必将对农业生态系统的稳定和农业生产的可持续发展具有重要的意义。

4.2 共生固氮菌功能基因组学和蛋白质组学研究

共生固氮功能基因组学和蛋白质组学研究主要是针对根瘤菌和宿主植物展开。目前研究较为透彻的是苜蓿根瘤菌、大豆根瘤菌和百脉根根瘤菌，对这三株根瘤菌和宿主植物的基因组序列已经展开了分析（Bell et al., 2001；Marek et al., 2001；Shoemaker et al., 2002），这些研究成果将为共生固氮菌功能基因组和蛋白质组学研究奠定基础和建立技术平台。

固氮资源生物多样性研究结果表明，不同根瘤菌可与同一豆科植物相互作用结瘤固氮，但固氮效率不同，同样同一根瘤菌也可与不同属的豆科植物结瘤固氮，这一结果为开展共生固氮功能基因组学和蛋白质组学研究奠定理论基础。我们可以充分利用公布的根瘤菌基因组序列，通过 RNA 和蛋白质差异显示法和微阵列法，对不同根瘤菌基因组及其突变株在共生条件下进行功能比较，同时对不同根瘤菌在同一豆科植物结瘤的不同根瘤素基因表达进行比较。在此基础上，我们还可寻找非豆科植物，尤其是禾本科植物中是否有以及有多少类似于豆科植物的根瘤素存在，从而使共生固氮功能基因组和蛋白质组学研究具有更为重要的科学意义和巨大的生产实践效益。

参考文献

贾小明，莫文英，钱泽澍．1990．水稻根际联合固氮菌的种类及数量．见：尤崇杓．水稻根际联合固氮．北京：农业出版社：35-39．

林敏．1992．根际联合固氮作用的研究进展．植物生理学通讯，28：1-8．

林敏，尤崇杓．1990．水稻根分泌物及其与粪产碱菌的相互作用．见：尤崇杓．水稻根际联合固氮．北京：农业出版社：315-322．

林敏，尤崇杓，刘永正．1995．重组耐铵固氮菌株的田间长期定点释放实验．农业生物技术学报，3：88-91．

丘元盛．1980．水稻根际固氮细菌的研究．科学通报，25：108．

丘元盛，周淑萍，莫小真，等．1981a．稻根联合固氮细菌的研究：I．菌种的分离和鉴定．微生物学报，21：468-472．

丘元盛，周淑萍，莫小真，等．1981b．稻根联合固氮细菌的研究：II．粪产碱菌 A-15 和阴沟肠杆菌 E-26 的固氮特性．微生物学报，21：468-472．

丘元盛，程锐彦，莫小真，等．1990．水稻根际固氮耐铵菌株的田间应用实验．见：尤崇杓．水稻根际联合固氮．北京：农业出版社．

尤崇杓．1990．水稻根际联合固氮．北京：农业出版社．

曾宽容，吴杰，王子芳．1990. 水稻根表固氮螺菌的鉴定．见：尤崇杓．水稻根际联合固氮．北京：农业出版社：30-34．

Andersen K，Shanmugam K T．1977．Energetics of biological nitrogen fixation：determination of the ratio of formation of H_2 to NH_4^+ catalysed by nitrogenase of Klebsiella pneumoniae in vivo．J Gen Microbiol，103：107-122．

Arnold W，Rump A，Klipp W，et al．1988．Nucleotide sequence of a 24，206-base-pair DNA fragment carrying the entire nitrogen fixation gene cluster of Klebsiella pneumoniae．J Mol Biol，203：715-738．

Asadulghani，Nitta K，Kaneko Y，et al．2004．Comparative analysis of the hspA mutant and wild-type Synechocystis sp．strain PCC 6803 under salt stress：evaluation of the role of hspA in salt-stress management．Arch Microbiol，182：487-497．

Baar C，Eppinger M，Raddaty G，et al．2003．Complete genome sequence and analysis of Wolinella succinogenes．Proc Natl Acad Sci U S A，100：11690-11695．

Bell C J，Dixon R A，Farmer A D，et al．2001．The Medicago Genome Initiative：a model legume database．Nucleic Acids Res，29：114-117．

Commichau F M，Forchhammer K，Stulke J．2006．Regulatory links between carbon and nitrogen metabolism．Curr Opin Microbiol，9：167-172．

Desnoues N，Lin M，Guo X，et al．2003．Nitrogen fixation genetics and regulation in a Pseudomonas stutzeri strain associated with rice．Microbiology，149：2251-2262．

Dixon R．1998．The oxygen-responsive NIFL-NIFA complex：a novel two-component regulatory system controlling nitrogenase synthesis in gamma-proteobacteria．Arch Microbiol，169：371-380.

Dobrindt U，Hochhut B，Hentschel U，et al．2004．Genomic islands in pathogenic and environmental microorganisms．Nat Rev Microbiol，2：414-424．

Fleischmann R D，Adams M D，White O，et al．1995．Whole-genome random sequencing and assembly of Haemophilus influenzae Rd．Science，269：496-512．

Foor F，Reuveny Z，Magasanik B．1980. Regulation of the synthesis of glutamine synthetase by the PII protein in Klebsiella aerogenes．Proc Natl Acad Sci U S A，77：2636-2640.

Fouts D E，Weidner S，Wong K，et al．2008．Complete genome sequence of the N_2-fixing broad host range endophyte Klebsiella pneumoniae 342 and virulence predictions verified in mice．PLoS Genet，4：e1000141．

Huergo L F，Assumpcao M C，Souza E M，et al．2004．Repressor mutant forms of the Azospirillum brasilense NtrC protein．Appl Environ Microbiol，70：6320-6323．

Kanesaki Y，Suzuki I，Allakhverdiev S I，et al．2002．Salt stress and hyperosmotic stress regulate the expression of different sets of genes in Synechocystis sp．PCC 6803. Biochem Biophys Res Commun，290：339-348．

Keener J，Kustu S．1988．Protein kinase and phosphoprotein phosphatase activities of nitrogen regulatory proteins NTRB and NTRC of enteric bacteria：roles of the conserved amino-terminal domain of NTRC．Proc Natl Acad Sci U S A，85：4976-4980.

Lin M Y C B．1987．Denitrification and nitrogen fixation by Alcaligenes faecalis．Agriculturae Nucleatae Sinica，1：1-7．

Marek L F，Mudge J，Darnielle L，et al．2001．Soybean genomic survey：BAC-end sequences near RFLP and SSR markers．Genomek，44：572-581．

Martinez-Argudo I, Little R, Dixon R. 2004. Role of the amino-terminal GAF domain of the NifA activator in controlling the response to the antiactivator protein NifL. Mol Microbiol, 52: 1731-1744.

Newton J W, Cavins J F. 1985. Liberation of ammonia during nitrogen fixation by a facultatively hetero-trophic cyanobacterium. Biochim Biophys Acta, 809: 44-50.

Polen T, Kramer M, Bongaerts J,. et al. 2005. The global gene expression response of Escherichia coli to L-phenylalanine. J Biotechnol, 115: 221-237.

Ramos J L, Guerrero M G, Losada M. 1984. Sustained Photoproduction of Ammonia from Dinitrogen and Water by the Nitrogen-Fixing Cyanobacterium Anabaena sp. Strain ATCC 33047. Appl Environ Microbiol, 48: 114-118.

Ravantti J J, Ruokoranta T M, Alapuranen A M, et al. 2008. Global transcriptional responses of Pseudomonas aeruginosa to phage PRR1 infection. J Virol, 82: 2324-2329.

Reitzer L. 2003. Nitrogen assimilation and global regulation in Escherichia coli. Annu Rev Microbiol, 57: 155-176.

Ruiz-Manzano A, Yuste L, Rojo F. 2005. Levels and activity of the Pseudomonas putida global regulatory protein Crc vary according to growth conditions. J Bacteriol, 187: 3678-3686.

Setubal J C, Santos P D, Goldman B S, et al. 2009. Genome sequence of Azotobacter vinelandii, an obligate aerobe specialized to support diverse anaerobic metabolic processes. J Bacteriol, 191: 4534-4545.

Shoemaker R, Keim P, Vodkin L, et al. 2002. A compilation of soybean ESTs: generation and analysis. Genome, 45: 329-338.

Spiller H, Latorre C, Hassan M E, et al. 1986. Isolation and characterization of nitrogenase-derepressed mutant strains of cyanobacterium Anabaena variabilis. J Bacteriol, 165: 412-419.

Steenhoudt O, Vanderleyden J. 2000. Azospirillum, a free-living nitrogen-fixing bacterium closely associated with grasses: genetic, biochemical and ecological aspects. FEMS Microbiol Rev, 24: 487-506.

Stewart W D P, Rowell P. 1975. Effects of L-methionine-D, Lsulfoximine on the assimilation of newly fixed NH_3, acetylene reduction and heterocyst production in Anabaena cylindrica. Biochem Biophys Res Commun, 65: 846-856.

Thomas S P, Zaritsky A, Boussiba S. 1990. Ammonium Excretion by an l-Methionine-dl-Sulfoximine-Resistant Mutant of the Rice Field Cyanobacterium Anabaena siamensis. Appl Environ Microbiol, 56: 3499-3504.

Tian Z X, Li Q S, Buck M, et al. 2001. The CRP-cAMP complex and downregulation of the glnAp2 promoter provides a novel regulatory linkage between carbon metabolism and nitrogen assimilation in Escherichia coli. Mol Microbiol, 41: 911-924.

Vermeiren H, Willems A, Schoofs G, et al. 1999. The rice inoculant strain Alcaligenes faecalis A15 is a nitrogen-fixing Pseudomonas stutzeri. Syst Appl Microbiol, 22: 215-224.

Wacker I, Ludwig H, Reif I, et al. 2003. The regulatory link between carbon and nitrogen metabolism in Bacillus subtilis: regulation of the gltAB operon by the catabolite control protein CcpA. Microbiology, 149: 3001-3009.

Wall J D, Gest H. 1979. Derepression of nitrogenase activity in glutamine auxotrophs of Rhodopseudomonas capsulata. J Bacteriol, 137: 1459-1463.

Weare N W, 1978. The photoproduction of H_2 and NH_4^+ fixed from N_2 by a derepressed mutant of Rhodospirillum rubrum. Biochim Biophys Acta, 502: 486-494.

Yale J, Bohnert H J, 2001. Transcript expression in Saccharomyces cerevisiae at high salinity. J Biol Chem, 276: 15996-16007.

Yan Y, Yang J, Chen L, et al. 2005. Structural and functional analysis of denitrification genes in Pseudomonas stutzeri A1501. Sci China C Life Sci, 48: 585-592.

Yan Y, Yang J, Dou Y, et al. 2008. Nitrogen fixation island and rhizosphere competence traits in the genome of root-associated Pseudomonas stutzeri A1501. Proc Natl Acad Sci U S A, 105: 7564-7569.

Young J P, Crossman L C, Johnston A W B, et al. 2006. The genome of Rhizobium leguminosarum has recognizable core and accessory components. Genome Biol, 7: R34.

Zhang Y Pohlmann E L, Roberts G P. 2005. GlnD is essential for NifA activation, NtrB/NtrC-regulated gene expression, and posttranslational regulation of nitrogenase activity in the photosynthetic, nitrogen-fixing bacterium Rhodospirillum rubrum. J Bacteriol, 187: 1254-1265.

微生物蛋白质组学研究进展

1　引言

随着基因组计划的不断发展和完善，生命科学研究逐渐步入后基因组时代。基因功能的实现最终以蛋白质形式体现，蛋白质组学（proteomics）作为功能基因组学的重要支柱在20世纪90年代中期应运而生，并已成为21世纪生命科学研究的前沿和热门领域（Collins et al., 2003）。蛋白质有其自身特定的活动规律，如蛋白质结构的形成、修饰加工、转运定位、蛋白质与蛋白质相互作用等，这些通常都无法直接从基因组信息中反映出来。任何生物机体在经历各种生理、病理过程中，其基因组通常是稳定不变，而其蛋白质组构成却随所处环境不同或自身生理状态差异发生着严格而活跃的变化，形成不同类型的蛋白质。了解基因组编码的信息，并不足以揭示细胞内基因的确切功能，只有对基因表达产物——蛋白质进行深入研究，尤其是对其表达模式和功能模式的探索，才能全面认识生命活动的本质。近年来，蛋白质组研究技术已被广泛应用于生命科学研究的各个领域，覆盖了原核微生物、真核微生物、动物和植物，涉及各种重要的生物学现象，如细胞分化、信号转导、蛋白质折叠等。

蛋白质组学研究主要包括三个方面的技术，即蛋白质的分离、鉴定和生物信息学。以蛋白质双向电泳——质谱分析技术为例其程序如下。样品制备、等电聚焦、聚丙烯酰胺凝胶电泳、考马斯亮蓝染色或者硝酸银染色、胶内酶切蛋白质点、质谱分析确定肽指纹图谱或部分氨基酸序列、利用生物信息学数据库确定蛋白质（Völker and Hecker, 2005）。

分子生物学与基因组学的研究均以简单生物系统作为突破口，蛋白质组学研究也不例外。微生物体作为一种理想的模式材料，现已被广泛应用于蛋白质组学研究中（Guerreiro et al., 1997）。在蛋白质组学研究中，微生物材料具有几个突出的优点：①基因组比较小，细胞器结构相对简单，许多微生物已完成基因组测序；②实验周期短，易于培养和处理；③微生物细胞学、分子生物学等学科已积累了丰富的数据，为相应的蛋白质组学研究奠定了坚实的基础。

微生物蛋白质组学研究策略主要包括：①表达蛋白质组学——采用蛋白质组研究技术分析微生物某一组分尽可能多或接近所有的蛋白质，建立该组分蛋白质

本章作者：沈世华。

组表达全谱及相应蛋白质数据库；②比较蛋白质组学——采用蛋白质组学技术比较菌株不同阶段同一组分的蛋白质表达数量、表达水平和修饰状态上的差异，发现相关的特异性蛋白质；③免疫蛋白质组学——采用免疫学与蛋白质组学相结合的方法寻找特异性相关抗原。

微生物蛋白质组学研究的基本目标是鉴定与微生物活动相关的功能蛋白质。在不同环境条件下，微生物相关功能基因组得到表达，用二维电泳将其大量的蛋白质进行分离，比较二维电泳图谱的差异，再对这些差异蛋白质进行鉴定，可以确定与微生物生理活动相关的基因，进而阐明微生物的基因组功能。蛋白质组学在微生物中的应用主要包括：①微生物生理蛋白质组学研究，主要用于阐明微生物重要生理过程的基本信息；②环境微生物蛋白质组学研究，即研究微生物在极端环境（强酸、强碱、高温）下蛋白质的变化，从而阐明微生物适应环境的分子机制。

2 根瘤菌蛋白质组学研究进展

生物固氮作用为生命世界提供约 75% 的绿色氮素来源。固氮研究可以减少工业化肥使用，降低农业成本，改善生态环境，是农业可持续发展的重大需求，是解决当今人类面临的粮食、能源、资源、环境等国民经济、社会发展重大关键问题和科技自身发展的重大基础性研究。在生物固氮过程中，根瘤菌中的固氮酶在常温常压下合成氨，并可在环境友好的情况下被植物直接吸收。因此，几十年来，对根瘤菌的研究成为固氮研究中的重要组成部分。蛋白质组学新技术、新思想的引入，为根瘤菌的研究注入了新的活力。

2.1 根瘤菌固氮机制研究

类黄酮类化合物是豆科植物根际自主分泌的一些三环芳香族化合物，在根瘤菌侵染豆科植物的过程中起着重要的作用。它们可以诱导根瘤菌趋向性地接近根毛，并在根际繁殖。因此，在根瘤菌培养物中添加类黄酮，是研究共生固氮过程中信号传递的有效方法。

早在 1997 年，Guerreiro 等就用双向电泳的方法分析了在类黄酮类 7,4′-二羟黄酮存在下 *R. leguminosarum* bv. *trifolii* ANU843 的蛋白质组表达谱。1999 年（Guerreiro et al., 1999），他们又通过同样的方法建立了苜蓿中华根瘤菌 1021 的蛋白质组参考图谱，该菌株为根瘤菌的模式材料，对其研究有着重要意义。他们在基因表达的不同阶段进行蛋白质组分析，检测到 2000 余个蛋白质点，并发现指数生长早期与晚期至少有 52 个可重复的差异点。相反，在添加了能够诱导结瘤的类黄酮类激素毛地黄黄酮后，并没有引起指数生长早期和晚期表达差异。对 18 个未知的组成型蛋白和 4 个晚期诱导产生的蛋白质进行了 N 端测序，发现了以前在根瘤菌中没有描述过的蛋白质，包括氨化物结合蛋白、乙二醛酶Ⅱ蛋白质家族的一个水解酶、二磷酸核苷激酶和 5′-核苷酸酶。蛋白质组分析为苜蓿中华根瘤菌 1021 菌株基因组测序结果提供了有力的补充。

根瘤菌的质粒携带有不同功能的基因，如结瘤基因、固氮基因、细菌素基因、宿主专一性基因、胞外多糖基因和色素基因等。有些根瘤菌的结瘤、固氮基因只存在于质粒上，有些则同时存在于质粒和染色体上。为了研究含功能质粒对苜蓿中华根瘤菌细胞内部的调节作用，采用去除质粒的 *R. leguminosarum* bv. *trifolii* ANU843 进行双向电泳分析。共有 39 个蛋白质的合成发生了变化：22 个蛋白质（包括一个热激蛋白、一个冷激蛋白和电子传递黄素蛋白的 α 亚基和 β 亚基）消失；质粒 e 编码 4 个新蛋白，质粒 c 编码 2 个新蛋白；去除质粒 e 和质粒 c 分别导致 3-异丙基苹果酸脱氢酶和苹果酸脱氢酶表达减少（Guerreiro et al., 1998）。

Chen 等（2000）将野生型菌株苜蓿中华根瘤菌 2011 与去除 pSyma 质粒的菌株 818 的蛋白质组进行了比较，检测到 60 个差异点，发现 pSyma 具有调节苜蓿中华根瘤菌胞内其他复制子基因表达的功能。Roberts 等（1978）通过双向电泳和乙炔还原检测技术，对 *Klebsiella pneumoniae* 的 235 个 Nif-菌株进行了检测。发现固氮酶组分Ⅰ需要 *nifK* 和 *nifD*，它们编码 β 亚基和 α 亚基；*nifB*，*nifE* 和 *nifN* 是固氮酶活性中心的一部分——铁钼辅因子所必需的；*nifH* 编码组分 II 的结构蛋白；*nifM* 和 *nifS* 对于活性组分 II 的合成是必要的。*NifF* 和 *nifJ* 对于体内固氮是必需的，而在体外却并不需要。Scott 等（1979）用单向和双向电泳的方法分析了大豆根瘤菌 *Bradyhizobium japonicum* 110 在不同生长条件下固氮酶组分Ⅰ的组成多肽的生物合成。Riesenberg 等（1982）结合放射免疫阵列和双向凝胶电泳的方法，研究了 *Klebsiella pneumoniae* 中 ppGpp 在 *nif* 操纵子中的作用，分析了固氮酶的组成。Zhu 等（1983）用双向电泳的方法研究 *K. pneumoniae* 固氮过程中 *nifA* 产物的氨调节作用。White 等（1992）通过双向凝胶电泳的方法研究了来自 *K. pneumoniae* 的 *nifD* 和 *nifK* 基因产物——固氮酶钼铁蛋白的组装。结果表明一个 20kDa 的肽与 apoMoFe 相结合，而不与 holoMoFe 蛋白相结合。同年，Hallenbeck（1992）研究发现突变影响 *Rhodobacter capsulatus* 中固氮酶的开闭及修饰系统对固定的氮的反应。*Azotobacter vinelandii nifBfdxN/nifOQ* 操纵子是固氮酶钼铁蛋白辅因子合成所必需的。为了进一步确认其基因表达产物的功能，Bosch 等（1997）制备了 NifB 和 NifO 的特殊抗体，并综合运用放射性标记提取物的双向凝胶电泳和免疫检测技术识别了 *nifB*、*nifO* 和 *nifQ* 基因产物。

Dainese-Hatt 等（1999）将蛋白质组学技术应用于大豆根瘤菌（*Bradyrhizobium japonicum*）中固氮相关基因的调节作用研究。发现除了两个已知的转录因子 NifA 和 $FixK_2$ 控制的调节子外，第三类由厌氧条件诱导产生的蛋白质可能也存在于 *B. japonicum* 中，并且是独立调节的。

Chen 等（2000）用蛋白质组分析的方法识别了苜蓿中华根瘤菌中 *nolR* 基因调节的蛋白质。他们将苜蓿中华根瘤菌 AK631 和 EK698（一个 Tn5 诱导的 AK631 的 *nolR* 基因缺陷型突变体）分别在含有植物信号因子毛地黄黄酮和不含有毛地黄黄酮的胰蛋白胨琼脂培养基上培养，对二者的细胞提取物进行双向电泳。银染凝胶发现突变体中 189 个蛋白质的表达水平发生了显著变化，其中 101 个表达量增加而 88 个表达量下降。考马斯亮蓝染色或 PVDF 转膜发现 *nolR* 突变体改变了的蛋白质中至少有 52 个可以重复检测并分离到。对其中 38 个蛋白质进行 N 端微测序，发现 *noIR* 突变的最引人注目的特征在于 NoIR 功能缺失造成的细胞功能减少，包括在三羧酸循环中发挥作用的蛋白质、热/冷激蛋白、蛋白质合成、翻译延长因子、氧化应力以及细胞生长和维持功能。

细菌表面多糖与根瘤菌侵染过程密切相关，与细菌表面多糖合成有关的基因包括：胞外多糖（EPS）基因、脂多糖（IPS）基因和葡聚糖基因。Guerreiro 等（2000）用双向电泳的方法检测了由特定基因突变导致的胞外多糖（exopolysaccharide，EPS）合成变化。*R. leguminosarum* bv. *viciae* VF39 的 *pssA*、*pssD* 和 *pssE* 及 *R. leguminosarum* bv. *trifolii* ANU794 的 *pssA* 的损坏不仅使这些菌株丧失了合成 EPS 的能力，而且对蛋白质合成水平有着多方面的影响。可见，酶途径和调节网路是相互交叉和高度敏感的。这些结果表明蛋白质组学在揭示由突变引起的蛋白质表达和调节过程方面有着巨大潜力。

固氮菌 *Azoarcus* sp. BH72 在微氧条件下固氮活性提高，并且形成固氮体(diazosome)。为了研究固氮体的功能及其形成机制，Karg 和 Reinhold-Hurek（1996）将含有固氮体与不含有固氮体的固氮菌的蛋白质组进行比较，发现二者蛋白质表达模式差异很大：前者 7.3% 的主要蛋白质消失，只有后者总蛋白质的 73%，表明含有固氮体的细胞有更加特殊的代谢方式；前者出现 9 个新蛋白质和 5 个表达量增加的蛋白质；前者检测到 5 个新的主要膜蛋白，表明膜也许有特殊功能。N 端测序初步判定一个新蛋白质为 *glnB* 基因表达产物 P（II）——一个在氮代谢调节中起作用的胞内信号转导因子。

Martin 等（2000）也报道了 *Azoarcus* sp. BH72 中三个类 PII 蛋白，即 GlnB、GlnK 和 GlnY。他们综合运用 2D-PAGE、Western 杂交和 N 端测序等方法，分析了 PII 蛋白在 *Azoarcus* sp. BH72 的体内表达状况。类 PII 蛋白对氮的感受有其独特之处：它们在氮缺乏的条件下，发生尿苷酸化共价修饰；提供的氮源不同，这种修饰模式也有差异。

CydR 是专性需氧固氮菌 *Azotobacter vinelandii* 中的一个 Fnr-like 蛋白。*cydR* 的突变体过量地产生细胞色素（cytochrome）bd 终端氧化酶。Wu 等（2001）用双向凝胶电泳的方法发现β-酮硫解酶和乙酰 CoA 还原酶在 *cydR* 的突变体中同样过量表达，而延胡索酸酶 C 和一个 CoA 转移酶表达减少。*cydR* 突变体在整个指数生长期积累聚β-羟基丁酸盐，而野生型菌株只在稳定期积累聚β-羟基丁酸盐。可见，CydR 控制着聚β-羟基丁酸盐在 *A. vinelandii* 中的合成。

2.2 胁迫条件下的根瘤菌蛋白质表达

环境胁迫因子，如温度效应、氧敏感等，对固氮起限制作用，影响固氮效率。研究抗逆生长的根瘤菌的蛋白质表达，对于认识抗逆相关基因及其功能，提高农作物固氮水平，有着积极意义。

Munchbach 等（1999）对大豆根瘤共生体 *Bradyrhizobium japonicum* 在 28～43℃温度范围内进行诱导，用减法双向凝胶电泳的方法观察到 19 个热休克蛋白。他们把表达量增加的蛋白质点从双向电泳凝胶中分离出来，用漏斗凝胶（funnel-gel）装置富集，转膜后用胰蛋白酶消化，进行质谱或串联质谱分析，或进行 Edman 测序。8～20 kDa 范围内的 5 个蛋白质被确认为 Hsp（HspB、C、D、E 和 H），3 个与 sHsp 家族表现了极大的序列相似性，另外 2 个低分子质量蛋白质与 GroES1 和 GroES2 相当。同时，他们发现了 5 个新蛋白质，4 个分子质量约 60 kDa，被确认为 GroEL2、GroEL4、GroEL5 和 DnaK。

此外，Glenn 等（1999）利用蛋白质组的方法研究了根瘤菌对酸的适应，发现了一系列根瘤菌在酸性条件下生长所必须的基因。Riddle 等（1982）发现 *Azotobacter vinelandii* 的突变体 WD2 在 10 mmol/L 钨的培养基上依然可以固氮，而野生型在高钨的条件下却不能生长。对突变体细胞进行了双向凝胶电泳试验，发现这种突变体没有产生野生型根瘤菌的固氮酶的组分 I。Heinz 和 Streit（2003）通过比较在生物素缺乏和在 40 nmol/L 生物素存在两种条件下生长的苜蓿中华根瘤菌 1021 细胞提取物的蛋白质组图谱，发现生物素缺乏条件影响了苜蓿中华根瘤菌的转录和翻译。

3 枯草芽孢杆菌蛋白质组学研究进展

枯草芽孢杆菌（*Bacillus subtilis*）为芽孢杆菌科芽孢杆菌属中最具代表性的菌种，长期以来受到国内外研究学者的广泛关注（Moszer et al., 2002）。现代生物学的发展极大地影响了微生物学的基础理论研究和应用研究。

枯草芽孢杆菌蛋白质组学的研究要早于其基因组序列的公布。早在 1985 年，

Streips 和 Polio 等通过灵敏的凝胶电泳技术，研究了枯草芽孢杆菌 *B. subtilis* SR22 分别经 37℃和 48℃处理后的蛋白质表达情况，首次获得了分子质量约 66kDa 的热激蛋白的明显上调表达，然而当时的条件并不能满足于对差异蛋白质点的鉴定。随着该菌基因组序列的公布，以及一些常规蛋白质鉴定，如 MALDI-TOF-MS 方法的应用，成为枯草芽孢杆菌蛋白质组学研究的重大突破（Hecker and Völker, 2004; Graham et al., 2007; Zhang et al., 2009）。

3.1 枯草芽孢杆菌逆境条件下的蛋白质组学研究

近年来，关于枯草芽孢杆菌逆境条件下的蛋白质组学方面研究也有许多。Clements 等（2002）通过比较 *B. subtilis* LCB6 在不同培养条件下的蛋白质组表达情况，充分认识了枯草芽孢杆菌厌氧条件下的生长特征，以及相应硝酸盐呼吸作用（nitrate respiration）和发酵条件下的代谢途径变化。

Höper 等（2006）以生理学蛋白质组学方法研究了 *B. subtilis* 168 菌株在高渗胁迫（6% NaCl）下细胞内蛋白质组表达情况，从分子水平上探讨了胁迫条件下相关代谢途径调节模式的变化，以了解枯草芽孢杆菌盐适应的调节因子。通过蛋白质组学研究，应用 MALDI-TOF MS 等技术，已成功鉴定了枯草芽孢杆菌 *B. subtilis* 168 等菌株的 Cold shock protein、DNA-binding protein、60kDa-heat shock protein、surface-related protein 以及其他的胁迫应激反应相关蛋白（Warscheid et al., 2004）。

此外，Eymann 等（2004）以高通量的 2-DE 技术，结合 MALDI-TOF/MS 以及 NanoLC-MS/MS 等鉴定方法，全面分析了 *B. subtilis* 168 的全蛋白表达模式，包括膜性细胞器蛋白质组的表达。研究中发现，某些休眠细胞（nongrowing cell）与正常生长细胞（growing cell）的蛋白质表达模式有很大区别，认为这是由于胁迫或饥饿状态，引发了休眠结构细胞内部某些胁迫或逆境反应相关基因（stress or starvation-specific gene）大量表达的结果。同时，枯草芽孢杆菌的某些膜蛋白在维持细胞完整性、环境信号感应、能量的产生及转化等方面也具有重要作用。与常规的细胞内总蛋白提取相比，膜蛋白的高疏水性使其在提取过程中要困难得多，膜蛋白提取量的不足常常会影响第一向等电聚焦过程以及蛋白质的分离，这也成为膜蛋白质组学以及其他细胞器蛋白质组学研究的限制因素。

3.2 枯草芽孢杆菌蛋白质组学研究在工业生产中的应用

近年来，随着分子生物学和基因工程的发展，枯草芽孢杆菌作为基因工程表达系统发展迅速，并展现出良好的应用前景。枯草芽孢杆菌还作为一种安全

(generally recognized as safe, GRAS)的菌株用于异源蛋白质的生产。

蛋白质信号在微生物生理学研究中已发展成为一种有效的检测手段，枯草芽孢杆菌所产生的某些信号蛋白可用于监测正常生长细胞的生理状态、培养基中氨基酸或碳源是否缺乏以及非生长细胞受氧化、磷酸盐缺乏等逆境环境状态下的应激反应（Hecker and Völker, 2004）。枯草芽孢杆菌在培养过程中，一旦生长环境发生变化，如培养基中氨基酸或某些碳源成分的改变、氧化胁迫、磷酸盐胁迫或其他条件的刺激，均会引起蛋白质表达模式的改变，产生信号蛋白（Völker and Hecker, 2005）。工业生产中，一些应用枯草芽孢杆菌工程菌株的大型生物反应器的发酵过程也可以通过蛋白质组信号进行监测，因在生物反应器中一旦发生氧化胁迫或其他条件刺激，就会对所生产的目的蛋白质的质量产生重要影响（Hecker and Völker, 2004）。

总之，枯草芽孢杆菌的蛋白质组学分析不仅可以应用于基因表达的研究，还可以用于其他更为广泛的研究，包括：①翻译后蛋白质修饰完成方式；②蛋白质定位由何因素决定；③活细胞蛋白质相互作用网络怎样建立；④蛋白质活性的调控机制；⑤蛋白质损伤后怎样维持重新折叠与降解的平衡（Völker et al., 2005）。

参考文献

Bosch R, Rodriguez-Quinones F, Imperial J. 1997. Identification of gene products from the *Azotobacter vinelandii nifBfdxNnifOQ* operon. FEMS Microbiol. *Lett*. 157 (1): 19-25.

Chen H, Higgins J, Oresnik I J, et al. 2000. Proteome analysis demonstrates complex replicon and luteolin interactions in pSyma-cured derivatives of *Sinorhizobium meliloti* strain 2011. Electrophoresis, 21 (17): 3833-3842.

Clements L D, Streips U N, Miller B S. 2002. Differential proteomic analysis of *Bacillus subtilis* nitrate respiration and fermentation in defined medium. Proteomics, 2: 1724-1734.

Collins F S, Morgan M, Patrinos A. 2003. The human genome project: lessons from large-scale biology. Science, 300: 286-290.

Dainese-Hatt P, Fischer H M, Hennecke H, et al. 1999. Classifying symbiotic proteins from Bradyrhizobium japonicum into functional groups by proteome analysis of altered gene expression levels. Electrophoresis, 20 (18): 3514-3520.

Eymann C, Dreisbach A, Albrecht D, et al. 2004. A comprehensive proteome map of growing Bacillus subtilis cells. Proteomics, 4: 2849-2876.

Glenn A R, Reeve W G, Tiwari R P, et al. 1999. Acid tolerance in root nodule bacteria. Novartis Found Symp, 221: 112-126.

Graham R L J, Graham C, McMullan G. 2007. Microbial proteomics: a mass spectrometry primer for biologists. Microbial Cell Factories, 6: 26 doi: 10.1186/1475-2859-6-26.

Guerreiro N, Djordjevic M A, Rolfe B G. 1999. Proteome analysis of the model microsymbiont

Sinorhizobium meliloti: isolation and characterisation of novel proteins. Electrophoresis, 20 (4-5): 818-825.

Guerreiro N, Ksenzenko V N, Djordjevic M A, et al. 2000. Elevated levels of synthesis of over 20 proteins results after mutation of the Rhizobium leguminosarum exopolysaccharide synthesis gene pssA. J Bacteriol, 182 (16): 4521-4532.

Guerreiro N, Redmond J W, Rolfe B G, et al. 1997. New Rhizobium leguminosarum flavonoid-induced proteins revealed by proteome analysis of differentially displayed proteins. Mol Plant Microbe Interact, 10 (4): 506-516.

Guerreiro N, Stepkowski T, Rolfe B G, et al. 1998. Determination of plasmid-encoded functions in Rhizobium leguminosarum biovar trifolii using proteome analysis of plasmid-cured derivatives. Electrophoresis, 19 (11): 1972-1979.

Hallenbeck P C. 1992. Mutations affecting nitrogenase switch-off in Rhodobacter capsulatus. Biochim Biophys Acta, 1118 (2): 161-168.

Hecker M, Völker U. 2004. Towards a comprehensive understanding of *Bacillus subtilis* cell physiology by physiological proteomics. Proteomics, 4: 3727-3750.

Heinz E B, Streit W R. 2003. Biotin Limitation in Sinorhizobium meliloti Strain 1021 Alters Transcription and Translation. Appl Environ Microbiol, 69 (2): 1206-1213.

Höper D, Bernhardt J, Hecker M. 2006. Salt stress adaptation of *Bacillus subtilis*: A physiological proteomics approach. Proteomics, 6: 1550-1562.

Karg T, Reinhold-Hurek B. 1996. Global changes in protein composition of N_2-fixing-*Azoarcus* sp. strain BH72 upon diazosome formation. J Bacteriol, 178 (19): 5748-5754.

Martin D E, Hurek T, Reinhold-Hurek B. 2000. Occurrence of three PII-like signal transmitter proteins in the diazotrophic proteobacterium *Azoarcus* sp. BH72. Mol Microbiol, 38 (2): 276-288.

Moszer I, Jones L M, Moreira S, et al. 2002. SubtiList: the reference database for the *Bacillus subtilis* genome. Nucleic Acid Res, 30: 62-65.

Munchbach M, Dainese P, Staudenmann W, et al. 1999. Proteome analysis of heat shock protein expression in *Bradyrhizobium japonicum*. Eur. J. Biochem, 264 (1): 39-48.

Riddle G D, Simonson J G, Hales B J, et al. 1982. Nitrogen fixation system of tungsten-resistant mutants of Azotobacter vinelandii. J Bacteriol, 152 (1): 72-80.

Riesenberg D, Erdei S, Kondorosi E, et al. 1982. Positive involvement of ppGpp in derepression of the *nif* operon in *Klebsiella pneumoniae*. Mol Gen Genet, 185 (2): 198-204.

Roberts G P, MacNeil T, MacNeil D, et al. 1978, Regulation and characterization of protein products coded by the *nif* (nitrogen fixation) genes of Klebsiella pneumoniae. J Bacteriol, 136 (1): 267-279.

Scott D B, Hennecke H, Lim S T. 1979. The biosynthesis of nitrogenase MoFe protein polypeptides in free-living cultures of *Rhizobium japonicum*. BBA-Nucleic Acids and Protein Synthesis, 565 (2): 365-378.

Streips U N, Polio F W. 1985. Heat shock proteins in bacilli. J Bacteriol, 162 (1): 434-437.

Völker U, Hecker M. 2005. From genomics via proteomics to cellular physiology of the Gram-positive model organism *Bacillus subtilis*. Cell Microbiol, 7: 1077-1085.

Warscheid B, Fenselau C. 2004. A targeted proteomics approach to the rapid identification of bacterial cell mixtures by matrix-assisted laser desorption/ionization mass spectrometry. Proteomics, 4: 2877-2892.

White T C, Harris G S, Orme-Johnson W H. 1992. Electrophoretic studies on the assembly of the nitrogenase molybdenum-iron protein from the Klebsiella pneumoniae *nifD* and *nifK* gene products. J Biol Chem, 267 (33): 24007-240016.

Wu J Y, Wang C G, Mei X G. 2001. Stimulation of taxol production and excretion in *Taxus* spp cell by rare earth chemical lanthanum. J Biotechnol, 85 (1): 67-73.

Zhang C X, Zhao X, Han F, et al. 2009. Comparative proteome analysis of Two antagonist *Bacillus subtilis* strains. J Microbiol Biotechnol, 19: 351-357.

Zhu J B, Yu G Q, Jiang Q Y, et al. 1983. Effect of *nifA* product on suppression of Nif-phenotype of gln mutation and constitutive synthesis of nitrogenase in Klebsiella pneumoniae. Sci Sin, 26 (12): 1258-1268.

土壤微生物生态学研究方法进展

自20世纪80年代以来，随着分子生物学技术在微生物生态学研究中的应用，人们逐渐认识到土壤中巨大的微生物遗传多样性、个体丰度和生物量。本章在对经典的微生物生态学研究方法，包括分离和培养法、底物利用分析法、脂肪酸分析法和基于DNA和RNA分析的分子生物学方法进行简要介绍的基础上，对最新发展起来的宏基因组学和环境转录组学、新一代测序技术、稳定性同位素探测技术和二级离子质谱技术在微生物生态学中的应用进行了重点介绍。随着这些新技术的发展和应用，微生物生态学的研究不仅在研究通量和检测灵敏度方面大大提高，对土壤微生物的认识也由单纯的微生物群落结构分析向群落功能分析转变，并将微生物多样性与其功能进行耦合研究，为揭示微生物参与自然界中物质循环和能量转换的过程和机制开辟了新的篇章。

1 引言

土壤微生物广泛参与地球许多重要元素的生物地球化学转化，在自然界物质循环、能量转换以及人类健康与环境中起着重要作用。由于土壤生境的异质性和复杂性，微生物以高度的生物多样性聚集在一起行使生理和生态功能。据估计，1g 土壤中存在成千上万种甚至多达上十亿（10^9）个微生物细胞，但仅有0.1%～1%是可以培养的，大部分微生物尚处于不可培养状态（Torsvik et al.，1990）。土壤微生物生态学要解决的3个基本问题是：①土壤中存在哪些微生物(Who are there)？②土壤中有多少微生物（How many are there)？③这些微生物起什么作用（What are they doing)？随着近年来分子生物学技术和高分辨检测技术等的发展和应用，微生物生态学的发展取得长足进步，本章对经典的微生物生态学研究方法，包括分离和培养法、底物利用分析法、脂肪酸分析法和基于DNA和RNA分析的分子生物学等方法作一简要回顾，并对最新发展起来的宏基因组学和环境转录组学、新一代测序技术、稳定性同位素探测技术和二级离子质谱技术在微生物生态学中的应用进行重点介绍。这些方法（图1）从不同侧面对土壤微生物群落组成及多样性、丰度、活性和功能进行研究，以期了解土壤微生物的全貌。

本章作者：贺纪正、张丽梅。

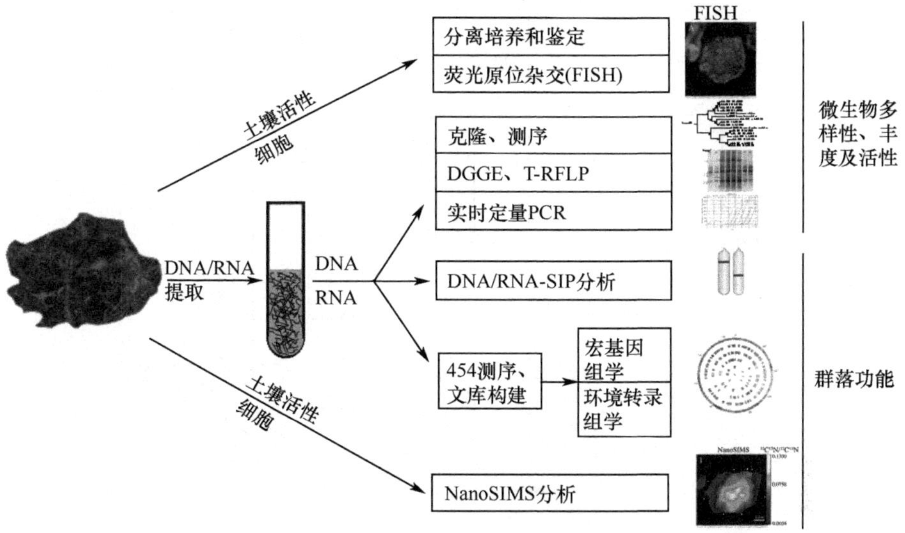

图1　土壤微生物生态学研究的基本框架和技术途径示意图

2　经典的微生物生态学研究技术与应用

已被广泛应用的微生物生态学研究方法包括以下4类：①分离和培养法；②底物利用分析法，以BioLog法为代表；③生物标志物分析法，生物标志物是微生物细胞的生化组分，特定结构的标志物可以表征特定类型的微生物，且数量通常又与相应生物量呈正相关，通过对从样品中提取的生物标志物分析可获得微生物群落结构和多样性方面的信息；④核酸分析法，即基于DNA和RNA分析的分子生物学方法。图2是以上4种方法在信息量、信息类型、花费和工作量大小方面的比较。

传统的培养方法虽然可以检测环境中的活细胞，并且对早期微生物生态学的发展起到巨大的推动作用。然而，很多研究表明环境样品中的大部分细菌是不能被分离和培养的，实验室可培养的微生物只占微生物总数的0.1%～1%（Davis et al., 2005；Torsvik et al., 1990，1998）。BioLog法常被应用于测试土壤微生物的代谢功能，根据微生物利用碳源时指示剂的颜色变化情况检测和判断不同土壤的微生物功能多样性，但其反映的往往是体系中快速生长起来的微生物的代谢活动。因此，分离培养和同样是基于微生物室内培养的BioLog法并不能全面地反映微生物区系组成状况。

生物标志物分析应用较多的有醌指纹（quinone profiling）和脂肪酸图谱（phospholipid fatty acid，PLFA）。呼吸醌是细胞膜的重要组成成分，包括泛醌

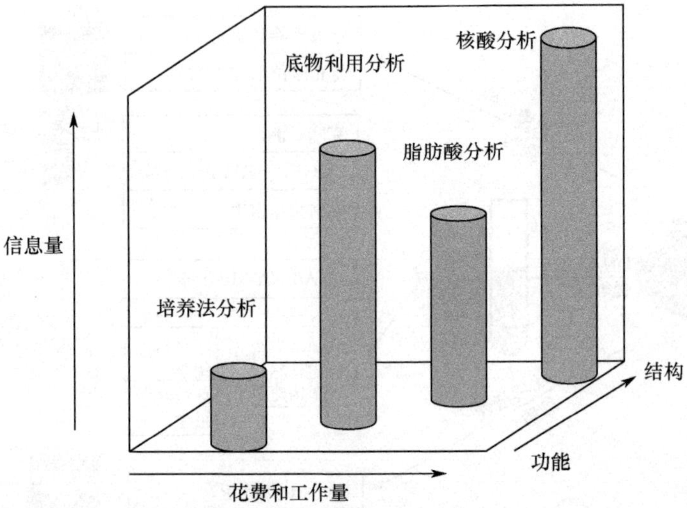

图 2　经典的微生物群落及多样性研究方法比较

(ubiquinone，UQ，即辅酶 Q）和甲基萘醌（menaquinone，MK，即维生素 K），在电子传递链中起重要作用。不同微生物含有不同种类和分子结构的醌，因此醌的多样性可定量表征微生物多样性。PLFA 是微生物活体细胞膜的稳定组成成分，细胞死亡后马上消失，不同微生物的 PLFA 成分不同，在某一类群中稳定出现的 PLFA 可作该类群特定的生物标志物来指示其变化，因此该方法被广泛用于许多微生物的多样性和活性分析。

自 20 世纪 80 年代以来，由于分子生物学技术的引入，微生物生态学的研究得到了快速发展。通过直接提取环境样品中的微生物总 DNA/RNA，应用不同方法分析这些 DNA/RNA 所代表的微生物遗传多样性，避开了纯培养的步骤，大大促进了对环境中难培养或未培养的微生物多样性的认识。此外，与脂肪酸分析法相比，基于 DNA/RNA 的分析可获得关于土壤微生物群落结构的更精细信息，可更为全面地反映微生物区系组成状况。用于微生物群落及多样性分析的分子生物学方法主要包括 5 种，分别是单链 DNA 复性动力学方法、分子指纹图谱类方法、克隆及测序方法、分子杂交类方法和定量 PCR 技术。下面分别介绍各方法的特点。

2.1　单链 DNA 复性动力学方法

Tosvik 等最先用单链 DNA 复性动力学方法测定土壤微生物多样性（Torsvik et al., 1998）。其基本原理是，某种微生物的 DNA 被加热后，双链 DNA 会解链为单链 DNA，当缓慢降低温度时，单链 DNA 又会复性，复性的速率可表征此微生物基因组的大小和复杂性；相应地，当 DNA 来自整个微生物群落时，则群落 DNA 可被看作一个大的复合基因组，复性的速率可表征群落 DNA 的大小和复杂性，进而反映微生物多样性。Tosvik 等利用这种方法对土壤和沉积物中原核生物多样性的考查表明，每克土壤和沉积物样品中可能有 3000～10 000 种不同的微生物（Torsvik et al., 1990，1998）。

2.2 分子指纹图谱类方法

此类方法包括变性梯度凝胶电泳（denaturing gradient gel electrophoresis，DGGE）、单链构象多态性（single strand conformation polymorphism，SSCP）、扩增 rDNA 限制性分析（amplifed ribosomal DNA restriction analysis，ARDRA）、终端限制性片段长度多态性（terminal restriction fragment length polymorphism，T-RFLP）及变性高效液相色谱（denaturing high performance liquid chromatography，DHPLC）等。作为一类高通量的测度微生物群落结构和多样性的方法，它们在微生物生态学研究中得到广泛应用，以探讨不同的环境因子与微生物群落结构和多样性的关系（Bell et al., 2005；Fierer and Jackson，2006；He et al., 2005）。

DGGE 主要利用不同微生物 DNA 通过聚合酶链反应（polymerase chain reaction，PCR）扩增产物因序列差异而在梯度凝胶上形成不同的条带表征微生物多样性；SSCP 利用微生物 DNA 的 PCR 扩增产物解链后，其单链构型（二级结构）不同而在凝胶上形成不同的条带来表征微生物多样性；ARDRA 及 T-RFLP 是利用限制性内切酶将微生物 DNA 的 PCR 扩增产物酶切成不同长度的片段，进而在凝胶上形成不同的条带表征微生物多样性；DHPLC 根据离子配对逆相层析（ion-pair reverse phase chromatography）的原理，利用 PCR 扩增产物因序列差异而与分离柱固定相结合程度不同，继而洗脱时间不同从而达到将具有相似片段长度的 PCR 产物分离检测的目的。

以上几种方法通常以 OTU 的数目表征物种丰富度，不需对微生物进行实验室培养，但其分辨率往往较低。例如，DGGE 方法中，只有占群落中微生物总数 1% 的种才能在梯度凝胶上产生条带（Heuer et al., 1997；Muyzer et al., 1993）。而采用 SSCP 及 ARDRA 时，一种微生物可能在凝胶上产生几个不同的条带（Stach et al., 2001）。T-RFLP 则由于在进行 PCR 扩增时所使用的引物经过终端荧光标记，所以一种微生物在凝胶上只产生一条发荧光的条带，通过对荧光强度的检测还可以反映出微生物的数量关系，因而同其他几种技术相比有更大的优势。使用 T-RFLP 的一个主要问题在于，如何在微生物基因序列未知的情况下合理的选择限制性内切酶（Marsh，1999）。作为一种相对较新的分子指纹图谱类方法，DHPLC 具有经济、高效、易操作的优点，具有广阔的应用前景，但其方法论上的问题有待进一步探讨。

2.3 克隆和测序方法

克隆和测序分析是当前评估微生物群落结构和多样性的最精细的方法，可通过将得到的序列在核酸数据库中进行 BLAST 分析获得有关该序列分类地位的信息。但在大多数此类研究中，克隆和测序的数目（$<10^3$）往往远小于土壤微生物群落的实际个体数（$>10^9$ 个/g 土），因此并不能反映群落中稀有种的状况（Gans et al., 2005）。此外，所有核酸指纹图谱类方法和克隆测序方法均有一个从土壤中提取 DNA，纯化后进行 PCR 扩增的过程，可统称为基于 PCR 的研究技术。而事实上，在 PCR 过程中，那些与引物高匹配及拷贝数较多的原初模版会被定向选择，从而在凝胶上对这些 PCR 产物进行后续分析时，可能会产生 PCR 偏差，所有基于 PCR 的技术，都有产生 PCR 偏差的风险。

2.4 分子杂交类方法

该类方法以荧光原位杂交（fluorescence in situ hybridization，FISH）和微阵列（microarray）技术为代表。FISH 是基于核酸间互补序列配对，利用荧光标记的核酸探针与目标核酸杂交，通过对荧光信号的检测反映目标核酸所代表的微生物的存在、分布及数量特征。同基于 PCR 的微生物分子指纹图谱分析相比，FISH 方法由于不需要从土壤样品中提取 DNA 及进行 PCR 扩增，因而不会产生 PCR 偏差，并且可以使研究定量化并在原位进行，特别适用于对微生物群落中特定类群的原位跟踪考察，而不是对整个微生物群落结构的研究。FISH 方法的主要不足在于其探针的设计需要特定的序列信息（Wagner et al., 2003），在用于土壤微生物群落研究时，土壤中的背景荧光对测定精度的影响也是一个需要考虑的问题。微阵列同样基于核酸间互补序列配对原则，将环境样品核酸利用荧光标记后与根据已知序列（16S rDNA 或功能基因）设计的核酸阵列杂交，通过对杂交成功的环境样品核酸的检测，反映环境样品中微生物群落结构及功能类群。微阵列的主要不足在于不能检测出群落中未知种的存在，但这种方法正处于发展完善阶段，有反映整个微生物群落结构的潜力（Dorrell et al., 2005；Zhou，2003）。

2.5 定量 PCR 技术

在对土壤微生物的定量研究方法方面，平板稀释计数法由于只代表了土壤中的比例很小的可培养微生物部分，已逐渐不被采用。原位荧光杂交技术虽可用于检测环境样品中目标微生物的数量，但该技术比较费时，要求细胞处于生理活性状态，往往会因为样品中目标菌绝对数量较低而本底荧光值较高而干扰分析结果，难以用于土壤样品中微生物的定量研究。基于内标法的竞争性 PCR 技术（competitive PCR，C-PCR）也被用于土壤微生物的定量研究，但这种定量 PCR 是在终点，即 PCR 到达平稳期后进行检测，此时 PCR 经过对数期扩增，微小误差被放大多倍，重现性较差且不能直接从终点产物量推算出起始模板含量。同时，由于竞争性 PCR 采用的是内标法，在 PCR 反应体系中需要加入与模板 DNA 共同竞争引物的内标 DNA，由于内标的加入，PCR 反应变为双重反应，存在两种模板之间的干扰和竞争。所以内标法定量仍只是一种半定量方法。

实时荧光定量 PCR 技术（real-time PCR）有效地克服了传统定量方法的不足，它不需要加入内标，而是加入荧光标记的基团，利用荧光信号的积累对整个 PCR 扩增过程进行监控，并利用外标准曲线对刚进入 PCR 指数扩增期的测量值进行定量分析，从而检测出样品的起始拷贝数。与终点检测 PCR 产物的竞争性 PCR 相比，由于荧光信号的累积与 PCR 产物形成完全同步，实时荧光 PCR 技术保证了检测的准确性和灵敏度，同时不需要对 PCR 产物进行后期处理，避免了交叉污染。实时荧光 PCR 自 1996 年首次公开以来，被迅速应用于生物、医学、检验检疫等领域，也是目前公认的对土壤中各类微生物进行定量研究的最有效便捷的方法。

以上基于 DNA 和 RNA 的各种分析方法在认识未培养微生物的多样性和种群数量方面起到较大的推动作用，但并不能直接回答微生物在环境中起着什么样的生态功能。近年来新发展的一系列研究技术包括宏基因组学、环境转录组学和新一代测序技术、稳定性同位素探测技术和二级离子质谱技术等不仅在研究通量方面大大增强，并逐步实现了在群落水平或个体水平上原位研究微生物的生理功能。

3 宏基因组学（metagenomics）、环境转录组学（transcriptomics）及新一代测序技术（next-generation sequencing technologie）

3.1 宏基因组学技术

通过从土壤或环境样品中直接提取微生物基因组 DNA（宏基因组）并克隆于不同载体，再将重组载体转移到适宜的宿主以建立宏基因组文库，结合不同的筛选技术，可从基因文库中筛选新基因或新的生物活性物质。此外，依赖于大规模的鸟枪法测序技术，对宏基因组大片段插入子的测序分析能发现新的功能基因，同时因插入片段中可能含有该基因的宿主微生物的 16S rRNA 基因而易于识别出其分类地位，因此在功能基因发掘和识别方面发挥了非常巨大的潜力

(Daniel, 2005; Schloss and Handelsman, 2003)。例如，Venter 等（2004）应用鸟枪法对 Sargasso 海中的宏基因组进行测序分析后发现，海洋泉古菌含有氨单加氧酶基因（*amoA*）序列，该研究在 *Science* 期刊上发表后引起很大关注。之后 Treusch 等（2005）在一个 43 kb 的土壤宏基因组片段中也发现 *amoA* 基因，且该基因与泉古菌 group 1.1b 的 16S rRNA 基因相邻。这两个研究首次揭示了未培养的中温泉古菌中氨氧化基因的存在，结合后来从海洋中分离到的一株具有氨氧化活性的中温泉古菌（Konneke et al., 2005），证实了泉古菌也具有氨氧化能力，使得硝化微生物的研究取得革命性突破。宏基因组学技术也因此被认为是继发明显微镜以来微生物研究方法史上最重要的进展。

3.2 环境转录组学技术

继宏基因组学的发展，环境转录组学应运而生，二者都以土壤环境样品中的所有微生物群落为研究对象，规避常规的 PCR 扩增技术，直接研究环境样品基因组所包含的全部遗传信息及其群落功能。环境转录组学以微生物群落的 RNA 为具体研究目标，宏基因组学则研究微生物群落的基因组总 DNA。一般而言，在 DNA 水平上检测到基因的存在，并不意味着该基因“产物”存在于土壤，或者该基因在环境中发生作用，并得到表达；而 RNA 的存在，能在很大程度上表明微生物基因处于活性状态，并可能在某一生物地球化学过程中发挥着功能作用。因此，宏基因组学是阐释土壤生物多样性、最大限度挖掘微生物基因资源的核心技术，而环境转录组学则能更为明确地鉴别微生物在生态系统中可能起的功能。环境转录组学研究的基本过程包括环境样品 RNA 的提取，核糖体 RNA 的去除和 mRNA 的富集，反转录及 cDNA 文库的构建和测序。核糖体 RNA 占细胞总 RNA 的 80% 左右，而 mRNA 的数量仅占 1%～5%（Manefield, 2008），因此该技术的关键问题是如何从总 RNA 中去除核糖体 RNA，获得高丰度的 mRNA。可用于去除核糖体 RNA 的方法包括凝胶电泳分离、差减扣除法（substractive hybridization, MICROB*Express* Bacterial mRNA enrichment kit, Ambion）、核酸外切酶法（Terminator™ 5′-Phosphate-Dependent Exonuclease, Epicentre），Poly（A）尾等。例如，Shrestha 等（2009）通过应用 MICROB*Express* Bacterial mRNA enrichment kit 对从水稻土中提取的总 RNA 进行 rRNA 去除后，分别构建了取自好氧层和厌氧层水稻土的 2 个转录组文库，从好氧层和厌氧层水稻土文库中分别获得 179 个和 155 个不同的序列表达标签（expressed sequence tag, EST），经 BLSTx 后发现有 116 个 EST 为新的，且 α-变形菌纲和 β-变形菌纲（α-/β-proteobacteria）主要分布在好氧层中，而 δ-变形菌纲则主要分布在厌氧层；其中，慢生根瘤菌属（*Bradyrhizobium*）和地杆菌属（*Geobacter*）

分别存在于好氧层和厌氧层中，酸杆菌属（*Acidobacteria*）和绿弯菌属（*Chloroflexi*）则在两个土层中均有分布；在纲一级分类单元上，16S rRNA 的序列分析结果正好对应两个分类距离较远的 EST 序列群。在以上研究中，通过去除 rRNA 虽能获得环境微生物功能基因在转录水平表达活性方面的信息，但不能与其分类信息联系起来，因此还需同时进行 rRNA 转录文库的分析。

不过，目前环境转录组学的研究技术仍在快速发展中，近来有研究者发展了同时对 rRNA 和 mRNA 进行转录组分析的方法，简称为双 RNA 法“double-RNA”，不仅避免了纯化 mRNA 的麻烦以及纯化过程引起的 mRNA 损失，并能通过同一个实验对微生物的群落结构和其功能基因的转录活性进行研究。例如，Urich 等（2008）首先发展了该方法，他们对提取自一个 pH 中性的沙壤土总 RNA 进行去除 DNA 处理后，以随机六聚体引物进行反转录，反转录产物不进行 PCR 和克隆步骤，直接用于焦磷酸测序，共得到 258 411 个长度为 98bp 的 RNA 序列标签（tag），对这些序列标签进行以下两个步骤分析后区分出核糖体标签（ribo-tag）和 mRAN-标签（mRNA-tag），从而获得群落结构和功能活性方面的信息：首先将所有序列标签与核糖体小亚基和大亚基 RNA 数据库（如 SILVA 和 RDP-II）进行比较分析，鉴定出能代表其分类地位的 193 219 个有效 rRNA 序列标签；之后将余下的 RNA 序列标签与 GenBank 中非冗余蛋白数据库进行比较，共鉴定出 21 133 个 mRNA-序列标签。这一研究结果与其他基于 DNA 的宏基因组学研究相比，包含更多与 RNA 和蛋白质代谢（如转录、翻译、蛋白质折叠和降解）方面的基因，与糖的好氧降解相关的基因则相对较少，而检测到的与厌氧发酵、糖的乙醇分解和 CO_2 固定相关基因的频率与基于 DNA 的宏基因组学研究结果一致。可见转录组学研究更能反映出代谢活跃微生物的组成信息。

宏基因组学和转录组学的研究在很大程度上依赖于大规模的测序技术，包括鸟枪法测序技术（shotgun sequencing）和焦磷酸测序（pyrosequencing）技术。随着测序技术的快速发展，新一代高通量的测序方法，如 Roche/454 测序系统，大大提高了测序速度，并降低了成本，对微生物多样性研究起到巨大的推动作用。

3.3 新一代测序技术（next-generation sequencing technologie）

2005 年 454 公司首次推出划时代的新一代测序仪 Genome sequencer 20，该公司于 2007 年被罗氏诊断公司收购，进而推出第二代测序平台——Genome Sequencer FLX（GSFLX），后者在技术原理和性能方面比第一代产品更优越。454 测序的基本原理与焦磷酸测序类似，其基本操作流程包括：将基因组 DNA 通过物理方法打断为300～800bp的片段，通过接头（adaptor）与磁珠相连，每个磁珠都只结合一条的DNA片段，所有的磁珠即构成了样品文库。随后将包含磁珠和扩增试剂的水溶液注入到矿物油中，水溶液分散形成小水滴，被矿物油包裹，形成了油包水（water-in-oil）的乳浊液结构，每个小水滴中就是只包含一个磁珠及PCR试剂的微反应器。乳浊液PCR（emulsion PCR，emPCR）在每个微反应器中独立进行，排除了其他序列的影响。每个片段扩增后产生了几百万个相同的拷贝，这些拷贝也结合在磁珠上，这样每个磁珠都产生一条读长。这样可以对整个文库的DNA片段同时进行emPCR、焦磷酸测序和数据分析。最新的GS FLX系统，一次运行可获得100多万个读长片段，有效读长达到400bp，读取超过5亿个碱基信息。该公司正在研发读长到达800～1000bp的技术，完全可以与传统毛细管测序读长相媲美。因此，454 GS FLX测序技术以其独特的测序读长的优势，在新物种基因组、环境基因组和环境转录组测序中占据主要的地位。

除用于以上宏基因组学和转录组学的大规模测序外，还可通过单独构建对应的基于16S rRNA基因PCR扩增产物的文库，以获得样品中微生物群落的分类信息。Roesch等（2007）通过对微生物的16S rRNA基因片段进行20个循环的PCR扩增后获得取自横跨整个大西洋的4个不同位点土壤的16S rRNA基因文库，并采用454测序法对每个文库中的25 000～50 000个基因片段进行测序分析以评估细菌的多样性，发现拟杆菌门（Bacteroidetes）、β-变形菌纲（β-proteobacteria）和α-变形菌纲（α-proteobacteria）是所有土壤中分布最多的菌群。此外，森林土壤在“纲”分类单元上的多样性高于农业土壤，而农业土壤在“种”一级分类单元上的多样性高于森林土壤。森林土壤中古菌只占所有序列的0.009%，而农业土壤中古菌序列占4%～12%，且1/3的古菌序列为氨氧化古菌，表明农业管理措施能显著影响细菌和古菌的多样性。

4　稳定性同位素探测技术（stable isotope probing，SIP）

除通过大规模测序调查在最大程度上揭示环境样品中微生物的多样性外，原位下鉴别出具有代谢活性的微生物并将其功能联系起来是当前微生物生态学研究面临的核心问题。稳定性同位素探测技术（SIP）通过将分子鉴定与同位素示踪相结合，为鉴定复杂环境中具有代谢活性的微生物提供了有效的工具。

稳定性同位素探测技术的基本原理为：通过将原位或微宇宙（microcosm）的环境样品暴露于稳定性同位素富集的基质中，样品中的微生物能够以基质中的稳定性同位素为碳源或氮源进行物质代谢并满足其自身生长需要，基质中的稳定性同位素被吸收同化进入微生物体内，参与某些特定物质，如核酸（DNA/RNA）及磷脂脂肪酸（PLFA）等的合成，通过提取、分离、纯化、分析这些微生物体内稳定性同位素标记的生物标志物，从而将微生物的组成与其参与的特定生物地球化学过程相联系起来。构成生命的基本元素几乎都具有相应的同位素，与放射性同位素相比，稳定性同位素安全、无污染且易操作。因为碳是构成生物标志物的主要组成成分，^{13}C 稳定性同位素基质被广泛应用于土壤生物学研究，包括三大类：$^{13}CO_2$、^{13}C 甲基化合物（$^{13}CH_4$、$^{13}CH_3OH$、$^{13}CH_3Br$ 和 $^{13}CH_3Cl$）和 ^{13}C 多碳化合物（^{13}C 乙酸、^{13}C 葡萄糖、^{13}C 咖啡因、^{13}C 萘、^{13}C 菲、^{13}C 甲苯、^{13}C 苯酚、^{13}C 丙酸盐）。$^{13}CO_2$ 多用于植物与微生物相互作用对陆地生态系统碳循环、土壤中碳周转速率、稻田产甲烷机制及产甲烷菌的研究，以及以 CO_2 为碳源的化能自养微生物（如氨氧化微生物）的研究；^{13}C 甲基化合物多用于甲基营养菌的研究；^{13}C 多碳化合物多用于多氯联苯（PCB）、多环芳烃（PAH）等有机污染物的生物降解过程和机制的研究。也有少数研究使用 ^{15}N 和 ^{18}O 同位素基质。根据生物标志物的不同，SIP 技术可分为两大类：①基于磷脂脂肪酸的 SIP 技术（PLFA-SIP）；②基于 DNA 和 RNA 分析的 SIP 技术（DNA/RNA-SIP）。下面分别就两类 SIP 技术的基本操作过程和应用作一介绍。

4.1 PLFA-SIP

PLFA 是 SIP 实验中最早使用的特异性生物标志物，将 PLFA 从稳定性同位素基质（如 ^{13}C）培养过的环境样品中提取出来，通过气质连用仪和稳定性同位素质谱仪分析 PLFA 的组分、含量及 ^{13}C 的丰度（$\delta^{13}C$），那些富集了 ^{13}C 的 PLFA 所代表的微生物就是参与了 ^{13}C 基质代谢的微生物。利用 PLFA 作为 SIP 分析的生物标志物的不足之处在于，对于那些新的未被培养微生物，其 PLFA 分子式并不清楚。此外，一些 PLFA 的组分不具有特异性，难以鉴别出真正发挥功能作用的微生物种类。但 PLFA-SIP 的优点在于 PLFA 在微生物细胞中的含量相对较高，可通过同位素质谱仪检测出哪些组分被 ^{13}C 标记，而 DNA/RNA-SIP 因核酸含量相对较低，目前还难以对 ^{13}C-DNA/RNA 进行定量检测。

4.2 DNA/RNA-SIP

该技术的基本方法流程为，分别用含有 ^{13}C 和 ^{12}C 的同位素基质对样品进行培养，提取样品的总 DNA 和 RNA，微生物在生长代谢过程中吸收了基质中的 ^{13}C 和 ^{12}C 元素并被标记于 DNA 和 RNA 上，在氯化铯或三氟乙酸铯溶液中进行超高速密度梯度离心后，^{13}C-DNA/RNA 和 ^{12}C-DNA/RNA 因 ^{13}C 和 ^{12}C 的密度不同而分布于不同的浮力密度层，如在氯化铯介质中离心后，^{12}C-DNA/RNA 分布于离心管上层的低浮力密度区（1.69～1.72 g/mL），^{13}C-DNA/RNA 通常分布于离心管下层的高浮力密度处（约为 1.74 g/mL）。离心结束后通过向离心管顶部缓慢注入无菌水并用细针头从底部收集流出的组分（依次得到浮力密度递减的组分）或以带针头的注射器从顶部抽取得到浮力密度递增的组分，将得到的组分以聚乙二醇（PEG6000）沉淀回收 DNA 或 RNA（Freitag et al., 2006），再以 PCR、DGGE、克隆测序、T-RFLP 和荧光定量 PCR 等分子生态学方法进行分析，从而明确哪些微生物可能参与了^{13}C 物质的代谢。对 DNA-SIP 来说，DNA 较稳定，易于操作。RNA-SIP 在 RNA 回收后还需进行反转录，且 RNA 易于降解，操作难度要大些，但与 DNA-SIP 相比，RNA-SIP 更快速、灵敏，因为环境中特定功能微生物在发挥作用时，即使没有大量繁殖生长，但其功能基因已在体内大量表达并合成蛋白质，获得标记的^{13}C-RNA 即代表具有活性的参与了标记基质代谢的微生物。

许多研究者应用^{13}C 标记的 CO_2 和 CH_4 对参与土壤甲烷还原和氧化的甲烷产生菌/营养菌做了大量研究并取得许多重要结果，如 Lu 和 Conrad（2005）在微宇宙培养系统中连续 7 天向水稻注入$^{13}CO_2$，由于 1/3～1/2 的植物光合作用产物以糖的形式被送到植物根部，大部分糖随根系分泌出，在缺氧的水稻土壤中被微生物转化为甲烷，应用 RNA-SIP 技术结合 T-RFLP 分析，发现大量的^{13}C 被标记到一类新的尚未被培养到的古菌上（命名为产甲烷古菌-“水稻 Cluster I”），从而明确了这类古菌对稻田甲烷的产生负主要责任，这一发现对阐明稻田甲烷释放机制具有重要意义，该研究结果于 2005 年发表于 *Science* 后引起了高度的关注（Lu and Conrad, 2005）。

由于氮元素在核酸中的相对含量较低，应用^{15}N-DNA-SIP 来研究环境中与氮转化相关的微生物时要求核酸中至少有 50% 以上的氮原子被^{15}N 标记上才能在 CsCl 密度梯度离心过程中将^{15}N-DNA 和^{14}N-DNA 有效地分离开，对于环境样品来说，难以达到这个要求，所以^{15}N 很少被用于 SIP 研究。不过，氨氧化微生物在催化氨的氧化时以 CO_2 为碳源进行化能自养生长，因此可利用$^{13}CO_2$ 来对其进行标记，能固定吸收$^{13}CO_2$ 基质的微生物即代表其参与了氨氧化过程。例如，Jia 和 Conrad（2009）应用$^{13}CO_2$ 为基质应用^{13}C-DNA-SIP 结合 PCR-DGGE 和实时荧光定量 PCR 技术对一农田土壤中氨氧化微生物进行研究后发现，氨氧化细菌催化氨氧化的关键功能基因 *amoA* 被^{13}C 所标记，而氨氧化古菌的 *amoA* 基因则未被标记上，表明在该土壤中是氨氧化细菌而不是氨氧化古菌在硝化作用中起着主导作用。应用相似的研究方法，Zhang 等（2010）对另一农业土壤进行的研究则发现在$^{13}CO_2$ 培养的土壤中，DNA 经 CsCl 密度梯度离心后，在高浮力密度区能检测到较高数量的氨氧化古菌的 *amoA* 基因和新的 DGGE 条带，而检测不到氨氧化细菌的 *amoA* 基因，在$^{12}CO_2$ 培养的对照处理中也检测不到，说明^{13}C 被结合到了古菌的 *amoA* 基因上，表明古菌在该土壤的硝化作用中起着主导作用，为氨氧化古菌参与土壤硝化作用提供了直接证据。但目前对于不同土壤氨氧化细菌和氨氧化古菌在土壤硝化作用中的相对贡献和决定因素仍不清楚。

5 纳米级二级离子质谱分析技术（nano-scale secondary ion mass spectrometry，NanoSIM）

在SIP技术的基础上，发展显微技术对被同位素标记的细胞进行原位显影和定量观测成了目前技术发展的新目标。利用适合的探针，荧光原位杂交技术可有效地以特定微生物进行原位图像显影，并结合应用放射性或稳定性同位素标记技术鉴别环境中具有代谢活性的微生物（Pumphrey et al., 2009）。FISH技术结合放射性同位素标记时可通过放射性微显影技术对被标记物进行定位分析，由此获得微生物群落结构和功能方面的信息（Wagner et al., 2006）。对于FISH中稳定性同位素标记物的定位和测定，拉曼光谱仪和次级离子质谱仪可作为有效的工具（Huang et al., 2007），目前已有一些成功应用的例子。下面以SIMS-FISH技术相结合为例加以介绍。

SIMS技术是20世纪70年代发展起来的一种表面分析技术，它以一种离子轰击固体表面（如Cs^+或O^-初级离子束），再将从表面溅射出来的次级离子引入磁场质量分析器，不同离子根据质荷比不同在静电场区被分离开，经质谱检测器检测记录并成像，得出被分析样品表面的元素或化合物的组分。SIMS可以检测从氢到铀的所有元素、同位素和化合物；同时它又是以检测原离子轰击样品表面产生的特征（“指纹”）次级离子谱为基础的。所以次级离子质谱法既可提供表面元素的信息，也可提供化学组分的信息，具有较高的空间分辨本领和质量分辨本领。SIMS技术经历了几次更新，被广泛应用于材料学、生物医学、地质学和土壤学等领域。Orphan等（2001，2002）最早将SIMS和FISH技术相结合用于环境微生物学研究，首次证实了海洋沉积物中的一类古菌能够消耗^{13}C-CH_4，即厌氧甲烷氧化古菌，但当时对同位素组成分析和FISH显影分析需在不同的仪器上完成，而且SIMS的横向分辨率较低，只能对堆积在一起的多个细胞进行同位素分析。最新一代的离子质谱仪（NanoSIMS 50™）横向分辨率大于100nm，可在单细胞水平上进行分析（Lechene et al., 2006）。在此基础上，2008年有几个研究小组分别发展了离子质谱原位杂交技术（SIMS in situ hybridization，SIMSISH），该方法的基本思路仍沿用FISH技术，但不同的是以稳定性同位素（如卤族元素^{127}I，^{80}Br）替代荧光染料作为探针的标记物，并以其他同位素基质（如^{13}C、^{15}N、^{18}O）对样品进行富积培养以考察目标微生物是否参与了这些同位素物质的代谢，在应用探针原位杂交后应用SIMS对样品中不同的同位素组分进行分析（Behrens et al., 2008；Li et al., 2008；Musat et al., 2008），从而实现在单细胞水平上对参与核糖体 RNA 探针杂交的微生物进行鉴定，并同时对其功能进行分析。例如，Li 等用^{13}C标记的甲醇对生物反应器中的污泥进行厌氧培养，并以 5′-碘-2′-脱氧胞苷代替 2′-脱氧胞苷获得^{127}I标记的古菌和细菌 16S rRNA 探针，对培养后的污泥原位杂交后应用 NanoSIMS-50 进行 SISM 分析，利用不同的倍增检测器可有效地分离和检测到由 Cs^+ 初级离子束激发的 C、S、I 二级离子，分别获得$^{12}C^-$、$^{13}C^-$、$^{12}C^{14}N^-$、$^{12}C^{15}N^-$、$^{13}C^{14}N^-$、$^{32}S^-$和$^{127}I^-$的丰度，结果发现一类球菌可与被^{127}I标记的古菌探针杂交，且这些细胞上可检测到 34.6% 的^{13}C同位素组分，表明这些古菌能够同化吸收^{13}C标记的甲醇。因此，该方法被认为真正实现了同时对复杂环境样品中的单个微生物细胞进行鉴定和功能分析。此外，由于可以利用不同的卤素对探针进行标记，且新一代的 NanoSIMS 装备可以同时对一个微生物细胞中的几种元素或同位素组分进行定量分析，具有更高的分辨率和灵敏度，因此，该方法已被快速地应用于微生物生态学研究中，为在单细胞水平上研究微生物在原位环境中的生理生态功能提供了可能。

6 展望

综上所述，微生物生态学研究新方法和技术的发展方兴未艾，并逐渐向高通量、高灵敏度方向发展。除罗氏公司的 454 测序技术外，其他新一代测序系统（next-generation sequencing，NGS）如 Ilumina/Solexa，Life/APG 和 Helicos BioSciences，the Polonator 系统和 Pacific BioSciences 等异军突起，为新物种的基因组构建、代谢组学和转录组学等的研究提供了更快速、更便宜和更大通量的测序平台，正以前所未有的速度改变着人类对生命奥秘的认识。这些技术结合宏基因组学、环境转录学研究，必将对土壤所蕴藏的巨大的微生物遗传多样性和潜在功能的认识起到显著的推动作用。同时，基于全基因组扩增的单个细菌细胞的测序技术也已问世（Rodrigue et al., 2009），为分析环境样品中低丰度的微生物物种遗传多样性和代谢功能提供了新的机遇。

结合稳定性同位素探测技术和二级离子质谱分析技术的发展和应用，对微生物生态学的认识也由单纯的微生物群落结构分析向群落功能分析转变，逐步将环境微生物多样性与其功能耦合进行研究，为揭示微生物参与土壤物质循环的过程和微生物学机制，充分认识和发挥其在生态系统中的多重服务功能提供重要保障。

参 考 文 献

Behrens S, Losekann T, Pett-Ridge J, et al. 2008. Linking microbial phylogeny to metabolic activity at the single-cell level by using enhanced element labeling-catalyzed reporter deposition fluorescence in situ hybridization (EL-FISH) and NanoSIMS. Appl Environ Microbiol, 74: 3143-3150.

Bell T, Ager D, Song J I, et al. 2005. Larger islands house more bacterial taxa. Science, 308: 1884-1884.

Daniel R. 2005. The metagenomics of soil. Nat Rev Microbiol, 3: 470-478.

Davis K E R, Joseph S J, Janssen P H. 2005. Effects of growth medium, inoculum size, and incubation time on culturability and isolation of soil bacteria. Appl Environ Microbiol, 71: 826-834.

Dorrell N, Hinchliffe S J, Wren B W. 2005. Comparative phylogenomics of pathogenic bacteria by microarray analysis. Curr Opin Microbiol, 8: 620-626.

Fierer N, Jackson R B. 2006. The diversity and biogeography of soil bacterial communities. Proc Natl Acad Sci USA, 103: 626-631.

Freitag T E, Chang L, Prosser J I. 2006. Changes in the community structure and activity of betaproteobacterial ammonia-oxidizing sediment bacteria along a freshwater-marine gradient. Environ Microbiol, 8: 684-696.

Gans J, Wolinsky M, Dunbar J. 2005. Computational improvements reveal great bacterial diversity and high metal toxicity in soil. Science, 309: 1387-1390.

He J Z, Xu Z H, Hughes J. 2005. Analyses of soil fungal communities in adjacent natural forest and hoop pine plantation ecosystems of subtropical Australia using molecular approaches based on 18S rRNA genes. FEMS Microbiol Lett, 247: 91-100.

Heuer H, Krsek M, Baker P, et al. 1997. Analysis of *Actinomycete* communities by specific amplification of genes encoding 16S rRNA and gel-electrophoretic separation in denaturing gradients. Appl Environ Microbiol, 63: 3233-3241.

Huang W E, Stoecker K, Griffiths R, et al. 2007. Raman-FISH: combining stable-isotope Raman spectroscopy and fluorescence in situ hybridization for the single cell analysis of identity and function. Environ Microbiol, 9: 1878-1889.

Jia Z J, Conrad R. 2009. Bacteria rather than Archaea dominate microbial ammonia oxidation in an agricultural soil. Environ Microbiol, 11: 1658-1671.

Konneke M, Bernhard A E, de la Torre J R, et al. 2005. Isolation of an autotrophic ammonia-oxidizing marine archaeon. Nature, 437: 543-546.

Lechene C, Hillion F, McMahon G, et al. 2006. High-resolution quantitative imaging of mammalian and bacterial cells using stable isotope mass spectrometry. J Biol, 5: 20.

Li T, Wu T D, Mazeas L, et al. 2008. Simultaneous analysis of microbial identity and function using NanoSIMS. Environ Microbiol, 10: 580-588.

Lu Y H, Conrad R. 2005. In situ stable isotope probing of methanogenic archaea in the rice rhizosphere. Science, 309: 1088-1090.

Manefield M. 2008. The ecology of RNA. ISME J, 2: 1-2.

Marsh T L. 1999. Terminal restriction fragment length polymorphism (T-RFLP): an emerging method for characterizing diversity among homologous populations of amplification products. Curr Opin Microbiol, 2: 323-327.

Musat N, Halm H, Winterholler B, et al. 2008. A single-cell view on the ecophysiology of anaerobic phototrophic bacteria. Proc Natl Acad Sci USA, 105: 17861-17866.

Muyzer G, de Waal E, Uitterlinden A. 1993. Profiling of complex microbial populations by denaturing gradient gel electrophoresis analysis of polymerase chain reaction-amplified genes coding for 16S rRNA . Appl Environ Microbiol, 59: 695-700.

Orphan V J, House C H, Hinrichs K U, et al. 2001. Methane-consuming archaea revealed by directly coupled isotopic and phylogenetic analysis. Science, 293: 484-487.

Orphan V J, House C H, Hinrichs K U, et al. 2002. Multiple archaeal groups mediate methane oxidation in anoxic cold seep sediments. Proc Natl Acad Sci USA, 99: 7663-7668.

Pumphrey G M, Hanson B T, Chandra S, et al. 2009. Dynamic secondary ion mass spectrometry imaging of microbial populations utilizing C-13-labelled substrates in pure culture and in soil. Environ Microbiol, 11: 220-229.

Rodrigue S, Malmstrom R R, Berlin A M, et al. 2009. Whole Genome Amplification and 〈italic〉 De novo 〈/italic〉 Assembly of Single Bacterial Cells. PLoS ONE, 4: e6864.

Roesch L F, Fulthorpe R R, Riva A, et al. 2007. Pyrosequencing enumerates and contrasts soil microbial diversity. ISME J, 1: 283-290.

Schloss P D, Handelsman J. 2003. Biotechnological prospects from metagenomics. Curr Opin Biotechnol, 14: 303-310.

Shrestha P M, Kube M, Reinhardt R, et al. 2009. Transcriptional activity of paddy soil bacterial communities. Environ Microbiol, 11: 960-970.

Stach J E M, Bathe S, Clapp J P, et al. 2001. PCR-SSCP comparison of 16S rDNA sequence diversity in soil DNA obtained using different isolation and purification methods. FEMS Microbiol Ecol, 36: 139-151.

Torsvik V, Daae F L, Sandaa R A, et al. 1998. Novel techniques for analysing microbial diversity in natural and perturbed environments. J Biotechnol, 64: 53-62.

Torsvik V, Goksoyr J, Daae F L. 1990. High Diversity in DNA of Soil Bacteria. Appl Environ Microbiol, 56: 782-787.

Treusch A H, Leininger S, Kletzin A, et al. 2005. Novel genes for nitrite reductase and Amo-related proteins indicate a role of uncultivated mesophilic crenarchaeota in nitrogen cycling. Environ Microbiol, 7: 1985-1995.

Urich T, Lanzén A, Qi J, et al. 2008. Simultaneous Assessment of Soil Microbial Community Structure and Function through Analysis of the Meta-Transcriptome. PLoS ONE, 3: e2527.

Venter J C, Remington K, Heidelberg J F, et al. 2004. Environmental genome shotgun sequencing of the Sargasso Sea. Science, 304: 66-74.

Wagner M, Horn M, Daims H. 2003. Fluorescence in situ hybridisation for the identification and characterisation of prokaryotes. Curr Opin Microbiol, 6: 302-309.

Wagner M, Nielsen P H, Loy A, et al. 2006. Linking microbial community structure with function: fluorescence in situ hybridization-microautoradiography and isotope arrays. Curr Opin Biotechnol., 17: 83-91.

Zhang L M, Offre P R, He J Z, et al. 2010. Autotrophic ammonia oxidation by soil thaumarchaea. Proc Natl Acad Sci USA, 107: 17240-17245.

Zhou J. 2003. Microarrays for bacterial detection and microbial community analysis. Curr Opin Microbiol, 6: 288-294.

农业环境的微生物修复研究进展与应用

1 引言

1.1 农业环境问题

农业环境是人类生存环境中极为重要的组成部分，它是指农业生物正常生长繁育所需的各种环境要素的综合整体，主要包括水、土壤、空气、光照等环境要素。这些要素是作物、畜禽和鱼类等农业生物繁育的最基本条件，也是农业现代化最主要的物质基础。农业环境的好坏直接影响整个国家的环境质量。随着社会和经济发展、人口增加、大量化学农药、肥料的使用、耕地的过度开垦，我国农业环境问题日益突出，已经成为制约农业可持续发展的重要因素。

我国农业环境问题主要表现在水环境污染严重、水资源总量不足、土壤环境污染严重、土壤退化加快等。2009 年中国环境公报数据显示，我国水体污染依然严重，七大水系中松花江为轻度污染，黄河、淮河、辽河为中度污染，海河为重度污染。监控的 203 条河流 408 个地表水国控监测断面中，Ⅳ～Ⅴ类和劣Ⅴ类水质的断面比例分别为 24.3% 和 18.4%。26 个国控重点湖泊（水库）中，Ⅳ～Ⅴ类和劣Ⅴ类分别占 42.3% 和 34.6%。受污水灌溉、农药、重金属和农膜污染威胁的农田面积约占耕地总面积的 1/6。因水土流失、养分贫瘠化等导致质量退化的耕地面积已占耕地总面积的 40% 以上。

1.2 农业环境问题造成的危害

农业环境问题对农作物、养殖动物的产量和品质均有影响，给我国农业的可持续发展带来了严重的威胁。土壤、水体或空气中的污染物进入农田或养殖水体后，会破坏环境的微生态环境、阻碍农作物或养殖动物的生长、破坏动植物组织、抑制光合作用、阻碍生长发育、引起脱花、落果等，造成大幅度减产。另外，污染物被农产品吸收后导致其色、味、营养品质降低。更值得关注的是，动植物产品中的污染物会通过食物链富集而直接危胁到人类的身体健康。此外，土壤的大面积退化直接威胁我国的耕地面积及环境安全问题。

本章作者：朱昌雄、黄亚丽、郭萍、龚明波。

1.3 农业环境修复势在必行

随着社会经济发展以及农产品市场的日益充足，人们对农产品质量的要求不断提高，农业环境问题开始受到全球的广泛关注。特别是20世纪70年代后，大量使用化学农药、肥料造成土壤污染、土壤质量退化和水体富营养化问题凸现，使我国农业环境受到重视，对土壤及水体污染问题进行治理、修复的研究日益增多。

农业环境污染的修复技术可分为物理修复、化学修复和生物修复技术，物理、化学修复技术是利用物理或化学的方法部分除去环境中的污染物，降低污染物对生态环境的危害，包括超声波、电离辐射、隔离、泵抽取和地上处理、土壤清洗、萃取、固化和稳定化等方式。这类技术一般会严重影响土壤的结构和地下水所处的生态环境，具有成本高、易形成二次污染的缺点。生物修复主要是以土著或外源的生物为主体，采取工程措施为生物生长与繁殖提供必要条件，通过生物的代谢活动将污染物分解成无毒或低毒小分子化合物的过程，根据利用的生物主体不同可分为植物修复、动物修复和微生物修复（马文漪和杨柳燕，1998）。

植物修复是以植物作为污染环境的修复主体，利用植物来转移、容纳或转化环境污染物，以达到清除污染、修复或治理污染环境的目的。动物修复是利用动物对有毒有害物质的积累、积聚作用减少农业环境中污染物质的方法。微生物修复主要是利用天然存在的或特别培养的微生物在可调控环境条件下将有毒污染物转化为无毒物质的处理技术（沈德中，2002）。微生物以其种类繁多、代谢方式多样、底物范围广等优势使其在农业环境修复过程中发挥重要的作用，在治理受石油和其他有机物污染的环境、重金属、氮、磷等营养盐污染的环境中都有应用。目前，微生物修复在农业环境修复研究和应用中较为深入，已经被广泛应用于农业污染环境的修复。

2 农业环境的微生物修复研究进展

2.1 微生物对有机物污染农业环境的修复

2.1.1 用于有机物污染环境修复的微生物种类

有机物进入环境，会破坏环境功能，威胁微生物多样性，然而不同的微生物对污染物的反应不同。对于缺乏耐性的微生物来说，污染物会抑制其生长繁殖，造成数量减少甚至消失；而对于某些能利用污染物作碳源和能源的微生物来说，污染物反而会刺激这些微生物的生长繁殖；另外部分微生物在污染物存在的环境中会产生突变，由基因调控产生诱导酶，在新酶的作用下产生了与环境相适应的代谢功能，具备了对污染物的降解能力。这些微生物能够利用有机污染物作为底物并通过生物作用将这些有毒物质转化成二氧化碳和水或其他无害物质，微生物修复技术就是基于这一原理发展起来。

有机物污染环境的修复首先是获得高效降解菌株，从受污染严重的环境中筛选分离具优良性状的菌种是目前采用最多的一种方法。从 20 世纪 60 年代开始，国内外就开展污染环境中异生物质的微生物降解研究，筛选分离了大量降解性微生物（王兆守和李顺鹏，2005），包括对化学农药、石油烃、酚类等各种类型的有机物的降解菌株，涉及的微生物有细菌、真菌、放线菌及藻类，表 1 中列出了部分化学农药降解菌株。

表 1　具有降解农药功能的微生物

细菌	农药种类
假单胞菌属（*Pseudomonas*）	DDT、γ-BHC、艾氏剂、毒杀芬、马拉硫磷、二嗪农、甲拌磷、敌敌畏、甲胺磷、对硫磷、甲基对硫磷、西维因、2,4-D、二甲四氯、茅草枯、地乐酚、灭草隆、西玛津、莠去津、环草隆、三氯乙酸、氯苯胺灵等
芽孢杆菌属（*Bacillus*）	γ-BHC、艾氏剂、狄试剂、异狄试剂、七氯、苯硫磷、对硫磷、甲胺磷、甲基对硫磷、杀螟松、毒杀芬、茅草枯、三氯乙酸、利谷隆、灭草隆、毒莠定
节杆菌属（*Arthrobacter*）	艾氏剂、异狄试剂、七氯、草多索、马拉硫磷、二嗪农、2,4-D、二甲四氯、茅草枯、三氯乙酸、毒莠定、西玛津、呋喃丹
棒状杆菌属（*Corynobacterium*）	2,4-D、二甲四氯、茅草枯、二硝甲酚、百草枯、草枯醚
无色杆菌属（*Achromobacter*）	西维因、2,4-D、二甲四氯、2,4,5-T、氯苯胺灵
土壤杆菌属（*Agrobacterium*）	氯苯胺灵、茅草枯、三氯乙酸、毒莠定
黄杆菌属（*Flavobacterium*）	对硫磷、甲基对硫磷、马拉硫磷、二嗪农、毒死蜱、2,4-D、二甲四氯、三氯乙酸、毒莠定、氯苯胺灵
微球菌属（*Micrococcus*）	艾氏剂、异狄试剂、狄试剂、茅草枯、三氯乙酸
黄单胞杆菌属（*Xanthomonus*）	对硫磷、杀螟松、杀螟腈、灭草隆
埃希氏杆菌属（*Esherichia*）	γ-BHC、扑草净、杀草强、氯硝胺
产碱菌属（*Alcaligenes*）	茅草枯、三氯乙酸、柳芽丹、敌杀死、DDT
气杆菌属（*Aerobacter*）	γ-BHC、异狄试剂、狄试剂、氯苯胺灵、毒杀芬、甲氧基 DDT
固氮极毛杆菌属（*Azotomonus*）	对硫磷、毒死蜱
短杆菌属（*Brevibacterium*）	对硫磷、甲基对硫磷
枝动杆菌属（*Mycoplana*）	2,4-D、二甲四氯、2,4,5-T

续表

细菌	农药种类
根瘤细菌属(*Rhizobium*)	对硫磷、马拉硫磷
沙雷铁氏菌属(*Serratia*)	氯苯胺灵
链球菌属(*Streptococcus*)	七氯
梭状芽孢杆菌属(*Costridium*)	γ-BHC、百草枯、地乐酚
八叠球菌属(*Sarcina*)	灭草隆
拟杆菌属(*Bacteroides*)	氟乐灵
毛螺菌(*Lachnospira*)	氟乐灵
硫杆菌属(*Thiobacillus*)	甲拌磷
鞘氨醇单胞菌属(*Sphingomonas*)	呋喃丹、毒死蜱、异丙隆、DDT
鞘氨醇杆菌属(*Sphingobium*)	γ-BHC、异丙隆
真菌	
曲霉属(*Aspergillus*)	DDT、γ-BHC、狄氏剂、艾氏剂、异艾氏剂、七氯、敌百虫、溴硫磷、甲胺磷、地虫磷、西维因、2,4-D、二甲四氯、柳芽丹、利谷隆、灭草隆、西玛津、阿特拉津、西草津、扑草津、草乃敌、二硝基苯胺
青霉属(*Penicillium*)	DDT、狄氏剂、艾氏剂、七氯、敌百虫、对硫磷、地虫磷、甲胺磷、西维因、五氯硝基苯、茅草枯、西玛津、阿特拉津、扑草津、毒莠定、敌稗
根霉属(*Rhizopus*)	DDT、艾氏剂、七氯、地虫磷、溴硫磷、杀虫脒、西维因、地可松、阿特拉津
木霉属(*Trichoderma*)	DDT、γ-BHC、狄氏剂、艾氏剂、异艾氏剂、七氯、敌敌畏、对硫磷、马拉硫磷、五氯硝基苯、五氯酚、西玛津、阿特拉津、三氯乙酸、毒莠定、草乃敌
镰刀菌属(*Fusarium*)	DDT、γ-BHC、艾氏剂、七氯、杀虫脒、敌百虫、西维因、五氯硝基酚、杀螟松、西玛津、阿特拉津、氯苯胺灵
放线菌	
诺卡氏菌(*Nocardia*)	DDT、狄氏剂、艾氏剂、七氯、五氯硝基苯、2,4-D、茅草枯、毒莠定、阿特拉津
链霉菌(*Streptomyces*)	DDT、艾氏剂、七氯、二嗪农、五氯硝基苯、茅草枯、西玛津、草枯醚
藻类	
衣绿藻属(*Chlamydomonas*)	利谷隆、阿特拉津
小球藻属(*Chlorella*)	甲拌磷、对硫磷
菱形藻属(*Nitzchia*)	DDT

多种菌具有降解同一有机物功能。例如，降解有机磷农药的细菌包括假单胞菌属、芽孢杆菌属、黄杆菌属、产碱菌属等，真菌包括瓶形酵母菌、曲霉、木霉、链格孢、镰刀菌属、头孢菌属、毛霉属、黏帚酶属、链孢霉属、根霉菌属等。而一种菌也可以降解多种有机物，如芽孢杆菌属、假单胞菌属菌、产碱杆菌属中的一些菌株能够降解有机氯农药。

中国农业科学院农业环境与可持续发展研究所（简称中国农科院环发所）与南京农业大学协作，针对六六六、DDT、呋喃丹、阿特拉津、甲基对硫磷、三唑磷、多菌灵等多种高毒农药进行高效降解菌株的筛选，获得了十多株高效降解菌株，室内和田间应用试验表明农药的降解效果良好。以农业部成果转化项目为依托建立了年产 3000t 的降解菌剂发酵工厂，降解菌剂在河北的万亩枣园、江苏的丹参生产基地、杭州的早竹生产基地、福建的茶叶生产基地进行推广应用，其产品中的药物残留极显著降低，符合我国无公害产品的残留标准。

对其他有机物的微生物降解研究也有一定进展，筛选出了多种对多环芳烃类有机物有降解能力的菌株，如拟革盖菌属（*Coriolopsis*）、戈登氏菌属（*Gordonia*）、链核盘菌属（*Monilinia*）、平革菌属（*Phanerochaete*）、多孔菌属（*Polyporus*）、希瓦氏菌属（*Shewanella*）、田头菇属（*Agrocybe*）、芽孢杆菌属（*Bacillus*）、布克氏菌属（*Burkholderia*）、黄杆菌属（*Flavobacterium*）、假单胞菌属（*Pseudomonas*）、副球菌属（*Paracoccus*）、分枝杆菌属（*Mycobacterium*）、寡养食单胞菌（*Stenotrophomonas*）（唐婷婷和金卫根，2010）。另外，还筛选出了对邻苯二甲酸二丁酯、降解邻苯二甲酸双（2-乙基己）酯、邻苯二甲酸二辛基酯等有机物具有降解作用的菌株。菌根真菌是农业环境中有机污染物修复中应用较多的菌群，研究发现菌根真菌乳牛肝菌和卷边柱蘑具有降解安息香酸及四羟基安息香酸的能力。

April 等从石油污染土壤中分离出 4 株能够降解石油的波氏假阿利什菌（*Pseudoallescheria boydii*），3 株菌能够降解线形脂肪族石油烃，另一株菌降解挥发性的链烷烃，如乙烷、丙烷、丁烷等（April et al., 1998）。一定浓度的石油存在会刺激菌根真菌硫磺蜡蘑、紫晶蜡蘑、漆蜡蘑的生长，表明这些菌根真菌具有修复原油污染环境的潜力。中国农科院环发所进行了石油污染环境的微生物修复方面的研究，以胜利油田石油污染土壤为研究对象，利用以石油为唯一碳源的选择性培养基进行样品富集和菌株分离，从石油污染土壤中分离到 134 株对石油烃有降解功效的菌株，通过拮抗性试验和构建菌群组合，得到一个降解石油的高效组合，该组合由菌株 PU-34（*Pseudoxanthomonas* sp.）、PU-15（*Gordonia* sp.）、PU-2（*Gordonia* sp.）、PU-4（*Rhodococcus* sp.）和 PU-1（*Pseudomonas* sp.）组成，降解率达到 80.4%，田间应用效果良好（崔丽红，2009）。

2.1.2 微生物对农业环境中有机污染物的修复机制

微生物对有机物的降解机制可分为三类。第一类是微生物直接作用于靶标物质。微生物通过一系列的酶促反应使有机物降解为 CO_2、水及其他简单无机物或小分子有机物，并释放出能量供微生物生长，同时为微生物提供碳骨架。这类降解反应可使有机物分解矿化、微生物数量增加，并且不产生对环境有潜在毒性的中间产物，是生物降解的最佳方式。

第二类是共代谢。在这种降解机制中，有机物通常不能被微生物直接降解，但当另一种可供作为碳源和能源的基质存在时可促进这些农药可被部分降解。共代谢作用是有机物降解的一种重要方式，据报道环境中大多数微生物以共代谢方式降解有机物。虽然共代谢不能够彻底降解农药，但可使有机物更容易被其他的微生物所降解，加快污染物从环境中的消失速度。无论是直接降解还是共代谢，有机物降解过程中都会涉及一系列酶促反应，经过多年研究对微生物分解有毒有机物的代谢过程有了较为深入的研究，完成了多种酶学性质的研究及相关基因的克隆，为有机物的微生物降解和酶降解的进一步应用奠定了基础。

第三类是非酶促降解作用。微生物活动使 pH 变化而引起有机物降解，或产生某些辅助因子或化学物质参与有机物的转化，如脱卤作用、脱烃作用、胺及酯的水解、还原作用、环裂解等。微生物还能参与光化学反应，使环境中有机物通过光化学反应而转化，如微生物的产物能作为从光吸收能量的光敏体，又把能量转移给有机物分子（方玲，2000）。

2.2 微生物对重金属污染环境的修复

2.2.1 用于重金属污染环境修复的微生物种类

微生物不仅能降解转化环境中的有机污染物，而且能将土壤、沉积物和水环境的重金属等无机污染物清除或降低其毒性。吉林医学院从松花江表层底泥中分化出 3 株抗汞假单胞菌，经驯化后，去除氯化汞的效率非常高，当 CH_3HgCl 浓度为 1mg/L 和 5 mg/L 时去除率近 100%，浓度为 10mg/L 和 20mg/L 时去除率为 99%。张汉波等从铅锌矿中筛选出了 7 株细菌，分别为芽孢杆菌属（*Bacillus* sp.）、壤霉菌属（*Agromyces* sp.）和节杆菌属（*Arthrobacter* sp.），9 株真菌分属于镰刀菌属（*Fusarium* sp.）、丝核菌属（*Rhizoctonia* sp.）、枝孢霉属（*Cladosporium* sp.）、拟青霉属（*Paecilomyces* sp.）和酵母属（*Saccharomyces* sp.），这 16 株菌对铅和锌离子都有很好的吸附作用（张汉波等，2004）。菌根真菌也是一种常用于重金属污染环境修复的微生物，作为直接连接植物根系和土壤的微生物，菌根真菌能促进植物对重金属的吸收和转移。目前，已经筛选出多种具有修复重金属污染环境的微生物，常用的微生物见表 2。

表 2 常用于修复重金属污染环境的部分微生物种类

	常见种类
细菌	丁香假单胞菌（*Pseudomonas syringae*）、产碱杆菌（*Alcaligenes* sp.）、球形节杆菌（*Arthrobacter globiformis*）、黏节杆菌（*Arthrobacter viscosus*）、郎伍德链霉菌（*Streptomyces longwoodensis*）、荧光假单胞菌（*Pseudomonas fluorescens*）、雪白链霉菌（*Streptomyces niveus*）、铜绿假单胞菌（*Pseudomonas aeruginosa*）、动胶菌（*Zoogloea ramigera*）、诺尔斯氏链霉菌（*Streptomyces noursei*）、柠檬酸细菌（*Citrobacter* sp.）、嗜糖假单胞菌（*Pseudomonas saccharophilia*）、简单节杆菌（*Arthrobacter simplex*）
真菌	根霉（*Rhizopus arrhizus*）、酿酒酵母（*Saccharomyces cerevisiae*）、产黄青霉（*Penicillium chrysogenum*）、黑曲霉（*Aspergillus niger*）、指状青霉（*Penicillium digitatum*）、茁芽短梗霉（*Aureobasidium pullulans*）、树脂枝孢霉（*Cladosporium resinae*）、灵芝（*Ganoderma lucidum*）、被孢霉（*Mortierella* sp.）
藻类	小球藻属（*Chlorella vulgaris*）、角藻属（*Cladophora crispata*）、囊叶藻属（*Ascophyllum nodosum*）、墨角藻（*Fucus vesiculosus*）、马尾藻（*Sargassum natans*）、小球藻属（*Chlorella regularis*）、海洋巨藻（*Durvillaea potatorum*）

2.2.2 微生物修复重金属污染环境的机制

微生物修复重金属的机制包括胞外络合、沉淀、氧化还原反应和胞内积累等，其中最主要的是生物吸附和生物氧化还原。生物吸附主要是依靠生物体细胞壁表面的一些具有金属络合、配位能力的基团起作用，如巯基、羧基、羟基等基团。这些基团通过与吸附的金属离子形成离子键或共价键来达到吸附金属离子的目的。微生物活细胞吸附重金属的过程由两个阶段组成，即胞外吸附和胞内转移。首先重金属不依靠细胞代谢直接结合在细胞表面，其速度相当快。随后被吸附的金属被缓慢转移进入胞内，这是一个主动的、与代谢有关的过程。王亚雄对产碱假单胞菌（*Pseudomonas pseudoalcaligenes*）和藤黄微球菌（*Micrococcus luteus*）吸附重金属离子 Cu^{2+}、Pb^{2+} 的吸附特性研究也验证了微生物对重金属离子的主动吸收过程。研究发现吸附可以分成两个阶段：一是在细菌表面较快地结合，在 3min 内金属离子的吸附可达到总吸附量的 75%；二是向细菌内部缓慢的扩散传输过程（王亚雄等，2001）。生物氧化还原是利用微生物改变重金属离子的氧化还原状态来降低土壤和水体环境中的重金属浓度或降低重金属毒性。微生物虽然不能降解和破坏金属，但可通过改变它们的化学或物理特性而影响金属在环境中的迁移与转化。铜绿假单孢菌（*Pseudomonas aeruginosa*）和恶臭假单孢菌（*Pseudomonas putida*）可利用柠檬酸可将 Cd、Zn、Cu、Fe、Co、Ni 等重金属磷酸化而沉淀。一种海洋光合作用菌在 L-苹果酸存在的厌氧状态下能将 Ni^{2+} 还原成 Ni 元素。另外，硫酸还原细菌在厌氧状态下形成的硫化氢，使重金属离子与硫化氢结合成硫化金属沉淀物，从而达到分离重金属离子的目的。深入了解细菌对重金属的代谢机制，将有助于进行重金属污染环境的修复。

2.3 微生物对氮、磷污染环境的修复

2.3.1 用于氮磷污染环境修复的微生物种类

近年来，随着化学肥料、养殖粪污对水体污染的增加，使水体中氮、磷等营养物升高，引起了水体严重的富营养化。利用微生物修复污染环境，特别是去除污染水环境中的氮、磷一直是热点研究方向。多年以前，就已经分离出具有脱氮作用的产酸克雷伯氏菌（*Klebsiella oxytoca*）和光合自养微生物蓝细菌（*Phormidium bohneri*）等，为氮磷污染环境的修复提供了菌株储备。

环境中氮、磷的去除是一个复杂的过程，单一微生物处理效果不太理想，近年来随着微生物修复研究和应用的深入，利用菌群去除环境中氮、磷去除的研究与应用逐渐展开，开发出了多种复合微生物菌剂，具有结构稳定、功能广泛、操作方便、使用安全等优点，在种植业、养殖业、畜牧业等农业污染环境领域均有应用。国内外已经开发出 EM、Clear-Flo 系列菌剂、CBS 等多种复合菌群制剂，对水体中的氮、磷具有良好的去除效果（表 3）。

表 3　国内外部分复合微生物菌剂及微生物组成

菌群名称	组　成
EM	由光合细菌、放线菌、酵母菌及乳酸菌等5科、10属、80多种有益微生物
Clear-Flo 系列菌剂	由枯草杆菌、地衣杆菌、多黏杆菌、假单胞菌等制成
CBS 水体修复技术	含光合细菌、酵母菌、乳酸菌、放线菌等几十种具备各种功能的微生物
WT-FG 技术	“WT-12”固体微生物＋“FG-21”专用助剂
BZT(Bio-Aqua)技术	菌＋酶
利蒙系列产品	芽孢杆菌、枯草杆菌、硝化菌类
ENOCHEM-3	光合细菌、放线菌、乳酸菌、酵母菌、醋酸杆菌等
高效复合微生物菌剂(HCM)	细菌群
“BNT”生物修复产品	十几种活性微生物和相应的酶

日本琉球大学比嘉照夫研制EM菌剂是由10属、80种微生物经特殊方法培养而成的高效复合微生物菌群，含有光合细菌类、放线菌类、酵母菌类和乳酸菌类、粪链球菌、甲烷菌、芽孢杆菌等。EM经驯化在污水中迅速增长繁殖，能快速分解污水中的有机物，同时依靠相互间共生增殖及协同作用，代谢出抗氧化物质，生成稳定而复杂的生态系统，激活水中具有净化功能的原生动物、微生物及水生植物，通过这些生物的综合效应达到降低氮、磷的目的。自从20世纪80年代后期，世界各地开展了EM在水处理领域的应用示范与技术探索，示范效果表明，EM菌在脱氮除磷方面有独特的效果，并具有较好的生物降解性能，对氮、磷的去除率可达75%以上。Clear-Flo系列菌剂也对水环境中的氮、磷有去除作用，目前已有不少成功案例，使用Clear-Flo1200修复美国的Moulin Vert水渠3个月，氨氮从0.02mg/L降到0mg/L；用Clear-Flo7018、Clear-Flo1200和Clear-Flo7000净化昆明的一条河流，氨氮含量降低，水质变好。

中国农科院环发所在水体富营养化控制和水体中氮磷消除方面也取得了一些进展，肖晶晶等利用选择性培养基筛选出100多株具有脱氮作用的菌株，并从中筛选出具有较好脱氮效果的菌株进行组合，由枯草芽孢杆菌（*Bacillus subtilis*）、门多萨假单胞菌（*Pseudomonas mendocina*）、蜡状芽孢杆菌（*Bacillus cereus*）和类产碱假单胞菌（*Pseudomonas pseudoalcaligenes*）4株菌株组成的脱氮组合效果最好，对模拟富营养化水进行处理，4天内使总氮下降82.36%、氨氮下降79.79%，水质明显改善（肖晶晶等，2009）。霍炜洁利用生物腐植酸去除猪粪水及养殖水体中的氮、磷也具有良好的效果，猪粪水排出后利用富含多种微生物的生物腐植酸发酵处理后，鱼塘养殖废水中氨氮降低61.2%，而对照仅为33.4%。生物腐植酸对总磷的去除效率为53.2%，而没有空白对照的养殖水体总磷增加21.2%。这些研究表明，多种微生物可以在环境中多种污染物质的去除中协同作用，从而达到污染环境的联合修复效果。

2.3.2 微生物修复氮磷污染环境的机制

微生物脱氮主要是通过硝化作用和反硝化作用来完成的。硝化作用是指NH_4^+氧化为NO_2^-，然后再氧化为NO_3^-的过程，这一过程是由亚硝化细菌和硝化细菌在好氧条件下实现的；反硝化作用是在厌氧条件下由反硝化菌将NO_3^-还原为N_2的过程。

微生物除磷的一个方式是微生物的聚磷作用，具有磷高效吸收作用的菌株能够将环境中的磷吸收转化到细胞内，从而降低环境中的磷含量，而细菌积聚的磷可以通过生物膜上细菌的回收而移出环境。气单胞菌可经过厌氧/好氧过程先放磷后吸磷，经沉淀后从水中去除。在土壤中一些具有产酸能力的菌株可以活化土壤中固定化的磷，使植物易于吸收，从而达到降低土壤中磷含量、增加其有效性的目的。

2.4 微生物对退化土壤的修复

2.4.1 用于退化土壤修复的微生物种类

土壤退化是指因自然环境因素不佳和人为利用不当引起土壤肥力下降、植物生长条件恶化和土壤生产力减退的过程，是土壤环境和土壤理化性状恶化的综合表征。保护性耕作修复技术、退耕还林还草技术、围栏封育技术等是缓解土壤退化、增加土壤有机质的重要方法，然而这些技术不得不以减少耕地的产出为代价。因此寻找耕地保护与作物产量相统一的退化土壤修复技术具有重要的意义。微生物作为土壤生物体的重要组成成分具有促进土壤团粒结构的形成、改善土壤环境等作用，是退化土壤修复的重要执行者之一。已经发现具有固碳、固氮、解磷等功能的微生物菌株在退化土壤的修复中起一定作用，包括藻类、蓝细菌、光合细菌、氢细菌、硝化细菌、硫化细菌、固氮菌、根瘤菌、芽孢杆菌属、假单胞菌属、埃希氏菌属、欧文氏菌属、多硫杆菌属等。唐东山利用微藻改良贫瘠土壤的研究表明，土壤微藻对环境有较强的适应能力，有光条件下的微藻经过一段时间的适应后，到第 90 天时，每克土壤中的微藻数量增长到接种量的 7～8 倍，土壤微藻通过光合作用将 CO_2 合成为有机物，增加了土壤的有机质含量，有微藻生长的土壤中有机质含量是对照组的 2～3 倍（唐东山等，2003）。蓝细菌具有与植物相似的光合系统。固氮蓝细菌是地球上年固氮量仅次于根瘤菌的固氮生物。陆生固氮蓝细菌的抗逆性对地球生态脆弱带的物质与能量循环具有重要作用。研究发现新疆特殊环境内陆生固氮蓝细菌主要有 5 种：普通念珠藻、发状念珠藻、具鞘微鞘藻、眼点伪枝藻和密味裂须藻，这些蓝藻的应用对退化土壤的修复具有一定作用。另外，种类多样的固氮微生物对减少氮肥施用、增加土壤有机质、建立生态平衡和促进农业可持续发展发挥着重要作用。与非豆科植物共生结瘤固氮的弗兰克氏菌也是一种非常重要的固氮资源，是陆地生态系统中有机氮输入的主要贡献者之一，在自然界氮素循环和生态平衡中起着重要作用。

总体来说，研究具有特定功能的微生物，如能够大量分泌胞外多糖的寡营养微生物、适合不同豆科植物的根瘤菌以及解磷和解钾菌等，并将其根据不同的实际需要组成混合菌群，并辅以合适的载体（如腐植酸），制成生物活性有机微生态制剂，将为我国沙漠化治理工程提供非常重要的技术支持，对于解决我国土壤退化、土壤生产力降低等问题具有非常重要的意义。

中国农业科学院环发所，针对新疆沙退化土壤进行了微生物修复研究，证实了微生物在退化土壤修复中的作用，研究发现含有多种微生物的腐植酸土壤修复菌剂具有增加土壤的有机质、土壤微生物数量和植物产量的作用，分别比对照提高 52.89%、165.99%、186.96%。另外，还对土壤机械组成、化学指标、土壤酶活性指标、土壤微生物学指标等进行分析，发现都显著好于退化土壤（于江，2009）。

2.4.2 退化土壤的微生物修复机制

对于土壤肥力保持和恢复或退化土壤修复而言，解决碳氮问题是取得成功的关键之一。而微生物在固定 CO_2 和 N_2 方面发挥着举足轻重的作用。

自养微生物固定 CO_2 是退化土壤修复的一个重要途径，固定 CO_2 的微生物一般有两类：光能自养型微生物和化能自养型微生物。前者主要包括微藻类和光合细菌，它们都含有叶绿素，以光为能源，CO_2 为碳源合成菌体或代谢产物；后者以 CO_2 为碳源，能源主要有 H_2、H_2S、$S_2O_3^{2-}$、NH_4^+、NO_2^-、Fe^{2+} 等。微生物固定 CO_2 的生化机制主要包括：卡尔文循环、还原三羧酸循环、乙酰辅酶 A 途径、甘氨酸途径和有机酸途径等。微生物固碳机制非常复杂，远不止这些，还需要进行深入研究。

生物固氮是生命科学中的重大基础研究课题之一，在生产实际中发挥着重要作用，能够大大减少化肥的施用量，降低生产成本，对减少水土污染，防治土地荒漠化，建立生态平衡和促进农业可持续发展发挥着重要作用。固氮作用也包括三类：自生固氮、共生固氮和联合固氮微生物。固氮微生物通过固氮酶类的作用，将大气中的氮气固定于土壤中。固氮酶是一种多功能的氧化还原酶，除了还原氮气以外，还能还原多种类型的底物，如乙炔、氰化物、氧化亚氮、联氨、叠氮化物等。目前已经分离出多种与固氮相关的功能基因，共生固氮微生物与植物相互作用的基因。固氮微生物通过固氮作用固定氮气为植物所用，能增加土壤中氮素、降低化肥的用量，有助于退化土壤的修复。

2.5 影响农业环境微生物修复的因素

影响农业环境的微生物修复效果的因子很多，主要取决于污染物的特征、微生物的降解能力以及环境因子等。包括有机物的化学结构、污染物质的生物可利用性、微生物的降解能力、微生物的活性、温度和 pH 等。

有机物化学结构包括其分子排列、空间结构、功能团、分子间的吸引和排斥等特征，这些特征决定其生物降解性。一般来讲，结构简单的有机物比结构复杂的容易降解，分子质量小的有机物比分子质量大的容易降解。这主要是由于大分子的污染物不能进入细胞，微生物的胞内酶不能对其发生作用，同时也因其分子较大，微生物的胞外酶也不能靠近并破坏分子内部敏感化学键。

污染物质的生物可利用性指的是土壤环境中能够被微生物利用或降解部分的数量大小。生物可利用性受有机物的存在状态、分布特性、初始浓度、土壤颗粒分布状况及有机质含量等因素的影响。有机物的生物可利用性太小会导致微生物不能获得足够的物质和能量供应而无法维持代谢的需求，这时生物降解就不会发生；有机物生物利用性较低时，微生物能够维持自身的生存，这时会出现农药降解的情况，但是由于没有新细胞的产生而使降解速率受到限制。有足够可利用的有机物时，微生物不断增殖，可以使降解速率达到最大。

微生物降解能力是决定生物修复污染环境成功与否的关键。高降解能力的菌株可以直接从污染场地分离筛选降解菌，经富集强化后使用，还可以利用遗传工程手段构建高效的基因工程菌株。接种的外来降解菌，一方面要经受当地环境的考验，另一方面还受到土著微生物的竞争，因此，需用大量接种以形成优势菌群，以便迅速启动生物降解的过程。

微生物在受污染环境中的存活和性能是决定生物修复成败的关键。微生物的生长繁殖和代谢过程需要碳源、氮源、磷源和多种无机盐类。有的污染中含有大量的碳和氢，同时环境中存在各种无机盐，基本可以满足降解过程中微生物的营养需求。氮源、磷源是微生物生长的限制条件，适量添加可以提高微生物活性促进降解反应。

温度不但直接影响微生物的代谢和生长，而且通过改变污染物的物理化学性质或提高环境中微生物酶合成能力来影响整个生物降解的进程。目前绝大多数生物修复都是在中温条件（20～40℃）下进行的，该温度最适宜微生物的代谢和生长。

由于绝大部分微生物生长 pH 范围为 5～9，中性最为适宜，生物修复的研究和应用也集中在这个范围。但是，在实际环境中，偏酸性或偏碱性的情况并不少见，通过调整 pH 可以明显提高生物降解的速率，在酸性土壤的治理中，价格低廉的石灰常常被用于提高 pH，但要使用时要注意防止影响重金属、氮、磷等元素的生物可利用性。

2.6 农业环境的微生物修复技术

微生物修复技术已成功地应用于清除或减少土壤、水体等农业环境中的化学物质，如氮、磷、石油及石油制品、多环芳烃（PAH）、化学农药、重金属等。形成了针对不同微生物特征和环境特征的微生物修复技术。

2.6.1 按处置方式分类的修复技术

按处置地点可以分为原位生物修复技术、异位生物修复技术及原位-异位联合生物修复技术。

原位生物修复技术是指污染物体不经搬动或输送，在其原位和易残留部位之间进行原位处理。环境修复的主体微生物一般采用土著微生物，有时也加入经过驯化和培养的微生物以及商品化的适宜微生物菌剂。可以通过添加营养物质、提高溶解氧、加入微生物、添加表面活性剂、补充碳源及能源等方式提高原位生物修复效率。

异位生物修复技术是要将被污染的介质进行运转，如将水抽取、土壤移出，然后对其进行处理，处理完毕后又将其返送回原处。这种方法增加了对被污染介质的采掘与运送工程和费用。与原位修复作用相比，治理效率较高，但费用昂贵。但对一些难以处理，尤其是一些有毒化合物、挥发性污染物或浓度较高的污染物的处理，异位生物处理是不可替代的选择。这种方法对于治理小范围的环境污染是可行的。

总体来说，原位生物修复的修复过程较难控制，但费用低廉。而异位生物修复由于需要将被污染介质掘取，所以修复过程比较容易进行人工控制，治理效率更高，但花费代价高。为综合二者之长，在进行原位生物恢复时，可以考虑结合实施异位修复的措施。原位修复与异位修复相结合是保持原位修复的基本特征，即无需搬运污染介质，无需在实施恢复的场所营造大型的工程结构物。当目标场所中污染物的浓度过高，甚至可能对引入生物产生一定的毒害作用，这时可以考虑采用工程辅助手段，将实施恢复场所中的部分污染物引出，然后将其转移到生物反应器或其他净化设施中进行净化。

2.6.2 按菌剂投加方式

按菌剂的投加方式，可以分为投菌技术、生物膜技术、微生物固定化技术、微生物植物联合修复技术。

投菌技术是直接向污染环境中投入具有强化降解污染物的菌种，投加的微生物将环境中的污染物质或作为营养物质转变成自身所需，或转化为其他物质，或激活环境中原本存在的可以自净但被抑制而不能发挥其功效的微生物、或直接吸附等，从而消除环境中的污染物质。目前，已有很多利用投菌技术进行农业环境污染的修复，1989 年美国阿拉斯加海域受到大面积石油污染以后，大规模应用微生物修复并获得成功。李雪梅利用 EM 对华南植物园已经重度富营养化的人工湖进行生物修复试验，投加菌液两个半月后，总氮（TN）从6.3mg/L降至2.5mg/L，COD从29mg/L降至13mg/L。投加菌液35天后，总磷（TP）从3.5mg/L降至0.15mg/L，湖水的透明度也大幅度提高。南京农业大学利用有机磷降解菌株DLL-1制成的农药降解菌剂，将该菌剂投加到山东省滨州市惠民县拱棚韭菜试验，对辛硫磷、甲基对硫磷施用3天后的降解率分别为99.52%、98.83%。

生物膜技术是以天然材料（如卵石、砾石及天然河床等）或人工合成接触材料（如塑料、纤维等）为载体，使微生物群体呈膜状附着于载体表面上，通过与污染物质接触，生物膜上的微生物摄取环境中的有机物作为营养并加以同化，从而使污染环境得到净化。由于载体比表面积大，可附着大量微生物，因此对污染物的降解能力强。生物膜法主要是在水环境污染治理中应用较多。主要工艺方法有生物廊道、生物滤池、生物接触氧化池等。生物膜法对受有机物及氨氮轻度污染水体有明显的效果，具有处理效率高、有机负荷较高、接触停留时间短、占地面积小和投资少的优点。田伟君等利用弹性填料的生物膜工艺对太湖入湖河流水质净化进行了现场试验研究。中国农业科学院农业环发所主持的“十一五”水专项巢湖项目中，利用人工净水草技术进行小柘皋河水的净化示范，对河道中铺设的两段面积为500m^2人工净水草示范区的水质监测发现，这种生物膜技术明显降低河水中总氮、总磷和COD的含量。

固定化技术是指利用化学或物理的方法，将游离的细胞（微生物）或酶，定位于限定的空间区域内，并使其保持活性且能反复使用的基本技术。固定化细胞在污染环境修复中可提高单位体积内微生物细胞密度、并可加快细胞的流动速率，在稀释率高于微生物生长率的情况下，能有效地解决污染环境修复问题。固定化后的微生物能长期保持活性，固定化颗粒可重复使用、节省投资，固定化细胞颗粒的微环境有利于屏蔽土著菌、噬菌体和毒性物质对微生物体的恶性竞争、吞噬和毒害，使其在复杂环境中和激烈的操作条件下可稳定地发挥高效性能。李正魁等应用固定化氮循环细菌技术对富营养化湖泊修复的研究显示，该技术能在被修复水体中人为营造一种具有良好水气通道和硝化-反硝化微孔立体结构界面的微环境，从而大幅度提高了水体的硝化-反硝化能力，使水体中过量的氮污染物得到去除。肖晶晶针对筛选出的具有脱氮作用的菌株组合，进行了脱氮菌群的固定化，确定了固定化的最优条件及规模化生产工艺，并将固定化菌群做成固定小球在安徽巢湖小柘皋河进行河水净化示范。

微生物和植物联合修复技术，是目前应用非常广泛的一种污染环境修复技术。研究表明，植物根系分泌物，如糖类、氨基酸、维生素和能促进生长的其他物质，使得微生物活动非常旺盛，根区微生物明显比空白土壤中的微生物数量和种类多，假单胞菌属、黄杆菌属、产碱菌属和土壤杆菌属等的根际效应非常明显。植物根际-微生物系统的相互促进作用将是提高污染土壤植物修复能力的一个活跃领域。Gaskin 等的研究表明，宿主植物松树 *Pinuspon derosa* 与外部根际菌群 *Hebeloma crustuliniforme* 共存时，对于土壤中的阿特拉津，其修复效率可比单独的植物修复高 3 倍。菌根真菌与植物组成的共生体是目前污染环境生物修复中应用最为有效的一种，在污染环境的生物修复中能起重要作用，有良好的应用前景。菌根化的植株能生长在一般植物不能很好生长的土壤中，借助自身抗逆能力强、降解能力强、吸收能力强、储存能力强等优点，降低污染物的含量，适用于修复污染土壤和水体的修复（卢军等，2005）。

3 农业环境微生物修复的研究展望

由于微生物具有来源广泛、修复效率高、应用范围广等优点，使其在农业环境修复方面具有很好的应用前景。经过 40 余年的发展，微生物修复研究取得了很多相关成果，获得了多株具有高效降解功能的微生物、克隆了相关的功能基因并对其降解机制也有较为深入研究，微生物修复技术作为一种安全、有效的环境修复方式已经逐步被科学界和政府部门认可并走向商业化。

微生物修复的发展还主要依赖于高效吸收、降解污染物的微生物菌株的筛选，但是自然菌株的污染降解能力相对较低。应用分子生物学和基因工程技术，深入了解调控有机物降解、金属超积累、氮磷去除以及其他环境修复方面相关的生理和分子机制，在分子水平上确定主基因上与代谢分解相关的基因或 DNA 片段。将相关基因转移到受体生物之中，实现分解功能在常见微生物体内或植物中的表达，以提高对环境中污染物的降解能力，对加强微生物修复的效果具有重要的意义。

功能微生物在污染土壤或水体中的修复过程属于灰色系统，对微生物菌剂施入土壤后在土壤中的定殖情况知之甚少，这使微生物修复过程控制及效果提高受到制约。急需利用分子探针检测技术研究功能微生物在环境中的分布、繁殖以及与其他种类微生物之间的关系。

尽管近年来对农业环境微生物修复研究及相关成果较多，然而大部分成果都停留在实验室或盆栽试验阶段，对环境修复菌剂的开发及大面积田间应用效果研究却很少，成果的产业化水平较低。因此，迫切需要进行现有成果的提炼优化，并转化成生物制剂应用于污染环境的实际修复之中。

参考文献

崔丽红．2009．石油烃降解菌的筛选、鉴定及复合菌群降解效果的研究．中国农业科学院硕士学位论文．

方玲．2000. 降解有机氯农药的微生物菌株分离筛选及应用效果．应用生态学报，11（2）：249-252．

卢军，张利民，岳强，等．2005．秋冬季节植物-微生物系统治理新沂河效果分析．南京农业大学学报，28（3）：58-62．

马文漪，杨柳燕．1998．环境微生物工程．南京：南京大学出版社．

沈德中．2002．污染环境的生物修复．北京：化学工业出版社．

唐东山，卿人韦，傅华龙，等．2003．利用土壤微藻改良贫瘠土壤的研究．四川大学学报，40（2）：352-355．

唐婷婷，金卫根．2010. 土壤PAHs污染的微生物修复．中国水土保持，3：41-43．

王亚雄，郭瑾珑，刘瑞霞．2001．微生物吸附剂对重金属的吸附特性．环境科学，22（6）：72-75．

王兆守，李顺鹏．2005．拟除虫菊酯类农药微生物降解研究进展．土壤，37（6）：577-580.

肖晶晶，朱昌雄，郭萍，等．2009．氮循环菌群的构建鉴定及其脱氮性能研究．农业环境科学学报，28（12）：2680-2687．

于江．2009．生物腐植酸对新疆甘草种植区产地环境的综合作用效果评价．中国农业科学院博士学位论文．

张汉波，王力，沙涛，等．2004．从铅锌矿渣中分离的微生物对重金属吸附特性的研究．微生物学杂志，24（5）：34-37．

April T M，Abbott S P，Foght J M，et al．1998．Degradation of hydrocarbons in crude oil by the ascomycete Pseud-allescheria boyclii（Microascaceae）．Can J Microbio，44（3）：270-278．

微生物对土壤腐殖质形成的影响与应用

1 引言

进入21世纪，我国仍面临着人口与粮食的挑战，毋庸质疑，在有限的耕地上提高粮食的产量，仍需加大肥料的投入。化肥工业的发展无疑给农业的发展带来深刻的影响，但是，在大量施用化肥而使土壤环境质量下降的今天，人们更加注意传统有机肥与化肥的合理施用，从而来提高土壤的肥力。合理的进行土壤培肥不仅是提高土壤质量的关键，而且也是保证土壤资源永久为人类利用的核心问题。对土壤培肥最有意义的途径，就是施用有机物料或有机肥料来培肥土壤，即土壤有机培肥（ISFOM）。土壤有机质既是植物矿质营养和有机营养的源泉，又是土壤中异养微生物的能源物质，同时也是形成土壤结构的重要因素，因此，土壤有机培肥的基本目标就是提高土壤有机质（SOM）的数量与质量，这就是为什么人们常常把土壤有机质含量高低和品质作为评价土壤肥沃度程度的重要指标之一的原因。

SOM是土壤具有结构性和生物性的基本物质，它既是生命活动的条件，也是生命活动的产物。可以毫不夸张的说，土壤犹如地球的皮肤，SOM就犹如构成这种皮肤的蛋白质（Singer and Munns，1999；窦森，2010）。SOM既是释放CO_2的重要来源，又是截获CO_2的重要载体，在全球碳循环中具有重要作用，对土壤肥力和环境保护具有重要功能（Serzane，2000）。

SOM的主体是腐殖质，腐殖质包括腐殖物质（HS）和非腐殖物质，自从1830年Berzelius对HS进行分类以来，已有近200年的研究历史，人们对HS的形成、本性、作用和应用进行了广泛的研究，发表了大量的研究资料和论著。HS的最大特点是其本身的“不均一性”，就像同一种树的树叶一样，一方面各个树叶有相似的特征；另一方面每个树叶在细节上又都不完全相同（窦森，1989）。这种不均一性实质上反映了HS形成途径和稳定条件的复杂性。

虽然我们都承认HS形成是以微生物为主导的生物化学过程，但不同微生物在不同条件下形成的HS在组成、结构和功能上有无区别或有何区别？如何通过微生物组成和环境条件预设来调控HS组成？近而实现对土壤肥力和土壤固碳的调控？这些科学问题可能是整个HS研究和应用中的限制因子。但由于精力所

本章作者：窦森、刘艳丽、王帅、崔俊涛。

限，我们一直更关心 HS 的形成问题（窦森，2008）。

尽管 HS 形成可能有多种途径，但我们相信土壤中的大部分 HS 是经过微生物作用形成的，即微生物的先导作用和主导作用是可以肯定的。但由于 HS 形成机制复杂多样（可能是植物、微生物和环境条件多样性造成的），研究的难度大（Coates and Cole，2002），近年来有关 HS 生成机制的研究变得很少，甚至作为“灰箱”处理。但作为长期研究 SOM 的小组，并出于好奇心和增加土壤肥力和固碳的考虑，还是无法回避对 HS 的形成机制的研究。

2 微生物对土壤腐殖质形成的影响

2.1 微生物对土壤有机碳（SOC）及 C/N 的影响

微生物最活跃的领域是土壤，它们依赖土壤有机物质生存并使其分解，进而转化成腐殖质（程丽娟等，1994）。平立凤等（2004）在草原及开垦后土壤有机质性质土壤微生物量碳的研究中，就风沙土而言，开垦后土壤微生物量碳下降。土壤微生物量碳与土壤有机质的变化有相同的趋势，即有机质含量高，则微生物量碳也高。来航线等（1997）将不同 C/ N 值的植物秸秆加入灭菌后的土壤中，接种培养细菌、真菌和放线菌的纯菌株，探讨其对土壤腐殖质形成的作用。研究表明各种类微生物在土壤腐殖质总量的形成中均起到积极作用，特别是木霉在土壤腐殖质总量形成中的作用最大，其次为灰褐链霉菌。王菊花（2007）采用不添加有机物料方法研究了微生物在土壤腐殖质转化中的作用，结果表明微生物能分解土壤有机碳。在我们的研究中将秸秆与土壤混合后灭菌，分别接种细菌、放线菌、真菌和全菌（细菌＋放线菌＋真菌组合）的纯菌株进行培养，以探讨不同微生物对土壤 HS 形成的作用，研究结果如下：

与无菌对照（CK）相比，细菌、放线菌、真菌和全菌处理使暗棕壤 SOC 含量下降，作用大小顺序为全菌＞真菌＞放线菌＞细菌。暗棕壤培养 60 天从 CK 的 37.53g/kg 分别降至细菌的 36.61g/kg、放线菌的 33.20g/kg、真菌的 30.56g/kg 和全菌的 30.03g/kg（图 1）。这与一般认为微生物分解有机质是一致的。

暗棕壤接种微生物 60 天时，C/N 值均降低，从 CK 的 13.08，分别降低到细菌的 12.41、放线菌的 11.19、真菌的 10.22、全菌的 9.951（图 2），真菌、全菌作用最大，放线菌次之，细菌作用仍最小。

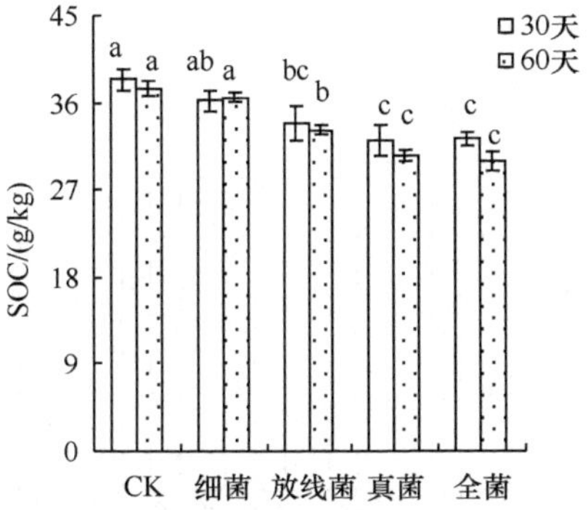

图1 不同微生物对暗棕壤SOC的影响

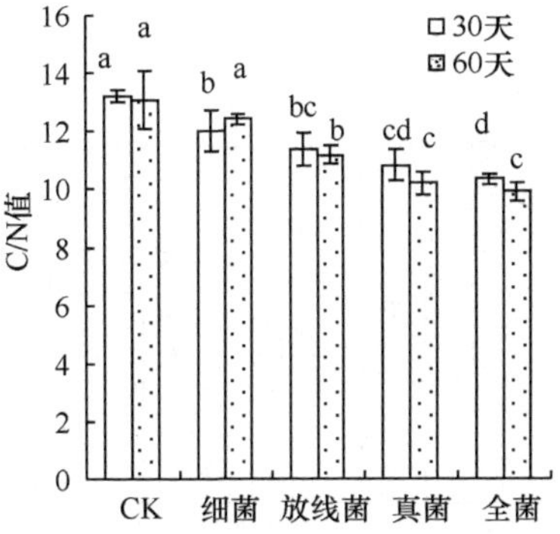

图2 不同微生物对暗棕壤C/N值的影响

2.2 不同微生物对土壤易溶性组分的影响

有关微生物在HS形成过程中的作用，不同学者的观点仍存在较大的分歧，至少有7种以上的学说：糖-酰胺缩合学说、煤化学说、木质素学说、木质素多酚学说、微生物多酚学说、微生物合成学说、细胞自溶学说（包括植物和微生物）和厌氧发酵学说等（李阜棣，2003），其中微生物合成学说、微生物多酚学说、厌氧发酵学说强调微生物的作用；木质素学说强调植物的作用；木质素多酚学说和细胞自溶学说同时承认微生物和植物的作用；煤化学说和糖-酰胺缩合学说则强调纯化学反应的作用。

在上述观点中，核心问题是微生物是否“参与”或在哪个环节“参与”HS的形成。不过从土壤学的角度，这种分歧的焦点更加具体，即微生物是否直接“合成”HS或其前体成分？对此持肯定观点的是多酚学说（科诺诺娃，1966）；对此持否定观点的是木质素学说。对HS生成机制认识的差异，也影响到对HA、FA形成顺序的推断，按“木质素理论”是先形成HA，然后由HA裂解成FA；按“多酚理论”是先形成FA，再由FA聚合成HA（尽管也存在着直接形成HA的可能性）；也可能不同环境条件有不同的形成顺序（Stevenson，1982）。

土壤水溶性物质（WSS）：培养60天时，添加微生物各处理均使WSS含量降低，作用大小顺序为全菌>真菌>放线菌>细菌。从CK的3.789 g/kg分别降至细菌的3.62g/kg、放线菌的2g/kg、真菌的1.96g/kg和全菌的1.78g/kg（图3），除细菌外差异显著。

土壤富里酸（FA）：FA含量比WSS略高，暗棕壤培养60天时，从CK的5.1g/kg，分别下降到细菌的4.92g/kg、放线菌的4.44g/kg、真菌的4.39g/kg和全菌的4.55g/kg（图4），也是除细菌外差异显著。

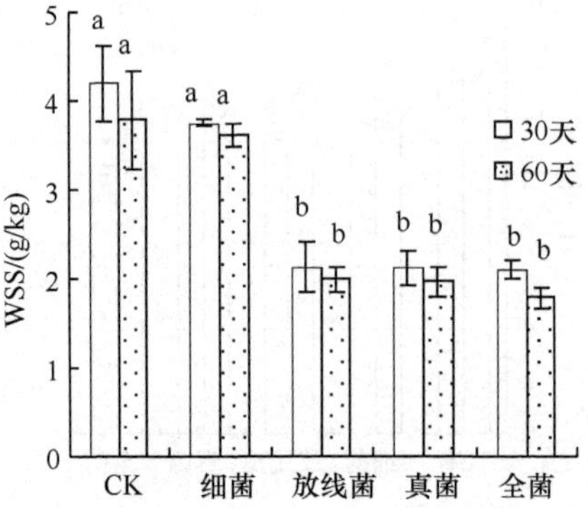

图 3　不同微生物对暗棕壤 WSS 含量的影响

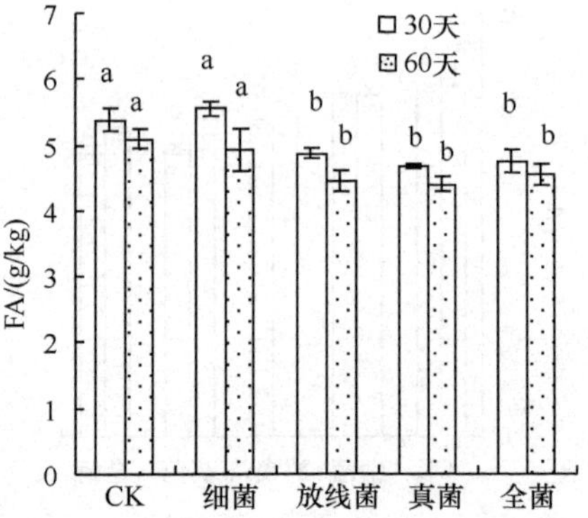

图 4　不同微生物对暗棕壤 FA 含量的影响

2.3　不同微生物对中等溶解性胡敏酸的影响

HA 的变化规律与 SOC、WSS、FA 都不同，加微生物培养后，HA 含量明显提高，但也是细菌作用最小。暗棕壤接种 60 天后，细菌（6.73g/kg）、放线菌（7.21g/kg）、真菌（7.23g/kg）和全菌（6.77g/kg）处理 HA 含量均高于 CK（6.01g/kg）（图 5），差异显著。HA 的相对含量（占 SOC 的%）也明显增加，分别为 16%（CK）、18.40%（细菌）、21.73%（放线菌）、23.67%（真菌）和 22.54%（全菌）（图 6）。HA 相对含量与绝对含量变化规律一致，说明细菌、放线菌、真菌和全菌均有利于 HA 的形成，作用大小顺序为真菌＞放线菌＞全菌＞细菌。

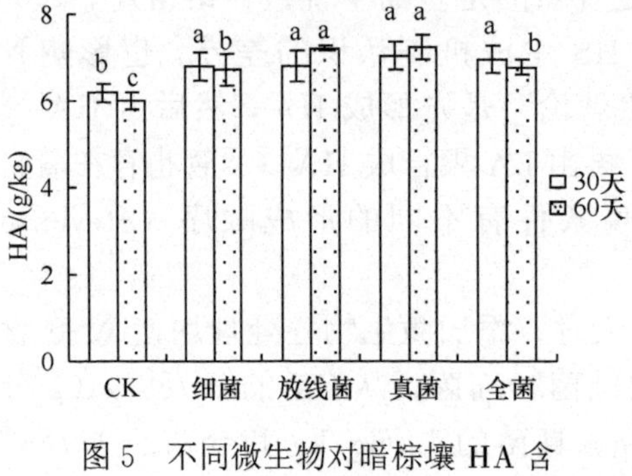

图 5　不同微生物对暗棕壤 HA 含量的影响

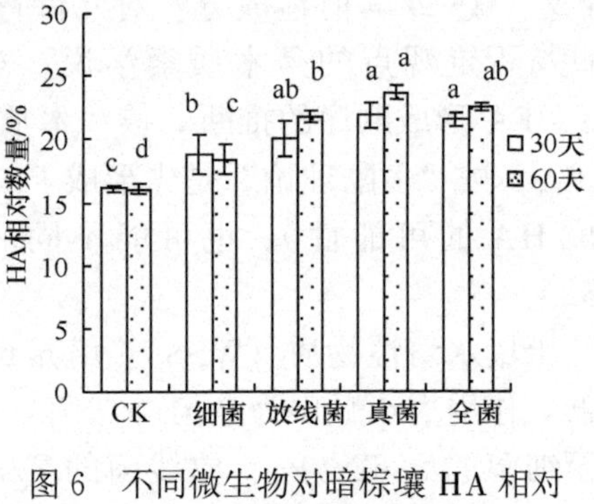

图 6　不同微生物对暗棕壤 HA 相对含量的影响

2.4 不同微生物对难溶解性胡敏素的影响

关于不同微生物对难溶解性胡敏素（HM）的影响，不如 HA、FA 作用明显（图 7），各处理培养 120 天时使 HM 含量降低，从 CK 的 17.56 g/kg，分别到细菌的 15.23 g/kg，放线菌的 14.89 g/kg，真菌的 13.12 g/kg 和全菌的 13.79 g/kg。应该说 HM 的波动性较大，总的趋势是加微生物培养，与 CK 相比使 HM 数量减少，相对数量有下降的趋势（图 8）。表明添加微生物均促进 HM 的分解，或有可能促进 HM 向 HA 转化，也是以放线菌、真菌作用较明，细菌作用最小。

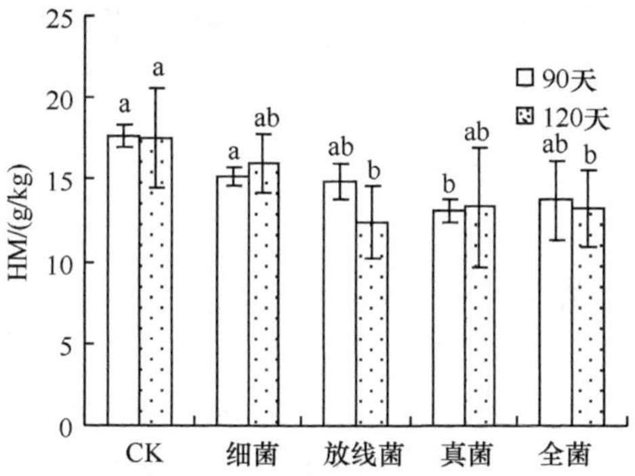

图 7 不同微生物对暗棕壤 HM 含量的影响

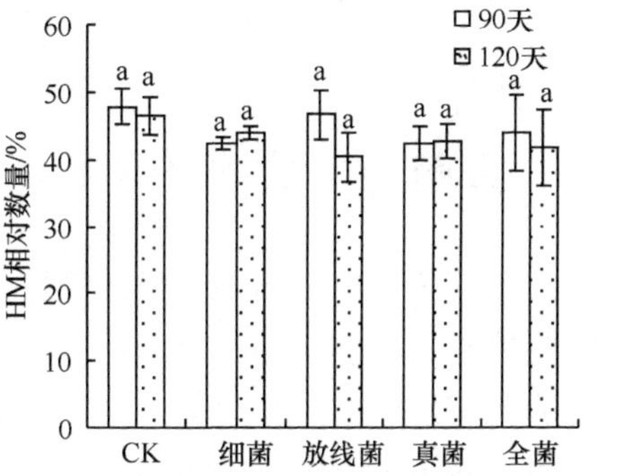

图 8 不同微生物对暗棕壤 HM 相对含量的影响

2.5 不同微生物对土壤腐殖化指数（PQ）的影响

PQ 为 HA 在腐植酸（HA+FA）中比例，反应腐殖质的溶解性和腐殖化程度，可以称为腐殖化指数（humification index），与过去常用的 HA/FA 意义相近（Almendros and Dorado，1999）。暗棕壤培养 60 天时，土壤加微生物各处理均使 PQ 增加，CK、细菌、放线菌、真菌和全菌处理的 PQ 分别为 54.12%、57.79%、61.91%、62.24% 和 59.82%（图 9），作用大小顺序为真菌>放线菌>全菌>细菌。表明添加微生物均促进 HA 的形成，或有可能促进 FA、HM

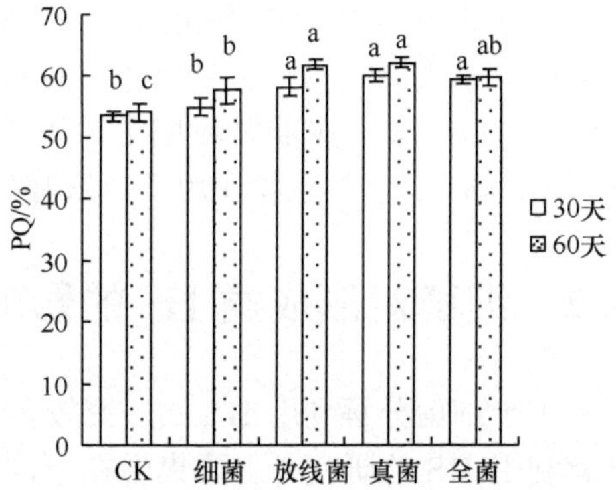

图 9 不同微生物对暗棕壤 PQ 的影响

向 HA 转化，但以放线菌、真菌作用最明显，细菌作用最小。

3 不同微生物在不同基质的纯培养条件下对形成类 HS 的影响

关于微生物对 HS 分解转化的研究很多（Stevenson，1982），但关于土壤中不同微生物对 HS 形成作用的研究很少（麦克拉伦等，1984）。由于土壤系统太复杂，用微生物纯培养方法来研究 HS 形成是十分必要的。纯培养的目的主要是看微生物能否利用简单的碳源合成芳香化合物，这是产生“暗色”和形成 HS 的关键环节。一般多选择能产生色素的微生物为菌种，基质多为葡萄糖。微生物黑素形成的 HS 在很大程度上取决于起始原料的氨基酸和碳元素的比例（Rubinsztain et al., 1984）。

3.1 真菌对形成类 HS 的影响

关于真菌分解利用 HS 的研究较多。真菌在 HS 和木质素转化过程中发挥着更重要的作用（Qi et al., 2004）。在报道的 8500 种腐生真菌中，大约一半以上具有降解 HS 和木质素的能力（Lynch and Thorn，2006），而且这些真菌同样广泛分布于农田土壤中（Carney et al., 2007）。在《中国真菌志》中记载了 46 属、137 种白腐菌，它们降解 HS 和木质素的能力很强（Fakoussa and Frost，1999）。青霉（*Penicillium*）、木霉（*Trichoderma*）、曲霉（*Aspergillus*）可使褐煤 HA 褪色、降解。目前用于木质素降解研究的白腐菌主要有革盖菌（*Coriolus*）、平革盖菌属（*Phanerochaete*）、栓菌属（*Trametes*）、烟管菌属（*Bjerkandera*）、侧耳菌属（*Pleurotus*）等。其中研究得最多、也是最重要的是黄孢原毛平革菌，该菌广泛分布于北美洲各地，在我国尚未发现。

对于真菌参与形成 HS 的研究较少。聚多曲霉能利用葡萄糖形成 40 种以上的酚类，合成类似 HS 的多聚物（Haider and Martin，1988）；嗜热真菌产生的虫漆酶（laccase）在堆腐环境中可以使酚类氧化，最终生成 HS 大分子（Noda et al., 2002）；在微生物作用下色氨酸可以进入 HA（Reitner et al., 2002）。

3.2 细菌对形成类 HS 的影响

关于细菌分解利用 HS 的研究较多，对参与形成 HS 的研究较少。关于细菌分解利用 HS 的研究，主要集中在不同白腐菌等担子菌对土壤 HS 的降解能力、降解条件和降解酶学等方面的研究（Filip and Tesarova，2004）。

关于细菌参与形成 HS 的研究有：圆褐固氮菌（*Azotobacter chroococcum*）可以产生黑色素形成类 HS（边文骅，2000）；从海洋和湖泊底泥中得到的 11 株厌氧菌、8 株好氧菌、2 株酵母菌，都具促进 HA、FA 形成的作用（Kupryszewski et al., 2001）；在厌氧条件下，奎宁氧化菌使奎宁类物质进入 HS（Cervantes et al., 2003）。

3.3 放线菌对形成类 HS 的影响

也是关于分解利用 HS 的研究较多，对参与形成 HS 的研究较少。放线菌类是公认降解木质素能力较强的细菌，包括链霉菌（*Streptomyces*）、小单孢菌（*Micromonospora*）和诺卡氏菌（*Nocardia*）等。Crawford 和 Antai（1981）等从土壤中分离得到的两株放线菌绿孢链霉菌（*Streptomyces viridosporus*）T7A 和西唐氏链霉菌（*S. setonii*）75Vi2 能降解软木、硬木、草类木质素和碳水化合物，尤其是降解草类木质素的能力很强（Cervantes et al., 2003）。在甘油和硝酸盐培养基中放线菌中的链霉菌具有合成类 HA 的作用（Huntjens，1972）；黑素放线细菌（*Actinomycetes melanogenic*）可能对 HS 形成有一定的作用（Coelho and Linhares，1993）。

3.4 不同基质对形成类 HS 的影响

多数情况下培养基中的任何碳源，只要能被微生物转化为酚类化合物，就会对 HS 的形成有作用。葡萄糖可以被某些专性微生物细胞吸收并合成芳香化合物形成 HS（Gonzalez and Laird，2004），但葡萄糖单独存在时，细菌不会形成真正的 HS（Alexandre et al., 2004）。关于纤维素作为基质的文献相对较少，一般认为纤维素可以形成 HS，但其形成机制目前还不清楚（Peña-Méndez et al., 2005）。Paul（2002）认为，糖类、淀粉、纤维素在微生物之间反复利用，可能永远不参与 HS 的形成，但他同时也认为那些不被微生物利用的死亡微生物残体成分也可以进入 HS（Paul，2002）。多数学者认为木质素可以在微生物作的作用下形成 HS，陆地上的 HS 是由维管植物木质素转化而来的（Kölsch et al., 2003）。

看来，真菌、放线菌和细菌可能都参与 HS 的形成，但以往研究没有注意到比较菌体生成物与土壤真正 HS 的区别（Ladislau，2004），也没给出不同微生物类别之间形成的 HS 结构特征的系统对比结果的资料。因此研究不同微生物（细菌、放线菌和真菌）利用不同基质（葡萄糖、纤维素和木质素）在土壤以外的场所（纯培养）和土壤内（土壤模拟培养）的实验条件下，形成 HS（或类 HS）

在组成和结构特征上有何差异具有重要科学意义。

4 微生物（肥料）用于土壤培肥和固碳的可行性

HS在土壤和植物营养中具有极重要的作用，它的形成是一个复杂的地球化学及生物过程。而微生物在其中扮演了极其重要的角色。微生物对土壤HS形成影响的研究有助于我们了解HS形成的规律，从而更合理地调节土壤HS的分解、累积和组成。

实际上环境条件也是通过影响微生物而影响HS形成转化的。自然界中，有机残体的完全降解是真菌、细菌、放线菌及相应微生物群落共同作用的结果，其中真菌起着主导作用，放线菌降解能力次之，细菌降解能力最弱。我们的研究结果表明：添加微生物使暗棕壤的水溶性物质WSS、FA和难溶性的胡敏素（HM）含量减少，使中等溶解性的HA含量提高，但总体上使SOC数量下降。这种作用以放线菌、真菌、全菌处理较大，细菌处理最小。这说明添加微生物促进了有机物料和SOC分解，同时HA净形成的速度大于FA。过去威廉斯曾认为，嫌气细菌的分解作用形成棕腐酸，好气细菌的分解作用形成黑腐酸，而真菌的分解作用形成FA。这一切说明通过微生物（肥料）来调节土壤腐殖质组成，进而调控土壤肥力，实现土壤培肥理论上是可行的。

SOM与全球的碳循环有紧密的联系，不合理的人类活动，可能导致土壤固碳减少，使全球气温升高；反过来全球温度升高又可能导致土壤微生物活性增强，进一步使土壤固碳减少。以往的研究多集中在宏观层面，且多是由环境科学家来完成的。要想提高土壤的持续固碳能力，必须研究土壤固碳的微观机制，特别是微生物的作用机制。我们可以通过微生物组成来调控土壤HS组成，进而实现对土壤碳排放强度或固碳能力的调控也具有理论上的可行性（窦森，2008）。

参考文献

边文骅．2000．腐植酸形成的生物学机理研究概况．河北师范大学学报，24（4）：526-530．

程丽娟，来航线，李素俭，等．1994．微生物对土壤团聚体形成的影响．西北农业大学学报，4（22）：93-97．

窦森．1989．土壤有机培肥后HA结构性质变化规律的系统研究．沈阳农业大学博士学位论文．

窦森．2008．土壤腐殖物质形成转化及其微生物学机理研究进展．吉林农业大学学报，30（4）：538．

窦森．2010．土壤有机质．北京：科学出版社．

科诺诺娃．1966．土壤有机质．周礼恺译．北京：科学出版社．

来航线，程丽娟，王中科．1997．几种微生物对土壤腐殖质形成的作用．西北农业大学学报，25（6）：79-82．

李阜棣．2003．微生物学．北京：中国农业出版社．

麦克拉伦 A D，等．1984．土壤生物化学．闵九康译．北京：科学出版社．

平立凤，窦森，张晋京，等．2004．草原及开垦后土壤有机质性质研究．应用生态学报，15（5）：824-826．

王菊花．2007．微生物对土壤腐殖质形成及结构的影响研究．吉林农业大学硕士学位论文．

Alexandre M，Hollas C，Granéli W，et al．2004．Influence of humic substances on bacterial and viral dynamics in freshwaters．Applied and Environmental Microbiology，Vol．70 No．8：4848-4854．

Almendros G，Dorado J．1999．Molecular charaeteristics related to the bildegradability of humic acid Preparations．European Journal of soil Seienee，50（6）：227-236．

Carney K M，Hungate B A，Drake B G，et al．2007．Altered soil microbial community at elevated CO_2 leads to loss of soil carbon．Proceedings of the National Academy of Sciences of the United States of America，104：4990-4995．

Cervantes F J，Duong-Dac T，Akkermans A D L．2003．Richment and immobilization of quinone-respiring bacteria in anaerobic granular sludge．Water Science and Technology，48（6）：9-16．

Coates J D，Cole K A．2002．Diversity and ubiquity of bacteria capable of utilizing humic substances as electron donors for anaerobic respiration．Applied and Enviromental MicrobiologyMay，Vol．68 No．5：2445-2452．

Coelho R R R，Linhares L F．1993．Melanogenic actinomycetes（Streptomyces spp.）from Brazilian soils．Biology and Fertility of Soils，15（3）：220-224．

Crawford D L，Antai S P．1981．Degradation of soft wood，hardwood，and grass lignocelluloses by two Streptomyces strains．Appl Environ Microbiol，42（2）：378-380．

Fakoussa R M，Frost P J．1999．In vivo-decolorization of coal-derived humic acids by laccase-excreting fungus Trametes versicolor．Applied Microbiology and Biotechnology，52：60-65．

Filip Z，Tesarova M．2004．Microbial degradation and transformation of humic acids from permanent meadow and forest soils．International Biodeterioration & Biodegradation，54：225-231．

Gonzalez J M，Laird D A．2004．Role of smectites and Al-substituted goethited in the catalytic condensation of arginine and glucose．Clays and Clay Minerals，52：443-450.

Haider K M，Martin J P．1988．Mineralization of ^{14}C-labelled humic acids and of humic-acid bound ^{14}C-xenobiotics by *Phanerochaete chrysosorium*．Soil biology & Biochemistry，(20)：425-429．

Huntjens J L M．1972．Polymer of humic acid generated by actinomyces and amino acid constitutes of humic acid modulated by grassland and plowland．Soil Biol Biochem，4（3）：339-345．

Kölsch S，Gebhardt S，Terjung F，et al．2003．Freshwater discharge into the east frisian wadden sea：geochemistry of humic matter-waters-berichet-Forschungszentrum．Terramare，No．12：71-74．

Kupryszewski G D，Pempkowlak J，Kedzia A．2001．The effect of humic substances isolated from a variety of marine and lacustrine environments on different microorganisms．Oceanologla，43（2）：257-261．

Ladislau M N．2004．Humic substances and soil and water．Environment，XII International Meeting of IHSS，Embrapa Instumenacao Agropecuaria，Brazil．

Lynch M D J，Thorn R G．2006．Diversity of basidiomycetes in Michigan agricultural soils．Applied and Environmental Microbiology，72：7050-7056．

Noda S，Aiba Y，Takagi A，et al．2002．Bacteroides ovatus as the predominant commensal intestinal microbe causing a systemic antibody response in inflammatory bowel disease．Clin Diagn Lab Immunol，9

(1)：54-59.

Paul S. 2002. Humus：Still a Mystery, Northeast Organic Farming Association.

Peña-Méndez E M, Havel J, Patočka J, et al. 2005. Humic Substances, compounds of still unknown structure：applications in agriculture industry environmentand biomedicine. J Appl Biomed, (3)：13-24.

Qi B C, Aldrich C, Lorenzen L, et al. 2004. Degradation of humic acids in a microbial film consortium from landfill compost. Industrial and Engineering Chemistry Research, 43：6309-6316.

Reitner B, Herzig A, Herndl G J. 2002. Photoreactivity and bacterioplankton availability of aliphatic versus aromatic amino acids and a protein. Aquatic Micrbial Ecology, 26：305-311.

Rubinsztain Y, Ioselis P, Ikan R, et al. 1984. Investigations on the structural units of Melanoidins. Org Geochem, (6)：791-804.

Serzane M K J. 2000. Use of humic substances in remediation of contaminated environments. Bioremediation of Contaminated Soils, 217-236.

Singer M J, Munns D N. 1999. Soils, an Introduction. New Jersey：Prentice-Hall, Inc.

Stevenson F J. 1982. Humus chemistry：Genesis, Composition, Reactions, New York：John Wiley and Sons Wakesman S A. 1936, Humus, Williams and Wilkins, Inc. Baltimore, M D.

嗜盐微生物的研究进展及其应用前景

嗜盐微生物的存在对于揭示生物圈起源的奥秘，阐明生物多样性形成的机制，以及其与环境的相互作用的规律等都具有重要的科学意义。它们是多种多样的，在每个生命域中（古菌、细菌和真核生物）都能找到可以在高盐浓度中生长的微生物种类。并且，其在高盐浓度下的生长能力与其在系统发育树上所处的位置之间没有明显的相关性，从发育树上来看，嗜盐微生物通常散布在非嗜盐微生物之间。嗜盐微生物的主要生存环境是含盐水体（盐湖、海水、晒盐池）和盐土、盐碱地等，如以色列的死海、美国的大盐湖、我国的内蒙古和新疆等境内的盐湖、非洲盐碱湖、遍布世界各地的盐池，以及盐渍食物和高盐污水等环境。嗜盐古菌盐杆菌目通常利用内盐机制适应高盐环境，而细菌和真核生物广泛采用相容性溶质机制适应高盐环境。嗜盐微生物可以合成多种相容性溶质、多聚体、酶和胞外多糖等，这些特性决定了其可能的应用价值。此外，其与耐盐有关的基因可考虑用作构建耐盐微生物和植物的资源，对盐碱地的农业生产具有潜在的价值。

1 引言

喜盐并能在高盐浓度条件下生长繁殖的微生物，称为嗜盐微生物（halophilic microorganism，或称 halophile）。它们存在于细菌、古菌和真核生物三个域中，而且包括许多不同的生理类型，适应于广范围的盐浓度，乃至饱和的盐浓度（Oren，2002）。根据对盐浓度的需要和耐受程度不同，可将嗜盐微生物分为三类：①轻度嗜盐微生物（slight halophile），适宜生长的盐浓度为 0.2～0.5 mol/L（1%～3%）NaCl，大多数海洋细菌属于该类群；②中度嗜盐微生物（moderate halophile），适宜生长的盐浓度为 0.5～2.5mol/L（3%～15%）NaCl。此类微生物对环境中的盐浓度有很强的适应性，能够适应很宽的盐浓度范围，一般可以在盐浓度 0.1～4.5mol/L（0.5%～26%）NaCl 生长，常见于嗜盐细菌；③极端嗜盐微生物（extreme halophile），可生长的盐浓度在 1.5～5.0mol/L（9%～29%）NaCl，其细胞在低于 1.5mol/L（9%）NaCl 条件下就会裂解，适宜生长的盐浓度为 2.5～5.2mol/L（15%～30%）NaCl。这些微生物不仅嗜盐，而且需要很高的盐浓度，甚至接近饱和，常见于极端嗜盐古菌（Kushner，1978）。为了对抗外界的高盐胁迫，嗜盐微生物需要形成与外界等渗

本章作者：刘文彦、王磊、杨苏声。

的细胞内环境。由于它们具有独特的耐盐机制和潜在的应用价值，从20世纪90年代开始，科学工作者对各种地域条件下的高盐环境进行了广泛的调查研究，从中分离并命名了大量的嗜盐微生物。

嗜盐微生物构成了独特的地球生命形式，其存在对于揭示生物圈起源的奥秘，阐明生物多样性形成的机制，认识生命的极限及其与环境的相互作用的规律等都具有重要的科学意义。由于嗜盐微生物是地球上的一种边缘生命现象，具有独特的基因类型、特殊的生理机制及多样化的代谢产物。因此，不仅在农业、食品、医药、轻化工、环境和能源等领域显示出广泛的应用前景，而且在生命起源、系统进化和环境适应等方面具有重要的启示作用。有些嗜盐微生物能长期生长在盐岩，而且这些盐岩曾发现于几种外星球的材料中，所以有人认为，这类微生物可能与宇宙生物学有关（Kunte et al., 2002）。目前，嗜盐微生物正逐渐成为生命科学的热点研究领域。

2 嗜盐微生物的分类

嗜盐微生物是多种多样的。在每个生命域中都能找到可以在高盐浓度中生长的微生物。在盐饱和的环境，如盐结晶池和死海中，我们可以找到嗜盐古菌盐杆菌科（Halobacteriaceae）的属种和单细胞绿藻的杜氏藻属（*Dunaliella*）。而且，属于细菌域的红色盐水杆菌（*Salinibacter ruber*）也能生活在盐浓度超过30%的盐结晶池中。在嗜盐微生物中，还有很多种类不能生长在饱和的盐浓度中，如中度嗜盐菌。这类菌的生理特性、盐适应模式及其系统发育是多种多样的，它们在许多高盐环境中起着重要的作用。

微生物在高盐浓度下的生长能力与其在系统发育树上所处的位置之间没有明显的相关性。从发育树上来看，嗜盐微生物通常散布在非嗜盐微生物之间。例如，在古菌域中，我们可以在甲烷螺菌科（Methanospirillaceae）和甲烷八叠球菌科（Methanosarcinaceae）中发现嗜盐的产甲烷菌。而且，这些嗜盐古菌与非嗜盐菌在系统发育上关系很密切。同嗜盐古菌一样，系统发育分析表明大多数嗜盐细菌也都散布在非嗜盐菌之间。

2.1 嗜盐古菌

嗜盐古菌属于广古菌门，主要分布在盐杆菌科、甲烷螺菌科和甲烷八叠球菌科。在盐杆菌目（Halobacteriales）中，只有一个盐杆菌科，该科中的古菌全部嗜盐，严格地依赖盐来维持其生长和结构的稳定，称为极端嗜盐古菌。它们在盐浓度低于9%时菌体裂解。目前，在盐杆菌科中包含盐杆菌属、富盐菌属

(*Haloferax*)、盐盒菌属（*Haloarcula*)、盐球菌（*Halococcus*)、嗜盐碱杆菌属（*Natronobacterium*）和嗜盐碱单胞菌属（*Natronomonas*）等 32 属（http：//www．ncbi．nlm．nih．gov)，这些种类的形态、生理特性各异，除常见的球状和杆状外，还有扁平状、三角形等（Oren，2002)。而且，相对于严格厌氧的甲烷菌和嗜高温古菌而言，嗜盐古菌更容易培养，因此盐杆菌科的盐杆菌属、富盐菌属和盐盒菌属的古菌种类在当前的古菌研究中经常使用。在甲烷螺菌科和产甲烷石状菌属（*Methanocalculus*）中，同时包含非嗜盐、适应于海水盐浓度以及高盐条件的古菌。其中的一些嗜盐种类可以在盐饱和条件下生长，如调查甲烷盐菌（*Methanohalobium evestigatum*)，其生长的盐浓度范围为 15%～30%。

2.2 嗜盐和耐盐的细菌

嗜盐细菌遍布细菌域的各纲和各目中，其生理特性非常丰富，包括好氧的和厌氧的化能异养型、光能自养型、光能异养型以及化能无机营养型的菌种。

在高盐环境下，可发现一些好氧的蓝细菌和厌氧的硫细菌。嗜盐的光合细菌包括蓝细菌 *Halospirulina*，以及被划分为 *Halothece* 群的种类。嗜盐的厌氧光合硫细菌包括需盐红螺菌-外硫红螺菌（*Halorhodospira-Ectothiorhodospira*）类群。在嗜盐微生物中，有一类专性厌氧的嗜盐细菌。这类嗜盐细菌形成一个系统发育相近的类群。在 1995 年，Rainey 等根据 16S rRNA 基因分析，建立了 Halanaerobiales 目，来描述这群嗜盐厌氧菌。这个目含有两科，即 Halanaerobiaceae 和 Halobacteroidaceae。至今，绝大部分已经描述的嗜盐厌氧菌都归属于该目，仅有嗜盐梭菌（*Clostridium halophilum*）和 *Thermohalobacter berrensis* 等几种是例外。

中度嗜盐菌是一类对其生活环境中的盐浓度具有很强的适应性、耐盐范围很宽的嗜盐细菌。目前，革兰氏阳性产芽孢的中度嗜盐菌分布于芽孢杆菌科（Bacillaceae)，共有 20 属，常见的有喜盐芽孢杆菌属（*Halobacillus*)、枝芽孢杆菌属（*Virgibacillus*)、*Gracilibacillus*（薄壁芽孢杆菌属)、海洋芽孢杆菌属（*Oceanobacillus*)、线状芽孢杆菌属（*Filobacillus*)、*Jeotgalibacillus* 和海芽孢杆菌属（*Marinibacillus*）等。此外，还有不少中度嗜盐菌是革兰氏阳性球菌，如 *Jeotgalicoccus*、盐水球菌属（*Salinicoccus*）和海球菌属（*Marinococcus*）等。革兰氏阴性中度嗜盐菌主要分布在盐单胞菌科（Halomonadaceae)，包括代谢类型多样，好氧或兼性厌氧的中度嗜盐菌，共有 10 属，包括盐单胞菌属（*Halomonas*)、色盐杆菌属（*Chromohalobacter*)、发酵细菌属（*Zymobacter*)、肉胞菌属（*Carnimonas*)、*Cobetia*、*Halotalea*、*Modicisalibacter*、*Salinicola*、艾丁单胞菌属（*Aidingimonas*）和 *Kushneria*。其中，盐单胞菌属最大，已经有

62 种被描述。

在高盐环境中，也存在很多放线菌。放线菌的 16S rRNA 基因在盐环境样品中已被大量克隆，而且在该环境下有很多放线菌菌株被分离培养。例如，Wu 等调查了云南和新疆的含盐沉积物样品中的放线菌多样性及其种群结构，分离到 163 株菌株，并得到 748 条放线菌的 16S rRNA 基因序列。序列分析表明，这些菌株属于放线菌目（Actinomycetales）、醋微菌目（Acidimicrobiales）和未明确分类的放线菌（Wu et al., 2009）。

此外，值得一提的是，在高盐的生态系统中，还分离到一些极端嗜盐细菌。其中，盐水杆菌属（*Salinibacter*）的嗜盐和耐盐性与嗜盐古菌相近，常与嗜盐古菌共存于接近盐饱和的水体中。这些微生物体内含有胡萝卜素。因此，其栖息的水体常呈现明红色（Oren，2002）。极性脂类型和杂交表明盐水杆菌属为细菌。其最适的 NaCl 生长浓度为 15%～23%。

2.3　嗜盐和耐盐的真核微生物

长期以来，人们以为在极端环境中只存在原核生物。直至 2000 年，具有分生组织的真菌 *Trimmatostroma salinum* 首次在晒盐池分离得到（Gunde-Cimerman et al., 2009）。自此，很多嗜盐真菌的新种，以及原先认为仅作为食物污染物的嗜盐真菌在全球范围的高盐环境中被陆续分离。发现于高盐环境的真菌区系包括具有分生组织的类黑化酵母、枝孢属（*Cladosporium*）的菌种、非黑化酵母、丝状真菌 *Wallemia* 属，帚霉属（*Scopulariopsis*）和链格孢属（*Alternaria*）以及曲霉属（*Aspergillus*）和青霉属（*Penicillium*）的不同种。黑酵母，如 *Hortaea werneckii* 也发现在这样的盐环境中存在。此外，杜氏藻属的绿藻种类在自然界是普遍存在的，它们生活在淡盐水乃至饱和盐水中。其中，耐盐能力最高的有盐生杜氏藻（*Dunaliella salina*）、*D. bardawil*、绿色杜氏藻（*D. viridis*）和 *D. parva*。

3　嗜盐微生物的生存环境

嗜盐微生物的主要生存环境是含盐水体（盐湖、海水、晒盐池）和盐土、盐碱地等。高盐水体由海水浓缩或内陆地表水的蒸发而形成。前者的盐分组成类似于海水，NaCl 是其主要成分。后者的离子组成与由海水衍生的湖不同，有些内陆地表水形成的湖含有很高浓度的二价阳离子。例如，在死海中，其主要离子成分是 Mg^{2+} 和 Ca^{2+}。嗜盐微生物的多样性研究表明，它们分布在不同的高盐环境。研究较多的主要包括以色列的死海、美国的大盐湖、我国的内蒙古和新疆境内的盐湖、非洲盐碱湖、深海缺氧盆地以及遍布世界各地的盐池。此外，盐渍食物、高盐污水等环境也是嗜盐微生物适宜的生长环境。

3.1 盐湖

世界各地的盐湖中蕴含很多嗜盐微生物。例如，死海（Dead Sea）是高盐的沙漠内陆湖，位于以色列和约旦边界。在死海中，存在大量嗜盐微生物，包括古菌、细菌、真菌和绿藻等，如沃氏富盐菌（*Haloferax votcanii*）、死海盐盒菌（*Haloarcula marismortui*）和 *Halobaculum gomorrense* 等极端嗜盐古菌，以及厌氧细菌盐生拟盐杆菌（*Halobacteroides halobius*）等。Ventosa 等（1998）在死海分离到中度嗜盐菌菌株，分别定名为死海色盐杆菌（*Chromohalobacter marismortui*）和以色列盐单胞菌（*Halomonas israelensis*）。而 *Gymnascella marismortui* 是在死海中分离到的真菌。又如，地处美国犹他州的大盐湖（Great Salt Lake）被一条铁路铺道分成两部分，淡水只能流入右侧湖体中，左侧湖水由于蒸发使水的盐浓度高达 33%。对该湖的湖水样品中的微生物种类进行调查时发现，左侧湖水样品中存在的主要嗜盐微生物为红色的嗜盐古菌，而从右侧湖水中发现了大量中度嗜盐菌（Post，1977）。近几年来，该盐湖不断有嗜盐微生物被分离和鉴定。此外，在大盐湖中还存在丰富的藻类资源。再如，法国境内的 Assal 湖，其表面水层含有 27.7% 的盐，在 20m 深处的盐浓度可达 39.8%。从该湖中分离到 164 株菌株，其中，11 株是中度嗜盐菌，能在 3%～15% NaCl 的范围中生长，7 株属于极端嗜盐古菌（Brisou et al., 1974）。我国地域广阔，分布有许多类型的天然盐湖。近年来，中国科学院微生物研究所、中国农业大学、浙江大学、南京农业大学和云南大学等单位的微生物工作者在内蒙古、新疆、青海等地的盐湖中也分离鉴定了大量嗜盐微生物。本实验室以新疆地区的艾丁湖、艾比湖、玛纳斯盐湖、乌椋湖和达板湖为工作重点，分离到 71 株中度嗜盐菌，这些菌株对盐的耐受能力为 0%～25% NaCl，从中鉴定了几种新种。这些新种包括达坂喜盐芽孢杆菌（*Halobacillus dabanensis*）、艾丁喜盐芽孢杆菌（*H. aidingensis*）、*Terribacillus aidingensis*、*Jeotgalicoccus dabanensis* 和玛纳斯喜盐芽孢杆菌（*Oceanobacillus manasiensis*）。

3.2 晒盐池

晒盐池主要分布在全世界的热带和亚热带地区，是生产食盐的人工浅池。在晒盐池中，含有丰富的嗜盐微生物资源。许多嗜盐微生物的模式菌株都分离自晒盐池，如好氧嗜盐古菌的富盐菌属、盐球菌属和盐红菌属（*Halorubrum*）中的一些种类、厌氧嗜盐古菌的葡萄牙甲烷嗜盐菌（*Methanohalophilus portucalensis*）和多氏盐甲烷球菌（*Halomethanococcus doii*）、好氧嗜盐细菌的盐单胞菌属和色盐杆菌属的一些种类，以及厌氧或兼性厌氧嗜盐细菌的盐场玫瑰弧菌（*Rhodovibrio salinarum*）和盐沼奥芮氏菌（*Orenia salinaria* ）。此外，还有嗜盐真菌中的黑酵母、*Hortaea werneckii*、青霉、曲霉和子囊菌，以及杜氏藻和 *Picocystis salinarum* 等真核生物。

3.3 寒冷和温热的高盐环境

在对南极的 Vestfold 丘陵地区的冷盐湖进行研究时发现，在这种寒冷高盐环境下，有大量嗜盐微生物生存着。Vestfold 地区地处南极的东部，是海洋的无冰区域，包含有 300 个湖或塘，其中一些盐湖的含盐量达到 28％。研究最多的是 Organic 湖，最深处达 7.5m，盐浓度的变化范围为 0.8％～21％，温度的变化为－14～＋15℃。从该湖分离到许多嗜盐微生物。大多数的分离菌株可以在 0.5％～20％ NaCl 的范围内生长，对温度的耐受力为 0～5℃（Dobson et al., 1991）。最为突出的是冰下盐单胞菌（*Halomonas subglaciescola*），可在含有 0.5％～20％ NaCl 的环境中生长，所能耐受的最低温度为－3.3～－9.2℃，其最适生长温度为 20.0～23.4℃，最高生长温度为 29.7～32.3℃。比较著名的嗜热嗜盐菌是分离自突尼斯盐湖的奥氏盐热发菌（*Halothermothrix orenii*），该菌在盐范围 4％～20％ 时，它的生长温度范围是 45～68℃。此外，位于埃及的晒盐池，其水面温度在 55～61℃，生活着大量的蓝细菌。并且在该湖中还分离到不少其他嗜盐细菌。

3.4 盐碱环境

对于盐碱环境的研究主要集中在盐碱湖泊，如埃及的 Wadi Natrum 湖群、非洲东部肯尼亚的 Magadi 湖，以及亚洲地区的部分盐碱湖，如印度的 Sambhar 湖和我国的内蒙古与西藏地区的盐碱湖等。Wadi Natrum 湖群湖水的颜色常因不同微生物的生长而呈现红色、紫色和绿色。在 Wadi Natrum 湖群分离到许多嗜盐古菌，如好氧嗜碱古菌的法老嗜盐碱单胞菌（*Natronomonas pharaonis*），以及厌氧嗜碱古菌 *Methanosalsus zhilinae* 等。在该湖还分离到好氧嗜碱细菌的嗜盐碱芽孢杆菌（*Bacillus haloalkaliphilus*），以及 *Synechococcus* 属的光合细菌、嗜盐需盐红螺菌（*Halorhodospira halophila*）等紫色硫细菌和绿藻等（Imhoff et al., 1979）。在 Magadi 湖分离到很多好氧与厌氧的古菌和细菌，如格氏嗜盐碱杆菌（*Natronobacterium gregoryi*）、*Cyanospira rippkae* 和 *Tindallia* magadensis 等（Grant et al., 1990）。在我国的碱湖也分离到不少嗜盐微生物，如 Carrasco 等（2007）在内蒙古的碱湖样品中分离鉴定了 *Bacillus chagannorensis* 和 *Salsuginibacillus kocurii* 等嗜盐菌；Ean 等（2004）和 Xue 等（2005）在西藏海拔 4421m 的拉果错湖，分离鉴定了西藏盐红菌（*Halorubrum tibetense*）和 *Halalkalicoccus tibetensis* 等。

3.5 盐渍的鱼、肉等食物

在腌鱼、咸肉或其他食品中，经常发现中度嗜盐菌的踪迹。而且，世界上第一株中度嗜盐菌是在盐渍的黄瓜上发现的。最近，有人从盐渍的干雪鱼中分离到 128 株中度嗜盐菌。这种食品的含盐量为 19%，在每克盐渍的干雪鱼上可以分离到 103～107 株中度嗜盐菌。Yoon 等（2001）在韩国一种传统的高盐食品中分离到 1 株中度嗜盐菌，命名为 *Jeotgalibacillus alimentarius*。Yoon 等（2003）在一种韩国传统的咸肉中分离到 2 株革兰氏阳性嗜盐球菌，分别命名为 *Jeotglicoccus halotolorans* 和 *Jeotglicoccus psychrophilus*。Tanasupawat 等（2007）在咸鱼上分离到 1 株中度嗜盐菌，并命名为 *Piscibacillus salipiscarius*。泰国的 Namwong 等（2009）在虾酱上分离并鉴定了 *Oceanobacillus kapialis*。

3.6 海洋

海水所含的盐分各处不同，平均约为 3.5%。这些溶解在海水中的无机盐，最常见的是 NaCl。其中，有些盐来自海底的火山，但大部分来自地壳的岩石。岩石受风化而崩解，释出盐类，再由河水带到海里去。在海水汽化后再凝结成水的循环过程中，海水蒸发后，盐留下来，逐渐积聚到现有的浓度。在对海洋微生物的调查研究中，一些嗜盐菌种得到分离鉴定。例如，Yoon 等（2003）在东海的海水样品中，分离到 1 株革兰氏阴性中度嗜盐菌，该菌在 0.5%～18% NaCl 范围内生长，被定名为 *Marinobacter litoralis*。Kaye 等（2004）在深海热泉分离到 4 株属于盐单孢菌属的中度嗜盐菌，分别为 *Halomonas neptunia*、*Halomonas sulfidaeris*、*Halomonas axialensis* 和 *Halomonas hydrothermalis*。Lee 等（2006）在黄海样品中分离鉴定了 1 株革兰氏阴性好氧的嗜盐细菌，命名为 *Thioclava marina*。Kim 等（2007）在东海深海分离到 *Oceanobacillus profundu*，该菌在 0%～14% NaCl 范围内生长。Hwang 等（2009）在太平洋分离鉴定了 *Spongiibacter tropicus*，其最适生长盐浓度为 3%～4%。

3.7 含盐土壤

在高盐土壤中，中度嗜盐菌的数量大于极端嗜盐古菌，由于随着季节的不同，盐土中的盐浓度会不同程度地被稀释，这样的环境更适合对盐浓度有较宽耐受能力的中度嗜盐菌的生长。Ren 等（2005）在新疆的盐土中分离并鉴定了 *Tenuibacillus multivorans*。An 等（2007）在含盐土壤分离到 *Terribacillus saccharophilus* 和 *Terribacillus halophilus*。Guo 等（2009）在海边含盐土壤中分离到 *Jeotgalicoccus huakuii*，其最适生长盐浓度为 3%～8%。Wang 等（2010）在柴达木盆地的盐土中分离鉴定了 *Virgibacillus subterraneus* 和 *Streptohalobacillus salinus*。

3.8 沙漠的动植物体

在沙漠中的植物和动物体上也可以发现嗜盐微生物。*Atriplex halinus* 是一种沙漠植物，广泛生长在爱尔兰的沙漠中。盐（主要是 NaCl）通过植物叶片的盐腺中分泌出来，并在叶片上形成结晶。在干燥的季节，盐和有机物覆盖在叶片的表面，夜晚温度降低，使叶表面保持潮湿。这样的微环境使得大量的微生物在叶片上生长和繁殖，在每平方厘米的叶面上有 1×10^4～5×10^5 个细菌。其中的主要类群是假单胞菌，对盐的耐受范围在 0.05%～20% NaCl，最适生长的 NaCl 浓度为 5%，最适生长温度是 30℃（Simon et al., 1994）。在一种海藻上，Ishikawa 等（2002）发现了 *Paraliobacillus ryukyuensis*。在动物体上也有中度嗜盐菌被陆续发现，如 Hoyles 等（2004）在海象的身体上分离鉴定了 *Jeotgalicoccus pinnipedialis*；Yumoto 等（2005）在虹鳟鱼的皮肤上分离并鉴定了 *Oceanobacillus oncorhynchi*；Chen 等（2009）在海洋动物体上分离到中度嗜盐菌，分别命名为 *Pontibacillus halophilus* 和 *Jeotgalicoccus marinus*。

3.9 高盐污染物、污泥、污水

近年来，利用嗜盐微生物能够在高盐环境中栖息繁殖的特性，人们尝试利用其修复污染的天然盐环境或处理排放的高盐有机废水，从人为的极端环境中分离和鉴定嗜盐微生物得到越来越多的报道。例如，Kulichevskaya 等（1992）首次从石油盐矿中分离得到 1 株属于盐杆菌属的极端嗜盐古菌。研究发现，在 30% NaCl 条件下，该菌仍然能够降解 C10～C30 直链烷烃。最近，Kleinsteuber 等以柴油为碳源，在 15%～20% NaCl 条件下，进行富集培养，获得了一些能够降解石油烃，在分类学上属于盐单胞菌属、柄杆菌属（*Caulobacter*）和食碱菌属（*Alcanivorax*）的嗜盐微生物。*Nicholson* 和 *Fathepure* 从美国俄克拉何马州石油区盐土中得到了以海杆菌（*Marinobacter*）为主的嗜盐微生物菌群。Berendes 等（1996）从市政污水处理厂的样品分离鉴定了 *Halomonas desiderata*。Ntougias 等（2007）在橄榄油加工厂的次生盐碱废物中分离鉴定了属于盐单胞菌科的新属 *Halotalea*，以 *Halotalea alkalilenta* 作为该属的模式种。Nam 等（2008）从污水处理系统活性污泥中分离到 *Oceanobacillus caeni*。

3.10 其他生态环境

嗜盐微生物还广泛存在于其他一些生态环境当中。例如，Heyrman 等（2003）从污损的壁画样品中分离到 *Virgibacillus carmonensis*、*Virgibacillus necropolis* 和 *Oceanobacillus*（*Virgibacillus*）*picturae*（Lee et al.，2006）。Mart1′nez-Ca′novas 等（2004）在含盐的湿地样品中分离到 *Halomonas anticariensis*。Romano 等（2006）自含硫的泉水中分离到 *Oceanobacillus oncorhynchi*。Yang 等（2010）从生物反应器的活性污泥中分离到 *Oceanobacillus neutriphilus*。Chen 等（2009）从地下卤水样品中分离到 *Halobacillus salsuginis*。Niederberger 等（2009）从加拿大北极永冻土中分离到 *Virgibacillus arcticus*。Sánchez-Porro 等（2010）自泰坦尼克号沉船处的样品中分离到 *Halomonas titanicae*。

4 嗜盐微生物的盐适应机制

在微生物界中，基本上存在两个不同的机制来达到渗透调节。一种称为内盐机制，即在细胞质中积累高浓度的无机离子，主要是 K^+ 和 Cl^-。好氧的嗜盐古菌盐杆菌目通常利用这种方式适应高盐。而且，有几种类型的细菌利用相似的模式，如厌氧的 Halanaerobiales 目和好氧的盐水杆菌属。在这些微生物中，所有胞内酶在一定摩尔浓度盐存在时才有活性，而且需要整个胞内酶体系的特殊适应，对环境改变的适应是有限的。另一种称为相容性溶质机制，即对盐浓度的改变具有更大的适应性，可利用低分子质量的有机渗透溶质，保持细胞内离子浓度在尽可能低的水平上。这些溶质经常在细胞内聚集至摩尔浓度，在低水活度条件下保护酶免受抑制。在细菌和真核生物中广泛采用相容性溶质机制，而在某些古菌中也存在这种机制。这些渗透溶质的浓度通常根据细胞外的盐浓度进行调节，也会根据其外界盐浓度的改变而进行调整。

4.1 古菌的渗透适应机制

在好氧古菌中，盐杆菌目的盐杆科包含盐杆菌属、富盐菌属、盐盒菌属和盐红菌属（*Halorubrum*）。在其细胞质中含有摩尔浓度的 K^+ 和 Cl^-，而且维持细胞内的 Na^+ 浓度明显低于培养基。细胞通过位于细胞膜上的 Na^+/H^+ 逆向转运蛋白推动 Na^+ 的泵出，而 K^+ 由负向的内膜电位驱动，被动地凭借单向转运系统进入细胞。另外，多个 K^+ 转运系统在盐杆菌属 NRC-1 菌株的基因组中检测到，包括 ATP 驱动的 KdpABC 系统和低亲和性的 K^+ 逆向转运蛋白 TrkAH。Cl^- 可由光驱动的 Cl 泵（盐细菌视紫红质）和不依赖于光的 Na^+ 共转运来吸收。早在 20 世纪 70 年代，已报道盐杆菌属及其相关微生物的蛋白质中含有过量的酸性氨基酸。而且，盐杆菌目的大多数蛋白质悬浮在低盐浓度溶质中会变性（Eisenberg et al., 1992；Mevarech et al., 2000）。对于这类蛋白质的嗜盐行为，可解释为折叠蛋白在 KCl 和 NaCl 中结合大量的盐和水，而且，在蛋白质组成中所含过量的酸性氨基酸可提供合适的位点，利于特异性的水和离子结合到其三级或四级结构中。当缺乏高浓度的盐时，蛋白质的三级结构和四级结构将会改变，通常是不可逆的。因此，盐杆菌属及其相关属种适应外界低盐浓度的范围十分有限。

事实上，盐杆菌目的嗜盐古菌利用 KCl 保持渗透平衡，并不意味古菌中没有有机溶质存在于菌体中。在一些盐杆菌目中，碱性嗜盐古菌含有有机溶质，即 2-磺基海藻糖。最近发现，盐沼盐杆菌（*Halobacterium salinarium*）同时具有结合蛋白和转导蛋白，参与趋化性和甜菜碱家族的相容性溶质的转运。而且，甲烷嗜盐菌属（*Methanohalophilus*）能合成或积累一些相容性溶质，包括甘氨酸甜菜碱、β-谷氨酸、β-谷氨酰胺和 *N*ε-乙酰-β-赖氨酸等（Menaia et al., 1993）。

4.2 嗜盐细菌的渗透适应机制

关于嗜盐细菌的渗透适应机制，通常较为一致的观点是：①K^+ 通常只积累十分之几的摩尔浓度，所以它在渗透平衡中的作用相对较小；②细胞内的 Na^+ 浓度通常比培养基低。所有已检测的嗜盐细菌均拥有 Na^+ 排出的机制，Na^+ 排出通常依靠 Na^+/H^+ 逆向转运蛋白的活性，但由呼吸链驱动的初级钠泵也存在于一定数量的菌种中（Ventosa et al., 1998)；③细胞内的 Na^+ 和 K^+ 离子总数不足以平衡渗透压；④盐杆菌科的嗜盐古菌主体蛋白含有超量的酸性氨基酸，这不是大多数嗜盐细菌的共同特征。然而，已证明有些嗜盐细菌，如伸长盐单胞菌（*Halomonas elongata*）与非嗜盐菌相比，其酸性氨基酸比碱性氨基酸多。但与盐杆菌目和其相关属种相比，其含量还是比较低的。

对于大多数细菌来说，其主要的渗透调节是依靠有机的相容性溶质。相容性溶质是极性的、高度可溶的分子，大多数是无电荷或在生理 pH 下为两性离子。在不同的微生物中，已被证实的相容性溶质可分为以下几类：①多元醇，如甘油、阿拉伯糖醇、甘露糖醇和赤藓糖醇；②二糖（蔗糖、海藻糖）及其苷类，如葡糖基甘油；③三甲铵化合物（甘氨酸甜菜碱、谷氨酸甜菜碱）和二甲基锍化合物（二甲基锍丙酸盐）；④氨基酸（脯氨酸、谷氨酸、谷氨酰胺及其衍生物）；⑤*N*-乙酰二氨基酸（*N*-δ-乙酰鸟氨酸，*N*-ε-赖氨酸）；⑥四氢嘧啶及其β-羟基化衍生物，在嗜盐和耐盐微生物中广泛存在；⑦谷氨酰胺酰胺衍生物（*N*-α-氨甲酰谷氨酰胺酰胺，*N*-α-乙酰-谷氨酰谷氨酰胺酰胺）。尽管这些相容性溶质在结构上具有很大的多样性，它们都与功能相关，可作以下几点概括（Galinski，1993，1995）。①二糖（如蔗糖和海藻糖）作为相容性溶质具有一定的局限性，但它们经常与其他渗透溶质结合；②多元醇的重头合成在藻和真菌中非常普遍，但在嗜盐的原核生物中很少见；③除了甘氨酸甜菜碱，所有含氮的相容性溶质都是来源于谷氨酸或氨基酸合成途径的天冬氨酸分支；④所有的溶质在浓度高于3% 时是极性的高溶解的分子，而且不带有净电荷。

通常认为，所有的嗜盐细菌都利用有机相容性溶质维持渗透平衡。但是，在发现专性厌氧、发酵的嗜盐微生物后，这个观念受到了挑战。Halanaerobiaceae 科和 Halobacteroidaceae 科属于 Halanaerobiales 目，它们在系统发育上属于细菌的低 G+C 革兰氏阳性分支。然而，它们的代表菌表现出很多类似于好氧古菌盐杆菌目的一些生理和生化特征。在这些厌氧菌中，试图检测到有效数量的有机渗透溶质的努力至今都没有成功，另一方面，对 *Halanaerobium praevalens* 细胞内的离子浓度测定表明，细胞质内 K^+、Na^+ 和 Cl^- 的浓度都能平衡高盐的培养基。利用透射电子显微镜 X 射线微分析，检测该菌的单个细胞的离子浓度，发现在对数生长期生长的细胞中，K^+ 是主要的阳离子。然而，在稳定期的细胞中，其单个细胞的离子含量和 K^+/Na^+ 比率的变化非常大（Oren et al.，1997）。此外，另一个例子是细菌的红色盐水杆菌，它能利用 KCl 而不是相容性溶质获得渗透平衡，拥有适应高盐浓度的胞内酶体系。利用高压液相色谱和核磁共振技术，在该菌细胞内检测有机的相容性溶质，表明只含有低浓度的谷氨酸、甘氨酸甜菜碱和 *N*-α-乙酰赖氨酸，这些化合物在数量上平衡渗透的作用甚微。另一方面，在细胞内还检测到高浓度的 K^+，其 K^+/蛋白质比率与盐杆菌目相当。而且，与细胞内的高盐浓度一致，盐水杆菌属的主体蛋白含有过量的酸性氨基酸（Oren and Mara，2002）。

4.3 嗜盐真核微生物的渗透适应

重要的嗜盐真菌在极端嗜盐生态的研究中长期被忽视，只是在最近几年才被关注。Gunde-Cimerman（2009）对广泛分布的嗜盐和耐盐真菌和酵母的生物学特征做了全面描述。研究发现，黑酵母 *Hortaea werneckii* 可以在 29% NaCl 生长。嗜盐的 *Wallemia ichthyophaga* 的生长需要 9% NaCl，能在饱和盐浓度下生长，而 *Aureobasidium pullulans* 可在 18% NaCl 生长。嗜盐真菌和大多数细菌一样，利用相容性溶质机制进行渗透调节。大多数嗜盐和耐盐真菌能积累不同的多元醇、游离氨基酸及其衍生物，如甘油、赤藻糖醇、阿拉伯糖醇、山梨糖醇、木糖醇、半乳糖醇和甘露糖醇作为渗透物质，在细胞内维持低盐浓度。耐盐的杜氏藻属可在细胞中积累一定摩尔浓度的甘油。

5 嗜盐微生物的应用

由于嗜盐微生物在高盐环境中生长繁殖，能够最大程度地减少发酵和生产过程中其他微生物的污染，而且可以利用多种有机物质作为碳源和氮源，具有独特的生理生化特性，合成多种相容性溶质、多聚体、酶和胞外多糖等，决定了其可能的应用价值。此外，其与耐盐有关的基因可考虑用作构建耐盐微生物和植物的资源，对盐碱地的农业生产具有潜在的价值。然而，与其他极端微生物比较，尤其与那些具有广泛应用价值的酶的嗜热和嗜碱原核生物比起来，嗜盐微生物在生物技术等方面的应用数目还是少得多。考虑到嗜盐微生物分布在古菌、细菌和真核生物的所有生命领域，而且包括能适应广泛的盐浓度直至饱和盐浓度的许多不同的生理类型代表，它们的应用潜力是很大的，需要进一步研究和开发。实际上，嗜盐微生物生物技术应用的成功事例主要是杜氏藻属菌株的β-胡萝卜素，以及许多中度嗜盐细菌合成的四氢嘧啶的商业化生产。至于许多其他由嗜盐微生物合成或以它们加工制造的产品仅具有可能的应用前景，还有待于进行商业化的可行性操作。

5.1 嗜盐微生物造盐

数千年前，人们在热带和亚热带的海岸边建造浅池储存海水，通过阳光照射而蒸发造盐。当盐水饱和并开始结晶时，其颜色逐渐变红。产生红色的嗜盐微生物主要是极端嗜盐古菌盐杆菌科的菌种，有时也包括盐生杜氏藻和嗜盐细菌红色盐水杆菌。直到 20 世纪 70 年代，微生物造盐过程的重要性才开始得到确认。这些产红色素的微生物在结晶盐池中有助于产盐过程，原因是它们产生的类胡萝卜素能吸收光能，升高水温，从而提高蒸发速率。有些报道指出，嗜盐古菌甚至能直接参与岩盐的结晶过程（Davis and Giordano 1996）。

5.2 嗜盐微生物与发酵食品

大量的盐可用于生产几种传统的发酵食品，这些盐渍食品在亚洲尤为普遍。例如，人们把大豆等浸入 19% NaCl 溶液，密封 9 个月，即可得到作为食品调味的酱产品。在发酵过程中，起作用的微生物是嗜盐四联球菌（*Tetragenococcus halophilus*）。在泰国，有一种鱼酱称为 ‘nam-pla’，其产品由 2 份鱼和 1 份海盐制成，再覆盖饱和盐水 25%～30% NaCl，发酵约 1 年。经过分离纯化，从中获得 1 株类似于盐沼盐杆菌（*Halobacterium salinarium*）的嗜盐古菌，而且有 2 新种被分离，它们是泰国盐球菌（*Halococcus thailandensis*）和 *Natrinema gari*（Tapingkae et al., 2008）。

5.3 四氢嘧啶的利用

四氢嘧啶是细菌中最常见的相容性溶质。它可以保护许多不稳定的酶和核酸，抵抗高盐、热变性、干燥和冷冻，从而提高酶制品的储存寿命和活性。近年来，发现四氢嘧啶可抵抗紫外线的作用和皮肤老化，所以化妆品工业开始使用四氢嘧啶制作化妆品，治疗皮肤的老化、干燥或粗糙。该化合物能刺激朗格汉斯细胞的免疫系统和形成热激蛋白，并在紫外线照射后减少“晒斑”细胞的形成。它也能抑制阿尔茨海默式病的β-淀粉状蛋白的积累和神经毒性，而且最近在临床上试验其吸入剂对支气管哮喘的效能（Kanapathipillai et al., 2005）。在工业上，分别采用伸长盐单胞菌和海球菌属 M52，进行四氢嘧啶及其衍生物羟基四氢嘧啶的提取。工艺流程采用“细菌挤奶”方法，就是将细菌生长在高盐培养基中，使其达到较高的细胞浓度，在细胞内积累大量四氢嘧啶。然后，突然降低渗透压，使细菌分泌大部分的四氢嘧啶到周围的培养基中。这样，就可用交叉流过滤的方式收集化合物，并加以纯化。最后，将盐再次加入培养基中，使这些细菌重新适应高盐浓度，产生更多的四氢嘧啶，使“挤奶”工艺得以重复（Sauer and Galinski, 1998）。

四氢嘧啶基因在转基因植物中也有应用。为了提高植物的耐盐性，将嗜盐海球菌（*Marinococcus halophilus*）的四氢嘧啶合成基因 *ectABC*，转化到烟草叶绿体中，获得了 24 株转基因烟草植株，其中 15 株能在含有 1.8% NaCl 的植物培养基上生长，而且证明一些转基因烟草同时具有耐盐和耐温的能力（Rai et al., 2006）。

5.4 杜氏藻生产β-胡萝卜素

利用盐生杜氏藻和 *Dunaliella bardawil* 生产β-胡萝卜素，是嗜盐微生物在生物技术应用上的成功事例（Raj et al., 2007）。在20世纪60年代中期，乌克兰首先创建了杜氏藻的批量生产，随后不同的国家也建立了商业化的生产操作。β-胡萝卜素色素可作为抗氧化剂、视黄醛原料和食品染色剂，其抗氧化活性使之普遍应用于健康食品。它存在于多种藻类和高等植物中，而且也能靠化学方法合成，但化学合成产物不同于杜氏藻提取物。杜氏藻的合成类型是全反式β-胡萝卜素。盐生杜氏藻和 *D. bardawil* 在合适的条件下生长时，能产生大量β-胡萝卜素。其色素聚集在位于细胞的单个叶绿体的类囊体之间的小体中。刺激色素积累的主要环境条件是高光强度、高盐和贫营养。在强光照射下，杜氏藻的细胞生长比较缓慢，但色素产生更多。有些菌株可含有超过10%细胞干重的β-胡萝卜素（Ye et al., 2008）。

5.5 细菌视紫红质的应用

细菌视紫红质是携带视黄醛族的蛋白，其大小为25kDa，通过希夫碱基结合到赖氨酸216上。20世纪70年代初期，在盐沼盐杆菌细胞膜内的紫膜上发现其作用。它是由光驱动的质子泵，在适宜的光波长（最大吸光值为570nm）的激发下，启动光循环，由希夫碱基发生脱膜质子化和质子化作用，视黄醛从其全反式构象变成13-顺式类型，并不断地反复。这样的反应使质子从细胞质内吸收，并释放到细胞外，被光吸收，产生质子梯度，用于ATP产生。细菌视紫红质是盐杆菌属中很特殊的蛋白质。在该菌群中，几乎所有的蛋白质都需要高盐浓度来维持其结构和活性的稳定，但细菌视紫红质在无盐的情况下是稳定的，能长期保持其光化学特性。它可在0～45℃和pH 1～11发挥作用，而且在水中能抵抗80℃以上温度，在干燥时可抵抗140℃高温。在阳光下暴露几年，仍然是稳定的，而且能抵御大多数蛋白酶的降解（Oesterhelt et al., 1991）。在商业上，细菌视紫红质可以利用盐沼盐杆菌为材料，以紫膜片形式进行生产。虽然目前已有许多有关细菌视紫红质可能的生物技术应用的专利，但还没有真正在商业上应用。这些可能的应用设想包括光能转变成化学能、ATP产生、太阳光转变成电流和海水脱盐，在不久的将来会引领生物技术的发展。

5.6 聚β-羟基链烷酸盐的生产

聚β-羟基链烷酸盐（PHA）是含有β-羟基丁酸盐（PHB）和β-羟基戊酸盐（PHV）单元的多聚体，作为储存物质，在许多细菌和古菌的细胞内聚集。它可用来生产生物降解塑料（生物聚酯），其特性类似于聚丙烯。一些嗜盐的古菌和细菌也能产生PHA。例如，嗜盐古菌地中海富盐菌（*Haloferax mediterranei*）能在体内积累该化合物，达到其干重的38%，而且在限制磷酸盐的条件下，可在生长于150g/L盐浓度条件下的细胞中测得最高浓度。该菌具有独特的优点，可生长在简单的培养基中，以糖或淀粉作为便宜的碳源。其生长快速，而且在高盐浓度的培养基中可规避污染的风险。此外，其细胞可在缺少盐的情况下裂解，释放多聚体，所以其下游的加工和产品纯化应该是相对简单的（Don et al., 2006）。另一个具有应用前景的PHA生产菌株是嗜盐细菌 *Halomonas boliviensis*，它能积累PHA化合物达到细胞干重的88%，而且能利用乙酸盐、丁酸盐或蔗糖作为碳源（Quillaguaman et al., 2007）。尽管以上2株嗜盐微生物具有明显的潜力，可作为PHA的工业生产菌，但还未用于生物降解塑料的商业生产。

5.7 利用嗜盐微生物处理含盐废水和环境修复

有些工业过程通常会产生高盐废水。例如，上面所论述的杜氏藻生产β-胡萝卜素，就是这样一个过程。在离心收集细胞后，所产生的高盐废水富含有机质，包含高浓度的甘油。其他需要处理高盐废水的工业是腌制厂和制革厂，还有石油和燃气的回收过程。对这样的废水进行生物处理，主要是除去其中有机碳和有毒化合物。在杜氏藻生产的工厂中，已采用氧化池来处理，并反复使用。对于腌制厂所产生的高达10%盐浓度的工业废水，其好氧处理系统采用通气的渗滤器或转盘来改进通气和混合（Kubo et al., 2001）。在一些研究中发现，加入嗜盐古菌的盐沼盐杆菌可以改进降解程度，嗜盐细菌的嗜盐单胞菌属和芽孢杆菌属的菌种也很可能在这样的过程中起作用。另外，厌氧的生物降解方法也已用于处理含盐废水。为了从盐水中排除硝酸盐，根据反硝化富盐菌（*Haloferax denitrificans*）的反硝化作用机制，已建成一种膜生物反应器，并提出利用地中海富盐菌对沿海地区含盐地下水中的硝酸盐和亚硝酸盐进行生物修复。根据发酵和产甲烷原理制作的厌氧反应器也已用来处理盐浓度高达10%的化学废水（Martinez-Espinosa et al., 2007）。而且，嗜盐的发酵细菌 *Halanaerobium lacusrosei* 已成功地用于厌氧的填充床反应器，可以处理高达10%的盐浓度。此外，生产杀虫剂、除草剂的工厂所释放的工业废水，含有较高浓度的盐和有毒污染物，可以利用嗜盐微生物降解（赵百锁等，2007）。不过，对嗜盐微生物在含盐环境中的生物修复研究，主要集中在菌种的分离和污染物的降解过程，还没有大规模地应用。

参考文献

赵百锁，王慧，毛心慰．2007．嗜盐微生物在环境修复中的研究进展．微生物学通报，34（6）：1209-1212．

An S Y，Asahara M，Got K，et al．2007．Terribacillus saccharophilus gen．nov．，sp．nov．and Terribacillus halophilus sp．nov．，spore-forming bacteria isolated from field soil in Japan．Int Syst Evol Microbiol，57：51-55．

Berendes F，Gottschalk，Heine-Dobbernack E，et al．1996．Halomonas desiderata sp．nov．，a new alkaliphilic，halotolerant and denitrifying bacterium isolated from a municipal sewage works．Systematic and Applied microbiology，19：158-167．

Brisou J，Dull D，Sleeter D，et al．1974．Microbiological study of a hypersaline lake in French Somaliland．Appl．Microbiol，27：819-822．

Carrasco I J，Márquez M C，Xue Y，et al．2007．Bacillus chagannorensis sp．nov．，a moderate halophile from a soda lake in Inner Mongolia，China．Int J Syst Evol Microbiol，57：2084-2088．

Chen Y G，Zhang Y Q，Liu Z X，et al．2009．Halobacillus salsuginis sp．nov．，a moderately halophilic bacterium from a subterranean brine．Int J Syst Evol Microbiol，59：2505-2509．

Chen Y G，Zhang Y Q，Xiao H D，et al．2009．Pontibacillus halophilus sp．nov．，a moderately halophilic bacterium isolated from a sea urchin．Int Syst Evol Microbiol，59：1635-1639．

Davis J S，Giordano M．1996．Biological and physical events involved in the origin，effects，and control of organic matter in solar saltworks．Int J Salt Lake Res，4：335-347．

Dobson S J，James S R，Franzmann P D，et al．1991．A numerical taxonomic study of some pigmented bacteria isolated from Organic Lake，an Antarctic hypersaline lake．Arch Microbiol，156：56-61．

Don T-M，Chen C W，Chan T-H．2006．Preparation and characterization of poly（hydroxyalkanoate）from the fermentation of *Haloferax mediterranei*．J Biomater Sci-Polymer Edn，17：1425-1438．

Eisenberg H，Mevarech M，Zaccai G．1992．Biochemical，structural，and molecular genetic aspects of halophilism．Adv Prot Chem，43：1-62．

Fan H，Xue Y，Ma Y，et al．2004．Halorubrum tibetense sp．nov．，a novel haloalkaliphilic archaeon from Lake Zabuye in Tibet．China Int J Syst Evol Microbiol，54：1213-1216．

Fan H P，Xue Y F，Ma Y H，et al．2004．Halorubrum tibetense sp．nov．a novel haloalkaliphilic archaeon from lake Zabuye in Tibet，China．Int J syst Evol Microbiol．54：1213-1216．

Galinski E A．1993．Compatible solutes of halophilic eubacteria：molecular principles，water-solute interactions，stress protection．Experientia，49：487-496．

Galinski E A．1995．Osmoadaptation in bacteria．Adv．Microb．Physiol，37：273-328．

Grant W D，Mwatha W E，Jones B E．1990．Alkaliphiles：ecology，diversity and applications．FEMS Microbiol Rev，75：255-270．

Gunde-Cimerman N，Ramos J，Plemenitaš A．2009．Halotolerant and halophilic fungi．Mycological Research，113：1231-1241．

Gunde-Cimerman N，Ramos J，Plemenitaš A．2009．Halotolerant and halophilic fungi．Mycol Res，113：

1231-1241.

Guo X Q, Li R, Zheng L Q, et al. 2009. eotgalicoccus huakuii sp. nov., a halotolerant bacterium isolated from seaside soil. Int Syst Evol Microbiol, 60: 1307-1310.

Hoyles L, Collins M D, Foster G, et al. 2004. Jeotgalicoccus pinnipedialis sp. nov., from a southern elephant seal (Mirounga leonina). Int Syst Evol Microbiol, 54: 745-748 .

Hwang C Y, Cho B C. 2009. Spongiibacter tropicus sp. nov., isolated from a Synechococcus culture. Int Syst Evol Microbiol, 59: 2176-2179.

Imhoff J F, Sahl H G, Soliman G S H, et al. 1979. The Wadi Natrun: chemical composition and microbial mass developments in alkaline brines of eutrophic desert lakes. Geomicrobiol J, 1: 219-234.

Ishikawa M, Ishizaki S, Yamamoto Y, et al. 2002. Paraliobacillus ryukyuensis gen. nov., sp. nov., a new Gram-positive, slightly halophilic, extremely halotolerant, facultative anaerobe isolated from a decomposing marine alga. J gene and Appl Microbiol, 48: 269-279.

Kanapathipillai M, Lentzen G, Sierks M. 2005. Ectoine and hydroxyectoine inhibit aggregation and neurotoxicity of Alzheimer's β-amyloid. FEBS Lett, 579: 4775-4780.

Kaye J Z, Márquez M C, Ventosa A, et al. 2004. Halomonas neptunia sp. nov., Halomonas sulfidaeris sp. nov., Halomonas axialensis sp. nov. and Halomonas hydrothermalis sp. nov.: halophilic bacteria isolated from deep-sea hydrothermal-vent environments. Int Syst Evol Microbiol, 54: 499-511.

Kim Y G, Choi D H, Hyun S, et al. 2007. Oceanobacillus profundus sp. nov., isolated from a deep-sea sediment core. Int Syst Evol Microbiol, 57: 409-413.

Kubo M, Hiroe J, Murakami M, et al. 2001. Treatment of hypersaline-containing wastewater with salt-tolerant microorganisms. J Biosci Bioengin, 91: 222-224.

Kulichevskaya I S, Zvyagintseva I S, Tarasov A L, et al. 1992. Extremely halophilic archaebacteria from some saline ecotopes. Mikrobiologiya (in Russian), 61: 70-75.

Kunte H J, Truper H G, Stan-Lotter H. 2002. Halophilic microorganisms. *In*: Horneck G, Baumstark-Khan C. Germany: Springer, Koln: 185-200.

Kushner D J. 1978. Microbial Life in Extreme Environments. London: Academic Press, Ltd.

Lee J-S, Lim J-M, Lee K C, et al. 2006. *Virgibacillus koreensis* sp. nov., a novel bacterium from a salt field, and transfer of *Virgibacillus picturae* to the genus *Oceanobacillus* as *Oceanobacillus picturae* comb. nov. with emended descriptions. Int J Syst Evol Microbiol, 56: 251-257.

Martinez-Espinosa R M, Zafrilla B, Camacho M, et al. 2007. Nitrate and nitrite removal from salted water by *Haloferax mediterranei*. Biocatal Biotransform, 25: 295-300.

Martínez-Cánovas M J, Béjar V, Martínez-Checa F, et al. 2004. Halomonas anticariensis sp. nov., from Fuente de Piedra, a saline-wetland wildfowl reserve in Málaga, southern Spain. Int J Syst Evol Microbiol, 54: 1329-1332.

Menaia J A G F, Duarte J C, Boone D R. 1993. Osmotic adaptation of moderately halophilic methanogenic archaeobacteria, and detection of cytosolic *N*, *N*-dimethylglycine. Experientia, 49: 1047-1054.

Mevarech M, Frolow F, Gloss L M. 2000. Halophilic enzymes: proteins with a grain of salt. Biophys Chem, 86: 155-164.

Nam J H, Bae W, Lee D H. 2008. Oceanobacillus caeni sp. nov., isolated from a Bacillus-dominated wastewater treatment system in Korea. Int J Syst Evol Microbiol, 58 : 1109-1113.

Namwong S, Tanasupawat S, Lee K C, et al. 2009. Oceanobacillus kapialis sp. nov., from fermented shrimp paste in Thailand. Int Syst Evol Microbiol, 59: 2254-2257.

Niederberger T D, Steven B, Charvet S, et al. 2009. Virgibacillus arcticus sp. nov., a moderately halophilic, endospore-forming bacterium from permafrost in the Canadian high Arctic. Int J Syst Evol Microbiol, 59: 2219-2225.

Ntougias S, Zervakis G I, Fasseas C. 2007. Halotalea alkalilenta gen. nov., sp. nov., a novel osmotolerant and alkalitolerant bacterium from alkaline olive mill wastes, and emended description of the family Halomonadaceae Franzmann et al. 1989, emend. Dobson and Franzmann 1996 Int J Syst Evol Microbiol, 57: 1975-1983.

Oesterhelt D, Bräuchle C, Hampp N. 1991. Bacteriorhodopsin: a biological material for information processing, Quart. Rev. Biophys, 24: 425-478.

Oren A. 2002. Halophilic Microorganisms and Their Environments. Netherlavels: Kluwer Academic Publishers.

Oren A, Heldal M, Norland S. 1997. X-ray microanalysis of intracellular ions in the anaerobic halophilic eubacterium *Haloanaerobium praevalens*. Can J Microbiol, 43: 588-592.

Oren A, Mana L. 2002. Salt dependence of selected enzymes of *Salinibacter ruber*, an extremely halophilic bacterium. Extremophiles, 6: 217-223.

Post F J. 1977. The microbial ecology of the Great Salt Lake. Microb. Ecol, 3: 143-165.

Quillaguaman J, Munoz M, Mattiasson B, et al. 2007. Optimizing conditions for poly (hydroxyl-butyrate) production by *Haloferax boliviensis* LC1 in batch culture with sucrose as carbon source. Appl Microbiol Biotechnol, 74: 981-986.

Rai M, Pal M, Sumesh K V. 2006. Sankaranarayanan, Engineering for biosynthesis of ectoine (2-methyl 4-carboxy tetrahydro pyrimidine) in tobacco chloroplasts leads to accumulation of ectoine and enhanced salinity tolerance. Plant Science, 170: 291-306.

Raj R, Hemaiswarya S, Rengasamy R. 2007. Exploitation of *Dunaliella for* β-carotene production. Appl Microbiol Biotechnol, 74: 517-523.

Ren P G, Zhou P J. 2005. Tenuibacillus multivorans gen. nov., sp. nov., a moderately halophilic bacterium isolated from saline soil in Xin-Jiang. China Int Syst Evol Microbiol, 55: 95-99.

Romano I, Lama L, Nicolaus B, et al. 2006. Oceanobacillus oncorhynchi subsp. incaldanensis subsp. nov., an alkalitolerant halophile isolated from an algal mat collected from a sulfurous spring in Campania (Italy), and emended description of Oceanobacillus oncorhynchi. Int J Syst Evol Microbiol, 56: 805-810.

Sauer T, Galinski E A. 1998. Bacterial milking: a novel bioprocess for production of compatible solutes. Biotechnol Bioengin, 57: 306-313.

Sánchez-Porro C, Kaur B, Mann H, et al. 2010. Halomonas titanicae sp. nov., a halophilic bacterium isolated from the RMS Titanic. Int J Syst Evol Microbiol, 60: 2768-2771.

Simon R D, Abeliovich A, Belkin S. 1994. A novel terrestrial halophilic environment: the phylloplane of *Atriplex halinus*, a salt-excreting plant. FEMS Microbiol Ecol, 14: 99-110.

Tanasupawat S, Namwong S, Kudo T, et al. 2007. Piscibacillus salipiscarius gen. nov., sp. nov., a moderately halophilic bacterium from fermented fish (pla-ra) in Thailand. Int Syst Evol Microbiol, 57: 1413-1417.

Tapingkae W, Tanasupawat S, Itoh T, et al. 2008. *Natrinema gari* sp. nov., a halophilic archaeon isolated from fish sauce in Thailand. Int J Syst Evol Microbiol, 58: 2378-2383.

Ventosa A , Nieto J J , Oren A . 1998 . Biology of moderately halophilic aerobic bacteria . Microbiol Mol Biol Rev , 62 : 504-544 . .

Wang X , Xue Y and Ma Y , 2010 . Virgibacillus subterraneus sp . nov . , a moderately halophilic Gram-positive bacterium isolated from subsurface saline soil . Int Syst Evol Microbiol , 60 : 2763-2767 .

Wu Jinyuan , Guan Tongwei , Jiang Hongchen , et al . 2009 . Diversity of Actinobacterial community in saline sediments from Yunnan and Xinjiang , China . Extremophiles , 13 : 623-632 .

Xue Y , Fan H , Ventosa A , et al . 2005 . Halalkalicoccus tibetensis gen . nov . , sp . nov . , representing a novel genus of haloalkaliphilic archaea . Int J Syst Evol Microbiol , 55 : 2501-2505 .

Xue Y F , Fan H P , Ventosa A , et al . 2005 . Halalkalicoceus tibetensis gen . nov . sp . nov . , representing a novel genus of haloalkaliophilic archaea . Int J syst Evol Microbial . 55 : 2501-2505 .

Yang J Y , Huo Y Y , Xu X W , et al . 2010 . Oceanobacillus neutriphilus sp . nov . , isolated from activated sludge in a bioreactor . Int J Syst Evol Microbiol , 60 : 2409-2414 .

Ye Z-W , Jiang J-G , Wu G-H . 2008 . Biosynthesis and regulation of carotenoids in *Dunaliella*: progress and prospects . Biotechnol Adv , 26 : 352-360 .

Yoon J H , Lee K C , Weiss N , et al . 2003 . eotgalicoccus halotolerans gen . nov . , sp . nov . and Jeotgalicoccus psychrophilus sp . nov . , isolated from the traditional Korean fermented seafood jeotgal . Int J Syst Evol Microbiol , 53 : 595-602 .

Yoon J H , Shin D Y , Kim I G , et al . 2003 . Marinobacter litoralis sp . nov . , a moderately halophilic bacterium isolated from sea water from the East Sea in Korea . Int Syst Evol Microbiol , 53 : 563-568 .

Yoon J H , Weiss N , Lee K C , et al . 2001 . Jeotgalibacillus alimentarius gen . nov . , sp . nov . , a novel bacterium isolated from jeotgal with L-lysine in the cell wall , and reclassification of Bacillus marinus Ruger 1983 as Marinibacillus marinus gen . nov . , comb . Nov . Int J Syst Evol Microbiol , 51 : 2087-2093 .

Yumoto I , Hirota K , Nodasaka Y , et al . 2005 . Oceanobacillus oncorhynchi sp . nov . , a halotolerant obligate alkaliphile isolated from the skin of a rainbow trout (Oncorhynchus mykiss) , and emended description of the genus Oceanobacillus . Int Syst Evol Microbiol , 55 : 1521-1524 .

木霉属真菌在农业生产中的应用及其作用机制

木霉菌（*Trichoderma* spp.）是一种重要的腐生型丝状真菌，属于真菌门、半知菌亚门、丝孢纲、丛梗孢目、丛梗孢科，其有性型属于肉座菌（*Hypercrea* Fr），广泛存在于土壤、根围、叶围、种子和球茎等生态环境中。1932 年，Weindling 发现在培养条件下木素木霉菌（*T. lignorum*）可以寄生许多土传真菌，在土壤中增加其含量，可以防治某些真菌病害，木霉菌由此引起人们的重视。目前，全世界已有 40 多个国家开展了木霉的相关研究，已经登记的木霉菌制剂已有 50 多种，其中包括哈茨木霉（*T. harzianum*）、多孢木霉菌（*T. polysporum*）、绿色木霉菌（*T. viride*）、深绿木霉（*T. atroviride*）、康氏木霉（*T. koningii*）、拟康氏木霉（*T. pseudokoningii*）以及其他木霉菌（*Trichoderma* spp.）等，多数用于植物土传病害的生物防治，有的作为植物生长调节剂或生物肥料。第一个商品化的木霉菌株是 20 世纪 80 年代由美国康奈尔大学（Cornell University U. S. A.）的 Harman 等用原生质体融合技术（protoplast fusion）构建的哈茨木霉低毒菌株 T-22。目前，该研究小组与美国拜沃股份有限公司（BioWorks. Inc.）合作已研制出 Rootshield、Turfshield 和 Plant Box 等多种生物农药，在全世界 20 多个国家广泛推广，对由立枯丝核菌（*Rhizoctonia solani*）、镰刀菌（*Fusarium* spp.）、腐霉菌（*Pythium* spp.）、黑根霉（*Rhizopus nigricans*）、根腐病菌毁坏柱孢霉（*Cylindrocarpon destructants*）等引起的多种作物根部真菌病害具有良好的生物防治作用（Harman et al., 2004a，2004b）。随着研究的深入，木霉属真菌作为生防制剂和生物肥料在农业生产中得到了普遍的重视，其作用机制也逐步得以阐明。

1 木霉在生物防治中的应用及其作用机制

据不完全统计，已知的木霉生防因子至少对 18 属、29 种植物病原真菌具有显著的拮抗作用，对由立枯丝核菌、镰刀菌、疫霉菌（*Phytophthora* spp.）、腐霉菌等引起的幼苗立枯病、枯萎病、猝倒病、疫霉病等土传病害具有较好的防治效果。除了对植物土传病害的生物防治之外，木霉制剂还可以用于对植物叶面、花器官和果实的生物防护。在美国夏季用哈茨木霉接种红枫树，可以保护红枫树不受担子菌（*Basidiomycotina*）的危害；把绿色木霉接种于修剪洋梨时造成的伤口处，能有效地防治梨树银叶病的发生；在苹果花期喷撒哈茨木霉孢子制剂，可以防治苹果眼斑病。近几年国内学者将木霉用于杜仲、人参、三七等中药材病

本章作者：张玉忠。

害以及草坪病害的生物防治也获得了较好防效（Ding et al., 2003；蒋家珍等，2004）。随着现代生物技术的不断发展，木霉的生防效果和稳定性都有了显著的提高，展示出广阔的应用前景。木霉对植物病害的生防作用包括竞争作用、重寄生作用、抗生作用和诱导植物抗性作用等。不同作用方式之间往往存在着协同作用。

1.1 竞争作用

与其他植物根际微生物相比，木霉作为一类腐生型真菌，具有更快的生长繁殖能力和更强的适应能力，可迅速利用营养和占据空间。研究表明，木霉生防菌株可以在植物的根围和叶际迅速生长，抢占植物体表面的定植位点，在定植体表面形成保护层，阻止病原微生物接触到植物根系及叶片表面，以此来保护植物根部和叶部免受病原菌的侵染。无论采用土壤处理还是种子处理，木霉都能够很容易地沿着被处理植物的根系生长（Harman et al., 2004a）。与其他生物相比，木霉具有更强的吸收和利用土壤营养的能力。木霉可以分泌大量的纤维素酶、葡聚糖酶和几丁质酶等胞外降解酶类降解土壤中的纤维素、葡聚糖、几丁质，从而获得满足自身生长需要的能量。例如，在营养贫瘠的土壤环境条件中，哈茨木霉 *T. harzianum* CECT 2413 菌株可以依靠胞外水解酶获得生存所需的碳源。对大多数丝状真菌来说，离子的吸收是其存活所必需的，在离子饥饿的情况下，Chet 等发现木霉能分泌高效铁载体螯和环境中的离子，竞争土壤中有限的营养成分从而抑制病原微生物的生长。此外，木霉基因组中存在着类似细菌主动外排系统的 ABC 转座子（ATP-binding cassette）序列，这种外排系统增强了木霉对土壤环境中的化学农药和其他生物分泌的有毒代谢产物等有毒化合物的耐受性（Harman et al., 2004a）。最新的研究发现，木霉菌株对番茄枯萎病的控制是通过竞争铁离子来实现的（Segarra et al., 2010）。较强的环境适应能力和营养的利用能力，使木霉具有很强的生境竞争作用从而在抑制病原真菌过程中发挥着重要作用。

1.2 重寄生作用

木霉与病原真菌的互作包括对病原真菌的识别、接触、缠绕、穿透和寄生等一系列连续的步骤，这一过程被称为重寄生作用（Elad, 2003）。在重寄生的过程中，寄主菌丝首先分泌某些化学物质使木霉趋向寄主真菌生长，一旦寄主被木霉所识别，就会建立寄生关系。Barak 和 Elad 等的研究证实，寄主细胞表面特定外源凝集素（lectin）在这一识别过程中起重要作用，进一步的研究发现凝集素决定了木霉菌与寄主真菌之间的专化关系（Inbar and Chet，1996）。相互识别后，木霉菌丝将沿着寄主菌丝平行生长或螺旋状缠绕生长，并产生附着胞状分枝吸附在寄主菌丝上，通过分泌胞外酶溶解细胞壁（细胞壁降解，CWDE），穿透寄主菌丝，吸取营养，从而抑制病原真菌的生长将病原真菌杀死。

木霉在重寄生过程中产生的细胞壁降解酶包括几丁质酶（chitinase）、纤维素酶（cellulase）、木聚糖酶（xylanase）、葡聚糖酶（glucanase）和蛋白酶(proteinase）等。其中以几丁质酶、葡聚糖酶和蛋白酶的作用为主，也研究得最为深入。

木霉产生的几丁质酶主要有三类：内切几丁质酶（endochitinase）、外切几丁质酶（exochitinase）和β-1,4-*N*-乙酰葡萄糖胺酶（β-1,4-*N*-acetylglucosaminidase）(Viterbo et al., 2002）。目前已经分离到的木霉几丁质酶及克隆到的相关基因见表1。如表1所示，同一菌株可以产生不同的几丁质酶。Viterbo等的研究发现 *T. harzianum* TM 菌株能够产生2种 *N*-乙酰葡萄糖胺酶、4种内切几丁质酶和1种外切几丁质酶。不同的菌株产生的几丁质酶的分子质量、其相应的氨基酸序列和核苷酸序列也往往是不同的。42kDa内切几丁质酶被认为是在重寄生过程中起关键作用的酶，也是经常被分离到的几丁质酶。*T. harzianum* CECT 2413 菌株能产生3种内切几丁质酶（33kDa，37kDa和42kDa)，体外研究发现其能水解多种植物病原真菌的细胞壁。其中，CHIT42能够水解灰葡萄孢（*Botrytis cinerea*）的细胞壁，并抑制多种真菌孢子的萌发和芽管的伸长。CHIT 33和CHIT 37的存在，可以显著提高CHIT42的活性。酶基因的表达研究发现，重寄生过程中 *chit*42 在木霉和植物病原真菌接触前表达（Kullnig et al., 2000）。而 *chit*33 的表达则必需有木霉和植物病原菌的接触。进一步研究发现，CHIT42和CHIT 33缺乏几丁质结合结构域，将 *T. reesei* 的纤维二糖酶的纤维素结合结构域与CHIT42和CHIT 33所形成的嵌合酶可以明显提高菌株的生防作用（Limon et al., 2004）。

表1 具有生防作用的木霉几丁质酶

基因	蛋白质分子质量/kDa	Chitinase type	Strains
—	52	endochitinase	*T. harzianum* TM
*chit*42	42	endochitinase	*T. harzianum* CECT 2413
*ENC*1	42	endochitinase	*T. cf. harzianum* T25-1
*cht*42	42	endochitinase	*T. virens* Gv2908
*ech*42	42	endochitinase	*T. atroviride* IMI206040
ThEn-42	42	endochitinase	*T. atroivride* P1
	42	endochitinase	*T. harzianum* Tam-61

续表

基因	蛋白质分子质量/kDa	Chitinase type	Strains
th-ch	40	endochitinase	*T. harzianum* Nottinghanm39.1
	37	endochitinase	*T. harzianum* CECT 2413
*chit*36	36	endochitinase	*T. harzianum* TM
*chit*33	33	endochitinase	*T. harzianum* CECT 2413
*ech*30	30	endochitinase	*T. atroviride* P1
—	40	chitobiosidase	*T. atroivride* P1
—	102	acetylglucosaminidases	*T. harzianum* TM
—	73	acetylglucosaminidases	*T. harzianum* TM
*nag*1	73	acetylglucosaminidases	*T. atroviride* P1
*exc*2	73	acetylglucosaminidases	*T. cf. harzianum* T25-1
*exc*1	64～69	acetylglucosaminidases	*T. cf. harzianum* T25-1
	28	acetylglucosaminidases	*T.harzianum* NottinghanmT198

资料来源：Viterbo et al., 2002；Gruber et al., 2011。—表示未命名。

木霉几丁质酶属于诱导酶，用纯化的几丁质或植物病原真菌（如立枯丝核菌 *Rhizoctonia solani* 和灰葡萄孢 *B. cinerea*）的细胞壁作唯一碳源，可在离体条件下诱导木霉几丁质酶的产生。而用脱乙酰几丁质（chitosan）、纤维素或非纯化的几丁质则并不具有诱导作用。最新的研究发现，几丁质酶 *sgC* 基因极少受几丁质的诱导，表明细胞壁中的非几丁质组分作为诱导物而诱导几丁质酶的合成（Gruber et al., 2011）。

内切和外切几丁质酶对植物病原真菌的细胞壁具有强烈的水解作用，从而抑制病原菌孢子萌发并引起菌丝以及孢子的消解，而且这两类酶之间具有协同作用。*Lorito* 等从 *T. harzianum* P1 中提纯到内切几丁质酶和几丁二糖酶，测定了其对 9 种病原菌的抗菌活性，结果发现 *T. harzianum* 几丁质酶的抗菌活性高于其他来源（如植物和细菌）的几丁质酶，且抗菌谱广。同时几丁质酶还能够与其他杀菌剂或其他生防因子协同作用。木霉几丁质酶对植物病原真菌作用的广谱性，对老熟组织的强降解能力和与其他作用因子的协同增效作用使其在植物真菌病害的防治中具有重要作用（Viterbo et al., 2002）。

参与重寄生过程的葡聚糖酶，主要包括 β-1,3-葡聚糖酶和 β-1,6-葡聚糖酶。目前已经分离到的葡聚糖酶及克隆的相关基因见表 2。研究发现，β-1,3-葡聚糖酶（包括外切酶和内切酶）直接参与哈茨木霉菌与其寄主真菌之间的重寄生作用（Viterbo et al., 2002）。Vazquez 等的研究发现，采用昆布多糖诱导 *T. harzianum* IMI203040 可以产生 7 种胞外 β-1,3 葡聚糖酶（Vazquez-Garciduenas et al.,

1998)。这些酶在重寄生过程中可能发挥着不同的作用。Djonovic 等发现β-1,6-葡聚糖酶与 *T. virens* 菌株的生防功能相关，缺失掉该葡聚糖酶的编码基因 *Tv-bgn*3 的突变株生防作用显著降低，而过量表达则显著提高其生防能力（Djonovic et al., 2006a)。Sanz 等则发现 α-1,3-葡聚糖酶对葡萄灰霉病菌具有抑制作用。研究还发现，几丁质酶和β-1,3-葡聚糖酶具有显著协同效果，可以降解具有几丁质-葡聚糖复合结构的老熟细胞壁以及菌核（Viterbo et al., 2002）。

表 2　具有生防作用的木霉葡聚糖酶

基因	蛋白质分子质量/kDa	Glucanase type	Strains
*bgn*13.1	78	β-1, 3-endoglucanase	*T. harzianum* CECT 2413
—	75	β-1, 3-endoglucanase	*T. koningii*
—	74	β-1, 3-endoglucanase	*T. harzianum* Rifai T24
—	36	β-1, 3-endoglucanase	*T. harzianum* Nottinghanm39.1
—	17	β-1, 3-endoglucanase	*T. harzianum* CECT 2413
*b*16-2	43	β-1, 6-endoglucanase	*T. harzianum* CECT 2413
—	51	β-1,6-endoglucanases	*T. harzianum* CECT 2413
*bgn*16.3		β-1,6-glucanases	*T. harzianum* CECT 2413
Tv-bgn3		β-1,6-glucanases	*T. virens*
*lam*1.3	110	β-1, 3-exoglucanase	*T. harzianum* T-Y
	83.1	β-1, 3-exoglucanase	*T. asperellum*
	75	β-1, 3-exoglucanase	
*AGN*13.1		α-1,3-glucanase	*T. harzianum*
*AGN*13.2		α-1,3-exoglucanases	*T. asperellum*
*egl*1	50	β-1, 4-exoglucanase	T.longibrachiatum RUT C30

资料来源：Viterbo et al., 2002；Montero et al., 2007。

木霉的胞外蛋白酶在植物病原真菌细胞壁的降解中也发挥着重要的作用，是完全水解真菌细胞壁所必需的，在木霉的重寄生过程中发挥着重要作用（Viterbo et al., 2002）。目前已经分离的具有生防作用的木霉蛋白酶及克隆的相关基因见表 3。Geremia 等从 *T. harzianum* IMI206040 中分离到一种碱性蛋白酶 prb1，其基因的表达受到葡萄糖的抑制，*R. solani* 的细胞壁或几丁质则诱导其表达。分离纯化后发现该酶属于丝氨酸蛋白酶，分子质量 31kDa，等电点 9.2。当木霉生长在以立枯丝核菌细胞壁、灭菌的菌丝或几丁质为唯一碳源的培养基上时，该蛋白酶基因是活跃表达的。过量表达 *prb*1 可以提高木霉的生防效果。Elad 等的研究发现，*T. harzianum* T39 菌株产生的蛋白酶除了能降解病原菌的细胞壁之外，还能直接阻遏病原菌的萌发，钝化病原菌的酶系，阻止病原菌侵入植物细胞。Chen 等的研究发现，*T. pseudokoningii* SMF2 菌株产生的丝氨酸蛋白酶对植物病原真菌广谱的拮抗作用，能够抑制病原真菌菌丝的生长和孢子的萌发。扫描电镜观察发现，蛋白酶 SprT 能够降解尖孢镰刀菌菌丝体细胞壁中的蛋白质成分，破坏其完整性，从而形成表面裂痕。研究还发现，SprT 可以抑制线虫初级卵的孵化，杀灭线虫幼虫（Chen et al., 2009）。

表 3 具有生防作用的木霉蛋白酶

基因	蛋白质分子质量/kDa	Protease type	Strains
*Prb*1	31	alkaline protease	*T. atroviride* IMI 206040
Papa	36.7	aspartyl protease	*T. harzianum* CECT 2413
—	28	trypsin-like protease	*T. harzianum* CECT 2413
Sprt	31	serine protease	*T. pseudokoningii* SMF2

资料来源：Viterbo et al., 2002；Chen et al., 2009。

1.3 抗生作用

木霉在生长的过程中还可以分泌挥发性和不挥发性的抗菌物质，阻止其拮抗微生物的定殖，这一过程称为拮抗作用。这些次级代谢物包括木霉菌素（trichodermin）、胶霉素（gliotoxin）、绿胶素（viridin）、peptaibols、harzianic acid、tricholin、6-penthyl-α-pyrone、massoilactone、gliovirin、glisoprenins、heptelidic acid 等（Vey et al., 2001）。多数情况下，不同生防木霉菌株的抗生素产生和其生防能力直接相关，从相关菌株中分离出的抗生素的生防效果和生防因子的作用效果相似。研究发现，*T. harzianum* 菌株抑制禾顶囊壳禾谷变种（*Gaeumannomyces graminis* var. *tritici*）的作用效果与其产生的吡喃酮类抗生素的合成明显相关（Vinale et al., 2006）。但是，也有证据表明抗生素过量表达的菌株，如 gliovirin 过量表达的 *T. virens*，和其野生型对植物病害的控制能力相同，但是 gliovirin 缺失的突变株则失去其保护棉花幼苗被终极腐霉侵染的能力。一般来说，具有最佳生防效果的 *T. virens* 菌株能够产生 gliovirin。能够高效抑制禾顶囊壳禾谷变种（*Gaeumannomyces graminis* var. *tritici* 小麦全蚀病菌）的 *T. harzianum* 分离株产生吡喃酮（pyrone）类抗生素，菌株作用效果与吡喃酮的产生明显相关。Song 等的研究发现，拟康氏木霉（*T. pseudokoningii* SMF2）产生的 peptaibols 具有广谱的抑菌活性，对多种植物病原菌具有抑制作用（Song et al., 2006）。

Peptaibols 是木霉抗生作用中研究最为深入的一种抗菌物质（宋晓妍等，2005）。Peptaibols 是一类由非核糖体肽合成酶（non-ribosomal peptide synthetase，NRPS）合成的富含 α-氨基异丁酸（Aib）、具 α 螺旋结构，对细菌、真菌等有拮抗作用的一类特殊的肽类抗生素的总称。木霉是 peptaibols 主要产生菌株，目前已经发现的 317 种 peptaibols 中有 190 种来源于木霉菌株。peptaibols 的序列信息全部收录在其专业网站 http://www.cryst.bsk.ac.uk/的 peptaibols 数据库中。Peptaibols 的分子质量通常为 500～2200Da，分子长度为 5～20 残基，多数为 15～20 残基，并含有大量的非蛋白质氨基酸残基，尤其是富含 α-氨基异丁酸（Aib）；其 N 端烷基化（通常乙酰化），C 端为羟基化的氨基酸，通常为苯丙氨醇。Peptaibols 的命名也源于其结构特征，即含有 Aib 和 amino alcohol 的 peptide。后来的研究还发现了 C 端没有氨基醇的 peptaibols 类抗菌。Peptaibols 在体外表现了相当广泛的生物学特性，除了抗细菌、真菌、病毒等微生物外，peptaibols 还对动物细胞具有不同的活性，新近的研究表明其对植物的代谢也有影响。Peptaibols 的作用机制与其膜修饰活性和离子通道形成是分不开的。Peptaibols 的两亲 α 螺旋结构，极易在脂双层膜中形成离子通道。从目前的研究结果来看，一般认为长的 peptaibols 亚类分子在脂双层膜上的作用符合 Ehrenstein 等提出的“桶-板”（barrel-stave）模型。短的 peptaibols 亚类的作用机制则与长的不同，一般认为其符合“地毯（carpet）”式结构模型。

协同作用研究发现，木霉 peptaibols 和细胞壁降解酶联合使用可以有效提高 peptaibols 对灰葡萄孢孢子萌发的抑制。另外，高水平表达胞外酶和 α-吡喃酮（α-pyrone）的 *T. harzianum* 2413 突变体无论是在阻遏（只有吡喃酮产生）还是在去阻遏（酶和酮都产生）的条件下在离体对峙实验中都比野生型能更好的抑制立枯丝核菌、灰葡萄孢。研究发现抗生作用和水解酶的协同作用的发生首先表现为胞外水解酶对病原真菌细胞壁的降解，当酶在抗生素之后加入其协同作用就很低。

虽然抗生素在木霉的生物防治中同样发挥着重要作用，但是对木霉产生的抗生素性质的深入研究和其在植物病害防治中的功能的研究要远远落后于对细菌抗生素的研究。

1.4 诱导植物抗性

植物在与病原物互作的过程中，形成了一套识别病原物并且激发其防御机制来限制和消灭外来生物入侵，感病植物往往无法抵抗病原物侵袭而发病，而抗病植物则通过快速的识别和表达与防御机制相关的防御基因来抵抗入侵的病原体，过敏反应（hypersensitive response，HR）和系统获得抗性（systemic acquired resistance，SAR）就是这种机制的典型表现，是植物对病原物产生各种防御反应的综合结果，这种作用无特异性，产生的抗病性稳定、抗菌谱广，可以抵抗真菌、细菌、病毒等多种病原物的侵入（Harman et al., 2004a）。

木霉在植物根际的定殖以及木霉生长过程中分泌的多种植物激发子类似物可以诱导植物体内防御体系的激活，进而保护植物不被大量病原微生物侵染。其诱导植物产生抗性的机制与植物抵御病原物入侵时产生的过敏性反应、系统获得性抗性相似。

在分子水平上，木霉诱导的抗性导致与防御机制相关的代谢物质和酶的浓度提高，如苯丙氨酸解氨酶和查尔酮合酶、植物保卫素、几丁质酶和葡聚糖酶的合成。这些物质组成病程相关蛋白（PR）（SAR 反应）和清除氧化胁迫的酶。木霉菌株能和植物建立共生关系，通过和菌根真菌相似的机制在植物根系定殖（Harman et al., 2004a）。研究表明木霉的营养菌丝能够穿透植物的表皮层在植物根系区间定殖，并且在这一过程中产生和释放多种可以诱发植物局部和系统抗性的化合物称作激发子（elictor）。目前一般认为，激发子主要包括具有不同酶学活性小分子蛋白质和无毒蛋白（avirulence protein）以及由木霉特异性酶酶解产生的寡糖和低分子化合物。木霉和植物的共生过程和重寄生过程类似，木霉菌丝沿着植物根系表面平行生长，并产生附着胞状分枝吸附在结合位点上，此外，木霉菌丝还可以依附于根毛细胞缠绕生长，和大多数菌根真菌一样虽然木霉可以穿透皮层细胞，但是只能在植物根系外层细胞之间生长。在木霉分泌的激发子刺激下植物迅速合成和积累植物抗毒素、类黄酮、萜类化合物、酚的衍生物、糖苷配基和其他抗菌化合物来抵御病原菌的入侵。因此木霉不仅自身产生抗菌物质抑制病原真菌的生长，而且诱导植物产生自身的抗菌物质抵抗病原菌的入侵。木霉通常比大多数真菌对植物的抗菌物质具有更强的抗性。激发子可以诱导植物体内防御体系的激活，进而保护植物不被大量病原微生物侵染。木霉通常比大多数真菌对植物的抗菌物质具有更强的抗性。这种抗性与木霉菌株中的 ABC 转运体的存在有关，是根系定殖所必不可少的。结合基因表达分析，测定信号分子水平和利用专化性激素抑制因子，证明了茉莉酸（JA）和乙烯信号途径参与了木霉的系统抗性诱导。Dean 等发现 *T. viride* 在以 D-木糖、木聚糖或者天然植物细胞壁制备物为初始碳源的培养基中能够产生木聚糖酶；植物在木聚糖酶作用下，具有明显的防御反应，K^+、Ca^{2+} 通道打开，合成乙烯，积累 PR 蛋白。Avni 等的研究表明，*T. harzianum* 能够诱导烟草 1-氨基环丙烷羧酸（ACC）合成酶和 ACC 氧化酶的形成，ACC 合成酶和 ACC 氧化酶在抗病信号分子乙烯的生物合成中起重要作用；*T. harzianum* T203 菌株诱导植物系统获得性抗性的产生，进一步证实 *T. harzianum* T203 菌株的诱导抗性是其防治黄瓜病害的重要机制之一（Harman et al., 2004a）。Viterbo 等的研究发现 *T. virens* 的丝裂原活化蛋白激酶可以诱导黄瓜产生系统抗性，抑制由丁香假单孢菌（*Pseudomonas syringae* pv. Lachrymans）引起的细菌性角斑病（Viterbo et al., 2005）。Djonovic 等最近从木霉中分离了一种小分子蛋白 SM1，能够诱导植物产生系统或局部的抗性，并且对植物和微生物都没有毒性作用。与植物接触 SM1 的表达和分泌水平要明显高于没有与植物接触的菌株（Djonovic et al., 2006b）。Luo 等的研究发现，*T. pseudokoningii* SMF2 产生的 peptaibols-Trichokonins 处理烟草可以诱导其早期防御反应因子活性氧和酚类物质的大量积累；同时还可以引起烟草防御酶系统中 PAL 和 POD 这两个酶活性的增加。基因表达情况的检测发现：植物活性氧清除系统中的关键基因以及与水杨酸、乙烯和茉莉酸信号转导途径有关的基因表达量均发生了不同幅度的上调（Luo et al., 2010）。

2 木霉对植物生长的促进作用及其机制

研究发现，木霉制剂，特别是哈茨木霉制剂，还可以有效地促进植物的生长。Chang 等的研究发现，用哈茨木霉培养物或分生孢子悬浮液喷施菊花、长春花和辣椒等，结果发现处理后的植株高度和鲜重显著增加，花期提前，种子发芽率提高（Chang et al., 1986）。Dandurand 等用 PEG-8000 将哈茨木霉的厚垣孢子和菌丝片段制备成平均直径为 500μm 的颗粒，用来处理豌豆种子，研究发现处理后的豌豆植株地下和地上部分的鲜重与对照相比都有明显增加（Dandurand and Knudsen，1993）。Yedidia 等用哈茨木霉 T 203 菌株处理黄瓜，发现处理后黄瓜的果实体积明显增大，产量显著提高（Harman et al., 2004a）。王彗中等利用含有哈茨木霉的有机菌肥处理马铃薯和白菜，发现与施加常规肥的对照相比，施加有机菌肥的马铃薯和白菜产量显著增加（王彗中和赵培洁，2002）。李卫平等在研究绿色木霉对蔬菜苗期病害的影响时发现，与对照植株相比，在用木霉处理后黄瓜叶片更加浓绿，生长势强和苗高显著增加（李卫平，2000）。刘云龙等在用哈茨木霉制剂处理土壤后栽培辣椒，发现哈茨木霉不但对根腐病具有显著的生防作用，而且还能促进植株的生长，使开花和挂果提前，单植株产量提高 15% 左右（刘云龙等，2002）。曾华兰等用哈茨木霉 T23 制剂处理花生，发现哈茨木霉菌株 T23 制剂不仅可以促进花生的出苗和植株的健壮生长，而且可以促进花生的分枝，增加花生的结果数、有籽果率和百粒重，从而提高花生产量（曾华兰和叶鹏盛，2005）。

上述研究表明，除了显著的生防作用以外，木霉还可以有效地促进植物的生长，提高农作物和蔬菜的产量。目前一般认为木霉菌株通过三种方式促进植物的生长：抑制植物病原菌的生长，保证植物健康生长；强大的根际定殖能力；次级代谢产物的作用。

2.1 抑制植物病原菌的生长和传播，保证植物健康生长

在自然生长条件下，植物随时都有可能受到多种植物病原微生物的侵害，使植物的生长受到严重的威胁。在根际土壤中接种木霉，利用木霉的竞争作用、重寄生作用和抗生作用可以抑制多种植物病原菌对植物的侵害，从而使植物的生长潜能得以发挥。燕嗣皇等将具有广谱拮抗作用的木霉菌株引入辣椒根际，分析不同类型根际微生物与木霉和植物病原菌尖孢镰刀菌、青枯假单孢菌（*Pseudomonas solanacearum*）的互作。研究结果发现，木霉生防菌对辣椒根际的大多数真菌有抑制作用或重寄生作用，或者两者同时存在。并且发现木霉辣根部的定殖可以引起根际真菌种群数量的减少和区系组成的变化（燕嗣皇和吴石平，2005）。此外，木霉还可以和许多其他植物益生菌协同作用，促进植物的生长发育。Dandurand 在用哈茨木霉防治豌豆根腐病的试验中发现，哈茨木霉的防病促生作用与豌豆根际土壤中存在的荧光假单胞菌（*Pseudomonas fluorescens*）密切相关（Dandurand and Knudsen，1993）。Calvet 观察了深绿木霉对植物生长影响，发现虽然深绿木霉单独处理对植物生长没有明显的促进作用，但是当它与菌根真菌摩西球囊霉（*Glomus mosseae*）混合后施加，比单独施加菌根真菌的对照却能够显著促进植物的生长（Calvet and Pera，1993）。

2.2 木霉的根际定殖

木霉的根际定殖能力，即木霉的营养菌丝随着植物根系一起生长和延伸的能力。根际定殖能力强的木霉菌株能够更加有效地利用复杂的碳水化合物，如纤维素、木质素及木聚糖作为碳源，菌丝在根表面生长较快，能随着根的生长进行拓展，同时也对植物的生长提供了更丰富的营养（Harman et al.，2004a）。Avni 等利用根际定殖能力提高的绿色木霉和康氏木霉诱变株接种植物时，发现未经诱变的木霉菌丝只能拓展到定殖植物根长的 3cm 左右，而诱变株的菌丝则可以拓展到整个植株根部甚至根尖，同时后者处理后的植物的生长也显著增加。其后，Biôrkman 等发现，根际定殖能力强大的哈茨木霉菌株 1259-22 在植物根部竞争和拓展能力显著强于其他菌株，菌丝能随着玉米根部拓展到 22cm 处。用该菌株处理后，玉米根部比未处理的对照更加健壮，与对照植株相比生长量平均提高了 66%（Harman et al.，2004a）。此外木霉在植物根际生长的过程中可以分泌一些有机酸类，这些有机酸可以溶解植物根系周围土壤中的许多难降解物质，在满足木霉自身生长需要的同时，也为植物生长提供所需要的营养物。Altomare 等研究发现，哈茨木霉菌株 T22 具有溶解不可溶性或微溶性矿物质的能力，可以通

过螯合或降解作用来溶解土壤中含有的磷酸钙以及一些金属氧化物，如 MnO_2 和 ZnO 等，促进植物对矿物质的吸收，从而促进了植物的生长（Altomare et al., 1999）。

2.3　木霉次级代谢产物的促生长作用

木霉在生长过程中还可以产生大量的对植物生长有益的次级代谢产物，包括多种抗生素、激发子以及生长激素等促生长因子。Windham 采用玻璃纸隔离法，用哈茨木霉和康氏木霉菌丝培养物处理发芽的玉米、马铃薯及烟草，发现哈茨木霉和康宁木霉都能够产生一种透过玻璃纸扩散的挥发性因子，从而刺激植株的生长（Windham et al., 1986）。许多木霉菌株产生的代谢物质中含有植物内源激素或激素类似物等生长调控因子。目前公认的六大类植物激素包括生长素（auxin）、赤霉素（gibberellin，GA）、细胞分裂素（cytokinin，CTK）、脱落酸（abscisic acid，ABA）、乙烯（ethyne，ETH）和油菜素甾醇（brassinosteroid，BR）。Contreras-Cornejo 等采用气质联用（GC-MS）的方法从绿色木霉的培养液中分离出了生长素吲哚乙酸和两种生长素结构类似物吲哚乙醛（IAAld）和吲哚乙醇（IEt），这表明绿色木霉可以通过合成并分泌植物生长素及其类似物刺激植物的生长发育（Contreras-Cornejo et al., 2009）。虽然人们很早就注意到了木霉对植物的促生作用，然而目前关于木霉促进植物生长作用机制的研究还处于探讨阶段。

3　前景与展望

木霉制剂是一种成功用于农业生产的生防制剂或植物生长调节剂。作为一种高效的生防因子，木霉已被成功地用于多种植物病害的生物防治。木霉对植物病害的生物防治是竞争作用、重寄生作用、抗生作用和诱导植物抗性作用协同作用的结果。近年来，木霉对植物生长的促进作用日益受到重视，木霉-病原菌-植物的相互作用，特别是木霉诱导植物抗性、促进植物生长的研究成为近年来的研究热点。深入研究木霉在农业生产中的作用有助于研制高效木霉制剂，提高其田间使用效果，从而促进植物生长、控制植物病害的发生。

现代分子生物学技术的发展为木霉在农业生产中作用机制的研究提供了强有力的技术支持。通过木霉细胞壁降解酶的基因工程来提高木霉菌的生防效果，是目前的重要研究方向之一。现在许多实验室通过细胞壁降解酶，尤其是几丁质酶基因工程来提高烟草、马铃薯、卷心菜、苹果、西红柿等植物的抗病性。基因敲除技术被用于深入地研究某些功能基因在生物防治中的作用。另外，通过基因工

程手段还可以将 *gfp* 等标记基因转入生防木霉菌株，从而可以实现木霉在土壤中与植物和病原菌的原位作用机制的研究。实时 TaqMan PCR 技术可以实现木霉在土壤环境中的定量检测（Lopez-Mondejar et al., 2010）。蛋白质组学技术的出现为木霉生防作用机制的研究提供了新的研究思路和技术手段（Lorito et al., 2010）。Djonovic，S 等用蛋白质组学技术已成功地研究了木霉-大豆-植物病原菌（*B. cinerea* 和 *R. solani*）之间的相互作用，分离和鉴定了大量的木霉-大豆-植物病原菌相互作用所特异性表达的蛋白质（Djonovic et al., 2006b）。最新的研究还发现，木霉能够提高植物的生物量，通过生物素依赖途径促进侧根的生长（Contreras-Cornejo et al., 2009）。

木霉在农业生产中作用机制的研究丰富了人们对木霉生物学的认识，为木霉在农业生产中的成功应用提供了有力的理论支持。随着木霉属真菌在植物病害生物防治中作用机制和促进植物生长机制的进一步阐明，木霉菌必将在农业生产中发挥更为重要的作用。

参 考 文 献

蒋家珍，赵美琦，薄怀霞，等. 2004. 生物农药在草坪病害防治中的应用研究. 草业科学，21（11）：93-95.

李卫平. 2000. 绿色木霉对蔬菜苗期病害的防治和促生作用. 浙江农业学报，12（2）：106-107.

刘云龙，何永宏，张旭东. 2002. 哈茨木霉对辣椒生长的影响. 云南农业大学学报，17（4）：345-346.

宋晓妍，陈秀兰，孙彩云，等. 2005. 哌珀霉素类抗菌肽：一类特殊的肽类抗生素. 生命的化学，25（3）：184-186.

王彗中，赵培洁. 2002. 有机肥在马铃薯上的应用. 江西农业学报，14（1）：41-43.

燕嗣皇，吴石平. 2005. 木霉生防菌对根际微生物的影响与互作. 西南农业学报，18（1）：40-46.

曾华兰，叶鹏盛. 2005. 哈茨木霉 123 对花生的促生增产作用. 云南农业大学学报，20（1）：145-146.

Altomare C, Norvell W A, Bjorkman T, et al. 1999. Solubilization of phosphates and micronutrients by the plant-growth-promoting and biocontrol fungus *Trichoderma harzianum rifai* 1295-22. Appl Environ Microbiol, 65 (7): 2926-2933.

Calvet C, Pera J. 1993. Growth response of marigold to inoculation with *Glomusmosseae*, *Trichoderma aureoviride* and *Pythium ultimum* in a peat-perlite mixture. Plant Soil, 148: 1-6.

Chang Y, Baker R, Chet I. 1986. Incresed growth of plants in the biological comtrol agent *Trichoderma harzianum*. Plant Dis, 70: 145-148.

Chen L L, Liu L J, Shi M, et al. 2009. Characterization and gene cloning of a novel serine protease with nematicidal activity from *Trichoderma pseudokoningii* SMF2. FEMS Microbiol Lett, 299 (2): 135-142.

Contreras-Cornejo H A, Macias-Rodriguez L, Cortes-Penagos C, et al. 2009. *Trichoderma virens*, a plant beneficial fungus, enhances biomass production and promotes lateral root growth through an auxin-dependent mechanism in Arabidopsis. Plant Physiol, 149 (3): 1579-1592.

Dandurand L M, Knudsen G R. 1993. Influence of *Pseudomonas fluorescens* on hyphal growth and biocontrol activity of *Trichoderma harzianum* in the spermosphere of pea. Phytopathology, 83 (3): 265-270.

Ding W L, Cheng H Z, Chen J. 2003. Presearch on preventing the medicinal plant diseases with *Trichoderma harzianum* preparation. Zhongguo Zhong Yao Za Zhi, 28 (1): 24-27.

Djonovic S, Pozo M J, Dangott L J, et al. 2006b. Sm1, a proteinaceous elicitor secreted by the biocontrol fungus *Trichoderma virens* induces plant defense responses and systemic resistance. Mol Plant Microbe Interact, 19 (8): 838-853.

Djonovic S, Pozo M J, Kenerley C M. 2006a. Tvbgn3, a beta-1,6-glucanase from the biocontrol fungus *Trichoderma virens*, is involved in mycoparasitism and control of *Pythium ultimum*. Appl Environ Microbiol, 72 (12): 7661-7670.

Elad Y. 2003. Biocontrol of foliar pathogens: mechanisms and application. Commun Agric Appl Biol Sci, 68 (4 Pt A): 17-24.

Gruber S, Vaaje-Kolstad G, Matarese F, et al. 2011. Analysis of subgroup C of fungal chitinases containing chitin-binding and LysM modules in the mycoparasite *Trichoderma atroviride*. Glycobiology, 21 (1): 122-133.

Harman G E, Howell C R, Viterbo A, et al. 2004a. *Trichoderma* species--opportunistic, avirulent plant symbionts. Nat Rev Microbiol, 2 (1): 43-56.

Harman G E, Petzoldt R, Comis A, et al. 2004b. Interactions Between *Trichoderma harzianum* Strain T22 and Maize Inbred Line Mo17 and Effects of These Interactions on Diseases Caused by *Pythium ultimum* and *Colletotrichum graminicola*. Phytopathology, 94 (2): 147-153.

Inbar J, Chet I. 1996. The role of lectins in recognition and adhesion of the mycoparasitic fungus *Trichoderma spp*. to its host. Adv Exp Med Biol, 408: 229-231.

Kullnig C, Mach R L, Lorito M, et al. 2000. Enzyme diffusion from *Trichoderma atroviride* (= *T. harzianum* P1) to *Rhizoctonia solani* is a prerequisite for triggering of *Trichoderma* ech42 gene expression before mycoparasitic contact. Appl Environ Microbiol, 66 (5): 2232-2234.

Limon M C, Chacon M R, Mejias R, et al. 2004. Increased antifungal and chitinase specific activities of *Trichoderma harzianum* CECT 2413 by addition of a cellulose binding domain. Appl Microbiol Biotechnol, 64 (5): 675-685.

Lopez-Mondejar R, Anton A, Raidl S, et al. 2010. Quantification of the biocontrol agent *Trichoderma harzianum* with real-time TaqMan PCR and its potential extrapolation to the hyphal biomass. Bioresour Technol, 101 (8): 2888-2891.

Lorito M, Woo S L, Harman G E, et al. 2010. Translational research on *Trichoderma*: from 'omics to the field. Annu Rev Phytopathol, 48: 395-417.

Luo Y, Zhang D D, Dong X W, et al. 2010. Antimicrobial peptaibols induce defense responses and systemic resistance in tobacco against tobacco mosaic virus. FEMS Microbiol Lett, 313 (2): 120-126.

Montero M, Sanz L, Rey M L, et al. 2007. Cloning and characterization of bgn16. 3, coding for a beta-1, 6-glucanase expressed during *Trichoderma harzianum* mycoparasitism. J Appl Microbiol, 103 (4): 1291-1300.

Segarra G, Casanova E, Aviles M, et al. 2010. *Trichoderma asperellum* strain T34 controls *Fusarium* wilt disease in tomato plants in soilless culture through competition for iron. Microb Ecol, 59 (1): 141-149.

Song X Y, Shen Q T, Xie S T, et al. 2006. Broad-spectrum antimicrobial activity and high stability of Trichokonins from *Trichoderma koningii* SMF2 against plant pathogens. FEMS Microbiol Lett, 260 (1): 119-125.

Vazquez-Garciduenas S, Leal-Morales C A, Herrera-Estrella A. 1998. Analysis of the beta-1,3-Glucanolytic System of the Biocontrol Agent *Trichoderma harzianum*. Appl Environ Microbiol, 64 (4): 1442-1446.

Vey A, Hoagland R E, Butt T M. 2001. oxic metabolites of fungal biocontrol agents. *In*: Butt T M, Jackson C, Magan N. Fungi as Biocontrol Agents: Progress, Problems and Potential. United Kingdom: 311-345.

Vinale F, Marra R, Scala F, et al. 2006. Major secondary metabolites produced by two commercial *Trichoderma* strains active against different phytopathogens. Lett Appl Microbiol, 43 (2): 143-148.

Viterbo A, Harel M, Horwitz B A, et al. 2005. *Trichoderma* mitogen-activated protein kinase signaling is involved in induction of plant systemic resistance. Appl Environ Microbiol, 71 (10): 6241-6246.

Viterbo A, Ramot O, Chemin L, et al. 2002. Significance of lytic enzymes from *Trichoderma spp*. in the biocontrol of fungal plant pathogens. Antonie Van Leeuwenhoek, 81 (1-4): 549-556.

Windham M, Elad Y, Baker R. 1986. A Mechanism for Increased Plant Growth Induced by *Trichoderma spp*. Phytopathology, 76: 518-521.

微生物对低品位含钾岩石的转化与利用研究

1 利用低品位含钾岩石制作钾肥的背景

钾是植物生长必需大量营养元素之一，在不施肥情况下植物主要从土壤中吸收钾，但土壤钾大部分都以矿物钾形式存在，不易被植物利用。因此，施用钾肥是保证农作物持续生长和产品品质的必要条件。遗憾地是世界上可溶性钾资源大多分布在少数国家，仅加拿大、俄罗斯和白俄罗斯三个国家合计储量和储量基础就占世界总量的92%和81%。许多发展中国家，如中国和印度均缺乏可溶性钾肥资源（庾莉萍，2008；孙爱文等，2009）。中国钾矿蕴藏量只占全球的1.6%，全国可耕地56%的面积已经缺钾，更为严重的是，中国每年超过50%的钾肥需要进口，目前已经是世界上第一大钾肥进口国。随着近年来国际钾肥市场价格不断飙升，钾肥供需矛盾越发突出。近期，澳大利亚矿业巨头必和必拓收购加拿大的钾肥公司（PotashCorp）已演化成席卷全球的钾肥战争，其目的就是要在更大程度上垄断世界钾肥市场从而获得更大利润。尽管这次恶意收购没有最终成功，但由此引发的各国在农业地缘政治领域的争斗将变得更为激烈。

目前，国际钾肥垄断格局已经初步形成，他们采取限产保价的策略，使钾肥总体供应偏紧并逐步推高钾肥产品的价格。我国作为农业生产大国，必须依靠综合手段，减少对进口钾肥的依赖，保证我国的粮食安全（白由路，2009）。因此，我国应在大力加强钾肥资源勘查的基础上，支持新疆罗布泊和青海柴达木两大钾肥基地的发展，实施“走出去战略”，合作开发邻国的钾肥资源（庾莉萍，2008），以保障我国农业和国民经济的可持续发展。此外，中国储有非常丰富的低品位含钾岩石（钾长石、海绿石，明矾石、含钾砂岩和含钾黏土岩等），如能把这部分钾资源开发出来，将大大缓解缺少钾肥的现状。

目前，全国已探明多处富含低品位含钾岩石的矿点，大部分 K_2O 含量为6%～11%。例如，山西临县紫金山霞石正长岩、河南嵩县磨沟霓辉正长岩、河南卢氏县黄家湾白云母正长岩、陕西洛南县长岭霓辉正长岩和云南个旧白云山霞石正长岩等，这些钾矿资源的特点是 K_2O 含量高且品位稳定（马鸿文等，2010）。贵州也分布着储量巨大的富钾岩石，如天柱马鞍山、铜仁吴家湾和正安前进等。近年来，发现的贵州含钾岩石新矿点（$K_2O \geqslant 7\%$，矿层厚度 $\geqslant$ 6m）

本章作者：连宾。

已超百个，主要分布在黔东、黔北和黔中一带，含钾矿物储量在 60 亿 t 以上。这些含钾岩石一般含钾量为 7%～10%，最高为 13%～15%。贵州可利用的含钾矿种和岩石包括钾长石、绿豆岩、明矾石、海绿石、霞石、含钾砂页岩、磷钾矿石、白榴石、粗面岩、含钾水云母、黏土岩、云母类矿物、石煤渣、石膏泥等。总之，丰富的自然资源为发展钾矿加工产业提供了充足而可靠的资源保障。

2 含钾岩石的加工利用与微生物的转化作用

探讨利用不溶性钾矿制取钾肥是缓解钾肥缺乏的有效途径，许多国家都在不同程度上作了探索，取得一些可喜的成绩。例如，前苏联学者于 20 世纪 60 年代在阿塞拜疆采用还原热解法以明矾石为主要原料生产氧化铝和硫酸钾，同时用高温焙烧硫酸法分解钾长石；日本从 50 年代开始利用含钾岩石制取钾肥，已初步形成了采用高温高压碱熔法分解钾长石生产钾肥的成熟生产线；墨西哥曾利用明矾石制取钾盐，并进行了含钾岩石直接应用于农业生产的研究；挪威于 50 年代就开始直接用黑云母作钾肥，效果显著（陈静，2000）等；目前，国内外利用含钾岩石生产钾肥的工艺大致可分为直接破碎法、高温煅烧法和湿化学法三类（王万金等，1996）：直接破碎法是将海绿石、绿豆岩和钾长石等破碎后直接施入农田，但由于钾离子在自然界中释放速度非常缓慢，采用这种方法钾肥利用效率非常低，且长期施用难免会对土壤有沙化等副作用；煅烧法制取钾肥是最常用的方法，其原理是把钾矿石与其他配料在高温条件下焙烧使其结构破坏，钾元素与其他元素形成可溶性钾盐。通常采用立窑法、高炉法、电炉法和水泥窑法等进行高温焙烧；湿化学法是采用酸碱等化学试剂在溶液中分解钾矿石，达到溶出钾离子的目的，其特点是反应温度低，能耗较少。上述利用含钾岩石生产钾肥的技术虽较为成熟，但因工艺流程长、投资大、成本高、尾渣多、经济效益差及环境污染等不同原因，难以形成有竞争力的产业。

我国自 20 世纪 50 年代就开始探索利用含钾岩石提钾的工艺，经历了起起伏伏、断断续续的艰苦探索历程，不论是土法生产的钾钙肥、钙镁磷钾复合肥和窑灰钾肥，还是利用化工工艺提取硫酸钾、氯化钾或碳酸钾而研制的各种工艺，都经历了市场和环境的严峻考验，有的因产品质量差、能耗高及污染重、或是经济效益差，早已停产下马或是步履艰难。目前的情况一方面是国内可溶性钾矿资源短缺，钾肥供需矛盾突出，另一方面却是储量巨大的低品位钾矿资源长年沉睡，未能得到有效开发利用。

随着生物转化技术的迅猛发展，微生物在处理低品位含钾岩石，提高其生物有效性方面的应用前景越来越受关注，国内一些学者在微生物肥料菌种筛选、菌剂研制、有效性试验、作用机制和工艺设计应用等方面已取得长足进展（李俊等，2003；连宾等，2004a，2004b；沈德龙等，2007）。微生物与含钾矿物的相互作用，其实质也是物理的和化学的作用，只是在微生物与矿物所形成的复合体（连宾等，2002）或聚集体（Lian et al., 2008）内进行。这种复合体最突出的特点是“微小”、并与周围环境有显著“差异”，因此，对微生物-矿物复合体或聚集体微环境的物理化学性质及其代谢产物进行研究，可能是揭示微生物对矿物风化作用机制的一个突破口，不仅可以进一步阐明微生物-矿物相互作用的机制和过程，也是将化学风化和微生物风化联系并统一起来的必要手段，而且对将来在工农业生产中有针对性的选择、应用微生物品种，强化微生物在矿物加工工业及农业生产中的应用等都有广阔的前景（莫彬彬和连宾，2010）。

深入理解钾长石微生物风化作用机制，有必要先弄清楚钾长石表面的微生物群落结构。赵飞等（2010）采用纯培养法从中国福建南平钾矿区高、中、低风化度钾长石以及矿区土壤样品中分离到矿物分解细菌，借助 16S rDNA 限制性酶切多态性分析技术（amplified rDNA restriction analysis，ARDRA）研究了供试菌株的遗传多样性。结果表明矿物分解细菌在不同风化程度钾长石表面和矿区土壤中均有分布，且矿物分解细菌数量与矿物风化程度存在相关性，可培养细菌数量随着矿物风化加剧而增加。胶质芽孢杆菌（*Bacillus mucilaginosus*）是最有名气的解钾细菌，国内外已有很多的研究报道（殷永娴和李冬梅，1995；李凤汀等，1997；连宾，1998；连宾等，2002；盛下放等，2000），作为微生物接种剂主要用以释放土壤中的不溶性钾素，大多试验都取得较好的田间试验效果（Sugumaran and Janarthanam，2007；张朝轩等，2010）。Basak 和 Biswas（2009）研究了利用胶质芽孢杆菌处理废云母释放 K 的动力学过程，并以苏丹草（*Sorghum vulgare* Pers.）作为测试该生物钾肥的植物，结果表明施肥后无论是苏丹草的生物量还是对钾的吸收率都比对照显著增加。杜叶等（2008）和周雪莹等（2010）的研究表明，胶质芽孢杆菌在生长过程中所分泌的黏稠胞外聚糖可帮助细菌有效黏附在矿物表面，形成细菌-矿物复合体，并改变及维持该复合体内部的微环境，有助于该菌分泌的化学物质的解钾作用；而细菌分泌的胞外蛋白质（或酶）在该菌对矿物的解钾过程中同样发挥重要作用，进而提出微生物对矿物的风化可能会通过相关功能基因组的表达实现蛋白质调控以控制微生物对矿物的风化。

Yuan 等（2004）进行了用从桉树根部分离的 4 株真菌 *Pisolithus* XC1、*Pisolithus* sp.、*Pisolithus microcarpus* 和 *Cenococcum geophilum* SIV 降解金云母和蛭石的试验，结果显示，4 株真菌都能分解金云母和蛭石，释放其中的钾素；Wallander 和 wickman（1999）对 *Paxillus involutus* 和 *Suillus variegatus* 与 *Pinus sylvestris* 的幼苗形成的共生体对矿物利用进行了研究，结果发现，在分别以黑云母和斜长石为唯一钾源的基质中，水溶性钾素的含量高低与真菌的生物量呈正相关。Glowa 等（2003）比较了 *Piloderma* 属真菌从黑云母、微斜长石和绿泥石三种矿物中释放 K 和 Mg 的能力，结果表明该真菌可通过加强对矿物的风化而获取营养，并能从黑云母中获取更多的 K 提供给寄主植物。某些真菌的菌丝可以顶端伸长的方式穿透到矿物颗粒内部，利用分泌的有机酸加速矿物分解，并形成所谓的矿物隧道化（mineral tunneling）（Smits et al., 2005）；一些食岩性真菌（rock-eating fungi）可以分解长石并利用其中的磷灰石包裹体（Van Breemen et al., 2000；Rogers and Bennett, 2004；Finlay et al., 2009）。曲霉菌与青霉菌都能促进岩石和矿物的风化，Lian 等（2008）开展了烟曲霉（*Aspergillus fumigatus*）对含钾矿物的生物转化作用研究，通过设计旋转发酵方式促使真菌与矿物作用形成真菌菌丝与矿物的聚集体，强化了真菌对矿物的风化作用，提出真菌转化含钾矿物主要通过以下三个途径：①酸淋滤，真菌代谢分泌的有机酸导致周围环境 pH 降低，弱化矿物的化学键并促进矿物溶解；②螯合作用，真菌代谢产生的有机配体（如乙酸、反丁烯二酸、乙醛酰和衣康酸等）直接攻击矿物表面，与水体中的成分形成复合物，改变矿物溶解平衡；③机械作用，真菌可通过菌丝的延伸进入到矿物的层间或晶体内部来获取营养，这种物理作用力能够破碎矿物颗粒，使其粒度变小或产生新鲜的更具反应性的表面。

利用微生物发酵法转化矿钾粉的文献报导很少，但我国民间早就有一些大胆的尝试，利用含钾矿粉和一些农业副产品，进行简易的堆肥腐熟制成含钾的有机肥料，在田间施肥中也有一定的补钾效果，但这种简易方法对难溶性钾矿粉的分解率很低，质量难以保证。近年来，国外一些学者也开始尝试类似的方法来获取有机钾肥，如 Nishanth 和 Biswas（2008）采用稻草、废云母和低品位的磷矿粉等进行堆肥发酵，接入 1 株曲霉菌（*Aspergillus awamori*）作为发酵菌剂，发酵处理后，水溶性的 P 和 K 含量都大大提高，并在对小麦（*Triticum aestivum*）的田间施肥试验中获得较好的效果。作者所在课题组以地质微生物学、矿物学和发酵工程学原理为基础，从菌种研制、机制研究、工艺设计等方面进行了多年的探索，目前已设计出可利用微生物高效转化低品位含钾岩石以生产有机生物钾肥的环境友好型工艺，使含钾岩石和辅料转化为多功能复合有机生物钾肥。研究的终端产品不仅含有丰富的速效 K 和速效 P，同时含有对作物有益的 Si、Cu、Zn、Se、Fe 和 Mn 等微量元素、有益微生物及其代谢产物等，既可补充农作物生长所需养分，又能促进土壤矿物钾的转化速率，增加土壤有机质含量，疏松板结土壤，提高土壤肥力。微生物转化含钾矿物制取钾肥还具有流程短、无污染、能耗低等优点，具有很好的应用前景。

3　含钾岩石微生物转化利用的前景分析

3.1　发展前景广阔

3.1.1　已有研究成果为技术开发奠定了基础

大量研究报道证明微生物能够风化含钾矿物，可显著提高其生物利用率(Sugumaran and Janarthanam，2007；Lian et al.，2008；Basak and Biswas，2009)。利用微生物转化法释放含钾矿物中的钾，假设能使其所含30%的钾素释放出来，那么每年处理2000万t K_2O含量平均为10%的含钾矿物，每年可增加溶性钾素（以K_2O计）60万t。

3.1.2　可实现环境友好型的清洁生产技术

微生物转化含钾矿物制取有机钾肥，在实施过程中以低品位含钾岩石和农业废弃物（如食用菌栽培废料、畜禽粪便、农产品加工废弃物等）为主要原料，不仅使低品位含钾岩石实现资源化，同时也使可利用的农业废弃物变废为宝，实现资源循环利用。将农业废弃物作为制取有机钾肥的辅料，成本大大降低，而且来源方便。生产过程中没有污染物或残渣排放，可实现清洁生产。

3.1.3　肥效显著，一举多得

由微生物活化的含钾岩石制成的微生物肥料是一种新型的有机生物肥料，具有以下几个特点：①施入土壤后，可为植物提供钾素营养，体现其速效性；②肥料中部分已经被活化但还未彻底释放钾的矿物进入土壤后被继续活化，同时由施肥带入土壤的微生物也可活化土壤中的不溶性钾，为植物提供长效的钾素供给，在一定程度上避免一次性施入可溶性钾素后可能造成的钾素流失问题；③功能菌株大量繁殖，固定大气中的氮素、释放土壤中固定态磷，为植物提供Si、Mo、Cu、Zn、Se、Fe和Mn等微量元素；④微生物生长过程所分泌的植物刺激素、生长素、维生素、生长刺激因子、胞外多糖等有助于改善植物根际生长环境，刺激植物生长并提高植物的抗病性和抗逆性；⑤疏松土壤，提高土壤透气性，改善土壤理化性质，形成有助于作物生长的良好土壤环境；⑥对作物而言，钾常被称为“品质元素”，富钾的有机肥料可有效提高农产品的品质。

3.2 技术攻关任重道远

3.2.1 基础研究方面

可风化含钾矿物的微生物涉及细菌、古菌和真菌，应加大菌株筛选及其性能测定，储备解钾微生物资源。含钾矿物种类繁多，不同矿物晶体结构有所不同，一种或一类微生物并不能有效活化所有的含钾矿物，应广泛探讨微生物对不同含钾矿物的活化作用，采用分阶段、先易后难的方式分批突破。此外，按照现有肥料的分类，利用有机物料、矿钾粉和微生物菌剂制取的肥料应该属于有机肥或有机生物复合肥，是否需要制定一个新的肥料品种（如矿物有机复合肥）还有待进一步讨论。

3.2.2 工艺与成本控制

在微生物风化含钾矿物制取钾肥方面，常见的手段是采用堆肥发酵方式，但传统单一的发酵方式往往导致钾素释放效果不显著，应结合物理破碎、强化发酵及生物淋滤等方法，设计组合处理工艺，进一步提高钾素释放率。有机肥料是微利行业，大规模采用含钾矿粉制取有机肥料必须综合考虑肥料的生产和销售成本，尽可能将生产地选择在矿区附近以减少运输成本，发酵辅料的选择要因地制宜，选择当地有稳定来源的农业或其他有机废弃物，将肥料生产与废弃物综合利用相结合，提高环境效益。此外，该产品是否适销也与无机钾肥的市场行情有关，种种迹象和信息表明，受到国际资源垄断和需求旺盛的双重影响，钾肥价格仍将高位运行（白由路，2009）。如果无机钾肥按目前的价格增长趋势，那么采用微生物转化法生产的有机复合钾肥无疑将具有价格优势。

3.2.3 后续跟踪

微生物转化法生产的有机复合钾肥带有不溶性矿物组分，其中尚未分解的矿物量依配料的不同会有变动，施肥带入土壤中的庞大微生物和尚未完全分解的矿物无疑将对土壤原有的微生态产生巨大影响，长期施用是否会改变土壤团粒结构和理化性质，影响植物根际元素的循环还需长期跟踪研究。

总之，对上述问题的探讨和技术攻关不仅有助于加快开发我国储量巨大的低品位钾矿资源，促进低品位含钾岩石的高质增值化利用，而且对阐明微生物对含钾岩石的风化作用过程及机制，丰富地质微生物学、矿物学、土壤肥料学及相关学科的知识也具有重要意义。

国家高技术研究发展计划“863”课题（2008AA06Z108）资助项目，课题组成员王斌、莫彬彬、刘殿锋和于晓东等为撰写本文提供部分资料，一并致谢。

参考文献

白由路．2009．高价格下我国钾肥的应变策略．中国土壤与肥料，(3)：1-4．

陈静．2000．含钾岩石资源开发利用及前景预测．化工矿产地质，22 (1)：58-64．

杜叶，周雪莹，连宾．2008．胶质芽孢杆菌的胞外分泌物与细菌的解钾作用．地学前缘，15 (6)：107-111．

李风汀，郝正然，杨则瑗，等．1997．硅酸盐细菌 HM8841 菌株解钾作用的研究．微生物学报，37 (1)：79-81．

李俊，沈德龙，姜昕．2003．我国微生物肥料行业的现状与发展对策．农业质量标准，(3)：27-29．

连宾．1998．硅酸盐细菌 GY92 对伊利石的释钾作用．矿物学报，18 (2)：234-238．

连宾，傅平秋，莫德明，等．2002．硅酸盐细菌解钾作用机理的综合效应．矿物学报，22 (2)：179-183．

连宾，袁生，臧金平．2004b．我国微生物肥料发展的现状与建议．生物加工过程，2 (1)：4-6．

连宾，臧金平，袁生．2004a．微生物肥料科学研究中几个热点问题．南京师范大学学报，27 (2)：65-69．

马鸿文，苏双青，刘浩，等．2010．中国钾资源与钾盐工业可持续发展．地质前缘，17 (1)：294-310．

莫彬彬，连宾．2010．长石风化作用及影响因素分析．地学前缘，17 (3)：281-289．

沈德龙，李俊，姜昕．2007．我国生物有机肥的发展现状及展望．中国农技推广，23 (9)：35-37．

盛下放，黄为一，殷永娴．2000．硅酸盐菌剂的应用效果及其解钾作用的初步研究．南京农业大学学报，23 (1)：43-46．

孙爱文，张卫峰，杜芬，等．2009．中国钾资源及钾肥发展战略．现代化工，29 (9)：10-14，16．

王万金，白志民，马鸿文．1996．利用不溶性钾矿提钾的研究现状及展望．地质科技情报，15 (3)：59-63．

王元龙．1996．难溶性含钾岩矿制造钾肥的研究现状及前景分析．地质地球化学，6：14-17．

殷永娴，李冬梅．1995．一株钾细菌性状与功能的研究．南京农业大学学报，18 (增刊)：62-63．

庾莉萍．2008．世界钾肥生产垄断局面及供应紧张形势．硫磷设计与粉体工程，(5)：17-20．

张朝轩，杨天仪，骆军，等．2010．微生物钾肥对土壤理化性状和葡萄光合作用及果实品质的影响．上海农业学报，26 (2)：70-73．

张晓卫．2006．世界钾肥市场对我国钾肥供求关系的影响及对策．化工矿物与加工，35 (3)：1-4．

赵飞，黄智，何琳燕，等．2010．不同风化程度钾长石表面矿物分解细菌的筛选及遗传多样性．微生物学报，50 (5)：647-653．

周雪莹，李辉，连宾．2010．胶质芽孢杆菌胞外多糖在肥料矿物分解转化中的作用．矿物岩石地球化学通报，29 (1)：63-66．

Basak B B，Biswas D R．2009．Influence of potassium solubilizing microorganism（*Bacillus mucilaginosus*）and waste mica on potassium uptake dynamics by sudan grass（*Sorghum vulgare* Pers．）grown under two Alfisols．Plant Soil，317：235-255．

Finlay K，Wallander H，Smits M，et al．2009．The role of fungi in biogenic weathering in boreal forest soils．Fungal Biology Reviews，23：101-106．

Glowa K R, Arocena J M, Massicotte H B. 2003. Extraction of potassium and/or magnesium from selected soil minerals by piloderma. Geomicrobiology Journal, 20 (2): 99-111.

Lian B, Wang B, Pan M, et al. 2008. Microbial Release of Potassium from K-Bearing Minerals By Thermophilic Fungus *Aspergillus fumigatus*. Geochimica et Cosmochimica Acta, 72 (1): 87-98.

Nishanth D, Biswas D R. 2008. Kinetics of phosphorus and potassium release from rock phosphate and waste mica enriched compost and their effect on yield and nutrient uptake by wheat (Triticum aestivum). Bioresource Technology, 99: 3342-3353.

Roger J R, Bennett P C. 2004. Mineral stimulation of subsurface microorganisms: velease of limiting nutrients from silicates. Chemical Geology, 203: 91-108.

Smits M M, Hoffland E, Johgmans A G, et al. 2005. Contribution of mineral tunneling to total feldspar weathering. Geoderma, 125 (1/2): 59-69.

Sugumaran P, Janarthanam B. 2007. Solubilization of potassium containing minerals by bacteria and their effect on plant growth. World Journal of Agricultural Sciences, 3 (3): 350-355.

Van Breemen N, Lundstrom U S, Jongmans A G. 2000. Do plants drive podzolization via rock-eating mycorrhizal fungi. Geoderma, 94 (2): 163-171.

Wallander H, Wickman T. 1999. Biotite and microcline as potassium sources in ectomycorrhizal and non-mycorrhizal *Pinus sylvestris* seedlings. Mycorrhiza, 9 (1): 25-32.

Yuan Ling, Huang Jianguo, Li Xiaolin, et al. 2004. Biological mobilization of potassium from clay minerals by ectomycorrhizal fungi and eucalypt seedling roots. Plant and Soil, 262 (1/2): 351-361.

第二部分：微生物肥料研究与产业化

微生物肥料作用机制研究与技术创新

微生物肥料（microbial fertilizer）又称生物肥料（biofertilizer）、菌肥、接种剂（microbial inoculant），是一类以微生物生命活动及其产物导致农作物得到特定肥料效应的微生物活体制品。由于微生物种类繁多、作用机制多样，体现出多样化的功能，研发与应用的潜力巨大。目前，微生物肥料在培肥地力，提高化肥利用率，抑制农作物对硝态氮、重金属、农药的吸收，净化和修复土壤，降低农作物病害发生，促进农作物秸秆和城市垃圾的腐熟利用，保护环境，以及提高农作物产品品质和食品安全等方面表现出了不可替代的作用。尤其是在人类面临能源危机、资源紧缺、环境污染等压力下，为了我国农业的可持续发展，研究和应用微生物肥料是一条必由之路，近 20 年的实践也已证明了这一观点。据 2009 年的统计，生物肥料在优质农产品的生产方面，如国家生态示范区、绿色和有机农产品基地等已成为肥料的主力军，其用量超过 400 万 t，约占我国生物肥料年产量的 50% ，而这一数字还呈不断上升趋势。可以说，微生物肥料的研究和应用比以往任何时期都更加受到世界各国的重视。随着科学研究的深入，微生物的作用和在我国农业可持续发展中的地位将会更为突显，也是发展低碳农业的必然。

本章分三个部分，分别就微生物肥料的功能机制研究与标准化表述、微生物肥料理论基础探讨和行业技术创新三个方面作简要的阐述。

1 微生物肥料的功能机制研究与标准化表述

由于微生物的种类繁多、功能多样，由这些微生物生产而来的产品，即微生物肥料表现出多样化的功能。基于此原因，在农业行业标准 NY/T 1113-2006《微生物肥料术语》中，将“微生物肥料”定义表述为“含有特定微生物活体的制品，应用于农业生产，通过其中所含微生物的生命活动，增加植物养分的供应量或促进植物生长，提高产量，改善农产品品质及农业生态环境”。

近 10 年，在国家科技部等部门的支持下，相继开展了微生物肥料的功能机制的研究，取得了许多的研究进展。我们在总结近几年的研究成果的基础上，将微生物肥料作用机制归纳为 6 个方面，并以标准 NY/T1847-2010《微生物肥料生

本章作者：李俊、葛诚、姜昕、关大伟。

产菌株质量评价通用技术要求》正式颁布实施。标准中对微生物肥料生产菌株的功能表述为，提供或活化养分功能、产生促进作物生长活性物质能力、促进有机物料腐熟功能、改善农产品品质功能、增强作物抗逆性功能、改良和修复土壤功能。该标准是我们对微生物肥料产品包装标识、技术培训和广告宣传的依据。现将 NY/T1847-2010 中涉及的 6 个方面功能的具体内容表述如下。

1.1 提供或活化养分功能

从传统肥料概念角度来说，为作物提供养分是肥料的主要功能。依据微生物肥料的特点，以生物固氮为作物直接提供氮素营养是这类微生物的典型代表；还有许多微生物是通过对营养物质形态的活化，增加养分的有效性，使作物能吸收更多的养分，提高肥料的利用率，典型的如微生物的溶磷作用、解钾能力、钙镁硫元素等中量元素的溶解能力。

1.1.1 生物固氮功能

根瘤菌、固氮螺菌等具有固氮微生物的发现已有 100 多年的历史，它的普遍应用也有 70 年的历史。由这些固氮微生物制成的菌剂是世界上公认效果最稳定的微生物肥料。依据固氮微生物与植物的关系，其固氮的形式分为自生固氮、联合固氮和共生固氮。其中，以豆科植物与根瘤菌形成的共生固氮体系效率最高，占生物固氮总量的 70%，其固定的氮素可提供豆科植物生长所需氮素营养的 50%～90%，甚至是 100%。

1）根瘤菌的共生固氮功能

要发挥共生固氮作用，其关键是选育优良的根瘤菌生产菌株。一般而言，优良的根瘤菌菌株应具备如下特性。与相应的宿主植物有强的亲和力，能尽快形成根瘤，且有较强的固氮活性；在田间具备较强的竞争结瘤能力；遗传稳定性好，不易发生变异；在液体培养基内具有较快的增殖能力，有较好的生产能力；在载体基质和土壤中具有较强的存活能力，有较强的环境适应性和增产能力。

目前，根瘤菌优良菌株的选育遵循“实验室→温室→田间”的逐级评价与筛选。实验室内的菌株质量评价主要是确定其生理和生产特性，使之能符合生产使用要求。具体的要求一是菌株遗传性状稳定、存活能力强，尤其菌株生长繁殖力越强越好，发酵终点的菌体数量在 1.0×10^9 cfu/mL 以上；二是生长所需的碳源、氮源等原料容易获得，降低生产成本。

温室盆栽试验是考察根瘤菌与作物品种的匹配性（或称之为亲和性）及根瘤

菌的固氮能力。共生匹配表现在根瘤菌诱导与其相匹配的豆科植株结瘤的能力，并形成大量有效瘤，包括根瘤的现瘤时间、占根瘤数、根瘤鲜（干）重和占瘤率等。占瘤率表征的是根瘤菌的竞争结瘤能力，接种菌株的占瘤率高，表明其竞争能力强，应用效果就好。在温室盆栽试验评价根瘤菌的固氮能力，是将接种待测菌株处理与未接种处理进行比较，收获籽粒的豆科作物植株总氮量增加 20.0% 以上，收获植株生物量的作物（牧草类）植株总氮量增加 15.0% 以上；且统计检验达到显著水平。

在田间试验中，测定根瘤菌在大田环境中的适应能力和增产能力，是对菌株的综合、直接的评价。评价的参数和方法与温室盆栽试验基本一致。

2）自生和联合的固氮作用

自生和联合固氮微生物单就固氮而言，比起共生固氮的根瘤菌，其固氮量要少得多，而且施用时受到的限制条件更多，如更易受到环境条件中氮含量的影响。但在实践中发现，它们对作物的作用除了固氮外，更重要的是它们能够产生多种植物激素类物质的促生结果。选育一些抗氨、泌氨能力强和产生植物生长调节物质数量大以及耐受不良环境强的菌株是此类制剂的研究方向。

生产中使用的自生和联合固氮菌应该选生长速度快、抗逆性强，产生次生代谢产物种类多、量大的菌株作为生产菌种，而不应该有太多的随意性，更不能以产品中包含了固氮菌就认为似乎为作物解决了氮素营养。产品中不仅要有含量较高的有效活菌，而且至少要保证在有效期内有效活菌含量不低于标准。使用时要充分注意到菌株的适应性、适应地域、相应的施用技术和合适的用量。评价此类菌株主要在盆栽试验进行，通过接种菌株与未接种处理相比，植株总含氮量增加量达到 t 检验的显著水平为依据。

1.1.2 微生物溶解磷钾和活化中量元素能力

1）微生物的溶磷功能

目前认为，具有溶磷功能的微生物在生长繁殖和代谢过程中，能够产生一些有机酸，如乳酸、柠檬酸，或是一些酶类如植酸酶类物质，使土壤中的难溶性磷素，如磷酸铁、磷酸铝以及有机磷酸盐，矿化形成作物能够吸收利用的可溶性磷，供作物吸收利用。土壤中 95% 以上的磷是无效磷，主要以无机磷化合物和有机磷化合物两种形态存在，大约各占 50%。依据微生物分解利用不同磷素来源，将分解利用卵磷脂类的微生物称为有机磷溶解菌；分解磷酸三钙的微生物称为无机磷溶解菌。实践中两者往往有交叉。在无机溶磷菌的评价上，通过在含有难溶性无机磷培养液中，接种菌株与未接种相比，使可溶性磷的含量增加

70mg/L 以上的菌株，确定为优良的生产菌株。有机磷的微生物分解能力则是通过在含有难溶性有机磷培养液中，可溶性磷的含量增加 5mg/L 以上的为其评价指标。

巨大芽孢杆菌（*Bacillus megatherium*）是较早被人们认为具有溶磷作用的微生物，并一度在生产上得到广泛应用。随后证明许多的微生物也具有溶磷功能，如假单胞菌属、芽孢杆菌属和类芽孢杆菌属的一些种，如氧化硫硫杆菌（*Thiobacillus thiooxidans*）。近几年发现青霉菌、黑曲霉等真菌具有相当强的溶磷作用，已引起人们的关注。

2）微生物的解钾能力

硅酸盐细菌是一类细菌的统称，并非细菌分类单元，当前研究和使用的种主要是胶质类芽孢杆菌和土壤芽孢杆菌。这类微生物通过分解硅铝酸盐类矿物，释放出钾离子，即将钾从固定态转化可溶性钾和替换性钾为作物所利用。多数的硅酸盐细菌从钾矿石中释放的速效钾的相对量在 20% 以上。尽管此类微生物释放钾的量占总钾量较少，却由于增加了速效钾的相对数量，为作物提供一定量的速效钾。对硅酸盐细菌的研究和应用表明，它能够产生某些活性物质（如有机酸、游离氨基酸、糖类物质等）和激素类物质以促进作物生长，并在根际形成优势种群抑制一些病原菌的生长，是取得其应用效果的重要原因。

3）微生物溶解中量和微量元素能力

中量元素是植株生长所需重要元素，许多微生物菌株对难溶性的中量元素（钙、镁或硫）和微量元素（铁、锌、锰等）具有溶解能力，即将不溶态和难溶态的中微量元素转化为可溶态。这是以后微生物肥料新菌种和新品种研发应用的一个重要的方向。

1.2 产生促进作物生长活性物质能力

许多微生物可以产生植物激素，如赤霉素、吲哚乙酸、细胞分裂素等，促进作物生长。研究和应用证实，在适宜培养条件下，能够产生活性物质总量应在 5mg/L 以上的微生物菌株，可以表现出促进作物生长的功能。这类微生物种类分布较广，其中以放线菌产生赤霉素、吲哚乙酸、细胞分裂素等物质为多。

1.3 促进有机物料腐熟功能

将秸秆、畜禽粪便等有机物料的矿质化和腐殖质化是微生物的重要功能之一。有机物料经过微生物的腐解，转化形成大量优质的有机肥料，增加土壤有机质和土壤肥力。纤维素酶、木聚糖酶和蛋白酶在微生物腐解秸秆和畜禽粪便过程中发挥着重要作用。由于秸秆中含有大量难以降解的纤维素，而纤维素酶可以分解纤维素，因此生产菌株产纤维素酶的能力与秸秆腐解速度和腐熟质量密切相关。木聚糖酶对降解自然界大量存在的半纤维素起着重要作用，它们不但可以降解木聚糖生成木糖，而且能以农作物残渣中的半纤维素为原料生产经济价值较高的产品。蛋白酶在畜禽粪便腐熟的中高温阶段，将含氮化合物（主要是蛋白质）分解，可以减少高温条件下氮素的损失，对畜禽粪便腐熟和肥效起着重要作用。因此将产纤维素酶、木聚糖酶和蛋白酶能力作为菌株腐解能力的评价指标。对菌株产这 3 种酶能力评价是，在适宜的培养条件下，菌株产生纤维素酶的活力在 70U/mL(g) 以上；菌株产木聚糖酶的活力在 700U/mL(g) 以上；菌株产生蛋白酶的活力在 100U/mL(g) 以上。

促进秸秆腐解的秸秆腐熟菌剂，近年来得到国家的重视。国家自 2006 年开始推动实施“土壤有机质提升试点补贴项目”，其重点内容是通过秸秆腐熟菌剂的应用，实现农作物秸秆就地还田，以提升土壤的有机质含量、肥沃耕地和提高土壤生产力。由于国家土壤有机质提升项目中广泛实施的秸秆就地还田模式与传统的堆置方式间存在很大的差别，微生物分解秸秆的温度、湿度、通气量和 pH 等各种条件均发生了变化，秸秆平铺还田模式中也没有一个明显的高温过程，因此，对用于秸秆就地还田模式的腐熟菌剂，就需要制订专门的效果评价参数及其指标。目前最新研究认为，实现秸秆的快速腐解，其关键是要尽早启动对半纤维素的分解，即要求菌剂产品中要有产半纤维素复合酶的微生物种类组成。

1.4 提高作物品质功能

提高作物品质是微生物肥料的重要功效之一。品质效果评价比较复杂，并因作物种类而异。作物品质的评价参数与指标包括外观指标和内在品质指标。常用的外观指标有外形、色泽、口感、香气、单果重/千粒重、大小、耐储运性能等。在评价作物的内在品质指标中，粮食作物进行淀粉及蛋白质含量的测定，叶菜类作物测定硝酸盐含量和维生素含量，根（茎）类作物测定淀粉、蛋白质、氨基酸和维生素等含量，瓜果类作物主要以糖分、维生素、氨基酸等，具体作物品质指标及测试方法按照标准 NY/T1536—2007 中的附录 B 进行。评价菌株是否具有提高品质的功能，是根据农产品的种类选择相应的品质指标进行评价，将接种菌株与基质处理相比，其提高作物某一个或几个品质指标的效应差异是否达到统计检验显著水平。

1.5 提高作物抗逆性能力

抗逆性是一个比较广泛的概念，具有提高作物抗逆性功能的微生物主要表现在抑制病虫害发生（病情指数降低）、抗倒伏、抗旱、抗寒及克服连作障碍等方面。评价产品中使用的菌株的抗逆能力，将接种菌株与基质处理相比，某一抗逆性指标比对照应提高 20% 以上，t 检验达到显著水平。

1.6 改良和修复土壤功能

应用微生物肥料进行土壤改良和修复，在实践中证明是最有效的一个技术手段，应用前景十分广阔。土壤修复菌剂是通过微生物的代谢活动，直接或间接地将土壤环境中的有毒有害物质的浓度减少，或毒性降低，或完全无害化的目的。

评价微生物肥料产品是否具有改良土壤功能，是在同一地块经过两季以上的施用，将接种菌株与基质处理相比，是否能够改善土壤容重、团粒结构、养分供给，以及土壤中的微生物种群结构与数量等，t 检验达到显著水平。

评价修复土壤功能的微生物肥料产品，将接种菌株与基质处理相比，能够减少试验作物或土壤中的残留农药、重金属等有毒有害物质的含量，t 检验达到显著水平。

以上，综述了目前国内外对微生物肥料产品功能与机制的认识，更为重要的是以上 6 个方面的作用通过农业行业标准 NY/T1847—2010《微生物肥料生产菌株质量评价通用技术要求》得以统一，起到行业规范和引导的作用。需要说明的是，就某一微生物肥料产品而言，多数产品使用菌种或菌株为 2～4 个，菌种的功能决定了产品的功效，即某一产品的主要功能是以上 6 个方面中的某一个或两个，而难以具备以上全部功能。

2 微生物肥料理论基础探讨

关于微生物肥料的理论基础的问题，一直在研究和探索之中。这主要是因为土壤环境中各种养分的转化与物质循环均在微生物主导作用下的复杂过程的结果。2003 年澳大利亚学者 Abbott 等提出“土壤生物肥力”（soil biological fertility）概念和相关的评价体系，丰富了微生物肥料的理论内涵。近几年中国农大的学者提出“养分生物有效性”和“根际（层）养分调控技术”也肯定了微生物在其中的不可或缺的作用。尽管国内外学者提出的名称不同，但在内涵上却大体相同。

土壤生物肥力是指生活在土壤中的微生物、动物、植物根系等有机体为植物生长发育所需的营养和理化条件提供的贡献。同时，生物过程对土壤的物理、化学特性起到良好的促进和维持作用。它与物理肥力（soil physical fertility）、化学肥力（soil chemical fertility）共同构成土壤肥力三个不可或缺的组分。

土壤生物肥力与物理肥力、化学肥力相比，其显著特征是：①生物种群的多样性，表现在土壤生物肥力形成和作用过程是由多种生物参与的综合结果；②动态性，即其测定值随着时间而变化，目前测定生物过程对植物生长作用经常是间接的，因此准确测定它对作物产量的贡献还存在技术上的困难。

微生物是生物肥力的核心，是共同构成土壤肥力三个不可或缺的核心组分。土壤生物过程在分析评价各种土壤类型和环境中非常重要，不可缺少，而且过程是多种生物参与的综合结果，是土壤的可持续生产能力保障的基础。人工接种微生物，即施用微生物肥料，是维持和提高土壤肥力的有效手段，在我国现有栽培与管理，尤其是在不合理或过多使用化肥、复种指数高、不合理使用农药等条件下必不可少。

有关土壤生物肥力、土壤化学肥力（soil chemical fertility）和土壤物理肥力（soil physical fertility）定义比较见表1。虽然目前对于土壤生物肥力尚无一个简明、定量的描述，但“土壤生物肥力”已在农业生产中得到了广泛应用。

表1　土壤肥力及其三个组分的定义

土壤肥力及其组成成分	定义
土壤肥力	土壤为植物生长发育提供所需的物理、化学、生物需求的能力。同时也包括土壤持续、安全方面的能力
土壤生物肥力	生活在土壤中的微生物、动物、植物根系等有机体为植物生长发育所需营养的贡献。同时，生物过程对土壤的物理、化学特性起到良好的促进和维持作用
土壤化学肥力	土壤为植物生长发育提供所需的化学养分、条件的能力。同时它应对土壤物理和生物过程，以及养分循环具有促进作用
土壤物理肥力	土壤为植物生长发育提供所需的物理条件的能力。同时它具有维持土壤结构不破坏、不被侵蚀和流失的能力，并对土壤生物和化学过程起到促进作用

注：表中所给定义为总体的、概念性，因为它们不能用精确数量或特定单位来表达。对于一个特定地域来说，其土壤肥力及其组分的量化指标取决于土壤的内在特性。

3　微生物肥料行业发展的科技创新

科技创新是原创性科学研究和技术创新的总称，是指创造和应用新知识和新技术、新工艺，采用新的生产方式和经营管理模式，开发新产品，提高产品品质量，提供新服务的过程，是推动科学技术进步，推动国民经济发展，也是构建和谐社会的关键所在。科技创新是一个国家提高其核心竞争力不可或缺的重要方面，也是世界上主要国家的基本战略。2006 年初在全国科学技术大会上提出“到 2020 年把我国建设成为创新型国家”，科技创新成为决定和影响综合国力的基本因素受到重视。就微生物肥料行业的科技创新而言，以下 4 个方面必须得到重视才能推动行业的发展。

3.1 微生物肥料行业的可持续发展需要科技创新

过去几十年，我国粗放的经济增长方式带来了能源消耗高、资源消耗大、水资源浪费、污染排放多等严重的资源和环境问题，而在农业方面，我国面临诸多的矛盾和焦点。例如，保障粮食和食物供给的任务十分严峻，预计到 2020 年人口达到 14.5 亿时，粮食总需求量比目前要增长 50% 左右，农业增收、农民增收的难度很大；资源约束、生态破坏、协调发展的形势同样严峻。农业科技要为实现现代农业的转变提供强有力的支持，而科技贡献率与发达国家的差距对科技创新提出了更高的要求。作为基本投入品的肥料生产和应用而言，由于一些不科学、不合理的发展模式带来了水资源污染，土壤酸化、沙化、肥力下降，点源污染和面源污染共存，农产品质量下降和安全问题，可持续发展的要求对微生物肥料行业的要求比任何时候都严峻。因此，科技创新对微生物肥料行业必不可少。

3.2 微生物肥料行业面临的科技创新压力

经过最近 20 多年的发展，微生物肥料已成为肥料行业中的一员。但受各方面条件的限制，微生物肥料行业的总体创新能力不强，已成为行业发展的主要障碍因素。

（1）科技基础薄弱，发展支撑不足。我国的微生物肥料行业是在先天不足的情况下形成和发展起来的，所谓“先天不足”是指行业发展的基础-相关的科学和技术的基础研究、应用基础研究和应用研究薄弱，一直是制约行业发展的瓶颈。近 10 多年来，虽然情况有所改善，但仍未形成行业发展坚实的科技支撑，需进一步加强。

（2）多数企业对科技创新认识不够。近 10 年中虽有一批企业对科技创新的认识走在了行业的前面，但是真正建立了创新机制的企业甚少。多数企业未把科技创新当作自身发展的战略，以至于缺少必要的硬件和软件，表明了还有相当大的差距。企业的规模和效益对科技创新的支撑处于乏力状态。

（3）国家支持生物产业发展的战略为微生物肥料行业提供了前所未有的发展

机遇。2009年国家提出了支持生物产业发展的战略，更加强调了企业和行业的科技创新。纵观我国改革开放以来农业的发展和存在的问题，当前微生物肥料面临的是发展的最好机遇，谁抓住了机遇，谁做了充分的准备，谁就会走在前面，否则将会被淘汰。

3.3 微生物肥料行业科技创新应关注的方面

在行业科技创新中，应该关注基本面，抓住主要矛盾，进行必要的梳理，可以先易后难，先做引进后做创新，条件成熟时再做集成创新。鉴于所涉及的内容较多，仅就其中几个方面提出来作为引玉之砖。

（1）生产设备和工艺路线的创新。这是直接影响产品质量的主要因素。近年来，我国微生物肥料的发酵技术水平有了较大的提升，在利用现代发酵工程技术优化发酵工艺、提高发酵水平，后处理改进等方面都取得了较大进展。目前，微生物肥料发酵生产中的一个难题在于，从实验室到工业化大生产过程中发酵放大的困难，其原因就在于放大时不可能同时做到几何相似、流体运动学相似和流体动力学相似。当在小试研究时如果某一个对生产产生影响的重要因素没有被注意到，而这个因素恰恰在放大时成为关键因子时，就会造成整个发酵放大过程的失败。为此，在研究发酵过程放大时，一些学者提出了在以代谢流分析与控制为核心的发酵过程装置技术上进行研究，由此可得到用于过程放大的状态参数或生理参数，研究形成了发酵过程参数调整的放大技术。通过对表征细胞宏观代谢流特征参数实现发酵过程的放大，是近年来新兴的一种放大方法，此方法即将在小试研究中宏观代谢流特征参数获得后，再在工业规模发酵罐上重现，也即数据驱动型的放大方法。因此，企业应吸收发酵新技术，并应用于生产之中。

（2）使用生产菌种的选择依据、组配规律和原则、最佳工艺路线的确定。一个产品使用的菌株并非越多越好，菌株间的组配是有制约条件的，需要进行踏实、认真的研究琢磨。虽然现在号称动辄几十种微生物组成的产品已经少见了，但在科学的选择和组配生产菌株方面依然有很大差距。

（3）影响应用效果的主要问题和改进要素。尤其是微生物肥料生态学的重视，包括微生物肥料应用后的持效和相关菌株的追踪。也是稳定微生物肥料产品应用效果应重视的问题。

（4）产品质量及其影响因素。由重数量到数量质量并重产品的创新。

（5）真正意义的专用产品和综合类产品。包括地区专用产品、作物种类专用产品，甚至是克服或减轻作物连作障碍的专用产品。一些企业已经生产了一部分这样的产品，但距离生产需求尚有较大差距。

（6）知识产权的保护及必要的科技交流。

(7) 其他方面。包括营销、科普宣传、售后服务、企业的现代化管理。

3.4 行业和企业在科技创新中的地位和作用

明确微生物肥料行业中企业等主体在科技创新中的地位和作用，强化各方合作与协作，是取得成效的关键。

(1) 企业是科技创新的主体。企业是龙头，又是桥梁，需要积极培育企业的自我成长，可持续发展的能力。据了解已有一部分企业建立了自己的工程技术中心，专责科技创新。有的运行良好，但也应看到，在硬件和软件方面还有改善的空间；有的有设备，缺人才；有的有设备，有人才，但缺经费；还有的是缺少激励政策和管理目标，对于企业应是科技创新的主体的认识还不足。这些显然不足以支撑科技创新目标的实现。

(2) 行业应是科技创新的孵化期、推进器，组织和推进必要的科技交流，甚至是相关领域、相邻产业合作交流的推动者。包括中外的合作和交流。虽然现在尚未组建行业协会，但学会和相关机构可以去做这方面的工作。

(3) 产、学、研结合的平台必不可少。实践证明要做好行业的科技创新应该仰仗于产、学、研平台。过去好多年产、学、研脱节严重，在一定程度上制约了行业的发展。在新形势下，要认真加强平台的建设，使之在行业的科技创新工作中真正发挥出引擎作用。

(4) 积极争取国家在政策、经费、环境方面的支持。

我国微生物肥料标准体系建设

1 前言

在农业部、科技部、国家标准化管理委员会等部门的支持下，农业部微生物肥料和食用菌菌种质量监督检验测试中心牵头组织各方力量，历经10余年的微生物肥料标准研究与制定，初步建成了由基础标准、产品标准、安全/菌种标准、方法标准和技术规程5个层面组成的微生物肥料标准核心架构。这些核心标准的颁布实施标志我国微生物肥料标准体系的基本建立。这也是国际上首次建立的微生物肥料标准体系。

颁布实施的微生物肥料标准，在规范我国的微生物肥料市场、实施有效的监管、指导企业生产与农民使用、促进微生物肥料行业健康快速发展等方面起到了不可替代的作用。本章重点介绍2004年以来研究、制定、颁布实施的微生物肥料核心标准，为使用者理解与把握标准实质提供帮助；并依据微生物肥料行业发展需要，提出下一步的标准体系研究与建设内容，以完善我国微生物肥料标准体系，更好促进微生物肥料行业发展。

2 微生物肥料标准体系简介

2.1 我国微生物肥料体系建设提出的背景

2.1.1 对我国微生物肥料发展历史的反思，认识到标准体系建设的重要性

我国微生物肥料的发展历史可追溯到20世纪40年代，最早开始研究应用的也是大豆根瘤菌剂和花生根瘤菌剂，这点与国外微生物肥料的研究应用相一致，当时引进和选育了一批优良的花生和大豆根瘤菌菌株应用于生产中，在东北和华北均进行了较大面积的应用，取得了良好的应用效果（葛诚，2000）。50年代从前苏联引进自生固氮菌、溶磷细菌和硅酸盐细菌等菌剂，统称为细菌肥料，并在当时的“1956年到1967年全国农业发展纲要”中将积极发展细菌肥料列入其

本章作者：沈德龙、姜昕、李俊、曹凤明。

中。60年代又推广使用放线菌制成的“5406”抗生菌肥料和固氮蓝绿藻肥。同时根瘤菌的使用范围也从花生根瘤菌、大豆根瘤菌拓展到紫云英根瘤菌、豌豆根瘤菌、苕子根瘤菌、田菁根瘤菌。七八十年代中期开始研究由土壤真菌制成的泡囊——丛枝菌根（AM菌根），特别是从80年代开始在牧草上大面积应用豆科牧草根瘤菌，有效地促进了豆科牧草的共生固氮作用，显著地提高草场土壤肥力和牧草产量，对我国豆科牧草人工草地的建植和退还草场的改良均起到了重要作用（宁国赞等，1995）。90年代我国微生物肥料又处于一个较快的发展时期，市场上炒作微生物肥料概念，许多不具备生产条件的企业也纷纷加入到微生物肥料生产当中，当时市场上假冒伪劣微生物肥料产品层出不穷，尤其是一些产品利用高科技进行包装，如有的产品宣称通过分子生物学技术对微生物的功能基因进行改造，有的产品夸大微生物肥料产品的作用，如宣称每亩施用1kg微生物菌剂就可以取代化肥，对微生物肥料产业的发展造成了严重影响（葛诚，2007）。

纵观以上我国微生物肥料的发展历程，其间历经几次波折，而每次持续的时间都不长，其原因无外是基础和应用基础研究滞后，产品质量不稳定，产品效果无保证，企业的生产设备、工艺不合要求，科普宣传不力等，其中最主要的还是产品本身的质量问题，产品质量无标准可依，因为产品标准在一个行业发展中起着至关重要的作用。有鉴于此，1992年农业部将微生物肥料标准建设纳入重要议程，并于1994年颁布、实施了我国第一部微生物肥料产品标准《微生物肥料》（NY 227—1994），这对于促进我国微生物肥料健康发展起到了重要作用。

2.1.2 可持续农业的战略为微生物肥料行业提供发展空间，微生物肥料标准体系建设提上日程

我国人均耕地仅0.1hm^2，不到世界人均指标的一半，而且随着城市化和现代化进程的加快，以及经济的快速发展，耕地面积减少趋势不可避免。我国耕地资源已经从1996年的19.5亿亩下降到第二次农业普查时的18.27亿亩，10年累计减少1.23亿亩。2007年和2008年又分别减少4.07万hm^2和1.93万hm^2。再加上水土流失严重、不适当施用化肥等原因，耕地质量不断下降。考虑到人口增长惯性，决定了我国今后相当长一段时期内人增地减趋势的刚性约束难以逆转，预计到2030年我国人口将增长到16亿，人均耕地将比目前减少1/4（白蕴芳和陈安存，2010）。21世纪的我国农业将面临着严峻的形势，只有大力实行农业可持续发展战略，正确选择农业可持续发展模式，依靠科技进步挖掘农业资源潜力，提高农业资源利用效率，千方百计减少资源的占用和消耗，提高生态系统的自我恢复能力，改善生态环境，已成为实现农业可持续发展的重要途径（陈焕英和崔和瑞，2005）。

随着现代农业技术的发展与应用，给我国农田土壤带来了明显的影响。一是化肥用量逐年增加造成了化肥利用率和化肥增产效益下降，二是农药使用量呈现逐年上升趋势，引起环境污染并对农产品安全构成威胁，三是我国磷肥、钾肥资源严重不足，这对农业的可持续发展构成了严重的挑战。从我国农业发展的战略高度来说，发展微生物肥料产业是可持续农业、生态农业的要求，也是我国目前无公害食品和绿色食品生产现实需要，更是减少化肥和农药用量、降低环境污染的必然选择。绿色食品生产要求产地生态环境符合规定标准，农作物的栽培管理，必须遵循一定的技术操作规程，化肥、农药、植物生长调节剂等的使用，必须严格遵循国家安全使用标准。绿色食品的特点是安全和营养，其生产过程要求环境与效益兼顾，这是人类未来发展必须遵循的基本准则，是生态与经济发展良性循环的有力保证。这些都为微生物肥料的发展提供了广阔空间，也促进了微生物肥料标准体系的建设。

2.1.3 农业部、科技部等部门对标准研究的支持，使微生物肥料标准体系建设成为现实

没有规矩，不成方圆。无论对工业产品来说，还是对农业产品来说，没有规矩，就难有市场，这个规矩就是标准。早在 1985 年，我国就召开了第一次全国农业标准化工作会议。但是由于当时我国尚未走出农产品短缺时代，农业标准化的重要性并未引起人们足够的重视。而进入 20 世纪 90 年代中期，我国农业告别了短缺时代，进入了农产品总量平衡的新阶段，特别是我国于 2001 年底加入 WTO 之后，一系列新情况、新问题不断出现，充分证明了我国加快农业标准化建设的紧迫性。加快农业标准化建设，是提高我国农产品国内外市场竞争力、化解农产品市场风险的迫切需要，是实施农业名牌战略的迫切需要，是提高人民生活质量的迫切需要，是提高农民收入的迫切需要。

没有农业标准化，就没有农业现代化，就没有食品安全保障。实施农业标准化是建设现代农业的重要抓手，是增强中国农业市场竞争力的重要举措。国家从“十五”以来很抓标准体系的建设，特别是重视农业标准体系的建设，农业部提出了农业标准体系建设规划，科技部等部门在标准研制方面也给予了大力支持。“十五”以来，农业部在每批农业行业标准制定和修订项目计划中，都将微生物肥料标准制定纳入其中，累计下达微生物肥料标准制定任务近 20 项。此外，科技部在标准研制方面也予以立项支持，为有关标准的制定提供了技术/理论依据。

2.2 我国微生物肥料标准体系建设过程

2.2.1 1959年首次提出微生物肥料标准研究与制订

微生物肥料在我国发展多年，对农业生产做出了积极的贡献。但我国一直没有颁布微生物肥料的国家标准和质量监督制度，虽然中国农业科学院土壤肥料研究所根据1959年全国农业微生物科学技术座谈会的意见，提出了商品菌肥质量标准要求，但限于当时条件，这个质量标准不高也不够全面，且30多年来又未做任何修改和补充，已不能适应目前我国菌肥生产和应用的需要，再者是学术单位提出的规定，缺乏法律性，对微生物肥料生产很难起到监督和制约作用，致使一些质量低劣菌肥流入市场，盲目应用，不仅影响微生物肥料的使用，浪费人力、物力，甚至还有可能将某些病原菌作为菌肥生产使用，危害人民健康，污染环境，造成严重后果。

2.2.2 20世纪80年代曾提出制定豆科牧草根瘤菌标准

我国在20世纪五六十年代开始了根瘤菌接种应用，当时东北地区以大豆根瘤菌、华北地区以花生根瘤菌、华中地区以紫云英根瘤菌为代表，并取得了较好的示范效果。80年代初为了推动畜牧业的发展，开始推广豆科牧草种植，并采用机播的方式大面积接种牧草根瘤菌，促进了牧草根瘤菌制剂的发展，不仅筛选出了许多优良牧草根瘤菌种，建立了相应的根瘤菌剂生产基地，初步形成了菌种筛选–菌剂生产–技术推广体系，截至1993年，在全国25个省（自治区）接种75万 hm^2 豆科牧草，有效地促进了豆科牧草的共生固氮作用，显著提高草场的土壤肥力和牧草产量，对我国豆科牧草的建植和退化草场的改良均起到了很重要的作用。为了保证所接种豆科牧草根瘤菌剂产品的质量，曾组织有关企业技术人员讨论、酝酿制定豆科牧草根瘤菌剂产品标准（宁国赞等，1995），但受限于当时的社会各方面条件，未能推动根瘤菌剂标准的制定。

2.2.3 1994年颁布我国第一个微生物肥料标准

20世纪80年代后期，随着农业生产的快速发展，肥料行业呈现出欣欣向荣的发展景象，不但化肥品种由原来的低浓度、单质单品种肥料，迅速向高浓度、复合化、多品种发展，而且还出现了许多新型肥料，微生物肥料作为新型肥料的一个代表，也迎来了一个发展高峰。但限于当时无产品标准、质量无监督、行业无人管理等，微生物肥料发展呈现出无序状态，市场混乱已近失控的程度。当时市场上充斥了大量的假冒伪劣微生物肥料产品，在社会上造成了严重的不良影响，也给广大农民造成了巨大的经济损失，并严重阻碍了微生物肥料行业的健康发展。

为了使我国微生物肥料生产走上健康发展的道路，杜绝伪劣产品进入农田，加强对微生物肥料产品的监管，迫切需要制定微生物肥料产品标准和检验规程，这也是保护农民利益、提高产品质量和应用效果的迫切需要。有鉴于此，农业部于 1992 年将微生物肥料标准建设提上日程，在标准制定过程中，调查和参考了国内不同时间由学术团体、地方和企业制定的标准，组织翻译了美国、英国、澳大利亚等 9 个国家微生物肥料的标准和质量监督技术资料，并进行了必要的实验室试验验证和征集不同地区的样品进行多项实测。农业部于 1994 年颁布了我国第一个微生物肥料标准（NY 227—1994《微生物肥料》），本标准是我国微生物肥料领域的第一个标准，填补了国内空白，在世界上也是少数几个有微生物肥料标准的国家之一，其颁布实施将对整顿我国微生物肥料市场、打击假劣产品，保障微生物肥料健康发展起重要作用。

2.2.4 2000 年首次提出研究和建立我国微生物肥料标准体系

从 20 世纪 90 年代起，我国微生物肥料行业得到了健康、快速的发展，至 2000 年左右已形成了产品品种较多、符合国情发展的新兴产业，在农业可持续发展、食品安全生产和环境保护等方面发挥了越来越重要的作用。与行业的快速发展相比，微生物肥料标准建设方面总体处于滞后的局面，当时仅颁布了一些产品标准，缺乏配套的其他标准，这成为行业进一步发展的瓶颈和制约行业发展的主要因素之一。因此，加强微生物肥料标准体系建设显得十分必要和迫切，在 2000 年提出了微生物肥料标准体系建设的初步构想和框架。

根据微生物肥料行业发展趋势和标准制定的现状，农业部微生物肥料质检中心于 2002 年在北京举行了“微生物肥料标准体系建设研讨会”。研讨会就新形势下我国微生物肥料标准体系建设的现状、问题及今后需要加强的地方做了充分的讨论，一致认为构建由通用标准、菌种安全标准、产品标准、方法标准和技术规程组成的微生物肥料标准体系是科学合理的，符合行业发展要求，该体系的建设和实施必将进一步促进微生物肥料产品质量的提高，规范微生物肥料市场和贸易，引导微生物肥料行业的整体健康发展，充分发挥微生物肥料在农业可持续发展中的重要地位。

2.2.5　2000 年以来陆续出台了 20 余个微生物肥料标准

在微生物肥料标准体系建设规划指导下，同时在标准制定方面也得到了农业部的大力支持，并在有关各方的协作、配合下，经过 10 余年的共同努力，2000 年以来陆续颁布了 20 余个微生物肥料标准，其中包括基础标准 2 项、产品标准 9 项、菌种/安全标准 4 项、方法标准 2 项和技术规程 5 项，初步构建起了具有我国特色的微生物肥料标准体系。该标准体系的建立，使得微生物肥料行业从菌种、生产、检验、使用、包装、储存等全过程均有标准可依，为确保我国微生物肥料质量安全、规范微生物肥料生产和质量监督提供了重要的科学依据。该研究成果于 2004 年获得中国农科院科技成果二等奖。

2.3　标准体系的组成

2.3.1　五层面组成一个体系

标准体系是指在一定范围内的标准按其内在的联系形成的科学有机整体。从 2000 年起，我国陆续颁布了 20 多个微生物肥料行业标准，根据这些标准的内容等，可划分为基础标准、产品标准、菌种/安全标准、方法标准和技术规程 5 个方面，初步构建了微生物肥料标准体系（表 1）。

表 1　微生物肥料标准体系一览表

类别	标准名称	标准号
基础标准	1. 微生物肥料术语	NY/T 1113—2006
	2. 农用微生物产品标识要求	NY 885—2004
产品标准	3. 农用微生物菌剂	GB 20287—2006
	4. 复合微生物肥料	NY/T 798—2004
	5. 生物有机肥	NY 884—2004
	6. 微生物肥料	NY 227—1994
	7. 根瘤菌肥料	NY 410—2000
	8. 固氮菌肥料	NY 411—2000
	9. 磷细菌肥料	NY 412—2000
	10. 硅酸盐细菌肥料	NY 413—2000
	11. 光合细菌菌剂	NY 527—2002
	12. 有机物料腐熟剂	NY 609—2002

续表

类别	标准名称	标准号
菌种/安全标准	13. 硅酸盐细菌菌种	NY882—2004
	14. 微生物肥料生物安全通用技术准则	NY1109—2006
	15. 根瘤菌生产菌株质量评价技术规范	NY/T 1735—2009
	16. 微生物肥料生产菌株质量评价通用技术要求	NY/T 1847—2010
方法标准	17. 肥料中粪大肠菌群值的测定	GB/T19524.1—2004
	18. 肥料中蛔虫卵死亡率的测定	GB/T19524.2—2004
	19. 微生物肥料生产菌株的鉴别 PCR 法	于 2011 年 3 月上交报批稿
技术规程	20. 农用微生物菌剂生产技术规程	NY/T883—2004
	21. 微生物肥料实验用培养基技术条件	NY/T1114—2006
	22. 肥料合理使用准则 微生物肥料	NY/T1535—2007
	23. 微生物肥料田间试验技术规程及肥效评价指南	NY/T1536—2007
	24. 微生物肥料菌种鉴定技术规范	NY/T1736—2009

注：GB 为国家标准；NY 为农业行业标准；带“/T”为推荐性标准，反之为强制性标准。

2.3.2 微生物肥料标准体系之间关系

标准体系是指一定范围内标准按其内在联系形成科学的有机整体，标准体系内的每一个标准都是一个具有特定内容的、可独立存在的、在一定范围内可通用的基本单元。标准体系内各标准是一个有机的整体，标准之间具有纵向和横向的联系，其中纵向联系是不同层次之间的联系，为共性和个性的联系，横向联系是协调和配套的联系，各标准之间相互联系、相互制约、相互作用。标准体系表是指在一定范围内的标准，按其内在的机互关系绘制成的、能够反映标准体系特性的图表。按照构成微生物肥料标准体系的 5 个层面来看，可绘制如下的标准体系表（图 1）。

其中产品标准是构成微生物肥料标准体系的核心，对菌剂和菌肥两大类产品的技术指标提出了要求，其他标准的制定是建立在产品标准基础上的，是对产品标准的有机延伸和补充。基础标准在标准体系中处于统领地位，从微生物肥料领域有关的定义及其标识、宣传等方面予以了规范。菌种/安全标准又是产品的核心技术要求，将微生物肥料使用的菌种分为 4 级管理，确保产品的安全、有效。方法标准是产品标准的技术延伸，规范了有关产品技术指标的检验要求。技术规程是从应用角度对产品的生产、使用、效果评价等方面予以规定。

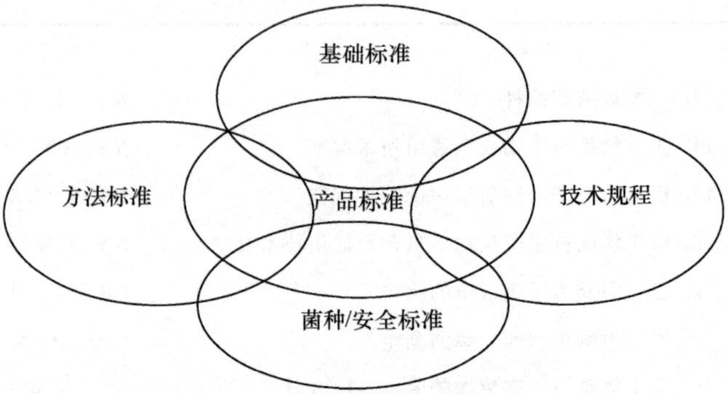

图 1　微生物肥料标准体系表

3　微生物肥料标准主要内容

3.1　基础标准

基础标准是指在一定范围内作为其他标准的基础并普遍使用，具有广泛指导意义的标准。根据《微生物肥料术语》（NY/T 1113—2006）和《农用微生物产品标识要求》（NY 885—2004）标准的内容及在微生物肥料行业中所发挥的作用，构成微生物肥料标准体系中的基础标准。

3.1.1　微生物肥料术语（NY/T 1113—2006）

随着我国微生物肥料行业的快速发展，产品的种类不断增加，产品的功能及应用领域不断拓展，主要表现在促进农作物吸收营养、刺激和调控作物生长、增进土壤肥力、增强植物抗寒与抗旱能力、降低植物病虫害、改善作物品质、净化和修复土壤环境、促进农作物废弃物和城市垃圾的腐熟等方面。在微生物肥料行业迅速发展的同时，存在产品名称及其含义上不清，有些甚至是混乱的状况。例如，冠以各种名称的生物有机肥种类非常多，有的称为“有机生物肥”、“复合生物有机肥”、“生物有机复合肥”或“生物有机（无机）肥料”，也有的称为“生态肥”、“发酵有机肥”、“活性肥”，还有的被称为“大三元，即生物、有机和无机肥料于一体”等（沈德龙等，2007），这给行业管理带来一定的困难。此外，较早登记的产品其名称与含义之间存在着矛盾，同类产品之间在概念、内容等方面不协调、不统一，这一混乱状况影响了本行业的规范发展，甚至妨碍了国内外技术交流的正常开展。因此，急需制定相关的“微生物肥料术语”标准，规范微生物肥料领域的产品类型、菌种、生产、质检等各环节的术语及其定义，以使今后出台的标准在概念和内容等方面协调、统一，推进微生物肥料标准体系的建成，使微生物肥料行业正常、有序、规范、健康地发展。

制定术语标准的首先要求是科学性，即要求术语的语义范围准确，并与相似的概念相区别；其次是系统性，每个术语的地位只有在这一专业的整个概念系统中才能加以规定，要求从事物间的内在逻辑关系和内在科学方面反映客观实际，反映结构整体的层次和状态；再次要求通俗易懂，协调统一，遵守汉语语法规则，照顾到“约定俗成”。

基于以上的指导思想，经过广泛收集有关的标准、手册、教科书、百科全书、辞书、辞典、报告等文献中与微生物肥料和接种剂等相关的术语和定义，初步确立了微生物肥料术语标准框架，并遵循标准制定的程序，完成标准的制定工作。本标准主要从产品类型、菌种、培养基、灭菌、生产、质量检验等环节对所涉及的术语予以了规范（杨小红，2006）。

（1）产品类型：包括微生物接种剂（微生物菌剂）、复合微生物肥料和生物有机肥。其中，根据微生物菌剂中目的微生物类型、数量或主要功能又可将微生物接种剂类产品分单一菌剂、复合菌剂、细菌菌剂、放线菌菌剂、真菌菌剂、固氮菌菌剂、根瘤菌菌剂、硅酸盐细菌菌剂、溶磷微生物菌剂、光合细菌菌剂、菌根菌剂、促生菌剂、有机物料腐熟菌剂、生物修复菌剂等。

（2）菌种：菌种是微生物肥料发挥作用的核心，包括种、菌株、菌落、菌苔等基本的微生物学概念，以及菌种选择、保藏等方面的相关技术和微生物肥料生产用菌种类型等内容。

（3）培养基：主要列出了与微生物肥料生产、检验相关的培养基类型，包括种子培养基、发酵培养基、天然培养基、合成培养基、半合成培养基、选择培养基和鉴别培养基等定义。

（4）灭菌：根据微生物肥料生产所涉及的各种灭菌方法，包括高压蒸汽灭菌法、间歇灭菌法、干热灭菌法、火焰灭菌法、电离辐射灭菌法、微波灭菌法、紫外线灭菌法、过滤灭菌法、化学灭菌法等概念。

（5）生产：从种子培养、扩培、发酵、后处理等微生物肥料生产过程所涉及的有关概念予以了定义，包括接种、接种物、接种量、培养、培养物、纯培养、种子扩大培养、发酵、载体、浓缩、吸附、造粒等。

（6）质量检验：按照产品的理化检验、微生物检验、卫生检验、功能检验等顺序编排各概念，包括外观、含水量、细度、有机质含量、总养分、有效菌、有效活菌数、杂菌、杂菌率、粪大肠菌群数、蛔虫卵死亡率、重金属含量、保质期和微生物肥料效应等。

3.1.2 农用微生物产品标识要求（NY 885—2004）

微生物肥料是含活体微生物的制剂，其使用的时期、方式、作物种类、土壤类型，以及与其他肥料、农药，特别是杀菌剂的配伍或禁忌等均对使用效果和安全有较大影响或制约。长期以来，该类产品的包装标识存在较多问题，有的有明显误导作用，规范标识对本类产品的正确应用、净化市场和强化管理有着十分重要的意义。目前，标识虚假或误导是此类产品存在的一大问题，一些企业为了销售方便，在标识上加入许多虚假或误导内容使消费者上当，在一定程度上构成了“公害”，甚至有伪科学内容，堂而皇之招摇过市，造成极坏的影响，成为本行业的一个“顽症”。虽然国家颁布了 GB18382—2001《肥料标识 内容和要求》，对肥料标识的基本原则等作了一般规定，但在技术指标方面却不适用微生物肥料产品。为规范微生物产品标识和正确指导农民及其他消费者正确使用，对标识进行强制管理十分必要。本标准中的农用微生物产品主要包括菌剂类和菌肥类产品，其中菌肥类产品分复合微生物肥料和生物有机肥。

本标准依据《中国人民共和国产品质量法》、《中国人民共和国标准化法》、《中国人民共和国计量法》等法律、法规及国家技术监督局 1997 年颁布实施的《产品标识标注规定》中对产品的标识所作出的相应规定，并结合微生物产品自身的特点将标识的标注内容分为应标注内容和推荐标注内容（姜昕，2004a）。

1）标识的基本原则

首先要求标识标注的内容符合法律、法规及相关产品标准的规定；其次要准确、科学、通俗易懂；再次，要求标识内容要真实，对于易引起误解或故意以欺骗方式对产品进行介绍或描述的，对其进行限定，并列出一些限制使用词语。

2）标识的一般要求

产品标识应当清晰、牢固，易于识别。标注的所有内容应清楚并持久地印刷在统一的并形成反差的基底上，除产品使用说明外，产品标识应当标注在产品的销售包装上。若产品销售包装的最大表面的面积小于 $10cm^2$ 的，在产品销售包装上可以仅标注产品名称、生产者名称、生产日期和保质期，其他标识内容可以标注在产品的其他说明物上。

3）必须标注的内容

（1）产品名称：为使产品名称标注规范化，在本标准中规定“应标明国家标准、行业标准已规定的产品名称，对于没有行业标准、使用“奇特名称”、“商标名称”以及产品名称中的限制性词语都做了相应的规定。

（2）主要技术指标：有效功能菌及含量是微生物产品的主要核心指标，为了便于监督产品质量，规定有效菌种名称为必须标注内容，有效活菌数含量的标注不得低于相应标准规定，鼓励企业标注高于国标和行标的数值。

在复合微生物肥料产品中只要求标识出总养分大于等于多少，而没有要求标出某一固定值和各单一养分值。此外，所标注的总养分及有机质的含量，必须是通过某一特定（已规定的）的测定方法所测得的值。

（3）产品适用范围：由于登记证上标注的适用范围作物为试验作物种类和名称，而企业不可能将所有的作物都一一进行试验，但是产品在进入市场后却常常因为标识内容与登记证不符受到有关执法部门的处罚。因此，产品适用范围的标注，始终是困扰企业和管理部门的问题，如何保护生产企业的利益，又使生产者不会盲目夸大适用范围，这是管理部门应考虑解决的问题。在本标准中只是做了原则性的规定“根据产品的特性标注产品适用的作物和区域”。

（4）生产者或经销者的名称、地址：从产品登记情况看，登记申请者与实际生产者并不一致，为了保证所登记产品的质量，以及可追溯，在标准中规定了“应标明经依法登记注册并能承担产品质量责任的生产者或经销者的名称、地址，邮政编码和联系电话”，并对其他情形的做了补充规定。

（5）产品功效（作用）及使用说明：这是标识的核心内容之一，只应标注产品主要功效或作用，不得使用虚夸语言；使用说明应标注于销售包装上或以标签形式附在销售包装内或外，标注内容在保质期内应保持清晰可见。产品使用过程中有特殊要求及注意事项等（如不可与杀菌剂同时使用等），必须予以标注。

（6）产品的净含量：鉴于微生物肥料作为一种活菌制剂，产品中的水分含量在出厂、销售前后一般会发生较大的变化。因此，在本标准中适当放宽净含量的标注范围（±5%）。

（7）其他：对于其他一般应标识的内容，如载体、储存条件和储存方法、产品登记证编号、产品标准号、产品质量检验合格证明、生产日期及生产批号、保质期等都做出了相应的规定。

4）推荐标注内容

推荐标注内容生产者可以不标注，但是如果标注，那么所标注的内容必须是真实、有效的。本标准中将其他添加物的标明、注册商标、质量认证标志、名优称号或名优标志、产品条码等作为推荐标注内容。

3.2 产品标准

产品标准是指为保证产品的适用性、以产品必须达到的某些或全部要求所制定的标准。产品标准在任何一个行业来说都占据着非常重要的地位，产品标准是标准化工作的一个中心环节和基本内容，在标准化系统中占有重要位置。产品标准制定的好坏，对保证和提高全社会的生产水平和经济效益、保持正常的工作和生活秩序关系重大。

3.2.1 微生物肥料（NY 227—1994）

这是我国第一个正式颁布实施的微生物肥料行业标准，主要是针对当时微生物肥料市场竞争无序的状态而制定的。本标准中所说的“微生物肥料”实质为微生物菌剂。本标准规定了微生物肥料产品的分类、技术指标、试验方法、检验规则、包装、标志、运输与储存等几个方面。核心内容是将当时的菌剂类产品分为根瘤菌肥料（又分为快生根瘤菌、慢生根瘤菌）、固氮菌肥料、硅酸盐细菌肥料、磷细菌肥料（又分为有机磷细菌、无机磷细菌）和复合微生物肥料（此处仅为两种以上的互不拮抗的微生物组成的菌剂产品），并对各自不同剂型的产品技术指标做了不同的规定。

3.2.2 2000 年出台的 4 个产品标准

1994 年出台的《微生物肥料》（NY 227—1994）标准，是根据当时的形势需要，对产品类型及指标的确定等并不是非常合理，如产品的核心指标“有效活菌数”都偏高，致使许多产品都达不到此项要求，限制了此类产品的发展。因此，在 NY 227 标准的基础上，对其中的根瘤菌肥料、固氮菌肥料、磷细菌肥料和硅酸盐细菌肥料部分进行了重新修订，于 2000 年颁布了 4 种相应的菌剂产品标准，即《根瘤菌肥料》（NY 410—2000）、《固氮菌肥料》（NY 411—2000）、《磷细菌肥料》（NY 412—2000）和《硅酸盐细菌肥料》（NY 413—2000），并代替了原 NY 227—1994 中相应的产品标准。。

这次修订的 4 个产品标准，主要是根据广泛征求各方意见和建议后，并结合产品的实际检测情况，重点是将产品的主要技术指标——有效活菌数适当地降低，如将液体剂型的快生根瘤菌有效活菌数由 10 亿个/mL 降为 5 亿个/mL；将有机磷细菌肥料的有效活菌数 5 亿个/mL、无机磷细菌肥料的有效活菌数 15 亿个/mL 分别降为 2 亿个/mL 和 1.5 亿个/mL。同时，将原 4 种肥料的理化指标也根据产品检测结果做了适当的调整。当时这 4 种菌剂产品基本上都是以草炭为载体，企业为了控制产品的杂菌率，对所用的草炭都经高温灭菌，不存在大肠菌群和蛔虫卵的问题，而且生产实践中菌剂的用量也较少，一般每亩的用量在 1～2kg，不存在重金属的危害。因此，将这 4 种菌剂产品中的无害化技术指标删除。

另外，2000 年颁布的 4 个标准还分别对 4 种产品的定义、抽样和判定规则等内容进行了补充，特别是增加了对菌种的有效性、菌体形态特征、菌落形态等的描述。此次修订的 4 个菌剂产品标准，不但重视产品中的菌种数量指标，而且还首次对产品中菌种的质量性能提出了要求，如根瘤菌的结瘤有效（采用稀释结瘤试验方法验证）、固氮菌的固氮效能（采用蒽酮光电比色法或固氮菌液全氮比色测定法进行测定）、磷细菌的解磷能力（采用平皿溶菌圈定性测定或采用钼锑抗比色法测定有效磷）及硅酸盐细菌的解钾能力（采用火焰光度法测定发酵液中全钾含量）做了定性规定，但限于缺乏相关研究的技术数据，在标准中未规定具体的技术指标要求。

3.2.3 光合细菌菌剂（NY 527—2002）

光合细菌（photosynthetic bacteria，PSB）是地球上出现最早、自然界中普遍存在、具有原始光能合成体系的原核生物，是一大类在厌氧条件下进行不放氧光合作用的细菌的总称，在分类地位上属于细菌门、真细菌纲、红螺菌目中的红螺菌亚目和绿螺菌亚目，分为外硫红螺菌科、着色菌科、绿色硫细菌、紫色非硫细菌和多细胞丝状绿细菌、螺旋杆菌科、含细菌叶绿素的专性好氧菌 7 大类群 50 属（东秀珠和蔡妙英，2001）。光合细菌菌体含有丰富的蛋白质、氨基酸、生物必需的维生素、抗病毒活性因子、辅酶 Q_{10} 以及多种生理活性物质，能够提供生物体所必需的营养，促进动植物生长，增强其抗病机能，减少疾病的发生，提高生物存活率。它还可以通过光合作用，维持物质循环，降解废弃有毒物，起到净化水质和环境的作用，确保人类的健康，已经在许多领域得到了广泛的应用。

光合细菌应用在种植业方面，可改善植物营养，在调控和刺激作物生长上有较好的性能，对防治植物病害也有一定的效果。目前我国光合细菌菌剂的生产用菌主要是紫色非硫细菌（purple nonsulfur bacteria），是以有机、无机原料培养液接种光合细菌，经发酵而成的光合细菌菌液或由某种固体物质作为载体吸附而成。

本标准规定了光合细菌制剂的分类、技术要求、检验方法、检验规则、标志、包装、运输及储存等方面。其中，产品技术指标是本标准的核心内容，从目前我国生产企业的发酵设备及产品的质量检验来看，一般发酵后的有效活菌数可达10亿个/mL以上，但考虑到产品在保质期（不少于6个月）内有效活菌数下降的因素，所以将液体剂型产品的技术指标定为5.0亿个/mL，而将固体菌剂（指用载体吸附）指标分别定为2.0亿个/g（粉剂）、1.0亿个/g（颗粒）。同时，还对产品的杂菌类、霉菌杂菌数、pH、产品无害化指标等提出了具体要求（姜昕，2002）。

在生产中所使用的光合细菌菌种主要是以紫色非硫细菌等兼性厌氧菌为主，因此本标准中未采用平板计数法测定产品中的有效活菌数，而是采用了最大或然数（most probable number，MPN）计数。MPN计数是将待测样品作一系列稀释，一直稀释到将少量（如1mL）的稀释液接种到新鲜培养基中没有或极少出现生长繁殖。根据没有生长的最低稀释度与出现生长的最高稀释度，采用“最大或然数”理论，可以计算出样品单位体积中细菌数的近似值。具体地说，菌液经多次10倍稀释后，一定量菌液中细菌可以极少或无菌，然后每个稀释度取3～5次重复接种于适宜的液体培养基中。培养后，将有菌液生长的最后3个稀释度（即临界级数）中出现细菌生长的管数作为数量指标，由最大或然数表上查出近似值，再乘以数量指标第一位数的稀释倍数，即为原菌液中的含菌数。采用MPN法检测光合细菌菌剂产品中的有效活菌数，其中影响最大的因素是光照强度。经过多次试验，并征求有关方面的意见，将光照强度规定为1000～3000lx。

3.2.4 有机物料腐熟剂（NY 609—2002）

农作物秸秆是一种重要的可再生性生物质资源，我国作为传统的农业大国，每年的作物秸秆产量就达到了7亿多吨。其中，水稻秸秆、玉米秸秆和小麦秸秆分别占总秸秆产量的29.93%、27.39%和18.31%（韩鲁佳等，2002）。作物秸秆除含有大量的纤维素、半纤维素、木质素、蛋白质等有机物质外，还含有氮、磷、钾、钙、镁、硫、硅和各种微量元素，它们在土壤中分解为腐殖质可提高土壤有机碳含量。因此，秸秆还田是增加农田有机物投入、改善土壤理化性状、培肥土壤、提高作物产量的一项直接而有效的措施（曾木祥和张玉洁，1997）。

利用微生物来分解各种作物秸秆，是促进和推动秸秆还田、培肥地力，为农业的可持续发展做出贡献的一个重要方面。“秸秆腐熟剂”标准的制定是根据生产和市场发展的实际情况提出来的。随着利用多种微生物制成的腐熟剂应用范围已经拓宽为多种有机物料（农作物秸秆、畜禽粪便、城市垃圾、生活污泥等），并取得了较好的效果。因此，为了使腐熟剂产品的标准涵盖面广和更加科学、适用，将原计划制定的“秸秆腐熟剂”标准名称改为“有机物料腐熟剂”标准。

本标准规定了有机物料腐熟剂产品（仅限生物制剂）的定义、分类、技术要求、检验方法、检验规则、包装、标识、运输、储存等要求。有机物料腐熟剂是指能加速各种有机物料（包括农作物秸秆、畜禽粪便、生活垃圾及城市污泥等）分解、腐熟的微生物活体制剂。根据产品的实际检测结果，并综合各方面的考虑，确定了产品核心技术指标，其中液体剂型产品指标为 1.0 亿个/mL，固体剂型产品指标为 0.5 亿个/g。

本标准首次将酶活性指标（纤维素酶、淀粉酶、蛋白酶）纳入产品技术指标体系中，其中纤维素酶活指标是用于评价腐熟剂产品在腐熟秸秆中的作用效果，而淀粉酶和蛋白酶则是用来评价腐熟剂产品在腐熟畜禽粪便的作用效果。虽然本标准中所规定的 3 种酶活技术指标有些偏低，其中纤维素酶活为不小于 30U/mL，蛋白酶活不小于 15U/mL，淀粉酶活不小于 10U/mL，但这是在微生物肥料产品中首次规定了产品的质量指标，实现了微生物肥料产品标准内涵从数量评价为主到数量、质量兼顾的转变，为这类产品的质量和功能评价提供了更客观全面的科学依据，并在标准附录中列出了这 3 种酶活的检测方法（沈德龙，2002）。

此外，本标准也提出了产品的其他技术指标，并规定液体剂型产品不检测 5 种重金属指标。

3.2.5 农用微生物菌剂（GB 20287—2006）

随着微生物肥料行业的快速发展，产品种类也在不断地增加，作为微生物肥料行业的第一个标准，《微生物肥料》（NY 227—1994）已不适应行业发展的需要，特别是于 2000 年在此标准基础上分化出 4 个菌剂标准，原《微生物肥料》（NY227—1994）标准中缺少了菌剂产品的针对性。因此，有必要对此标准进行修订，以适应微生物肥料行业发展的需要。考虑到当时已陆续颁布实施的 6 个菌剂类产品标准，在本标准第一次修订草案时，未涉及产品具体的技术指标，而是将之定位在微生物肥料产品无害化指标、抽样、检测方法、判定规则、包装、标识、运输和储藏的通用标准。后在征求有关方面意见和建议，并鉴于以前所颁布实施的微生物菌剂产品之间存在不协调一致的情况，为了更好地规范菌剂类产品的健康发展，在第二次修订《微生物肥料》（NY 227—1994）标准时，一并考虑了已颁布实施的菌剂类产品标准，并将标准名称改为《农用微生物菌剂》，并规定了菌剂类产品的术语和定义、产品分类、要求、试验方法、检验规则、包装、标识、运输和储存。后来在由农业行业标准上升为国家标准历经 2 年多的时间，在有关沟通渠道方面存在一定的障碍，致使在出台的 GB 20287—2006《农用微生物菌剂》前言中，未明确提出代替以前颁布实施的菌剂类产品标准，但从标准的内涵来说已将之取代（沈德龙，2004a）。

农用微生物菌剂是指目标微生物（有效菌）经过工业化生产扩繁后加工制成的活菌制剂，它具有直接或间接改良土壤、恢复地力，维持根际微生物区系平衡，降解有毒、有害物质等作用；应用于农业生产，通过其中所含微生物的生命活动，增加植物养分的供应量或促进植物生长、改善农产品品质及农业生态环境。

按内含的微生物种类或功能特性可分为根瘤菌菌剂、固氮菌菌剂、解磷类微生物菌剂、硅酸盐微生物菌剂、光合细菌菌剂、有机物料腐熟剂、促生菌剂、菌根菌剂、生物修复菌剂等。鉴于“有机物料腐熟剂”在菌剂类产品中的独特地位，它的各项技术指标没有纳入统一产品技术要求中，而是单独列出来，并且根据实际情况删除了原《有机物料腐熟剂》产品中的淀粉酶活技术指标。

3.2.6 复合微生物肥料（NY/T 798—2004）

微生物复合肥料是在20世纪90年代新出现的肥料新品种，它的研制是在两高一优农业发展的新形势下的产物，是为了弥补单一的微生物肥料施用初期不能为作物提供速效养分，以及大量施用化肥带来的弊端，把微生物肥料和无机、有机肥料的优点结合起来，以达到减少污染、保护环境，降低生产成本，保持土壤持续、稳定的供肥能力，形成良性生态循环的目的。并在绿色食品生产，尤其是降低蔬菜硝酸盐含量方面发挥重要作用。一些产品在生产应用中取得了较好的效果，受到了农民的欢迎，显示了良好的应用前景。为此，曾于1995年11月21～24日在沈阳召开了“全国微生物（有机、无机）复合肥料标准制订研讨会”，与会代表充分交流了微生物（有机、无机）复合肥料近几年生产应用的情况、效果、存在的问题，对标准制定的必要性、关键指标、检测技术、田间规范试验和科普宣传等问题进行了热烈的讨论，并提出了许多良好的意见和建议（冯瑞华，2004b）。

1）定义

复合微生物肥料是指特定微生物与营养物质复合或复混而成，能提供、保持或改善植物营养，提高农产品产量或改善农产品品质的活体微生物制品。

2）微生物指标

这是复合微生物肥料的核心，既要对其安全性进行严格控制，又要规定其发挥作用的合理含量指标。由于这类肥料产品施用量较一般微生物接种剂大得多，每克活菌含量应相对较低，一些单位根据试验认为最低每克活菌数不少于0.20亿个。提倡和鼓励采用不同工艺技术，尽可能提高有效活菌数含量和作用。

3）营养添加物成分的含量和比例

加入复合微生物肥料的营养物质在产品中有一定重要意义。既要满足作物一定时期养分的需求，又不能加入过多而抑制微生物的存活和发挥作用，企业应相对固定产品中的营养成分和含量，并在企业标准中做相应的规定。根据当时产品的技术水平，仅对总养分设了最低下限，液体剂型产品中总养分（$N+P_2O_5+K_2O$）含量下限为4.0%，固体产品下限为6.0%，未对产品中的总养分含量上限做出规定。

3.2.7 生物有机肥（NY 884—2004）

生物有机肥是许多企业和高等院校、科研单位开发的一类名称繁多的一类产品，其目的是将生物肥和有机肥的优点集于一身，区别于仅利用自然发酵（腐熟）所制成的有机肥。生物有机肥在增产、提高产品品质、减少化肥使用量和降低生产成本等方面发挥了重要作用，符合我国农业可持续发展和绿色食品、有机食品生产的方向，表现出广阔的应用前景。近年来生物有机肥得到了非常快速的发展，正在成为农资产品市场的一个新亮点（沈德龙，2004b）。

1）术语和定义

生物有机肥是指特定功能微生物与以动植物为主要来源的有机物料复合而成的一类生物肥料。它集生物肥和有机肥优点于一体，既有利于农产品增产增收，又有利于培肥土壤、改善土壤微生态系统、减少无机肥料用量，改善农产品品质方面的作用。

生物有机肥类产品必须含有一定数量、特定的微生物，这是此类产品本质的特征；并且所含微生物应表现出一定的肥料效应（营养效应、促生作用、降低、减少病害等作用）。产品中的有机质是产品的重要组成部分。有机质主要是以动植物残体（如畜禽粪便、农作物秸秆等）为来源、经过无害化处理、腐熟的有机物料，对其他来源的有机质要加以限制，如有机质含量虽高、但难以被植物吸收利用的煤矸石等原料。

2）有效活菌数

综合产品检测结果来看，有效活菌数指标定为0.20亿个/g，这也是在召开生物有机肥讨论会上大家达成的共识，也便于与当时已登记的产品指标相衔接。

3）杂菌率

生物有机肥不同于微生物菌剂，其所使用的载体主要是动植物来源的有机物料。这些有机物料虽然经过腐熟等无公害化技术处理，杀灭了大部分致病菌类，但还有大量的天然微生物存在，它们都参与有机物发酵腐熟进程，因此未将其界定为杂菌，而是定义为非特定加入微生物，这也是限于当时的技术条件所致。所以，对产品的杂菌率指标未作考虑，但是为了保证产品的安全，对产品的无害化指标等作了严格规定。

4）有机质

生物有机肥中有机质及其含量是产品品质指标的重要部分。应提倡企业多用动物、植物来源的有机物料作为有机质来源，作为肥料它发挥着长肥效的功能，并发挥活性有益微生物载体的重要作用，成为微生物的良好居所。

产品中有机质含量指标主要是根据中心近几年的检测结果，同时也参照了《有机肥料》、《有机-无机复混肥料》产品中有机质指标来确定，生物有机肥产品中有机质含量指标定为≥25.0%（以干物质计）。

5）总养分（含量）

考虑到《复合微生物肥料》标准中已对总养分含量指标做出了明确规定，因此在生物有机肥标准中对此指标不作明确规定，这样也便于与标准的名称协调一致。同时，针对企业的实际生产情况和使用者的要求，此类产品中允许加入总养分，若加入时以（$N+P_2O_5+K_2O$）总含量来表示。

6）水分

产品中的湿度对微生物的存活有很大影响。吸附时如果水分含量过低，会使产品中的微生物大量死亡而降低有效活菌数；如果水分含量过多，则通气性差，影响有效微生物的活性，降低产品质量。一般粉剂含水量低于30.0%，颗粒制剂含水量以低于15.0%为好。

7）粪大肠菌群数

生物有机肥中有机质的来源多是农作物秸秆及畜禽粪便等，作为肥料它本身发挥着长肥效的功能，并发挥活性有益微生物载体的重要作用。同时，这些有机物料中也含有大量的杂菌，尤其是以畜禽粪便为主要来源的有机物料中含有的粪大肠菌群。参照GB 7959—1987《粪便无害化卫生标准》和GB 8172—1987《城镇垃圾农用控制标准》，规定高温堆肥的粪大肠菌群极限标准10～100个/g，本标准中将粪大肠菌群指标定为不大于 100 个/g。

8）蛔虫卵死亡率

由于蛔虫卵在土壤中可存活相当长的时间，如果处理和施用不当，会造成对环境的污染，使蛔虫病再度发生，甚至流行。其产生的主要原因是蛔虫卵的数量超过一定水平。根据 GB 7959—1987《粪便无害化卫生标准》和 GB 8172—1987《城镇垃圾农用控制标准》，控制指标为蛔虫卵死亡率大于等于 95%。

此外，本标准还规定了生物有机肥产品中 5 种重金属 As、Cd、Pb、Cr、Hg 的限量指标。

3.3 安全/菌种标准

“安全、有效”是微生物肥料产品登记管理的基本出发点，也是所使用菌种应达到的最基本要求。菌种是保证微生物肥料产品安全性的关键，只有选用安全性符合要求的菌种，才能用于生产中。菌种的有效性是指通过微生物的生命活动导致作物得到特定的肥料效应，是评价产品质量的一个重要指标。

3.3.1 微生物肥料生物安全通用技术准则（NY 1109—2006）

菌种是微生物肥料和接种剂的核心，近 10 年生产用菌种也由原来的十几种增加到一百多种，涉及细菌、放线菌、真菌中的几十属，随着农用微生物产品的发展，使用菌种仍将不断增加，生产企业可能使用一些可能对人、动物或植物不安全的菌种，而造成环境和安全问题，一旦由于把关不严，将机会性病原或病原微生物作为生产用菌种其后果将会十分严重，等于是人为制造细菌战。国内过去曾有将铜绿假单胞菌（绿脓杆菌）作为生产用菌种，以致发生传染、导致重大事故的教训。国外对使用菌种的安全性非常重视，不同的国家有不同的要求，“安全、有效”是基本原则。因此，对安全性不甚了解或有待于进一步研究的菌种，安全监督必不可少，只有加强菌种的安全管理，才有助于实现产品的安全、有效性，以便更好地为农业可持续发展服务（姜昕，2006）。

本标准中将微生物肥料生产中使用的菌种划分为 4 种不同的安全等级。其中，一些菌种经过多年的研究及根据有关文献资料，未发现有或甚少对动物、植物产生危害，如根瘤菌、酵母菌、乳酸菌等，可纳入第一级管理，即免作毒理学试验；而对菌种特性不甚了解或经研究试验可能对人有危害，但不能大范围传播，且通常具备有效的预防和处理措施，经文献查阅并结合近些年的毒理试验结果整理，可将其纳入第二级管理，即需做半数致死量试验（LD_{50}）；经试验研究或发表文献表明该类菌种为机会性病原菌的，须纳入第三级管理，即需做致病性试验；与严重的或致死性的人类疾病相关，为病原菌的，则列为禁用菌种。同时，标准中还对相应的检测、鉴定和试验方法以及判定标准进行了明确规定。

本标准还对不同类型的微生物肥料和接种剂的毒理学要求也做了相应的规定，即复合微生物肥料、生物有机肥、有机物料腐熟剂等类型产品因其载体较复杂，以及液体菌剂类产品的施用方法多数为叶面喷施，因此这几类产品需要做急性毒性试验（LD_{50}），其他的固体菌剂类产品则免做毒理学试验。

此外，通过查阅大量的资料文献，将生产中常见的微生物菌种根据其安全性等级分为 4 级菌种安全分级目录，即第一级免作毒理学试验的菌种，第二级需做急性毒性（LD_{50}）试验的菌种，第三级需做致病性试验的菌种，第四级禁用菌种，以方便使用者查询。

3.3.2 硅酸盐细菌菌种（NY 882—2004）

硅酸盐细菌是一类细菌的统称，并非细菌分类单元，当前在微生物肥料中研究和使用的种主要是胶质芽孢杆菌和土壤芽孢杆菌。两者在无氮培养基上均为无色透明的半颗玻璃珠状的菌落，菌体在缺乏营养时产生肥厚荚膜，表型特征和生理生化特性很相似，而且这两种芽孢菌的名称均在 IJSB 上予以合格发布。这两个菌种的主要区别在 16S rRNA 序列上存在差异，胶质芽孢杆菌 G+C mol% 为 55.9%，土壤芽孢杆菌 G+C mol% 为 53.6%。目前微生物肥料产品及其使用菌种的评价注重其数量，而很少涉及对使用菌种的性能和质量方面进行评价。因此本标准以硅酸盐细菌菌种为目标，制定其菌种质量评价规程，规范了农用硅酸盐细菌菌种的特征、要求、检验方法、评价方法以及菌种的纯化、复壮和保藏（曹凤明，2004a）。

1）定义

硅酸盐细菌菌种是指一类在土壤中能通过自身的生命活动，分解硅铝酸盐类矿物，释放钾素营养，改善植物的营养条件，并具备生产应用性能的细菌纯培养物。常用的硅酸盐细菌菌种有胶质芽胞杆菌（*Bacillus mucilaginosus*）和土壤芽孢杆菌（*Bacillus edaphicus*）两种。

2）解钾能力的评价

硅酸盐细菌是因为此类细菌能够分解硅铝酸盐类矿物，在分解硅铝酸盐类物质的同时释放出钾离子，即将钾从固定态向速效钾转化（速效钾，包括可溶性钾和替换性钾），为作物所利用，这也是硅酸盐细菌肥料广泛使用的依据之一。从查阅的文献来看，硅酸盐细菌能从钾矿石中释放钾，使速效钾的增加量从百分之几到百分之三百以上不等，因此以速效钾增加量作为指标来衡量解钾效率是可行的。根据资料和文献数字统计，以及解钾能力的验证试验，将速效钾相对增加量在 20% 以上作为解钾的一个重要技术指标，并规定了相应的检测方法。

3）发酵代谢产物的评价

硅酸盐细菌发酵过程中能够产生各种代谢产物，如植物激素，有机酸，游离氨基酸，糖类物质以及其他代谢产物，是硅酸盐细菌菌剂能在田间起到肥料效应的重要功能性物质，因此可以作为评价硅酸盐细菌菌种的重要依据。根据目前研究进展和企业生产状况，本标准中仅对植物激素，有机酸，游离氨基酸的指标作了具体规定。其中，植物激素类物质含量指标为 1.0 mg/L，游离氨基酸含量指标为 50.0 mg/L，有机酸含量指标为 500.0 mg/L，并在附录中规定了相应的检测方法。

4）芽孢耐热能力

硅酸盐细菌菌种发酵后除直接用作液体剂型产品外，一般要经过吸附载体、烘干、造粒等后处理程序制成菌剂或菌肥产品，而后处理过程多在较高的温度条件下进行，这就要求菌种具有一定的耐热能力，本标准中规定硅酸盐细菌菌种耐热能力为在 80℃恒温水浴 10min 后芽孢存活率达 70% 以上。

3.3.3 根瘤菌生产菌株质量评价技术规范（NY/T 1735—2009）

国外有关豆科根瘤菌的研究已有 100 多年历史，无论发达国家还是发展中国家都十分重视根瘤菌接种技术的推广应用。在加拿大、新西兰、澳大利亚、巴西和阿根廷等许多国家，目前豆科种子接种根瘤菌的面积都达到播种面积的30%～50%，甚至有的国家达到 60% 以上。接种根瘤菌已是豆科植物获得高产的重要增产措施。经过 100 多年的生产实践，根瘤菌剂的工艺技术和产品品质发展了质的飞跃。我国对豆科根瘤菌剂的研究始于 20 世纪 50 年代初，引进和选育了一批优良的花生和大豆根瘤菌菌株，在东北和华北均进行了较大面积的应用，取得了良好的应用效果，60 年代以后，紫云英根瘤菌、豌豆、苕子、田菁根瘤菌以至于后来的牧草根瘤菌均有了较多的应用。80 年代开始在豆科牧草（如苜蓿、三叶草和草木樨等）上接种根瘤菌，也取得了较好的效果。此外，我国在根瘤菌的菌种收藏和分类研究方面在世界上处于领先地位，但根瘤菌剂整体应用水平尚显薄弱，根瘤菌剂产品没有得到普遍应用，根瘤菌剂的商业化生产技术同发达国家相比存在着较大差距。其主要原因是有关根瘤菌方面的基础和应用基础研究明显落后于生产实际，许多障碍应用效果提高的因素未能得到深入研究，表现在所筛选的根瘤菌种与宿主植物匹配性差、竞争不过土著根瘤菌，且固氮性能低、应用效果不稳定等。因此，通过本标准的制定，将进一步规范根瘤菌种的筛选，选用优良的根瘤菌株应用于生产，为根瘤菌共生固氮性能的发挥提供理论依据（曹凤明，2009）。

1）定义

根瘤菌（rhizobia）是指能与豆科植物共生，形成根瘤，并进行生物固氮的一类革兰氏阴性杆菌；根瘤菌生产菌株（rhizobial strain of inoculant）是指从自然界直接分离筛选或人工选育获得的具有结瘤固氮能力，并可用于生产的根瘤菌菌株。

2）实验室试验评价技术要求

根瘤菌种类多，目前共有11属、58种，它们在生长特性上有很大不同，有生长快速的，缓慢的，有耐酸的，有耐碱的，有耐高温的等，不同种类，甚至同一种类不同来源的根瘤菌对生长条件的要求也不同。因此，在进行菌种应用特性的考察之前，本标准对根瘤菌生产菌株的纯度和培养特性、生长特性、遗传稳定性和存活能力等内容进行简要的规范。

3）盆栽试验评价技术要求

共生匹配能力首先表现在根瘤菌菌株能够诱导与其相匹配的豆科植株结瘤，并形成大量的可固氮的有效瘤，其评价参数有现瘤时间、结瘤率、根瘤数、根瘤鲜（干）重和占瘤率等，但这些参数受作物品种、环境条件等的限制，并不适于用来直接评价共生匹配能力，因此在标准中只规定了不同的根瘤菌株应与相应的豆科作物品种能形成有效瘤，评价的主要技术指标采用固氮能力。

根瘤菌只有与豆科作物共生形成有效瘤，才能通过共生固氮作用为植物提供氮素营养。评价根瘤固氮能力有多种方法，根瘤的固氮酶活力和根瘤的豆血红蛋白含量是最直接的数据，但限于方法有不足的地方，且所需要的仪器设备还难以普及，所以本标准中采用测定植株总氮量的变化幅度作为衡量根瘤是否固氮和固氮能力强弱的一种最简单有效的方法。

4）田间小区试验评价技术要求

根瘤菌通过根瘤的固氮作用为豆科植物提供氮素营养，从而使产量提高。决定作物产量的因素很多，但在不施氮肥或仅基施或初花期施用少量氮素的情况下，作物产量大幅度提高表明根瘤菌发挥了固氮作用。因此在标准中将田间小区的产量作为评价根瘤菌作用的技术指标，即接种待测菌株处理与未接种处理相比，籽粒产量增加10.0%以上，植株生物量（牧草类）增加15.0%以上。

3.3.4 微生物肥料生产菌株质量评价通用技术要求（NY/T 1847—2010）

菌株是微生物肥料生产的源头，优良的菌株是产品质量和效果的保证。在目前微生物肥料应用过程中，对微生物肥料产品质量标准多关注有效菌的数量，而对其菌株的功能没有明确、具体的规定。一些产品虽然有效活菌达到了标准要求，但应用效果却不明显。因此，有必要制定有关菌株功能方面的标准，为评价菌株质量提供依据，以提高微生物肥料的应用效果（关大伟，2009）。

本标准规定了微生物肥料生产菌株的术语和定义、质量要求、试验方法和评价规则。标准中首先对菌株安全性、生产性能和遗传稳定性作了原则性的规定。菌株生物安全是保证微生物肥料产品安全的关键，生产用菌株应通过安全性评价。菌株的生产性能则规定了菌株细胞、菌落形态一致，无杂菌污染，生长繁殖力强，并从生产成本上考虑，规定发酵所需的碳、氮等原料要易获得。菌株遗传稳定性规定了菌株遗传性状稳定，其功能和发酵性能长期保持，存活能力强。然后从提供活化养分功能、产生促进作物生长活性物质能力、促进有机物料腐熟功能、改善农产品品质功能、增强作物抗逆性功能、改良和修复土壤功能6个方面规定了生产菌株质量的评价要求，其中大部分的参数测定方法引用了相关标准中规定的方法，而对可溶性磷、纤维素酶活、木聚糖酶活和蛋白酶活的测定则分别参见附录中所规定的方法。

3.4 方法标准

方法标准一般是指以试验、检查、分析、抽样、统计、计算、测定、作业等方法为对象制定的标准，是为产品标准服务的。鉴于微生物肥料产品标准中多附有产品技术指标相应的检测方法，目前在微生物肥料标准体系中主要有以下三个方法标准。

3.4.1 肥料中粪大肠菌群值的测定（GB/T 19524.1—2004）

大肠菌群系一群需氧及兼性厌氧菌，在37℃生长时能利用乳糖发酵，在24h内产酸产气的革兰氏阴性无芽孢杆菌。大肠菌群中的细菌除生活在肠道外，在自然环境（水和土壤）中亦经常存在。在自然生活的大肠菌群在培养温度44.5℃

时不能生长，为了区分不同来源的大肠菌群细菌，将来自人、畜禽粪便在44.5℃条件下生长繁殖发酵乳糖产酸产气的大肠菌群细菌称为粪大肠菌群细菌。由于肥料中的有机原料主要来源自畜禽粪便，所以将粪大肠菌群作为肥料产品是否安全的指示菌（曹凤明，2004b）。

有多种的方法可用于检测粪大肠菌群，如滤膜法比较简单快捷，但是适用于相对比较洁净的样品检测；酶-底物反应法虽然比较先进精确，也要求的样品洁净，而且该方法还处于研究阶段，在国内外尚未普遍使用。此外，LST+BGLB法（LST，十二烷基硫酸盐胰蛋白胨；BGLB，煌绿乳糖胆汁）主要是用于检测肠杆菌科的细菌，与本标准的检测目标不符。化妆品中检测粪大肠菌群的方法漏检了非典型大肠杆菌，导致结果偏低。本标准采用乳糖发酵试验，然后经过分离培养和证实试验，判断为粪大肠菌群阳性的，根据粪大肠菌群阳性发酵管数，查MPN检索表，得出每克（毫升）肥料样品中的粪大肠菌群数。本标准所规定的检测方法，具有简单可靠、重复性好，易于被检测人员掌握。

3.4.2 肥料中蛔虫卵死亡率的测定（GB/T 19524.2—2004）

有机肥料在农业生产中有养分全面、肥效长、污染少、增加地力、提高作物产量和品质等重要作用，它不仅是维持与提高土壤肥力从而达到农业可持续发展的关键措施，也是农业生态系统中各种养分资源得以循环、再利用和净化环境的关键一环。但是，有机肥料中所含的蛔虫卵如果处理不当，会造成对环境的污染，尤其污染蔬菜的危险最大，经过食物链导致人体感染蛔虫。因此，为了确保有机肥料产品有利无害，防止食品污染和有害因素对人体的危害，保障人民身体健康。同时，也是规范产品生产，使质量监督和管理有据可依，也是农业可持续发展的需要（姜昕，2004b）。

本标准所规定的检测方法具有充分的科学依据，是标准起草单位在多年检测工作的基础上，并参照国内外所报道的一些方法，进行了大量的比较研究试验，并征求了有关专家意见后确定的。该方法主要分为蛔虫卵分离、离心沉淀、离心漂浮、抽滤镜检、培养、再镜检等几个程序，来判断样品中是否存有活卵。该方法具有较强的科学性，是目前国内外较为准确可行的检测手段，在具体操作方法上，更注重了详细、简便、实用及科学性。

3.4.3 微生物肥料生产菌株的鉴别 PCR 法

微生物肥料的核心是特定功能的微生物，菌种是微生物肥料产品发挥作用的关键因素，也是微生物肥料质量检测中最为重要的检测项目。近年来一些亲缘关系和形态特征较为接近的种类被大量应用，如芽孢杆菌类群等。如何快速、准确地鉴别这些菌株成为微生物肥料质检工作的首要任务。目前，传统的微生物检验与鉴定的方法需经富集培养、选择性分离、形态特征观察、生理生化反应等过程，操作复杂、耗时费力。而 PCR（polymerase chain reaction）技术具有特异性强、敏感性高、操作简单快速等优点，已广泛应用于多个行业的种质资源鉴别、检测中。因此将 PCR 技术应用在微生物肥料生产菌株鉴别中，使鉴定过程简便迅速和标准化，能够提高检测效率。尤其是在一般常规方法难以确定其分类地位和区分近缘种时，PCR 方法能够根据菌株是否具有特定 DNA 片段（基因），快速准确地将其鉴别（关大伟，2010）。本标准已于 2010 年 12 月通过专家会审。

1）一般要求

PCR 实验灵敏度高，在实验中易污染造成假阳性或假阴性结果，所以操作人员的熟练程度和经验十分重要。因此规定了实验室操作人员应具备良好的分子生物学专业技能，操作熟练。

2）质量控制要求

在 PCR 实验中，DNA 提取、实验操作和试剂等都对检测结果有影响，因此在实验中设置了试剂空白对照、阳性标准对照和阴性标准对照，对实验进行质量控制。同时为保证结果的可靠性，要求每个菌种 PCR 反应设置两个重复。

3）引物设计

引物是 PCR 方法中最为重要的因素，为了保证 PCR 技术在菌株鉴别中的可操作性、实用性和可靠性，提出了引物长度范围、G+C mol%、不产生二聚体和发夹结构等引物必备的基本特性。根据引物鉴别范围和功能，将其分为种属水平、种间及亚种水平、菌株水平和功能基因 4 种类型。

4）模板 DNA 提取及其含量测定

通过物理和化学方法使 DNA 从样品的不同组分中分离出来。利用不同的纯化方法，弃除样品中的蛋白质、脂肪、多糖及其他次生代谢物，以及在 DNA 提取过程中加入的三氯甲烷、异戊醇、异丙醇、乙醇等，获得纯化的 DNA，高质量模板是 PCR 成功的保证。

5）扩增反应

在 PCR 反应体系中，退火温度是影响 PCR 特异性的重要因素，而镁离子浓度对 PCR 扩增的特异性和产量也有显著的影响，因此为提高 PCR 扩增反应的特异性，在标准中要求对 PCR 反应条件，特别是镁离子浓度和热循环条件进行优化。

对于多重 PCR 反应条件，需要针对目标产物，进行全面分析、反复试验，建立适宜的反应体系和反应条件。反应体系中各个反应成分也需要进行调整，适当增大模板 DNA、引物、聚合酶、dNTP 的用量，调整缓冲液组分，以获得最佳扩增效果。

6）PCR 产物的确证

在菌株水平鉴别时，待测菌株 PCR 产物以阳性对照 PCR 产物电泳图谱带型进行比较，以确定待测菌株与目标菌株是否为同一株菌。对于其他目的 PCR 产物的确证，则需对 PCR 产物序列进行测序。

此外，在标准附录中列出了微生物肥料中常用芽孢杆菌、乳酸菌和光合细菌的 PCR 鉴别方法。

3.5 技术规程

技术规程又称作业规程，是对工艺、操作、安装等具体技术要求和实施程序所作的统一规定。在微生物肥料标准体系构成中，已制定了有关微生物菌剂生产技术规程、实验用培养基技术条件、田间试验技术规程以及生产菌株质量评价通用技术要求等标准。

3.5.1 农用微生物菌剂生产技术规程（NY/T 883—2004）

虽然我国的微生物肥料生产企业众多，但各个企业的生产设备、技术和工艺水平相差甚大。因此，制定一个规范可行的微生物肥料生产技术规范，将为微生物肥料生产企业提高建厂的基本思路和框架，促进企业生产技术水平的提高，改进设备、完善工艺，进而保证产品质量以及使用效果，对推动本行业生产技术水平的全面提高及行业的健康发展具有巨大的促进作用，并对新进入的企业具有指导作用，知道如何正确选择生产设备，避免过去盲目上马，造成的不必要浪费。

本标准对农用微生物菌剂生产中所涉及的生产环境、生产车间、菌种、发酵增殖、后处理、包装、储运及质量检验等技术环节做出要求，规范了各个生产技术环节。从菌种→活化→扩大→发酵增殖→后处理→包装→产品质量检验→出厂等环节都提出了具体的要求（李力，2004）。

3.5.2 微生物肥料实验用培养基技术条件（NY/T 1114—2006）

培养基是进行微生物肥料实验的重要基础。在实际工作中，针对各类微生物的不同营养要求，以及各项工作目的，选用各自最适用的培养基，才能达到预期的效果，因此培养基质量的好坏和选用是否适当，对实验结果的可靠程度和生产效果的好坏均有直接的影响。在实际检测工作中，经常遇到不同单位出具的检测结果不同，有的数据之间差异很大，其中部分原因是由于企业所使用培养基种类不符合要求，或者是在培养基配制过程中的不规范导致培养基质量不合格，影响了检测人员对有效菌的判定和检测。同时，随着微生物肥料行业的快速发展，产品中所使用的菌种种类也在不断增多，而检测不同的菌种所选用的培养基也不完全相同。因此，有必要规范微生物肥料检测工作中所使用的培养基，促进质检水平的提高，进而保证产品质量，促进行业的健康发展（关大伟，2006）。

本标准规定了微生物肥料实验室使用的培养基技术要求，从培养基的定义、制备流程、选用原则、技术要求等方面做了具体的规定，并在标准附录中列出了18类常用培养基配方及配置要点，适用于含不同菌种的微生物肥料样品检测。

3.5.3 肥料合理使用准则 微生物肥料（NY/T 1535—2007）

微生物肥料在应用效果方面已得到农民的认可，施用后表现出显著的综合效果。微生物肥料可用拌种、蘸根、喷施、基肥、追肥等多种方式，但在实际使用中仍存在较多问题，不合理的使用，造成了不出苗、烧苗、减产等情况时有发生，给农民和企业均造成很大损失。因此，通过制定微生物肥料合理使用准则，可提高我国微生物肥料产品的应用效果，促进微生物肥料行业的健康发展（陈慧君，2007）。

本标准规定了合理使用微生物肥料的基本原则和技术要求。首先，提出了微生物肥料使用的基本原则，其次为通用技术要求，包括产品选择、产品储存和产品使用，再次为产品使用要求，分为液体菌剂、固体菌剂、有机物料腐熟剂菌剂以及复合微生物肥料和生物有机肥，其中菌剂类产品主要采取拌种、浸种、蘸根、喷施等方式施用，菌肥类产品主要用于基肥（底肥）、种肥、追肥等。由于微生物肥料中起主导作用的是活体微生物，因此在使用中还要考虑环境条件的影响，以便更好地发挥微生物肥料的作用效果。

3.5.4 微生物肥料田间试验技术规程及肥效评价指南（NY/T 1536—2007）

微生物肥料应用于农业生产中其使用效果受外界因素影响较多，其功效评价一直是行业中关注的焦点问题之一，而田间试验的规范与否又是评价的关键。已颁布实施的《肥料效应鉴定田间试验技术规程》等标准，对普通肥料的合理使用及效果评价起了一定的指导作用，但由于微生物肥料本身的特殊性，其所表现出的肥料效应与其他肥料有很大的不同，除具有一定的增产效应外，还具有提高作物品质、改善土壤肥力、增强抗逆性等方面。为了正确评价微生物肥料的生物效应，更好地引导农民正确使用微生物肥料，使微生物肥料发挥应有的作用，有必要制定适用于微生物肥料产品的田间试验技术规程方面的标准（姜昕，2007）。

本标准规定了微生物肥料田间试验的方案设计、试验实施、数据分析、效果评价和试验报告撰写。从田间试验的试验设计、试验准备、试验实施及效果评价等方面都作了具体的规定。其中，基质对照在微生物肥料效果验证中是很关键的一项，将菌体灭活以后基质所表现出的效果与供试肥料效果之间的差异，可说明活体微生物在施入土壤以后所起的作用。同时，试验中设计了常规施肥和空白对照，可以通过这两项试验数据来比较其与供试肥料和基质对照之间的差异，以更好地评价微生物肥料产品的作用效果。微生物肥料因其本身的特殊性，其所表现出的肥料效应与其他肥料有很大的不同，除具有一定的增产效应外，还具有提高作物品质、改善土壤肥力、增强抗逆性等方面，因此标准中规定效果评价需包括产量、作物品质、土壤肥力、抗逆性及食品安全性等方面。

3.5.5 微生物肥料菌种鉴定技术规范（NY/T 1736—2009）

微生物肥料产品中所含的有效活微生物是取得功能效果的关键，是产品的核心，也是产品质量的关键指标。而菌种分类地位的确定，是进行产品质量检验的前提，也是安全性评价的依据。因此，制定本标准对规范微生物肥料菌种鉴定方法和程序、准确鉴定菌种具有现实指导意义（冯瑞华，2009）。

1）术语和定义

微生物一词并非生物分类学上的专门名词，而是指一切肉眼看不见或看不清楚的个体微小、结构简单的微小生物的总称。包括原核类的细菌、放线菌、支原体、蓝藻等，真核类的真菌（酵母菌和丝状真菌）、原生动物等，以及非细胞类的病毒、类病毒等。用于生产微生物肥料的菌种目前为细菌、放线菌、酵母菌和丝状真菌中的有益微生物。因此，本标准中对这 4 类微生物及其相关的名词术语进行了定义。

2）鉴定原则

微生物肥料生产菌种涉及细菌、放线菌、酵母菌和丝状真菌等类群，依据各类群微生物菌种鉴定的特点及要求，在标准中不仅给出了菌种鉴定的一般原则：微生物肥料菌种鉴定技术规范，也兼顾各类群微生物的菌种鉴定的特殊性，并在鉴定的方法和程序上得到体现。

3）菌种鉴定常规流程图

标准中用框图的形式给出了菌种鉴定的一般程序，直观的表述了菌种鉴定过程。菌种鉴定把握的三个主要技术环节分别为：首先是检测待鉴定培养物的纯度；其次是培养特征与形态特征观察、生理生化特性鉴定、遗传特性鉴定；最后是鉴定结果及出具报告。

4）鉴定方法

从菌种的纯度检测、菌落、菌体形态特征、生理生化特性试验，以及遗传特性鉴定等方面规定了菌种的鉴定方法，从而确定菌种的分类地位，并采用国际命名规则，即使用属名和种名加词，由拉丁文组成，并附加中文译名。

4 下一步的标准体系研究与建设

4.1 进一步推动与完善标准体系建设

目前已颁布实施的微生物肥料标准对规范行业的发展起到了积极的促进作用，但限于当时制定标准条件等方面的限制，已经颁布实施的标准在实际应用中也存在一些不足，需作进一步的修改、完善，以更好地满足实际生产中的需要。此外，随着微生物肥料行业的快速发展，也急需制定新的标准，为微生物肥料行业的健康发展提供技术支撑。

4.1.1 产品标准

随着微生物肥料行业的快速发展，产品种类也在不断增加，为了规范产品的质量，出台颁布了相应的产品标准。但这些产品标准在实际应用中也遇到了一些问题，如有机物料腐熟剂和生物有机肥产品中未规定杂菌率，生物有机肥中颗粒剂型产品水分含量技术指标要求过严，所有颗粒产品中未对硬度指标做出具体规定，导致颗粒产品在运输等过程中，一些颗粒产品变成了粉末。因此，在允许条件下，应对相应的产品标准予以修订，以便更好地满足实际生产的需要。

农业部于2006年启动了秸秆还田提升土壤有机质项目，将有机物料腐熟剂产品的应用作为主要技术载体，也促进了此类产品的快速发展。鉴于有机物料腐熟剂产品应用在秸秆还田模式与传统堆置方式间存在很大的差别，微生物分解秸秆的温度、湿度、通气量和pH等各种条件均发生了变化，秸秆平铺还田模式中也没有一个明显的高温过程。因此，对用于秸秆就地还田模式的有机物料腐熟剂，有必要制定专门的“秸秆腐熟剂”产品标准，一是应明确产品的菌种应由能产生“三素酶”（纤维素酶、半纤维素酶、木质素酶）的多种微生物组成；二是要将“三素酶”作为主要技术指标予以考虑；三是应适当提高产品中的有效活菌数，从而才能更好地发挥有机物料腐熟剂产品在秸秆直接还田中的作用效果。

此外，近年来新的微生物肥料产品类型也在不断出现，如生物修复菌剂，AM菌根菌剂等。所以，应加强新产品有关技术资料的收集，待条件成熟时制定相应的产品标准。

4.1.2　方法标准

从已构建的微生物肥料标准体系来看，目前仅颁布实施了两个方法标准，其他的产品技术指标相应检测方法一般都在产品标准中予以了规定，或是引用其他标准中规定的方法。但在产品标准实际应用过程中，部分产品技术指标所规定的检测方法在实际应有中存在一些问题，如有机物料腐熟剂产品中纤维素酶活的测定。另外，复合微生物肥料产品中的氮、磷、钾检测方法是引用NY 525—2002《有机肥料》标准中方法，但此方法在实际应用中并不完全适合微生物肥料产品中高氮磷钾含量样品的测定，且该标准中没有规定硝态氮的测定方法。因此，应制定针对微生物肥料特点的有关氮磷钾测定的标准方法。

4.1.3　菌种/安全标准

菌种是微生物肥料产品的核心，也是微生物肥料质量检测中最为重要的检测项目。近年来随着微生物肥料行业的发展，生产使用的菌种种类不断扩大，已从过去的10多种发展到现在包括细菌、放线菌和真菌等150多种。因此，菌种的安全性不应忽视，应建立菌种的快速鉴别技术，以保证生产中所用菌种的安全、有效。同时，还应对产品中所用菌种的特性予以关注，以明确不同种类的菌种所具有的功能，从而制定对实际生产更具指导意义的菌种标准。

4.1.4 技术规程

微生物肥料具有增进土壤肥力、制造和协助农作物吸收营养、活化土壤中难溶的化合物供作物吸收利用、减少或降低作物病虫害，以及提高农作物产品品质等多方面的综合作用，在已出台的《微生物肥料田间试验技术规程及肥效评价指南》标准中提出了相应的评价技术指标，但如何评价微生物肥料产品的环境安全性？目前，急需制定相关的环境安全评价技术体系，制定相应的产品毒理学试验和产品安全性田间试验技术规程，以适应微生物肥料行业发展的需要。

此外，随着近年来国家政策的引导，有机物料腐熟剂产品得到了快速的发展，但针对秸秆田间直接（原位）还田条件下研发的腐熟剂产品几乎空白，更缺少相应的产品作用效果评价。目前，迫切需要制定秸秆直接还田条件下的有机物料腐熟剂效果评价技术规程，以便为秸秆还田提升土壤有机质项目提供技术支撑，从而更有针对性地指导实际生产和应用。

4.2 亟须开展有关基础研究，以便为制定标准提供理论依据

虽然我国在微生物肥料标准化建设方面取得了一定成绩，但是由于过去在微生物肥料基础和应用基础研究方面投入不足，滞后于微生物肥料行业的发展。而标准是以科学、技术和实践经验的综合成果为基础，以获得最佳秩序、促进最佳社会效益为目的。因此，国家需要加大在微生物肥料研发方面的投入，为微生物肥料的研究和应用提供技术支撑，也为微生物肥料标准制定提供理论依据。

4.2.1 微生物肥料微生态学研究（作用机制研究）

微生物肥料的作用受很多条件制约，对这些制约条件如果不太清楚或不了解，良好的应用效果就无从谈起。例如，微生物和宿主之间的关系，品种专性和广谱性的机制，制品中微生物进入土壤后的制约因素、土壤养分的影响，同类或异类微生物之间的竞争等。应采用高新分子生物学技术，追踪微生物肥料产品中有效微生物在作物根际和土壤中的存活、定殖动态，阐明微生物肥料作用机制。重点开展微生物肥料产品在作物增产、改善品质、改良土壤、提高肥效等的效果评价和微生物的生态效应研究，筛选提出与之相应的技术指标，研究建立相应的监测技术，进而形成微生物功能效果评价与监测技术体系。

4.2.2 产品的保质期生产技术

国外的菌剂产品保质期一般都在1年以上，有的液体剂型产品甚至能达到2年，而我国的微生物肥料产品保质期相对较短，液体剂型产品的保质期也就在6个月左右，固体剂型的产品保质期一般也就1年左右。保护剂、助剂是微生物肥料质量的关键，由于我们以前缺乏这方面的研究，导致微生物肥料产品中的菌株生存时间短、活性差，适应环境能力和生存定殖能力较低、产品效果不稳定及成本高等问题。目前，应重点开展以不能形成芽孢的根瘤菌、假单胞菌以及胶胨样类芽孢杆菌等作为供试对象进行液体、固体剂型保护剂、稳定剂研制对象进行产品研制，以筛选出有利于菌体存活的液体、固体剂型保护剂、稳定剂。同时，也可借鉴国外的先进生产技术，通过引进、消化、吸收等形式，延长产品的保质期，保证功能菌株稳定存活，进而提高产品的应用效果。

4.2.3 微生物肥料的生物安全及检测技术的研究

随着微生物肥料原料来源的日益多元化，除了传统的畜禽粪便、农作物秸秆等废弃物外，近年来诸如味精厂、制糖业、造纸业等的下脚料，以及生活垃圾、城市污泥等，在可持续农业和循环农业的名义下，纷纷作为生物有机肥的原料，这给微生物肥料的农田使用带来更大的安全隐患。针对生物肥料中存在一些存在潜在或已经具备生物危险性的病原微生物（对人体、动植物以及环境），以及生物肥料中目标菌种的快速鉴定以及定量检测，需要建立实现对生物肥料生物安全的快速、准确评价及快速鉴定以及定量检测方法。研究开发用于检测生物肥料生物安全性的生物芯片及用于检测生物肥料中目标菌种的快速鉴定以及定量检测的相关试剂盒的产品，可望实现对生物肥料的生物安全及检测有效评价，建立快速测定农业废弃资源的病原微生物检测技术体系。

4.2.4 微生物菌剂产品的工艺优化技术

应用细胞代谢流、现代发酵优化与放大理论为依据，通过使用以该理论指导设计的新型发酵系统，通过在线监测、分析发酵过程中特征代谢参数，探明高密度菌体、高含量的限制因子。研究营养基质的补料策略研究，找出碳、氮源流加策略，氧的供应等发酵关键性参数规律，在明确目的产物和发酵液理化性质深入了解的基础上，形成经济、有效、可行的发酵工艺，降低企业的生产成本，并生产出高质量的产品。

5 结语

微生物肥料是发展绿色农业、建立绿色食品安全体系的基础。微生物肥料的研究和推广可提高化肥利用率，减少化肥用量，减轻化学肥料对环境造成的严重污染的局势；并为绿色食品生产提供物质支持，增强我国蔬菜、水果、经济作物在国际市场的竞争能力。尤其是在人类面临能源危机、资源紧缺、环境污染等压力下，为了我国农业的可持续发展，研究和应用微生物肥料是一条必由之路，近10年的实践业已证明了这一观点。微生物肥料的研究和应用比以往任何时期都更加受到世界各国的重视。随着科学研究的深入，微生物的作用和在我国农业可持续发展中的地位将会更为凸显，微生物肥料产品也有着非常广阔的市场前景。

在农业部等有关部门的大力支持下，经过10多年的努力，目前已初步建立起了由基础标准、产品标准、安全/菌种标准、方法标准和技术规程5个方面构成的微生物肥料标准体系，并在微生物肥料行业得到了普遍的应用，使我国的微生物肥料从菌种、生产、使用、质检、包装、储存等全过程均有标准可依，为确保我国微生物肥料质量安全、规范微生物肥料生产和质量监督提供了重要的科学依据，对推动我国微生物肥料行业的健康快速发展起到了积极促进作用。相信随着微生物肥料标准体系建设的进一步完善，将为微生物肥料行业的发展提供更为坚实的物质基础。

参考文献

白蕴芳，陈安存．2010．中国农业可持续发展的现实路径．中国人口 资源与环境，20（4）：117-122．

曹凤明．2004a．《硅酸盐细菌菌种》编制说明．

曹凤明．2004b．《肥料中粪大肠菌群值的测定》编制说明．

曹凤明．2009．《根瘤菌生产菌株质量评价技术规范》编制说明．

曹凤明，关大伟，李俊，2009，NY/T 1735—2009 根瘤菌生产菌株质量评价技术规范，北京，中国农业出版社

陈焕英，崔和瑞．2005．发展循环经济促进农业可持续发展．中国农学通报，21（7）：409-411．

陈慧君．2007．《肥料合理使用准则　微生物肥料》编制说明．

东秀珠，蔡妙英．2001．常见细菌系统鉴定手册．北京：科学出版社．

冯瑞华．2004．《复合微生物肥料》编制说明．

冯瑞华．2009．《微生物肥料菌种鉴定技术规范》编制说明．

冯瑞华，李俊，沈德龙等，2005，NY/T 798—2004 复合微生物肥料，北京，中国农业出版社

冯瑞华，李俊，沈德龙等，2009，NY/T 1736—2009 微生物肥料菌种鉴定技术规范，北京，中国农业出版社

葛诚．2000．微生物肥料生产应用基础．北京：中国农业科学技术出版社．

葛诚．2007．微生物肥料生产及其产业化．北京：化学工业出版社．

关大伟．2006．《农用微生物肥料试验用培养基技术条件》编制说明．

关大伟．2009．《微生物肥料生产菌株质量评价通用技术要求》编制说明．

关大伟．2010．《微生物肥料生产菌株的鉴别 PCR 法》编制说明．

关大伟，陈慧君，李俊等，2010，YN/T 1847—2010 微生物肥料生产菌株质量评价通用技术要求，北京，中国农业出版社

韩鲁佳，闫巧娟，刘向阳，等．2002．中国农作物资源及其利用现状．农业工程学报，18 (13)：15-19．

姜昕．2002．《光合细菌菌剂》编制说明．

姜昕．2004a．《农用微生物产品标识要求》编制说明．

姜昕．2004b．《肥料中蛔虫卵死亡率的测定》编制说明．

姜昕．2006．《微生物肥料生物安全通用技术准则》编制说明．

姜昕．2007．《微生物肥料田间试验技术规程及肥效评价指南》编制说明．

姜昕，李俊，沈德龙等，2006，NY1109—2006 微生物肥料生物安全通用技术规程，北京，中国农业出版社

李力．2004．《农用微生物制剂生产技术规程》编制说明．

李力，李俊，姜昕等，2005，NY/T 883—2004 农用微生物菌剂生产技术规程，北京，中国农业出版社

宁国赞，刘惠琴，马晓彤．1995．中国豆科牧草根瘤菌大面积应用 13 年回顾．中国草地，4：56-59．

沈德龙．2002．《有机物料腐熟剂》编制说明．

沈德龙．2004a．《农用微生物菌剂》编制说明．

沈德龙．2004b．《生物有机肥》编制说明．

沈德龙，李俊，姜昕．2007．我国生物有机肥的发展现状及展望．中国农技推广，23 (9)：35-37．

沈德龙，李俊，姜昕等，2005，NY 884—2004 生物有机肥，北京，中国农业出版社

沈德龙，李俊，姜昕等，2006，GB 20287—2006 农用微生物菌剂，北京，中国标准出版社

杨小红．2006．《微生物肥料术语》编制说明．

曾木祥，张玉洁．1997．秸秆还田对农田生态环境的影响．农业环境与发展，51 (1)：1-7．

微生物肥料产业发展的相关技术问题探讨

1　引言

微生物肥料是农业生产中重要的肥料品种，它通过微生物的作用为作物提供营养，改善作物品质，提高作物产量；它能改良土壤，保肥保水，提高化肥利用率，实现了农业废弃物资源化，有利于生态环境的良性循环；它越来越受到肥料工作者的重视与农民的欢迎。

随着全球资源的耗散，矿物资源紧缺日益显现，肥料制造工业以能源换肥源成本越来越高；环境要求可持续发展，循环经济要求农业废弃物资源化；国家重视建设和谐社会，增加农民收入；微生物肥料迎来了长足发展的大好机遇。与此同时，在研制、生产和应用微生物肥料的过程中，许多影响微生物肥料发展的问题受到普遍的关注。

现将近年来在研究和开发微生物肥料中遇到的部分与该产业发展相关的技术问题与同行讨论。主要内容分为：微生物肥料原料、工艺；生产工具；质量控制；肥料品种 4 个方面。

2　微生物肥料离不开有机源

有机物是微生物的“粮食”。它提供了制造微生物体及其代谢产物的材料；提供了微生物生长、代谢、繁殖的能量；它是微生物肥料商品化的载体。以无机材料（膨润土、硅藻土等）为吸附剂制成的微生物肥料，运用于有机质贫乏的农田，其效果差就是这个原因。经变性梯度凝胶电泳（denaturing gradient gel electrophoresis，DGGE）方法测试，代表微生物肥料中有效菌体的凝胶条带随培养物中有机质含量减少而逐渐变淡，说明微生物赖以生存的有机质含量直接影响微生物肥料中工作菌体的生物量。

微生物肥料中的菌体在田间必须供给有机营养才能繁衍，才能发挥肥料效应。除共生型和植物根际促生细菌（plant growth promoting rhizobacteria，PGPR）型微生物依赖植物体提供有机物外，游离于土壤中大量的可以发挥肥料效应的微生物还是依靠土壤有机质、动植物残骸提供有机源。化能自养与光能自养

本章作者：黄为一。

微生物在农田生态系统中的生物量有限。

微生物有了有机源才能大量增殖，才有了新陈代谢和固氮、活化钾磷矿物的能量；才能合成多糖、聚氨基酸，形成具保肥、保水、通气功能的土壤团粒结构；才能保持一定的地温；才能合成生理活性物质，提高作物品质；才能大量增殖非病原的微生物群体，抑制病害。

3 有机物肥料化过程离不开微生物的转化作用

动物、植物、微生物的残骸经微生物的分解转化作用，其中的营养成分才能被作物吸收，这个转化过程常称之为发酵或腐熟。能转化动植物残骸的微生物有的对作物生长有利或无害，但也有一部分是动植物的致病菌。这就是国家对微生物菌剂实行管理的重要依据之一，这也是提倡以非病源菌作为农用微生物菌剂生产接种剂的理由，这也是农家肥不接种特定微生物菌剂，让其自然堆置后施用，从而造成农田病多、虫多、草多的原因。由于微生物与有机物不可分离的关系，在下述章节中将微生物肥与有机肥通称为生物有机类肥料一并叙述。

能被微生物发酵的有机物中所含的碳源称为可发酵碳。有机物被微生物发酵、腐熟的过程主要分为厌氧和好氧两大类。厌氧沼气发酵特别适用于高含水量有机废弃物处理，废弃物中的碳源转化为甲烷，为农村提供优质能源。沼液、沼渣还是具有一定驱虫功效的有机肥。建设分散的小型沼气池是农村获取清洁能源、提高环境质量、提供优质肥源的有效措施。大型养殖企业应用液态沼气发酵技术，可以获得一定量的甲烷供发电或作燃料。大量的沼渣沼液难以就地处理，而近距离施用沼渣液会引起土地承载量超限而造成地下水污染，不得不花费大量燃油运送至远离产沼气装置的地区施用。高昂的运输费用和沼渣液固液分离的成本抵消了获得甲烷的收益。沼气的干式发酵，由于设备成本高，技术欠成熟，至今难以推广。

有机废弃物的好氧腐熟过程是当今大规模生产生物有机类肥料的主要工艺。有机物的好氧腐熟是一个放热过程，在多种微生物演替消长过程中纤维素等糖类物质被分解发酵，基质温度提高，杀死了畜禽粪便中的病原菌、虫卵、杂草种子。其中的木质素转化为腐植酸。大量的发酵热使发酵基质中的水分挥发而干燥。如果对氨化菌和 pH 控制得好，NH_3、H_2S、巯醇等气态物挥发受限，有机废弃物的好氧发酵过程基本上实现零排放。

4 未经发酵腐熟的有机物配施耐盐微生物菌剂用于盐碱土改良效果好

有机废弃物必须经微生物发酵才能生产出合格的有机肥。但在实际农业生产中存在秸秆直接还田的情况。在海塗开发中，研究发现在高盐分盐碱土改良时，应用未腐熟秸秆配施耐盐碱、产多糖的微生物腐熟菌剂对培育土壤团粒结构的效果比施用在工厂生产的腐熟有机肥效果更好，即让有机物腐熟过程在土壤中进行。由于高盐土壤中病原微生物少，直接施用未腐熟秸秆类有机物，并未引起病害增加。相反在肥沃的菜园土中直接施用未腐熟秸秆，往往出现病虫害的增加，以及因 C/N 值改变而出现的作物氮营养不足的现象。

为了增加土壤有机质，减少焚烧秸秆的现象，国家启动并资助秸秆腐熟剂应用技术的推广，提倡秸秆原位还田。为了使这项技术落实到农户，克服可能出现的消极因素，建议在腐熟剂应用培训班中，强调秸秆原位还田前的剪切和补施氮肥外，提高腐秆剂有效活菌数，增施一定数量的腐秆剂，抑制土壤病原菌，是十分必要的。

5 矿化碳和有机合成碳不能作为有机肥的原料

有机肥是由生物来源的有机物经微生物发酵而制成。有机类肥料（普通有机肥、生物有机肥、有机无机复混肥等）中的有机质含量高低是通过化学方法测定其中的碳含量再推算出来的。有机化学定义含碳化合物为有机物。历史上用焚烧有机物产生的 CO_2 来推算有机物含量。目前用重铬酸钾氧化法来测定有机物的含量。但重铬酸钾氧化势很强，它能使矿化碳、有机合成碳被氧化，所以矿化碳也被算作有机肥料中的有机质了。目前市场上有一种以风化煤粉添加化肥而制成的所谓“有机无机复混肥”，这种肥料从成分、功能、特性上都只能算作无机化肥，不具备有机肥的肥料效应。各种煤块经粉碎后的煤粉含有一定量的腐植酸，腐植酸具有肥料效应早就被人们认识。国家设有专门的腐植酸肥料标准，鼓励农民施用腐植酸肥料。众所周知在煤炭上是长不出庄稼的，原因是煤炭中的腐植酸必须经活化、提炼处理才能从煤粉中游离出来发挥其肥料功能。煤炭是千百万年前的生物残骸经高压绝氧而形成，其中的碳已矿化，大多数微生物在农田条件下是无法利用矿化碳进行代谢活动的。同样，化学合成的有机碳化物，如塑料饭盒等废弃物，绝大多数微生物在一般时空条件下也是无法分解或利用它们的。所以，煤粉含有尚需活化的腐植酸，但煤粉不等于腐植酸，煤粉不等于有机肥。

生物来源的畜禽粪便、动植物残骸等有机物经微生物作用后，其中的纤维素分解为多糖供微生物利用，并进一步被微生物合成有机酸、氨基酸、含氮有机物、植物激素、病原拮抗物、小分子有机活性物质、生物酶类等。有机物在分解过程中提供的能量可用于生物固氮；微生物合成的多糖、聚氨基酸能促成土壤团粒结构的形成，使土壤保肥保水；生物酶类增强土壤对物质的转化；微生物将大量的木质素转化为腐植酸类物质，腐植酸类物质的螯合结构提高了化肥和微量元素的有效性，并能刺激植物生长；有机酸能活化难溶性植物营养元素，供植物吸收。

经发酵腐熟的有机肥形成的供肥缓冲体系能键合有效的植物营养元素，平衡释放不同元素，有机肥一定程度上还对化肥有缓释作用。有机源在腐熟过程中，大量增殖的菌群有些还能富集重金属，减少重金属对农副产品的污染。

将农业废弃物制造成有机肥是实现物质循环的重要环节，是改良生态环境的重要措施。用矿化碳代替纯正有机肥不仅不能实现这些目标，只会使土壤增加由矿渣带来的重金属污染。

生物源有机物经微生物分解转化后的肥料效应是多方面的。矿化碳和有机合成碳不具备这些功能。

目前学术界已提出用氧化势不强的高锰酸钾氧化法，或是用测定可发酵碳来代替重铬酸钾法测定有机质的含量。

6　生物有机类肥料生产原料中的水分控制

生物有机类肥料的生产工艺分为液态发酵和固态发酵。有机肥生产大多数为固态发酵。除了液态微生物菌剂外，都会遇到如何减少水分的问题。

微生物菌剂发酵液一般通过离心吸附、膜分离、干燥等技术实现固液分离。由于这些微生物菌剂的售价较高，企业尚能承担这类固液分离过程的高成本。对于结合环境治理的普通有机肥生产来说，由于利润空间小，减少原料和产品中水分是个十分棘手的问题。

农业部标准（NY 884—2004）规定生物有机肥的含水量为粉剂≤30%，颗粒剂≤15%，农业部标准（NY 525—2002）规定有机肥的水分含量≤20%，颗粒剂水分限制偏紧，不利于微生物的增殖存活，能否参照国家标准（GB 20287—2006），做适当修改。国家标准（GB 20287—2006）规定，农用微生物菌剂产品和有机物料腐熟剂产品的水分要求都为粉剂≤35%，颗粒剂≤20%。该标准考虑到菌剂的生物活性，保持了较高的含水量，更加科学合理。国家标准（GB18877—2002）规定有机无机复混肥水分含量≤10%，此标准为化肥工作者制定，没有考虑在此水分要求下，有机活性物质被破坏，有效微生物大量死亡。建议将有机无机复混肥水分含量放宽到20%。

生产原料中的减水措施目前主要有如下方法。①挤压或离心进行固液分离；②添加吸水填充剂吸水（稀释了养分）；③发酵鼓风干燥；④成品、半成品烘干工艺。

生物有机类肥料的主要原料为禽畜粪便，这些原料因季节（夏季禽畜饮水多）或人为的因素（水冲清圈），含有大量水分。目前采用机械固液分离的方法，可以获得含水量 70%～80% 的固形物，大量的溶于水中的可用作植物营养的成分随液体被排放，并污染承接排放液的水体。剩余的固形物添加干燥的糠粉或秸秆粉吸收部分水分，使发酵基质的含水量达到 60% 左右，促使发酵过程启动。机械干湿分离工艺因液体中养分被抛弃，固态部分的养分又因被吸水剂稀释，造成养分不够。液态部分处理难度增大，整个过程增加了设备和动力成本，不宜提倡。

为了使发酵过程有足够的氧气并带走部分水分，有些生产单位在发酵池底部装鼓风系统。这种方法增加了设备投入，消耗大量电能，还会因鼓风降低发酵温度。由于发酵终产品水分含量达不到要求，还要增加烘干工艺，一般是以燃煤提供热风干燥。此工艺不但耗能，如控制不当还会大量杀死有效的微生物菌体。

禽畜粪便的水含量直接关系到生物有机类肥料的生产成本，提倡以铲、刮粪方式收集粪便，尽量减少或严禁水冲清圈的收集方式。应用槽式翻拌装置，接种腐熟菌剂后，微生物大量繁殖产生生物能，从而提高发酵基质的温度。经多次试验测定，基质发酵放出的热量足以使发酵有机肥水分含量从 60% 下降到 20%。在这个过程中并不需要另外增加鼓风装置来增氧排湿。需要注意的是，在室外自然堆放、陈化 5 个月以上（不包括结冰时间）的粪便生物能散失，在发酵时气化热不足，达不到减水要求。过度陈化的禽畜粪便不仅发酵温度不够，还表现为有机质含量不足。因此应提倡用新鲜禽畜粪便发酵，可以生产高质量有机肥，同时避免蚊蝇滋生和因长期堆放造成的环境污染。挤压造粒产生的热也可以挥发掉部分水分，经过通风和冷却，产品水分可以减少。目前有机无机复混肥标准水分控制在 10% 以下是没有必要的。追求过低的水分含量将增加有机组分中有益成分破坏和益生菌群的死亡。更何况有机物复混肥质量检测是以鲜基（连水分一道算作被测商品的分母）取样测定的，不以烘干基为被测商品的分母，因此不影响被测商品 N、P_2O_5、K_2O 和有机质的含量水平控制。

7 生物有机类肥料中 C/N 值与肥料综合品质的关系

有机原料经微生物发酵的过程是一个碳不断被氧化的过程。随着碳的被氧化，有机原料不断腐熟，其 C/N 值就逐步下降。当 C/N 值下降到一定值时，常常作为人们考察有机肥是否腐熟的一个参考指标。C/N 值逐步下降是有机原料不断矿化的过程。不少企业发现经发酵腐熟的畜禽粪便的有机质含量达不到发酵有机肥标准的要求，于是少数企业采用添加煤粉的办法来增加名义上的“有机质”含量，生产出的产品仍然是不能增加土壤有机质的所谓“有机肥”。

要解决上述问题，可以从原料控制入手。首先应检查作为有机肥原料的有机废弃物中的泥沙、贝壳粉（鸡粪中常见）等无机杂质的含量，同时检查这些原料是否常年堆放在室外，已部分自然陈化，其中的碳被氧化了。陈化了的禽畜粪便往往有机质不够，并可能带有大量的杂菌。如果有机质含量不足，可以添加秸秆粉后共同发酵，将会大幅度提高有机肥的质量。但是，在禽畜粪便水分过高，添加高比例的秸秆粉后，有机肥成品会出现 N、P_2O_5、K_2S 含量不足的情况。如果遇到这种情况可以根据发酵基质 pH 决定添加何种不易造成营养成分挥发的无机化肥。在添加高比例秸秆粉时，应在发酵前就添加适量化肥，一并进行发酵，生成的有机肥的质量更好。10 多年前笔者提出大三元（生物、有机、无机大三元针对当时无机复合肥中的 N、P、K 三元复合肥为小三元）概念时的依据是微生物分解有机物获得能量而繁殖生长，部分无机化肥作为微生物合成菌体与高品质有机化合物（原生和次生代谢物）的营养成分。将无机化肥有机化，即经微生物发酵将无机氮、磷转化成有机活性物质（氨基酸、生长素、辅酶、维生素等），是改善肥料品质，减少化肥流失，提高化肥利用率的有效措施。

有机肥的 C/N 值并不是越高越好，太低的 C/N 值使有机肥中供微生物生长繁殖的含碳化合物含量太低，将使有机肥施用后土壤中微生物的增量不足，从而影响非病原微生物在田间对病原菌的竞争性抑制作用。建议在不出现烧根现象的前提下，保存稍高的 C/N 值有利土壤生物量的提高。

8　生物有机类肥料发酵装置选型讨论

为了微生物菌体的大量增殖和有机废弃物的发酵腐熟，必须设置一定的装备。大规模液态培养发酵菌体的设备与抗生素、氨基酸等工厂液体深层通风发酵装置相似。经多年研究已有定型的整套产品可供使用。此类设备从 20 世纪 50 年代以来在主体设备上基本定型，没有太大的变化，而在参数采集、自动控制、数显记录、量化管理上有了很大的进步，节省了人力，减少了人为事故，控制更加精细化，但同时设备的造价也大幅飙升。

固体发酵装置是农业废弃物大规模制造生物有机类肥料必不可少的主体设备。用于生物有机类肥料固体发酵的设备主要有 4 种类型。

（1）平面条垛式翻拌机，该类机械在水泥地坪上自由行走，将发酵基质翻拌后自动堆成梯形长垛，它土建费用低，只要有水泥地坪即可，不必建池，由于条垛三面与空气接触，水分挥发快，但保温性能差，在长江以北冬季发酵效率低。

操作时易飞尘，劳动条件差。动力多为柴油，成本高，且受市场价格波动影响大。

（2）塔式发酵装置，它的最大优点是占地面积小，但设备易腐蚀，维持成本高，每年都要更新部件。正因为塔式装置高度高，它产生的气味难控制，往往飘扬数公里。在南方人多地少的地区因其占地少常被采用，但这些地区人口密度高，气味影响人群多，塔式发酵装置往往因环保不过关而下马。

（3）物料前行式槽式翻拌机，此装置需要建地槽，基建时多出建 1.2m 高地槽矮墙的投资。在地下水不高的地区，地槽的底部不需要做水泥地面，只要夯实槽底部土壤即可，可以减少部分建槽费用，并可防止翻拌机齿与水泥刚性摩擦。该装置本身费用与条垛式翻拌机差不多。由于该装置保温好，如果配上透明阳光板作屋顶，即使在北方严寒冬季一样可正常发酵，全年可正常生产。槽式发酵水分挥发不如条垛式快，但运行中扬尘少，臭气少，配以遥控装置，劳动力成本低，劳动环境相对干净。由于物料在翻拌中不断前行，形成一个进出料不需中断发酵过程的线性连续工艺，节省了进出料清槽的时间和动力，运行动力为电力，比柴油费用低。

（4）滚筒密闭式间隙发酵机，此装置特点是高温发酵，最大优点是处理时间短，劳动环境相对洁净，用地少，但设备一次性投资高，运行费用也不低，需要配套加温系统，推广尚有一定困难。

9 秸秆腐熟剂质量控制指标与检测方法探讨

秸秆腐熟剂简称腐秆剂，它能加速秸秆分解过程，使秸秆腐殖化，从而提高土壤有机质，减少秸秆焚烧造成的环境污染。由于腐秆剂为微生物菌剂，它在分解秸秆中的纤维素、半纤维素和木质素的过程中大幅度地增加了土壤中的微生物数量和有机质，实际上也是一种很好的微生物肥料。要使腐秆剂发挥作用，需要一定的水分，温度和时间。为了克服秸秆 C/N 值过高，经常在使用中添加少量的尿素，使微生物菌量迅速上升。在劳动力紧张和复种指数高，换茬间隔时间短的地区，往往要求秸秆原位还田。为了达到此目的，农业机械已能在收割时，将秸秆打碎翻入土壤，并同时施入腐秆剂。若保证一定水分和温度，充分发挥微生物的作用，一般在 7～10 天秸秆开始腐熟，不影响二茬作物的栽种。

为了对进入市场的腐秆剂质量进行管理，如何检测腐秆剂的质量成为一项重要课题。目前的管理标准主要从腐秆剂的作用本质上加以检测，测定纤维素酶，半纤维素酶，蛋白质酶等活性。这类检测注重本质，测定设备、技术都有一定的要求，费用也较高，在基层无法实施，对秸秆表观变化缺少定量描述。同样测定秸秆在微生物作用下 C/N 值变化，亦比较麻烦。应用红外光谱检测技术设备要求高，所得结果与秸秆表观强度变化的相关性欠理想，一直未被普遍采用。测定秸秆腐熟过程中可溶性有机质或浸出液色泽变化来反映腐秆剂质量的方法其结果同样面临线性相关性欠佳的问题。用种子发芽率反映腐熟效果的经典方法，实际应用性虽好，但费时，与秸秆的强度在微生物作用下的变化难以给予相关联的量化说明。

腐秆剂的主要功能是通过微生物的作用减弱秸秆的强度，使其易碎，不影响二茬作物生长。应用拉力计测定秸秆抗拉强度的变化，是一项可望应用于腐秆剂质量检测的直观、廉价、简便、无需耗材的方法。

10 药肥兼用型微生物肥料的开发

微生物肥料由于含有大量的具有微生物活性的活菌体，在适生的土壤中表现的生态学效应是多方面的。除了肥料效应之外，常常表现出对某些病原菌的抑制作用（如非病原微生物代谢产物对病原菌的拮抗作用，大量非病原微生物对病原菌的竞争性抑制作用），对环境中有害化学合成物（如残留农药、除草剂、肥料聚合物——缩二脲）的降解作用，对某些生物代谢产物（如连作障碍因子）的分解作用。微生物肥料在田间使用中能减少或抑制作物病害已是共识。大剂量使用微生物肥料还能吸附、钝化农田重金属，减少农产品中重金属残留，因此亦引起人们的重视。

在开发微生物肥料的药用功能方面采取了多种研发方法。一般是从研究生物有机肥腐熟菌对病原菌的拮抗开始，同时研究与抗虫抗病微生物之间的拮抗作用，再将微生物肥料菌剂与抗虫抗病微生物分开发酵后，然后寻找合适的复配方式，制成合格的产品。另一种是有机肥腐熟之后添加抗生微生物进行二次发酵，获得具有抗病功能的肥料产品。这方面深入的研究开发工作吸引了大批的微生物工作者。只要是经过实践检验证明有一定药效的肥料产品，在肥料的商品包装袋上注明某种药用功能是发展微生物肥料的一项有益尝试，行政管理部门不必以“包装标注扩大化”作为罚款的依据。

影响微生物肥料产业发展的因素是多方面的，包括社会、市场、技术、研发等，期待着有更多的机会与同行相互交流探讨。

关于微生物肥料应用基础研究方面的内容将另行讨论。

丛枝菌根真菌与根际养分吸收

1 引言

丛枝菌根（*Arbuscular mycorrhiza*，AM）真菌是一类在陆地生态系统中广泛分布，能够与绝大多数高等植物根系形成共生体系的重要土壤微生物。据统计，80% 以上的陆地植物可以形成菌根共生体，其中 60% 左右形成的是丛枝菌根。菌根真菌作为根际土壤微生物的一个重要的组成部分，在农业土壤中占土壤微生物总生物量的 5% ～10% （Olsson et al., 1999）。在菌根共生体中，真菌根外菌丝提供植物生长所需要的养分和水分，而植物则提供真菌生长代谢所需要的碳水化合物。长期以来，在低投入、土壤养分低的条件下丛枝菌根在植物抗逆性及土壤肥力中的作用得到了人们的广泛关注。然而最近的一些研究表明，即使在高投入集约化的生产体系中，菌根真菌的作用也不容忽视。因此对菌根真菌在根际养分吸收活化功能上的认识有助于充分挖掘和发挥土壤中有益微生物的作用潜力。

在生态系统中 AM 真菌功能具有多样性，主要表现在以下几个方面（刘润进和陈应龙，2007；李晓林和冯固，2001）。

（1）菌根真菌能活化土壤中的矿质养分，促进植物根系对营养元素尤其是移动性较差的磷、锌、铜等矿质元素的吸收，促进植物对铵离子的吸收能力和在体内的运输，增强有机质的分解和氮的捕获能力，活化土壤中的磷。

（2）菌根真菌的菌丝能直接吸收水分；根外菌丝的延伸和扩展、菌根侵染能增加根系分枝数量和生长量或者改变根系形态，增大植物根系的吸收范围和吸收能力；降低永久凋萎点，提高植物抗旱性和水分利用效率。

（3）AM 真菌提高植物对盐渍、重金属和有机污染物的抗性。

（4）AM 真菌与宿主植物形成良好的共生关系后，能提高植物对土传病害的抗性，在改善土壤与植物健康状况中发挥着重要作用。

（5）AM 真菌菌丝及其分泌物对土壤团聚体结构的形成、稳定和保持土壤孔隙度等方面具有重要作用。

（6）AM 真菌的群落影响植物群落的生物多样性、群落稳定性和系统净生产力等。其中菌根提高宿主植物对土壤中移动性低的磷素的活化吸收是菌根真菌最

本章作者：张俊伶、李侠、董延静、李晓林。

重要的功能。此外 AM 真菌还能增强宿主植物对其他养分，如 N、S、B、Zn、Cu、Ca、Mg 和 K 的吸收（Clark and Zeto，2002）。本章主要从丛枝菌根对根际磷和氮素的活化吸收利用进行总结。

2 菌根真菌与磷素吸收

植物根系被菌根侵染之后，一方面真菌从植物获得碳水化合物，用于自身的生长和代谢；同时菌丝在土壤中生长，形成庞大的菌丝网络，从而扩大宿主植物根系的吸收面积，增强了宿主植物对土壤无机磷的吸收和利用，改善了宿主植物的磷营养状况。菌根促进植物生长的作用分为直接作用和间接作用两种。其中直接作用是指根外菌丝直接吸收养分并运输给植物。土壤中 AM 真菌根外菌丝的直径为 2～10μm，而根系直径一般大于 300μm，植物根系长度一般不足0.1m/g，而菌丝长度可达 40m/g，因而菌丝能够到达根系无法到达的土壤孔隙（如土壤微团聚体和土壤有机质等）吸收养分，从而扩大了根系的吸收表面积。研究表明，植物根系影响的根际范围为距离根轴表面 3mm，而菌丝的影响可达 25cm（Smith et al.，2010），因此菌丝可以穿过根际的磷亏缺区，使宿主植物能吸收利用根系吸收不到的土壤磷（Sander et al.，1977）。研究发现 AM 菌根外生菌丝可以活化土壤中难溶性的无机磷酸盐，如磷酸二钙、磷酸八钙等，且其活化的能力随着复合钙含量的增高而降低，当达到磷酸十钙时就无法将其活化（Yao et al.，2001）。在菌根菌丝中，磷可能是以 P_i 或聚磷酸盐，甚至是有机磷（磷脂）的形式参与长距离运输的（Smith and Read，2008）。菌丝中磷的吸收速率为 18×10^{-14} mol/(cm·s)，是无菌根植物磷运输速率的 6 倍。植物根系中磷的流动速度大约为 2mm/h，而菌根菌丝体中的流动速度则可达 20mm/h，为根系中的 10 倍。AM 真菌菌丝体无隔膜，根外菌丝吸收的磷可随着菌丝细胞质的流动很快被运送他处并被植物吸收利用。因此菌根显著提高了磷在植株体内的运输速率，促进了宿主植物对磷素的吸收利用。此外菌根可以分泌磷酸酶，能吸收利用的有机磷源中获取磷（Feng et al.，2003），尽管其他微生物也可能参与了这个过程。菌根菌丝和植物根系一样具有酸化菌丝际土壤的能力。在施用 NH_4^+-N 的土壤中，*G.mosseae* 的根外菌丝使其周围土壤 pH 下降了 0.5 个单位，菌丝分泌出 H^+，酸化菌丝际土壤，从而提高了磷的有效性（Li et al.，1991）。

菌根真菌活化土壤磷的间接作用是指由于菌根真菌的侵染改变了宿主植物的根系形状及生理生化性状（Copetta et al.，2006），从而改善了根系对土壤养分的摄取能力。研究发现 AM 真菌的侵染能诱导植物根系形态发生明显变化（Espeleta et al.，2009），同时分生组织和根细胞也发生变化。AM 真菌侵染导致根系更高级次根的形成，并增加根长和直径（Orfanoudakis et al.，2010）。

菌根植物获取磷的途径有两个，一方面可通过作物根系表皮细胞和根毛直接吸收磷（直接途径），另一方面可通过菌丝吸收再转运至皮层细胞即菌根途径。菌根这两种吸磷途径的相互协调关系近年来得到广泛的关注（Bucher，2007；Javot et al.，2007；Smith and Read，2008）。植物对磷的吸收与根系质膜上磷酸盐转运蛋白数量和活性的密切相关，而根系磷转运蛋白基因的表达受菌根真菌侵染和供磷的影响（Bucher，2007；Xu et al.，2007）。室内模拟研究表明，AM 真菌侵染可下调某些与根表皮细胞磷转运相关的基因表达，如玉米的 *ZmPT*1.1 和 *ZmPT*1.2（Wright et al.，2005）、番茄的 *LePT*1 和 *LePT*2（Poulsen et al.，2005）等，而另一些基因表达受菌根结构的专性诱导，如 *MtPt*4（Harrison et al.，2002）、*OsPT*11（Paszkowski et al.，2002）和 *TaTP*1（Glassop et al.，2005）等。菌根特异诱导的磷转运蛋白与根系磷转运蛋白一样，也受土壤供磷水平的影响，如 Pht16（Nagy et al.，2006）。此外，从两种真菌株系 *Glomus versiforme*（Harrison and van-Buuren，1995）和 *Glomus intraradices*（Maldonado-Mendoze et al.，2001）上分别克隆出来高亲和力的磷转运子 GvPT 和 GiPT。

长期以来在菌根研究中，一般通过分析菌根对植物生长和吸磷量的表观效应来评价菌根的作用。然而最近的系列生理和分子试验研究表明，仅对宿主植物的表观效应来评价菌根的作用可能简化了 AM 真菌与宿主植物之间的相互关系。在一定条件下在某些植物中植物吸收磷可完全由菌根途径提供（Smith et al.，2003，2004），接种菌根上调了根表皮细胞磷转运蛋白的表达（Poulsen et al.，2005；Bucher，2007），但菌根对磷的吸收并未引起植物生长和吸磷量的变化，甚至抑制了植物的生长（Johnson et al.，1997；Li et al.，2006；Smith et al.，2009）。对此 Smith 等（2009）提出菌根存在“隐藏磷吸收（hidden P uptake）”。一般认为菌根对植物生长的负效应与菌根侵染对植物碳的消耗有关，然而进一步研究表明菌根对植物生长的这种负效应可能不完全与碳相关（Li et al.，2008），菌根对植物磷的吸收可能还存在“精细调控”作用（Smith et al.，2009，2010）。借助标记技术可进一步定量菌丝吸收磷对植物磷吸收的贡献。

传统理论观点认为，在集约化作物生产体系中，由于化学品尤其是化肥（特别是磷肥）的大量投入，导致土壤中菌根真菌的侵染率及多样性下降，抑制了菌根真菌的侵染活性（Helgason et al.，1998；Daniell et al.，2001），因此认为在集约化生产体系中菌根真菌的作用不大。Kahiluoto 等（2001）研究发现不同作物在低 P 以及中 P 土壤上，由于增加了施 P 量而导致 AM 真菌的根系侵染率以及孢子密度的下降。Treseder 和 Allen（2002）在 N、P 缺乏的土壤中增施 N、P 肥都能增加 AM 的生长量，在肥沃土地中增施 P 肥则减少菌丝总长度，与 N 缺乏地区相比，土壤肥沃地区 *Glomus* 属相对多度高。但也有研究表明菌根真菌多样性并未明显下降。王淼淼等（2006a）从长期定位试验小麦玉米轮作土壤样品中共分离鉴定出 AM 真菌 5 属、19 种，包括 *Glomus* 属 11 种，*Acaulospora* 属 2 种，*Gigaspora* 属 2 种，*Scutellospora* 属 3 种，*Archaespora* 属 1 种。刘柯（2009）在玉米土壤中鉴定出 AM 真菌 3 属、25 种。Oehl 等（2005）发现多年单作玉米的土壤剖面 0～70cm 不同深度土层中 AM 真菌的物种丰富度和生物多样性指数均随着土壤深度的增加而下降，但 50～70cm 土层的 AM 真菌的种类仍然丰富，菌根真菌可作为土壤中潜在的真菌“库”（bank）。在美国亚利桑那州，产量高达 12～13t/hm^2 的集约化高产玉米抽雄期至成熟期的根系中，Grigera 等（2007）使用 AM 真菌的磷脂脂肪酸生物标记物 C16∶1cis11 和 C18∶1cis11 对玉米根际土壤中 AM 真菌活性菌丝量进行了动态监测，结果表明在玉米生殖生长时期，玉米根际土壤中 AM 真菌生物标记物数量显著提高，表明有机碳从宿主植物到 AM 真菌的流动。研究还表明 AM 真菌的菌丝帮助玉米根系吸收了磷。在华北地区高产玉米试验地的系列调查也表明玉米根系存在菌根真菌的大量侵染（刘世通，2008）。通过在不同养分投入模式的玉米地进行田间埋管（抑制根系的生长生成菌丝生长室），刘柯（2009）发现玉米生长前期菌丝生长室内菌丝密度和土壤 Olsen-P 耗竭量呈正相关关系，说明菌丝仍可吸收土壤中的磷。由以上可以看出，对集约化生产体系中菌根真菌的多样性和功能的认识深入理解可能仍然是今后研究的热点之一。

3 菌根真菌与氮素吸收

在自然生态系统和农业生态系统中氮是主要的养分限制因子。植物对氮的需求量很大，大约是磷的 10 倍，然而相对于对丛枝菌根真菌对磷素吸收利用的研究，目前对丛枝菌根在氮素吸收利用方面的研究较少。由于土壤中氮的移动性大，一般情况下，氮的空间有效性不是植物吸收氮的限制因子，但在某些特定条件下，氮素也会成为限制因素，如低温，矿化速率降低，pH 低；干旱，无机氮扩散受阻；盐害，限制了 NO_3^- 的吸收等。

丛枝菌根真菌对宿主植物体内氮营养的影响国内外报道不一。许多盆栽试验报道丛枝菌根能提高宿主植物体内氮营养，程度从可以忽略到相当大，分室试验发现菌丝吸收的氮最高达到植株总吸氮量的 30%（Frey and Schuepp，1993）。可能原因是丛枝菌根真菌和植物共生一方面扩展了植物根系吸收氮营养的范围，另一方面，菌根真菌和其他微生物竞争，优于其他微生物把土壤中氮素吸收固定在根外菌丝中，并以这种方式把氮素保留在菌根共生体中。这种竞争在氮素的循环上起一个重要的作用（Johansen et al.，1996）。然而也有报道丛枝菌根对植物体内氮营养贡献不大（Hawkins and George，1999），原因是相对于植物对氮的需求，丛枝菌根吸收转移的氮素贡献有限。

由于外生菌根真菌可以分离培养，国内外关于外生菌根真菌在植物氮吸收和代谢方面的研究比较多（Ek，1997）。离体培养发现外生菌根真菌能够很好的利用无机氮源特别是铵态氮，其中一些真菌不能利用硝态氮，此外也有一些外生菌根真菌能利用简单的有机氮包括氨基酸、酰胺、蛋白质等，还有其他的物质包括尿素。最早关于丛枝菌根与土壤氮素关系的报道是在1976年，Haines和Best观察到植物（*Liquidambar styraciflua*）接种 *Glomus mosseae* 后，延缓了土壤中 NH_4^+、NO_3^- 以及 NO_2^- 的淋洗损失。以后陆续研究表明AM共生体可以吸收、同化无机氮（NH_4^+-N 和 NO_3^-）并向宿主植物传递（Ames et al.，1983；Frey and Schuepp，1993；Johansen et al.，1994），而且AM共生体能加速土壤中矿质态氮的消耗。由于 NH_4^+ 在土壤中容易被吸附固定，移动性很小，与植物根系相比，菌根可以利用其庞大的菌丝网络吸收根系无法吸收的 NH_4^+。另外，由于 NH_4^+ 对植物有毒害作用，植物体内即使积累很少量的 NH_4^+，都会对植物造成伤害，当基质中 NH_4^+ 是主要氮形态时，丛枝菌根真菌的侵染尤其重要。硝态氮是大多数农田土壤中主要的无机氮形式，土壤溶液中 NO_3^- 在土壤中的移动性比较大，主要通过质流快速迁移至根表。一般认为菌根共生体对硝态氮吸收转运的作用不大，而在干旱条件下，水分成为限制因子时，菌根真菌表现出促进植株对 NO_3^- 的吸收。在土壤干旱条件下，菌根植株的含氮量、NR、GS和GOGAT活性均高于非菌根植株，说明丛枝菌根真菌侵染促进植株吸收和同化 NO_3^-，提高植株耐受干旱胁迫的能力（Subramanian and Charest，1998）。也有研究表明，在正常供水条件下，丛枝菌根真菌也能吸收 NO_3^-。向一种嗜 NH_4^+-N 的热带木本植物 *Erythrina poeppigiana* 供应 NO_3^--N 作为氮源，发现接种丛枝菌根真菌显著提高了植物干重和含氮量，表明菌根真菌能提高宿主植物吸收利用 NO_3^--N（Cuenca and Azcon，1994）。Bago等（1996）发现 *G. intraradices* 可能以 H^+/NO_3^- 共转运机制吸收 NO_3^-，同时在丛枝菌根真菌中发现了两种 H^+-ATP同工酶。研究发现在 *G. mosseae* 孢子中存在硝酸还原酶，并对其进行了分离定量（Kaldorf et al.，1998），间接表明了丛枝菌根真菌可以吸收 NO_3^-。

土壤中主要的氮形态是有机态氮素，在矿化受限或者营养贫瘠的土壤中存在大量的氨基酸，在农田中也存在一定浓度的氨基酸。研究发现，外生菌根真菌能利用氨基酸（Lipson et al.，1999），一些石南状菌根真菌能利用难分解的有机态氮（Read，1996）。近几年对丛枝菌根真菌吸收有机氮的研究发现，丛枝菌根真菌不仅可以吸收一些简单的有机态氮素，如氨基酸，而且还能吸收一些植物根系不能吸收的复杂有机态氮素。在植株收获前一个小时进行两种氨基酸（Ser和Asp）的 ^{15}N 标记，发现接种 *G. fasciculayum* 提高了植株 ^{15}N 丰度，说明相比不接种植株，菌根植物能更有效的利用氨基酸（Cliquet et al.，1997）。由于丛枝菌根真菌菌丝非常细小（直径不超过 5μm），很容易穿插进难分解的有机质（草叶）中吸收氮素，从而促进有机物质的分解（Hodge，2001）。另外丛枝菌根对有机氮素的吸收还可以避免土壤中其他微生物对氮素的固定，促进氮素的循环（Johansen et al., 1996）。采用空气隔板分室法和胡萝卜根系质粒离体培养菌丝法，同样也证明了丛枝菌根真菌可以吸收并向植株转移无机态氮（Hawkins and George，1999）和有机氮（甘氨酸、谷氨酸）（Hawkins et al.,2000；Breuninger et al., 2004）。

研究发现 *G. intraradices* 的根外菌丝中含有谷氨酰胺合成酶和谷氨酸合成酶，表明丛枝菌根根外菌丝主要通过 GS-GOGAT 途径同化无机态氮（Breuninger et al., 2004）。Breuninger 等（2004）分离并编码了丛枝菌根真菌 *Glomus mosseae* 谷氨酰胺合成酶的全程 cDNA，也编码了 *Glomus intraradices* 谷氨酰胺合成酶的部分 cDNA。丛枝菌根菌丝中最丰富的氨基酸有天冬酰胺、精氨酸，谷氨酸，谷氨酰胺（Bago et al., 1999；Johansen et al., 1996），因此认为丛枝菌根真菌可能以这几种氨基酸形态运输氮素。Govindarajulu 等（2005）采用胡萝卜根系质粒离体培养菌丝法试验得出 *Glomus intraradices* 菌丝吸收氮素后，首先合成一种富氮的氨基酸-精氨酸（4N/6C），并以这种形式在根外菌丝中运输，在根内菌丝和根细胞界面，精氨酸再进一步转化为不含碳的无机态氮——NO_3^-，并以 NH_4^+ 的形式向植株根系转移。

研究表明 AMF 吸收氮素的能力与根外菌丝密度呈正相关（Hawkins and George，1999，2001）。同时 AMF 吸氮能力与植物磷营养有关。基质中供应不同形态的氮也影响 AM 共生体及共生体对氮的吸收。有试验表明向植株供应不同形态的氮素，植株根系侵染率不同，进而影响 AM 共生体吸氮，供硝态氮的植物根系侵染率高，且有丛枝的比例较高，供铵态氮时单位根长中的泡囊数目最少，铵根离子对 AM 侵染抑制作用较大（Johnson et al., 1984）。但也有试验表明氮的形态对侵染率无显著影响（Cuenca and Azcon，1994）。

一些田间接种实验表明了菌根生物肥料作用和应用的潜力。Miransari 等（2006）通过两年的田间试验发现接种 AM 真菌能够显著促进玉米的生长，且增加其产量。Gupta 等（2006）的研究也发现玉米根长和根系干重与 AM 真菌的根系侵染强度具有显著的正相关。刘文科（2004）对在不同类型土壤上生长的玉米进行了接种 AM 真菌的试验，发现在不同土壤上均有某些种类的 AM 真菌对玉米具有显著的增产效果。但也有研究表明大田情况下 AM 真菌对玉米产量的增加作用并不明显。莱阳农学院菌根生物技术研究所已获得 5 个高效菌种（株），主要有 *Glomus mosseae*32；*G. versiforme*；*Gigaspora margarita* 等（王淼焱等，2006b）。这些高效菌种在大田条件下，可使西瓜、菜豆、芋头等作物增产 15%～60%。唐明等从陕、甘、宁极端条件下分离到 6 种 AM 真菌，筛选出抗旱和抗盐碱能力最强的 *Glomus mosseae* 菌株。最近冯固等（2010）总结了农业生产中调控措施对共生体效应的影响。一些农艺措施，如间套作、轮作、少耕或免耕；施用化学物质诱导剂；减少磷肥投入等均可提高或发挥田间原位条件下菌根真菌的作用潜力。

感谢国家重点基础研究发展计划项目“973”（2007CB109300）资助。

参考文献

冯固，张福锁，李晓林，等．2010．丛枝菌根真菌在农业生产中的作用与调控，土壤学报，47（5）：995-1004.

李晓林，冯固．2001．丛枝菌根生态生理．北京：华文出版社．

刘柯．2009．不同养分投入模式下小麦玉米轮作体系中 AM 真菌种群和功能特征．中国农业大学硕士学位论文．

刘润进，陈应龙．2007．菌根学．北京：科学出版社．

刘世通．2008．集约化玉米氮养分管理措施对根际微生物活性的影响．中国农业大学硕士学位论文．

刘文科．2004．丛枝菌根真菌的土壤生态适应性及其功能差异研究．中国农业大学硕士学位论文．

王淼焱，李敏，刘树堂，等．2006a．长期定位施肥土壤中的丛枝菌根真菌．菌物研究，4：5-9.

王淼焱，王洪娴，李敏，等．2006b．菌根生物肥料的研究现状．山东科学，19（6）：94-97.

Ames R N, Reid C P P, Porter L K, et al. 1983. Hyphal uptake and transport of nitrogen from two ^{15}N-labelled sources by *Glomus mosseae*, a vesicular-arbuscular mycorrhizal fungus. New Phytol, 95: 381-396.

Bago B, Vierheilig H, Piché Y, et al. 1996. Nitrate depletion and pH changes induced by extraradicd mycelium of the arbuscular mycorrhizal fungus Glomus interadices grown in monoxenic culture. New phytol, 133: 273-280.

Bago B. Ziptel W, Williams R M, et al. 1999. Nuclei of symbiofic arbuscular mycorrhizal fungui, as revealed by in vitro 2-photon microscopy. Protoplasma, 209: 77-89.

Breuninger M, Trujillo C G, Serrano E, et al, 2004. Different nitrogen sources modulate activity but not expression of glutamine synthetase in arbuscular mycorrhizal fungi. Fungal Genet Biol, 41: 542-552.

Bucher M. 2007. Functional biology of plant phosphate uptake at root and mycorrhiza interfaces. New Phytol, 173: 11-26.

Clark R B, Zeto S K. 2002. Arbuscular mycorrhizae: mineral nutrient and water acquisition. *In*: Sharma A, K, Johri B, N. Arbuscular Mycorrhhizae: Interactions in Plants, Rhizosphere and Soils. Enfield, NH: Science Pulishers, Inc.

Cliquet B J B, Murray P J, Boucaud J. 1997. Effect of the arbuscular mycorrhizal fungus *Glomus fasciculatum* on the upake of amino nitrogen by *Lolium perenne*. New Phytol, 137: 345-349.

Copetta A, Lingua G, Berta G. 2006. Effects of three AM fungi on growth, distribution of glandular hairs, and essential oil production in *Ocimum basilicum L. var. Genovese*. Mycorrhiza, 16: 485-494.

Cuenca G, Azcon R. 1994. Effect of ammonium and nitrate on the growth of vesicular-arbuscular mycorrhizal *Erythrina poeppigiana* O. I. Cook seedlings. Biol Fertil Soils, 18: 249-254.

Daniell T J, Husband R, Fitter A H, et al. 2001. Molecular diversity of arbuscular mycorrhizal fungi colonising arable crops. FEMS Microbiol Ecol. 36: 203-209.

Ek H. 1997. The influence of nitrogen fertilization on the carbon economy of *Paxillus involutus* in ectomycorrhizal systems of *Fagus sylvatica* infected with *Paxillus involutus*. New Phytol, 113: 47-55.

Espeleta J F, West J B, Donovan L A. 2009. Tree species fine-root demography parallels habitat specialization across a sandhill soil resource gradient. Ecology, 90: 1773-1787.

Feng G, Song Y C, Li X L, et al. 2003. Contribution of arbuscular mycorrhizal fungi to utilisation of organic sources of phosphorus by red clover in a calcareous soil. Appl Soil Ecol, 22: 139-148.

Frey B, Schuepp H. 1993. Acquisition of nitrogen by external hyphae of arbuscular mycorhizal fungi associated with *Zea mays* L. New Phytol, 124: 221-230.

Glassop D, Smith S E, Smith F W. 2005. Cereal phosphate transporters associated with the mycorrhizal pathway of phosphate uptake into roots. Planta, 222: 688-698.

Govindarajulu M, Pfeffer P E, Jin H, et al. 2005. Nitrogen transfer in the arbuscular mycorrhizal symbiosis. Nature, 435: 819-823.

Grigera M S, Drijber R A, Wienhold B J. 2007. Increased abundance of arbuscular mycorrhizal fungi in soil coincides with the reproductive stages of maize. Soil Biol Biochem, 39: 1401-1409.

Gupta N, Rautaray S, Basak U C. 2006. The growth and development of arbuscular mycorrhizal fungi and its effects on the growth of maize under different soil compositions. Mycorrhiza News, 18: 15-23.

Haines B L, Best G R. 1976. *Glomus mosseae*, endomycorrhizal with *Liquidambar styraciflua* L. seedings retards NO_3^-, NO_2^- and NH_4^+ nitrogen loss from a temperate forest soil. Plant Soil, 45: 251-261.

Harrison M J, Dewbre G R, Liu J Y. 2002. A phosphate transporter from *Medicago truncatula* involved in the acquisiton of phosphate released by arbuscular mycorrhizal fungi. Plant Cell, 14: 2413-2429.

Harrison M J, van Buuren M L. 1995. A phosphate transporter from the mycorrhizal fungus Glomus versiforme. Nature, 378: 626-629.

Hawkins H J, George E. 1999. Effect of plant nitrogen status on the contribution of arbuscular mycorrhizal hyphae to plant nitrogen uptake. Physiol Planta, 105: 694-700.

Hawkins H J, George E. 2001. Reduced ^{15}N-nitrogen transport through arbuscular-mycorrhizal hyphae to *Triticum aestivum* L. supplied with ammonium versus nitrate nutrition. Ann Bot, 87: 303-311.

Hawkins H J, Johansen A, George E. 2000. Uptake and transport of organic and inorganic nitrogen by arbuscular mycorrhizal fungi. Plant Soil, 226: 275-285.

Helgason T, Daniell T J, Husband R, et al. 1998. Ploughing up the wood-wide web. Nature, 394: 431.

Hodge A. 2001. Arbuscular mycorrhizal fungi influence decomposition of, but not plant nutrient capture from, glycine patches in soil. New Phytol, 151: 725-734.

Javot H, Penmetsa V R, Terzaghi N, et al. 2007. A Medicago truncatula phosphate transporter indispensable for the arbuscular mycorrhizal symbiosis. PNAS, 104: 1720-1725.

Johansen A, Finlay R D, Olsson P A. 1996. Nitrogen metabolism of external hyphae of the arbuscular mycorrhizal fungus *Glomus intraradices*. New Phytol, 133: 705-712.

Johansen A, Jakobsen I, Jensen E S. 1994. Hyphal N transport by a vesicular-arbuscular mycorrhizal fungus associated with cucumber grown at three nitrogen levels. Plant Soil, 160: 1-9.

Johanson C R, Jarrell W M, Menge J A. 1984. Influence of ammonium: nitrate ratio and solution pH on mycorrhizal infection, growth and nutrient composition of *Chrysanthemum morifolium* var. Circus. Plant Soil, 77: 151-157.

Johnson N C, Graham J H, Smith F A. 1997. Functioning of mycorhizal association along the mutualismparasitism continuum . New Phytol, 135: 575-585.

Kahiluoto H, Ketoja E, Vestberg M, et al. 2001. Promotion of AM utilization through reduced P fertilization. Field studies. Plant Soil, 231: 65-79.

Kaldorf M, Schmelzer E, Bothe H. 1998. Expression of maize and fungal nitrate reductase genes in arbuscular mycorrhiza. Mol Plant Microbe Interact, 11: 439-448.

Li H Y, Smith F A, Dickson S, et al. 2008. Plant growth depressions in arbuscular mycorrhizal symbioses: not just caused by carbon drain. New Phytol, 178: 852-862.

Li H Y, Smith S E, Holloway R E, et al. 2006. Arbuscular mycorrhizal fungi contribute to phosphorus uptake by wheat grown in a phosphorus-fixing soil even in the absence of positive growth responses. New Phytol, 172: 536-543.

Li X L, George E, Marschner H, et al. 1991. Phosphorus depletion and pH decrease at the root soil and hyphae soil interfaces of VA mycorrhizal white colover fertilised with ammonium. New Phytol, 119: 397-404.

Lipson D A, Schadt C W, Schmidt S K, et al. 1999. Ectomycorrhizal transfer of amino acid-nitrogen to the alpine sedge *Kobresia myosuroides*. New Phytol, 142: 163-167.

Maldonado-Mendoze I E, Dewbre G R, Harrion M J. 2001. A phosphate transporter gene from the extraradical mycelium of an arbuscular mycorrhizal fungus *Glomus intradices* is regulated in response to phosphate in the environment. Mol Plant Microbe Interact, 14: 1140-1148.

Miransari M, Bahrami H A, Rejali F, et al. 2006. Evaluating the effects of arbuscular mycorrhizae on nutrient uptake and corn yield in a compacted soil. Ira J Soil and Water Sci, 20: 106-121.

Nagy R, Vasconcelos M J V, Zhao S, et al. 2006. Differential regulation of five *Pht*1 phosphate transporters from maize (*Zea mays* L.). Plant Biol, 8: 186-197.

Oehl F, Sieverding E, Ineichen K, et al. 2005. Community structure of arbuscular mycorrhizal fungi at different soil depths in extensively and intensively managed agroecosystems. New Phytol, 165: 273-283.

Olsson P A, Thingstrup I, Jakobson I, et al. 1999. Estimation of the biomass of arbuscular mycorrhizal fungi in a linseed field. Soil Biol Biochem, 31: 1879-1887.

Orfanoudakis M, Wheeler C T, Hooker J E. 2010. Both the arbuscular mycorrhizal fungus *Gigaspora rosea* and *Frankia* increase root system branching and reduce root hair frequency in *Alnus Glutinosa*. Mycorrhiza, 20: 117-126.

Paszkowski U, Kroken S, Roux C, et al. 2002. Rice phosphate transporters include an evolutionarily divergent gene specifically activated in arbuscular mycorrhizal symbiosis. PNAS, 99: 13324-13329.

Poulsen K H, Nagy R, Gao L L, et al. 2005. Physiological and molecular evidence for Pi uptake via the symbiotic pathway in a reduced mycorrhizal colonization mutant in tomato associated with a compatible fungus. New Phytol, 168: 445-453.

Read D J. 1996. The structure and function of the ericoid mycorrhizal root. Ann Bot, 77: 365-374.

Sander F E, Black P B T, Paalmerley S M. 1977. The development of endomycorrhizal roots systems. I. Sptead of infection and growth promoting effects with four species of vesicular arbuscular mycorrhizae. New Phytol, 18: 257-268.

Smith F A, Grace E J, Smith S E. 2009. More than a carbon economy: nutrient trade and ecological sustainability in facultative arbuscular mycorrhizal symbioses. New Phytol, doi: 10.1111/j.1469-8137.2008.02753.x.

Smith S E, Facelli E, Pope S, et al. 2010. Plant performance in stressful environments: interpreting new and established knowledge of the roles of arbuscular mycorrhizas. Plant Soil, 326: 3-20.

Smith S E, Read D J. 2008. Mycorrhizal Symbiosis. 3rd. London: Academic Press.

Smith S E, Smith F A. 1990. Structure and function of the interfaces in biotrophic symbioses as they relate to nutrient transport. New Phytol, 114: 1-38.

Smith S E, Smith F A, Jakobsen I. 2003. Mycorrhizal fungi can dominate phosphate supply to plants irrespective of growth responses. Plant Physiol, 133: 16-20.

Smith S E, Smith F A, Jakobsen I. 2004. Functional diversity in arbuscular mycorrhizal (AM) symbioses: the contribution of the mycorrhizal P uptake pathway is not correlated with mycorrhizal responses in growth or total P uptake. New Phytol, 162: 511-524.

Subramanian K S, Charest C. 1998. Arbuscular mycorrhizae and nitrogen assimilation in maize after drought and recovery. Physiol Planta, 102: 285-296.

Sylvia D M, Neal L H. 1990. Nitrogen affects the phosphorus response of VA mycorrhiza. New Phytol, 115: 303-310.

Treseder K K, Allen M F. 2002. Direct nitrogen and phosphorus limitation of arbuscular mycorrhizal fungi: a model and field test. New Phytol, 155: 507-515.

Wright D P, Scholes J D, Read D J, et al. 2005. European and African maize cultivars differ in their physiological and molecular responses to mycorrhizal infection. New Phytol, 167: 881-896.

Xu G H, Chague V, Melamed-Bessudo C, et al. 2007. Functional characterization of LePT4: a phosphate transporter in tomato with mycorrhiza-enhanced expression. J Exp Bot, 58: 2491-2501.

Yao Q, Li X L, Feng G, et al. 2001. Mobilization of sparingly soluble in organic phosphates by the external mycelium of an abuscular mycorrhizal fungus. Plant Soil, 230: 279-285.

木质纤维素的微生物分解机制与秸秆腐熟菌剂的组成

木质纤维素是地球上最丰富、最廉价的可再生资源。全世界每年通过光合作用产生的木质纤维生物质高达 1000 亿 t，其中 89% 目前尚未被人类利用。我国的木质纤维原料也非常丰富，每年仅农作物秸秆就有 7 亿多吨，加上数量巨大的林业纤维废料和工业纤维废渣，每年可利用的木质纤维原料总量可达 20 亿 t 以上。木质纤维素可通过光合作用年复一年的再生，永不枯竭，且无额外 CO_2 排放。因此，木质纤维素的转化对解决能源问题、缓解环境污染具有重要的现实意义。(陈洪章，2008)。

1　木质纤维素的基本结构与组成

木质纤维素是植物细胞细胞壁的主要成分，它主要由纤维素、半纤维素和木质素三大组分构成（图 1）。不同来源的生物质，其木质纤维素中的纤维素、半纤维素和木质素含量不同，表 1 给出了部分植物木质纤维素的组成。纤维素、半纤维素和木质素在细胞壁中相互交织共同形成致密的结构，任何一类成分的降解必然受到其他成分的制约，如木质素对纤维素酶和半纤维素酶降解天然纤维原料中的碳水化合物有空间阻碍作用，致使许多纤维素分解菌不能攻关完整的天然纤维素原料。

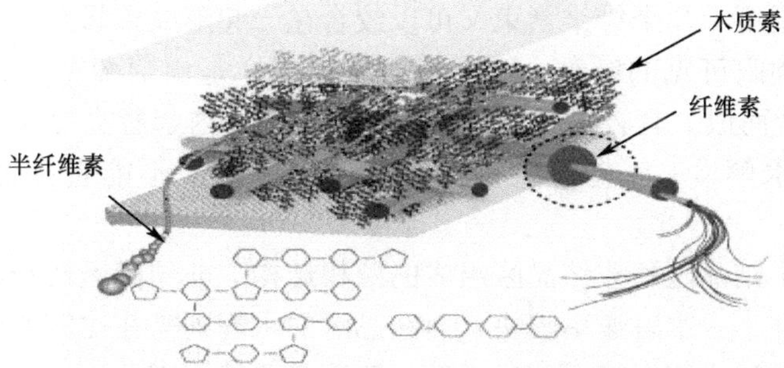

图 1　植物细胞细胞壁的构成

本章作者：江贤章、秦丽娜、董志扬。

表 1 不同来源的生物质木质纤维素的组成

原料	纤维素/%	半纤维素/%	木质素/%
硬木	40～55	24～40	18～25
软木	40～50	25～35	25～35
玉米芯	45	35	15
玉米秸秆	43	27	20
豆秆	35	25	12
稻草	35	25	15
稻壳	36	12	24
蔗渣	39	26	25
高粱秆	35	24	10～30
草	25～40	35～50	11
麦秸	30	50	18～30
树叶	15～20	80～85	18～25

1.1 纤维素（cellulose）

纤维素分子式可以简写为（$C_6H_{10}O_5$）$_n$，这里的 n 为聚合度，表示纤维素中葡萄糖单元的数目，由碳（44.44%）、氢（6.17%）、氧（49.39%）三种元素构成。纤维素分子是由β-D-葡萄糖通过β-1,4-糖苷键（由半缩醛羟基和 C_4 上的醇羟基之间缩水形成糖苷键）结合而成的线性高分子化合物，链两端组成不同，一个是还原端，另一个是非还原端。由于纤维素分子的长链能依靠数目众多的氢键结合形成纤维素束，几个纤维素束又可以绞合在一起形成束状结构，束状结构再定向排布形成肉眼可见的纤维，因此纤维素比同样是由葡萄糖构成的淀粉（由α-D-葡萄糖缩合而成）有较高的机械强度，在植物体内起着支撑作用。由于人体消化道中没有水解β-1,4-糖苷键的纤维素酶，所以人不能直接消化和利用纤维素。

纤维素是由结晶区和非结晶区组成的两相结构，非结晶区比较容易水解，在温和的反应条件下，水解速率较快；而结晶区的水解则需在比较剧烈的反应条件下才能进行，且反应速率较慢，难于生成葡萄糖单体。因此，纤维素的总水解反应速率由结晶区的水解反应速率决定。纤维素的结晶程度越高，水解就越困难。要加快纤维素结晶区的水解，需要使用催化剂，常见的催化剂有无机酸和纤维素酶等。纤维素经水解可以得到葡萄糖，1kg 纤维素水解理论上可以得到 1.11kg 葡萄糖。

1.2 半纤维素（hemicellulose）

构成木质纤维素的三大组成成分中，半纤维素大量存在于植物的茎秆、种子、果壳等部分，在自然界中的含量仅次于纤维素。半纤维素是由几种不同类型的单糖（五碳糖和六碳糖）构成的异质多聚体，其聚合度比较低，所含糖单元数为60～200个。由于半纤维素在化学结构上具有支链，所以它的物理结构是无定形的。与纤维素的β-1,4-葡聚糖主链相比，半纤维素的结构与组成十分复杂。半纤维素分子主链可由一种或几种糖基组成，分子链短且存在侧链，依来源不同，可以有不同的侧链取代基，如乙酰基、半乳糖基、阿拉伯糖基或葡萄糖醛酸残基。这些复杂的半纤维素链结合在纤维素微纤维的表面，相互连接，构成了坚硬的网络。半纤维素的糖基种类有α-呋喃式，也有β-呋喃式；有α-糖苷键，也有β-糖苷键；构型有D型，也有L型；糖基之间连接方式也多种多样，有1-2、1-3、1-4及1-6连接。构成半纤维素的单糖包括木聚糖（主要存在于蕨类、裸子植物、被子植物）、甘露聚糖（主要存在于针叶树中）、阿拉伯聚糖、阿拉伯半乳聚糖（主要存在于落叶松）和木葡聚糖（主要存在于双子叶植物中，单子叶植物中较少）等。自然界中，许多生物材料半纤维素的主要组成成分是木聚糖，而木聚糖中除含有木糖外，还含有L-阿拉伯糖、葡萄糖醛酸、乙醚、香豆酸、肉桂酸等。

半纤维素与纤维素分子链的主要区别在于：①由不同种糖单元组成；②分子链较短；③分子中有支链；④其主链可由一种糖单元构成均一聚糖，如聚木糖类半纤维素；也可由两种或更多种糖单元构成非均聚糖，如聚葡萄糖、甘露糖类半纤维素。

在酸性介质中，半纤维素糖苷键容易发生断裂，故它较易水解，在100℃左右就能在稀酸里水解，也可以在酶催化下完成水解。但是由于生物质中的半纤维素和纤维素互相交织在一起，故只有当纤维素被水解时，半纤维素才能完全水解。1 kg半纤维素中的木聚糖水解可以得到1.14 kg木糖。

半纤维素的用途非常广泛，可用于食品、化工、造纸、制药及涂料等工业生产中。例如，在食品工业中，半纤维素可以作为食品黏合剂、增稠剂、稳定剂、水凝胶、食用纤维、薄膜形成剂及乳化剂，在面包生产中加入半纤维素可以增加面包的体积和吸水量。

1.3 木质素（lignin）

木质素是构成生物质的主要组成部分之一，是植物界中仅次于纤维素的最丰富和最重要的有机高聚物，估计全世界每年约可以产生6×10^{6}亿t。它的出现与陆生植物直立生长的习性相关，是植物进化的一种标志。木质素渗入到细胞壁中，在维持植物正常结构、疏导水分和养料、防御机体不受病原菌侵害等方面起重要作用。

木质素的化学结构复杂，目前对许多植物的木质素结构仍不完全清楚，仅有一些结构的模型，其分子式可以简单表示为 $(C_6H_{11}O_2)_n$。已知的木质素有以下的化学结构特点。

（1）木质素是芳香族的多聚物，主要由碳、氢、氧三种元素组成，其碳含量比其他植物原料中多聚糖高得多，另外含有少量氮。

（2）木质素的基本结构单元是苯丙烷，而这些苯丙烷单元是通过醚键和碳—碳键的方式连接成木质素大分子。

（3）木质素结构中有多种官能团，影响其反应性能的主要官能团有甲氧基、酚羟基和羰基等。酚羟基大部分是以醚键的形式与其他结构单元连接的，只有一小部分以游离酚羟基形式存在。羰基含量较少，以共轭和非共轭形式存在。

木质素主要通过氧化还原酶催化形成苯氧自由基，通过自由基反应完成木质素生化聚合或降解。木质素不能被水解为单糖，并且在纤维素周围形成保护层，影响纤维素水解。木质素中氧含量较低，能量密度比纤维素高，因此水解结束后剩下的木质素残渣常被作为燃料。

木质素分解后的木质素单体及其二聚体可转化为有工业意义的化学品，如被誉为香料之王的香草醛，具有较强的抗氧化、抗菌活性和一定抗肿瘤作用的香草酸，以及阿魏酸、苯酚类物质等。

2 木质纤维素微生物降解机制

由于木质纤维素复杂的组成成分和结构，造成了酸降解或者生物降解难以进行。如果能够破坏木质素保护层和改变纤维素的晶体结构，那么将木质纤维素降解并能源化就会更容易进行。由于木质素阻止纤维素分解物对纤维素的作用，人们不得不借助物理、化学、生物等方法来进行预处理，使纤维素、半纤维素、木质素等分离开来，破坏纤维素的晶体结构，降低聚合度。研究结果已经表明，在酶促降解、直接微生物降解及酸催化水解生物质材料之前，对原料进行预处理，可以显著提高生物质原料的降解速率和增加葡萄糖的产率。

自然界中，木质纤维素能够被千百种微生物所降解。微生物降解木质纤维素时主要有两种进攻方式，一是由外部到内部；二是由内部向外部。细菌在降解木质纤维素时首先吸附在纤维素表面，不断地由纤维的表面向内部生长，细菌吸附的纤维素部位被细菌所破坏，纤维易于膨胀，较容易分解。真菌在降解木质纤维素的过程中，首先吸附在木质纤维素的端部，菌丝由端部向内延伸，分泌木质纤维素降解酶，然后由内向外降解木质纤维素。微生物降解木质纤维素时无论采用何种方式来破坏木质纤维素结构，在木质纤维素生物降解过程中起主要作用的还是微生物所产生的木质纤维素降解酶。木质纤维素天然结构复杂，其生物降解过程是一个复杂的酶学过程，需要多种酶的协同作用来完成。

2.1 纤维素的降解

2.1.1 纤维素降解微生物

纤维素是植物残体中最丰富的部分。自然界有多种微生物（表 2）可通过产纤维素酶来分解纤维素（王靖和刘洁丽，2008）。

表 2 降解纤维素的主要微生物

种类	菌种名称
细菌	肺炎雷伯氏菌（*Klebsiella pneumoniae*）
	假单胞菌（*Pseudamonas* sp.）
	嗜麦芽窄食单胞菌（*Stenotrophomonas maltophilia*）
	热纤梭菌（*Clostridium themocellum*）
	芽孢杆菌（*Bacillus* sp.）
真菌	康氏木霉（*Trichoderma koningii*）
	黄绿木霉（*Trichoderma aueroviride*）
	木霉（*Trichoderma* sp.）
	里氏木霉（*Trichoderma reesei*）
	交链孢属（*Alternaria* Neesex）
	无孢菌群（*Mycelia* Sterilia）
	硬内囊霉属（*Sclercystis* Beck et Broome）
	曲霉属（*Aspergillus* Link）
	黑曲霉（*Aspergillus niger*）
	拟茎点霉属（*Phomopsis* Sacc）
	斜卧青霉（*Penicillium decumbens*）

2.1.2 纤维素降解酶

微生物降解纤维素是先产生纤维素酶，再利用纤维素酶来把纤维素水解成葡萄糖（图 2）。纤维素酶（cellulase）是指能水解纤维素 β-1-4 葡萄糖苷键，使纤维素变成纤维二糖和葡萄糖的一组酶的总称，它不是单一酶，而是起协同作用的多组分酶系（Lynd et al., 2002）。纤维素酶由葡聚糖内切酶（EC 3.2.1.4 ,endo-1,4-β-D-glucanase，来自于真菌的简称 EG，来自于细菌的简称 Cen）、葡聚糖外切酶（EC 3.2.1.91，cellobiohydrolase，来自于真菌的简称 CBH，来自于细菌的简称 Cex）、β-1,4-葡萄糖苷酶（EC 2.1.1.21 ,β-1,4-glucosidase，BG）三个主要成分组成的诱导型复合酶系。在固体底物的表面，葡聚糖内切酶和外切酶的作用是释放出聚合度在 6 以下的可溶性糖到液相中（Zhang and Lynd，2004）。其中，内切酶可作用于纤维素分子内的无定形区，随机水解 β-1,4-糖苷键，将长链纤维素分子截短，产生大量的小分子纤维素，即纤维素末端。内切型纤维素酶可为外切酶提供大量的反应末端，同时它也能水解小分子的纤维素寡糖；外切酶作用于纤维素分子的末端，依次从纤维素分子中切下纤维二糖，它可以作用于纤维素分子内的结晶区、无定形区和羧甲基纤维素；β-葡萄糖苷酶主要将纤维二糖、纤维三糖转化为葡萄糖。为了有利于纤维素的降解，具有纤维素降解能力的细菌往往通过纤维素酶小体上的纤维素结合域（CBD）附着到纤维素的表面（Schwarz，2001）。当三个主要成分的活性比例适当时，就能协同作用完成对纤维素降解。其酶催化效率高，比一般酶高 10^6～10^7 倍；酶的催化反应具有高度专一性，酶对其作用底

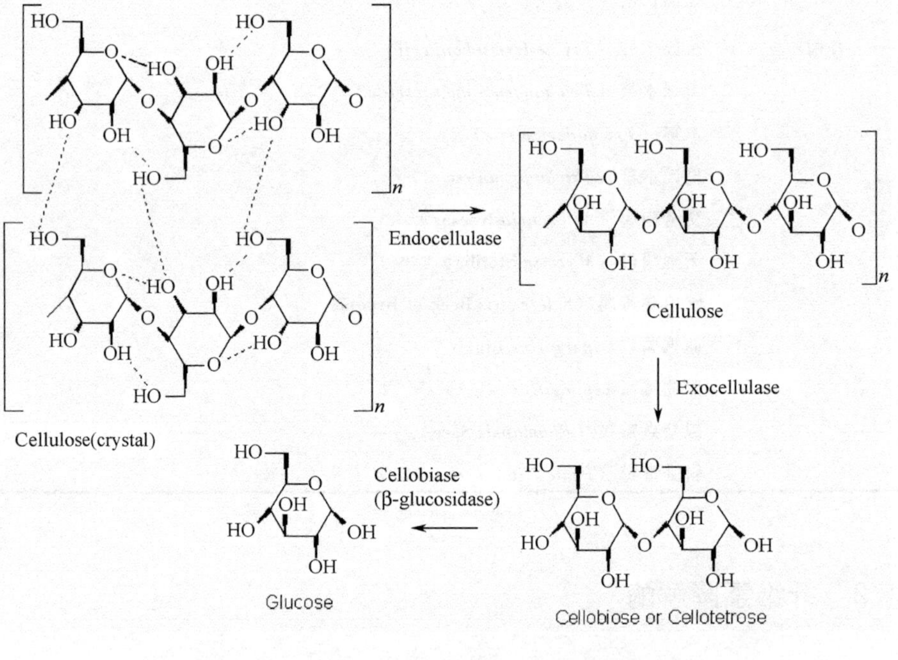

图 2　纤维素酶在纤维素水解过程中的协同作用

物有严格选择性，催化反应条件温和，酶催化活力可被调节控制，无毒性。

2.1.3 纤维素酶小体

大部分厌氧菌的纤维素酶以一种特殊的形式结合在一起，所有和纤维素降解有关的各种酶互相组合成为一个超分子体系，称为纤维素酶小体（cellulosome，图3）。纤维素酶小体由一个称为 scaffoldin 的支架蛋白和各种与纤维素水解有关的酶结合而成。支架蛋白这个基座提供了各个酶结合在一起的基础，在这个蛋白质的上面有很多称为 cohesin 的结合位点；而在纤维素酶小体里的各种纤维素水解酶蛋白都具有 dockerin 的蛋白质区域，这个区域可以和 cohesin 结合位点结合，从而把纤维素水解酶蛋白固定到支架蛋白上（Bayer et al., 1998）。

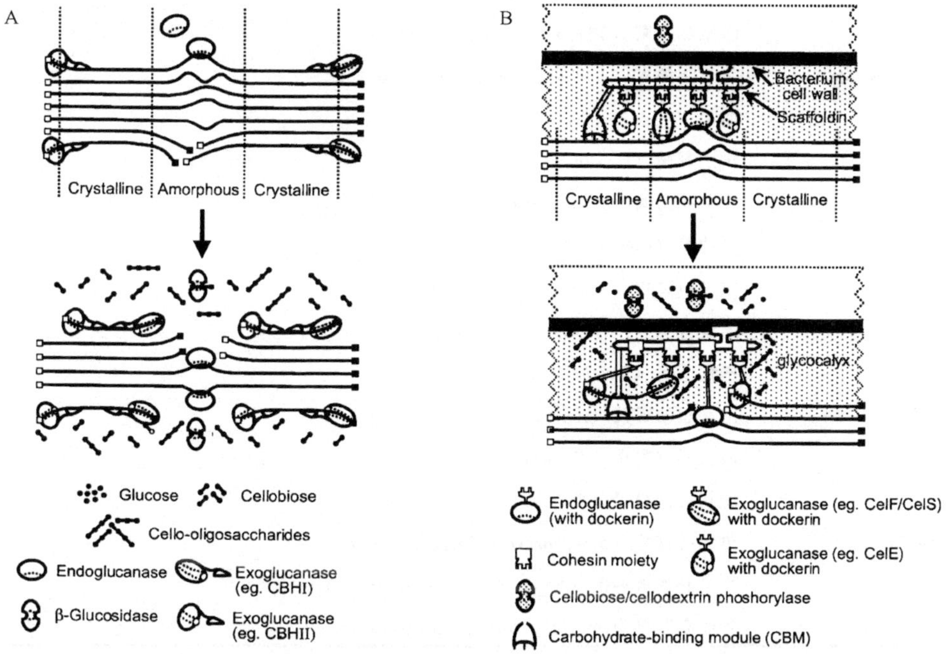

图3 好氧菌和厌氧菌的纤维素酶系统的区别（Lynd et al., 2002）

A. 好氧菌的游离纤维素酶；B. 厌氧菌的纤维素酶小体

2.2 半纤维素的降解

2.2.1 半纤维素降解微生物

木聚糖酶的来源非常丰富，一些细菌和好氧丝状真菌都能分泌不同的木聚糖酶（表 3），用于彻底水解木聚糖（Beg et al., 2001）。

表 3　木聚糖降解主要微生物

种类	名称
细菌	荚膜酸杆菌（*Acidobacterium capsulatum*）
	环状芽孢杆菌（*Bacillus circulans*）
	脂肪嗜热芽孢杆菌（*Bacillus stearothermophilus*）
	粪碱纤维单胞菌（*Cellulomonas fimi*）
	纤维单胞菌（*Cellulomonas* sp.）
	微球菌（*Micrococcus* sp.）
	葡萄球菌（*Staphylococcus* sp.）
	嗜热厌氧杆菌（*Thermoanaerobacterium*）
	海栖热孢菌（*Thermotoga maritima*）
丝状真菌	柰恩端梗霉（*Acrophialophora nainiana*）
	曲霉（*Aspergillus*）
	头孢霉菌（*Cephalosporium* sp.）
	尖孢镰刀菌（*Fusarium oxysporum*）
	白地霉（*Geotrichum candidum*）
	宛氏拟青霉（*Paecilomyces varioti*）
	产紫青霉（*Penicillium purpurogenum*）
	木霉菌属（*Trichoderma*）
酵母菌	出芽短梗霉菌（*Aureobasidium pullulans*）
	浅白隐球酵母（*Cryptococcus albidus*）
	皮状丝孢酵母（*Trichosporon cutaneum*）
链霉菌	热紫链霉菌（*Streptomyces thermoviolaceus*）
	恰塔努加链霉菌（*Streptomyces chattanoogensis*）
	弯曲高温单孢菌（*Thermomonospora curvata*）

2.2.2　半纤维素降解酶

自然界中，许多生物材料半纤维素的主要组成成分是木聚糖。木聚糖的完全水解需要内切 1,4-β 木聚糖酶（endo-1,4-β-xylanase，EC 3.2.1.8）、β-木糖苷酶（β-xylosidase，EC 3.2.1.37）和其他几种辅酶（阿拉伯糖苷酶、葡萄糖苷酸酶等）的协同作用（图 4）。首先，内切 1，4-β 木聚糖酶随机地作用于木聚糖的主链，随机断裂其骨架，产生低聚糖，降低了聚合度；然后β-木糖苷酶将这些低聚糖分解成木糖；同时，阿拉伯糖苷酶、葡萄糖苷酸酶等分别从木聚糖主链上除去相应的阿拉伯糖和葡萄糖苷酸等，这是因为侧链取代基的存在会阻抑木聚糖酶的作用，因此需要有不同的糖苷酶水解木糖与侧链取代基之间的糖苷键。研究揭示，这些特异性糖苷酶能以协同方式与内切木聚糖酶和β-木糖苷酶一起高效分解木聚糖（McDermid et al., 1990）。虽然木聚糖的结构比纤维素更复杂，完全水解所需的酶类也比纤维素多，但木糖的结构没有纤维素那样紧密，各种酶容易与木聚糖结合，所以水解速度并不慢（Clarke et al., 2000）。

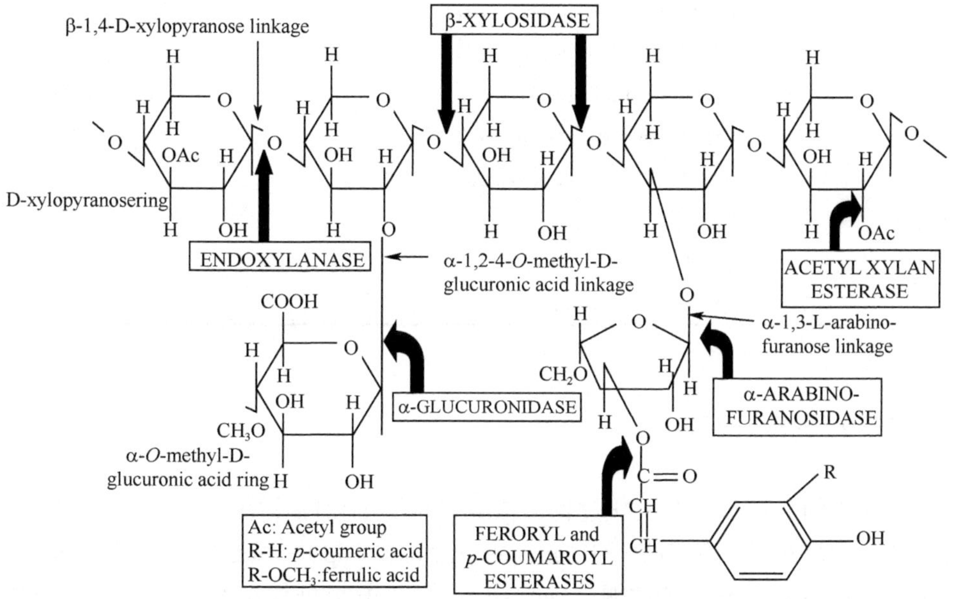

图 4　木聚糖的结构及水解

2.3　木质素的降解

2.3.1　木质素降解微生物

木质素是自然界中仅次于纤维素的最为丰富的有机物，但是木质素不含有易水解的重复单元，并且可抵抗酶的水解作用，是目前公认的微生物难降解的芳香族化合物之一（Sjoslrom, 1993）。利用微生物（表 4）降解木质素不仅可以缓解环境污染，还可以变废为宝，实现资源再利用（王靖和刘洁丽，2008）。

表 4　木质素降解主要微生物

种类	名称	降解能力
放线菌	链霉菌属（*Streptomyces*）	较强
	节杆菌（*Arthrobacter*）	
	小单孢菌（*Micromonospora*）	
	诺卡氏菌属（*Nocardia*）	
	高温放线菌属（*Thermoactinomyces*）	
	褐色高温单胞菌（*Thermonospora fusca*）	
非丝状细菌	不动杆菌属（*Acinetobacter* sp.）	比较弱
	黄杆菌属（*Flavobacterium* sp.）	
	微球菌属（*Micrococcus* sp.）	
	假单胞菌属（*Pseudomonas* sp.）	
	黄单胞菌属（*Xanthomonas* sp.）	
木腐菌	白腐菌（white-rot fungi）	
	褐腐菌（brown-rot fungi）	
	软腐菌（soft-rot fungi）	

2.3.2　木质素降解酶

木质素的分解是一个氧化过程，需要多种酶的协同作用。木质素降解酶主要有三种：木质素过氧化物酶（lignin peroxidase，Lip）、锰过氧化物酶（manganese perxidase，Mnp）和漆酶（laccase），但并不是每种菌都能产生这三种酶。还有芳醇氧化酶（aryl-alcohol oxidase，AAO）、乙二醛氧化酶（gyoxal oxidase，GLOX）、葡萄糖氧化酶（glucose oxidase）、酚氧化酶、过氧化氢酶等也都参与了木质素的降解或对其降解产生一定的影响。另外，细菌能产生两类新的酶：阿魏酰酯酶和对香豆酰酯酶，这两种酶作用于木质纤维物质可产生阿魏酰和对香豆酰，这两类酶与木聚糖酶协同作用分解半纤维素-木质素接合体，但不矿化木质素。

在自然界中木质素的降解主要靠白腐菌，大多数白腐菌既可降解硬木又可降解软木，其对木质素的降解速度和效率与其他菌种相比，具有明显的优越性。因此，对白腐菌的研究最为广泛，白腐菌降解木质素可分以下几步：①脱甲基和羟基反应形成多酚结构；②加氧裂解多酚环，产生链烃；③水解使脂肪烃缩短。为此设想酶系是在胞外或束缚于细胞壁上，包括：①H_2O_2产生酶系；②利用O_2、H_2O_2的木质素氧化酶系，以产生木质素自由基和醌；③木质素活性中间体还原形成稳定单体的醌还原酶系；④木质素小分子片段在胞内发生环开裂反应，分解产物经三羧酸循环（TCA）生成CO_2（Kersten and Cullen，2007）。迄今为止，利用 LiP、MnP 和漆酶作用于木质素仍是木质素降解的最主要手段，但由于白腐菌所产酶量有限及酶活较低的局限性，仍不能大规模应用到工业生产中。

3 复杂菌群在木质纤维素降解中的作用

3.1 瘤胃纤维素降解微生物

反刍动物是纤维素的主要利用者，它主要依靠瘤胃内庞大的微生物体系——细菌、真菌和原虫分泌的多种纤维素酶降解纤维素。瘤胃微生态是一个复杂的生态系统，细菌和真菌发挥了 80% 的作用，原虫起平衡控制作用。

瘤胃微生物种群在瘤胃内主要以三种方式存在，一是存在于瘤胃液中；二是附着于瘤胃上皮上；三是黏附于饲料颗粒上。其中，只有第三种直接负责纤维物质的降解，它们占瘤胃微生物总数的 50%～70%。细菌和原虫通常黏附于植物的气孔、皮孔或饲料的破损边缘，而真菌在消化中除集中在上述部位外，还以丰富的假根系统刺穿植物表皮，进一步为细菌提供黏附位点，提高纤维物质降解率。

目前国内外对瘤胃微生态的研究报道，已经取得了一些成果。根据瘤胃纤维素降解微生物在宿主动物体内的相对数量及在纯培养过程中消化不同类型纤维的活力，研究者们认为在瘤胃纤维素分解中起主要作用的瘤胃纤维分解菌有以下三种（Stewart and Flint，1997）：白色瘤胃球菌（*Rumincoccus albus*）、黄色瘤胃球菌（*R. flavefaciens*）、产琥珀酸丝状杆菌（*Fibrobacter succinogenes*），这三种菌在营养需求、黏附纤维等方面有相同的特征，而区别于其他的瘤胃微生物。另外，还有一部分瘤胃纤维分解菌称之为“次级纤维分解菌”。例如，溶纤维丁酸弧菌（*Butyrivibrio fibrisolvens*）、长芽孢梭菌（*Clostridium longisporium*）、梭菌属（*Clostridium*）等，它们对纤维降解也起到一定的作用。

3.2 白蚁肠道微生物

在整个陆地生态系统中，白蚁是一类非常成功的木材降解生力军，每年能够消耗世界木材中 74%～99% 的纤维素（Breznak and Brune，1994），对整个自然界木质纤维素的分解循环起到了至关重要的作用（Tokuda and Watanabe，2007）。白蚁作为微型的生物反应器，从咀嚼器官、消化管到酶系、微生物群落等，都为木质纤维素的降解提供了最为高效的机制（Engel and Gross，2009）。

白蚁纤维素酶的开发也被认为是大量转化和利用生物能源的重要途径（Li et al., 2009）。白蚁消化系统自身及共生微生物纤维素酶运行机制已成为近年来的研究热点。

3.2.1 白蚁后肠共生原生动物及其纤维素酶系

早期研究发现了大量能够利用纤维素作为碳源的细菌、真菌和原生动物，以及很多具有纤维素水解能力的微生物和相关的水解酶系（Lynd et al., 2005；Yoo et al., 2003）。低等白蚁的消化道，特别是加宽的后肠，是原生动物、原核生物等微生物的栖息地。白蚁膨大的后肠被认为是一种厌氧"消化器"，与羊和牛的瘤胃相似，其中有大量的共生微生物降解纤维素和半纤维素。大量研究表明，后肠原生动物在低等白蚁的新陈代谢中起着举足轻重的作用，它们能够将木质纤维素解聚再发酵成短链的脂肪酸，进而被宿主吸收氧化（Brune，2006；ohkuma，2008）。近年来，在白蚁共生原生动物中主要发现了葡聚糖内切酶活性的纤维素酶，除此之外还发现了β-葡萄糖苷酶和半纤维素酶活性的纤维素水解酶（Inoue et al., 2005；Tokaka et al., 2007）。在白蚁后肠共生的众多中单细胞原生动物中，鞭毛虫是最主要的原生动物。在低等白蚁 *Coptotermes formosanus* 的后肠发现了三种鞭毛虫：*Spirotrichonympha leidyi*、*Holomastigotoides mirabile* 和 *Pseudotrichonympha grassii*（曾文慧等，2010）。研究发现不同鞭毛虫在纤维素降解过程中起着不同作用。例如 *P. grassii* 主要降解高度聚合的纤维素，而 *H. mirabile* 则利用低分子质量的纤维素。

3.2.2 白蚁唾液腺/中肠消化系统中的内源性纤维素酶

世界上75%的白蚁都属于 Termitidae 家族，其唾液腺/中肠消化系统中内源性纤维素酶的存在是这些白蚁能够消化分解木质纤维素物质的重要原因之一（Tokuda et al., 2004）。从目前 NCBI 数据库已公布的信息来看，白蚁自身分泌的纤维素酶大多为葡聚糖内切酶，和原生动物来源的纤维素酶同源性较低。同时，在白蚁唾液腺中检测到了内源性β-葡萄糖苷酶与葡聚糖外切酶的活性。研究表明，在经过白蚁唾液腺和中肠上皮细胞分泌的各种消化酶的分解后，大部分较易消化的木质纤维素在到达中肠末尾时已被降解吸收（Brune，2006）。由此可以看出，白蚁的自消化系统是有单独工作能力的，机制之一可能是白蚁内源性 EG 酶通过双功能酶或者是底物的非特异性途经来补充前肠和中肠葡聚糖外切酶活力，使一部分糖类物质水解成单体葡萄糖。

3.2.3 白蚁后肠共生原核微生物及其纤维素酶

白蚁肠道内除了共生原生动物之外还存在大量的原核微生物，其中大多为细菌，还包括少量的古细菌（Brauman et al., 2001；Ohkuma, 2008）。研究发现，相比同种白蚁后肠保守的微生物群落结构，肠道细菌的种类极其丰富。利用 16S rDNA 序列对低等白蚁 *R. speratu* 后肠进行细菌群落分析，鉴定出 15 种以上的细菌，其中螺旋菌 *Spirocheates* 数量最大，其次是类细菌 *Bacterioetes*、厚壁菌 *Firmicutes* 和 TGl 菌群（termite group 1），它们共同占整个后肠细菌群落的 80% 以上。系统发生学分析还表明，这些肠道细菌中超过 90% 都属于新种，但是关于它们功能的研究还非常少（Thongaram et al., 2005；Yang et al., 2005）。后肠细菌所产生的纤维素酶活性占到整个肠道纤维素酶活性的 59%。对木食性白蚁后肠的宏基因组分析后发现，超过 100 个基因和纤维素的水解相关，它们编码的蛋白质分别对应纤维素酶、纤维二糖/纤维糊精磷酸化酶，内切葡聚糖酶/阿拉伯糖苷酶，以及少量内切葡聚糖酶（Warnecke et al., 2007）。白蚁肠道内细菌纤维素水解酶体系对木食性高等白蚁的新陈代谢起着至关重要的作用，但它与普通细菌的“水解酶复合体”在酶的组成上有很大的不同，这可能是由于白蚁肠道共生细菌为适应白蚁自身的代谢系统而进化形成了与之能够密切合作的纤维素水解酶复合系统。

3.3 堆肥降解微生物

3.3.1 堆肥的原理

堆肥是利用自然界广泛分布的细菌、真菌、放线菌等微生物，在一定的人工条件下，有控制地促进可被生物降解的有机物向稳定的腐殖质转化的生物化学过程，其实质是一种发酵过程，是自然界微生物降解过程的强化。在堆肥过程中，生活垃圾中的溶解性有机物质透过微生物的细胞壁和细胞膜而被微生物所吸收，固体和胶体的有机物质先附着在微生物体外，由生物所分泌的胞外酶分解为溶解性物质，再渗入细胞。微生物通过自身的生命活动——氧化、还原、合成等过程，把一部分被吸收的有机物氧化成简单的无机物，并放出生物生长活动所需要的能量。另一部分有机物用于转化成生物体所必需的营养物质，合成新的细胞物质。根据处理过程中起作用的微生物对氧气要求的不同，有机废物处理可分为好氧堆肥法（高温堆肥法）和厌氧堆肥法。前者是在通气的条件下借好氧微生物使有机物得到降解，由于好氧堆肥温度一般在 40～60℃，极限温度可达 70～90℃，因此也称为高温堆肥。厌氧堆肥法则是利用微生物的发酵造肥。由于好氧堆肥相对于厌氧堆肥更高效，因此是有机废弃物堆肥化处理过程中采用较多的一种方式。

3.3.2 堆肥腐熟度指标

腐熟度指标（maturity indices）是国际上公认的衡量堆肥反应进行程度的一个重要概念性参数，即判定堆肥过程已经完成的标准是腐熟度。它的基本含义是：通过微生物的作用，堆肥的产品要达到稳定化和无害化，即不对环境产生不良影响；堆肥产品使用后不影响作物的生长和土壤功能。堆肥的腐熟程度影响堆肥产品的使用，所有未经处理的有机废物、未腐熟的堆肥都会提高土壤中微生物的活性，在一段时间内造成潜在的氧缺乏和间接毒性，也会产生臭味。腐熟度的指标与堆肥时间有非常重要的相关性。所以对降温期和稳定期时间的控制是堆肥能否腐熟的关键。堆肥原材料的 C/N 值、性质及结构也会影响堆肥的腐熟度。堆肥的腐熟度是堆肥厂的设计、运行及堆肥过程控制的重要依据，关系到堆肥厂的建造成本及运行效率。多年来，国内外许多研究人员对腐熟度进行过各种研究探讨，提出三种评判堆肥腐熟度标准（李国学和张福锁，2000）。

（1）物理学指标：物理学指标主要包括温度、气味、色度、残余浊度、水电导率、光学性质和热重分析等。但是温度、气味和颜色等物理学指标难以定量表征堆肥过程中堆料成分的变化，也就不易定量说明堆肥的腐熟度。

（2）化学指标：通过分析堆肥过程中堆料的化学成分或性质的变化来评价堆肥腐熟度。用来研究腐熟度的化学指标有有机质变化指标、氨氮指标、腐殖化指标，C/N 比和有机酸等。

（3）生物学指标：堆肥过程也是一个生物过程，堆料中微生物的活性变化及堆肥对植物的影响可用以评价堆肥腐熟度，常用的指标主要有呼吸作用、酶活性及种子发芽率等。

3.3.3 堆肥中的微生物

好氧堆肥是将要堆肥的有机物料与填充料按一定的比例混合，在合适的水分、通气条件下，使微生物繁殖并降解有机质，从而产生高温，杀死其中的病原菌及杂草种子，使有机物达到稳定化。微生物通过新陈代谢活动分解有机底物来维持自身的生命活动，同时达到分解复杂的有机化合物为可被生物利用的小分子物质的目的。微生物吸收利用有机物的能力取决于它们产生的可以分解底物的酶的活性，堆肥底物越复杂，所需要的酶系统就越多且越综合。不同的微生物分泌的酶种类不同，一般地，好氧堆肥中有机底物的降解是细菌、放线菌和真菌等多种微生物共同作用的结果。

(1) 堆肥中的细菌：在好氧堆肥系统中，存在着大量的细菌。细菌凭借大的比表面积，可以快速将可溶性底物吸收到细胞中。所以在堆肥过程中，细菌在数量上通常要比体积更大的微生物（如真菌）多得多。在不同的堆肥环境中分离的细菌在分类学上具有多样性，其中包括假单胞菌属、克雷伯氏菌属（*Klebsiella*）以及芽孢杆菌属（*Bacillus*）的细菌。一些细菌，如芽孢杆菌，能够生成很厚的孢子壁以抵抗高温、辐射和化学腐蚀。因此芽孢杆菌属的一些种，如枯草芽孢杆菌（*B.subtilis*）、地衣芽孢杆菌（*B.licheniformis*）和环状芽孢杆菌（*B.circulans*）成为堆肥高温阶段中的代表性细菌，或是优势菌。

(2) 堆肥中的真菌：真菌，尤其是白腐真菌可以利用堆肥底物中所有的木质纤维素，由此，真菌的存在对于堆肥物的腐熟和稳定具有重要的意义。嗜温性真菌地霉菌（*Geotrichum* sp.）和嗜热性真菌烟曲霉（*Aspergillus fumigatus*）是堆肥生料中的优势种群，其他一些真菌，如担子菌（*Basidiomycotina*）、子囊菌（*Ascomycotina*）也具有较强的分解木质纤维素的能力。

(3) 堆肥中的放线菌：放线菌是具有多细胞菌丝的细菌，因此它们更像是真菌。放线菌可以分解一些纤维素，并溶解木质素。同时，它们比真菌能够忍受更高的温度和 pH。所以，尽管放线菌降解纤维素和木质素的能力并没有真菌强，但是它们在堆肥过程中的高温期却是分解木质纤维素的优势菌群。在条件恶劣的情况下，放线菌则以孢子的形式存活。

3.3.4 堆肥过程中微生物种群的变化

堆肥初期，微生物繁殖旺盛，分解有机物（如蛋白质、淀粉类物质、简单的糖类等）的微生物以中温好气型种类为主，常见的有细菌和丝状真菌；当堆肥的温度超过 50℃以后，通常被称为进入高温阶段，这一阶段中，除少部分残留下来的和新形成的水溶性有机物继续分解转化外，复杂的有机物，如半纤维素、纤维素等开始遭到强烈的分解，同时开始了腐殖质的形成过程，出现了能溶解于弱碱的黑色物质。这一阶段中以高温微生物最为活跃，常见的有好热真菌，如嗜热性放线菌（*Thermoactinomyces*）和单孢子菌等。当温度上升到 60℃以上时，好热丝状真菌几乎全部停止了活动，好热放线菌和芽孢杆菌的活动占优势。到了 70℃以上，只有好热芽孢杆菌在活动（官家发，2000）。很多的好热微生物，包括细菌、放线菌和丝状真菌，是分解纤维素和果胶类物质能力很强的微生物。因此，在高温阶段，纤维素、果胶类等物质旺盛分解，同时产生腐殖质。温度上升到 70℃以上，大多数的好热性微生物也不适宜了，微生物大量死亡或进入休眠状态。这时，由于已死亡的微生物所含有的各种酶的作用，有机物质的腐解作用仍能进行一段时间，但由于酶蛋白不能自我繁殖（Rowan et al., 2003），所以对有机物的腐解作用很快就衰退了，温度开始下降。当下降到适当温度时，处于休眠的好热微生物又恢复了它们的生命活动，堆肥的温度又会再次上升。

4　秸秆腐熟菌剂的开发研究

我国农民对农作物秸秆的利用有悠久的历史，只是由于从前的农业生产水平低、产量低，秸秆数量少，秸秆除少量用于垫圈、喂养牲畜，部分用于堆沤肥外，大部分都作燃料焚烧。随着农业现代化的迅猛发展，稻草、谷物等农作物秸秆越来越多，人们普遍采用直接还田方式处理秸秆废弃物。但在自然条件下，由于秸秆结构稳定，分解腐熟的速度相当慢，在水田、旱地和林地中秸秆一年的腐解残留率分别只有 57.74%、47.83% 和 52.38%。大量秸秆直接还田，会影响作物的生根和成活，并造成生产管理上的不便。因此在传统的农业耕作实践中，只有少量秸秆直接还田。将大量的秸秆先进行堆肥，腐熟后施入农田是一种有效的方法。传统秸秆堆肥法一般都是采用增加营养和改善环境条件的方法，利用堆制原料中的野生微生物来降解秸秆，但由于堆肥初期有益微生物量少，需要一定时间才能繁殖起来，因此传统堆肥法存在发酵时间长、产生臭味、需要较多的劳动力和较繁琐的过程，难以推广。实现秸秆还田，必须加速秸秆腐熟。由于秸秆中含有大量木质纤维素，加强木质纤维转化为腐殖质便成为秸秆充分腐熟的关键。秸秆腐熟菌剂，是近 10 年来微生物肥料快速发展的一个新品种。它是指能加速农作物秸秆分解、腐熟的微生物活体制剂（朱昌雄等，2005），目前在秸秆为主料的腐熟堆肥和直接还田中广泛应用。

微生物是秸秆堆肥化处理的工作主体，但各种微生物对不同物质分解能力和分解速率是不尽相同的，不同温度条件下堆肥过程中出现的微生物种群和数量也截然不同，因此秸秆堆肥处理是一个复杂的微生物混合种群生态系统的变化过程。只有掌握微生物的基本生理特性、分离筛选、培育出高效优势菌种，才能获得较好的处理效果。在秸秆堆肥处理中添加人工组合的微生物种群能有效加快纤维素的分解，缩短发酵周期，提高堆肥制品的质量。利用微生物之间存在拮抗作用和协同作用，筛选优质秸秆腐熟菌剂并合理使用是近年来研究的热点。

在秸秆腐熟菌剂的研究方面，有不少学者选择了对一些菌株进行组合从而得到有针对性的微生物菌剂的研究方法。研究者可以按照秸秆的类型，有针对性地配置秸秆腐熟菌剂。由于所使用的微生物不少是从堆肥中分离，且微生物菌株在使用前都经过了反复的驯化和培养，而且都具有一些有益于堆肥进程的生理生化功能，能够较好的参与堆肥的进程，与其他微生物发挥协同作用，对堆肥的环境有较好的适应性，所以这种微生物菌剂均能在秸秆腐熟中发挥积极的作用（马放等，2004）。接种复合秸秆腐熟菌剂促进堆肥进程的机制有（崔宗均等，2002）：①提高秸秆堆肥初期的微生物群体，增强微生物的降解活性；②缩短达到高温的时间；③促进难降解有机物向腐殖质的转化过程。

参考文献

陈洪章．2008．生物质科学与工程．北京：化学工业出版社．

崔宗均，李美丹，等．2002．一组高效稳定纤维素分解菌复合系 mc1 的筛选及功能．环境科学，23（3）：36-39．

官家发．2000．高温堆肥发酵工艺处理城市生活垃圾处理城市生活垃圾过程中的部分微生物学．四川环境，19（3）：21-22，30．

李国学，张福锁．2000．固体废物堆肥化与有机复混肥生产．2000．北京：化学工业出版社．

马放，杨基先，金文标．2004．环境微生物制剂的开发与应用．北京：化学工业出版社．

王靖，刘洁丽．2008．木质纤维素降解菌及其降解途径研究进展．生物产业技术，（3）：87-89．

曾文慧，刘瑞娴，钟俊鸿．2010．白蚁肠道共生体的纤维素代谢体系．环境昆虫学报，32（3）：392-398．

朱昌雄，李俊，沈德龙，等．2005．我国生物肥料标准研究进展及建议．磷肥与复肥．20（4）：5-7，22．

Bayer E A，Chanzy H，Lamed R，et al．1998．Cellulose，cellulases and cellulosomes．Curr Opin Struct Biol，8（5）：548-557．

Beg Q，Kapoor M，Mahajan L，et al．2001．Microbial xylanases and their industrial applications：a review．Applied microbiology and biotechnology，56（3）：326-338．

Brauman A，Doré J，Eggleton P，et al．2001．Molecular phylogenetic profiling of prokaryotic communities in guts of termites with different feeding habits．FEMS Microbiology ecology，35（1）：27-36．

Breznak J，Brune A．1994．Role of microorganisms in the digestion of lignocellulose by termites．Annual Review of Entomology，39（1）：453-487．

Brune A．2006．Symbiotic associations between termites and prokaryotes．Prokaryotes，1：439-474．

Clarke J，Davidson K，Rixon J，et al．2000．A comparison of enzyme-aided bleaching of softwood paper pulp using combinations of xylanase，mannanase and -galactosidase．Applied microbiology and biotechnology，53（6）：661-667．

Engel M S，Gross M．2009．A giant termite from the Late Miocene of Styria，Austria（Isoptera）．Naturwissenschaften，96（2）：289-295．

Inoue T，Moriya S，Ohkuma M，et al．2005．Molecular cloning and characterization of a cellulase gene from a symbiotic protist of the lower termite，Coptotermes formosanus．Gene，349：67-75．

Kersten P，Cullen D．2007．Extracellular oxidative systems of the lignin-degrading basidiomycete Phanerochaete chrysosporium．Fungal Genetics and Biology，44（2）：77-87．

Li X，Yang H，Roy B，et al．2009．The most stirring technology in future：Cellulase enzyme and biomass utilization．African Journal of Biotechnology，8（11）：2418-2422．

Lynd L，Zyl W，McBride J，et al．2005．Consolidated bioprocessing of cellulosic biomass：an update．Current Opinion in Biotechnology，16（5）：577-583．

Lynd L R，Weimer P J，van Zyl W H，et al．2002．Microbial cellulose utilization：fundamentals and biotechnology . Microbiol Mol Biol Rev , 66 (3): 506-577 .

McDermid K P , Forsberg C W , MacKenzie C R . 1990 . Purification and properties of an acetylxylan esterase from Fibrobacter succinogenes S85 . Appl Environ Microbiol , 56 (12): 3805-3810 .

Ohkuma M . 2008 . Symbioses of flagellates and prokaryotes in the gut of lower termites . Trends in microbiology , 16 (7): 345-352 .

Rowan A K , Snape J R , Fearnside D , et al . 2003 . Composition and diversity of ammonia-oxidising bacterial communities in wastewater treatment reactors of different design treating identical wastewater . FEMS Microbiol Ecol , 43 (2): 195-206 .

Schwarz W H . 2001 . The cellulosome and cellulose degradation by anaerobic bacteria . Appl Microbiol Biotechnol , 56 (5-6): 634-649 .

Sjoslrom E . 1993 . Wood Chemistry , Fundamemals and Applicmions , London : Academic Press .

Stewart C S , Flint H J . 1997 . The Rumon Bacteria , Blackie , Melbourne .

Thongaram T , Hongoh Y , Kosono S , et al . 2005 . Comparison of bacterial communities in the alkaline gut segment among various species of higher termites . Extremophiles , 9 (3): 229-238 .

Todaka N , Moriya S , Saita K , et al . 2007 . Environmental cDNA analysis of the genes involved in lignocellulose digestion in the symbiotic protist community of Reticulitermes speratus . FEMS Microbiology Ecology , 59 (3): 592-599 .

Tokuda G , Lo N , Watanabe H , et al . 2004 . Major alteration of the expression site of endogenous cellulases in members of an apical termite lineage . Molecular Ecology , 13 (10): 3219-3228 .

Tokuda G , Watanabe H . 2007 . Hidden cellulases in termites : revision of an old hypothesis . Biology Letters , 3 (3): 336 .

Warnecke F , Luginbühl P , Ivanova N , et al . 2007 . Metagenomic and functional analysis of hindgut microbiota of a wood-feeding higher termite . Nature , 450 (7169): 560-565 .

Yang H , Schmitt Wagner D , Stingl U , et al . 2005 . Niche heterogeneity determines bacterial community structure in the termite gut (Reticulitermes santonensis). Environmental microbiology , 7 (7): 916-932 .

Yoo S S , Oh Y A , Kim S J . 2003 . Isolation and characteristics of Trichoderma harzianum FJ1 producing cellulases and xylanase . Journal of Microbiology and Biotechnology , 13 (1): 1-8 .

Zhang Y H , Lynd L R . 2004 . Toward an aggregated understanding of enzymatic hydrolysis of cellulose : noncomplexed cellulase systems . Biotechnol Bioeng , 88 (7): 797-824 .

我国农业微生物肥料产业拓展与提升

微生物肥料是一类重要的新型功能肥料。本文采用文献调研方法，基于近年来国内外有关微生物肥料的研究和应用实况，分析了我国微生物肥料产业现状和发展空间，提出了我国加速微生物肥料产业化进程的策略，最后构建了我国未来微生物肥料产业化模式框架，为微生物肥料进一步开发和应用提供管理策略。

1 引言

肥料是植物的“粮食”，而微生物肥料是肥料的重要组成部分，在农业生产中发挥着重要作用。微生物肥料可以培肥地力、活化土壤，促进土壤主要营养元素的有效化，提高化肥利用率；可以抑制作物对硝态氮、重金属、农药的吸收，降低农作物病害发生的风险，提高作物产量和品质，保障粮食和食品安全；可以净化和修复土壤，促进农作物秸秆和城市垃圾的腐熟利用，实现废弃物资源化利用，保护农产品产地环境安全；可以补充肥源的不足，与化学肥料相比，能耗少，成本低，温室气体排放少，是新兴的绿色产业。在人口爆炸、能源危机、资源短缺、环境污染等压力下，微生物肥料在保障粮食与安全，发展低碳农业等方面有着不可替代的作用，是农业可持续发展的必然选择，在农业生产中具有广阔的应用前景。

2 我国微生物肥料产业现状

经过60余年的发展，目前已形成了一个具有中国特色的微生物肥料产业。20世纪90年代以来，微生物肥料行业稳定快速发展，企业总数和总产量迅速增加，工厂化、产业化、商品化水平逐步提高，目前已经初具规模，进入创新发展阶段。截至2006年5月，已有498个微生物肥料产品取得农业部的登记证，其中菌肥类占30%，菌剂类占70%（李俊等，2006）。1995～2006年，微生物肥料厂家由120家增加到500余家，总产量为40万～500万t。目前，微生物肥料在国家生态示范区、绿色和有机农产品基地等已成为肥料的主力军。据统计，

本章作者：张玉华、宋成军、刘东生、张艳丽。

2004 年，微生物肥料应用面积累计近亿亩，用量超过 150 万 t，在我国肥料家族中所占比例逐年增加（李俊等，2006）。

我国微生物肥料虽然发展迅速，但在工艺技术、肥料品种、市场销售和售后服务等诸多方面还存在一些明显的不足和问题（唐欣昀等，2002）。全国现有微生物肥料生产企业数百家，但大多规模小、资金少、研发力量弱、技术含量低、产品性能不稳定，严重制约了微生物肥料高技术产业化的进程。例如，目前我国微生物肥料产品多为液体制剂，既不便于储存，又不方便运输。这些问题导致微生物肥料产业总体上处在相对弱势的行业地位。因此，开发高效菌株，应用先进的生产工艺，发展适用的加工剂型，提高“下游”技术水平，不断扩大推广应用范围，才能充分发挥产业优势。

3 微生物肥料产业化发展的空间

当前，化肥工业面临气候变暖、农业环境质量下降等多重挑战。通常，化肥工业以煤和天然气等化石能源为主要原料，资源日益枯竭，高能耗、高污染、高排放成为行业突出问题。为降低温室气体排放，欧盟等发达国家将严格控制化学肥料生产。有关资料表明，在我国农田，施用氮肥有效固碳潜力为－51Tg C/a，不具备有效固碳潜力（逯非等，2008）。但微生物肥料能增加土壤有机质和腐殖质含量，提高土壤总有机碳和活性有机碳含量，具有碳汇作用（宋玉珍，2009）。因此，推动以微生物肥料为主的新型肥料产业发展，将是我国节能减排、发展低碳农业的重要措施。

据统计，目前我国化肥施用纯量超过 5000 万 t，实物量约 1.4 亿 t 左右。如果我国生物有机无机复合肥用量达到总用肥量的 10%，按每吨生物有机无机复合肥添加 1% 的微生物菌种，则年需微生物肥料 14 万 t，与现有生产能力相比，供求差额巨大。目前，欧洲许多国家微生物肥料的施用比例已经达到 45%～60%，美国的使用比例高达 60%～70%（曾玲玲等，2009）。随着我国人民生活水平的提高，人们对农产品品质和产地环境的要求越来越高，有机食品、生态食品和绿色食品将逐渐占领高端市场，需要大量有机生物肥料，微生物肥料产业发展潜力巨大。

随着研究的逐步深入和产业的持续发展，微生物肥料行业趋势发生以下转化：①由豆科作物接种剂向非豆科作物肥料转化；②由单一接种剂向复合生物肥转化；③由单一菌种向复合菌种转化；④由单一功能向多功能转化；⑤由无芽孢菌种生产向有芽孢菌种生产转化；⑥由单一微生物肥料向生物有机及生物有机无机复合方向转化。微生物肥料产业面临着前所未有的发展机遇，新品种的开发，质量标准体系框架的建立，国家专项补贴政策的逐步制定，国际市场的活跃，都为微生物肥料行业的发展提供了利好驱动和需求动力，具有广阔的市场前景。

4 微生物肥料产业化拓展与提升

当前，微生物肥料已成为我国政府部门以及科研、推广和企业等行业共同关注的热点。创新生产工艺，改进产品剂型，调整研发结构，产、学、研密切结合，是拓展和提升产业发展的关键所在。

4.1 微生物肥料活性菌种功能拓展

众所周知，微生物种类繁多、功能多样。由于认识限制，最初微生物肥料菌种集中在固氮菌、解磷菌和解钾菌菌肥的生产推广方面（唐欣昀等，2002）。随后人们认识到微生物还具有杀虫、抑菌、除草、抗旱、耐盐、抗病虫害及植物生长调节等方面的功能。例如，有的微生物可以产生大量吲哚乙酸、赤霉素、氨基酸、维生素等生理活性物质，刺激和调节作物生长；有些微生物可以在植物根际区域形成优势群体，抑制病原微生物的生长繁殖，还能诱导植物产生抗菌素类物质，提高植物抗病虫害能力；菌根真菌除了吸收有益作物营养外，能增加水分的吸收，利于作物抗旱。这些功能微生物拓宽了微生物肥料菌种（株）的选择，应采用先进技术，筛选培育功能性和适应性强的优良菌株，以此为基础开发新型微生物肥料品种、剂型及系列产品，以满足不同地区不同作物对微生物肥料的要求。

目前，我国各行业分别建立了国家级、省级微生物菌种保藏中心，可充分利用现有资源，结合现代微生物诱变和转基因技术，筛选并构建一批可开发利用的微生物菌株，研究其代谢产物作用机制和作用条件，开发多种新型功能微生物肥料品种。

4.2 微生物肥料品种的多元化拓展

微生物肥料总的发展趋势是多菌种联合，多功能复合和多物料混合（有益微生物、有机物质和无机营养元素的混合，即“大三元”复合肥）。20 世纪 90 年代后期，微生物肥料的研究与应用向多菌株复合方向发展，单一菌种生物肥料已经不再是应用的主体产品，多菌株组合、功能互补的复合微生物肥料已成为研究和应用的主要方向。在深入研究有关微生物特性的基础上，应利用载体、剂型、工艺等技术手段，添加多种特定微生物种群，生产具有协同作用的联合菌群和复合菌剂，充分发挥微生物的集群促生效应。例如，利用具有促生防病功能的棉花

PGPR 制成联抗生物菌肥，能有效地防治棉花黄、枯萎病，还能显著地促进棉花的生长（王梅等，2009）。此外，还有 JT 复合菌种和“根瘤菌＋PGPR”复合菌肥（曾玲玲等，2009）。

长期施用化学肥料已造成土壤板结、肥料利用率下降等一系列问题，而仅仅施用微生物肥料和有机肥料，养分含量偏低，不能满足作物生长需求，难以保证粮食单产，影响我国粮食安全战略。将化肥的“速”、有机肥的“缓”和微生物肥的“促”有机结合，可取得事半功倍的效果，因此，利用微生物肥料、有机肥料、化学肥料生产“大三元”肥料，已经成为当前的热点。郑州大学研发的“6818 根系生态调控剂”，用化学肥料调节有机-无机-微生物肥的 C/N 比（质量比）、土壤盐基饱和度和盐基各离子的平衡，营造有利于根际的微生物环境，在水稻、小麦、玉米、蔬菜上表现良好的节肥省药效果（许秀成等，2008；张震和史宝东，2009）。近年来一些微生物肥料生产企业利用糖厂滤泥为主要原料生产的“大三元”复合肥料，应用于甘蔗、橡胶、蔬菜等作物的种植，在提高农产品品质、增加作物产量等方面效果显著。

目前，“大三元”复合肥产业化发展亟待解决的主要工艺技术问题有：①“大三元”肥料中，由于活性菌耐盐性差，与化肥混合在一起，易出现“烧”菌现象，失去生物肥作用；②复合肥料造粒时需要烘干，烘干环节的高温环境极易使微生物菌种丧失活性；③微生物菌种是有生命活性的，随着保存时间的延长和保存环境的改变，产品中微生物数量减少，活性降低，导致货架期短，而相关标准对微生物肥料活菌数有严格规定。因此，突破上述技术问题是“大三元”复合肥料产业化发展的关键所在。

4.3 微生物肥料市场的多渠道拓展

目前，微生物肥料由于品质良莠不齐，使用效果不稳定，农民认可度不高，市场占有率较低。因此，市场拓展是微生物肥料产业发展的另一个关键。

微生物肥料市场的多渠道拓展主要包括以下几个方面。

（1）扩大应用对象范围。目前，微生物肥料只是在一些附加值高的经济作物（蔬菜和油料作物）上得到较好的应用，牧草、烟草、果树和中草药种植，以及养殖业和林业也需要施用大量的微生物菌剂（Qi et al.，2009）。

（2）研发个性化产品。现代农业对产地环境和农产品质量同样重视，作物营养促生、还田秸秆腐熟、产地环境修复都需要施用微生物菌剂。作物品种、使用目的和使用环境不同，需要的活性菌有差异，对肥料的剂型和存放时间要求也不同。除了大力开发“大三元”复合肥料外，还可以开发多功能生物肥，如可以取代有机杀虫（菌）剂的功能性肥料（刘秀梅等，2006）。此外，微生物肥料的开发要考虑农民个性化需求，要兼具环保化、多样化和特殊化特色。

（3）拓展国际市场。与某些国家相比，我国微生物肥料行业品种多、应用范围广，其生产技术处于领先地位，随着微生物肥料产品进出口日趋活跃，我国也应该积极拓展国际生物肥料市场。

5 我国微生物肥料的产业发展模式

基于对国内外微生物肥料产业现状和发展历程研究分析，提出了我国微生物肥料产业化发展模式（图 1）。

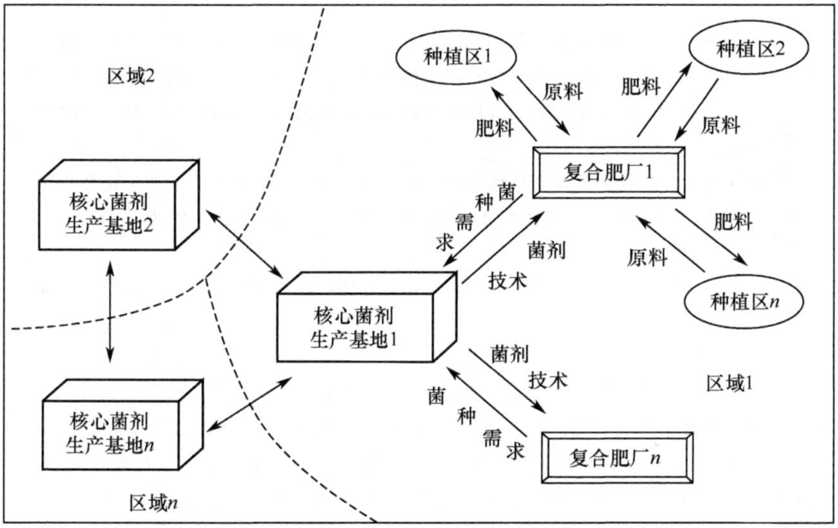

图 1 我国微生物肥料产业化发展模式

该模式内容为：充分利用现有微生物肥料科研基础设施，建设若干个具有国内乃至国际先进水平的核心菌剂研发和生产基地。基地集微生物资源保存、研究和开发利用为一体，专门进行高效菌剂开发与生产；在有机物料丰富地区建立复合微生物肥料生产厂（以下简称复合肥厂），复合肥厂以当地需求为导向，利用核心菌剂研发和生产基地提供的功能微生物菌种，选择适宜工艺技术生产复合微生物肥料；复合肥厂生产的复合微生物肥料提供给所在区域农业种植农户，而农业种植与养殖产生的废弃物将作为复合肥厂的生产原料循环利用。

该模式优势为：形成了“产、学、研”密切结合的产业链条，菌种质量的稳定性得到保证，原料收、储、运成本降低，废弃物实现工厂化处理，个性化肥料产品得以提供，能切实满足农户需要，可同时实现循环利用废弃物资源、提高农产品质量与产量、改善农业生态环境、促进农民增收等多重目的。

6 小结

当前，气候变化成为全球性热门话题，而粮食安全、食品安全将是未来相当长时期内我国政府面临的严峻挑战。微生物肥料产业化发展，不仅可有效减少化肥用量、降低温室气体排放，同时将显著提高农产品品质和产量。因此，微生物肥料产业具有广阔的市场发展前景。

参考文献

李俊，姜昕，李力，等. 2006. 微生物肥料的发展与土壤生物肥力的维持. 中国土壤与肥料，(4)：1-5.

刘秀梅，刘光荣，冯兆滨，等. 2006. 新型肥料研制技术与产业化开发. 江西农业学报，18 (2)：87-92.

逯非，王效科，韩冰，等. 2008. 中国农田施用化学氮肥的固碳潜力及其有效性评价. 应用生态学报，19 (10)：2239-2250.

宋玉珍. 2009. 微生物肥料在松嫩平原盐碱地造林中的应用研究. 东北林业大学博士论文.

唐欣昀，张明，赵海泉，等. 2002. 微生物肥料及其生产应用中的问题. 生物学杂志，18 (1)：28，32-33.

王梅，刘兆辉，江丽华，等. 2009. 巨大芽孢杆菌固定化包埋材料的初步研究. 江西农业学报，21 (12)：57-58.

吴建峰，林先贵. 2002. 我国微生物肥料研究现状及发展趋势. 土壤，(2)：68-72.

许秀成，汤建伟，李药萍，等. 2008. 全球环境压力下的增值肥料发展策略. 磷肥与复肥，23 (6)：5-8.

姚丽娟，唐欣昀，常惠萍. 2009. 棉花根际促生细菌的研究进展. 中国土壤与肥料，(6)：8-12.

曾玲玲，崔秀辉，李清泉，等. 2009. 微生物肥料的研究进展. 贵州农业科学，37 (9)：116-119.

张震，史宝东. 2009. 微生物堆肥技术的研究与利用. 现代农业科技，24：353-356.

周莉，李保国，周广胜. 2005. 土壤有机碳的主导影响因子及其研究进展. 地球科学进展，20 (1)：99-105.

Bhattacharjee R B, Singh A, Mukhopadhyay S N. 2008. Use of nitrogen-fixing bacteria as biofertilizer for non-legumes: prospects and challenges. Applied Microbiology and Biotechnology, 80 (2): 199-209.

Qi Z Z, Zhang X H, Boon N, et al. 2009. Probiotics in aquaculture of China-current state, problems and prospect. Aquaculture, 290: 15-21.

微生物肥料生产工程设计

1 引言

随着农业环保日益受到各级政府的重视和微生物肥料逐渐被农民认识，现在各地的微生物肥料生产正进入一个快速发展期。大部分的生产企业都不是传统的复合肥生产企业，主要生产企业是拥有资源的企业。例如，糖厂、养殖场、废物处理场、食品加工厂、屠宰场等，或者是在这些企业附近，依附于这些企业的新设生产厂。又由于微生物肥料的生产与无机复合肥的生产在前期阶段具有完全不同的工艺，微生物肥料生产中设备选型的好坏直接关系到微生物肥料产品的生产成本。

微生物肥料的生产是一个系统工程，要有全局的思想，包括工厂选址、原料评价、发酵工艺、生产工艺、设备选型、产品设计、销售模式等。发酵工艺配方、菌种筛选、菌种培育是微生物肥料生产工程的一个关键技术，也就是对有机物料进行接种。不同有机物料的成分含量也不同，针对不同的有机物料，选择与之相对应的菌种组合并选用恰当的设备，设计合理的生产工艺，以达到最佳发酵效果，这直接关系到微生物肥料产品的品质，同时影响物料的发酵速度、除臭效果、环境控制，以及肥料成品的外观、施用效果、市场销售环节等。近年来，我们与拥有自己独特发酵技术的公司合作，为企业微生物肥料生产工程提供系统、全面的服务，取得了良好的效果，已完成了 10 多个年产 10 万 t 级的微生物肥料厂项目，同时受到用户的肯定。

微生物肥料生产设备的关键问题，主要是有机物料的前处理设备，发酵翻堆设备。微生物肥料生产的原料多种多样，性状差异很大，但都共有一个特点，就是高湿（含水率普遍达到 60%～70%），干燥后物料密度小、纤维多。因此，微生物肥料发酵前处理时较困难，针对性的专用设备较少。现在普遍采用的是饲料生产设备或一般复合肥生产设备，但往往因针对性不强而导致工作效率降低。而微生物肥的发酵翻堆设备也具有多种型式，有条垛式、槽式、塔式、箱式等，现在国内大部分采用的是条垛式和槽式，而针对条垛式和槽式也有多种翻堆设备，有进口的大型自走式翻堆机，有国产的小型自走式翻堆机，有深槽、浅槽、宽槽等各种各样的发酵翻堆设备。

本章作者：马志光。

究竟采用哪一种翻堆设备呢？许多新建企业还比较茫然，各种设备都有各自的优缺点，关键在于根据生产的需要来选择适用的机械。

在造粒设备方面则主要是圆形颗粒和柱形颗粒的问题，还有一个关键问题，就是烘干问题，下面主要就上述几个方面的问题，做一些探讨。

2 微生物肥的前期处理设备

微生物肥生产的原料多种多样，性状各异。因此，微生物原料的前期处理要因料而异，针对不同的物料选择不同的工艺及设备。

2.1 粉碎设备

一般来说，干的长纤维类的物料可以采用常用的秸秆粉碎机，调大筛孔，无需粉碎得过细，以满足发酵粒度要求；也可采用一般的切草机将其切成短纤维发酵；而新鲜木质类则需采用树枝粉碎机，干木质类则采用木材粉碎机；而饼、粕等无黏性的渣类则可采用传统的刀片粉碎机；干泥或部分渣类则可采用无筛链锤式粉碎机。总之，应根据不同的原料性状而采用不同的粉碎机。

2.2 搅拌设备

为了均匀发酵，常常需要搅拌。而最佳的搅拌方法是在翻堆时搅拌，这样就减少了发酵前的处理环节，这在本章下节内详述。

如果是用搅拌机，对高湿、黏浆状物料选用双轴无重力式搅拌机，对干菌种等干粉料，可用卧式环带搅拌机，粒状物料可用重力式搅拌机。因此，一般厂家应根据自己的实际原料情况及工艺要求，选用具有针对性的粉碎机和搅拌机。

3 发酵翻堆设备的选型

目前的发酵翻堆型式主要有条垛式和槽式，针对这两种型式，国内开发了多种类型的翻堆机，各有特点，应根据堆肥物料的性状和生产工艺要求来选用翻堆机较为合理。

对于粪便型和纤维较多的发酵物可采用具有强力打碎、搅拌作用的翻堆机，因为这样可以省却原料的搅拌打碎这些前处理工序，减少了生产环节。

3.1 强力翻堆机技术参数

其主要包括：①主机功率：37kW；②滚筒转速：250r/min；③滚筒直径：700mm；④行走速度：0.4～10m/min；⑤堆槽截面尺寸：宽×高（3.3m×1.2m）；⑥堆肥处理量：150～250m^3/h；⑦换轨车功率：2.2 kW。

但对于像滤泥等糟渣类和粪便类等不含长纤维的农业废弃物则应采用翻拉轻柔的翻堆机，在翻堆机内带有加氧装置，因为污泥类的堆肥物如果采用强力翻堆的型式，会使物料致密，翻堆过程中水分更难散失，造成发酵时间的延长。

而通过搅龙类型式或者链板式的翻堆机，就不会使物料致密，另外再在翻堆过程中加氧，加速发酵及水分的散失，从而缩短发酵时间。

链板式翻堆机具有搅拌和移料功能，每次翻堆都把物料往前移几米，当完成一个发酵周期后，物料从进料端移到出料端，车辆不用进槽，大大减少了基建投资，同时，由于操作人员不用进槽，定点投料，定点出料，因此，整个发酵过程可以实现无人进场，自动投料，自动出料的封闭结构，实现环境可控的发酵过程。

3.2 链板式翻堆机技术参数

其主要包括：①电机功率：12.7～20.5kW；②链条速度：0.4～0.5 m/s；③行走速度：0.4～5m/min；④每次翻堆移料距离：3～4m；⑤堆肥槽跨度：2.2～12m；⑥堆肥深度：≤1.5m；⑦堆肥处理量：100～300m^3/h；⑧换轨车功率：2.2kW。

3.3 旋刀式翻堆机

①堆肥槽跨度：3.6～12m；②堆肥槽长度：按工艺要求；③堆肥深度：≤0.8m；④整机功率：10.5kW；⑤翻堆效率：50～100m^3/h。

3.4 自走式翻堆机

条垛式发酵是将物料铺开排行，在露天或简易屋棚下堆放，再用翻堆机进行各种作业。这种发酵工艺的最大优点是工艺简单，投资少，但占地面积大，且环境较差；同时温度和湿度较难控制，会发生发酵不完全、影响有机肥的品质。自走式翻堆机是用于条垛式发酵的翻堆设备。

选用翻堆机时除了根据生产工艺要求选用外，还应根据本厂生产规模、本地气候特点、环境要求来选择。即翻堆机不但要满足堆肥发酵翻堆的要求，还要考虑生产工艺操作要求，辅助设施投资成本，有无产生二次污染的因素，才能选择企业适用的好翻堆机。

不管是一机多槽，还是宽槽的一槽一机，翻堆机在翻堆过程中如果具有打碎和搅拌作用的话，会使操作更加灵活。

4 造粒设备和选型

微生物肥的造粒对许多企业来说是一个头痛的问题，现在最简单、最直接的方法是挤压造粒，但挤压造粒模主要问题是模具费用高，粒状不受农民欢迎，机械化施肥不好用，但对于已习惯使用的用户来说，仍具有稳定的市场。

而为了制成圆粒，各企业想尽了办法，过去一直采用圆盘造粒或转鼓造粒，这都是团粒法的原料，在无机复合肥生产工艺中，这种造粒方法很普遍，也很实用，但对于微生物肥来说，由于有机堆肥料在发酵后含水率普遍在30%左右，而堆肥料粒度粗，纤维较多，这样采用圆盘或转鼓造粒不太实际。

过去一般采用的方法是先把堆肥料烘干，然后粉碎至40目以上，加入适量的黏结剂再在圆盘中喷入水雾，利用团粒法造粒，这样生产过程较繁琐，能耗大，对于一些含有胶体状的堆肥料，这种方法勉强可行，但对于纤维料类、饼粕类、草炭类等则难度很大，如果制成有机无机肥，则效果比较好。

因此，过去一般纯有机肥或微生物肥一般都不造粒，只在有机无机肥（一般有机物料占30%，无机物料占70%）生产时才制成圆颗粒。

现在，已有不少微生物肥料设备生产厂家针对微生物肥料高湿、纤维多，干物料密度小的特点生产了一些把纯微生物肥制成圆颗粒有机肥造粒机，这些设备目前市场上已有出现，用得比较好的是一些持有专利技术的设备。

造粒后产品一般需要干燥，目前基本上是采用滚筒式干燥机，也有采用饲料厂用的水平圆干燥机。无论是何种型式，我们都要注意，如果是生产微生物肥，由于受到温度的限制，一般采用低温大风量多段连续干燥，才能保证产品的质量。

5 除臭

5.1 物理除臭法

物理除臭法之一是采用高能耗的膨化法对有机废弃物进行膨化处理达到除臭的目的；或利用活性炭等具有吸附特性的物质吸走臭气；也可利用饱和的蒸馏水

与冷气接触后凝结成水珠的方法吸走臭气等，这些在理论上都行得通的方法在实际操作中却困难重重，或资源消耗比资源利用多得多，或投资大得惊人，因此，无法在生产中推广。

5.2 化学除臭法

化学除臭法是在有机废弃物中加入水和化学氧化剂，分解有机废弃物中的臭气成分并被水气吸收，达到除臭的目的。但这种方法存在着水的二次污染和化学药剂残留问题。

5.3 生物除臭法

生物除臭法是有机废弃物最惯用的方法，其中厌氧和好氧除臭都是将有机废弃物置放于池中，利用有机废弃物中的自然微生物发酵分解物料，厌气池产生沼气可利用，但需建较大的池；而好氧池则需要增加加氧设备。生物堆肥是处理有机废弃物，生产微生物肥的最有效方法，选择有效的接种微生物，调节好发酵物料的水分、C/N 比、温度，通过发酵翻堆设备对物料进行加氧、搅拌，达到发酵除臭的目的。

总之，在微生物肥的生产设备的选用中，我们一定要慎重考虑，选择具有针对性的设备，在确定大原料的前提下，根据发酵工艺及场地选用合适的翻堆机，根据主要产品的品种决定造粒干燥设备的选型，并且不断调整，使配方、工艺、设备三者有机地结合，才能有效降低生产成本，提高产品质量，最终赢得市场。

6 微生物肥料生产的其他关键点

6.1 原料的供应量

由于微生物肥原料不像复合肥原料，其物理性状复杂，含水率高、污染大、价值低，不能进行远距离的运输。因此，主原料的采购半径最好不要太远，并且对运输车辆、运输路线好好规划，而副料应是当地容易采购到的。

6.2 生产场地的选择

微生物肥原料主要是废弃物，因此微生物肥生产多多少少存在气味的污染。气味的来源主要是原料本身的气味，还有发酵、烘干时产生的气味，这种气味的污染是通过环境评价的一个关键，必要时应采用气体过滤装置，但成本会比较高。

6.3 建厂的总体规划

建厂的规划涉及厂区的规划和生产型式的规划，厂区的规划主要是物流、工艺流程的合理性规划、生产型式的规划，主要是采用集中处理和分散处理的型式，根据生产规模来确定。

6.4 销售情况的调查

市场上主要的产品品种，用户接受的产品，结合本身的原料特性，确定生产的型式。

微生物肥料生态学研究进展

1 引言

农业的可持续发展是人类社会发展的重要基础。现代农业的发展，特别是化肥、农药的大量施用在带来经济效益和社会效益的同时也造成了严重的环境污染和农业生态系统的破坏。全球性的粮食、资源、环境等重大问题，已严重威胁着人类社会的可持续发展。2001 年国家“十五”规划和 2010 年远景规划纲要中，明确提出了发展生态农业的战略，并把生物肥料生产列入“规划”和“纲要”中。

微生物肥料的基础和应用基础研究是发展可持续农业、生态农业的必然要求，也是我国无公害食品和绿色食品生产的现实需要，更是减少化肥和农药用量，降低农业生产成本和环境污染的必然选择，在资源节约和环境友好型社会建设中将发挥着十分重要的作用。另外，我国是世界上微生物资源最丰富的国家之一，有计划地开展系统、深入地微生物资源调查和利用评价是一项加快国民经济建设、实现可持续发展刻不容缓的重大基础研究工作。功能微生物（如固氮细菌、溶磷解钾微生物、促生和拮抗微生物等）资源、生态与生物多样性研究，不仅对微生物资源保护，丰富功能微生物资源库、基因库有重要的意义，而且可以为高效功能菌株的筛选和微生物肥料的研制和应用提供丰富的菌种资源。

2 微生物肥料生态学研究进展

微生物肥料是指一类含有活微生物的生物制品，微生物肥料中的功能菌株可以通过其生命活动及其代谢产物（如植物激素类物质）来增加植物营养元素（N、P、K、Si、Fe、Ca、Mg 等）的供应量、改善植物营养，促进植物生长和拮抗病原微生物的致病作用，减轻病虫害的发生。自 1887 年人们从豆科植物根瘤中分离并成功培养根瘤菌后，微生物肥料的研究与应用得到迅速的发展。早在 20 世纪 20 年代，在美国、澳大利亚等就开始有根瘤菌接种剂的研究和试用，一直到现在根瘤菌肥依然是最主要的品种。我国微生物肥料的研究应用是从豆科植物上应用根瘤菌接种剂开始的，起初只有大豆和花生根瘤菌剂；20 世纪 50 年

本章作者：盛下放。

代，我国开始从原苏联引进自生固氮菌、磷细菌和硅酸盐细菌剂；20 世纪 60 年代推广使用放线菌制成的“5406”抗生菌肥料和固氮蓝绿藻肥；七八十年代中期开始使用 VA 菌根以改善植物磷素营养和提高水分利用率；80 年代中期至 90 年代相继应用联合固氮菌和生物钾肥；近几年来主要推广应用由固氮菌、磷细菌、钾细菌和有机肥复合制成的生物肥料做基肥施用。目前，国内外研制出基因工程菌肥、作基肥和追肥用的有机无机生物复合菌肥、生物有机肥、非草炭载体高密度的菌粉型微生物接种剂肥料以及其他多种功能类型微生物肥料。

我国地域辽阔，土壤类型众多，地貌复杂，植物种类多，生物多样性丰富，所有这些都为微生物多样性的形成提供了良好的条件，同时也为微生物肥料中重要功能微生物的筛选和利用提供了重要的保障。目前国内外研究人员对微生物肥料中功能微生物（如根瘤菌、固氮菌、磷细菌、硅酸盐细菌、植物促生细菌以及植物病原拮抗菌等）的生态分布、资源和生物多样性等进行了大量的有益工作，对微生物肥料中功能微生物的资源与生态分布规律已有很好的认识。在根瘤菌资源、生态分布规律的研究方面，国内外学者已开展了大量卓有成效的工作。中国农业大学陈文新院士领导的根瘤菌资源与生物多样性研究组已完成了中国大陆豆科植物结瘤情况调查，建立了目前世界上最大的根瘤菌菌库，发现了一批珍贵的根瘤菌种质资源。为探明根瘤菌在苜蓿植株及其种子内的分布规律，李剑峰等（2009）对苜蓿植株及种子各部位在不同生育期内生根瘤菌的分布和数量变化进行了研究，结果表明，苜蓿植株内根瘤菌的分布和数量在空间和时间上都具有很大的异质性。另外，赵龙飞等（2009）对我国西北部分地区豆科植物根瘤菌资源、袁天英等（2006）对我国主要生态区域绿豆慢生根瘤菌的遗传多样性和系统发育等进行了研究。研究表明，根瘤菌具有广泛的生态适应性及丰富的遗传多样性。另外，López-López 等（2010）从蚕豆根系和种子中分离到根瘤菌，并根据 DNA-DNA 杂交，16SrRNA、RecA、rpoB、atpD、dnak 基因测序，质粒图谱和表型特征鉴定了一株根瘤菌新种 *Rhizobium endophyticum*。Lu 等（2009）对中国三个生态区域中的豆科植物锦鸡儿根瘤菌的遗传多样性和生物地理学进行了研究。Prakamhang 等（2009）利用 GUS 报告基因，在水稻根、茎、叶中检测到固氮细菌，PCR-DGGE 分析表明内生固氮细菌种群多样，植物组织类型对固氮细菌种群结构有明显的影响。在解磷微生物和硅酸盐细菌（或硅酸盐矿物分解细菌）资源、生态分布规律和生物多样性等方面，国内外学者已开展了大量的研究工作。在不同类型的土壤、不同植物的根际以及植物体内解磷微生物和硅酸盐细菌的种类与分布都存在明显的差异。在土壤中具有解磷能力的微生物种类很多，目前研究报道较多的主要是解磷细菌，其种类有假单胞菌属（*Pseudomonas*）、土壤杆菌属（*Agrobacterium*）、欧文氏菌属（*Erwinia*）、沙雷氏菌属（*Serratia*）、黄杆菌属（*Flavobacterium*）、肠细菌属（*Enterbacter*）、微球菌属（*Mi-*

crococcus）、固氮菌属（*Azotobacter*）、芽孢杆菌属（*Bacillus*）、沙门氏菌属（*Salmonella*）、埃希氏菌属（*Escherichia*）、节细菌属（*Arthrobacter*）、氧化硫硫杆菌属（*Thiobacillus thiooxidans*）和多硫杆菌属（*Thiobacillus*）等以及解磷真菌和放线菌。Reyes 等（2006）研究了委内瑞拉地区解磷菌的分布规律，发现含有矿石的土壤比不含矿石的土壤中磷细菌的数量要高出 14%，约占土壤中细菌总数的 19%，主要为固氮菌属。黄静等（2010）从油菜和玉米植株内分离到具溶磷能力的内生细菌，16S rDNA 限制性酶切片段长度多态性分析和序列分析表明，油菜和玉米植株内生溶磷细菌具有丰富的生物学特性和遗传多样性，11 株典型菌株归属于泛菌属（*Pantoea*）、假单胞菌属、伯克霍尔德氏菌属（*Burkholderia*）、不动杆菌属（*Acinetobacter*）和罗尔斯顿菌属（*Ralstonia*）。Hamdali 等（2008）从摩洛哥磷矿中分离到具有溶磷活性的放线菌。Oliveira 等（2009）从栽培的玉米根际分离筛选出高效溶磷的芽孢杆菌（*Bacillus* sp.）、伯克霍尔德氏菌（*Burkholderia* sp.）和青霉菌（*Penicillium pinophilum*）。Chen 等（2008）在棕黄色钙质壤砂土中分离到具有溶磷活性的菌株。Pérez 等（2007）从褐铁矿表层分离到具溶磷能力的细菌并对溶磷菌株的生物学特性进行了研究。Sona 等（2006）从大豆根际分离筛选出一株新的耐受高渗和酸碱的成团泛菌 R-42 菌株。目前，我国学者在硅酸盐矿物分解细菌的资源、生态分布及生物多样性等方面开展了较系统的研究工作。采用钾长石为唯一钾源的选择性培养基，对我国部分地区（江苏南京、宜兴，广西都安，四川成都，安徽庐江，上海徐汇，陕西西安，江西新余，辽宁抚顺和湖南岳阳）土壤中的硅酸盐矿物分解细菌的分布状况进行了初步调查，结果表明，硅酸盐矿物分解细菌分布广泛。赵飞等（2008）根据山东主要土壤类型（潮土、棕壤、褐土、砂姜黑土、草甸盐土、风沙土和碱土等），采集玉米、大豆、高粱、棉花、花生和野生植物（杂草）等根际和非根际土壤样品，分离筛选出高效硅酸盐矿物分解细菌，而且硅酸盐矿物分解细菌具有丰富的生物学特性和种群多样性。赵飞等（2010）采用纯培养法自福建南平钾矿区高、中、低风化度钾长石以及矿区土壤样品中分离到钾矿物分解细菌，采用 16S rDNA 限制性酶切多态性分析及 16S rDNA 序列分析研究了分离菌株的遗传多样性，结果表明，南平钾矿区矿物分解细菌具有丰富的微生物种群多样性。所有供试菌株分别属于 5 门、6 科、7 属。多数菌株（74%）属于 γ-变形菌纲（γ-Proteobacteria）。泛菌属（*Pantoea*）、沙雷氏菌属（*Serratia*）、假单胞菌属为优势种群。为了分析玄武岩的变化与岩石内生微生物之间的相关性，Santelli 等（2009）利用 16S rRNA 基因序列分析和定量 PCR 分析技术比较了海底熔岩中的细菌系统发育多样性、丰度和种群结构，研究表明，海底熔岩中的微生物主要以细菌为主，包括了变形菌纲（α-Proteobacteria、β-Proteobacteria、γ-Proteobacteria、δ-Proteobacteria、ε-Proteobacteria）、放线菌纲（Actinobacteria)、厚壁菌门（*Firmicutes*）、酸杆菌门（*Acidobacteria*）、拟杆菌门（*Bacteroidetes*）等15菌门以及未知菌类，岩石中的微生物数量与岩石的风化程度呈正相关。Calvaruso等（2006）从橡树外生菌根中分离筛选到3株高效分解黑云母的格氏伯克霍尔德氏菌（*Burkholderia glathei*），该菌株能够促进松树树苗对矿质营养的吸收。胡桦等（2007）利用RAPD、TR-PCR和16S rRNA PCR-RFLP技术研究了分离自四川、重庆的紫色土的38株硅酸盐细菌的遗传多样性和系统发育，结果表明，供试菌株间存在明显的遗传多样性。上述研究表明，矿物分解细菌种质资源的挖掘引起了研究者的高度重视。

微生物肥料中功能微生物在植物根际和植物体内的有效定殖是菌株发挥其生物学功能的前提条件。现在，微生物的根际定殖已成为测量各种微生物-植物系统的一个重要参数，亦即测量引入微生物的根部定殖已成为揭示有益微生物的根圈微生态学特征、提高其根圈适应性和增产效果的重要研究内容。近年来分子生物学、蛋白组学和基因工程等技术的发展，尤其是各种标记基因的相继发现，为人们研究功能微生物与植物的相互作用及接种菌在宿主植物根部的定殖情况提供了便捷的手段。标记基因技术是指将某些易于检测的基因作为报告基因导入所要检测的微生物体内，标记基因编码的酶或蛋白质能作用于底物并产生颜色反应、发光现象或是可以直接产生荧光，能使供试微生物区别于自然界的土著微生物，这样就可以借助肉眼或仪器对标记微生物进行原位观察和检测，这对于微生物肥料中功能微生物的生态学研究是非常有利的。常用的标记基因有β-葡萄糖苷酶基因（*gusA*）、绿色荧光蛋白基因（*gfp*）、荧光酶基因（*luxAB*）、乳糖酶基因（*CelB*）和邻苯二酚-2,3-双加氧酶基因（*XylE*）等。标记基因技术以其操作简便、灵敏度高、费用低、不受研究材料及环境背景的因素干扰，能应用于田间试验等优点，广泛用于基因工程微生物释放到环境中的动态跟踪分析。有关根瘤菌、溶磷菌及植物促生细菌基因标记及其定殖动态的研究已有不少报道。王浩等采用*gfp*基因标记快生大豆根瘤菌*Sinorhizobium fredii* CCBAU01287研究标记菌株在大豆根部定殖结瘤情况。Behbahani（2010）利用*luxAB*基因标记技术研究了不同溶磷细菌在大豆根系的定殖情况，并研究了高温、强酸和高盐环境对菌株定殖情况的影响，结果表明，不同溶磷细菌在大豆根系的定殖能力不同，供试基因标记菌株能够在高温、强酸及高盐环境下成功地在大豆根系定殖。肖文丽等（2010）采用二亲本接合方法，将绿色荧光蛋白基因或红色荧光蛋白基因（*rfp*）分别导入与大豆品种中黄13相匹配的快生根瘤菌*Sinorhizobium fredii* SR25a、*S. fredii* USDA205与慢生根瘤菌*Bradyrhizobium japonicum* 4222、*B. japonicum* 4230和*B. japonicum* 4534菌株中获得稳定的基因标记菌株，结果表明，*gfp*和*rfp* 双标记技术为根瘤菌竞争结瘤能力的评价提供了直观、简便和准确的检测手段；利用*luxAB*基因标记技术研究硅酸盐矿物分解细菌在土壤和植物根际的定殖规律以及关键影响因素等研究也有少量报道。另外，有关微生物肥料施入土壤后对土壤微生物种群结构的影响也有一些初步的研究。例如，Wang 等（2007）采用可培养和未培养技术研究了溶磷真菌黑曲霉和青霉对玉米和大豆根际的生态效应，结果表明，接种黑曲霉和青霉后大大提高了可培养微生物的数量，PCR-DGGE 分析表明，接种黑曲霉和青霉后增加了根际土壤细菌种群数量。Roesti 等（2006）利用 PCR-DGGE 技术研究了接种菌根真菌与植物促生细菌对根际细菌种群结构的影响，结果表明，接种菌根真菌与植物促生细菌可以明显改变根际细菌种群结构。但有关微生物肥料施入土壤后对土壤微生物种群结构的影响研究还比较薄弱，相关研究工作，如菌剂与土著微生物的相互关系、微生物肥料中的功能菌株对宿主植物内生细菌和植物根际细菌种群结构的影响等亟待进一步深入研究。

3 展望

国内外田间试验表明，微生物肥料的施用不仅可以增加土壤肥力、促进作物生长和对病虫害的抗性，而且可以降低化肥和农药的施用量，改善土壤和水体的生态环境，在发展环境友好的可持续农业中发挥着极其重要的作用。由于目前微生物肥料的应用范围和应用领域不断扩大，对微生物肥料中功能菌株的需求也越来越多，对功能菌株的生物学功能和生态适应性也提出了更高的要求，因此，微生物肥料中功能菌株的资源、生态分布和生物多样性的研究就显得十分重要，相关研究工作对于丰富微生物菌种库、基因库有重要的意义，同时可以为微生物肥料中功能菌株的筛选、评价和利用提供充足的菌种资源。另外，微生物肥料中活的微生物菌剂在实际应用中受到各种环境因素的影响，目前微生物肥料在实际应用中的效果还不是十分稳定，从而限制了微生物肥料的进一步推广与普及。当前有关微生物肥料中功能菌株在土壤和根际的定殖规律和存活繁殖动态、菌剂的生态行为和影响菌剂效果的制约因素等研究工作还没有引起研究者的高度重视，相关研究基础还比较薄弱，严重制约了微生物肥料在生产实践中的有效应用。随着分子生物学向微生物生态学的渗透，微生物生态学的研究内容和水平正不断深化和提高，一门新的分支学科——微生物分子生态学也已日益成熟。对释放到环境中的遗传改良微生物进行风险评估，测量引入细菌在根部、土壤中的定殖动态、容量或土壤中的群体数量则是微生物分子生态学的主要研究内容之一。

当前有关微生物肥料中功能菌株的生态学行为研究包括：①功能菌株-土壤相互作用规律；②土壤-功能菌株-植物之间的相互作用规律。利用特异性高、检测方便的基因标记技术并结合先进的分析测试手段，研究基因标记菌株在作物体内、土壤和根际环境中的定殖规律；标记菌株对作物生长、产量和品质的影响、对土壤和水体生态环境（土壤养分、土壤结构、土壤微生物种群和活性等）的影响等；环境条件，如土壤类型、土壤水分含量、植物种类和品种类型以及生长时期、土著微生物以及菌剂形态和接种量等对功能菌株定殖及活性的影响，阐明土壤-功能菌株-植物之间的相互作用规律，为研制适应不同生态环境和不同作物类型的微生物肥料提供重要的理论依据和技术途径。另外，为了更快更准确地检测微生物肥料中功能菌株定殖动态、分布规律和关键影响因素，除了采用基因标记技术外，还应结合一些基因芯片技术、种群生物学、环境遗传学、遗传分化与生理适应等方面的理论、模型和计算机辅助手段等新技术，以便高效获得准确、丰富的功能菌株与宿主植物基因组相互作用的信息，充分发挥基因标记技术的优点，为了解微生物肥料生态学领域的关键问题提供更有效的研究途径。

目前以分子生物学为基础的新技术及各种检测仪器的发展，使人们对微生物群体多样性有了更科学、更直接的认识，如群落水平生理图谱（BIOLOG® community-level physiological profiles）、磷脂酸分析（PLFA）、荧光原位杂交（FISH）、分子指纹方法（AFLP、ARDRA）、以PCR为基础的rRNA或rDNA变性梯度凝胶电泳（DGGE）分析以及DNA芯片技术等已广泛应用于细菌多样性的研究中，使人们对细菌多样性的丰富程度有了新的认识。利用现代分子生态学技术研究微生物肥料对宿主植物内生细菌和根际土壤细菌种群结构的影响，对于深入了解微生物肥料对植物生长和生态环境的影响有重要的理论与实际意义。

参考文献

龚明波，范丙全，王洪媛．2010．一株新的溶磷棘孢青霉菌Z32的分离、鉴定及其土壤定殖与溶磷特性．微生物学报，50（5）：580-585.

胡桦，陈强，李登煜，等．2007．紫色土硅酸盐细菌的遗传多样性研究．土壤学报，44（2）：379-383．

黄静，盛下放，何琳燕，等．2010．具溶磷能力的植物内生促生细菌的分离筛选及其生物多样性，微生物学报，50（6）：710-716.

李剑峰，张淑卿，师尚礼等，2009．苜蓿内生根瘤菌分布部位与数量变化动态．中国生态农业学报，17（6）：1200-1205．

李振高，骆永明，滕应．2008．土壤与环境微生物研究法．北京：科学出版社．

肖文丽，关大伟，李俊，等．2010．采用 *gfp* 和 *rfp* 基因标记评价大豆根瘤菌竞争结瘤能力．大豆科学，29（3）：366-369．

肖相政，刘可星，廖宗文．2009．短小芽孢杆菌BX-4抗生素标记及定殖效果研究．农业环境科学学报，28（6）：1172-1176．

于芳，韩梅，韩晓日，等．2010．标记基因技术在根瘤菌研究中的应用．土壤通报，41（3）：744-748.

袁天英，杨红科，张伟涛等，2006．我国主要生态区域绿豆慢生根瘤菌的遗传多样性和系统发育研究．微生物学报，46（6）：869-874．

越飞，盛下放，黄智等．2008，山东地区钾矿物分解细菌的分离及生物学物特性．生物多样性，16（6）：

593-600.

赵飞，黄智，何琳艳，等. 2010. 不同风化程度钾长石表面矿物分解细菌的筛选及遗传多样性. 微生物学报，50 (5)：647-653.

赵龙飞，邓振山，杨文权等，2009. 我国西北部分地区豆科植物根瘤菌资源调查研究. 干旱地区农业研究，27 (6)：33-39.

Avis T J, Gravel V, Antoun H, et al. 2008. Multifaceted beneficial effects of rhizosphere microorganisms on plant health and productivity. Soil Biol Biochem, 40: 1733-1740.

Behbahani M. 2010. Investigation of biological behavior and colonization ability of Iranian indigenous phosphate solubilizing bacteria. Sci Horti, 124: 393-399.

Beneduzi A, Peres D, Beschoren P, et al. 2008. Genetic and phenotypic diversity of plant-growth-promoting bacilli isolated from wheat fields in southern Brazil. Res Microbiol, 159: 244-250.

Calvaruso C, Turpault MP, Frey-Klett P. 2006. Root-associated bacteria contribute to mineral weathering and to mineral nutrition in trees: a budgeting analysis. Appl Environ Microbiol. 72, 1258-1266.

Chen Z, X, Ma S W, Liu L, L. 2008. Studies on phosphorus solubilizing activity of a strain of phosphobacteria isolated from chestnut type soil in China. Bioresource Technol, 99: 6702-6707.

Hamdali H, Bouizgarne B, Hafidi M, et al., 2008. Screening for rock phosphate solubilizing Actinomycetes from Moroccan phosphate mines. Appl Soil Ecol, 38: 12-19.

López-López A, Rogel M A, Ormeño-Orrillo E, et al. 2010. Phaseolus vulgaris seed-borne endophytic community with novel bacterial species such as Rhizobium endophyticum sp. nov. Syst Appl Microbiol, 33: 322-327.

Lu YL, Chen WF, Wang ET, et al. 2009. Genetic diversity and biogeograply of rhizobia associated with caragana species in three ecological vegions of China. Syst. Appl. Microbial, 32: 351-361.

Oliveira A L M, Stoffels M, Schmid M, et al. 2009. Colonization of sugarcane plantlets by mixed inoculations with diazotrophic bacteria. Eur J Soil Biol, 45: 106-113.

Oliveira C A, Alves V, M, C, Marriel I, E, et al., 2009. Phosphate solubilizing microorganisms isolated from rhizosphere of maize cultivated in an oxisol of the Brazilian Cerrado Biome. Soil Biol Biochem, 41: 1782-1787.

Pérez E, Sulbarán M, Ball MM, et al., 2007. Isolation and characterization of mineral phosphate-solubilizing bacteria naturally colonizing a limonitic crust in the South-eastern Venezuelan region. Soil Biol Biochem, 39: 2905-2914.

Pliego C, de Weert S, Lamers G, et al. 2008. Two similar enhanced root-colonizing *Pseudomonas* strains differ largely in their colonization strategies of avocado roots and Rosellinia necatrix hyphae. Environ Microbiol, 10: 3295-3304.

Prakamhary J, Minamisawa K, Teamtaisong K, et al. 2009. The Communities of endophytic diazotrophic bacteria in cultivated rice (oryza sative L.). Applied Soil Ecology. 42: 141-149.

Reyes I, Valery A, Valduz Z. 2006. Phosphate-solubilizing microorganisms isolated from rhizospheric and bulk soils of colonizer plants at an abandoned rock phosphate mine. Plant Soil, 287: 69-75.

Roesti D, Gaur R, Johri BN, et al. 2006. Plant growth stage, fertiliser management and bio-inoculation of arbuscular mycorrhizal fungi and plant growth promoting rhizobacteria affect the rhizobacteria community structure in rain-fed wheat fields. Soil Biol Biochem, 38: 1111 - 1120.

Rosas S B, Avanzini G, Carlier E, et al. 2009. Root colonization and growth promotion of wheat and maize by *Pseudomonas aurantiaca* SR1. Soil Biol Biochem, 41: 1802-1806.

Ruppel S, Rühlmann J, Merbach W. 2006. Quantification and localization of bacteria in plant tissues using quantitative real-time PCR and online emission fingerprinting. Plant Soil, 286: 21-35.

Santelli C, M, Edgcomb V, P, Bach W, et al., 2009. The diversity and abundance of bacteria inhabiting seafloor lavas positively correlate with rock alteration. Environ Microbiol, 11: 86-98.

Sona HJ, Parkb GT, Chac MS, et al. 2006. Solubilization of insoluble inorganic phosphates by a novel salt-and pH-tolerant Pantoea agglomerans R-42 isolated from soybean rhizosphere Bioresource Technology, 97: 204-210.

Wang GH, Jin J, Xu MN, et al. 2007. Inoculation with Phosphate-Solubilizing Fungi Diversifies the Bacterial Community in Rhizospheres of Maize and Soybean Pedosphere 17: 191-199

堆肥微生物及堆肥接种研究进展

我国每年产生大量的有机固体废弃物，其中大部分未经科学处理即排入环境，由此带来严重的环境污染。堆肥作为一种微生物转化及处理手段在有机废弃物循环利用中发挥着重要的作用。本章重点讨论了堆肥微生物及堆肥接种研究进展，阐述了堆肥过程中不同阶段微生物群落的演替规律，以及不同阶段存在各自优势菌群以实现对不同有机物代谢的特点；文章进一步回顾和总结了堆肥接种微生物的研究历史以及进展，对近 20 年国内外堆肥接种研究进行了综述，表明绝大多数接种研究是具有明确效果的，这些效果包括加快升温，加速有机物分解，减少氮素损失，提高堆肥过程中纤维素酶、脲酶等的活性，提高堆肥产品肥效等。文章最后对堆肥微生物群落动态、内外源微生物作用及堆肥对土壤质量的作用等作了展望。

1 前言

堆肥，是指在人工控制下，在一定的水分、C/N 值和通风条件下通过微生物的发酵作用，将废弃有机物转变为肥料的过程。通过堆肥化过程，有机物由不稳定状态转变为稳定的腐殖质物质，其堆肥产品不含病原菌，不含杂草种子，而且无臭无蝇，可以安全处理和保存，是一种良好的土壤改良剂和有机肥料。

堆肥的原料是城乡大量产生的有机固体废弃物，包括农村养殖粪便、作物秸秆、厨余垃圾、市政生活污泥、糖厂药厂废渣等。据估算，我国目前每年约产生各类有机固体废弃物 36 亿 t（鲜重），并以年均约 3 亿 t 的速度增长着。其中每年畜禽粪便产生量约 25 亿 t，秸秆产生量 7 亿多吨，城市生活垃圾 1.5 亿 t，生活污泥 1400 万 t，另外每年还产生各类食品加工下脚料，如糖厂滤泥、乙醇废渣、药厂废渣等 1000 万 t 以上。有机固体废弃物的处理与资源化利用已成为我国城乡环境治理与生态产业发展的重要方向。

有机废弃物堆肥有着悠久的历史，自古以来我国农村地区就普遍将秸秆、落叶、野草、动物粪便及垫圈料等堆积在一起，进行发酵，制成肥料。但是，真正对堆肥技术进行科学的探讨则始于 20 世纪初。根据美国公用事业协会（APWA）报道，最早的堆肥工程工艺起于 1925 年的印度，当时英国的霍华德（Al-

本章作者：李季、任莉、付博。

bert Howard）先生开始把落叶、垃圾、动物及人的粪尿在土坑内堆成约 1.5m 高的堆体，经过 6 个月两次的翻堆，即可获得腐殖质这样的产品，此法称为印多尔法（Indore）。它之所以成功是因为堆体会像预言的一样可以发热，而且不会腐败。该方法的科学性表现在基质有了配方，另外有了操作的步骤描述。后来为了促进堆肥的好氧发酵，又提出了贝盖洛尔法（Beccari），即将固体废物和人粪肥分层交替堆积，并使翻堆由一两次改为多次翻堆（堆积 4～6 个月）。70 年代以后，许多堆肥工艺不断开发出来，如 1972～1973 年美国农业部马里兰州的农业研究中心开发的通气静态堆工艺，也称贝特斯维勒（Beltsville）工艺，还有如垂直通风搅拌固体床托马斯（Earp-Thomas）工艺，日本的立式多层搅拌床式工艺（即塔式工艺），爱温森（Eweson）转鼓式反应器系统以及比尔德（Beard）筒仓工艺等。据统计，国内外堆肥工艺多达百余种，仅不同密闭式反应器工艺就有 45 种之多。

相对于西方发达国家现代堆肥业的快速发展，中国堆肥尚处在分散农户堆肥日益减少和工厂化堆肥开始起步这样一个阶段。总体上，由于长期忽视对固体废物的管理以及技术装备等的不足，我国的堆肥产业目前仍处在发展初期，堆肥规模、堆肥厂的数量以及堆肥工艺水平基本停留在粗放式的简单加工阶段。但是面对每年大量产生的有机废弃物，未来处理任务将十分庞大，也预示着这一产业必将有着广阔的发展空间。

2 堆肥微生物研究进展

堆肥是一个生物学过程，在这一过程中，涉及的微生物数目巨大，种类繁多，不同的微生物可利用不同的碳源，每一类微生物都需要适合自身生长繁殖的环境条件，并且对某一种或某一类特定的有机物的分解起作用。

堆肥过程中参与的微生物主要有：细菌、放线菌和真菌（包括霉菌和酵母菌）。从各种废弃物堆肥过程中分离到的微生物细菌主要有 18 种、放线菌 16 种、真菌 37 种，具体名称详见表 1。

表 1 堆肥过程中分离到的微生物

细菌	放线菌	真菌	
Bacillus megatherium	*Nocardia brasiliensis*	*Rhizopus nigricans*	*Absidia orchidis*
B.stearothermophilus	*Thermomonosporaviridis*	*Rhizoctonia* sp.	*Rhizopus arrhizus*
B.cereus	*T.curvata*	*Geotrichum candidum*	*Lipomyces* sp.
B.mycoides	*Micromonospora parva*	*Mucor pusillus*	*Cladosporium herbarum*
Pseudomonad sp.	*M.vulgaris*	*Penicillium digitatum*	*Zygorhynchus vuilleminii*

续表

细菌	放线菌	真菌	
Flavobacterium sp.	*Thermoactinomyces vulgaris*	*Mucor racemosus*	*Trichosporon cutaneum*
Micrococcus sp.	*Actinoplanes* sp.	*Torulopsis* sp.	*Rhodotorula rubra*
Sarcina sp.	*Thermopolyspor polyspora*	*Aspergillus flavus*	*Aspergillus tamarii*
Cellumonas folia	*Pseudonocardia*	*Absidia*	*Verticillium* sp.
Chondrococcus	*Streptomyces violaceoruber*	*Saccharomyces* sp.	*Synecephalastrum* sp.
exiguus	*S.thermoviolaceus*	*Pulluloria* sp.	*Pichia* sp.
Mycococcus virescens	*S.rectus*	*Pythium* sp.	*Cylindrocaron* sp.
M.fulvus	*S.thermofuscus*	*Hanisenula* sp.	*Chaetomium*
Thibacillus	*S thermovulgaris*	*Trichoderma koningi*	(*thermophile*)
thiooxidans	*Thermomonospora fusca*	*Talaromyces* (*Penicillium*)	*Candida* (*parapsilosis*)
T.denitrificans	*T.glaucus*	*duponti*	*Sporotrichium*
Aerobacter		*Stysanus stemonitis*	*thermophile*
Proteus sp.		*Glibotrys* (*alaboviridis*)	*Fusarium moniliforme*
		Humicola insolens	*Humicola griseus varthermoideus*

资料来源：Walke，1975；Poincelot，1977。

其中每克堆肥中细菌数目为 10^8～10^9 个、放线菌数目为 10^4～10^8 个、真菌数目为 10^3～10^6 个，藻类数目<10^4 个（表 2）。

表 2　堆肥微生物群体数量　　（单位：MPN/g 湿重）

微生物	温度	
	<40℃	40℃<*T*<70℃
细菌		
嗜温微生物	10^8	10^6
嗜热微生物	10^4	10^9
放线菌		
嗜热微生物	10^4	10^8
真菌		
嗜温微生物	10^6	10^3
嗜热微生物	10^6	10^7

资料来源：Haug，1993。

整个堆肥过程中微生物的种群随温度的变化发生如下的交替变化：低温、中温菌群为主转变为中温、高温菌群为主，中温、高温菌群为主转变为中温、低温菌群。Waksman 等（1939）研究发现：堆肥温度在 50℃时，中温真菌、细菌和放线菌非常活跃；65℃时，真菌极少，细菌和放线菌占优势；75℃时产孢细菌是唯一存活的微生物。官家发（2000）研究的结论基本与 Waksman 等的结论相同。Waksman 和 Cordon（1939）报道：在 28℃以下和 65℃以上，高温放线菌几乎不生长，50℃为生长最旺盛。陈华癸（1962）指出堆肥初期，是微生物旺盛繁殖并释放出热能来不断提高堆肥温度的发热阶段。Chang 和 Hudson（1967）也认为堆肥温度达到 70℃时，中温、高温真菌都减少，当温度降低到 65℃以下时高温真菌开始繁殖并在 45℃时达到高峰。Safwat（1980）发现中温细菌数量高于高温细菌数量；纤维素降解细菌随温度的升高而增加，随后减少直到无法检出。刘婷（2002）等认为：细菌是中温阶段的主要作用菌群，对发酵升温起主要作用；放线菌是高温阶段的主要作用菌群；芽孢杆菌、链酶菌、小多孢菌和高温放线菌是堆肥过程中的优势种。冯明谦和刘德明（1999）等认为：高温好氧堆肥能杀灭大多数的细菌，细菌和霉菌是堆肥的优势类群，芽孢杆菌和曲霉菌是堆肥的优势种。刘玉珠等（2002）认为：随时间的进展，细菌逐渐减少，放线菌逐渐增多，霉菌和酵母菌在堆肥的末期显著减少。

Ishii 等（2000）采用 PCR 扩增和 DGGE 分析法对堆肥过程中微生物群落的演替进行了较详细的研究，将堆肥化过程分为 4 个阶段：常温（0～4 天）、高温（4～13 天）、降温（13～32 天）、腐熟（32～45 天）。实验发现，随着堆肥过程的进行，DGGE 条带发生很大的变化：随着温度的升高，条带数减少，当温度降低时，条带数又逐渐增多，表明条带所代表的微生物种类也发生相应的变化。在堆肥初期的中温阶段，DGGE 图谱中 DNA 条带分别与 4 种革兰氏阴性发酵菌的碱基序列相似；高温期的微生物分别与芽孢杆菌的 *Bacillus* sp.、*Virdibacillus* 和 *Gracilibacillus* 具有很高的相似性；中温段的发酵菌消失，温度达到最高值时，凝结芽孢杆菌（*B.coagulans*）占优势，该菌能够水解蛋白质，产生氨使 pH 上升。在降温阶段，高温段中的菌消失，出现新的条带，与 *S.multivorum*、*A.otitis*、*Cl.fervidus*、*Cl.filimentosum* 和 *Alcalige* sp. 相似，当易降解物质被分解后，这些菌可以降解残存的复杂组分；另外专性厌氧菌的出现表明堆肥中出现了适于厌氧微生物生存的厌氧环境。

在腐熟期，DGGE 条带图谱更加复杂，出现了新的条带，与节杆菌属（*Arthrobacter*）有关的绝大多数是土壤微生物。这些结果表明，堆肥末期的环境与土壤的寡营养环境相似。堆肥初期样品中 DNA 顺序与 DNA 数据库中的相关顺序具有很高的相似性，而末期相似性较低，表明早期出现的微生物易于分离，且研究得比较透彻，降温期、腐熟期出现的微生物难于培养和分离，对其研究较少，缺乏相关DNA顺序的数据。

Peters等（2000）用基于小亚基rRNA基因剖面的单链多态性PCR技术检测了高温堆肥中微生物菌群的演替规律，结果与Ishii等的基本一致。

在整个堆肥中，微生物的活动主要分为三个时期：糖分解期、纤维素分解期和木质素分解期。堆制初期主要是氨化细菌、糖分解菌等无芽孢细菌为主，对糖分等水溶性有机物以及蛋白质类进行分解，称为“糖分解期”。当堆内温度升高到50～70℃的高温阶段，高温性纤维素分解菌占优势，除继续分解易分解的有机物质外，主要分解半纤维素、纤维素等复杂有机物，同时也开始了腐殖化过程，这一阶段称为“纤维素分解期”。当堆肥温度降至50℃以下时，高温分解菌的活动受到抑制，中温性微生物显著增加，主要分解残留下来的纤维素、半纤维素、木质素等物质，称为“木质素分解期”。

堆肥化过程是一个微生物生态群落消长演替的过程，在这一过程中，随着温度、pH等环境条件的变化，微生物种群数量也会发生变化，并在不同的发酵阶段形成各异的优势菌群，从而对不同的有机物进行分解消化。

3 堆肥接种研究进展

堆肥接种是指从多样化的环境或物料中分离驯化具有不同功能作用的优势微生物菌株，并通过培养发酵形成菌剂，然后将菌剂接种到堆料当中的一类方法。传统的堆肥腐熟过程主要是一个由自然微生物参与的生理生化过程，因而可以通过添加外源微生物来加速该过程。其原理是通过增加堆肥初期微生物的群体数量来加速有机物质的分解活动，产生大量的热量，使堆体迅速升温，从而缩短堆肥时间，降低对环境的不良影响，提高产品质量。

国外关于堆肥接种的研究始于半个多世纪前，并在日本、美国、韩国以及我国台湾地区得到广泛应用。美国加州大学伯克利分校卫生工程研究实验室的Golueke教授在西方最早开展了堆肥接种的研究。1954年，他与实验室其他研究人员利用马粪、已堆肥物料、微生物培养物和土壤作为接种剂进行堆肥，实验结果表明，尽管接种剂富含大量微生物，但是对堆肥进程和产品质量均无显著效果，对于已经存在的土著微生物菌系而言，外源细菌的加入是多余的。究其原因主要是堆肥物料中优势微生物种群数量大，接种的微生物种群还未来得及繁殖成为优势种，堆肥物料中原优势微生物种已迅速繁殖，抑制了接种的微生物种群。另外堆肥有机物质的种类多，成分复杂，堆肥物料中优势微生物种已经对这些有机物有了较好的适应及分解利用能力；而接种的微生物种群还需适应这些有机物或对这些有机物分解利用不充分，从而达不到一定的效果。

20世纪30年代，我国土壤肥料学家彭家元与陈禹平根据好热性纤维分解菌的特点，研究了农村有机肥的快速堆制发酵方法，并成功富集培养出高温纤维分解菌，定名为“元平菌”，发表了《元平式速成堆肥》一文。文章认为，传统沤式堆肥法养分损失严重，堆制时间长，往往经过四五个月才达到全部腐熟，且常须翻堆，工作量大；而速成堆肥法则利用从土壤分离得到的好热性纤维分解菌，接种于堆肥，在高温下使堆肥纤维成分迅速分解，三周即可完全腐熟。另外前东北农科所推广的札札菌，是从厩肥、堆肥或马粪中分离出来的好热性纤维素分解芽孢杆菌，将这类菌加富培养制成菌剂，也可以加速堆肥的腐熟。我国早期的这些堆肥接种研究得出了与西方早期完全不同的实验结果，其原因由于实验过程描述有限、测定指标不一，从而难以给出科学评价。

近年来，国内外在堆肥接种研究方面取得了较大的进展。学者们主要针对接种剂对堆肥的作用、优质高效菌株及菌群筛选以及菌剂的接种量和接种时间等几个方面的问题进行了研究。Ichida 等（2001）认为土著微生物种群可以降解畜禽废物，但是用羽毛降解专性菌则可以加快降解进程。电镜扫描结果表明，接种细菌比不接种细菌的处理角蛋白降解更完全，生物被膜形成的更早。Sharma 等（2009）将筛选得到的丝状真菌接种于以麻风树外皮为原料的堆体中，结果发现，接种的处理具有较高的木质纤维素酶活性，在一个月内接种丝状真菌有利于麻风树外皮的腐熟；堆肥 4 个月时，发现由于丝状真菌木质纤维素酶的作用，降低了堆肥中的植物毒性，接种丝状真菌无论在麻风树外皮的腐熟还是降低植物毒性方面均有显著效果。我们统计到的 15 篇国外研究文献大部分表明接种是有效的，仅有 3 篇效果不佳（表 3）。

表 3　国外有关堆肥接种研究结果

文献来源	原料	接种类型	接种量	时间	效果
Yadav et al., 1982	麦秸	真菌 牛粪、堆肥、土壤	干重的 0.2% 干重的 5%	60 天	有
Nakasaki et al., 1985	污泥	堆肥	干重的 20%	120h	无
Nakasa and Aakiyama, 1988	生活垃圾	堆肥	干重的 30%	200h	有
Faure and Deschamos, 1991	葡萄渣	细菌	1.4×10^8 cfu/g 干重	12 天	无
Nakasaki et al., 1992	豆腐废渣	堆肥	干重的 10%	159h	无
Nakasaki et al., 1994	狗食	细菌	1.4×10^6 cfu/g 干重	150h	有
Straatsma et al., 1994	马粪、鸡粪、麦秸	*Scytalidium thermophilu*		15 天	有

续表

文献来源	原料	接种类型	接种量	时间	效果
Razvi and Kramer, 1996	生活废弃物	活性堆肥耕层土	0.05%～1.4%干重 30%的干重 40%的干重	42天	无 有 有
Savoie et al., 1996	蘑菇废弃物	筛选出的野生菌		20天	有
VanderGheynst, 2000	葡萄渣、稻秸	菌剂	5%的干重	300h	有
Ichida et al., 2001	猪粪	*Bacillusl icheniformis Streptomyces* sp.	马克法兰氏浊度1.0	28天	有
Hart et al., 2003	麦秸	*Trichurus spiralis*		42天	有
Vargas-Garcl et al., 2006	胡椒、橄榄油废弃物、修剪树枝、杏壳	*Bacillus shackletonni*, *Streptomyces thermovulgaris Ureibacillus thermosphaericus*	10^6～10^7cfu/g干重	180天	有
Sharma et al., 2008	麻风树果壳	霉菌	300g/t	30天	有
Sutripta Sarkar et al., 2010	蔬菜废弃物、稻秸、牛粪	细菌	2×10^8cfu/g干重	60天	有

近年来，我国学者广泛进行了堆肥接种研究，其中涉及的微生物种类包括乳杆菌属、芽孢杆菌属、假单胞杆菌属、固氮菌属、微杆菌属、木霉属、曲霉属、白腐真菌、裂殖酵母属、链霉菌属和高温放线菌属等，这些微生物多从自然界中分离获得，并在堆肥应用中取得了良好的效果。陈世和和张所明（1990）提出在原有的土著微生物基础上添加微生物菌剂或酶制剂能缩短堆肥周期。李国学（1999）用鸡粪、稻壳和猪粪堆肥，添加质量分数为0.5%的快速发酵菌剂，可以加速稻壳堆肥进程，显著缩短发酵时间，一般堆制14～21天即达到腐熟要求。庞金华等（1999）在猪粪堆肥制作时，加入两种微生物制剂，可以快速提高堆肥升温速度，促进发酵腐熟，缩短堆制时间。席北斗等（2003）把复合菌剂加入生活垃圾堆肥和污泥堆肥中，堆肥时间缩短18天。冯明谦（2000）筛选比较了625株细菌、153株霉菌、27株放线菌对果胶、淀粉、纤维素和半纤维素的降解能力，选用了降解能力和抗逆能力均强的芽孢杆菌、霉菌和放线菌各1株作为种子，进行了人工接种堆肥试验，试验表明，接种1.5%能缩短发酵时间16h。本研究筛选出9株具有不同功能作用、繁殖速度快的细菌、真菌、酵母菌等，并经过组合，研制出能广泛用于畜禽粪便、市政污泥等有机废物堆肥的VT菌剂。席北斗等（2003）利用从环境中分离的微生物，通过诱变培育出活性较高的纤维素

分解菌株，并将康氏木霉、白腐菌、变色栓菌与 EM 菌、固氮菌、解磷菌、解钾菌按一定比例组合成高效复合微生物菌剂，应用于有机堆体，加速了堆肥温度升高与原料腐熟。胡菊（2005）在堆体中接入 VT 菌剂后，与空白对照堆体相比较，C/N 值降低得多，并且 VT 菌剂对堆肥有机碳分解及肥力的提高有一定的促进作用。路伟明等（2008）从牛粪中筛选到一株耐低温的纤维素降解真菌，最适生长温度为 20～25℃，能作为低温条件下堆肥的外加菌剂施用。籍宝霞（2009）在冬季使用低温发酵菌剂对鸡粪进行研究，研究表明在日平均温度为 4.9～7.1℃，48～72h 即可启动发酵。

根据我们对国内近 10 年 70 篇堆肥接种文献统计，接种菌剂效果普遍表现明显，只有 8 篇反映效果不明显。

堆肥接种效果主要表现为：加快升温，使高温持续时间延长；加速有机物分解；减少氮素损失，提高养分含量；提高堆肥过程中纤维素酶、脲酶等的活性和峰值；提高堆肥的腐熟度，缩短腐熟时间；提高堆肥产品肥效等作用（表 4）。虽然目前一些学者对堆肥接种持怀疑态度，但许多研究结果对堆肥过程中接种菌剂的促进作用还是充分肯定的。

表 4 堆肥接种效果总结

影响因素	主要效果
温度	加快堆肥升温速度，提高堆肥的最高温度，高温持续时间长
有机碳	加速有机物分解，加快堆肥腐熟进程
全氮、C/N 值	减少氮素损失，C/N 值降低，提高养分含量
类大肠菌群	大肠杆菌数量大幅度降低，有效杀灭病原微生物
主要微生物菌群	增加堆肥过程中细菌总数，提高微生物种群质量、群落功能多样性和群落均匀度
纤维素酶、脲酶	提高堆肥过程中纤维素酶、脲酶的活性和峰值
腐熟度	提高堆肥的腐熟度
发酵时间	加速腐熟，缩短腐熟时间
堆肥品质	提高堆肥产品肥效

另外菌剂的接种量一般为 0.05%～5%，文献中所述的接种量大多为 0.1%～1%，接种时间多为堆肥初期。

4 堆肥微生物研究展望

堆肥微生物属于环境微生物研究的一个分支，如同土壤、废水微生物研究一样，堆肥微生物过程及机制研究仍处于探索阶段。

堆肥过程是由多组微生物群落交替完成的，这些微生物群落的组成及动态过程许多是未知的，它们的有机物代谢过程也很少被研究。外源微生物引入堆肥后的变化过程也值得探讨，它们与内源微生物如何发生联系以及如何发挥作用目前尚属一个谜团。堆肥及生物堆肥对土壤的改良作用，特别是在土壤生物多样性提高、抗病性增强以及提升土壤质量和保障土壤持续性方面的作用已得到大量田间试验证实，但堆肥中的微生物如何参与这一过程并发挥作用还值得探讨。

在堆肥微生物应用方面也存在着众多研究课题。什么样的堆肥微生物组合才是一个有效的组合？不同微生物菌株构成的微生物菌剂如何实现功能的最大化？堆肥接种时间及接种效果如何保证？如何开发适宜于不同地区、不同原料的发酵菌剂？这些均需要进一步的研究。

可以预见的是，随着我国有机废弃物生物处理及资源化的推进，基于堆肥微生物研究的堆肥工业、土壤有机质提升和持续农业发展将前景广阔。

参考文献

蔡建成．1990．堆肥工程与堆肥工厂．北京：机械工业出版社．

陈华癸．1962．微生物学．北京：农业出版社．

陈世和，张所明．1990．城市垃圾堆肥原理与工艺．上海：复旦大学出版社．

冯明谦，刘德明．1999．滚筒式高温堆肥中微生物种类数量的研究．中国环境科学，19（6）：490-492．

冯明谦，刘德明．2000．高温好氧垃圾堆肥中人工接种初步研究．四川环境，19（3）：27-30．

官家发．2000．高温堆肥发酵工艺处理城市生活垃圾过程中的部分微生物学问题．四川环境，19（3）：21-22．

胡菊．2005．VT 菌剂在高温好氧堆肥中的作用机理研究初探及肥效实验．中国农业大学硕士学位论文．

黄国峰，吴启堂，黄焕忠．2003．有机固体废弃物耗氧高温堆肥化处理技术．中国生态农业学报，11（1）：159-161．

黄懿梅，曲东，李国学，等．2002．两种外源微生物对鸡粪高温堆肥的影响．农业环境保护，21（3）：208-210．

籍宝霞，张丽萍，程辉彩等．2009．低温发酵剂在鸡粪冬季处理中的作用．江苏农业科学，6：418-420．

李国学．1999．不同堆肥材料及引入外源微生物对高温堆肥腐熟度影响的研究．应用与环境微生物学报，5（5）：139-142．

李国学，张福锁．2000．固体废物堆肥化与有机复混肥生产．北京：化学工业出版社．

李季，彭生平．2005．堆肥工程实用手册．北京：化学工业出版社．

刘婷，陈朱蕾，周敬宣．2002．外源接种粪便好氧堆肥的微生物相变化研究．华中科技大学学报，19（2）：57-59．

刘玉珠，陈朱蕾，江娟，等．2002．粪便堆肥化优势菌株初步筛选．华中科技大学学报（城市科学版），19（2）：65-72．

路伟明，李淑芹，曹知平等．2008．一株低温牛粪降解真菌的筛选及生长条件的确定．东北农业大学学报，39（11）：36-38．

庞金华，程平宏，余廷园．1999．高温堆肥的水气矛盾．农业环境保护，18（2）：73-75．

全国农业技术推广服务中心．1999．中国有机肥料资源．北京：中国农业出版社．

席北斗，刘鸿亮，黄国和，等．2003．复合微生物菌剂强化堆肥技术研究．环境污染与防治，25（5）：264-262．

Bertoldi M，de Vallini G，Pera A．1983．The biology of composting：a review．Waste Management & Research，（1）：157-176．

Chang Y，Hudson H J．1967．The fungi of wheat straw compost．Ecological Studies Trans Br Mycol Soc，50（4）：649-666．

Golueke C G，Card B J，Mcgauhey P H．1954．A critical evaluation of inoculums in composting．Appl Microbiol，2：45-53．

Haug R T．1993．The Practical Hand Book of Compost Engineering．NewYork：Lewis Publisher．

Hoitink，H A J，Keener H M，Fahy P C，et al．1983．Key steps to successful composting．Biocycle，November/December：54-56．

Ichida J M，Krizova L，Lefevre C A，et al．2001．Bacterial inoculum enhances keratin degradation and bio-film formation in poultry compost．Journal of Microbiological Methods，47（2）：199-208．

Insam H．2002．Microbiology of composting．*In*：Insam H，Riddech N，Klammer S．Germany：Springer-verlag．

Ishii K，Fukui M，Takii S，et al．2000．Microbial succession during a composting process as evaluated by denaturing gradient gel electrophoresis analysis．Journal of Applied Microbiology，89：768-777．

Peters S，Koschinsky S，Schwieger F，et al．2000．Succession of microbial Communities during Rot composting as detected by PCR-single-strand-conformation poly moiphism-Based genetic profiles of small-subunit rRNA genes．Applied and Environmental microbiology 66：930-936．

Poincelot RP．1977．The biochemistry of composting．Composting of municipal sludges and wastes．Proceedings of the National Conference，Rockville，Maryland：33-39．

Safwat M S A．1980．Composting cottonseed wastes．Compost Sci/Land Util，21（3）：27-29．

Sharma D K．Pandey A K，Lata．2009．Use of jatropha curcas hull biomass for bioactive compost production．Biomass and Bioenergy，33（1）：159-162．

Waksman S A，Cordon T C．1939．Thermophilicdecompostition of plant residues in composts by pure and mixed cultures of microorganisms．Soil Sci，47（3）：217-225．

Waksman S A，Umbreit W W，Cordon T C．1939．Thermophilic Actinomycetes and Fungi in Soils and Composts．Soil Sci，47：37-61．

Walke R．1975．The preparation，characterization and agricultural use of bark-sewage compost．PhD Thesis，The University of New Hampshire，Durham，New Hampshire，USA：47．

生物固氮技术在大豆种植中应用研究进展

根瘤菌能与豆科植物结瘤形成共生体，在自然环境中可将大气中的氮气转化成氨，为植物提供氮素营养。大豆是世界面积最大的豆科作物，在国际农产品贸易中占有重要的地位。因此在大豆种植中充分发挥生物固氮作用，对提高大豆产量、减少氮肥施用、保护环境等方面具有意义。本章介绍了近些年国内外生物固氮技术在大豆种植中的应用现状与研发进展，分析了制约我国生物固氮技术应用的主要问题，同时总结了巴西大豆种植中发挥共生固氮作用的成功经验，结合我国根瘤菌产业的现状，提出相应的对策。

1 引言

生物固氮是指大气中的分子氮通过微生物固氮酶的催化而还原成植物可直接利用的氨的过程。生物固氮是地球上最大规模的天然氮肥工厂，据联合国粮食及农业组织（FAO）1995 年估计，全球每年由生物固定的氮量已近 2 亿 t（相当于 4t 尿素），约占全球植物需氮量的 75%。其中，又以豆科植物与根瘤菌形成的共生固氮体系效率最高，占生物固氮总量的 70%，其固定的氮素可提供豆科植物生长所需氮素营养的 50%～90%，甚至是 100%。同时，豆科植物地下部分的含氮量约占植株总氮的 35%，其残体分解后可有效提高土壤肥力。可见生物固氮作用对豆科作物种植中减少化学氮肥施用、培肥土壤、保护生态环境、节能减排等具有不可替代的价值。

人们利用豆科作物这一特点，从土壤中分离和筛选出优良根瘤菌菌株，通过人工大量繁殖的方式，制成根瘤菌菌剂用于农业生产，以促使豆科植物早结瘤，提高根瘤的固氮效率，最大限度地为豆科作物提供氮素营养。目前根瘤菌接种技术已在国际上得到了广泛的应用，特别是美国、巴西和阿根廷等主要大豆生产国，大豆的接种面积已达到 50%～100%，取得了十分显著的经济效益。本章介绍了近些年国内外生物固氮技术在大豆种植中应用的现状与研发进展，分析了制约我国生物固氮技术应用的主要问题，同时总结了巴西大豆种植中发挥共生固氮作用的成功经验，希望对我国生物固氮技术研究有所借鉴，以推动根瘤菌在我国大豆种植中的应用。

本章作者：关大伟、李俊、曹凤明、冯瑞华。

2 国内外大豆种植中生物固氮技术应用现状

2.1 国外大豆生产国普遍重视生物固氮技术的应用

在国际上，以大豆根瘤菌为代表的共生固氮研究和应用已有 100 多年的历史。无论发达国家还是发展中国家在大豆生产中都十分重视生物固氮作用，根瘤菌接种技术应用十分广泛，实现了高效共生固氮，减少氮肥用量的目的。大豆是美国的四大作物之一，大豆接种面积占种植面积的 50% 以上（房春红，2007）。通过根瘤菌的接种，美国根瘤菌固氮量约 620 万 t，占美国当年消耗氮肥（1087 万 t）总量的 57% 以上（中国科学院，2007）。巴西是根瘤菌接种技术应用成功的典范。大豆是巴西种植面积最大的作物，2004 年大豆种植面积为 2147 万 hm^2，单产平均为 2790kg/hm^2，总产达 4920.5 万 t，占世界大豆总产量的 24.1%。巴西种植大豆只接种有效根瘤菌，不施氮肥，不仅实现了大豆的高产，而且每年仅节约的氮肥价值就达 25 亿美元之多（Bruno et al., 2003）。大豆是阿根廷最重要的豆科植物，种植面积达到 1600 万 hm^2，其中有 90% 的大豆接种了根瘤菌（Servicr，2007），实现了大豆生产过程中少施或不施氮肥，达到既能使大豆稳产高产，又能节本增效的目标。上述国家近年来大豆的总产和单产都稳居世界前列，有力地证明通过接种高效菌株充分发挥大豆-根瘤菌的共生固氮作用，完全可以满足大豆高产的氮素需要。

2.2 我国生物固氮技术应用现状与存在的问题

2.2.1 忽视生物固氮作用，根瘤菌接种面积逐年降低

我国的生物固氮研究开始于 1937 年，至今已有 70 多年的历史。在 20 世纪 50 年代根瘤菌接种剂开始在大豆种植中进行推广应用，对新区种植的大豆进行接种获得了显著的增产效果，在 80 年代大豆接种面积达到 30 万 hm^2。但是近几十年来，我国在大豆种植中忽视生物固氮作用，大量施用化学氮肥，大豆接种根瘤菌的面积一直在下降，2008 年只有 10 万 hm^2，占大豆总面积的 1%～2%（葛诚，2007），主要集中在黑龙江农垦和农场等大规模种植大豆的地区。

2.2.2 制约我国生物固氮技术应用的主要问题

我国使用根瘤菌菌种与大豆主栽品种匹配性不强，竞争结瘤能力差，影响了

使用效果。大豆对大豆根瘤菌有一定的品系要求，只有在两者具有较高匹配性的情况下，根瘤菌才能在大豆上良好结瘤和固氮。目前，我国使用菌种的更新比大豆品种的更迭速度慢，使用的根瘤菌与主栽的大豆品种匹配性差，导致共生固氮效率低。另外，我国是大豆的起源国，土壤中存在大量的土著根瘤菌，这些根瘤菌75%以上是无效和低效菌株，但它们是当地土壤条件和大豆品种的适应者，竞争力强，比接种的高效菌株更容易结瘤，造成接种根瘤菌效果不理想。

根瘤菌接种方式效果差，与机械化播种模式不配套。在大豆生产实际中，根瘤菌应用技术没有与现有的栽培方式更好的结合起来，影响了根瘤菌固氮作用的发挥和推广使用。目前接种大豆根瘤菌的主要方式是拌种，即在播种时将根瘤菌黏附在大豆种子上。此接种方式存在一些不足：一是效果不好，由于大豆根系生长要远远快于根瘤菌的运动速度，所以接种根瘤菌只能在前期短时间内与根系接触、侵染结瘤，导致接种菌株的占瘤率低，接种效果差；二是与机械播种不配套，影响农忙季节播种任务的完成。

我国根瘤菌产品质量偏低、保质期短，田间应用效果不明显。根瘤菌菌剂质量的高低是应用效果好坏的关键之一。由于受到生产技术水平的限制，许多企业的菌剂产品达不到有效活菌含量标准，并且菌数短时间内下降很快，产品保质期很短。所以当产品经过一个长的供应链到达农民手中时往往只有少量活性根瘤菌，实际应用效果不显著，农民便不会坚持使用。

施用化学氮肥，抑制根瘤的形成和固氮。施用化学氮肥抑制根瘤菌和大豆根系的相互作用，也称“氮阻遏”，其抑制作用随施氮量的增加而有逐渐增强的趋势。目前，我国很多地区大豆种植依赖化学氮肥，特别是在东北和西北地区氮肥用量较高，在这些地区接种根瘤菌，必然会受到化学氮肥的抑制，影响接种效果。

3 生物固氮技术研发进展

3.1 大豆根瘤菌优良菌株的选育

在大豆种植中，接种根瘤菌结瘤固氮的有效性受到很多因素的影响，与大豆品种匹配性差（Kiers et al., 2007）、土壤中丰富的土著根瘤菌（Barcellos et al., 2007）、不利的生存条件（邵新庆和沈禹颖，2002）以及日益污染的环境（Poonam et al., 2004）都是限制接种菌株发挥生物固氮作用的主要因素。因此筛选与豆科作物品种匹配、竞争结瘤能力强、环境适应能力强的优良菌株，是提高根瘤菌应用效果的重要途径。同时近年关于根瘤菌与豆科植物在分子水平上的相互作用以及有关基因的调控机制的研究，也为通过基因工程改造根瘤菌、提高共生固氮效率创造了条件。

3.1.1 与大豆品种相匹配的优良菌株筛选

根瘤菌的菌株与大豆品种之间有很强的选择性，只有共生匹配性最好的菌株-品种组合，才能形成最佳共生固氮体系。筛选与大豆品种匹配的优良根瘤菌，是美国、巴西和阿根廷等大豆主产国实现根瘤菌接种效果稳定的一个主要原因。巴西在20世纪60年代成立了国家大豆委员会，强调在育种中必须将生物固氮作为一个重要的指标（Oliveira et al., 2006)，实施优良菌株筛选计划，即“生物固氮育种”，以菌株的固氮能力、与品种的匹配性、与土著菌的竞争能力和在土壤环境中的存活能力与适应能力作为菌株的筛选评价指标（Albareda et al., 2009)。目前，巴西已筛选出4株用于大豆接种的根瘤菌，并由农业部设立专门机构，进行根瘤菌菌剂质量跟踪和效果评价（Bruno et al., 2003)。

经过多年努力，我国大豆根瘤菌资源多样性、分类与系统发育的研究工作已取得了显著进展。目前中国农业大学陈文新院士建成了世界上最大的根瘤菌资源数据库，已分离、纯化和收藏了一大批根瘤菌菌种资源，为与大豆品种相匹配的菌株筛选准备了充足的种质资源。马中雨选取不同种类与来源的大豆根瘤菌代表菌株18株，与11个我国主要的大豆核心种质品种进行共生匹配性试验。结果表明，不同的大豆根瘤菌菌株间存在明显的结瘤固氮差异，快生大豆根瘤菌表现出比慢生根瘤菌更严格的大豆品种匹配性（马中雨等，2008)。汤辉使用黑龙江不同类型土壤对20株不同地区来源的根瘤菌和5个大豆品种进行接种效果的研究，筛选到不同土壤-大豆-菌株的最佳组合（汤晖等，2006)。徐传瑞对从6省（直辖市）采集的18份土样中分离的160株大豆根瘤菌进行了结瘤与共生固氮效率的比较测定，从中筛选出固氮效率较高、竞争能力强的菌株ZX20和SMH12（徐传瑞等，2004)。郭春景筛选到与黑龙江大豆主栽品种广谱结瘤的菌株（郭春景等，2004)。这些工作为我国根瘤菌生产和应用提供菌种支持，但总体上我国高效菌株筛选工作滞后于大豆品种的更迭速度，而且系统性不够，没有从大豆品系的角度进行深入研究。

3.1.2 抗逆菌株的筛选

近年来为消除不良环境条件对生物固氮的抑制作用，许多学者开展了抗逆性菌株的研究和筛选。程凤娴在南方酸性土壤中分离了3株耐酸和耐低磷的大豆根瘤菌，在低磷土壤田间试验结果表明，根瘤数量较不接菌处理显著增加，植株干重、含氮量和含磷量分别增加154.3%、4%和163.2%（程凤娴等，2008)。赵宇枢在辽宁筛选到 3 株对酸、碱、盐、氨、高温、低温有较强耐受性的大豆根瘤菌（赵宇枢等，2009）。Munees Ahemad 筛选到耐除草剂菌株，在施用除草剂的情况下，该菌株不仅能使植株恢复结瘤，而且还能减轻除草剂对植株的胁迫作用（Ahemad and Khan，2010）。梁建强等对 188 株根瘤菌进行了重金属抗性分析，其结果表明，大部分菌株对 Hg^{2+}、Cd^{2+}、Cr^{6+} 敏感，而对 Pb^{2+} 不敏感，*Bradyrhizobium* 比 *Rhizobium*、*Sinorhizobium*、*Mesorhizobium* 有较强的重金属耐受性（梁建强等，2009）。若将这些抗逆性菌株应用于生产，将会大大促进不良环境地区共生固氮作用的发挥，有助于这些地区大豆生产水平提高。

3.1.3 高效固氮菌株的构建

随着分子生物学技术的发展，国内外的研究人员通过对根瘤菌共生固氮特定基因进行遗传改造，构建高效的固氮菌株，提高根瘤菌的固氮性能。李友国导入额外固氮基因的正调节基因 *nif*A 基因到根瘤菌中，盆栽试验结果显示，接种重组菌处理与野生型（出发）菌株处理相比，竞争能力提高了 18%，植株干重提高了 50%（李友国和周俊初，2000）。吸氢酶基因 *hup* 能够循环利用固氮酶还原 H^+ 放出的 H_2，可减少能量损失而提高固氮效率，Kent 把吸氢酶基因导入到不含吸氢酶基因的根瘤菌后，菌株的固氮能力得到显著提高（Kent et al., 1998）。四碳二羧酸转移酶基因（*dct*ABD）的表达可以加强光合产物向类菌体的传递，以充分满足其固氮作用和氨同化吸收过程对能量及碳源的需求，李友国将苜蓿根瘤菌的 *dct*ABD 基因导入费氏中华根瘤菌，盆栽试验结果表明，*dct*ABD 的导入可显著提高受体菌的共生固氮效率（李友国和周俊初，2002）。Geetha 把大肠杆菌的铁调控基因（*fhu*A）导入到菌株 *Rhizobium* sp. IC3123 和 ST1 中，提高了菌株的存活能力和竞争能力（Geetha et al., 2009）。转基因技术虽然能够有效提高根瘤菌固氮效率和竞争结瘤能力，但由于生物安全和不稳定等因素，还处在研究和试验阶段，目前国内外大规模应用的高效根瘤菌菌株仍然是通过传统方法筛选得到的。

3.2 提高生物固氮效率的技术研究

由于根瘤菌在土壤和根际的迁移范围有限，接种的根瘤菌在土壤中所处的位置对根瘤形成的部位、数量以及结瘤时间均有很大的影响，因此根瘤菌的接种方式对接种效果有很重要的影响。目前根瘤菌接种豆科种子通常采用拌种、沟施、撒施等方式。国外研究结果（Althabegoiti et al., 2008；Bogino et al., 2008；Bogino et al., 2006；Lanier et al., 2005）表明沟施比拌种有更好、更明显的效果，该接种方式能够提高接种菌株的占瘤率、植株根瘤数量以及大豆产量，他们认为土壤接种能够使菌株占据更佳的侵染位点（Bogino，2008），并且增大了菌株侵染植株侧根的机会（Althabegoiti，2008）。国内学者也开展了这方面的研究，但看法不尽相同（卢林纲，2005；沈辉等，1993）。卢林纲认为采用不同接种方式导致大豆结瘤部位不同：液体菌剂拌种根瘤多集中于根上层，即距土表 0～30cm、距主根 0～10cm；施用颗粒菌肥根瘤多集中于根下层，即距土表 10～40cm、距主根 5～15cm。后期根瘤数量、植株干重和大豆产量结果表明施用颗粒菌肥效果好于液体菌剂拌种。而沈辉的试验结果则显示拌种的占瘤率高于喷施等处理。以上不同的研究结果说明我国土壤环境非常复杂，需要根据不同区域环境和气候特点，建立相适宜的根瘤菌接种技术。

近年来许多学者采用改善种子养分含量、添加外源物质、根瘤菌与其他促生菌双接种等方法，提高了接种根瘤菌结瘤固氮能力。巴西科学家在大豆的 R3 和 R5 期分别喷施钼肥，使大豆种子中的钼含量提高了 3000%，富钼大豆种子可以在生物固氮过程中提供充足的钼素营养，使根瘤菌的结瘤和固氮的效率提高，使大豆产量提高 15%，蛋白质含量提高 5%（Rubens et al., 2009）。该研究解决了在接种根瘤菌的同时施用钼肥，会因钼酸根离子过高对根瘤菌产生毒害而严重影响根瘤菌存活的问题。Mel'nikova 等通过在根瘤菌中加入大豆种子分泌液，使根瘤数量和根瘤干重明显增加（Mel'nikova and Omel'chuk，2009）。目前采用促生菌与根瘤菌双接种的方法提高固氮效率的研究受到关注。Abd-Allah 将根瘤菌剂与枯草芽孢杆菌混合施用，根瘤数量、豆血红蛋白和固氮酶活性分别提高 136%、94% 和 25%，植株氮含量和土壤氮含量也明显提高（Abd-Allah and El-Didamony，2007）。武帆等采用菌根真菌和根瘤菌双接种的方法，显著提高了根瘤数量和植株生物量（武帆等，2009）。Egamberdieva 认为促生菌的特性对共生固氮的影响很大，他使用两株产纤维素酶差异的假单胞菌分别与根瘤菌双接种，结果显示产纤维素酶的菌株能够明显促进结瘤，提高植株含氮量，而不产纤维素的菌株对结瘤固氮则没有刺激作用（Egamberdieva et al., 2010）。

3.3 根瘤菌新功能的拓展研究

近年来在许多国家和地区发现根瘤菌可侵入非豆科植物根内，以内生菌形式定殖于根的皮层细胞、细胞间隙及维管束中。根瘤菌定殖非豆科植物根内的方式主要是侧根裂隙进入，或是形成侵入线的入侵，而且定殖根内的根瘤菌还可以由根部向植物地上的茎、叶部分迁移（Ji et al., 2010）。研究发现内生根瘤菌不但没有使植物产生病理特征，而且具有促进生长和提高产量的作用（Ji et al., 2010）。促生机制研究结果显示内生根瘤菌没有固氮作用（Yanni et al., 2001），其促生的原因是根瘤菌分泌植物生长素 IAA 刺激根发生变化（Biswas et al., 2000a，200b），根的结构改变使作物增加了对土壤中氮和其他营养物质的摄取，或是产生胞外酸性化的磷酸酶（植酸酶）溶解了不溶性磷酸复合物，提高了植物对磷有效利用（Yanni et al., 2001），以及提高了植株的抗性或加强叶的光合作用等（Peng et al., 2002）。非豆科植物内生根瘤菌的发现和研究，为豆科植物与根瘤菌共生固氮技术的应用研究提供了新的思路。

最新研究还发现，根瘤菌具有抑制虫害的功能。Jennifer 发现大豆接种根瘤菌后，植株蚜虫的数量较对照减少 50%，说明根瘤菌对蚜虫具有一定的防治作用（Jennifer et al., 2009）。尹丽娜等筛选到 5 株对大豆胞囊线虫 J2 具有较高击倒率的根瘤菌，其中菌株 Snb166 发酵液 72 h 处理 J2 致死率最高，达到 84.27%（尹丽娜等，2010）。这些新的根瘤菌功能将进一步推动根瘤菌的应用。

4 借鉴巴西的成功经验，推动我国根瘤菌的应用

大豆是巴西第一大作物，大豆及其制品是巴西首位出口农产品，在国民经济中占有重要地位。巴西是根瘤菌接种技术应用最成功的国家，大豆接种面积几乎为 100%，大豆所需的氮素都来源于生物固氮。我国与巴西同为发展中国家，但我国生物固氮技术应用发展十分缓慢。因此借鉴巴西的成功经验，对推动我国根瘤菌的应用具有重要作用。

4.1 巴西根瘤菌应用的成功经验

4.1.1 生物固氮作为大豆育种的重要指标

巴西在 20 世纪 60 年代大豆生产发展之初，便开始应用根瘤菌接种技术。巴西最初使用美国的商业接种剂，但是由于菌株与品种匹配性差以及进口过程中存储不当等原因，效果都不明显。因此巴西开始实施优良菌株筛选计划，强调在大豆育种中必须将生物固氮作为一个重要指标，选择好的菌株-品种组合进行田间应用，生物固氮开始在大豆种植中发挥作用，大豆产量明显提高。该项工作一直持续至今，使巴西选育的大豆品种与接种的根瘤菌都能良好结瘤固氮。

4.1.2 坚持不懈地进行高效菌株筛选

巴西在优良菌株筛选工作中，根据环境和品种需求的变化不断地调整筛选策略，坚持不懈地进行高效菌株筛选，从而使筛选到的高效菌株能够适应大豆产业

发展的需要。最初的筛选策略是强调菌株与品种的匹配性，于 1966 年筛选到能够与所有的巴西大豆品种都有效结瘤的高效根瘤菌 SEMIA 566，该菌株的应用为巴西南部大豆的发展作出了巨大贡献。但随着大豆的种植区域不断扩大，一些地区由于土壤中放线菌产生过高的抗生素，导致筛选的高效菌株不能结瘤（Coelho and Drozdowicz，1978），因此这时菌株的耐抗生素能力是筛选工作的关键指标。在 1979 年耐抗生素的高效菌株 29W 被筛选出来，从而解决了这一问题（Peres，1979）。10 年后，新选育出的高产大豆品种对生物固氮提出了新的要求，菌株要能够固定更多的氮和适应更多的胁迫环境。经过多年的工作，筛选到的菌株 CPAC15 比以往的高效菌株提高了更多的大豆产量。现今，由于巴西大豆产区多年不断地接种根瘤菌，土壤中根瘤菌数量已达 10^3 cfu/g，较高的土著根瘤菌数量已经严重影响了接种效果，一些地区甚至出现了不接种的大豆产量高于接种的现象。因此现阶段巴西筛选根瘤菌的目标是筛选到竞争能力更强的、固氮时间更长的菌株。

4.1.3　严格控制化学氮肥的施用

巴西政府颁布法规，规定大豆种植中必须接种根瘤菌，不施用化学氮肥。该规定使接种消除了化学氮肥对生物固氮的抑制作用，保证了生物固氮作用的充分发挥。施用的高效根瘤菌株由政府农业部统一指定（4 株），并制定了统一的操作规程。为了证明共生固氮体系在大豆生产中的有效性，巴西的科学家做了大量的试验工作（Hungria et al., 1996；Reis et al., 2002；Crispino et al., 2001）。试验结果表明：施肥与接种根瘤菌相比，并不能提高大豆产量。Nishi 和 Hungria 在接种的大豆上施 400kgN/hm^2（一半在播种时施入，一半在花期施入；或者分 10 次施入），结果大豆产量和未用氮肥的产量一样多，有的甚至还低于不施用氮肥的处理。Reis 等的研究结果也表明与接种根瘤菌的大豆相比，在大豆结荚期施入 30～60kgN/hm^2 大豆产量并没有明显增加。Crispino 两年的试验结果也是如此。

4.1.4　重视根瘤菌菌剂产品质量

巴西非常重视根瘤菌产品的质量，早在 1975 年联邦政府发布了的标准，规定根瘤菌产品有效菌数为 10^7 cfu/g（mL），每粒种子表面根瘤菌数量应达到 7000 个。如今标准规定根瘤菌产品须达到 10^9 cfu/g（mL），每粒种子表面根瘤菌数量应达到 60 万个，在杂菌方面规定 10^{-5} 稀释度的平板上无污染。正是由于巴西一直以来对根瘤菌产品质量的严格要求，使根瘤菌产品取得了良好的田间效果，农民也认识到根瘤菌的重要作用，接受了根瘤菌接种技术。

4.2 推动我国根瘤菌产业的建议

4.2.1 筛选优良菌株，提倡固氮育种

选取不同大豆产区的主栽大豆品种为对象，筛选出与其相匹配的高固氮、高竞争结瘤、高抗逆（如耐酸、耐碱、耐盐、耐高温和耐受农药等）及存活力强的菌株，为根瘤菌大面积应用提供技术支持。同时应加强与育种学科的联合，在大豆育种中提倡实施生物固氮育种，把品种的生物固氮能力作为大豆育种的主要指标，形成新大豆品种与优良根瘤菌组合，以获得高固氮、优质、高产的豆科-根瘤菌共生体。

4.2.2 提高产品质量，延长产品保质期

近年来在统一的监管和相关科研单位的支持下，部分企业通过发酵工艺的改进与优化，提高发酵水平，使根瘤菌类产品质量有了很大改善，目前已有十几家企业获得了根瘤菌生产许可证。但国内根瘤菌产品的保质期（货架期）与国外相比还是差距大，国外液体根瘤菌的保质期为 1～2 年，我国同类产品的保质期一般不超过 3 个月。因此通过开展根瘤菌保护剂、后处理工艺和包装技术等新技术的研究，延长产品保质期，提高产品质量。

4.2.3 建立不同大豆栽培模式的根瘤菌接种和配套施肥技术

通过开展根瘤菌接种方式、接种量的研究，提高接种根瘤菌占瘤率，并进行农机具的改进，实现接种根瘤菌的机械化。同时进一步加强接种大豆根瘤菌的效果与土壤养分、化学氮肥用量关系等方面的研究。最终形成不同大豆栽培模式的根瘤菌接种和大豆科学施肥技术体系，充分发挥大豆种植中根瘤菌生物固氮的作用。

4.2.4 加强根瘤菌作用的宣传和培训

针对目前普遍缺乏对根瘤菌固氮作用的正确认识和掌握相应技术的问题，开展根瘤菌技术培训和示范，增加人们对生物固氮意义及其贡献的认识，让社会各界了解、认识根瘤菌的重要作用，促进其推广应用。

参考文献

程凤娴，曹桂芹，王秀荣，等．2008．华南酸性低磷土壤中大豆根瘤菌高效株系的发现及应用．科学通报，53（23）：2903-2910.

房春红．2007．根瘤菌与大豆、土壤间相互适应性研究．东北农业大学硕士学位论文．

葛诚．2007．微生物肥料生产及其产业化．北京：化学工业出版社．

郭春景，杨旭升，陈锡时．2004．大豆根瘤菌与黑龙江省主栽大豆品种共生匹配的研究．大豆通报，2：6-8.

李友国，周俊初．2000．导入额外拷贝 nifA 基因对费氏中华根瘤菌共生固氮作用的影响．微生物学杂志，20（2）：1-4.

李友国，周俊初．2002．导入 dctABD 和 nifA 基因对费氏中华根瘤菌共生固氮的影响研究．遗传学报，29（2）：181-188.

梁建强，段晓丹，崔广玲，等．2009．西北地区金属尾矿地根瘤菌的重金属抗性及其系统发育研究．农业环境学报，28（6）：1120-1126.

卢林纲．2005。黑龙江省大豆根瘤菌复合颗粒肥的研制及其应用技术研究．北京：中国农业大学硕士学位论文．

马中雨，李俊，张永芳，等．2008．大豆根瘤菌与大豆品种共生匹配性研究．大豆科学，27（2）：221-227.

邵新庆，沈禹颖．2002。豌豆品种高寒适应性评价．草业科学，19（4）：25-28.

沈辉，周俊初，吴魁斌，等．1993. 大豆根瘤菌基因工程菌株 NH32 田间竞争结瘤能力初报．微生物学研究与应用，1：15-18.

汤晖，隋新华，陈文新．2006．高效快生型大豆根瘤菌的筛选及分子标记．中国农学通报，22（8）：74-76

武帆，李淑敏，孟令波．2009．菌根真菌、根瘤菌对大豆/玉米氮素吸收作用的研究．东北农业大学学报，40（6）：6-10.

徐传瑞，章建国，周俊初．2004．大豆根瘤菌的分离与筛选．华中农业大学学报，23（6）：635-638.

尹丽娜，段玉玺，王媛媛，等．2010．拮抗大豆胞囊线虫根瘤菌的研究．大豆科学，29（2）：276-279

赵宇枢，段玉玺，王媛媛，等．2009．辽宁省大豆根瘤菌资源抗逆性及生防潜力研究．大豆科学，28（1）：113-117.

中国科学院．2007．2007 科学发展报告．北京：科学出版社．

Abd-Allah E E，El-Didamony G．2007．Effect of seed treatment of arachis hypogaea with *Bacillus subtilis* on nodulation in biocontrol of southern blight （sclerotium rolfsii） disease．Phytoparasitica，35 （1）：8-12.

Ahermad M，Khan M S．2010．Growth promotion and protection of lentil （Lens esculenta） against herbicide stress by *Rhizobium* species．Annals of Microbiology，60 （4）：735-745.

Althabegoiti [M]，Silvina L，et al．2008．Strain selection for improvement of *Bradyrhizobium japonicum* competitiveness for nodulation of soybean．FEMS Microbiol Lett，282 ：115-123.

Albareda M，Rodriguey-Navano D N，Temprano F J．2009．Soybean inoculation：Dose，N fertilizer supplementation and rhizobia persistence in soil．Field Crops Research，113：352-356

Alvesl BJR，Boddey RM，Urquiaga S．2003．The success of BNF in soybean in Brazil．Plant and Soil，252：1-9.

Barcellos F G, Menna P, da Silva Batista J S, et al. 2007. Evidence of horizontal transfer of symbiotic genes from a *Bradyrhizobium japonicum* inoculant strain to indigenous diazotrophs *Sinorhizobium* (Ensifer) *fredii* and *Bradyrhizobium elkanii* in a Brazilian Savannah soil. Appl Environ Microbiol, 73: 2635-2643.

Biswas J C, Ladha J K, Dazzo F B, et al. 2000a. Rhizobia inoculation improves nutrient uptake and growth of lowland rice. Soil Sci Soc Am J, 64: 1644-1650.

Biswas J C, Ladha J K, Dazzo F B, et al. 2000b. Rhizobial inoculation influences seedling vigor and yield of rice. Agron J, 92: 880-886.

Bogino P, Banchio E, Rinaudi L, et al. 2006. Peanut (Arachis hypogaea) response to inoculation with *Bradyrhizobium* sp. in soils of Argentina. Ann Appl Biol, 148: 207-212

Bogino P, Banchio E, Bonfiglio C, et al. 2008. Competitiveness of a *Bradyrhizobium* sp. Strain in Soils Containing Indigenous Rhizobia. Curr Microbiol, 56: 66-72.

Campo R J, Araujo R S, Hungria M, et al. 2009. Molybdenum-enriched soybean seeds enhance N accumulation, seed yield, and seed protein content in Brazil. Field Crops Research, 110: 219-224.

Coelho R R R, Drozdowicz A. 1978. The occurrence of actinomycetes in a cerrado soil in Brazil. Rev Ecol Biol Soil, 15: 459-473.

Crispino C C, Franchini J C, Moraes J Z, et al. 2001. Adubação Nitrogenada na Cultura da Soja, Londrina: Embrapa Soja: 6 (Embrapa Soja, Comunicado Técnico 75).

Egamberdieva D, Berg G, Lindström K, et al. 2010. Co-inoculation of *Pseudomonas* spp. with Rhizobium improvesgrowth and symbiotic performance of fodder galega (*Galega orientalis Lam*.). European Journal of Soil Biology, 46: 269-272.

Geetha R, Anjana J Desai, Archana G. 2009. Effect of the expression of Escherichia coli *fhu*A gene in *Rhizobium* sp. IC3123 and ST1 in planta: Its role in increased nodule occupancy and function. Applied Soil Ecology, 43: 185-190.

Hungria M, Nishi C Y M, Cohn J, et al. 1996. Comparison between parental and variant soybean *Bradyrhizobium* strains with regard to the production of lipo-chitin nodulation signals, early stages of root infection, nodule occupancy, and N2 fixation rates. Plant and Soil, 186: 331-341.

Jennifer M D, Mark C Mescher, Consuelo M De Moraes. 2009. Plant-rhizobia mutualism influences aphid abundance on soybean. Plant and Soil, 323 (1-2): 187-196.

Ji K X, Chi F, Yang M F, et al, 2010. Movement of rhizobia inside tobacco and lifestyle alternation from endophytes to free-living rhizobia on leaves. J Microbiol Biotechnol, 20: 238-244.

Kent A D, Wojtasiak M L, Robleto E A, et al. 1998. A transposable partitioning locus used to stabilize plasmid-borne hydrogen oxidation and trifolitoxin production genes in a *Sinorhizobium* strain. Appl. Environ. Microbiol, 64: 1657-1662.

Kiers E T, HuttonM G, Denison R F. 2007. Human selection and the relaxation of legume defences against ineffective rhizobia. Proceedings of The Royal Society/Biological Sciences, 274 (1629): 3119-3126.

Lanier J E, Jordan D L, Spears J F, et al. 2005. Peanut response to inoculation and nitrogen fertilizer. Agronomy J, 97: 79-84.

Mel'nikova N N, Omel'chuk S V. 2009. Effect of Legume Seed Exudates on the Formation of Rhizobium Legume Symbiosis. Applied Biochemistry and Microbiology, 45 (3): 297-302.

Oliveira A L M de, Canuto E de L, Urquiaga S, et al. 2006. Yield of micropropagated sugarcane varieties in different soil types following inoculation with diazotrophic bacteria . Plant and Soil, 284 (1-2): 23-32.

Peng S, Biswas J C, Ladha J K, et al. 2002. Influence of Rhizobial inoculation on photosynthesis and grain yield of rice. Agron J, 94; 925-929.

Peres J R R. 1979. Seleção de estirpes de *Rhizobium japonicum* e competitividade porsítios de infecção nodular em cultivares de soja (Glycine max (L.) Merrill). Univesidade Federal do Rio Grande do Sul-Faculdade de Agronomia, Porto Alegre, Brazil. 81 p. (M. Sc. Thesis).

Poonam C, Dudeja S S, Kapoor K K. 2004. Effectivity of host-rhizobium leguminosarum symbiosis in soils receiving sewage water containing heavy metals. Microbiological Research, 159 (2): 121-127.

Reis E H S, Lara Cabezas W A R, Alves B J R, et al. 2002. Suplementação de nitrogênio mineral na cultura da soja (*Glycine max*) estabelecida em sistema plantio direto e convencional. In Proceedings of Congresso Brasileiro de Soja, 2: 215.

Servicr F. 2007. A growing threat down on the farm & glyphosate-the conservationist's friend. Science, 316: 1114-1117.

Yanni Y G, Rizk R Y, El-Fattah F K A, et al. 2001. The beneficial plant growth-promoting association of *Rhizobium leguminosarum* bv. *trifolii* with rice roots. Aust. J. Plant Physiol, 28: 845-870.

根瘤菌与非豆科植物的关系和应用研究进展

通常根瘤菌存在两种生活形式，一种是在土壤中异养自由生活的形式，另一种是在宿主豆科植物根部结瘤和固氮，形成共生体的形式。近年来，学者发现根瘤菌以内生菌与非豆科草本植物有联合作用，形成生态小境（ecological niche），成为第三种生活形式。内生根瘤菌在水稻、小麦、玉米、高粱、油菜等非豆科植物内普遍存在，不仅没有对它们造成伤害或使它们出现病症，而且促进它们的生长，增加它们的产量，同时降低氮肥施用量，有利于降低生产成本，并减轻污染，保护环境，维持生态平衡和农业可持续发展。美国、英国、德国、法国、澳大利亚、埃及、中国等10多个国家都在研究根瘤菌与非豆科植物的联合作用，对内生根瘤菌的研究兴趣与日俱增。本章对根瘤菌与非豆科植物联合作用的生态学，对非豆科植物的促生作用及其生理和分子机制，以及根瘤菌作为非豆科植物生物肥料的应用作了介绍。最后指出根瘤菌与非豆科植物分子相互作用的基因表达和调控作用的基础研究将成为关注点，将为构建内生根瘤菌的工程菌株，进一步提高植物的促生作用和增加产量奠定策略和技术基础。

1 前言

自然界通过固氮生物将大气中的分子氮（N_2）还原成可被植物利用的氨（NH_3），叫生物固氮。固氮生物都是原核生物，可分自生固氮菌和共生固氮菌。前者如棕色固氮菌、克氏肺炎杆菌等，后者如根瘤菌和放线菌。自生固氮菌提供被植物利用的氮有限，而与豆科植物共生的根瘤菌提供植物的氮却占全球植物所需氮量的3/5，所以人们研究生物固氮时把注意力放在根瘤菌与豆科植物的共生结瘤固氮上是自然的事情。

多数豆科植物根上形成具有固氮能力的根瘤，是根瘤菌与豆科植物分子相互作用的结果。近30年来从根瘤形成过程的形态学，根瘤细胞的显微和亚显微结构，根瘤菌固氮相关基因的表达和调控，根瘤形成和固氮过程中菌与植物之间的分子相互作用，根瘤菌和豆科植物模式种的基因测序等都取得了重要进展，每年在 *Nature*、*Science* 等国际一流杂志上都有重要论文发表。根瘤菌作为豆科植物的接种剂在国内外都有大量生产和应用，特别是在美国、巴西、阿根廷、澳大利亚等应用得非常好。

本章作者：荆玉祥、沈世华。

近 10 多年来，科学界探索包括根瘤菌在内的固氮菌与粮食作物的关系，特别是对水稻的有益作用的兴趣与日俱增。1992 年国际水稻研究所（IRRI）组织召开了一个国际会议，目的是开创新的生物学途径，解决水稻生产需要的大量氮素和过多施用氮肥而利用效率又低劣及其造成严重的污染问题。会上探讨了根瘤菌使非豆科植物结瘤固氮的可能性（Khush and Bennett，1992）。随后几年的研究发现豆科植物与水稻轮作后水稻中存在相应的豆科植物的根瘤菌，根瘤菌能促进生长和提高产量，从而引起学者浓厚的研究兴趣。研究范围包括根瘤菌作为内生菌与非豆科植物关系的生态学；根瘤菌对非豆科植物的促生作用及其机制的生理学；根瘤菌与非豆科植物的分子相互作用；根瘤菌作为一种有潜力的生物肥料对非豆科植物应用的农业生物学检测等（Dazzo et al.，2000），并且取得了重要进展。

本章针对根瘤菌作为内生菌与非豆科植物的关系及其意义，并结合我们以前的研究工作作一叙述，以期在研究根瘤菌与豆科植物共生结瘤固氮的同时，关注根瘤菌在非豆科植物内以内生菌生活形式存在及其与植物的关系，阐明科学和生产的意义。

2 根瘤菌与非豆科植物相互作用研究进展

2.1 根瘤菌在非豆科植物水稻内以内生菌形式存在

内生菌研究可以追溯到 19 世纪 70 年代，当时巴斯德等学者研究了寄居在健康植物体内的细菌，被定义为是植物体内的非病原性细菌。1940 年后很多研究报道指出植物的不同组织和器官，包括种子和胚珠在内都有细菌。据统计从不同的健康植物体内分离出的细菌多达 54 属、129 种。目前认为从植物表面消毒的组织器官中分离，或从植物内部提取出来的并对植物有益无害的细菌，通称为内生菌。

一般认为根瘤菌存在两种生活形式，一种是在土壤中异养自由生活的形式，靠土壤中的有机物异养为生，另一种是根瘤菌在土壤中遇到相应的宿主豆科植物，在其根部结瘤和固氮，形成共生体的形式。近年来，通过根瘤菌与非豆科植物相互关系的研究，发现根瘤菌可以在非豆科植物中以内生菌形式普遍地存在，并进化形成一个生态小境，因而成为第三种生活形式。

20 世纪 90 年代，人们尝试根瘤菌在非豆科植物上的结瘤和固氮研究。在菲律宾水稻所召开的水稻结瘤固氮国际研讨会后的几年，发现了埃及尼罗河三角洲地区三叶草和水稻长期轮作后的水稻根内有天然的三叶草根瘤菌存在。经过实验室和大田的反复试验，证明根瘤菌作为内生菌与水稻有着天然的联合作用。虽然没有测出其固氮作用，但仍然有促进水稻生长和提高其产量的作用（Yanni et al., 2001）。近些年来，对根瘤菌作为促进植物生长的内生菌存在这一现象发现越来越多，不仅在埃及地区如此，在美国、英国、德国、法国、澳大利亚、意大利、西班牙、加拿大、菲律宾、摩洛哥、塞内加尔、墨西哥、肯尼亚、印度等的研究都证明根瘤菌可侵入非豆科植物根内，在根的皮层细胞、细胞间隙及维管束中定殖，没有引起宿主植物的病理反应，并表现出显著的促生作用。

2.2 根瘤菌与非豆科植物联合作用的生态学

根瘤菌与非豆科植物联合作用的生态学研究内容包括：观测在田间种植条件下根瘤菌侵入植物体根内的群体密度和多样性；微观分析内生根瘤菌的空间分布和定殖根内的方式；评估根瘤菌与粮食作物自然的联合作用的范围；评价根瘤菌进入植物组织内的相容性（Dazzo et al., 2000）。

关于田间条件下根瘤菌入侵非豆科植物体内的群体密度、多样性和生物地理分布已有报道。一般采用田间和实验室研究相结合的方法进行。在埃及地区有旱作的截根再生稻与三叶草豆科植物旱作混种，有插秧的水培水稻与豆科植物轮作两种。取水稻根经表面消毒无菌后，磨碎提取根的浸出液，按最大可能数（most probable number，MPN）法统计内生根瘤菌的群体密度，结果表明截根再生稻根内的三叶草内生根瘤菌群体数为 $10^{6.2}$/g 鲜重，比插秧水稻根中的根瘤菌群体数 $10^{3.2\sim3.6}$/g 鲜重，高出 2 个对数单位，说明旱作混种条件下的水稻根比水培条件下的根更有利于根瘤菌的侵入和生长。从水稻根中共分离出 39 株三叶草根瘤菌，12 株来自截根水稻的根，27 株来自水培水稻的根。其中两株经 16S rRNA 指纹图谱与数据库中根瘤菌资料比较分析，同源性高达 88.3%～99.9%。质粒图谱和 BOX-PCR 基因组指纹谱分析表明 39 株菌株中有 9 种不同的质粒，8 种不同的基因组指纹图谱。经树状图分析表明 39 株菌株的相关性和多样性。最终将其归并成 10 个基因型，其中 3 个来自截根水稻的根，7 个来自水培水稻的根。这些结果充分表明了三叶草内生根瘤菌的高群体性和菌株基因型的多样性。33 株菌株在三叶草根上能结瘤固氮，2 株菌株结瘤但不固氮。为了进一步了解根瘤菌-水稻联合作用如何发生和发展，采用定量地理统计法（quantitative geostatistical approach）研究根瘤菌在根上的定殖和分布。采用计算机系统和软件 CMEIAS 对根瘤菌在根表分布作了三维图谱分析，表明根瘤菌可以横卧和极性站立方式分布在根表，有些菌定殖在表皮细胞间的小裂口，可能由此进入根内。定殖的根瘤菌在空间上聚集分布有利于弥散的信号分子的群体感应，感知邻居的位置，结果有选择地诱导基因表达和不表达（Yanni et al., 2001）。

最近还发现这种三叶草根瘤菌不仅与水稻，还与小麦有联合作用。在埃及种植小麦的地区，小麦不仅与三叶草轮作，还与苜蓿、大豆、蚕豆、扁豆等豆科植物轮作，但是从小麦根中分离出的内生根瘤菌却只是三叶草根瘤菌，从而提出田间水平的根瘤菌个体生态学（autecology）问题。用免疫荧光显微镜对感兴趣的根瘤菌菌株在田间种植的作物根部进行定位，获得根瘤菌的“生物地理分布日录”，量化根瘤菌的空间生态学以利于筛选优势菌种，可以提供信息以助确定生物肥料的应用策略（Yanni et al.，2002）。

关于根瘤菌定殖非豆科植物根内的方式以及空间分布已有很多报道。研究方法是对根瘤菌进行标记，将 *LacZ*、*gus* 和 *gfp* 基因分别引入根瘤菌，然后接种植物幼苗，培养一定时间后取根作材料，经染色、固定、切片等，用显微镜、扫描电镜、透射电镜观察，或用激光共聚焦镜对活体材料逐层扫描观察。结果表明根瘤菌附着在非豆科植物的根部。当侧根伸出时，在主侧根之间出现裂隙，根瘤菌就乘机而入（称“侧根裂隙进入”），进入根皮层细胞间隙，有些能进入细胞内部，甚至木质部。

早在20世纪70年代中国科学院植物研究所就开展了生物固氮多方面的研究，其中有根瘤菌与非豆科植物关系研究。最近几年用 *gfp* 基因标记根瘤菌，接种水稻和烟草，取得更显著进展：首次发现内生根瘤菌是动态运行的，不仅在水稻、烟草的根部，而且还可以由根部向植物地上的茎、叶部分迁移（图1、图2）（Chi et al.，2005；Ji et al.，2010）。在茎、叶中的群体密度一般可达 $10^{4\sim5}$/g 鲜重，有的菌种可达 $10^{6\sim7}$/g 鲜重。用定量地理统计法表明局部地区的根瘤菌可达 $10^{9\sim10}$/g 鲜重。根瘤菌在根、茎、叶中的分布位置，从目前看来多数分布在细胞间隙，但也有在细胞内分布，统计结果表明在烟草中有25%的叶肉细胞内有根瘤菌。在烟草中的内生根瘤菌还有生活方式的改变，即根瘤菌由在土壤中的自由生活，进入根部成为内生菌，通过茎、叶部后，再通过气孔逸出，成为叶面自由生活方式的附生菌，进行了循环的生活方式变化（Ji et al.，2010）。

一般认为根瘤菌进入非豆科植物的方式与根瘤菌进入绝大多数豆科植物根的方式是不同的。根瘤菌侵入豆科植物的方式，大多数是以根毛形成侵入线进入局部的根皮层细胞，进行分裂形成根瘤。只有少数豆科植物，如花生、田菁，其根瘤菌是以侧根裂隙进入根的皮层细胞内形成根瘤。但是，最近报道根瘤菌接种水稻后，其侵染方式和豆科植物相似，也以根毛形成侵入线方式入侵（Perrine-Walker et al.，2007）。如何解释这个现象？水稻基因序列测定已经完成，根据核定，其中有豆科植物的与根瘤菌结瘤过程相关的一些同线基因（Zhu et al.，2006）。如果将水稻的CCaMK基因转入蒺藜苜蓿 MtDMI3 基因突变体，结果恢复了苜蓿的真菌菌根和根瘤菌结瘤的共生作用（Chen et al.，2007）

在此还需指出，根瘤菌以内生菌形式不仅存在于非豆科植物内，也可以在豆科宿主植物内存在。田菁茎瘤根瘤菌进入田菁根形成根瘤，同时发现在木质部有

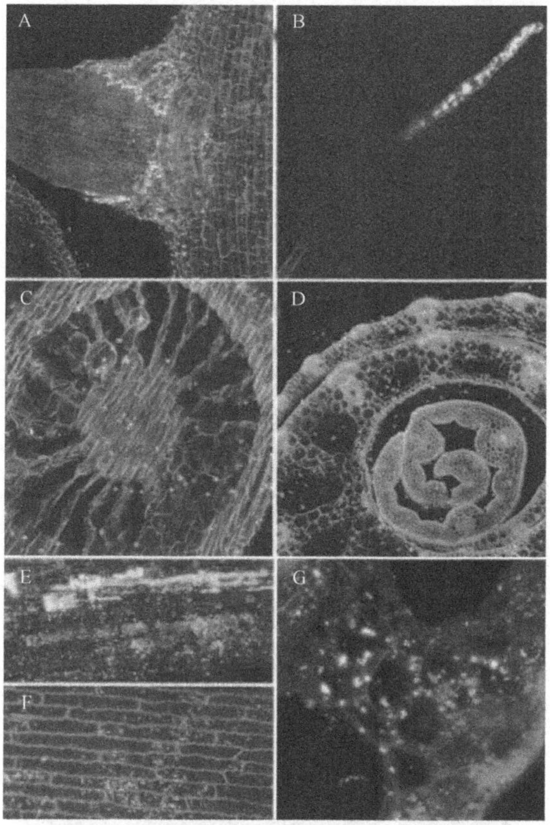

图 1　*gfp* 标记的根瘤菌定殖水稻各个器官的共聚焦激光扫描图

A．水稻侧根；B．根毛；C．根横切面；D．水稻叶鞘横切面；E．水稻叶片内部；F．叶片表皮细胞内；G．叶鞘横切面；A～E．标杆 50μm；F～G．标杆 20μm（Chi et al., 2005）

内生根瘤菌；苜蓿根瘤菌在苜蓿根上形成根瘤，也可以以内生菌同时存在，而且遍布在根、茎、叶内（Chi et al., 2004）。

根瘤菌与非豆科植物天然的联合作用范围很广。除了埃及地区的三叶草根瘤菌、苜蓿根瘤菌与水稻有联合作用外，其他地区用豆科植物与水稻轮作或混种，都发现水稻根内有内生根瘤菌。塞内加尔地区用大叶田菁与水稻混种，水稻根内有田菁根瘤菌（Dreyfus，1998；Jing et al., 1998）。尼泊尔地区种植的水稻中有结茎瘤的田菁根瘤菌，菲律宾国际水稻所田间的水稻中有田菁根瘤菌（Webster et al., 1998）。还有在野生水稻中有大豆根瘤菌和光合根瘤菌（photosynthetic rhizobia）（Chaintreuil et al., 2000）等。由此看来，不同地区水稻与豆科植物轮作或混种，都发现水稻根中有相应的豆科植物根瘤菌。在不同实验室的限菌条件

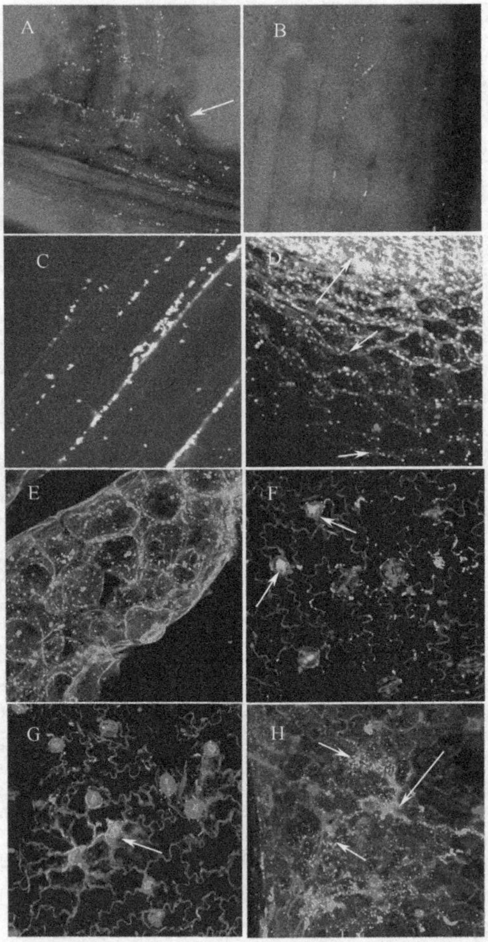

图 2　*gfp* 标记的根瘤菌在烟草地下和地上部分分布的共聚焦激光扫描图

A．根瘤菌接种 10 天后在烟草的主根和侧根的分布（箭头示主侧根间）；B．21 天后示根瘤菌在茎维管束附近的皮层细胞间隙分布（纵切面）；C．28 天烟草茎纵切面示更多菌在皮层细胞间隙；D．28 天的烟草茎横切面示菌在皮层和微管细胞间隙分布（大箭头示茎维管系统，小箭头示茎皮层细胞部分的根瘤菌）；E．35天烟草叶纵切面示菌在叶肉细胞组织分布；F．35 天烟草叶表皮细胞示菌在气孔内密集分布和在不规则的表皮细胞间隙（箭头示气孔内的根瘤菌）；G．42 天的叶表皮细胞示大量的菌在气孔并正在逸出（箭头示根瘤菌出气孔逸出）；H．49 天的表皮细胞示大量的菌逸出时围绕气孔分布在叶表面（大箭头示根瘤菌由气孔逸出，小箭头示根瘤菌逸出后分布在叶表面）（Ji et al.，2010）

下试验，同样证实根瘤菌侵染的非豆科植物有：豌豆根瘤菌（*Rhizobium leguminosarum*）侵染玉米、莴苣、油菜（Chabot et al.，1996），菜豆根瘤菌（*Rhizobium etli*）侵染玉米（Gutierrez-Zamora et al.，2000），菜豆根瘤菌（*R.leguminosarum* bv. *phaseoli*）侵染玉米和莴苣（Chabot et al.，1996），田菁茎瘤固

氮根瘤菌（*Azorhizobium caulinodans* ORS571）侵染小麦、拟南芥（Webster et al., 1998；Chabot et al., 1996；Stone et al., 2001；Gopalaswamy et al., 2000；O'Callaghan et al., 2000）等。

关于根瘤菌进入植物组织后的相容性：一般来说，如果外源生物侵入另一生物体内，有两种反应：一种是不相容性，即被侵入的植物引起病理或防御反应。另一种是相容性，即被侵入的生物没有引起病理或防御反应，而且有的表现出互利作用。一般认为根瘤菌进入豆科植物结瘤和固氮就是相容性反应。植物光合作用产物供根瘤菌生存和固氮的能量需要，根瘤菌固氮供植物氮素营养的需要，促进生长。根瘤菌作为内生菌与非豆科植物的天然联合作用是否相容还有待分子证明，但是从植物生长生理来看，不但没有使非豆科植物有病理特征，而且表现了促进生长和提高产量的作用（Ji et al., 2010）。在埃及水稻中分离的39株根瘤菌中，有2株菌株（E11、E12）对水稻的促生和提高产量的作用更好一些（Yanni et al., 2001；Webster et al., 1998），它们在水稻根中的成活和生长都比异地澳大利亚的豌豆根瘤菌 *Rhizobium leguminosarum* ANU843 的存活和生长要好，说明不同的根瘤菌在水稻上可能有不同的最适增殖位点（Prayitno et al., 1999），也表明内生根瘤菌E菌株可能具有"水稻适应"基因存在。进一步研究有可能提供解释这种特殊的根瘤菌阻遏宿主防御反应的信息。最近研究表明水稻适应根瘤菌（rice-adapted rhizobia）能产生细菌素，抑制其他敏感根瘤菌的入侵，但不抑制对细菌素有抗性的细菌侵入（Webster et al., 1998）。澳大利亚一个实验室证明，如果苜蓿根瘤菌1021去除大质粒pSymA后接种水稻，则水稻生长受到抑制，说明与质粒pSymA上的基因相关（Perrine-Walker et al., 2005）

3　根瘤菌对非豆科植物的促生作用及其应用

3.1　根瘤菌对非豆科植物的促生作用

从埃及水稻根中分离的三叶草根瘤菌不同菌株在实验室条件下接种不同的水稻品种，都表现有不同程度的促生作用，影响根部的形态建成，增加根的数量、长度和根表面积，植株的高度，叶片总面积，干重和总生物量（Webster et al., 1998），但是在作物品种与菌株的组合试验时，表现了植物品种与菌株相互作用的专一性，某些菌株的基因型与一定基因型的植物品种有最佳的配合（Jing et al., 1998；Webster et al., 1998；Prayitno et al., 1999）。42个小区田间试验采用不同氮肥条件下同一植物品种接种不同菌株，对不施氮肥或中等氮肥条件（40kg 氮肥/hm^2 和 96kg 氮肥/hm^2）下表现了不同菌种的不同效果，有的菌种效果好，水稻产量显著增加，产量增加达10%～45%和8%～22%。种子中氮含量显著提高，在不施肥条件下提高29%，在48kg氮肥/hm^2和96kg氮肥/hm^2下提高14%～27%。氮利用效率显著提高，在48kg氮肥/hm^2和96kg氮肥/hm^2下分别提高18.3%和25.5%（Yanni et al., 2001；Webster et al., 1998）。相反，在高肥条件（144kg氮肥/hm^2）下上述的各种表现均降低，其原因是在生殖生长时期植物疯长，小穗败育和分蘖增加等所造成。高效菌株对不同水稻品种的组合试验同样证实了提高产量的结果。收获指数［种子质量/（种子质量+秸秆量）］表明在高肥条件下降低，而在接种根瘤菌的条件下提高，其原因是生物因子使植物利用氮素缓慢，使营养生长和生殖生长达到平衡，导致产量和收获指数增加（Yanni et al., 2001）。中国科学院植物研究所进行的水稻盆栽实验表明生长生理学结果是：根体积增加29%～61%，地上部分干重增加26%～42%，植物高度增加13%～22%，种子产量提高19%～69%（Chi et al., 2005）。

根瘤菌作为水稻内生菌促进植物生长和提高产量的作用还在菲律宾水稻研究所、澳大利亚、美国等实验都得到了证明（Prayitno et al., 1999；Biswas et al., 2000a, 2000b）。对其他如油菜、莴苣（Noel et al., 1996）、大麦（Peix et al., 2001）、向日葵（Alami et al., 2000）、玉米（Dazzo and Yanni, 2006）的促生作用也都有报道。

3.2 根瘤菌对非豆科植物促生作用的生理学机制

内生根瘤菌对水稻具有促进生长，增加产量和秸秆及种子含氮量的作用（Webster et al., 1998；Prayitno et al., 1999；Biswas et al., 2000a, 2000b），因此，对内生根瘤菌是否具有固氮作用进行了测定。用乙炔还原法、$^{15}N_2$同位素稀释法没有测出有固氮活性。含氮量提高的原因之一是提高了土壤中氮的利用。

内生根瘤菌接种水稻后，刺激了根系生长，根的数量、长度、表面积和体积增加，提高了对矿物营养的吸收能力。最早研究表明接种根瘤菌后植物根的生物量增加，后来在温室研究，用原子吸收光谱分析，证明接种菌的水稻提高了对N、P、K、Ca、Mg、Na、Zn和Mo的吸收能力分别提高了22%、31%、46%、50%、47%、38%、39%和40%，同时体内的Fe、Cu、B和Mn元素含量没有多大变化。这一结果表明根瘤菌接种后改变了根的结构和对矿质营养吸收的生理活动，这类似于巴西固氮螺菌接种玉米等植物后促进其生长的机制。分析蛋白质组分和比例在量上没有多大变化，但由于种子总氮量的提高，其营养价值与对照比还是有了提高（Yanni et al., 2001）。

内生根瘤菌产生调节生长的植物激素。选择促生作用明显的内生根瘤菌（E11），进行纯培养或与水稻限菌培养，都表明产生吲哚乙酸（IAA）（Biswas et al., 2000a, 2000b）。进一步研究表明IAA的产生依赖于色氨酸。在酵母-甘露糖培养基上加一定量的色氨酸，培养根瘤菌，可提高其IAA 量。加表面消毒无菌的根浸出液培养，菌量和IAA 都有增加。将培养的菌液以 1∶10 000 稀释接种水稻，使其根长增加 23%，根表面积增加 47%，根体积增加 82%。为了确定促生物质，将菌纯培养获得提取液，薄层分析证明有 IAA 存在。电喷雾气质联用仪检测有几个峰的化合物，其中有 IAA 和 GA_7 植物激素（Yanni et al., 2001）。无疑，这两种植物激素对促生作用起了重要作用。

内生根瘤菌溶解了不溶性磷酸复合物，提高植物对其的有效利用。将不同根瘤菌菌株培养在不溶的有机磷和无机磷培养基上，表明根瘤菌能产生胞外酸化的磷酸酶（植酸酶），使得菌落周围的培养基有不同程度的透明化，表明菌对磷化物的溶解作用（Yanni et al., 2001）。这种作用发生在植物根基周围，则提高了植物对磷的利用效率，从而促进了生长。

内生根瘤菌接种水稻提高了叶片的光合作用。国际水稻研究所报告指出：在温室盆栽和有氮、无氮条件下对水稻接种 3 株不同来源的根瘤菌菌株，在不同时期测定了单叶净光合速率、气孔导度、叶绿素荧光和叶的氮含量、种子产量等，并重复 3 次。结果表明单叶净光合速率平均提高了 12%，但是与气孔导度、叶氮含量等不完全一致。种子产量提高了 16%（Peng et al., 2002）。中国科学院植物研究所用 5 株根瘤菌对盆栽水稻接种进行测定，净光合作用率增加 30%～60%，气孔导度提高 5%～33%，叶室 CO_2 浓度降低 3%～15%，叶水分蒸腾速率提高 8%～18%，水分利用效率提高 14%～51%，旗叶（箭叶）面积增加 10%～33%，箭叶长宽比降低 14%～33%（即箭叶宽度增加）（Chi et al., 2005）。

显然上述机制的研究是生理学水平的重要结果。

3.3 水稻接种根瘤菌后的蛋白质组学分析

根、茎、叶中的差异上调蛋白包括碳、氮代谢，能量（包括光合作用）、细胞生长和分裂、蛋白质定位和储存、转运、细胞结构、信号转导、防卫蛋白和未知功能等方面的相关蛋白（Chi et al., 2010）。

防卫蛋白变化最多，有过氧化物酶（POX）、过氧化氢酶（CAT）、葡聚糖酶、谷光甘肽酶、氧脂合酶、几丁质酶、胺基肽酶 N、阿拉伯糖基木聚糖酶、植物抗毒素以及有利于 Ca^{2+} 调节的内质网 ATPase、钙网蛋白（calreticulin）等，其中变化最多的是在根部。由此可知，虽然水稻接种根瘤菌后没有表现出病理反应，并能促进生长，但两者之间其实有着激烈的相互作用反应，特别是在根部，到了地上部分就缓和适应了。

在能量代谢方面，与光合作用相关的能量蛋白在叶鞘和叶中显著上调，有核酮糖-1,5-二磷酸羧化酶/加氧酶（ribulose-1,5-bisphosphate carboxylase/oxygenase，RubisCo）亚基结合蛋白 α 亚基、RubisCo 活化酶、叶绿体内膜蛋白、光系统Ⅱ放氧蛋白、丙酮酸正丁酸盐激酶。特别是 RubisCo 活化酶的提高可以使叶绿体中钝化的 RubisCo 被激活，从而直接提高了 CO_2 被羧化的效率，这与生理测定数据中的净光合作用提高相一致。

激素相关蛋白有 IAA 和 GA 上调，与植物生长速度加快相关。

以上结果证明了用根瘤菌接种水稻后促进了生长是有其分子基础的，为进一步研究根瘤菌与水稻相互作用的分子应答机制奠定了基础。

3.4　根瘤菌作为非豆科植物的生物肥料的应用和提高

根瘤菌作为内生菌对非豆科植物的有益作用目前已在很多作物中得到证实，除水稻外还有小麦、玉米、大麦、向日葵等，并且已被证实适用于世界各地（Dazzo et al., 2000；Yanni et al., 2001）。目前，大田生产的试验还在继续中，今后被推广到生产实践中是必然趋势，因为其作为生物肥料具有以下优势：可在低水平的外加氮肥下提高植物对土壤中氮的吸收和利用效率，降低对氮肥的需求，大量节省能源，降低农业生产成本，减少大量流失的氮肥对水土的污染，保护生态平衡，同时又促进对磷、钾等多种矿质元素的吸收利用，可达到高产的目的；应用方便，采用豆科植物和作物轮作，或套作等方式，可有效保存土壤中的根瘤菌，为作物提供天然的接菌剂，而不需单独培养，在节省人力、物力的同时，又最大限度地利用了耕地，节省农时；可应用范围广，不需特殊条件，在世界各地均可应用，有助于低收入的农民少施氮肥，提高粮食（特别是水稻）产量，增加收入。我国古代早就有粮食作物与豆科植物轮作和套种的优良传统，只是近来有很大削弱。看来，这一优良技术传统还是需要坚持、继续和发扬。

如何进一步提高根瘤菌对非豆科植物的促生效应和增加产量，有待于在分子水平上深入研究内生根瘤菌与非豆科植物之间的相互作用的基础研究，即其基因表达和调控，基因转录组谱和蛋白质组谱的功能基因组学研究，不仅有重要科学意义，而且将为构建内生根瘤菌的工程菌株奠定策略和技术基础，将根瘤菌在非豆科植物上的应用提高到一个新的水平。

参考文献

Alami Y, Achouak W, Marol C, et al., 2000. Rhizosphere soil aggregation and plant growth promotion of sunflower by an exopolysaccharide-producing *Rhizobium* sp. strain isolated from sunflower roots. Appl Environ Microbiol, 66: 3393-3398.

Biswas J C, Ladha J K, Dayyo F B, et al. 2000a. Rhizobial inoculation influences seedling vigor and yield of rice. Agron J. 92: 880-886.

Biswas J C, Ladha J K, Dazzo F B, et al. 2000b. Rhizobia inoculation improves nutrient uptake and growth of lowland rice. Soil Sci Soc Am J, 64: 1644-1650.

Chabot R H, Antoun H, Klopper J W, et al., 1996. Root colonization of maize and lettuce by bioluminescent *Rhizobium leguminosarum* biovar *phaseoli*. Appl Environ Microbiol, 62: 2767-2772.

Chaintreuil C, Giraud E Y, Prin Y, et al. 2000. Photosynthetic bradyrhizobia are natural endophytes of the Africa wild rice *Oryza brevilifulata*. Appl Environ Microbiol, 66: 5437-5447.

Chen C, Gao M, Liu J, et al. 2007. Fungal symbiosis in rice requires an ortholog of a legume common symbiosis gene encoding a Ca^{2+}/calmodulin-dependent protein kinase. Plant Physiology, 145: 1619-1628.

Chi F, Shen S-H, Jing Y X, et al. 2004. Rhizobia as endophytes present in the whole bodies of legumes besides as endosymbionts in root nodules. The 14th International Congress on Nitrogen Fixation, Beijing.

Chi F, Shen S-H, Cheng H P, et al. 2005. Ascending migration of endophytic rhizobia, from roots to leaves, inside rice plants and assessment of benefits to rice growth physiology. Appliwd and Enviromental Microbiology, 71: 7271-7278.

Chi F, Yang P, Han F, et al. 2010. Proteomic analysis of rice seedlings infected by *Sinorhizobium meliloti* 1021. Proteomics, 10: 1861-1874.

Dazzo F B, Yanni Y G. 2006. The natural Rhizobium-cereal crop association as an example of plant-bacteria interaction. *In*: Norman Uphoff, et al. Biological Approaches to Sustainable Soil Systems. Marcel Dekker Inc CRC Taylor & Francis: 109-127.

Dazzo F B, Yanni Y G, Rizk R, et al. 2000. Progress in multinational collaborative studies on the beneficial association between *Rhizobium leguminosarum bv. trifolii* and rice. *In*: Ladha J K, Reddy P M. The Quest for Nitrogen Fixation in Rice. IRRI, Los Banos, Philippines: 167-189.

Dreyfus B. 1998. How to exploit the diversity of tropical symbioses for sustainable agriculture: fallow legumes and rhizobia associated with rice. *In*: Elmerich C, Kondorosi A, Newton W. Biological Nitrogen Fixation for the 21stCentury. Dordrecht (The Netherlands): Kluwer Academic Press, 617-618.

Gopalaswamy G, Kannaiyan S, O'callaghan K J, et al. 2000. The Xylem of rice (*Oryza sativa*) is colonized by *Azorhizobium caulinodans*. *Proc R Soc Lond* B, 267: 103-107.

Gutierrez-Zamora M L, Rogel M A, Martinez-Romero E, et al. 2000. *Rhizobium etli*, a natural maize endophyte. *In*; (eds kennedy I R et al.) Proceeding of the 8th International Symposium on Nitrogen Fixation with Non-legumes. University of Sydney: NSW: 53.

Ji K-X, Chi F, Yang M F, et al. 2010. Movement of rhizobia inside tobacco and lifestyle alternation from endophytes to free-living rhizobia on leaves. J Microbiol Biotechnol, 20: 238-244.

Jing Y, Shan X Q. 1998. Cell structure of pseudonodules formed on the roots of barley and rice. *In*: Malik K A, et al. Nitrogen Fixation with Non-legumes. Dordrecht/Boston/ London: Kluwer Academic Publishers: 133-142.

Khush G S, Bennett J. 1992. Nodulation and nitrogen fixation in rice: potential and prospects. International Rice Research Institute Manila (Philippines).

Noel T C, Sheng C, Yost C K, et al. 1996. *Rhizobium leguminosarum* as a plant growth-promoting rhizobacterium: direct growth promotion of canola and lettuce. Can J Microbiol, 42: 279-283.

O'Callaghan K J, Stone P J Hu X, et al. 2000. Effects of Glucosinolates and flavonoids on colonization of the roots of *Brassica napus* by *Azorhizobium caulinodans* ORS571. Appl Environ Microbiol, 66: 2185-2191.

Peix A, Rivas-Boyero A A, Mateos P F, et al. 2001. Growth promotion of chickpea and barely by a phosphate solubilizing strain of *Mesorhizobium mediterraneum* under growth chamber condition. Soil Biology & Biochemistry, 33: 2001, 103-110.

Peng S, Biswas J C, Ladha J K, et al. 2002. Influence of Rhizobial inoculation on photosynthesis and grain yield of rice. Agron J, 94: 925-929.

Perrine-Walker F M, Hocart C H, Hynes M F, et al. 2005. Plasmid-associated genes in the model microsymbiont *Sinorhizobium meliloti* 1021 affect the growth and development of young rice seedlings. Environmental Microbiology, 7: 1826-1838.

Perrine-Walker F M, Prayitno J, Role B G, et al. 2007. Infection process and the interaction of rice roots with rhizobia. Journal of Experimental Botany, 12: 3343-3350

Prayitno J, Stefaniak J, Mclver J, et al. 1999. Interactions of rice seedlings with bacteria isolated from rice roots. Aust J Plant Physiol, 25: 521-535.

Stone P J, O'Callaghan K J, Davey M R, et al. 2001. *Azorhizobium caulinodans* ORS571 Colonizes the Xylem of *Arabidopsis thaliana*. MIPI, 14: 93-97.

Webster G, Jain V, Darey M R, et al. 1998. The flavonoid naringenin stimulates the intercellular colonization of wheat roots by *Azorhizobium caulinodans*. Plant Cell Environ, 21: 373-383.

Yanni Y G, Joseph A K, Gomma A M, et al. 2002. Atecological studies on the *Rhizobium leguminosarum* bv. *trifolii*/cereal root association in cropping system involving rice and wheat in the Nile Delta. The 10th International Symposium on Nitrogen Fixation with Non-Legumes, Leuven Belgium.

Yanni Y G, Rizk R Y, El-Fattah F K A, et al. 2001. The beneficial plant growth-promoting association of *Rhizobium leguminosarum* bv. *trifolii* with rice roots. Aust J Plant Physiol, 28: 845-870.

Zhu H, Brendan K, Burns N J, et al. 2006. Tracing nonlegume orthologs of legume genes Rrquired for nodulation and arbuscular mycorrhizal symbioses. Genetics, 172: 2491-2499.

固氮芽孢菌研究进展与应用

1 引言

我国是世界上最大的化肥生产国和消费国，每年化肥施用量高达 4800 万 t，其中氮肥 2800 万 t。我国平均施氮肥量为美国的 2.88 倍、巴西的 5.79 倍、澳大利亚的 8.85 倍。但氮肥利用率仅有 10%～30%，大部分氮肥通过渗漏、挥发及硝化与反硝化等途径损失，一部分化肥随雨水进入江河湖泊，造成水体的富营养化，同时造成农产品亚硝酸盐含量增加，直接危害人民的身体健康。生物固氮是微生物在常温、常压下，将大气中的氮气转化成氨。充分发挥微生物的生物固氮作用，是降低氮肥用量、保护环境安全的最有效途径。

芽孢杆菌是一群好氧或兼性厌氧 G^{+}（目前发现有 G^{-}），能形成芽孢的杆状微生物。固氮芽孢杆菌具有固氮能力、存活期长、抗逆力强，是制备固氮菌肥的最佳材料。因此，对固氮芽孢杆菌的分类、固氮机制及其田间应用的研究越来越受到重视。

2 固氮芽孢杆菌的分类地位

固氮芽孢杆菌在分类上属于芽孢杆菌。在《伯杰细菌鉴定手册》第八版中，芽孢杆菌科分为 5 属，即 *Bacillus*（芽孢杆菌属）、*Sporolactobacillu*（芽孢乳杆菌属）、*Clostridium*（梭菌属）、*Desulfotomaculum*（脱硫菌属）及 *Sporosarcina*（芽孢八叠球菌属）。1991 年，Ash 等研究了芽孢杆菌属中 51 种的 16S rRNA 序列，根据它们的系统发育地位，将这些芽孢杆菌分为 5 个独立的系统发育分支：第 1 群包括枯草芽孢杆菌（*Bacillus subtilis*）在内的 27 株好氧的生芽孢杆菌；第 2 群包括 *Bacillus sphaericus*（圆形芽孢杆菌）在内共 7 种；第 3 群包括 *Bacillus azotofixans*（固氮芽孢杆菌）、*Bacillus polymyxa*（固多黏芽孢杆菌）、*Bacillus macerans*（浸麻芽孢杆菌）、*Bacillus amylolyticus*（解淀粉芽孢菌）、*Bacillus macquariensis*（极丑芽孢杆菌）、*Bacillus pabulia*、*Bacillus pulvifaciens*（生尘埃芽孢杆菌）、*Bacillus larvae*（幼虫芽孢杆菌）和 *Bacillus gordonae* 在内的 10 种；第 4 群和第 5 群分别包括 2 种和 3 种，还有未确定的 4 种。

本章作者：陈三凤。

1993 年，Ash 等进一步根据细菌的 16S rDNA 的研究分析结果，正式将芽孢杆菌的第 3 群（包含固氮芽孢杆菌）列为 1 新属：类芽孢杆菌属（*Paenibacillus*）。*Paenibacillus* 从 *Bacillus* 中分离出来时，包括 3 固氮种，即 *Paenibacillus polymyxa*、*Paenibacillus macerans* 和 *Paenibacillus azotofixans*。但近些年来该属中具有固氮能力的菌群进一步扩大，到目前为止又修订和定名了 16 种固氮新种（其中 6 新种是中国农业大学定名的）：*P.peoriae*、*P.graminis*、*P.odorifer*、*P.brasilensis*、*P.borealis*、*P.wynnii*、*P.massiliensis*、*P.sabinae*、*P.zanthoxyli*、*P.donghaensis*、*P.forsythiae*、*P.riograndensis*、*P.sonchi* 和 *P.sophorae* 等。另外，芽孢杆菌属也包括很多固氮菌，如巨大芽孢杆菌（*Bacillus megaterium*）、蜡样芽孢杆菌（*Bacillus cereus*）等。因此，固氮芽孢杆菌基本上属于 *Bacillus* 和 *Paenibacillus* 两属。

3 固氮芽孢杆菌的分离和鉴定方法

对固氮芽孢杆菌的快速分离和准确鉴定是极其重要的。传统的鉴定芽孢杆菌的标准并不严谨，人们只是根据生物体的某些表型和个别遗传性状上的特征将其归类。随着新技术的不断发展和仪器自动化程度的提高，人们开始把传统的分类方法和新技术结合起来，使用多种方法对要鉴定的微生物进行测定，从单一的表型特征向多相分类发展。

3.1 固氮芽孢杆菌的分离

在固氮芽孢杆菌的分离方面，利用固氮芽孢杆菌能产生耐高温和在无氮培养基上生长这两个特性进行。接着用固氮酶结构基因 *nifH* 的特异性引物对纯化后的细菌菌落进行 PCR 扩增和序列分析，对测序结果在 GenBank 网站进行同源性比较。如果有 *nifH* 基因，则从分子水平上说明所分离菌是固氮菌。但同时需要用乙炔还原方法进行固氮酶活性测定来验证是否具有固氮酶活性及固氮酶活性的高低。固氮芽孢杆菌的确定，还需要通过电镜或光学显微镜观察芽孢的形成。

3.2 固氮芽孢杆菌的鉴定和分类

固氮芽孢杆菌的分类方法与其他细菌的类似，主要采用生理生化性状、G+C mol% 的测定、16S rDNA 序列分析、DNA-DNA 细胞杂交、细胞壁成分分析、脂肪酸组成等。

16S rDNA 是细菌分类研究中最常用的分子钟，其种类少，含量大，不同微生物的 rRNA 由于进化速度较慢，它们在种、属等水平上表现出较高的保守性，素有“细菌化石”的称谓。16S rRNA 分子大小适中，从序列分析中可以得到足够的信息以体现不同菌属水平上的差异，被分类学家普遍接受。在 16S rDNA 的序列测定方面：使用 16S rDNA 通用引物，以总 DNA 为模板，PCR 扩增分离物的 16S rDNA，然后通过与已知数据库中的 16S rDNA 序列进行比对分析。它的优点是短时间内可以处理大量分离物。缺点是它虽然可以鉴定出与哪一属接近，但当它与多株菌的 16S rDNA 序列具有 97% 或以上的相似性时，不能判定分离物是哪一种。

G+C mol% 的测定方面，不同细菌中 DNA G+C mol% 的变化比较大(30%～75%)，因此可以作为鉴别不同细菌的一项指标。一般地，同一种微生物其种内各菌株间的 DNA G+C mol% 可相差 2.5%～4%。如果 DNA G+C mol% 之差大于 5%，就可以判定这两株菌为不同种。同属内的 DNA G+C mol% 之差往往不会大于 10%。测定方法主要有热变性法、浮力密度法和高压液相色谱法等，其中以热变性法最为常用。

DNA-DNA 杂交是鉴定种的一个重要参数。国际系统细菌学委员会在 1987 年规定，当 DNA 同源性大于等于 70%，同时杂交分子的解链温度差，即 ΔT_m 值小于等于 5℃为细菌种的界限。当然如果鉴定一新种，除了待定菌与参比菌株之间具有较低的 DNA-DNA 同源性外，还必须参考 16S rDNA 序列相似性数值等其他数据。

另外，对芽孢杆菌的鉴定和分类，还需要进行脂肪酸成分分析、细胞壁成分分析等。

3.3 类芽孢杆菌属的共性

细胞呈杆状，有的种革兰氏反应阳性可变，有的种革兰氏反应阴性可变，以周生鞭毛运动。在膨大胞囊内有椭圆形芽孢，在营养琼脂上无可溶性色素。兼性厌氧或严格好氧。除了幼虫类芽孢杆菌的两变种，几乎所有的接触酶都为阳性。氧化酶反应可变。V-P 反应可变，V-P 液的 pH 为 4～6。不产硫化氢。有的种可产生吲哚。硝酸盐还原到亚硝酸盐可变。酪朊、淀粉和尿素的水解都可变。酪氨酸分解也可变。最适生长 pH 为 7，最适的生长温度为 28～30℃，只有 *P. macquariensis* 最适生长温度为 20～23℃，pH5.6 和 50℃的生长在种间是可变的。10% NaCl 可抑制生长。有的种在含 0.001% 溶菌酶中不能生长。可以从多种糖上产酸。有的种可分解多糖，主要的细胞脂肪酸是反异 15∶0。G+C mol% 为 45～54。16S rRNA 序列相似性在属间为 89.6%，用特异性引物 PAEN515F 和 1377R 经 PCR 扩增可以得到 860bp 的特异性条带。模式种为多黏类芽孢杆菌，也有人认为是固氮类芽孢杆菌（Tindall，2000）。据目前文献报道，对类芽孢杆菌研究较多的也是这两种菌。

4 固氮芽孢杆菌的生活环境和在植物体内的定殖

目前国内外研究较多的固氮芽孢杆菌是多黏类芽孢杆菌和固氮类芽孢杆菌（*Paenibacillus. azotofixans*）。前者从世界上多种不同的土壤环境和不同的植物根部都可以分离到，后者只从巴西和美国夏威夷的土壤中分离到。从分离固氮芽孢杆菌的相关资料来看，固氮的类芽孢杆菌多是从禾本科植物的根际土和杨柳科植物的根部土壤中分离到的，它们的生活环境多是比较潮湿、含可分解纤维素较丰富的土壤。GFP-标记技术表明：固氮巨大芽孢杆菌可以进入玉米的根、茎、叶。表明用固氮芽孢杆菌制备生物肥料在农业生产中具有很大潜力。

5 固氮芽孢杆菌的分子生物学研究

由于芽孢杆菌属于革兰氏阳性菌，遗传操作难度较大，国内外开展固氮芽孢杆菌分子生物学方面的研究很少。仅有的少数报道是2003年，马来西亚人Choo从 *P. azotofixans* 中克隆到3个 *nifH* 基因。中国农业大学从自行分离和定名的固氮类芽孢杆菌新种 *P. sabinae* 中克隆到3个拷贝的 *nifH* 基因；功能互补实验证明这3个 *nifH* 基因都能对自生固氮肺炎克氏杆菌 *nifH* 突变株进行互补；RT-PCR结果表明这3个 *nifH* 基因在mRNA水平上进行转录；启动子序列分析和凝胶阻滞实验表明，*nifH* 基因的启动子属于 σ^{70}，这与大多数固氮基因受铵和氧抑制的启动子 σ^{54} 是有很大差异的。最近完成了 *P. sabinae* 的全基因组测序，该基因组全长约5.6 MB，含有5个 *nifH* 基因簇，这5个 *nifH* 基因簇分散排列在染色体上。

6 固氮芽孢杆菌在微生物肥料中的应用

芽孢杆菌在土壤中大约占细菌总数的45%。早在1908年，Von Bredemann发现固氮的多黏类芽孢杆菌与植物是联合生长的。1963年，Rovira等曾报道从小麦根际分离得到的多黏芽孢杆菌菌株，被接种到植物根际能够促进小麦、玉米和西红柿的生长。Probanza（2001）有报道地衣芽孢杆菌和短小芽孢杆菌能够改善植物根际的微生态群落，促进子叶的生长和刺激菌根的生成。邹准等（2002）曾选择了三株分别具有固氮、溶磷和解钾功能的芽孢杆菌生产菌肥，实验表明无论是单一菌肥还是复合菌肥的保存期都能达到标准的要求；单一菌单独处理的土壤全氮、有效磷、速效钾分别增加 4.2%、21.3% 和 8.2%，混合菌处理则增加 6.6%、32.2% 和 10.3%，混合菌的处理效果优于单一菌。接种实验表明，*Paenibacillus polymyxa* 和 *Rhizobium* 共同接种于植物根际，能促进菜豆（*Phaseolus vulgaris*）后期根的形成和增加结瘤的数目（Petersen，1996）。Timmusks（1991）把 *P. polymyxa* 作为植物根际促生细菌（plant growth promoting rhizobacteria，PGPR）接种于拟南芥（*Arabidopsis thaliana*）的根际，发现接种的植物比不接种的植物对欧文氏病原菌和干旱具有更强的抗性，同时他还分析了接种植物和不接种植物在 mRNA 水平上的不同，因此推测作为 PGPR 的 *P.polymyxa* 对植物抵抗外界不良环境起诱导作用。另外，芽孢杆菌在生物防治上具有广阔的应用前景。*P. peoriae* NRRL BD-62 是一株具有固氮能力的类芽孢杆菌，von der Weid（2003）等研究了它对植物病原真菌和病原细菌的抗性，发现该菌株具有较广的抗菌谱。并且对抗菌成分进行分析，发现这种成分经 121℃作用 10min 后，仍然具有抗菌活性，还能够耐受有机溶剂、水解酶，具有较广的 pH 适应范围。该菌株还能够产生几丁质酶和蛋白酶，因此在植物生物防治和促生方面有很大的应用潜力。

近年来，随着我国化学氮肥过量施用带来的环境污染、蔬菜和农产品中亚硝酸盐含量超标等问题，国家发展和改革委员会和各级政府部门，对生物肥料的应用高度重视，并从政策和经费等方面给予支持。现在很多企业都在有机肥料的基础上，添加固氮、解磷和解钾的微生物菌剂。在固氮菌剂方面，很多企业都利用固氮的巨大芽孢杆菌，菌种单一，固氮效率高低也无法比较，希望能在今后的生产应用中加强固氮菌种培养，并选用固氮效率高、对植物病原菌抗性强、并能产生植物激素，如 IAA 的固氮芽孢杆菌。

参考文献

邹准，喻晓，李瑶，等，2002. URM-菌肥的土壤有效性和保存期. 氨基酸和生物资源，24（2）：22-25.

Ash C, Farrow J A E, Wallbanks S, et al. 1991. Phylogenetic heterogeneity of the genus *Bacillus* revealed by comparative analysis of small subunit-ribosomal RNA sequences. Lett Appl Microbiol, 13: 202-206.

Coelho M R R, Carneiro N P, Marriel I E, et al. 2009. Molecular detection of *nifH* gene-containing *Paenibacillus* in the rhizosphere of sorghum (*Sorghum bicolor*) sown in Cerrado soil. Lett in Appl Microbiol, 48: 611-617.

Liu X, Chen S. 2006. Colonization pattern of nitrogen-fixing *Bacillus megaterium* C 4 on Maize. Curr Microbiol, 52 (3): 186-190.

Petersen D J, Srinivasan M, Chanway C P. 1996. *Bacillus polymyxa* stimulates increased *Rhizobium etli* populations and nodulation when co-resident in the rhizosphere of *Phaseolus vulgaris*. FEMS Microbiol Lett, 142: 271-276.

Probanza A, García J A L, Palomino M R, et al. 2001. *Pinus pinea* L. seedling growth and bacterial rhizosphere structure after inoculation with PGPR *Bacillus* (*B. licheniformis* CECT 5106 and *B. pumilus* CECT 5105). Applied Soil Ecology, 20: 75-84.

Timmusk S, Wagner E G H, 1991. The Plant-Growth-Promoting Rhizobacterium *Paenibacillus polymyxa* Induces Changes in *Arabidopsis thaliana* Gene Expression: A Possible Connection Between Biotic and Abiotic Stress Responses MPMI, 12: 951-959.

Tindall B J. 2000. What is the type species of the genus Paenibacillus? Request for an Opinion Int J Syst Evol Microbiol, 50: 939-940.

Tindall B J. 2005. Respiratory lipoquinones as biomarkers. *In*: Akkermans A, de Bruijn F, van Elsas Dordrecht D. Molecular Microbial Ecology Manual, Section 4.1.5, Supplement 1. 2nd ed. Netherlands: Kluwer Publishers.

von der Weid I, Alviano D S, Santos A L S, ct al. 2003. Antimicrobial activity of Paenibacillus peoriae strain NRRL BD-62 against a broad spectrum of phytopathogenic bacteria and fungi. J Appl Microbiol, 95: 1143 - 1151.

Yuanyuan H, Ma Yuchao et al. 2009. *Paenibacillus sonchi sp. nov.*, a nitrogen-fixing species isolated from the rhizosphere of Sonchus oleraceus. Int J Syst Evol Microbiol, 59: 2656-2661.

我国微生物肥料生产中一些技术问题的探讨

微生物肥料的生产是一个涉及微生物学、生物工艺工程、过程控制技术、化工机械设计和加工技术、传感器技术、计算机硬件和软件以及肥料学、农艺学等多学科交叉的综合应用技术。采用先进、合理的微生物菌剂（肥料）生产工艺和技术是保证其产品质量、降低成本、提高产能、稳定应用效果及带动产业化和行业健康发展的关键，需予以高度重视。

1　我国微生物肥料生产及产业发展简要的回顾

1.1　我国微生物肥料（菌剂）产品的初创及产业发展的第一次热潮

我国微生物肥料的研究、生产和应用，已有较长的历史。早在 20 世纪 30 年代，就已经开展堆肥微生物的有关试验，随后开展的根瘤菌、固氮菌的研究则正式揭开了我国微生物菌剂（肥料）研究、生产和应用的帷幕。自新中国成立，我国农业微生物科研工作者开展了大豆根瘤菌、花生根瘤菌、紫云英根瘤菌（陈文新等，2002），以及随后开展的固氮菌、磷细菌、硅酸盐和抗生菌肥料等的研究及其应用（土壤学报，1955）。结合微生物菌剂产品的试制，也对相关微生物的生物学特性和培养条件进行了初步研究，为日后这类产品的批量生产提供了技术依据。随后在 1958 年“大跃进”的形势下，全国掀起了农业微生物产品的研制和应用热潮，“人民公社”、学校、科研单位创办的农业微生物生产车间或小型试验工厂遍地开花。一些产品也逐步进入了工业化生产阶段，发酵生产技术得到进一步提高。其中以赤霉素（亦即“920”）的研究和应用为代表，在大力开展“土法生产”（半开放式固体发酵）技术研究的同时（何鹏，1959），在国内率先开展了工业化液体深层发酵，从生产设备、菌种选育、发酵工艺、生产技术、产品质量标准及检测方法等方面，全方位开展了研究。并建立了一套较为完整的工业化生产体系，使我国农业微生物制品的生产技术跨入到一个较高的水平（杨新美和王道本，1959）。

在这一阶段，一些高校、科研院所纷纷走出实验室，与生产和实践相结合，

本章作者：李力、高昭远。

建立了生产车间或小型试验工厂，为产业的形成播下了种子，奠定了后来产业形成的基础。

1.2 我国微生物肥料产品（菌剂）及生产技术的第二次热潮

20 世纪 60 年代后期，我国农业微生物制品的研究、生产和应用，作为“新技术”在全国范围内掀起了群众性的科学实验热潮。当时采用“土洋结合”、“全民办科学”的办法，农业微生物菌剂制品的生产及应用在全国范围内如雨后春笋般的遍地展开。据不完全统计，除根瘤菌、固氮菌、磷细菌、钾细菌、“5406”抗生菌等微生物肥料外，植物生长调节剂-赤霉素的“土法生产”、工业化液体深层发酵以及结晶产品的生产及应用亦大量开展（北京农业大学赤霉素厂，1970）。微生物杀菌剂、春雷霉素、井冈霉素、灭稻瘟素、内疗素、农抗“120”等，以及微生物杀虫剂、杀螟杆菌、青虫菌、苏云金芽孢杆菌、微生物除草菌剂“鲁保一号菌”、微生物饲料酵母、饲料蛋白、畜用土霉素等纷纷涌现，促进了农用微生物菌剂的固体发酵及液体深层好氧发酵技术的应用，不仅丰富和发展了我国农用微生物制品的生产技术水平，而且为日后的进一步研究、生产和应用打下了基础（徐庆玉，1965）。但是这种群众性科学实验活动，由于缺乏微生物发酵知识的指导和科学合理的发酵设备的支撑，出现了一些违背科学规律的事，产生了负面影响（北京市农业科学院土肥室，1975）。这些经验和教训，也为日后我国农业微生物产品的研究、生产和应用，提供了有意义的启示。

1.3 我国微生物肥料产品及生产技术的第三次发展

我国微生物肥料产业，经过 30 多年的发展，自 20 世纪 80 年代中后期，随着市场经济及绿色农产品需求的发展，再次引起社会各界的重视，也推动了微生物肥料行业的再次兴起（葛诚，1996）。有关菌剂产品的发酵生产技术过去大多偏重实验室试制、小型实验工厂生产或者所谓的“土洋结合”等，所积累的技术难以满足大规模、高质量产品生产的需要。一些微生物科技工作者与相关企业的工程技术人员、技术工人相结合，在过去工作的基础上，在较短的时间内进行了技术的“快速转化”，逐步建立了较大型的专门从事微生物肥料生产的企业，将经过多年累积的生产技术及经验应用于微生物肥料的生产。在这个时期，较大体积的多级发酵设备（罐、槽）、液体深层好氧发酵和无菌操作及灭菌技术已经逐渐作为主要的支撑技术体系，大量用于微生物肥料的发酵生产，使得微生物肥料的产能及产品质量有较大的保证和提升（葛诚，1996）。尤其是国家实施微生物肥料产品登记证管理制度以来，有专门的技术机构对微生物肥料的产品质量（侧重于有效活菌数和杂菌率）、产品及生产菌株的安全性进行强制性检测。随着微生物肥料生产技术的提高和其应用效果被社会逐渐认可，产业规模也随着市场经济的兴起和农业发展的需要迅速扩大，微生物肥料的研发、生产、销售、应用、技术服务和质量管理已经形成一个较为完善的体系。同时也反过来推动了新菌株选育技术、发酵新技术、新理论及高新发酵装备在行业内的应用（张嗣良等，2005），使得微生物肥料产业已成为高新技术产业的重要组成部分。

2 当前我国微生物肥料生产技术中一些重要问题的讨论

目前我国微生物肥料生产技术已进入了一个新的发展阶段，生产企业数量、年产量、年产值、产品类型、生产发酵装备、发酵技术水平均达到历史最高水平；生产所使用的菌种有 110 种以上，包括细菌、放线菌、真菌、酵母菌等；产品类型涵盖 9 个菌剂类品种、2 个菌肥类产品（李俊等，2006）；产品的剂型为液体、粉状及颗粒状；生产方式有液体发酵培养、固体发酵培养和液-固两相发酵培养等，不但有好氧发酵，还有厌氧发酵；除单一菌种发酵培养外，还有混合菌系的共培养发酵等方式。目前我国微生物肥料产品的生产工艺和技术已基本成型，生产技术水平亦不断创新，在农业部已经颁布实施的行业标准《农用微生物菌剂生产技术规程》（NY-T883-2004）中，对菌剂生产中所涉及的生产环境、生产车间、菌种、发酵增殖、后处理、包装、储运及质量检验等技术环节及生产工艺流程等，均作了较为具体的要求，请详见图 1。

为进一步推动我国微生物肥料产业的发展，更加科学合理的做好微生物肥料的生产，为此在广泛总结我国微生物肥料生产企业生产经验的基础上，重点对适宜工业化大生产的液体发酵工艺中的一些关键技术问题提出建议，供讨论参考。

2.1 选定和布局生产车间及实验室需要重视的问题

在充分做好市场及技术调研、分析的基础上，在建厂和生产过程中，如何做好厂区的整体规划及选定合理的生产工艺非常重要。以保证菌种发酵过程的顺利及产品高效生产为核心，要根据企业当前及发展的需要，确定生产规模，做好电力、供水及设备的选型和匹配，避免工程、设备及资金的浪费。此外，无菌空气和发酵用水对产品质量有着不可忽视的作用，因此在选定空间和布局生产厂房时，需要考虑水和空气的质量要求。空气质量达到 GB3095-1996（大气环境质量标准）中二类标准要求，亦即为城镇规划中确定的居住区、商业交通居民混合区、文化区、一般工业区和农村地区的空气质量即可。而对发酵用水，则需达到

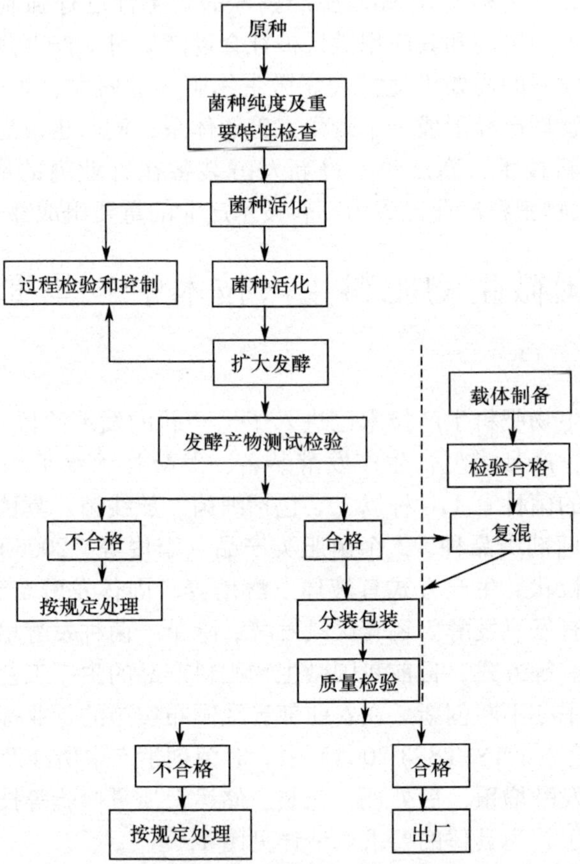

图 1　农用微生物制剂生产工艺流程示意图
虚线右侧部分步骤为剂型所需，液体剂型不必要

GB/T 14848-93（地下水质量标准）中Ⅲ类水质要求，而对冷却水及其他用水的要求则达到标准（NY/T883-2004）中Ⅳ类水质要求即可。

此外，生产车间、仓库及实验室都要根据生产工艺流程的要求做好整体规划和布局，达到既方便生产，又考虑到地形、风向、交通因素，以保证核心工作区的无菌要求等具体问题。特别是现在大部分企业生产固体菌肥产品时，先进行液体发酵，再进行吸附或是混合。为有效防止固体物料四处飘散污染发酵过程，发酵车间、吸附等后处理车间要相对隔离，同时要有密闭且可以灭菌的传输通道，保证发酵物的无菌传送。同样，企业的生产菌种储藏间、无菌操作间与生产车间要相对隔离。

2.2 作为生产企业在选择和确定新产品时要特别注意的问题

企业在选择和确定新产品时，首先要考虑这种产品中的微生物具有何种显著的功能及特点，市场对这些功能、特点的需求程度如何？其次还要考虑这些微生物的生产性能，是否适宜大批量工业化生产，并对能耗、原料、成本、环保等一系列问题进行可行性分析；此外，作为一类微生物活菌制品，还必须考虑它的商品性状，产品在有效期内其有效菌的活菌数量等重要指标能否达到产品质量标准要求等。

此外，在确定产品时，更不能忽略的一个重要问题是对生产菌种的安全性进行严格审查。绝不能因为某种微生物具有显著的应用功效或是良好的生产性能和商品性状，就忽略了菌种的安全性。在选用菌种时，"安全性"、"功效性"是两个最基本的原则，务必要严格按照《微生物肥料生产安全通用技术准则》（NY 1109-2006）所规定的生产用菌种安全评价方法及菌种安全等级标准对生产菌种进行审查，须予以高度重视。

2.3 生产菌株

2.3.1 对生产菌株的要求

当前生产企业所使用的生产菌株，大多来自于一些菌种保藏中心、科研院所等单位。虽然这些菌株大都是经过分类鉴定"身份明确的典型菌株"，但是这些"典型"菌株并非都具有优良的生产性状和良好的应用功能，而作为菌剂的生产，和其他栽培植物一样，采用优良的菌种进行生产，才能在同样的生产条件和投入下，实现高产、优质、高效，获取更大经济效益和社会效益。

在《微生物肥料生产菌株质量评价通用技术要求》（NY/T 1847—2010）等相关标准中已明确提出，"生产菌株"必须要满足如下基本要求：分类地位明确且符合安全性评价相关要求；菌株细胞、菌落形态一致、无杂菌污染；生长繁殖能力强，且生长所需的主要原料容易获得；遗传性状、功能特性、生产性能等稳定；菌种存活力强，可长期存放等特点。

2.3.2 生产菌株的选育

优良生产菌株的获得除了常规的自然分离筛选外，还可应用多种化学、物理方法进行诱变处理，如紫外线、等离子体等多种辐射处理。但已有的研究结果表明，经过诱变处理后的微生物往往是“负”变异的概率远远大于“正”变异。因此，从丰富的变异菌株中加大筛选力度显得尤为重要。此外，变异菌株性状的稳定性是需要经过较长时间的评价验证才能确定的。当前对大多数企业来讲，较为可行的措施是结合生产对菌种转接等平板稀释选择形态典型的单个菌落，从中进行筛选、测试评价，方可应用于生产。同时对现有生产菌种做好保藏和纯化，防止菌种的退化和污染极为重要；此外，引进或购买来源不同的优良生产菌株也是可行的办法。

此外，利用基因工程技术，有目的构建和筛选特定功能的基因工程菌株，近年来发展较快，已经成为选育高效菌株的重要手段之一。由于微生物肥料是利用微生物的活体来生产特定功能的生物制品，且大量的散布在土壤、水体等开放环境中，与动、植物、人体有较大的接触机会，因此对其生物安全性要给予足够的重视，严格按照农业部《农业转基因生物安全条例》的有关规定进行。

2.3.3　生产菌株的保藏

我们在对企业的调查中发现，生产菌种存在的主要问题，一是杂菌污染，二是性能退化。因此，严格按照无菌操作技术要求，避免因为操作不当造成菌种污染，同时尽可能地减少连续传代和培养条件的变化以降低菌种退化的可能。若采用适宜的菌种保藏方法则可有效防止菌种污染和性能退化的问题，因此做好菌种保藏对于企业意义重大。

为此，生产企业应结合菌种的特点和企业实际情况，选用一种以上适宜的方法进行菌种保藏。常用的菌种类型及相应保藏方法见《农用微生物菌剂生产技术规程》（NY883—2004）附录B。此外，生产菌株等重要菌株要求分类存放，定期检查，建立菌种档案，内容包括：菌种名称、编号、来源、分离或获得日期、保存方法及日期、保藏人、传代情况、鉴定（别）特性、生产特性、培养基名称及组成、使用情况以及其他重要信息。

2.4　生产用培养基的选用和要求

生产用培养基按照其主要成分可分为合成培养基、半合成培养基和天然培养基，前者原料组成明确、稳定，但价格高、在大生产中采用较少。目前在微生物肥料生产中大量使用的是半合成培养基，其主要成分中大量使用天然原料，具有营养丰富全面、价格便宜、取材容易等优点，而且菌体吸收利用较好，因此比较适合后处理程序相对简单的微生物肥料的生产要求。作为微生物肥料生产中一项重要的技术，无论是采用液体深层发酵或是固体发酵生产，根据生产工艺及应用目的需要，分别采用合适的固体斜面培养基、种子培养基、发酵生产培养基及检测用培养基，对于保证高效生产极为重要。

在确定培养基原料及组成的配比时应该考虑如下一些基本原则：①能够满足所培养菌种生长及产物形成所需的营养物质，即通常所说的碳源、氮源、无机盐及微量元素等；②各种营养物质要有合适的比例及浓度，在适宜的 pH 范围具有一定的缓冲能力、一定的氧化还原电位和合适的渗透压；③所用的原料，无论是化学原料还是天然原料都需是质量稳定、未变质（对天然原料）的合格原料。

选择和确定适合不同微生物大规模发酵所需要的培养基，都要经过多次的多因子和综合试验比较，需要经过小试、中试验证后方可用于大规模发酵生产。对培养基的评价，应该以在相同的培养条件下，能够生产出高产、高效、经济、符合商品要求的产品为标准。有条件的企业可以通过试验，在生产实践中对所采用的培养基不断进行改进，不断提高发酵技术水平。生产企业为保证稳产、高产，亦应严格按照已经试验确定的培养基成分进行生产，不要随意更改。

2.5 发酵生产过程中对种子的要求

无论液体深层发酵，还是固体发酵，所选用的生产菌株一般都要经过试管斜面→摇瓶培养（或固体种子培养）→种子罐培养或种子固体培养（可能有多级）→最终产品发酵等多个步骤。这样一个逐步扩大增殖菌体数量的过程，其目的就是为终产品的发酵生产提供具有一定质（菌体生长旺盛、菌龄合适、不含有任何杂菌）和量（菌体数量）的种子液（或固体种子）。对于种子制备而言，“质”的重要性更甚于“量”。因此必须严格按照菌种质量的检查方法及种子质量标准进行评定，来不得一点疏忽，要作到“宁缺勿滥”，以免给生产带来损失。在种子的各级培养制备过程中，必须严格按照无菌操作技术的要求，确保种子的质量。

适宜的接种量也是获得高产、稳产的必要条件，同时也是降低染菌发生的有效措施。通常由摇瓶向种子罐接种的接种量受人力、物力限制，接种量不可能很大，0.1%～5%的接种量是切实可行并能保证种子阶段正常生长的要求；在生产发酵阶段，为缩短发酵周期，接种量比由摇瓶向种子罐接种的接种量要大，通常要求对于生长代时短的菌种（低于 3h），从一级转向下一级发酵的接种量一般为5%～10%。而对生长代时长的菌种（大于 6h），如慢生根瘤菌等的发酵，其接种量不低于 10%。

2.6 发酵过程中主要技术参数的检查及控制

为了保证发酵生产过程的正常进行，取得高产、稳产的结果，应该根据不同微生物适宜培养条件的要求，作好发酵培养条件的控制，为微生物的生长、繁殖提供良好的培养环境。对菌种生长过程中的各项常规指标（包括菌体或菌丝的细胞形态），都需定时取样，认真做好显微镜镜检观察及相关项目的检测、记录发酵参数的调整。发酵参数的检测是实施发酵过程控制的基础，对于目前以培养菌体（或芽孢）为主的微生物制品，在生物过程的参数检测主要依靠与培养环境相关的参数上，如温度、pH、溶解氧浓度、通气流量、罐压、泡沫检测、搅拌转速、液位、补料速率等细胞外环境或操作参数，这些参数的检测及控制方法已比较成熟，可以借助于这些参数的变化对菌体的生长状态进行调节。

近年来，随着对细胞生长、代谢和产物形成机制的逐步深入理解，人们开始关注发酵生物过程中与细胞生理代谢特性相关的参数的变化对产品生产的影响，开发了部分重要的生理参数的检测方法、装置以及配套计算软件，可以实时监测培养液成分、尾气成分、细胞形态、细胞量、OUR（摄氧率）、CER（二氧化碳产生率）、RQ（呼吸熵）、KLA（氧传递系数）等细胞代谢参数的变化（张嗣良等，2005）。显而易见，活细胞代谢参数的监控和利用，突破了采用细胞外的参数检测为基础的最佳工艺控制点为依据的静态操作，可以更准确、及时地用于细胞生长过程的调控。

2.7 发酵终点的判定

正确判断和掌握发酵进程的终点是整个发酵生产中重要的环节之一，它将直接关系到发酵产物的质量和数量。因此必须按照已经确定的最佳技术指标要求，定时取样观察并作出判断，需要在生产过程中不断积累经验，提高判断和认识的水平。有关发酵终点标准的确定，因不同种类的微生物，以及产品类型及处理要求而差异较大。例如，以目前生产应用中较为普遍的芽孢杆菌为例，是在发酵培养达到对数期后期（此时细胞数量达到高峰）时结束，还是待菌体生长进入成孢初期形成部分芽孢时结束，还是在芽孢大部分已经形成时结束，还是以全部形成成熟的芽孢作为发酵终点的判定为宜，这些都需通过实验予以明确。

对发酵终点的把握要参考多种参数进行综合判断，这些参数的测定方法都必须要具备及时、易于操作等特点。对于发酵过程难以监控，或涉及多种发酵目标产物的发酵类型，常常还需要监控发酵培养物的营养因子和理化参数变化，如还原糖、总糖、氨基氮含量或 pH、溶解氧浓度及黏度等，以及细胞的代谢参数，如 OUR、CER、RQ、KLA 等的变化。对于发酵过程重复、稳定且目标产物单一、易于监测的类型，可以只凭借某一关键的因子、参数来确定发酵终点。

2.8 有关菌种混合发酵培养

微生物混合培养是指将两种或两种以上不同特性的微生物，利用不同微生物之间生长代谢的协调作用，加以调节控制，以达到优于单菌发酵的效果。混合培养中涉及的微生物组成，可以是细菌与细菌、细菌与真菌或真菌与真菌等（宫玉胜等，2010）。近年来对复合微生物菌剂的需求量较大，为提高发酵效率、简化生产程序，采用将两种（或两种以上）以上、功能有差异的微生物，同时在一个罐位上进行混合培养（韩梅等，2009）。尽管已有研究结果表明，适宜菌株间的混合培养可以显著提高微生物的生物量和代谢功能。但由于不同微生物的代谢特性、培养特性及对营养和培养条件的要求不尽相同，再加上不同种类微生物相互之间有可能存在拮抗或抑制关系，较难做到两者兼顾，因此这方面的研究有待进一步加强。目前在微生物肥料生产领域中，混菌发酵的研究和应用主要集中在有机物料腐熟菌剂及光合细菌的发酵培养（叶姜瑜等，2009）。此外在固体发酵中采用多菌混合堆制发酵的技术，但须做深一步的试验和检测分析，以便科学评价该项技术的适用范围。

2.9 发酵过程杂菌的控制

微生物肥料的核心是特定功能的有效活菌体，因此在产品指标中对其杂菌含量也有着严格的限制（杂菌含量超标即判为不合格产品），因此控制产品中杂菌含量在工业化生产中必须予以重视。由于目前在微生物肥料发酵液的后处理加工中，所用作吸附剂的载体材料较难做到彻底无菌，后处理加工过程也很难在无菌环境下进行。因此，为有效控制产品中的杂菌含量，则不能允许在发酵过程中有任何杂菌污染。为此在发酵生产的全过程，从种子培养、种子罐、发酵罐以及空气过滤系统的灭菌，各个培养阶段和操作过程都需要严格把关。

2.9.1 无菌空气

目前在微生物肥料发酵生产中使用的大部分菌种是好气性或兼性厌氧类型，需要在培养过程中通入无菌空气补充氧气。通常是采用过滤除菌的方法获得无菌空气，目前行业内所采用的空气过滤系统，主要有膜过滤器和传统的棉碳介质过滤两种，而其过滤原理和参数要求相差甚远。由于棉碳过滤器体积大、维护难、易失效，近年来已经逐渐被淘汰，应用不同孔径的膜过滤器现在已成为发酵装备中的主流。为保证过滤效果，一般要求用于进入发酵罐的无菌过滤要经过二级以上过滤器。

对无菌空气的无菌质量评价方法主要采用微生物学检测法，这种方法依靠向无菌肉汤培养液中通入待监测的滤过空气，经培养和观察判定，此法操作简单，不需要特殊仪器设备，是一种普遍采用的评价监测方法。

2.9.2 培养基及发酵设备的灭菌

培养基及发酵设备的灭菌是发酵生产的重要技术环节，通常采用高压蒸汽进行灭菌。为保证灭菌的效果，应对培养基、管道设备、空气过滤系统及补料油罐有适当要求。液体培养基、补料罐、管道、发酵设备及空气过滤系统的灭菌温度通常为121～125℃（压力0.103～0.168MPa），0.5～1.0h。为保证灭菌效果及防止污染，液体培养基装料量通常为发酵罐容积的50%～80%。固体培养基物料通常灭菌温度为121～130℃，由于固体物料传热较慢，灭菌时间为1.0～2.0h；或采用100℃灭菌2～4h，24h后再灭菌一次的间歇式灭菌方法，物料的装填不可过紧，使蒸汽可穿透，保证灭菌效果。需要注意的有些物料（如较高浓度的磷酸盐和蛋白质）在高温灭菌时会产生对菌体生长有害的物质，或是对易受高温破坏的物料灭菌时，应采用合理可行的方法减少有害物质的产生和营养物质的破坏。

2.10 发酵液（物）的加工处理

目前微生物肥料的商品，按照产品形态可分为液体、粉状和颗粒状。对于液体产品，一般可根据发酵液中有效活菌体的数量，按质量标准要求直接分装或再经稀释分装即可。通常为保护活菌存活，延长保质期，控制污染杂菌等，可加入各种合适的稳定剂及保护剂；对于粉状产品，则需选用适当的载体作为菌液的吸附材料，按照合适的比例（控制产品的含水量）吸附到载体上。

载体选用的原则是：①有较强的持水率，以保证产品中合格的活菌体含量；②较高的安全性，杂菌含量尽可能少（杂菌数≤1.0×10^4个/g）且有害物质（重金属、病原菌、蛔虫卵等）含量达到控制标准；③对有效功能微生物无毒害，有利于其存活；④易于获取且价格较为便宜。

为满足机械化施肥的要求，往往需要将微生物菌剂（液体或粉剂）与有机物料，或化学肥料混合加工造粒（通常采用圆盘造粒或挤压造粒）制成颗粒状产品。在此过程中不仅需要考虑复合菌种之间的相互关系，即是否可以稳定、协同地存活，还要考虑加工过程中烘干等一定的温度及物料对有效微生物存活的影响，以及生产的效率和商品外观、施用是否方便等因素。

2.11 产品质量的监测

企业生产的每一批产品，其质量状况须由相对独立于生产部门的质量检验部门进行质量检测，检验合格后方可出厂销售。不能认为生产已经稳定，就放松了对每批产品都要进行检测，或是凭“感觉”代替检测。每批产品的检验结果应存档记录，包括检验结果、检验人、批准人、检验日期等信息。此外，还应对每批产品留样存放，根据需要定期或不定期的检查产品质量状况并存档。

此外还应对每批产品建立应用档案，包括产品质量记录，应用的作物对象、应用区域及肥力水平，配套的施肥及应用方法，应用效果等信息。

3 当前我国微生物肥料生产技术中的一些趋势或热点

3.1 基于细胞代谢流的发酵理论在细胞大规模培养技术中的应用

微生物肥料发酵生产中的一个难题在于，从实验室到工业化大生产过程中发酵放大的困难，其原因就在于放大时不可能同时做到几何相似、流体运动学相似和流体动力学相似。当在小试研究时如果某一个对生产产生影响的重要因素没有被注意到，而这个因素恰恰在放大时成为关键因子时，就会造成整个发酵放大过程的失败。为此，在研究发酵过程放大时，一些学者提出了在以代谢流分析与控制为核心的发酵过程装置技术上进行研究，由此可得到用于过程放大的状态参数或生理参数，因而提出了发酵过程参数调整的放大技术（张嗣良等，2005）。通过对表征细胞宏观代谢流特征参数实现发酵过程的放大，是近年来新兴的一种放大方法，此方法即将在小试研究中宏观代谢流特征参数获得后，再在工业规模发酵罐上重现，也即数据驱动型的放大方法。例如，在红霉素工业放大过程中通过50L 规模小试研究发酵罐与工业规模 50t 发酵罐的生理代谢特性参数进行相关分析，发现了大罐调控中的不合理之处，经过调整，放大的工艺操作使工业规模的发酵单位大幅提升（庄英萍，2004）。高新发酵理论在微生物肥料产业的逐渐应用，也将会对我国微生物肥料的研究、生产及应用产生积极的作用。

3.2 新型发酵装备在发酵培养技术中的应用

发酵过程装置技术首先是发酵罐装置技术，其研究进展对整个发酵行业的发展有举重若轻的作用，与之相关的发酵过程参数的检测和控制的关键装置技术，是为实现产品高效、稳定地生产提供保障的重要条件（Kleijn et al., 2007），而其参数检测是实施发酵过程控制的重要基础。由于相关检测技术的限制以及对发酵生物过程的认识还停留在胞外过程，对工业生物过程的参数检测大多停留在与培养环境相关的参数上，如温度、pH、溶解氧、通气流量、罐压、泡沫检测、搅拌转速、液位、补料速率等环境或操作参数。近年来，随着对细胞生长、代谢和产物形成机制的逐步深入理解，人们开始关注发酵生物过程中与细胞生理代谢特性相关参数的变化对产品生产的影响，开发了部分重要的生理参数的检测方法和装置，主要涉及培养液成分、尾气成分、细胞形态、细胞量等参数的检测和补料速率的检测和控制等内容。同时多参数在线高通量菌种筛选微型生物反应器装置的研制和应用近年来也引起了人们的重视，希望这些成果能尽快应用于微生物肥料产业。

3.3 新型载体

在微生物肥料质量控制的诸多因子中，有效活菌含量的保持和杂菌率的控制一直是最突出、核心的问题，而其中载体是关键因素之一。目前微生物肥料载体主要有草炭、泥炭、蛭石、海绿石及菌糠等，其中泥炭和草炭最为普遍（Georgakopoulos et al., 2002）。但是泥炭和草炭作为天然矿产资源，具有短期不可再生性，并且成本较高。因此寻找既能满足微生物菌剂保存要求，又能改善土壤生态环境、提供一定养分的载体，已成为微生物肥料生产中突出的问题。近年来，利用处理后的有机废弃物作为菌剂产品的吸附剂逐渐成为研究的热门之一。关于堆肥和微生物菌剂的结合，有印度学者用不灭菌堆肥直接吸附哈茨木霉。一些学者认为堆肥必须完全腐熟，并且含水量降低后才能作为微生物菌剂吸附载体。以畜禽粪便和菇渣为堆肥材料，风干后再吸附功能微生物制成菌剂，对提高肥效、促进微生物肥料行业发展具有重要的现实意义。

总之，随着农业可持续发展及国家对粮食安全、食品安全的重视，目前微生物肥料产业已发展为生物产业的一部分，并得到国家的重视和支持。相信通过业内人士的不懈努力，认真总结，消化吸取国外先进技术，创新发展，一定会把我国微生物肥料的生产技术提高到一个新水平，并带动产业的发展，在绿色环保、农业持续发展中发挥更大的作用。

参考文献

北京农业大学赤霉素厂．1990．介绍一种产量较高的“九二〇”（赤霉素）土法生产方法．农业科技通讯，2：14．

北京市农业科学院土肥室．1975．磷细菌肥料的生产及其应用．农业新技术，5：36-38．

陈文新，李阜棣，闫章才．2002．我国土壤微生物学和生物固氮研究的回顾与展望．世界科技研究与发展，4：5-12

葛诚．1996．微生物肥料的生产应用及其发展．北京：中国农业科技出版社．

葛诚．2000．微生物肥料生产应用基础．北京：中国农业科技出版社．

葛诚．2007．微生物肥料生产及其产业化．北京：化学工业出版社．

宫玉胜，李玉成，吴旺宝，等．2010．中温（37℃）纤维素分解菌的筛选及混合培养研究．生物技术，(2)：50-53．

韩梅，李春龙，韩晓日，等．2009．大豆根瘤菌和胶质芽孢杆菌混合培养研究．沈阳农业大学学报，40(2)：188-192．

何鹏．1959．赤霉素的制造生物学通报，6：277-278．

李俊，姜昕，李力．2006．微生物肥料的发展与土壤生物肥力的维持．中国土壤与肥料，(4)：1-5．

刘健，张伟平，张恂，等．2009．重组植酸酶高表达与新型智能称量式补料装置的工业应用．中国抗生素杂志，(34)：602-606．

徐庆玉，陈秀峯，楊振花．1965．赤霉素生产和应用的研究．植物生理学通讯，5：8-10．

杨新美，王道本．1959．赤霉素的生产及应用华中农业大学学报，3：40-47．

叶姜瑜，刘婧，廖强．2009．混合培养对沼泽红假单孢菌产氢及代谢的影响，环境科学与技术，(32)：4-7．

张嗣良，张恂，唐寅，等．2005．发展我国大规模细胞培养生物反应器装备制造业．中国生物工程杂志，25 (7)：1-8．

中国科学院在北京召开土壤微生物学座谈会，土壤学报，1955.1．

庄英萍．储炬，张嗣良等．2004．红霉素发酵过程前期参数相关分析及调控．华东理工大学学报：自然科学版，30 (6)：636-639．

GB 20287—2006 农用微生物菌剂．

Georgakopoulos D G, Fiddaman P, Leifert C, et al. 2002. Biological control of cucumber and sugar beet damping-off caused by Pythium ultimum with bacterial and fungal antagonists. Journal of Applied Microbiology, 92: 1078-1086.

Kleijn R J, Liu F, van Winden W A, et al. 2007. Cytosolic NADPH metabolism in penicillin-G producing and non-producing chemostat cultures of *Penicillium chrysogenum*. Metabolic Engineering, 9 (1): 112-123.

NY1109-2006 微生物肥料生物安全通用技术规程．

NY 884-2004 生物有机肥．

NY/T 1735-2009 根据菌生产菌株质量评价技术规范．

NY/T 1736-2009 微生物肥料菌种鉴定技术规范．

NY/T 798-2004 复合微生物肥料．

NY/T 883-2004 农用微生物菌剂生产技术规程．

YN/T 1847-2010 微生物肥料生产菌株质量评价通用技术要求．

有机废弃物新型快速发酵技术研发及产业化

1 引言

当前农业发展面临着两个主要问题：一个是集约化养殖场及其产生的大量畜禽粪便和农作物秸秆的随意弃置和焚烧，已成为水源污染和环境急剧恶化的重要原因和一大公害；另一个是由于长期偏施化肥导致的土壤质量下降和退化已成为影响粮食安全和农业可持续发展的重要因素。通过利用农业有机废弃物为原料经工厂化、无害化处理并生产商品化有机肥施用于农田，可同时解决上述两个问题，从而促进农业的可持续发展，保障我国粮食安全。

只有实现高质量的快速发酵，才能提高废弃物处理规模和有机肥料生产能力，快速发酵技术是工厂化处理有机废弃物生产商品有机肥的技术关键。当前，我国有机无机复混肥料生产厂家大都以草炭和风化煤类作为原料生产商品化有机无机肥，真正以工厂化处理畜禽粪便、秸秆等废弃物为原料的厂家还较少，而且生产规模偏小，处理效率低，除臭效果差，二次污染严重，腐熟时间偏长，一般需要 3～4 个星期以上，有的甚至达到半年。造成这种情况的原因在于国内缺乏具有自主知识产权的关键技术，在发酵养分保全技术、高效除臭技术、快速连续发酵工艺和设备配套等核心技术领域都还没有取得重大突破，大型设备鲜见成功案例；从国外引进技术或设备往往导致发酵成本偏高，投资回收期很长，难以在国内大量推广，而且其应用技术与设备的衔接是一个需要解决的瓶颈。

而随着我国环境压力不断增大，以及全球性环保要求的不断提升，固体有机废弃物的无害化处理将日益受到重视，设施缺乏问题凸现，同时对设施水平要求也不断提高。另外，随着国家发展战略向大力发展循环经济、加快建设节约型社会转变，生态农业、绿色农业日益成为潮流，固体有机废弃物处理及其资源化越来越受到关注。

因此，发展投资省、处理效率高，集无害化处理及商品有机肥生产、关键处理加工技术、配套设备于一体的技术设备体系，对于提高我国畜禽粪便处理和商品有机肥生产水平意义重大，也非常适合我国目前有机废弃物处理与优质商品有机肥生产技术的市场需求，具有广阔的推广应用前景。

本章作者：王一明、林先贵。

2 国内外研究现状及发展趋势

20 世纪 70 年代以来，资源化已成为固体有机废弃物处理的主导方向，主要通过堆肥处理实现，而要提高固体废弃物堆肥化处理的规模和生产能力，只有通过高质量的工厂化快速发酵。发达国家都致力于研究高温好氧快速连续发酵技术(菌剂)，生物-化学-物理连用快速综合发酵系统和低能耗、连续发酵、大型生物反应器成为重要的发展方向。除了进行开放式堆肥系统的优化和革新外（马学良等，2010），大型好氧堆肥反应器系统的应用日益广泛（张锐和韩鲁佳，2006；Diaz et al., 2007）。

2.1 国外好氧快速堆肥反应器系统的研究及应用

从技术水平而言，在废弃物工厂化处理和堆肥快速发酵工艺上，国外的技术和设备已日趋完善，基本上达到了规模化和产业化水平。例如，日本研制的立式多层式快速堆肥装置，发酵时间 1～2 周。美国 BIOTEC 2120 高温堆肥系统，由 10 个大型旋转生物反应器组成，72h 内可处理 1000 多吨有机垃圾或畜禽粪便。

堆肥反应器有很多种，分类很复杂，有很多分类方法。例如，按物料的流向划分，可分为：水平流向反应器、竖直流向反应器（表 1）。竖直流向反应器包括搅动固定床式、包裹仓式两种；水平流向反应器包括旋转仓式、搅动仓式两种。而美国环保局（USEPA）把发酵反应器系统分为：推流式（plug flow）和动态（dynamic）混合式。在推流式系统中，系统是按入口进料、出口出料的原则工作的，每个物料颗粒在发酵系统中的停留时间是相同的。在动态混合式系统中，堆肥物料在堆肥过程中被搅拌机械不停地搅拌至均匀。这两类系统又可以根据发酵仓的形状进一步划分，其中，推流式系统分为圆筒形反应器、长方形反应器、沟槽式反应器三种；动态混合式分为长方形发酵塔、环形发酵塔两种（余群等，2003）。也有研究者根据通风方式、有无搅拌和外形特点，将这些反应器系统分为被动通风反应器系统、强制通风无搅拌反应器系统、强制通风有搅拌反应器系统和滚筒反应器系统（张锐和韩鲁佳，2006）。

表 1 国外常见的快速堆肥发酵反应器

反应器类型	特点	典型系统	性能指标
被动通风反应器	利用堆体内外氧气浓度和温度差异及风力作用，使外部空气向堆体内部扩散。 优点：节约能源与节省费用； 缺点：不能有效控制通风量变化	TSC 系统（英国）	32 个物料舱相连，每个舱 4.3m×1.2m×7.3m，处理能力 600t/d
		Hot Box 系统（美国）	立方体，0.73m^3，底部、中部各插 3 根带孔 PVC 管
强制通风无搅拌反应器	堆肥过程中进行翻堆和搅拌，使用风机为堆肥物料通风供氧。多采用底部进气，尾气由顶部管道排出净化，一般通过时间或时间-温度反馈控制 通常采用一个风机、多个反应器、一套尾气净化装置	CSS 系统（美国）	长方体，里外两层，内层底部蓄水，外层绝热；用于室外或室内，处理能力 150t/d
		Natur-Tech 系统（美国）	4 种型号，多种容积；生产费用 6.0～18.0 美元/t，资本成本 12.0～36.0 美元/t
		Eco Pod 系统（美国）	是可降解材料制成的聚乙烯袋。处理能力 76～200t，堆制 8～12 周，年处理能力≥25 000t
		CM Pro 系统（美国）	反应器容积 1.3m^3，可配 16 个反应器，2 个生物滤池，堆制≥3 周
强制通风有搅拌反应器	所包含的设备与强制通风无搅拌反应器反应器类似，增加了搅拌功能，减少了物料温度、湿度和氧气浓度的差异，加快反应过程	Earth Tub 系统（美国）	性状类似盆形，单个容积 2.3m^3，每周搅拌 2 次，堆制时间 3～4 周
		Wright 系统（加拿大）	构造复杂，可进行连续的堆肥生产；内部包含 3 个反应室和若干物料舱；堆制时间 4 周，处理能力 136～1000kg/d
滚筒反应器	用圆柱形滚筒作为反应器，滚筒的轴线呈水平或是与水平方向有一定的倾角，在抄动装置作用下使物料的温度、水分均匀化，同时获得氧气	达诺滚筒反应系统（丹麦）	直径 2.7 ～ 3.7m，长 45.8m，转速 0.1～1.0r/min，堆制时间为1～5d
		Bedminster 滚筒反应系统（瑞典）	直径3.4～3.7m，长36.6～54.6m，转速 1.0r/min，转速 10～200t/d，堆制时间 3～6d

总体而言，国外的快速堆肥发酵设备和技术已经日趋成熟，并广泛应用于畜禽粪便、城市生活垃圾等的处理，基本上达到了规模化和产业化水平，但是设备造价昂贵，运行成本高，难以在国内直接推广应用（图 1）。以北京农业技术推广部门曾经推广过的日本塔式发酵技术为例，由于其塔体为金属结构、使用寿命短，而且粪便处理量低、设备投资高，北京顺义良种场只使用了 2 年就废弃了，现在北京已不再使用此方法。

TSC系统　　Nature-Tech 系统

Earth Tub 系统　　Dano 系统

图 1　国外典型快速堆肥发酵系统

2.2　国内快速好氧堆肥发酵系统的研究及应用

无论是核心技术的研发还是关键设备的研制，与国外相比，国内仍然存在较大的差距。但近些年来，随着国家发展战略向大力发展循环经济、加快建设节约型社会转变，固体有机废弃物的无害化处理日益受到重视。在学习和借鉴国外技术设备优点的同时，国内快速好氧堆肥发酵技术和设备的研究也取得了一定的发展。

2.2.1　新型快速堆肥发酵设备和系统的研发

目前国内研制应用的快速堆肥发酵设备主要是卧式好氧堆肥装置（包括卧式

图 2　塔式发酵设备

发酵滚筒和卧螺旋式好氧堆肥装置)、箱式堆肥发酵箱、塔式发酵设备（图 4）（重力翻板式堆肥装置）(冯明谦和蒋培，2000；张智等，2004；陈海滨和万迎峰，2006）及部分用于实验室研究用的小型快速发酵装置（李晓鸣等，2008）。

中国市政工程西南设计研究院设计的卧式发酵滚筒（冯明谦和蒋培，2000），分为试验用发酵滚筒和中试用发酵滚筒。其中试验用发酵滚筒如图 2 所示，为钢制，长 7.0m，直径 1.0m，内设物料抄板。设计转速 0.3r/min，配用电机功率 1.5kW，筒体倾角小于 3°，采用单边可调的双支撑结构；筒体前端、后端设置进料和出料静止舱；设计处理量为 2000kg/d。经改进调整后，在进料有机物含量 50%～60%，含水率为 30%～50%，填充率为 60%～80%，供风量为 0.05～0.20m^3/(m^3 · min) 的条件下，物料经 1～2 天的发酵就能达到无害化和初步稳定，二次发酵 10～15 天后堆肥成品基本腐熟。

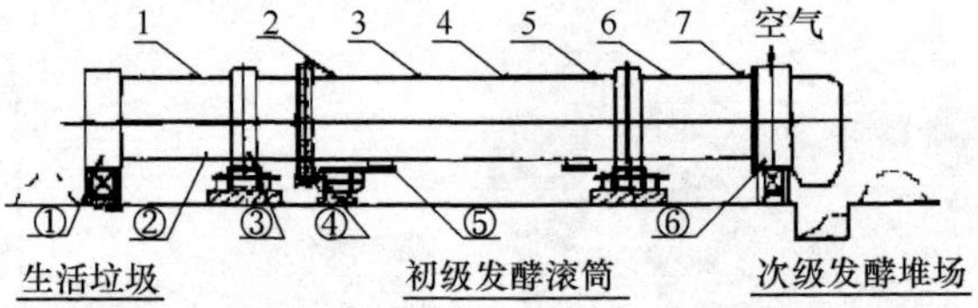

图 3　卧式发酵滚筒试验装置图（冯明谦和蒋培，2000）

①进料口；②发酵滚筒；③支承装置；④传动装置；⑤取样口；⑥出料口

重庆大学设计的卧螺旋式好氧堆肥装置与卧式发酵滚筒类似，实验表明，采用间歇式动态工艺对厌氧消化污泥进行中温一次发酵，在适宜的通气量下可达到预定的温度，且能有效去除有机物，发酵周期为 8 天（张智等，2004）。

陈海滨和万迎峰（2006）设计的重力翻板式堆肥装置采用泽西法工艺，采用的是动态发酵工艺，其结构如图 3 所示。该装置基本结构为密封式多层发酵舱(3～5 层)，每层底部为活动翻板；发酵原料由装置的顶部进入，经布料装置洒入顶层发酵舱。一定间隔期后，发酵原料在重力作用下经活动翻板落入下层，以此类推。最后由底层的发酵舱落下完成初级发酵。底层的发酵舱也可兼作出料舱。发酵塔顶部设有抽风口（外接除臭系统）以改善顶部的操作环境。为便于通风供氧，装置两侧设有通风及排风管线，将空气引入活动翻板下面，经活动翻板的缝隙进入上一层发酵舱，由上一层发酵舱的上部或顶部排出，实现供氧及散热

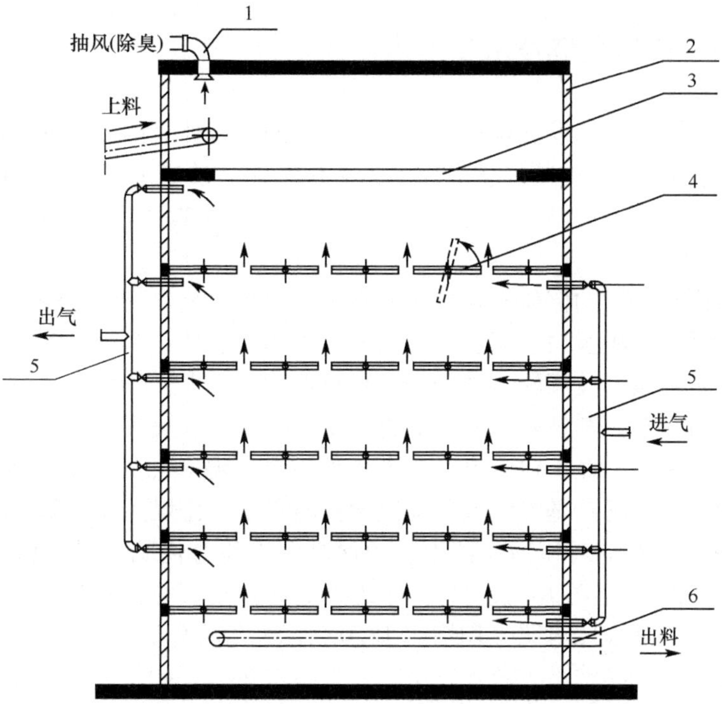

图4 重力翻板式快速堆肥装置结构（陈海滨和万迎峰，2006）
1. 顶部抽风除臭系统；2. 发酵舱舱壁（保温隔层）；3. 顶部卸料口；4. 活动翻板（中间卸料层）；5. 通风系统；6. 底层出料

功能。发酵周期4～6天。

图5 箱式堆肥发酵箱

此外，还有广东农机院研制的9DFX箱式堆肥发酵箱（图5），重庆交通大学杨延梅（2008）设计容量为100L的小型实验用堆肥仓，以及公开的专利申请固体有机废物堆肥装置（申请号02139893.3）、厌氧好氧一体式堆肥反应装置（申请号03118037.X）。但无论在设备类型，还是处理能力都跟大规模工厂化生产差距很大，好氧快速发酵关键技术设备等都有待突破。因此，必须在引进、消化吸收基础上，形成适合我国特点的畜禽粪便处理和商品化有机肥生产工艺、设备和成套技术。

2.2.2 新型快速发酵技术和工艺

除了进行高温快速发酵菌株的筛选、菌剂的配伍外，国内研究者还研发了酸化处理技术、化学-生物发酵联用技术、催化氧化方法等处理畜禽粪便、秸秆等有机废弃物，以加快其腐熟速度，提高腐熟质量（蔡燕飞等，2003；王为民等，2006）。

如王为民等研发的催化氧化技术的基本原理是用氧化降解方法把粪便中未消化分解的粗纤维、粗蛋白、粗脂肪和腐植酸类物质，转化为水可溶的低分子有机物质（包括氨基酸、黄腐酸、糖类和其他酸类），同时牛粪中结合态养分被解离成水溶态或络合态。其技术路线是，将鲜牛粪直接放入反应釜，加催化剂、氧化剂，不加水，密封，在一定温度、压力条件下进行温和热处理；处理时间＜8h。所获产品中羧基、酚羟基等活性官能团含量略高于风化煤和泥炭腐植酸，接近于土壤腐植酸（表2），对作物幼苗生长的促进作用和对化肥的显示增效作用都很明显，2004～2006年在15个点的多种蔬菜上进行较大面积示范，3次重复试验数据统计表明，处理比对照平均增产13.0%，增产幅度5.4%～24.0%，平均亩增产221kg。

表2 牛粪催化氧化后的组成性质分析

项目	按溶液计算/(g/100ml)	按溶液中干有机物计算/%
总可溶有机质含量	9.05	100
酸类（AC）：黄腐酸（FA）	2.77	30.61
氨基酸（AA）	0.92	10.16
其他有机酸（SOA）	3.72	41.08
其中：糖醛酸占SOA/%	1.18	1.18
糖类（SG）	1.64	18.15
其中五碳糖占SG/%	0.155	9.46
六碳糖占SG/%	0.084	5.12
活性基团	mmol/L	mmol/g
总酸性基	1.01	11.16
羧基（COOH）	0.70	7.73
酚羟基（OH_{ph}）	0.31	3.43
溶液性质		
E_4/E_6	10.5	—
凝聚极限/(mmol/L)	10.4	—

资料来源：王为民等，2006。

经化学熟化剂A-生物熟化剂A联用处理后，稻草颜色暗褐色，容易折断，明显腐熟。FTIR分析表明，经处理后稻草的酚羟基、醇羟基和甲基含量降低，脂肪族化合物部分降解，芳构化成分增多，尤其是取代芳环增多，氧化缩合作用增强，加快了稻草的腐殖化进程（蔡燕飞等，2003）。

3 新型快速发酵技术的研发和产业化实践

近5年来，针对我国堆肥技术和有机肥生产存在的问题，结合国内外发展趋势，在国家、院省等各级项目的支持下，南京土壤研究所开发了包括堆肥化微生物促腐菌剂、堆肥发酵工艺、物化促腐技术、新型发酵装置、物化促腐设备、造粒工艺及设备等多个专利和设备，在各地示范推广中，均取得了较好的成果。

3.1 新型转筒式好氧连续发酵装置

在借鉴国外滚筒反应器的基础上，通过优化抄料板结构和布置型式，研发了转筒式连续耗氧发酵装置，并在江苏绿陵化工集团建成了每小时处理1.5～2.0t畜禽粪便的中试示范线，该发酵转筒为钢制，直径为1.50m，长度35m。

通过转筒转速和加料速度调整，优化了好氧连续发酵装置的工艺参数，物料在发酵筒内的停留时间平均为22h左右，优化的工艺参数为：开始进料速度为8t/h，转筒转速0.9r/min，进料2h后停止进料，等出料口开始出料后，重新进料，进料速度2～2.5t/h，转筒转速0.9r/min，物料水分控制在50%左右。结果表明，采用优化的工艺参数，发酵24h后的样品，无害化效果基本达到GB8172要求。而且出乎我们意外的是，24h发酵后的物料无论是发芽指数还是盆栽实验均证明其对于植物生长没有抑制作用，相反有促进作用，可不经后熟即可施用(表3)。经5～7天后熟稳定后，有机物料可完成二次发酵。

表3 发酵24h后物料的病原菌数量及发芽指数

发酵时间	大肠菌群 /(MPN/g)	粪大肠菌群 /(MPN/g)	沙门氏菌 /(MPN/g)	发芽指数 (GI) /%
0h	4.5×10^6	4.5×10^6	1.5×10^5	19.9
发酵24h	2.5×10^1	2.5×10^1	4.5×10^1	59.8

3.2 新型物化促腐技术

畜禽粪便中含有相当部分的未消化分解的粗纤维，秸秆中含有大量的纤维素和木质素，如何促进这些微生物难降解物质的降解，是实现畜禽粪便、秸秆等有机废弃物快速腐熟的关键问题。本项目将通过特制的促腐反应釜，结合反应条件温和的环保型促腐剂，可将原来需要几个星期甚至几个月实现的畜禽粪便、秸秆类等有机物料的熟化缩短在数小时内完成，而且全封闭，无二次污染。促腐后的有机物料不仅可以直接用于生产有机肥或作为有机无机肥的有机原料，也可作为载体与解磷菌、钾细菌等功能菌株生产微生物有机肥（图 6）。

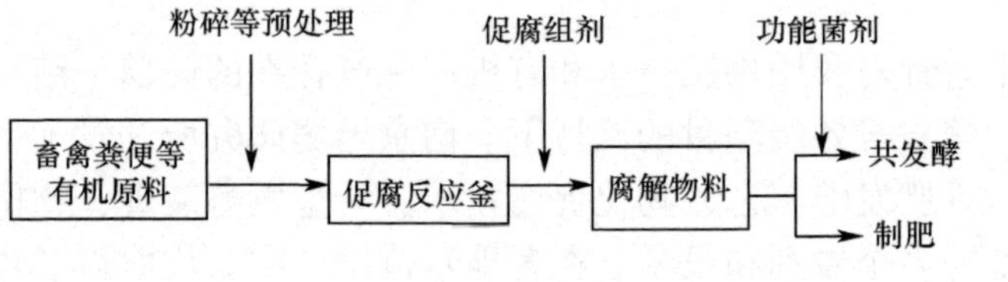

图 6　物化促腐技术示意图

3.2.1　促腐剂配方的优化

通过物化促腐处理技术，获得了针对牛粪的促腐剂配方和较低设备要求的促腐工艺，较合适的配方：1% 起发剂 N＋0.01% 催化剂 LG＋3% 稳定剂 Y（图 7～图 9）。同时也针对鸡粪的特点，获得了鸡粪促腐剂配方和促腐工艺。

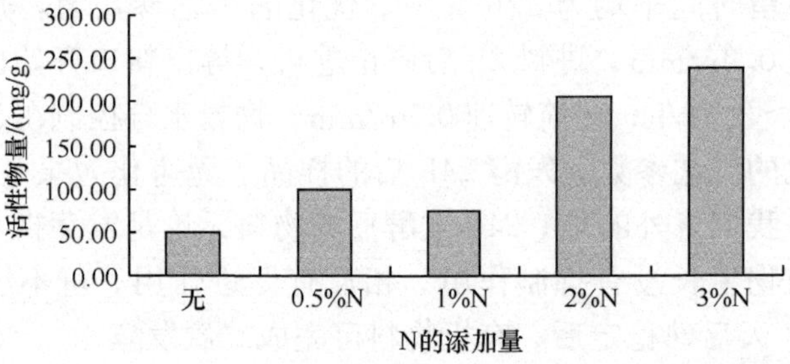

图 7　起发剂 N 用量的影响

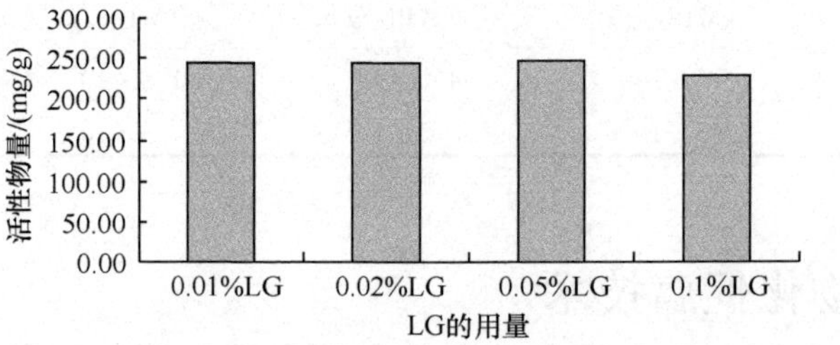

图 8　催化剂 LG 用量的影响

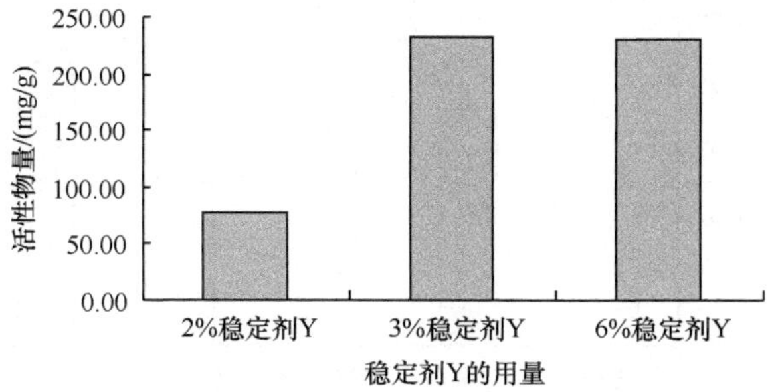

图 9　稳定剂 Y 用量的影响

3.2.2　促腐剂用量

盆栽实验结果（图 10）表明通过促腐处理后的有机肥料（牛粪）可以明显促进作物的生长，4% 用量的处理可以较常规有机肥（不加促腐剂处理对照）增产 150% 。

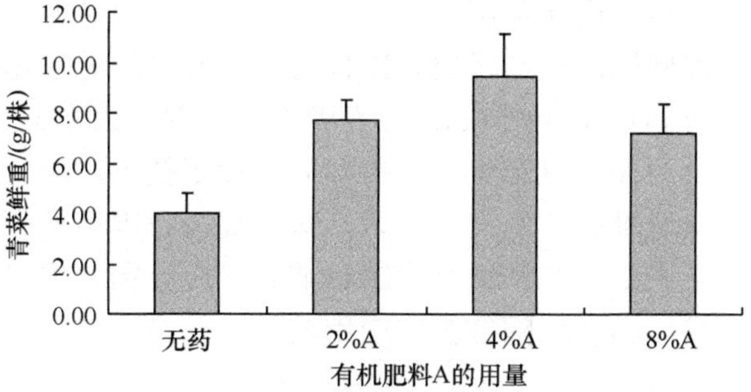

图 10　促腐后有机肥料 A 的盆栽结果

3.2.3　保氮剂的优选

为减少氮素损失，进行保氮剂的研制。结果表明加入保氮剂 A 和 B 后可以明显提高物料的全氮含量，可较对照增加 19.3% ，并提高作物（青菜）的产量(较无促腐剂处理增产 147.5% 、较纯促腐剂对照增加 21.1%)（图 11)。

在实验室小试基础上，研制了生产用促腐反应釜及促腐系统，并在广州建成了日处理 20～25t 鸡粪促腐中试示范线，药剂处理成本 10～20 元。

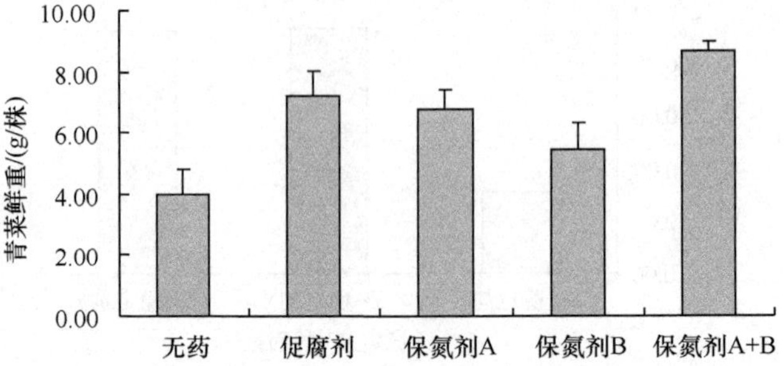

图 11　保氮剂处理后有机物料的盆栽实验结果

4　结语

目前，发达国家的堆肥技术正在向着机械化、自动化的方向发展，生物-化学-物理连用快速综合发酵系统和低能耗、连续发酵、大型生物反应器成为重要的发展方向。与发达国家相比，无论是核心技术的研发还是关键设备的研制，国内仍然存在较大的差距。而随着国家发展战略向大力发展循环经济、加快建设节约型社会转变，环保问题的日益突出，固体有机废弃物的无害化处理将日益受到重视。因此，在学习和借鉴国外技术设备优点的同时，发展投资省、处理效率高，集无害化处理及商品有机肥生产、关键处理加工技术、配套设备于一体的具有自主知识产权的快速堆肥技术设备体系，对于提高我国畜禽粪便处理和商品有机肥生产水平意义重大，也非常适合我国目前有机废弃物处理与优质商品有机肥生产技术的市场需求，具有广阔的推广应用前景。

参考文献

蔡燕飞，廖宗文，王德汉，等．2003．化学—生物发酵联用技术对稻草腐熟的效果及红外光谱研究．应用生态学报 14 (8)：1269-1272

陈海滨，万迎峰．2006．重力翻板式垃圾快速堆肥装置的工艺设计．环境卫生工程，14 (1)：40-43．

冯明谦，蒋培．2000．卧式发酵滚筒的设计与研究．环境卫生工程，8 (3)：97-100．

李鸣晓，席北斗，戴京，等．2008．两室堆肥生物反应装置研究．环境工程学报，2 (8)：1092-1097．

马学良，赵明杰，郭景峰，等．2010．养殖场条垛堆肥翻堆设备发展趋势分析．中国家禽，32 (6)：8-11．

孙明强，姜剑平，王为民，等．2004．作物秸秆制取氧化黄腐酸工艺的研究．磷肥与复肥，19 (5)：17-19．

王为民，孙明强，姜剑平．2006．牛粪氧化降解制取氨基-黄腐酸的研究．腐植酸，(6)：31-37．

杨延梅．2008．有机固体废物好氧堆肥反应器的设计．重庆交通大学学报：自然科学版 27 (6)：1155-1159

余群，董红敏，张肇鲲．2003．国内外堆肥技术研究进展 (综述)．安徽农业大学学报，30 (1)：109-112．

张锐，韩鲁佳．2006．好氧堆肥反应器系统在废弃物处理中的应用．农机化研究，(10)：173-178．
张智，罗金华，周中生，等．2004．卧螺旋式好氧堆肥装置的通气量研究．中国给水排水，20 (4)：50-52．
Diaz L F，de Bertoldi M，Bidlingmaier W et al．2007．compost Science and Technology．Oxford：Elsevier Ltd．

第三部分：农业微生物其他研究与应用

PGPR研究进展及其应用

1 引言

植物根际是细菌的良好生境，植物根为细菌提供了良好的生态位（niche）。能在植物根际持续稳定地定殖、受植物影响的细菌称为根际细菌（rhizobacteria），植物根际细菌具有丰富的遗传多样性，根际细菌种群密度比非根际土壤高100倍，多达15%的根面可能被各种细菌的微菌落（microcolony）所覆盖。细菌利用植物释放的营养物质（根分泌物、裂解物）进行生长繁殖，同时也合成代谢产物分泌到根际。有些代谢产物作为信号转导化合物（signalling compounds）被相同微菌落的邻近细胞、其他细菌细胞或宿主植物细胞所感知（Van Loon，2007）。1978年，美国奥本大学的Kloepper首次提出植物根际促生细菌（plant growth-promoting rhizobacteria，PGPR）的概念。PGPR是一群定殖于植物根际、与植物根密切相关的根际细菌，当接种于植物种子、根系、块根、块茎或土壤时，能够促进植物的生长（Kleopper and Schroth，1978）。在过去的40年中，PGPR研究始终是农业微生物学、植物病理学的热点领域之一。3年举办一次的PGPR国际学术研讨会反映了人们对这一研究领域的持续、广泛的关注（1987，加拿大；1990，瑞士；1994，澳大利亚；1997，日本；2000，阿根廷；2003，印度；2006，荷兰；2009，美国）。多个学科领域的科学家、企业、政府加入其中，从不同角度和层面开展了范围广泛的研究。

1.1 PGPR菌株模筛选及田间应用效果研究

PGPR具有丰富的遗传多样性。已发现许多属种的PGPR，如芽孢杆菌属、类芽孢杆菌属（*Paenibacillus*）、短芽孢杆菌属（*Brevibacillus*）、假单胞菌属（*Pseudomonas*）、伯克霍尔德氏菌属（*Burkholderia*）、节杆菌属（*Arthrobacter*）、不动杆菌属（*Acinetobacter*）、农杆菌属（*Agrobacterium*）、纤维单胞菌属（*Cellulomonas*）、固氮螺菌属（*Azospirillum*）、慢生根瘤菌属（*Bradyrhizobium*）、弗兰克氏菌属（*Frankia*）、泛菌属（*Pantoea*）、根瘤菌属（*Rhizobium*）、沙雷氏菌属（*Serratia*）、链霉菌属（*Streptomyces*）、硫杆菌属（*Thiobacillus*）

本章作者：杜秉海、丁延芹、刘凯。

等。大量温室和大田试验结果表明，许多 PGPR 菌株在温室、大田条件下表现出明显的促进植物生长、防治土传病害、提高植物对非生物胁迫的抗逆性、促进土壤生物修复等效果。PGPR 是根治作物连作障碍（重茬病）的有效途径之一。

1.2 PGPR 在植物根面的定殖

位于根表皮上的细菌通常被一层黏液层（mucigel layer）所覆盖。采用改进的扫描电镜方法，使这黏液层显现半透明状态，就可以观察到根面上的细菌。采用绿色的荧光蛋白（green fluorescent protein，GFP）基因标记，就可以使不同菌株的所有细胞可视化。一种 monoaxenic 系统（monoaxenic system）的建立，推动了对于根面微生物定殖机制的研究。以一株具有很强根面定殖能力的荧光假单胞菌（*P. fluorescens*）WCS365 作为模式菌株，用一种或两种细菌包被种子或幼苗，然后种栽于 monoaxenic 单菌系统的无菌沙子和无碳源的植物营养液中，根分泌物作为唯一碳源，培养 7 天后分析不同根段表面细菌定殖情况。发现不同根段表面 WCS365 数量分布差异很大，靠近根基部的根面细菌达 10^6 CFU/cm，而根尖附近的根面只有 10^2 ～ 10^3 CFU/cm。这一菌数变化的时间进程表明，WCS365 首先在种皮表面进行增殖，随着根的不断延伸，细菌随之逐渐定殖于根面。由单个细胞生长繁殖形成小菌落（micro colonies）；许多小菌落构成生物膜，生物膜通常由多层细菌组成，而且被黏液层覆盖。采用 monoaxenic 系统鉴定与细菌竞争性根尖定殖相关的基因及特性。WCS365 野生型菌株和非营养缺陷的 Tn5 随机转座突变株进行根尖定殖对比试验。在沙培试验中表现定殖能力缺陷的突变株，在盆栽试验中也表现出相同的特性。对突变株进行遗传学和生理学分析发现，菌株在番茄根尖的主要竞争性定殖特性似乎是其运动性（motility）对根的附着（adhesion to the root）；依赖根分泌物的高生长速率（high growth rate in root exudate）；氨基酸、尿嘧啶和维生素 B_1 合成；脂多糖 O-抗原侧链的存在；ColR/ColS 双组分感应系统；腐胺吸收系统精细调节（fine-tuning of putrescine uptake system）（突变株的 *pot* 操纵子缺损）；位点专一性重组酶 Sss 或 XerC；*nuo* 操纵子（NADH：泛醌氧化还原酶缺陷）；与蛋白质分泌途径相关的 *secB*；以及Ⅲ型分泌系统（TTSS）（Lugtenberg and Kamilova，2009）。

运动性和对根分泌物（root exudate）的趋化（chemotaxis）性是细菌的重要定殖特性。经鉴定，番茄根分泌物中 WCS365 的主要化学引诱物（chemoattractants）是氨基酸（尤其是 L-亮氨酸）和二羧酸（dicarboxylic acids）。糖没有化学引诱物活性。在番茄根际，苹果酸和柠檬酸在一定程度上也可能是该菌株的重要化学引诱物。在拟南芥根分泌物中，苹果酸内酯（l-malate）似乎是生物防治枯草芽孢杆菌（*B. subtilis*）FB17 菌株的主要化学引诱物（Rudrappa et al.，

2008）。当与野生型菌株同时培养时，WCS365 的 ColR/ColS 双组分系统缺失的番茄根竞争性定殖突变株在根分泌物中生长速率受到明显影响。而且，该突变株对能与脂多糖（LPS）特异性结合的抗生素多黏菌素 B 高度敏感；与野生型菌株相比，突变株对其他供试抗生素的耐药性则更高。*colR*/*colS* 基因对位于下游的甲基转移酶/*wapQ* 操纵子具有调控作用。甲基转移酶基因和磷酸酶基因的单个突变均能引起竞争性定殖能力受损；*wapQ* 编码可能的庚糖磷酸酶。据此推测，甲基转移酶和磷酸酶对 LPS 具有修饰作用，影响其与外膜空蛋白的相互作用。LPS 甲基、磷酸基团的缺乏导致膜孔径缩小。突变株 LPS 的修饰解释了其在根分泌物中低生长速率和竞争性定殖能力受损以及对 polymyxin B 更敏感的原因。荧光假单胞菌 SBW25 的 TTSS *hrcD* 和 *hrcR* 双突变株在番茄根尖定殖能力方面受损，而单个突变则不受影响。由于突变株在种子和根上的吸附能力并没有受到影响，据此推测，SBW25 的 TTSS 可能将其针状物推进植物根皮层细胞的细胞质中吸取植物汁液。事实上，中空针状物的注射可能是 TTSS 的第一功能。TTSS 在根际竞争中发挥作用这一结论与其他研究结果是一致的，如当 *hrcC* 发生突变时，恶臭假单胞菌（*P. putida*）KD 对番茄 *Fusarium* 和黄瓜 *Pythium* 的生防能力就会丧失。鉴于许多基因似乎与细菌在根系的竞争性定殖有关，对于竞争性定殖基因及特性的研究是十分艰巨的，这就要求采用基因组学的方法，以对细菌在植物根系定殖进程有更加全面深入的理解。

1.3 PGPR 的直接促生机制

1.3.1 提供植物营养物质

1）生物固氮作用

在氮素贫瘠的土壤上，根际联合固氮菌提供植物氮素营养。在非豆科作物根际，普遍存在联合固氮菌，如固氮螺菌（*Azospirillum* sp.）、固氮弓菌（*Azoarcus* sp.）、固氮菌（*Azotobacter* sp.）、多黏芽孢杆菌（*P. polymyxa*）、伯克霍尔德菌（*Burkholderia* sp.）、蓝细菌（Cyanobacteria）、固氮葡糖醇杆菌（*Gluconacetobacter diazotrophicu*）、草螺菌（*Herbaspirillum* sp.）等。

值得注意的是，大量研究证实，联合固氮菌对植物生长的促进作用，主要是由于这些固氮菌能够促进植物根系发育，促进植物对水分和矿质养分的吸收利用所致。

2）提高植物根际养分的可利用性

（1）促进可溶性磷的释放。虽然土壤中含有丰富的磷元素，但主要以难溶性的形式存在，能被植物吸收利用的可溶性磷是非常有限的，植物只能吸收 $H_2PO_4^-$ 和 HPO_4^{2-}。植物根际普遍存在溶磷、解磷细菌，能够溶解土壤中的无机磷酸盐或分解有机磷化合物，释放可溶性磷，促进植物生长。非特异性的磷酸酶、植酸酶、phosphonatases 和 C-P 裂解酶分解土壤中的相应有机磷化合物，释放可溶性磷。C-P 裂解酶催化 organophosphonates C-P 键的断裂。无机磷酸盐中可溶性磷的释放与有机酸（如葡萄糖酸）的形成有关。

（2）促进植物对铁离子的吸收。土壤中的铁主要以难溶性的 Fe^{3+} 形式存在，很难被作物吸收利用。有研究表明，某些 PGPR 产生的铁载体（siderophore）能够螯合三价铁离子，形成 Fe^{3+}-铁载体复合物；许多植物具有吸收 Fe^{3+}-铁载体复合物的能力；在石灰性土壤上，细菌铁载体螯合铁对于植物的铁营养是至关重要的。

（3）锌及其他微量元素的吸收。

3）增强其他有益的共生作用

在许多情况下，PGPR 作为“助手”细菌（“helper” bacteria），协同其他有益的共生关系：①促进豆科植物-根瘤菌之间的共生；②促进植物-菌根真菌之间的共生。

4）复合促生作用（combination of modes of action）

绝大多数情况下，一个 PGPR 菌株同时具有几种促生作用；在相同植物根际也同时存在多种具有不同促生作用的 PGPR。

1.3.2 产生植物生长调节物质（phytostimulators）

研究表明，多种 PGPR 通过产生植物激素、ACC 脱氨酶、挥发性物质（volatiles）等促进植物生长。许多 PGPR 菌株能够促进植物根生长、改变根形态，增加根长度、根毛数、侧根数、根质量及根表面积，对于植物吸收养分和水分具有显著影响。

（1）生长素（indole-3-acetic acid，IAA）：维罗纳气单胞菌（*Aeromonas veronii*）、农杆菌（*Agrobacterium* sp.）、巴西固氮螺菌（*A. brasilense*）、慢生根瘤菌（*Bradyrhizobium* sp.）、食酸丛毛单胞菌（*Comamonas acidovorans*）、阴沟肠杆菌（*Enterobacter cloacae*）、豌豆根瘤菌（*Rhizobium leguminosarum*）、皮氏产碱菌（*Alcaligenes piechaudii*）等通过产生生长素，促进根生长、增加根长度及根表面积。PGPR 生长素通常是以根分泌物中的色氨酸为底物合成的。不同植物根分泌物中色氨酸浓度具有很大差异，因此当用一种 PGPR 菌株接种不同植物时，促生效果也表现出明显的差异。例如，用产生生长素的荧光假单胞菌 WCS365 分别接种黄瓜、甜椒、番茄和萝卜，并不能带来黄瓜、甜椒、番茄根和芽质量的增加，但使萝卜根质量显著增加。每棵萝卜幼苗根分泌物色氨酸浓度至少 9 倍于黄瓜、甜椒、番茄（Kamilova et al., 2006）。

（2）细胞分裂素（cytokinin）：多黏类芽孢杆菌、荧光假单胞菌、豌豆根瘤菌等通过产生细胞分裂素，促进根细胞分裂及增大和组织膨大，增加根表面积。

（3）赤霉素（gibberellin，GA）：某些芽孢杆菌（*Bacillus* sp.），如短小芽孢杆菌（*B. pumilus*）、地衣芽孢杆菌（*B. licheniformis*）等通过产生赤霉素，促进植物形态的改变。

（4）ACC 脱氨酶：许多 PGPR，如产碱杆菌（*Alcaligenes* sp.）、短小芽孢杆菌、阴沟肠杆菌、洋葱假单胞菌（*P. cepacia*）、恶臭假单胞菌、*Variovorax paradoxus* 等能够产生 ACC 脱氨酶（1-氨基环丙烷-1-羧酸酯脱氨酶），裂解植物体内乙烯合成的直接前体物质——1-氨基环丙烷-1-羧酸酯（ACC），降低植物根乙烯的合成，解除乙烯对根的抑制作用；进一步研究发现，在淹水、干旱、重金属污染等逆境条件下，ACC 脱氨酶的促生作用尤其明显。

（5）挥发性物质：许多 PGPR，如枯草芽孢杆菌、解淀粉芽孢杆菌（*B. amyloliquefaciens*）和阴沟肠杆菌，通过释放挥发性物质促进植物生长（Ryu et al., 2003）。2，3-丁二醇（2，3-butanediol）和 3-羟基-2-丁酮（乙偶姻）（acetoin）是最有代表性的两种挥发性物质。如果枯草芽孢杆菌、解淀粉芽孢杆菌的2,3-丁二醇和 3-羟基-2-丁酮生物合成被阻断，则失去植物促生活性。枯草芽孢杆菌 GB03 产生的挥发性物质具有植物能量捕获调节物的作用，通过抑制植物内源葡萄糖感应信号和降低脱落酸水平，提高拟南芥光合作用效率和叶绿素含量（Zhang et al., 2008）。

（6）辅因子（pyrrolquinoline quinone，PQQ）：PQQ 是一种植物生长促进剂。在植物体内 PQQ 作为一种抗氧化剂。

（7）其他生长调节物质：此外，某些 PGPR 菌株通过增加根呼吸速率促进根系生长。

1.3.3 植物根际生物修复剂（rhizoremediators）

细菌对土壤污染物的降解面临的问题是其很难适应非根际土壤环境，因为当应用于非根际环境时，降解菌初级代谢依赖污染物的降解获取能量，很快就会处于饥饿状态而死亡，进而对污染物降解效率很低。一种很有前景的解决问题的策略就是把细菌初级代谢所需能量和污染物降解所需能量分开。为此目的，Kuiper 等开发了一种根际生物修复系统（rhizoremediation）。他们的策略是筛选降解污染物根际细菌，以便其利用植物根际分泌物作为主要营养源。他们开发了一种有效富集这类根际细菌的系统，以草根粗混合物作为接种源开始，然后进行利用污染物生长和根际有效定殖之间的交替筛选。获得了一株有效利用根际分泌物、又能降解根际污染物萘（naphthalene）的恶臭假单胞菌（*P. putida*）PCL1444，保护植物免受萘的杀伤。

1.3.4 环境胁迫调节剂（stress controllers）

PGPR 产生的 ACC 脱氨酶通过裂解乙烯前体，转化为 2-氧丁酸（2-oxobutanoate）和 NH_3，降低植物体内乙烯水平。ACC 脱氨酶还可解除植物病原细菌、多环芳烃碳氢化合物、重金属 Ni^{2+} 和 Ca^{2+}、盐、干旱及淹水等生物和非生物压力对植物的危害（Glick et al., 2007）。

1.4 PGPR 生防机制

植物病害的微生物防治（microbial control）是一个复杂的过程，不仅涉及生防微生物、病原菌和植物，而且还与土著性微生物区系（indigenous microflora）、大型生物区系（macrobiota）（线虫、原生动物等）和植物栽培基质（土壤、蛭石等）有关。为使 PGPR 更有效地发挥作用，必须理解其各种作用机制。

1.4.1 拮抗作用（antagonism）

植物根际促生细菌通过产生抗生素抑制或杀死植物病原菌。如果抗生素合成结构基因发生缺失突变，突变株的生防效果就会丧失。拮抗性的生防 PGPR 要想获得良好的生防效果，不仅必须合成并释放抗生素，而且要与根际环境中的其他生物在营养和生态位等方面具有竞争优势，以便使抗生素扩散到整个根系。PGPR 还应尽量逃避植物根际食细菌原生动物的捕食。此外，PGPR 应该能够在根面相应的微生态位（micro niche）产生抗生素。目前，在拮抗性的革兰氏阴性生防细菌中已经鉴定的抗生素包括：氢氰酸（HCN）、吩嗪（phenazine）[主要是吩嗪-1-羧酸（phenazine-1-carboxylic acid）和吩嗪-1-甲酰胺（phenazine-1-carboxamide)]、2，4-二乙酰基间苯三酚（2，4-diacetyl phloroglucinol，DAPG）、藤黄脓菌素（pyoluteorin，PLT）、硝吡咯菌素（pyrrolnitrin）、D-葡萄糖酸（D-gluconic acid）、2-己基-5-丙基间苯二酚（2-hexyl-5-propyl resorcinol）、环脂肽（cyclic lipopeptide，CLP）等。枯草芽孢杆菌产生的脂肽生物表面活性剂（lipopeptide biosurfactants）[表面活性素（surfactin）、伊枯草菌素 A（iturin A）、杆菌霉素 D（bacillomycin D）、抗霉菌枯草杆菌素（mycosubtilin）、丰原菌素（Fengycin）、二肽芽孢菌溶素（bacilysin）、rhizocticins］（Ongena et al., 2007；Kim et al., 2010a）、肽类硫醚抗生素［枯草菌素（subtilin）、ericin、mersacidin、sublancin、subtilosin A］、聚酮类抗生素（bacillaene）（Butcher et al., 2007）、氨基糖苷类抗生素 3，3′-neotrehalosadiamine、磷脂类抗生素 bacilysocin、amicoumacin。解淀粉芽孢杆菌产生的抗生素主要有：Surfactin、Bacillomycin D、Fengycin、Bacillibactin、Bacilysin/anticapsin、Macrolactin、Bacillaene、Difficidin 等（Chen et al., 2007）。蜡样芽孢杆菌（*B. cereus*）产生 Zwittermicin A 和卡糖胺（kanosamine）。短小芽孢杆菌产生 pumilacidin 等。短短芽孢杆菌（*B. brevis*）主要产生两种类型的抗生素，分别为 tyrocidine 和 gramicidin。多黏类芽孢杆菌产生的抗生素主要有 fusarisardins（Choi et al., 2008）、polymyxin（Choi et al., 2009）等。芽孢杆菌（*Bacillus* spp.）产生的某些挥发性物质，如 2，3-丁二醇（2，3-butanediol）等也与生防菌的拮抗作用有关（Ryu et al., 2003）。

已经从假单胞菌（*Pseudomonas*）、芽孢杆菌等属的 PGPR 菌株中克隆了许多与生防（拮抗）相关的基因。克隆了荧光假单胞菌的 DAPG 生物合成基因簇 *phlABCD*、Pyoluteorin 生物合成基因簇 *pltLABCDEFG* 和 Pyrrolnitrin 生物合成基因簇 *prnABCD* 等。DAPG 生物合成基因簇包括 *phlABCD*；在其下游有一个 *phlE*，编码可能的跨膜渗透酶，与 DAPG 抗性有关。*phlA* 附近，*phlF* 和 *phlH* 编码两个与 DAPG 生物合成有关的类四环素抗性阻遏蛋白（TetR）。PhlF 与 phlA 启动子特异性结合位点相互作用；DAPG 是 PhlF 与 phlA 启动子解离的信号，因此自诱导其自身合成；在荧光假单胞菌 CHA0 中，*phlH* 与 DAPG 生物合成的途径特异性控制有关，但尚不清楚其具体机制。除上述特异性调节蛋白基因外，在 *phlF* 和 *phlH* 之间还有一个 *phlG*，编码 DAPG 水解酶，可能是控制 DAPG 水平的一个有效替代。作为对环境信号和其自身细胞生理状况的应答，许多全局调控因子也直接或间接地影响 DAPG 的生物合成。双组分调控系统 GacS/GacA 可能直接或间接地对 DAPG 生物合成进行正调控。细胞内持家因子 RpoD、胁迫应答因子 RpoS 以及 RpoN 也可能影响 DAPG 的生物合成。此外，许多生物和非生物环境因素也可能调节 DAPG 合成水平，包括碳源、氮源、过渡金属离子和其他矿物质以及细菌、真菌和植物释放的代谢物。例如，在荧光假单胞菌 CHA0 和 Pf-5 菌株中，DAPG 生物合成受另一种抗真菌抗生素 pyoluteorin 的负调控。细菌和植物代谢物水杨酸（salicylate）以及真菌致病因子萎蔫酸（fusaric acid）强烈地抑制 DAPG 的合成。从铜绿假单胞菌（*P. aeruginosa*）中克隆鉴定了 Phenazine 生物合成基因簇 *phzABCDEFG* 和 *phzO*。从枯草芽孢杆菌（*Bacillus subtilis*）中克隆鉴定了 IturinA 生物合成基因簇 *ituDABC*、Mycosubtilin 生物合成基因簇 *mycABC*、surfactin *srfA* 操纵子（*srfAA*、*srfAB*、*srfAC* 和 *srfAD*）等。从解淀粉芽孢杆菌中克隆鉴定了 bacillomycin D 生物合成基因簇 *bmyDABC*（Koumoutsi et al., 2007）。新近，克隆鉴定了多黏类芽孢杆菌 FusaricidinA 生物合成基因 *fusA*（Choi et al., 2008；Li and Jensen, 2008）和 Polymyxin 生物合成基因簇 *pmxABCDE*（Choi et al., 2009）。

1.4.2 产生水解酶

许多 PGPR 菌株通过分泌水解酶，破坏病原真菌的细胞壁。例如，*Streptomyces plymuthica* C48 产生的几丁质酶抑制番茄灰霉病菌（*Botrytis cinerea*）孢子萌发及芽管的延伸。黏质沙雷氏菌（*Serratia marcescens*）产生几丁质酶是其抑制 *Sclerotium rolfsii* 的关键。类芽孢杆菌（*Paenibacillus* sp.）300 菌株和链霉菌（*Streptomyces* sp.）385 菌株也是通过产生几丁质酶抑制尖孢镰刀菌（*Fusarium oxysporum* f. sp. *cucumerinum*）。斯氏假单胞菌（*P. stutzeri*）产生几丁质酶和昆布多糖酶消化裂解枯萎病菌（*F. solani*）的菌丝。*S. plymutica* IC14 产生的蛋白酶与其对 *S. sclerotiorum* 和 *B. cinerea* 的抑制有关。类芽孢杆菌 300 菌株和链霉菌 385 菌株产生的β-1，3-葡聚糖酶裂解 *F. oxysporum* f. sp. *cucumerinum* 的细胞壁。这些水解酶的合成受到 GacA/GacS 或 GrrA/GrrS 的调节（Compant et al., 2005）。

1.4.3 信号干扰（signal interference）

许多细菌只有在高细胞密度时才表达致病性/毒力因子。细胞密度变化被群体感应分子（quorum sensing molecules），如酰基-同型高丝氨酸内酯（acyl-homoserine lactones，AHL）所感知，随着细胞密度增高，群体感应分子不断积累，当积累到一定水平时，通过信号传递调控有关基因的表达。信号干扰是基于 AHL 降解的一种生防机制。例如，*B. thuringiensis* 通过 AHL 内酯酶（lactonases）水解 AHL 的内酯环，或通过 AHL 酰化酶（acylase）打开酰胺键。近期研究表明，AHL 酰化酶影响生物膜的形成（Shephard and Lindow，2008）。病原菌生物膜形成的缺陷可能使生防更容易些。

1.4.4 诱导系统抗性

某些 PGPR 与植物根相互作用能够使植物产生对病原细菌、真菌和病毒的抗性，这种现象称为诱导系统抗性（induced systemic resistance，ISR）。ISR 与人的自然免疫有许多相似的特点。ISR 的产生依赖于植物体内茉莉酸（jasmonic acid）和乙烯信号转导。许多细菌代谢物及其组分，如脂多糖、水杨酸、铁载体、环脂肽、2，4-二乙酰基间苯三酚、酰基同型高丝氨酸内酯、某些挥发性物质以及鞭毛蛋白等能够诱导植物产生 ISR。与其他多数生防机制需要生防细菌具备根际竞争优势不同，ISR 并不需要生防细菌在根系广泛定殖。一个定殖能力很差的生防细菌不可能通过拮抗机制防治病害，因为生防细菌在根际的定殖过程实际上就是沿着根系进行抗生素分配运输。因此，一株定殖能力很差的拮抗性生防蜡样芽孢杆菌却表现出良好的生防效果是令人疑惑的。然而，近期研究发现，某些抗真菌代谢产物（antifungal metabolites，AFM）能够诱导 ISR 解释了上述现象。据此推测，许多生防芽孢杆菌具有良好的生防效果可能是通过 ISR 机制而不是拮抗机制发挥作用。例如，枯草芽孢杆菌 FB17 生防作用即是通过 ISR 机制。Weert 等报道，一株通过 ISR 机制防治病害的荧光假单胞菌 WCS365 对番茄根分泌物主要成分柠檬酸表现出很强的趋化性（Van Loon，2007）。

1.4.5 竞争营养和生态位（competition for nutrients and niches，CNN）

生防根际细菌与病原菌竞争植物根际营养物质和生态位作为一种可能的生防机制已经提出了数十年，但尚缺乏足够的实验证据。Kamilova 等认为，如果这种机制确实存在，那么这类生防细菌就能筛选出来（Kamilova et al.，2005）。为此目的，他们将植物根际细菌的混合物接种于表面消毒的种子上，然后在一个无菌系统中进行培养催芽；1 周后，将幼苗根尖上的细菌洗下来，然后接种于新鲜的种子上进行下一轮的富集循环；三次循环后，分离出来的细菌具有与模式菌株荧光假单胞菌 WCS365 相同的、甚至更好的竞争性定殖能力。结果表明，绝大多数分离物都能控制 TFRR（tomato foot and root rot）；突变研究进一步证实了这种生防机制的正确性。然而，Kamilova 等观察到一株具有很强根尖竞争性定殖能力的细菌对 TFRR 并没有表现出生防效果，这意味着对于生防细菌，仅仅在根上定殖是不充分的。Pliego 等的研究解释了这一现象，他们分离了 3 株具有相似根际定殖能力的细菌，其中只有一株表现出对鳄梨根腐病具有生防效果；研究发现两株菌株定殖于根的不同部位，生防细菌必须准确地定殖于根上相应的微生态位才能发挥其生防效果（Pliego et al.，2008）。

1.4.6 竞争 Fe^{3+} 铁离子（competition for ferric iron）

在 Fe^{3+} 较低的环境中，某些根际细菌产生大量的高亲和性铁载体，螯合环境中的 Fe^{3+} 形成 Fe^{3+}-铁载体复合物，造成真菌病原菌铁饥饿，抑制其生长。

1.4.7 捕食和寄生（predation and parasitism）

捕食和寄生是木霉（*Trichoderma* sp.）等生防真菌的主要生防机制，基于对真菌病原菌细胞壁的酶解破坏。目前还没有在细菌中发现该类机制。即使食真菌的 *Collimonas fungivorans* 可能也是利用营养和生态位竞争（competition for nutrients and niches、CNN）而不是捕食和寄生作为其对 TFRR 的防治机制。

1.4.8 解毒作用（detoxification and degradation of virulence factor）

解毒作用也是 PGPR 的重要生防机制（Compant et al., 2005）。例如，某些 PGPR 菌株能够解除 *Xanthomonas albilineans* 产生的 albicidin 毒素。解毒机制包括：①产生与病原菌毒素可逆结合的蛋白质；②产生酶类降解病原菌毒素。

1.4.9 干扰病原菌的活性、生存、萌发及孢子形成

病原真菌 *Forl* 菌丝分泌的萎蔫酸对生防荧光假单胞菌 WCS365 细胞具有化学引诱剂作用。在对 TFRR 进行的生防试验中，WCS365 大量地定殖于 *Forl* 菌丝上，形成微菌落。生防细菌在病原真菌菌丝上的定殖可能减弱了病原菌的毒力。扫描电镜观察发现，当用根分泌物进行培养时 WCS365 也定殖于 *Forl* 菌丝上。采用不同培养基进行试验，结果表明，培养基越贫瘠，生防菌在病原菌丝上的定殖量越大。这一研究结果支持了早期提出的观点：生防菌定殖于病原菌丝以作为营养源。当利用根分泌物进行培养时，*Forl* 小分生孢子萌发；同时接种 WCS365，孢子萌发过程受到抑制，可能由于生防菌争夺营养所致。在根分泌物中，*Forl* 菌丝生长发育形成小分生孢子，小分生孢子随环境传播扩散；WCS365 减少孢子的形成，进而降低病原菌的传播。总之，生防荧光假单胞菌 WCS365 抑制病原真菌活性、生存和孢子萌发；在菌丝上定殖，抑制新孢子的形成（Lugtenberg and Kamilova, 2009）。

1.5 PGPR 功能基因组学和生物信息学研究

2005 年美国完成了第一个 PGPR 菌株 *Pseudomonas fluorescens* Pf-5 的基因组测序工作（Paulsen et al., 2005）。近年来，美国、德国、英国、韩国、中国等相继开展了几个具有良好研究基础的 PGPR 菌株的基因组测序工作，这些菌株包括：枯草芽孢杆菌 168、解淀粉芽孢杆菌 FZB42、荧光假单胞菌 Pf-5、荧光假

单胞菌 SBW25、荧光假单胞菌 PfO-1、多黏类芽孢杆菌 E681、多黏类芽孢杆菌 SC2、伯克霍尔德氏菌 AMMD、放射土壤杆菌（*Agrobacterium radiobacter*）K84、巴西固氮螺菌、短芽孢杆菌、*Herbaspirillum seropedicae* 等。这些基因组数据为揭示 PGPR 作用机制、寻找新的生物活性化合物等提供了强有力的支持。2009 年，加拿大 Glick、韩国 Kim 相继开展了 PGPR 菌株的蛋白质学研究。

1.6 PGPR 制剂的开发及产业化

目前，已在美国、加拿大等北美洲地区和印度、中国等亚洲地区开发出了一些 PGPR 制剂，并进行了大规模生产、注册登记及推广应用。在重组 PGPR 的构建和风险评估方面也取得了重要进展。

2 PGPR 主要研究进展

2.1 根际微生物生态学新进展

2.1.1 自诱导信号化合物介导的根际微生物相互作用

N-酰基高丝氨酸内酯是许多革兰氏阴性根际细菌产生的自诱导信号化合物，诱导植物作出各种不同应答，提高植物细胞生理适应效率。AHL 是微生物之间以及微生物与植物之间进行信号通信的分子基础。C6-AHL 和 C8-AHL 能够诱导番茄产生系统抗性，而对于拟南芥则具有调节植株体内激素平衡、刺激根系生长的作用。有趣的是，C8-AHL 和 C10-AHL 能被某些植物（拟南芥、玉米和大麦）根吸收、甚至可以运输到植物茎内；然而，却不能进入大多数豆科植物的茎内，因为在植物根内就被内酯酶有效降解。某些植物产生和分泌 AHL 类似物，干扰根际细菌的 AHL 信号，因为许多病原细菌也是利用自诱导剂或群体感应信号化合物对植物进行攻击。最近发现，革兰氏阴性细菌中含有经过修饰的 AHL 信号物质，其酰基侧链被源自植物的香豆酸所取代。研究发现放射根瘤菌（*Rhizobium radiobacter*）产生 coumaroyl-AHL，与植物促生真菌 *Piriformo-spora indica* 密切相关。目前为止，尚不清楚根际细菌是否普遍产生 coumaroyl-AHL、以及能诱导伴生根瘤菌和植物产生哪种应答（Schuhegger et al., 2006）。

2.1.2 焦磷酸测序（pyrosequencing）技术在细菌群落结构分析中的应用

焦磷酸测序技术能够从分离自土壤的 DNA 产生数以千计的短 DNA 序列，这些序列提供了细菌群落结构的分类学信息。Yin 等利用该方法研究了耕作制度和轮作对土壤细菌群落结构的影响，设计 2×2 因子试验，包括 2 个轮作处理（小麦-小麦和小麦-大豆）、2 个耕作处理（常规和免耕），每个处理 4 个重复。分别采集土壤样品，提取土壤 DNA，扩增 16S rDNA。通过焦磷酸测序，获得了 20 180 个 16S rDNA 序列，在 97% 相似性水平上，产生了 2337 个运筹分类单位（OTU）。其中最丰富的分类群（Acidobacteria）是酸杆菌门；丰富的分类群还包括芽单胞菌门（*Gemmatimonadetes*）、放线菌目（*Actinomycetales*）和 α-变形细菌（Alpha proteobacteria）。绝大多数酸杆菌存在于所有处理土壤中；不同处理土壤中还有其差异性类群。例如，群 1 主要出现在小麦连作土壤，而群 4 主要出现在小麦-大豆轮作土壤。这些结果通过群特异性引物进行实时 PCR 得到验证。这种高通量的测序方法提供了全部细菌群落分类学信息，能够检测栽培措施等人为因素引起的细菌群落结构变化（Yin et al., 2010）。

2.1.3 蛋白质组学方法在 PGPR-根际相互作用研究中的应用

蛋白质组学是生物学研究中快速发展的领域之一，可用于研究植物根际各种环境因素，如根分泌物中的植物信号、盐等对 PGPR 蛋白质组表达的影响。采用双向凝胶电泳技术检测了植物根际信号分子、镍和盐对 PGPR 菌株 *P. putida* UW4 及其突变株 UW4/AcdS（ACC 脱氨酶基因缺失）蛋白质组的影响，结果表明，植物根分泌物信号分子、镍和盐等因子引起蛋白质组表达发生很大变化。采用质谱技术对差显蛋白进行鉴定发现，这些差显蛋白中许多蛋白质与养分运输和利用、细胞荚膜合成、环境胁迫适应、抗氧化过程、重金属外排和转录或翻译调控有关；在 PGPR-根际相互作用中可能具有重要重用。从 *P. putida* UW4 中克隆几个表达水平发生极大变化的差显蛋白基因，构建差显蛋白基因超表达或完全缺失突变株。对这些突变株进行功能研究发现，与野生型菌株相比，其植物促生能力发生了很大变化。上述结果证实，这些差显蛋白与 PGPR-根际相互作用有关（Cheng et al., 2009a, 2009b, 2009c, 2010）。

2.2 PGPR 功能基因组学

2.2.1 荧光假单胞菌 Pf-5 抗真菌代谢物合成的基因组学分析

目前已经完成了几个 PGPR 假单胞菌（*Pseudomonas* spp.）测序工作，为通过基因组学方法揭示 PGPR 作用机制提供了新的机会。荧光假单胞菌 Pf-5 是一株具有良好生防功能的 PGPR，2005 年完成测序工作，其基因组大小为 7.07Mb（Paulsen et al., 2005）。

该菌株基因组中，约 6% 的基因与次级代谢物合成有关，包括抑制土传病原真菌和卵菌（*Oomycetes*）的抗生素和与铁离子吸收有关的 2 种铁载体；还鉴定出 3 个功能未知的孤儿基因簇（Loper and Gross, 2007）。

采用一种新的“基因组-同位素组合方法”（geno-isotopic approach），即基因组分析和同位素引导的分级分离相结合，发现了其中 1 个孤儿基因簇的产物为 orfamide A，可能是与植物病害控制有关的一类新的环脂肽。利用 RT-PCR 检测技术，优化有利于 Pf-5 菌株 *ofaA*、*ofaB* 和 *ofaC* 基因表达的培养条件。对预测的 orfamide A 中的 1 个亮氨酸进行同位素标记，然后添加到培养基中，采用 NMR 技术对培养液中的多肽进行分级分离，获得了 orfamide A 的结构。

2.2.2 解淀粉芽孢杆菌 FZB42 基因组比较分析

解淀粉芽孢杆菌 FZB42 是一株革兰氏阳性的植物根际促生细菌，能促进植物生长，产生次级代谢产物、抑制植物土传病害。其基因组大小为 3918kb，含有 3693 个蛋白编码基因。缺乏噬菌体插入序列，而这在枯草芽孢杆菌 168 菌株基因组中存在较多。FZB42 基因组分析表明，该菌株具有产生多种次级代谢产物的潜力，包括聚酮化合物 bacillaene 和 difficidin。8.5% 以上的基因与抗生素和铁载体的非核糖体肽合成有关。除含有 5 个在枯草芽孢杆菌 168 菌株中已知的非核糖体肽合成基因簇外，还含有 168 菌株所缺乏的大基因簇。*pks2* 基因簇编码合成 macrolactin 核心骨架的组件。

与细菌-植物相互作用有关的基因：FZB42 有效定殖于植物根际是其促进植物生长的先决条件。细菌根际竞争与其形成生物膜的能力有关。FZB42 基因组含有丰富的生物膜形成相关基因，包括胞外多糖合成操纵子 *epsA-O*。*RBAM00750*、*RBAM00751* 和 *RBAM00754* 基因编码具有胶原蛋白 GXT 结构基序的蛋白质，可能与表面附着和生物膜形成有关。*swrA* 编码的蛋白质和 surfactin 是 FZB42 群体移动所必需的，也与其在根面定殖和营养捕获有关。FZB42 基因组含有262个可能具有分泌信号功能的蛋白质，被信号肽酶Ⅰ型（150个基因产物）、Ⅱ型（98个基因产物）和Tat系统（14个基因产物）所识别。FZB42碱性丝氨酸蛋白酶AprE与角质降解胞外蛋白酶具有很高的同源性（98%），可以杀死植物病原线虫。FZB42基因组含有大量的胞外大分子水解酶基因，使其在植物表面生长。FZB42还产生植酸酶，在植物根分泌物存在时，其合成高水平提高；磷饥饿诱导PhoP/R双组分系统的合成，进而调节植酸酶的合成。根分泌物还刺激与氧化胁迫应答相关酶合成上调；植物根际氧化胁迫是由硫醇过氧化物酶或分解植物根分泌物的酶（如bacillopeptidase F、g-谷酰基转肽酶、磷酸转乙酰酶）催化反应过程中产生的。蛋白质组学分析表明，鞭毛钩相关蛋白HAP1、HAP2和鞭毛蛋白HAG合成受植物根分泌物的影响。尽管在根分泌物存在时，*flgK*基因产物HAP1水平降低，*fliD*表达水平和*hag*基因产物（HAP2、HAG）水平上调。鞭毛蛋白诱导植物对病原菌的防卫反应；在FZB42在植物根表面定殖过程中，鞭毛蛋白及其他表面蛋白合成水平的变化可能提高了FZB42对不利的植物应答的耐受性，进而提高了其根际竞争能力。研究表明，枯草芽孢杆菌和解淀粉芽孢杆菌产生的挥发性化合物3-羟基-2-丁酮（乙偶姻）和2，3-丁二醇等促进植物的生长；这些挥发性化合物也与引发植物系统诱导抗性有关。乙酰乳酸合成酶催化两分子丙酮酸缩合形成乙酰乳酸，AlsD催化乙酰乳酸脱羧基产生3-羟基-2-丁酮。FZB42也含有催化2，3-丁二醇合成途径的基因。芽孢杆菌（*Bacillus* spp.）通过产生吲哚乙酸、赤霉酸等植物激素促进植物生长。在喂养色氨酸情况下，FZB42能够合成IAA。FZB42基因组中含有3个与IAA代谢相关基因具有明显同源性的候选基因：*ysnE*（编码蛋白质与巴西固氮螺菌的IAA乙酰转移酶相似）、*dhaS*（与*Ustilago maydalis*的吲哚-3-乙醛脱氢酶相似）和*yhcX*（可能的腈水解酶，与拟南芥的腈水解酶相似）。YsnE和YhcX参与IAA生物合成。

与生防有关的基因簇：解淀粉芽孢杆菌FZB42基因组中，含有9个生物活性肽和聚酮化合物合成基因簇；编码具有模块化组织的非核糖体肽合成酶（NRPS）和聚酮合成酶（PKS），指导多肽和聚酮化合物的生物合成。在枯草芽孢杆菌168基因组未发现*bmy*、*mln*、*dfn*和*nrs*基因簇。除溶杆菌素（bacilysin）生物合成基因簇外，其他基因簇的活性均依赖于Sfp，将4′-磷酸泛酰巯基乙胺从辅酶A转移到初生肽或聚酮链的载体蛋白上（Chen et al., 2007，2009）。

2.2.3 多黏类芽孢杆菌基因组测序

类芽孢杆菌属（*Paenibacillus*）已有110多种，但其基因组信息是极其缺乏的。类芽孢杆菌（*Paenibacillus* spp.）是土壤、植物生态系统的重要成员；多黏类芽孢杆菌是其模式种，广泛应用于农业、医药、工业、环境修复等领域。多黏类芽孢杆菌的一些菌株是十分重要的植物根际促生细菌，能够促进植物生长、抑制土传病害。

新近已经陆续完成了 2 株多黏类芽孢杆菌的基因组测序工作。多黏类芽孢杆菌 E681 只含有一条环状染色体，基因组大小为 5 394 884bp，（G+C）mol% 为 45.8，12 个 rRNA 操纵子，4805 个编码基因，蛋白编码基因主要分布于正链上。基因组中含有至少 13 种胞外功能 σ 因子。有 19 个插入序列元件，但几乎没有噬菌体相关基因。研究人员对其产生的一些抗生素合成机制进行了研究，多黏菌素（polymyxin）是一类抗革兰氏阴性细菌的抗生素，其生物合成与运输主要由 *pmxABCDE* 基因簇控制。杀镰刀菌素（fusaricidin）是一类抗真菌抗生素，其生物合成由 *fus* 基因簇所控制。E681 可能还合成聚酮化合物、类 tridecaptin 非核糖体肽、lantibiotic 等。生长素生物合成可能是通过吲哚-3-丙酮酸途径进行的。该菌株还产生挥发性化合物，促进植物生长、诱导植物系统抗生。在其基因组中也发现了 *N*-乙酰-L-高丝氨酸内酯酶基因。基因组分析发现，E681 产生多种分解植物多糖的胞外水解酶，包括木聚糖酶、果胶酶、纤维素酶和淀粉酶等（Kim et al., 2010b）。

多黏类芽孢杆菌 SC2 是分离自辣椒根际的一株植物根际促生细菌，已广泛用于植物土传病害的生物防治。SC2 菌株基因组由一个 5 731 683bp 的环状染色体和一个 510 115bp 的质粒组成，（G+C）mol% 分别为 45.24% 和 37.61%。染色体含有 5401 个编码基因，12 个 rRNA 操纵子和 154 个 tRNA 基因；质粒 pSC2 含有 649 个编码基因，44 个 tRNA 基因。在质粒上含有许多必需基因，如嘌呤、嘧啶和脂类代谢，核糖体蛋白，翻译延伸因子、各种类型的 DNA 甲基转移酶等，表明质粒对该菌株生命活动的重要性。SC2 染色体上含有许多与抗生素合成有关的基因，如 fusaricidin、polymyxin、lantibiotic 和 polyketide 生物合成基因簇，bacitracin 合成酶 1、iturin A 合成酶和 bacillorin 合成酶 B 等基因（Ma et al., 2011）。

2.2.4 荧光假单胞菌 Pf-5 和丁香假单胞菌 B728a 基因组生物活性小分子发掘基因组发掘策略

通过基因组序列分析发现，假单胞菌（*Pseudomonas*）具有远高于预期的产生次级代谢产物的遗传能力，许多次级代谢途径的产物尚不清楚。由于大量的微生物次级代谢物具有重要的生物活性，对这些未知次级代谢物进行发掘和利用具有广阔的前景，有可能发现独特的具有医药或农业应用潜力的天然产物。荧光假单胞菌 Pf-5 是一株有效的土传病害生防菌株；丁香假单胞菌丁香致病变种

(*P. syringae* pv . Syringae) B728a (Pss B728a) 是一株植物病原菌，引起菜豆褐斑病。2005 年，已经完成了这两株菌株的基因组测序。对其基因组序列进行的生物信息学分析发现，除含有已知的生物合成基因簇外，还含有大量的编码次级代谢物孤儿途径 (orphan pathway)。采用不同的基因组学方法，使得人们能够将这些途径与天然产物联系起来，如 Pf-5 产生的抗真菌天然产物 orfamides A-C 和细胞毒素 rhizoxin 衍生物；Pss B728a 产生的兼容性溶质 *N*-乙酰-谷氨酰胺酰基-谷氨酸铵 (*N*-acetyl-glutaminyl-glutamine-amide)。基因组发掘策略 (genomic mining strategy) 是建立在基因组测序及注释基础上，以基因组学方法为指导，与插入突变和代谢物分析相结合，从基因组中寻找新天然化合物的策略。首先对基因组中的孤儿基因簇 (orphan gene cluster) 进行序列、结构和功能等分析，然后进行插入突变，获得缺失突变株，对突变株和野生型菌株的代谢产物进行比较分析，最后分离目标化合物、并进行结构及生物活性等研究。利用基因组发掘策略，从荧光假单胞菌 Pf-5 中分离到 5 个大环内酯类的 rhizoxin 类似物，表现出抗真菌、细胞毒素和植物性毒素特性。这些化合物是通过一个杂合的聚酮合成酶/非核糖体肽合成酶 (PKS/NRPS) 基因簇进行合成的 (Loper et al., 2008)。

2.2.5　基于基因组 *cpn*60Marker 和高通量测序的植物根际微生物群落分析

植物根际微生物群落的高度复杂性是辨别不同植物根际微生物群落结构差异的主要限制因素。采用传统的微生物学方法和分子生物学方法描述根际微生物群落，在规模和精度上都存在严重不足。基因组学技术提供了更全面深入研究微生物群落特性的有效手段。Hill 等建立了一种基于 *cpn*60 序列 (伴侣蛋白 60 基因) 和 DNA 高通量测序相结合的复杂微生物群落分子诊断技术：首先提取植物根际 DNA，PCR 扩增 *cpn*60，构建 *cpn*60 扩增子文库；用 454 Sequencer 测定 20 000～50 000 cpn60 扩增子序列；基于 *cpn*60 序列产生的 taxonomic origins 包括大量的尚未确定分类地位的微生物，也有许多确定到属水平，部分微生物确定到种水平。基因组 *cpn*60 Marker 和 454 Sequencer 将会成为植物根际微生物群落特征研究的强有力工具。但是，目前 *cpn*60 数据库是相当小的，约有 7000 株细菌 (Hill et al., 2002)。

2.2.6 荧光假单胞菌 SBW25 菌株 *fleQ* 基因突变对菌体运动、基因及表型表达的影响

荧光假单胞菌 SBW25 是分离自甜菜根际的 PGPR 菌株，已完成其基因组的测序。SBW25 基因组含有许多在植物表面进行特异性表达的基因，这些基因的功能是其在植物根际完成运动、竞争、定殖等生态学过程的关键。然而，对于这些基因功能及表达调控的研究面临巨大困难，因为这些基因的表达没有明显的可辨别的表型。在甜菜根际，SBW25 约 150 个基因系统进行表达，也发现了一些控制这些基因表达的调控因子。FleQ 是鞭毛生物合成的主要调控因子，同时也对其他多个基因系统的表达具有调控作用，包括游动和群体迁移、氧化胁迫等相关基因系统。采用抑制筛选（suppressor screen）、微阵列（microarray）分析和 phenoarray 分析组合研究方法，鉴定 FleQ 对基因组全局表达的影响。FleQ 控制着鞭毛依赖的群体迁移，但对非鞭毛依赖的滑行运动没有影响。FleQ 还影响多个基因系统的表达，包括调控蛋白、酶和转运蛋白等基因的表达。Phenoarray 分析发现，*fleQ* 突变株的渗透压和 pH 耐受性、二肽运输和抗生素抗性均发生了明显改变。上述结果表明，FleQ 是一个全局调控因子，控制着多种基因系统的表达；在荧光假单胞菌根际定殖过程中具有重要的生态学功能（Giddens et al., 2007）。

2.2.7 种子表面荧光假单胞菌 Pf-5 菌株生防机制的微阵列分析

生防菌株（*P. fluorescens*）Pf-5 有效抑制真菌和卵菌引起的幼苗病害；种子表面 Pf-5 的基因表达决定了其在种际（spermosphere）与病原菌相互作用的结果。种子分泌物为生防菌株 Pf-5 和病原菌提供营养和能量，引发病原菌繁殖体的萌发和生长；种子分泌物影响生防菌株 Pf-5 的次生代谢物合成及功效。为进一步揭示 Pf-5 在植物种际的生防机制，对生长在豌豆种际的 Pf-5 进行微阵列分析；比较了野生型 Pf-5 及其调节基因 *gacA* 或 *rpoS* 突变株的基因表达情况；*gacS*/*gacA* 双组分调控系统是 Pf-5 次生代谢物合成所必需的；*gacS* 或 *gacA* 突变将导致其生防效果降低；*rpoS* 突变提高其对 *Pythium ultimumde* 的生防效果；在 *gacA* 突变株中，表达下调的基因包括次生代谢物合成基因、2，4-二乙酰基间苯三酚（2，4-diacetyl phloroglucinol，DAPG）合成基因、吡咯尼林合成基因、orfamide A 合成基因、细胞毒素 rhizoxin 类似物合成基因和 VI-型分泌系统编码基因；与铁捕获有关的基因表达下调。在 *rpoS* 突变株中，吡咯尼林合成基因、rhizoxin 类似物合成基因表达下调；2，4-二乙酰基间苯三酚和 pyoluteorin 合成基因表达下调（Kidarsa and Loper，2009）。

2.2.8 荧光假单胞菌 SS101 菌株植物促生机制的微阵列分析

荧光假单胞菌 SS101 菌株促进拟南芥发芽、根系发育、叶色变深、侧根增加，地上部生物量增加 35%。为从转录组水平揭示其促生分子机制，对 SS101 处理的拟南芥进行微阵列分析。结果表明，拟南芥根部有 1179 个差显表达基因，其中 556 个基因表达上调，623 个基因表达下调。拟南芥叶部有 920 个差显表达基因，其中 687 个基因表达上调，233 个基因表达下调。进一步进行生物信息学分析（gene trail）发现，根部许多上调基因与侧根形成、一维细胞生长、激素响应和细胞壁修饰有关，许多下调基因与铁离子平衡、生长素响应、细胞附着和一维细胞生长有关。叶部上调基因包括与防卫反应、细胞死亡、水杨酸响应、素馨酮酸（jasmonic acid）响应和乙烯响应有关的基因；许多下调基因与铁离子平衡、生长素响应、脱落酸响应有关。

2.2.9 *Taq*Man qRT-PCR Assays 研究土壤条件下 PGPR 基因表达

在复杂根际土壤条件下，PGPR 促生、生防相关基因的表达尚不清楚；RNA 提取和逆转录定量-PCR（qRT-PCR）技术的发展，使土壤条件下定量研究微生物基因表达成为可能。

以含有 2，4-二乙酰基间苯三酚和氢氰酸合成基因的 *Pseudomonas* spp. LBUM300 作为模式生物，进行土壤条件下 PGPR 基因表达研究。在土壤中接种不同浓度的 *Pseudomonas* spp. LBUM300，分别在 7 天、14 天提取土壤 RNA，设计特异性 real-time PCR 引物和 *Taq*Man 探针，进行 qRT-PCR，检测 *phlD*（coding for DAPG）和 *hcnC*（coding for HCN）的表达；在 14 天的土壤中，均可以检测到 *phlD*、*hcnC* 的表达，细菌稀释度是影响检测结果的重要因素（DeCoste et al.，2010）。

2.3 PGPR 促生、生防机制研究进展

2.3.1 三羧酸循环中间代谢物和温度对荧光假单胞菌 Gac-依赖生防因子表达的调节

荧光假单胞菌 CHA0 是一株有效抑制作物土传真菌病害的拮抗菌；合成并分泌具有抗生素特性的次级代谢产物、胞外酶等生防因子；其生物合成依赖于 3

个小 RNA（RsmX、RsmY 和 RsmZ）。在高细胞群体密度时，RsmX、RsmY 和 RsmZ 的表达受到 GacS-GacA 双组分系统的正调节。为揭示荧光假单胞菌初级代谢与次级代谢之间的调节联系，利用中心碳代谢受影响的无效突变（null mutation）、*rsmY-gfp* 和 *rsmZ-gfp*，但在丰富培养基上正常生长的重组菌株进行研究发现，在营养缺乏时，丙酮酸羧化酶基因 *pycAB* 突变导致 *rsmXYZ* 和次级代谢表达下调；而延胡索酸酶同工酶基因 *fumA* 突变则引起 *rsmXYZ* 和次级代谢表达上调。这些调节效应需要 GacS 传感蛋白激酶而不需要辅助传感蛋白 RetS 和 LadS。对胞内代谢物分析结果表明，RsmX、RsmY 和 RsmZ 的表达与 2-酮戊二酸、琥珀酸和延胡索酸池（pool）之间存在高度正相关。据此可知，三羧酸循环中间代谢物，通过 GacA-依赖的小 RNA（RsmX、RsmY 和 RsmZ）的表达对次级代谢进行调节。荧光假单胞菌 CHA0 中，Gac/Rsm 信号转导途径是通过 3 个非编码小 RNA（RsmX、RsmY 和 RsmZ）的表达，对次级代谢、胞外酶合成和生防特性进行正调节。对 *rsmY* 和 *rsmZ* 启动子结构和功能进行研究发现，一个保守的回文上游激活序列（UAS）是 *rsmY* 和 *rsmZ* 表达所必需但不充分的；受应答调节蛋白 GacA 的激活。位于 UAS 和 −10 启动子序列之间的低保守性的连接区（linker region），对于 GacA-依赖的 *rsmY* 和 *rsmZ* 表达也是必需的；这意味着需要一个辅助转录因子的参与。与 *rsmZ* 启动子激活有关的辅助转录因子为 PsrA 蛋白，该因子以前被认为是 *rpoS* 的激活物和脂肪酸降解的阻遏物。进一步研究发现，整合宿主因子（integration host factor，IHF）蛋白与 *rsmZ* 启动子进行高亲和性结合，这表明 DNA 弯曲有助于 *rsmZ* 表达。在一个 *rsmXYZ* 三突变株中，*rsmY* 和 *rsmZ* 表达水平提高，在野生型之上。这一负反馈环（negative feedback loop）似乎涉及翻译调控蛋白 RsmA 和 RsmE，这两个调节蛋白活性受 RsmXYZ 和几个假设 DNA 结合蛋白的拮抗。这一高度复杂网络对细胞生理、细胞群体密度作出应答，控制着 3 个小 RNA 表达。概括起来讲，Gac/Rsm 信号转导途径是通过对 RsmX、RsmY 和 RsmZ 表达的上调，对抗真菌生防因子（次级代谢产物和胞外酶）的合成进行正调节。这些小 RNAsase 阻隔 RNA-结合蛋白 RsmA 和 RsmE，解除或减弱其对生防相关基因翻译的阻遏。在分批培养条件下，这一调节过程发生在对数生长期之后、细胞群体达到高密度、生长速度变慢（即稳定期）时。胞内外信号分子均能引起细胞生长速度减慢，使细胞生长进入稳定期。三羧酸循环失衡影响 RsmXYZ 表达，进而影响生防因子的表达。尤其是 RsmXYZ 表达似乎受高水平延胡索酸的激活，受高水平异柠檬酸的阻遏。高培养温度（>30℃）增强 RetS 感受蛋白的作用（GacS 感受蛋白的拮抗物），抑制 GacS/GacA 双组分系统的功能（Takeuchi et al.，2009；Humair et al.，2010）。

2.3.2 荧光假单胞菌环脂肽生物合成的全局和特异性调控

许多微生物都产生环脂肽，具有几个十分重要的生物学功能，与菌体运动、定殖、生物膜形成、毒力及抗菌活性等密切相关。CLP 是通过非核糖体肽合成酶（nonribosomal peptide synthetases，NRPS）催化合成的。在 PGPR 菌株荧光假单胞菌 SS101 中，环脂肽 massetolide 的生物合成有 3 个 NRPS 基因参与，分别为 *massA*、*massB* 和 *massC*。与其他的 CLP 基因簇位于同一个操纵子不同，*massA* 和 *massBC* 不处在同一个操纵子，分别进行转录。为鉴定 *P. fluorescens* CLP 生物合成调节网，采用了多种方法，包括随机突变和定点突变、克隆、测序和功能分析，确定了与全局和途径特异性调节有关的基因，包括 GacA/GacS 双组分系统和 LuxR-型转录调控因子。*luxR* 基因的超表达引起 *mass* 基因表达上调、提高 massetolide 合成水平。与其他几株产 CLP 的假单胞菌（*Pseudomonas*）不同，在荧光假单胞菌 SS101 菌株中没有发现 N-AHL 介导的群体感应（quorum sensing）。除这些全局和途径特异性调节基因外，还发现了几个新的调节基因，如 ClpP（环脂肽蛋白酶）基因。通过定点突变、遗传互补和表达分析，证实了 ClpP 这一丝氨酸蛋白酶在 CLP 生物合成中的调节作用。ClpP 影响 *massABC* 的转录调节基因 *luxR*（*mA*）的表达，从而调控 SS101 菌株生物膜的形成及群体运动。在 *clpP* 突变株中，*luxR*（*mA*）的转录受到严重阻遏；而引入 *luxR*（*mA*）基因可以部分地恢复 *clpP* 突变株的 massetolide 生物合成和群体运动能力。添加酪蛋白氨基酸能够提高 *clpP* 突变株 *luxR*（*mA*）和 *massABC* 基因的转录，使 massetolide 合成能力和群体运动能力部分恢复。这些结果表明，在转录水平上，ClpP 介导的对 massetolide 生物合成的调节是独立进行的。不同假单胞菌具有复杂、多样性的 CLP 生物合成调节网，尤其是荧光假单胞菌 SBW25 菌株 viscosin 生物合成的调控。系统发育分析发现，假单胞菌 CLP 生物合成基因侧翼含有 LuxR-型转录调控因子基因，具有一个 DNA 结合 helix-turn-helix 结构域，但没有 *N*-酰基高丝氨酸内酯结合或应答调节因子结构域。在 SBW25 菌株中，对 LuxR-型转录调控因子基因 *viscAR* 和 *viscBCR* 进行定点突变，其中任何基因突变都会导致 viscosin 生物合成基因 *viscABC* 的转录水平显著下降、viscosin 生物合成水平大幅降低。表达分析显示，*viscAR* 或 *viscBCR* 突变对其他调节基因的转录影响不大。用来自 SS101 菌株的 LuxR-型调节基因转化 SBW25 的 *viscAR* 突变株，使其 *viscABC* 基因的转录和 viscosin 生物合成得以恢复。进一步研究表明，*viscAR* 基因是 SS101 菌株 massetolide 生物合成基因在 SBW25 菌株中进行异源表达所必需的。总之，假单胞菌中，位于 CLP 生物合成基因侧翼的转录调节基因表达产物代表了一个独特的 LuxR 蛋白质子家族，SBW25 菌株

viscosin 生物合成受到两个 LuxR-型转录调控因子 ViscAR 和 ViscBCR 的控制(Bruijn and Raaijmakers，2009a，2009b)。

2.3.3 PGPR 产生的挥发性化合物（VOC）是植物促生和防卫反应的诱导因子

有些 PGPR 菌株，在与植物没有直接接触的情况下，通过其产生的挥发性有机化合物（volatile organic compounds，VOC）刺激植物生长、引起植物产生诱导系统抗性（induced systemic resistance，ISR)。拟南芥细胞分裂素受体缺失突变体（*cre*1)、细胞分裂素及乙烯不敏感突变体（*ein2*）的生长对 GB03 volatile 不敏感，而乙烯不敏感突变体（*etr*1)、生长素转运蛋白缺失及乙烯不敏感突变体(*eir*1)、赤霉酸不敏感突变体（*gai2*）和油菜素甾醇（brassinosteroid）不敏感突变体（*cbb*1）的生长均对 GB03 VOC 敏感。这些结果表明，在 VOC 诱导的植物促生过程中，拟南芥细胞分裂素水平起关键作用。利用拟南芥突变体和 *Erwinia carotovora* subsp. *carotovora* 进行诱导系统抗性试验，用 GB03 挥发性化合物处理的突变体中，只有乙烯不敏感突变体（*ein2*）没有表现出病症的改善。为确定 ISR 是否在转录水平上受 VOC 的调控，利用 3 个植物防卫信号转导相关基因-*GUS*（β-葡萄糖醛酸酶）融合转基因拟南芥进行试验。在供试的转基因拟南芥中，只有茉莉酸（jasmonic acid）和乙烯应答基因 *PDF* 1.2-*GUS* 转基因拟南芥的 GUS 酶活性大幅提高，比对照高出 1000 多倍。用解淀粉芽孢杆菌 IN937a VOC 进行类似的研究，将拟南芥暴露于 IN937 VOC，*E. carotovora* subsp. *carotovora* 引起的拟南芥发病程度显著降低。将不同拟南芥突变体暴露于 IN937 VOC，包括茉莉酸不敏感突变体（*coi*1)、乙烯不敏感突变体（*ein2*)、水杨酸水解突变体（*NahG*）和调节基因缺失突变体（*npr*1)，IN937a VOC 引起所有突变体对 *E. carotovora* subsp. *carotovora* 的系统诱导抗性。结果表明，IN937a VOC 引起的植物 ISR 不依赖于茉莉酸、乙烯、水杨酸和 *npr*1。因此，IN937a VOC 可能通过一个新的信号转导途径诱导拟南芥的 ISR。通过对枯草芽孢杆菌 GB03 和解淀粉芽孢杆菌 IN937a 产生的 VOC 进行气相色谱分析发现，GB03 和 IN937a 菌株产生的 VOC 中，两个最主要的成分是 2，3-丁二醇（2，3-butanediol）和 3-羟基-2-丁酮（3-hydroxy-2-butanone）（也称乙偶姻，acetoin)。在芽孢杆菌（*Bacillus* sp.）中，2，3-丁二醇和 3-羟基-2-丁酮是在低氧分压下产生的。

VOC 既能够诱导细菌自身植物生长调节物质（如生长素等）的合成，也能诱导植物生长素的合成。此外，转录分析发现，暴露于 GB03 VOC 的拟南芥细胞壁松散（cell wall loosening)，意味着一个可能的植物细胞快速膨胀和叶片生长促进机制。2，3-丁二醇也可能参与 PGPR 在植物根际的定殖过程。2，3-丁二醇合成缺失突变株在植物根际的存活能力显著降低，这表明，VOC 除促进植物生长和诱导植物系统抗性外，通过植物体内化学信号转导对 PGPR 自身也提供了保护。枯草芽孢杆菌产生的 2，3-丁二醇可能间接引起植物叶部产生 ISR，直接诱导植物根部合成抗菌物质，同时保护 PGPR 自身细胞免受植物抗菌物质的损害。GB03 VOC 还通过植物内源糖/ABA 信号转导调整对光合作用进行调节，提高光合作用效率和叶绿素含量；由此确立 VOC 在植物能量捕获过程中的调节作用（Ryu et al., 2003, 2004, 2008; Farag et al., 2006; Zhang et al., 2007）。

2.3.4 PGPR 吲哚乙酸生物合成及信号转导

已有大量关于各种植物根际细菌产生吲哚乙酸的报道，以产生吲哚乙酸作为一个可能的植物促生机制。对固氮螺菌以及其他根际细菌 IAA 合成及调控的深入研究表明，IAA 的形成通过不同的合成途径，甚至同一菌株具有不止一种生物合成途径。IAA 生物合成受到复杂的调节，包括 IAA 自身的正反馈调节。近期研究发现，细菌及其他微生物以 IAA 作为信号分子。这些研究结果意味着 PGPR 合成的 IAA 具有多种功能（Spaepen et al., 2007）。

1）细菌 IAA 生物合成途径

已经在多种细菌中鉴定了多种 IAA 生物合成途径，与植物 IAA 生物合成途径具有很高的相似性。色氨酸是细菌 IAA 生物合成的主要前体物质，以色氨酸为前体至少具有 5 种 IAA 生物合成途径。

吲哚-3-乙酰胺途径（indole-3-acetamide pathway，IAM 途径）：吲哚-3-乙酰胺途径是细菌中研究最清楚的 IAA 生物合成途径。该途径由两步完成，第一步色氨酸在 *iaaM* 基因编码的色氨酸 2-单氧酶（IaaM）催化下转化为吲哚-3-乙酰胺；第二步由 *iaaH* 编码的 IAM 水解酶（IaaH）催化由 IAM 转化为 IAA。从几种不同的细菌中克隆了 *iaaM* 和 *iaaH*，它们位于染色体或质粒上。

吲哚-3-丙酮酸途径（indole-3-pyruvate pathway，IPyA 途径）：吲哚-3-丙酮酸途径被认为是植物合成 IAA 生物合成的重要途径。已在慢生根瘤菌（*Bradyrhizobium*）、根瘤菌（*Rhizobium*）、固氮螺菌（*Azospirillum*）、阴沟肠杆菌、蓝细菌（cyanobacteria）以及 *P. agglomerans* 中鉴定了该合成途径的关键酶基因。IAA 生物合成的第一步是在氨基转移酶的转氨作用下由色氨酸转化为 IpyA；在限速步骤中，吲哚-3-丙酮酸脱羧酶（IPDC）催化 IPyA 脱羧转化为吲哚-3-乙醛（IAAld）；最后，IAAld 氧化为 IAA。编码限速步骤关键酶基因已从多种细菌中得到鉴定，如 *Azospirillum brasilense*、*En. cloacae*、*Pseudomonas* putida 和 *Pa. Agglomerans*。在产脂固氮螺菌（*Azospirillum lipoferum*）中，ipdC 基因位于染色体上（Blaha et al., 2005）。在巴西固氮螺菌中，该途径的插入失活导致 IAA 生物合成降低 90%，显示了 IPyA 途径的重要性；然而，没有获得 IAA 合成完全缺失突变株，意味着同时还存在其他低水平 IAA 合成途径。

色胺途径（tryptamine pathway，TAM 途径）：早已在蜡样芽孢杆菌（*B. cereus*）鉴定出色氨酸脱羧酶；在固氮螺菌（*Azospirillum*）中，能使外源色胺转化为 IAA。胺氧化酶直接催化 TAM 转化为吲哚-3-乙醛（IAAld）。

色氨酸侧链氧化酶途径（tryptophan side-chain oxidase pathway，TSO 途径）：目前仅在荧光假单胞菌 CHA0 中检测到色氨酸侧链氧化酶，该酶绕过 IPyA 支路，将色氨酸直接氧化成 IAAld，而后氧化为 IAA。

吲哚-3-乙腈途径（indole-3-acetonitrile pathway，IAN 途径）：在细菌中，如 *Alcaligenes faecalis*，检测到腈水解酶（nitrilases），具有吲哚-3-乙腈（indole-3-acetonitrile）底物特异性。在根癌农杆菌（A. *tumefaciens*）和根瘤菌（*Rhizobium* spp.）中，检测到腈水合酶（nitrile hydratase）和酰胺酶（amidase）活性，表明 IAN 经 IAM 转化为 IAA。

非色氨酸途径（tryptophan-independent pathway）：在巴西固氮螺菌中，通过标记前体进行喂养试验，发现存在独立于色氨酸的 IAA 生物合成途径。在缺乏色氨酸时，非色氨酸途径是 IAA 生物合成的主要途径；而通过 IAM 途径合成的 IAA 只有 0.1%。

值得注意的是，在某些细菌中存在不止一种途径。在 *P. agglomerans* 中，同时含有 IAM 途径基因和 IPyA 途径基因。

IAA 结合和储藏（IAA conjugation and storage）：在植物中，绝大多数 IAA 以结合态形式存在，仅有少量的 IAA 以游离态形式存在。结合态形式的 IAA 具有多种作用，如运输、储藏、保护 IAA 免受酶水解以及控制细胞内游离态 IAA 水平等。在 *Pseudomonas savastanoi* pv. *Savastanoi* 发现了一个与结合态 IAA 形成有关的基因吲哚乙酸-赖氨酸合成酶基因（*iaaL*），该酶催化 ATP 依赖的 IAA 羧基与赖氨酸 ε-氨基之间形成酰胺键，将 IAA 转化成 IAA-赖氨酸。在细菌中，IAA 生物合成途径中的一些中间代谢物也可以转变为储藏形式的化合物，如吲哚-3-乙酸和吲哚-3-乙醛分别还原为吲哚-3-乳酸（ILA）和吲哚-3-乙醇或色醇；这些化合物的功能目前尚未知。ILA 没有植物激素活性，但可以与 IAA 竞争植物体上的生长素结合位点。

2）基因组范围的 IAA 生物合成关键基因的筛选

目前很少有关于 IAA 生物合成关键基因或关键酶的鉴定及性质研究；而且绝大多数研究只涉及一个生物合成途径的某个特异性基因或特异性酶。尽管已筛选出大量产生IAA的菌株，但有关IAA生物合成相关基因或酶方面的研究一般仅限于少量模型微生物，如根瘤农杆菌、固氮螺菌、阴沟肠杆菌和成团泛菌（*P. agglomerans*）。即使在模型微生物中，由于同一菌株存在多种IAA生物合成途径，要想获得IAA合成完全缺失突变株也是很困难的。

为全面了解细菌的IAA生物合成机制，对已测序的基因组进行分析。第一步，选择已知的与IAA合成相关的基因或酶进行BLAST比对。第二步，这些基因的核酸序列或蛋白质序列用于鉴定已知基因组中的相似性蛋白。在369个已测序基因组中，57个基因组（15.4%）含有从色氨酸前体合成IAA所必需的基因。基因组中存在IAA生物合成基因并不意味着就能产生IAA；仍然需要进一步的功能分析证实这些基因在IAA生物合成过程中的作用。固氮弓菌（*Azoarcus* sp.）EbN1基因组含有IPyA途径的苯丙酮酸脱羧酶基因及其他基因；然而，该菌株并不产生IAA。在已测序的可能产IAA的细菌基因组中，编码IPyA途径的基因是最丰富的（89.5%）。在植物相关细菌基因组中，含有IAM和IpyA途径相关基因；植物病原菌倾向于利用IAM途径合成IAA。在植物相关细菌中，IAA生物合成并不像预期的那样普遍：只有19.2%的菌株含有一种或多种IAA生物合成途径。

3）细菌IAA生物合成的影响因素

IAA生物合成的环境调节因子：影响IAA生物合成的第一类环境因子包括pH、渗透压、基质及碳源等。在碳源限制、生长速率降低或酸性pH条件下，巴西固氮螺菌（*A. brasilense*）IAA生物合成关键基因*ipdC*的表达水平和IAA合成水平提高。有趣的是，碳源限制和生长速率降低与细菌生长进入稳定期有关，意味着细菌群体生长状态对IAA生物合成的重要性，反之亦然。碳源限制和生长速率降低这两个影响因子的协同作用与以下研究结果一致：环境胁迫相关稳态σ因子RpoS过渡产生提高了阴沟肠杆菌和恶臭假单胞菌（*P. putida*）的IAA生物合成水平。在巴西固氮螺菌中，pH对*ipdC*基因表达的诱导似乎不依赖于其他环境调控因子，对*ipdC*启动子进行的敲除和突变分析说明了这一结论。一个受酸性调节的σ因子可能对*ipdC*表达的pH调节具有辅助作用。与固氮螺菌相反，*P. agglomerans*的*ipdC*基因的表达不受pH调节；*ipdC*受到其他环境调节因子的控制：在低溶质或基质势条件下，*ipdC*的表达水平提高18倍。尽管不同细菌中环境胁迫因子对IAA合成的调节具有多样性，但有一个共同的特点，IAA生物合成相关基因的表达受到土壤和植物环境因子的精细调节。由于植物根细胞的质子排出，酸性pH是植物根际环境的一个显著特点。基质势可能是植物表面附着细菌遇到的另一个重要的环境因子。影响IAA生物合成的第二类环境因子包括植物表面的分泌物或特异性化合物。植物分泌的类黄酮在根际积累，刺激根瘤菌（*Rhizobium* sp.）NGR234 菌株 NodD1、NodD2 和 SyrM2 依赖的 IAA 生物合成。NodD1、NodD2 和 SyrM2 形成一个调节级联，协调基因的表达。*Citrus cinensis* 的叶分泌物诱导 *Xanthomonas axonopodis* 的 IAA 生物合成。*P. agglomerans* 在植物表面生长时，IAA 合成水平显著提高，意味着来自植物的信号与 IAA 生物合成的转录调节有关。色氨酸是 IAA 的前体，是 IAA 生物合成水平的一个重要调节因子。在多种细菌中，添加外源色氨酸显著提高 *ipdC* 表达和 IAA 生物合成水平。在植物根际，色氨酸有 2 个来源：①植物根和微生物细胞的降解；②根分泌物。IAA 生物合成还受到终产物 IAA 和中间代谢物的调节。*P. savastanoi* pv. *savastanoi* IAM 途径催化第一步的 IaaM 酶活性受到 IAM 和 IAA 的反馈抑制。奇怪的是，在固氮螺菌中，色氨酸诱导 IAA 的生物合成；而其前体物质邻氨基苯甲酸却降低 IAA 生物合成水平。IAA 的生物合成还受到小信号分子介导的细胞密度依赖诱导。在巴西固氮螺菌 Sp245 中，IAA 自身能通过诱导 *ipdC* 基因的表达，提高 IAA 的生物合成水平。在生物合成的反馈调节中，IAA 生物合成的自诱导或正反馈调节是非常罕见的。

IAA 生物合成的遗传调节因子：细菌 IAA 生物合成受多个遗传因子的调节。首先，IAA 合成基因在基因组中的位置。一般来讲，质粒是多拷贝的，因此位于质粒上的 IAA 生物合成基因比染色体上的 IAA 基因具有更高的表达水平。其次，基因表达方式。根癌农杆菌和发根农杆菌（*A. rhizogenes*）的 *iaaM* 和 *iaaH* 基因位于 Ti 质粒上，转化、整合到植物基因组中，其表达受到强组成型启动子的控制，在植物组织中高水平地合成 IAA。荧光假单胞菌 CHA0 菌株的 IPyA 途径可能是组成型表达，而 TSO 途径则是诱导型表达。IAA 合成还受转录调控因子 RpoS 和 GacS/GacA 的调节，控制着 IAA 生物合成基因的表达水平。*ipdC* 是一个典型的稳态依赖基因，IAA 生物合成起始于指数期后期和稳定期早期，*ipdC* 基因的启动子区包含一个被 RpoS 识别的一致序列。固氮螺菌（*Azospirillum* sp.）没有 RpoS，但有另外的 σ 因子 RpoN 和 RpoH 对 IAA 生物合成进行调节。绿针假单胞菌（*P. chlororaphis*）中，GacS/GacA 对色氨酸以来的 IAA 生物合成进行负调控。

4）植物-PGPR 相互作用中细菌源 IAA 的功能

研究表明，许多 PGPR 促进植物根的生长发育与其 IAA 生物合成有关。IAA 刺激植物根生长发育，进而促进其对营养物质的吸收和根分泌物的释放；这反过来又刺激细菌在根际的定殖。然而，在许多情况下，IAA 对植物的刺激作用并不是独立进行的。在恶臭假单胞菌 GR12-2 中，IAA 与 ACC 合成酶（1-aminocyclopropane-1-carboxylate synthase）相互作用，IAA 激活 ACC 合成酶，促进乙烯前体物质 ACC 的合成，而乙烯是植根生长的抑制者；同时 GR12-2 还产生ACC脱氨酶，降解ACC，使降低了根际环境ACC浓度，进而降低了乙烯的量，解除其对根生长的抑制作用。

2.3.5 PGPR产生的挥发性化合物对拟南芥根构型的调节

采用二室培养皿（divided Petri dishes）研究了PGPR产生的挥发性化合物（VOC）对拟南芥幼苗的促生效果。供试菌株不同程度地刺激拟南芥生物量的形成；与未接种的对照相比，L254、L265a、L265b和L266促生效果最明显，拟南芥幼苗鲜重增加了1倍。这表明VOC与PGPR的植物促生作用有关（Gutiérrez-Luna，et al.，2010）。研究了接种PGPR对拟南芥根构型的影响，分别接种4个菌株L254、L265a、L270和L272a，以未接种的菌株作为对照，分别测定不同处理拟南芥幼苗的初生根生长、根毛和侧根发育情况。结果表明，供试菌株既能促进根毛的生长又能促进侧根的发育；有趣的是L254和L270处理的拟南芥根分生组织尺寸减小、而初生根直径增加。但在利用巨大芽孢杆菌（*Bacillus megaterium*）进行的类似试验中，分生组织尺寸减小与初生根生长抑制相关连。为定量化地描述不同菌株对根构型的差异性影响，对供试的12株菌株进一步进行接种试验，测定不同处理拟南芥初生根长度（PRL）、侧根数（LRN）、侧根长度（LRL）和侧根密度（LRD）。L263、L266和L272a明显促进初生根的生长和侧根数的增加；与此相反，L254、L265a和L265b主要促进侧根的伸长，而初生根的生长和侧根数并没有明显变化。

对根参数（PRL、LRN、LRL和LRD）的欧氏距离（Euclidean distances）进行聚类分析，所有供试的菌株对根构型都有不同水平的影响，分为3个主要类群。第一群包括绝大多数的菌株，L265b的表现与对照处理组相似，其次是L254和L270，这3株菌株主要是增加拟南芥侧根长度。第二群菌株L255和L272b处理的拟南芥具有最高的侧根密度。第三群菌株包括L263、L266和L272a，其共同特点是显著促进初生根的生长（PRL值高）和侧根数目的增加（LRN值高）；然而其LRD值与未接种对照类似。拟南芥生物量与根参数的相关性分析发现，PRL、LRN和LRD与拟南芥鲜重相关性不显著，LRL与拟南芥鲜重具有显著相关性。

采用SPME-GC-MS对6株PGPR VOC进行分析，L254和L270聚在未接种植物对照附近；L255和L265a聚在中间但对拟南芥根构型具有显著影响；L266和L272a显著改变了根的形态。分析发现，每个菌株都产生多种VOC，醛类、酮类和醇类是最丰富的化合物。共鉴定出22种不同的VOC，乙酰苯（acetophenone）、十三碳醛（tridecanal）、十四碳醛（tetradecanal）和6，10，14-三甲基-2-十五烷酮（6，10，14-trimethyl-2-pentadecanone）是最丰富的的挥发性化合物。L265a 产生的挥发性化合物种类最多，L265a 和 L254 产生的醛类化合物分别占总挥发性化合物的 45% 和 52%，强烈刺激侧根的生长。L266 产生的挥发性化合物中几乎含有相同含量的醛类和酮类，分别为 44% 和 41%，促进初生根的伸长、侧根的形成和生物量的增加。L272a 产生不同比例的醛类和酮类化合物，分别为 50% 和 39%，促进初生根的伸长。L270 产生的醇类化合物最多，占总挥发性化合物的 11%，适度影响根构型。供试的 6 株菌株中，只有 L255 产生 1-辛烯-3-醇（1-octen-3-ol），L265a 则产生丁内酯（butyrolactone）和 2-吗啉代甲基-1，3-二苯基丙醇（2-morpholino methyl-1，3-diphenyl-2-propanol）。上述分析结果表明，各菌株对拟南芥根构型的影响是与其产生的挥发性化合物的类型和含量相对应的。

植物根系对于水分和养分吸收具有至关重要的作用，也是许多代谢物合成的部位，如细胞分裂素（cytokinins）和生长素（auxins），对于植物的生长发育十分重要（Ortíz-Castro et al., 2009）。根系在形态和生理方面具有很大的可塑性，以适应环境条件的变化。本研究发现，分离自柠檬根际的 12 株 PGPR 菌株的植物促生特性与拟南芥根构型的调节有关，这些菌株产生的挥发性化合物（VOC）可能与促进植物生长和根构型的重塑相关。值得注意的是并不是所有的菌株都能刺激拟南芥生物量的形成。例如，接种 L255、L264、L268 和 L272b 的拟南芥幼苗鲜重与未接种的对照并没有显著差异。PGPR 的促生效果是有菌株特异性的。在所有生物中，挥发性化合物作为引诱剂（attractant）、防护剂（repellent）或警报信号（warning signal）分子，是生物间化学通信的有效介体（mediator）。微生物根据不同的目的产生挥发性物质，如信息交流、防卫反应等（Schulz and Dickschat, 2007；Kai et al., 2009）。由于这些化合物的挥发性特点，植物，尤其是根系可以快速、有效地感知 PGPR 释放的挥发性化合物。采用二隔室平板测定法（divided Petri plate assay），发现 L254、L265a、L265b 和 L266 菌株强烈地促进拟南芥幼苗生物量的形成，显著调节根的形态发生。尤其是生物量形成与侧根的生长之间存在显著相关性，这意味着在 PGPR 筛选中，侧根长度可能是一个很有价值的参数。植物借助于改变根构型对植物根际促生细菌 VOC 作出应答可能具有生态相关性，以强化根的定殖、加强植物和 PGPR 之间的互惠互利关系。如果植物向根际释放更多的碳水化合物，微生物的生物量也随之增加。从生物技术前景看，通过这种化学信息交流，微生物促进植物根系生长发育、提高植物免疫力、提供土壤养分的可利用性，进而影响植物的生产性能（López-Bucio et al., 2007；Ortíz-Castro et al., 2008）。

现已证实，细菌和真菌产生的某些分子影响植物的根构型。巨大芽孢杆菌 UMCV1 能够引起拟南芥根构型的改变。UMCV1 通过降低根分生组织细胞伸长和细胞增殖，抑制初生根的生长、增加侧根数量、侧根长度以及根毛长度。

SPME-GC-MS 分析发现，UMCV1 产生挥发性的 3-羟基-2-丁酮，促进拟南芥生长。

与植物应答 VOC 有关的信号机制的差异突显了这类信号转导途径的复杂性。枯草芽孢杆菌 GB03 产生的挥发性物质通过 cytokinin-ethylene 信号转导，触发植物促生过程，解淀粉芽孢杆菌 IN937a 挥发性物质的促生作用似乎与细胞分裂素和乙烯无关（Farag et al., 2006），这意味着可能是其他挥发性物质与植物促进作用有关（phytostimulation）。尽管分离自柠檬根际的 L254、L263、L265a、L265b、L266、L270、L271 和 L272a 产生的 VOC 促进拟南芥生物量的形成，但并没有检测到 3-羟基-2-丁酮和 2，3-丁二醇。这一结果表明，除 3-羟基-2-丁酮和 2，3-丁二醇以外，其他的 VOC 也可以触发植物促生作用。这些分离自柠檬根际的 PGPR 菌株产生的最重要的挥发性化合物是醛类和酮类。据文献报道，其中的某些化合物具有抗微生物特性，如 2-壬烯醛（2-nonenal）、苯甲醛（benzaldehyde）、乙酰苯（Sivakumar et al., 2008）、十三碳醛（Matasyoh et al., 2009）和 6，10，14-三甲基-2-十五烷酮（Aboaba et al., 2009）。L266、L270 和 L272a 产生 1-丁醇与 2，3-丁二醇具有类似的化学结构。在绝大多数菌株中还检测到长链酮类化合物，包括 4-癸酮（4-decanone）、6-甲基壬基甲酮、5-tridecanone、3-tetradecanone 和 2-十五烷酮。L265a 还产生丁内酯，是细菌群体感应信号转导［quorum-sensing（QS）signaling］的自诱导剂（autoinducer）。植物根能接受 QS 信号，改变根构型。不能排除以下可能性，在植物-微生物相互作用过程中，QS 信号有可能作为 VOC pool 的一部分。

2.3.6 PGPR 使植物产生诱导系统耐受性

近年来，陆续有一些关于 PGPR 提高植物对非生物胁迫（如干旱、盐害、养分亏缺或肥害等）耐受性的报道。新近，Yang 和 Kloepper 等建议用诱导系统耐受性（induced systemic tolerance，IST）这一术语，表述 PGPR 诱导的植物体内物理和化学变化，增强植物对非生物胁迫的耐受性（Yang et al., 2009）。

1）诱导植物对干旱的耐受性

干旱胁迫妨碍植物的生长、降低作物产量，这一现象在干旱和半干旱地区尤为常见。用 PGPR *Paenibacillus polymyxa* 接种拟南芥，可以提高拟南芥对干旱的 IST；RNA 差显分析发现，接种处理的拟南芥干旱应答基因 *ERD*15（early responsive to dehydration 15）的转录水平明显提高。用产生 1-氨基环丙烷-1-羧酸脱氨酶（1-aminocyclopropane-1-carboxylate deaminase，ACC deaminase）的 PGPR *Achromobacter piechaudii* ARV8 接种辣椒（*Capsicum annuum* L.）和番

茄（*Solanum lycopersicum* L.），同样提高了辣椒和番茄对干旱的耐受性。

在环境胁迫条件下，植物内源性乙烯通过调节体内平衡，降低根、茎（shoot）的生长。PGPR产生的ACC脱氨酶可以通过分解乙烯合成的前体物质1-氨基环丙烷-1-羧酸脱氨酶，降低植物乙烯水平，缓解环境胁迫对植物的影响，使其恢复正常生长。近年来，人们将这些研究成果应用到温室及大田生产中，如采用根瘤菌和PGPR、菌根真菌和PGPR进行协同接种（co-inoculation）。根瘤菌对干旱胁迫是非常敏感的，在干旱胁迫条件下，其固氮能力显著下降。用*Rhizobium tropici*和2株*P. polymyxa*协同接种菜豆（*Phaseolus vulgaris* L.），提高了菜豆根瘤数、株高和茎干重（shoot dry weight）。有趣的是，2株*P. polymyxa*与根瘤菌协同接种对菜豆IST和结瘤作用的效果要好于单一*P. polymyxa*与根瘤菌协同接种，意味着PGPR菌株之间存在协同效应。进一步研究发现，干旱胁迫影响植物体内激素平衡，植物叶片的脱落酸（ABA）含量增加，内源细胞分裂素含量降低，诱发气孔关闭。细胞分裂素-ABA含量上的对立可能是代谢相互作用的结果，因为它们有一个共同的生物合成前体物质。尚不确定*P. polymyxa*产生的细胞分裂素是否影响植物的ABA信号转导或诱导根瘤菌的结瘤作用。在严重干旱胁迫条件下，用PGPR *Pseudomonas mendocina*和丛枝状菌根真菌（*Glomus intraradices*或*G. mosseae*）协同接种莴苣（*Lactuca sativa* L.），提高了莴苣的抗氧化剂-过氧化氢酶活性，表明PGPR *Pseudomonas mendocina*能够减轻干旱引发的氧化损伤。

2）诱导植物对盐害的耐受性

在干旱地区，土壤盐害是农作物生产的重要限制因素。研究表明，在高盐条件下，用*Achromobacter piechaudii*进行接种，番茄幼苗的乙烯含量降低，促进番茄幼苗生长，表明该菌株产生的ACC脱氨酶发挥了作用。用已商业化的枯草芽孢杆菌GB03接种拟南芥也取得了相似的结果，提高了拟南芥对盐胁迫的IST。有趣的是，GB03产生的一些挥发性有机化合物是与IST相关的决定因子。拟南芥的高亲和性K^+运输蛋白基因（high-affinity K^+ transporter 1，*HKT1*）控制根对Na^+的吸收；*HKT1*的转录表达是组织依赖性，以调节Na^+和K^+在不同组织中的水平。拟南芥*athkt1*突变体暴露于GB03产生的VOC时，不仅表现出典型的盐胁迫症状，如萎缩，幼苗生长受到抑制。转录分析发现，GB03产生的VOC使根组织*HKT1*的转录表达下调，而使茎组织*HKT1*的转录表达上调，进而使整个植株的Na^+维持在较低水平。进一步研究发现，Na^+-输出突变体（salt overly sensitive3，*sos3*）暴露于GB03产生的VOC时，其盐胁迫的IST与野生型拟南芥无差异，这表明茎组织里*HKT1*的功能是负责茎从根木质部获取Na^+，从而有利于茎-根Na^+的再循环。概言之，在盐胁迫条件下，植物感知

PGPR 的 VOC 信号，对 *HKT*1 进行组织特异性表达调控，控制 Na^+ 的体内平衡，减轻盐胁迫对植物的伤害。

3）诱导植物对养分亏缺或肥害的耐受性

植物所面临的另一个非生物胁迫是土壤养分供应。尽管化学肥料的施用是植物生产所必需的，但也带来严重的环境问题，硝酸和磷酸盐的积累是水体和面源污染的重要污染源。施肥对环境的危害部分地归咎于作物对养分的低吸收效率。PGPR 通过产生生长素、细胞分裂素等促进根的生长发育，改变根构型，增加根表面积和根尖数量。PGPR 对植物根的这种刺激作用也与诱导系统耐受性有关。根尖和根面是植物吸收养分的部位，刺激根的生长发育及构型改变可能是 PGPR 促进养分吸收的一个机制。也有研究者提出，PGPR 通过刺激质子泵 ATP 酶（proton pump ATPase）促进植物对矿物质离子的吸收，尽管尚缺乏实验证据。有研究表明，PGPR 的应用能够在减少化学肥料施用量的情况下维持作物的正常生产力，初步研究结果是令人乐观的。例如，在田间条件下，接种 PGPR、化学肥料为正常量的 75% 处理小麦产量与不接种 PGPR、正常施肥处理的相当。在温室条件下，接种 2 株 PGPR、化学肥料为正常量的 75% 处理番茄幼株干重比不接种 PGPR、正常施肥处理的还要高；移栽到大田后，协同接种 PGPR 和菌根真菌、50% 正常量的处理番茄产量高于不接种的正常施肥量对照。这些研究结果表明，在不降低作物产量的前提下，PGPR 的应用完全可以实现化学肥料的减量化。

2.4 PGPR 产品的商业化应用进展

美国拜耳作物科学（Bayer CropScience）公司经过多年研究，利用 PGPR 菌株开发出两个新型生物农药 Kodiak® Concentrate 和 Yield Shield® Concentrate Biological Fungicides，获得 EPA 登记，投放市场。Kodiak® Concentrate 和 Yield Shield® Concentrate 生物农药用于商品化种子的处理。将基于芽孢杆菌 PGPR 与传统的化学农药对作物种子进行组合处理取得成功，与传统的单一化学农药相比，防病效果更好，防效时间大大延长。

加拿大 BrettYoung 公司从事 PGPR 研发已有 10 多年历史。目前，主要有两个 PGPR 产品投放市场。BioBoost® 由分离自植物根际的代尔夫特氏菌（*Delftia*）发酵而成的 PGPR 接种剂，适用于处理油菜种子，促进油菜生长。BioBoost® Plus 是由食酸代尔夫特氏菌（*Delftia acidovorans*）和大豆慢生根瘤菌（*Bradyrhizobium japonicum*）组合而成，用于大豆种子的接种处理，促进大豆生长发育、提高产量。这两个 PGPR 产品已获得专利保护。目前，该公司正在开发具有硫氧化作用的 PGPR 制剂，用作油菜、大豆、苜蓿和玉米接种剂，促进作物生长、改进品质、提高产量。田间效果评价表明，由食酸代尔夫特氏菌和苜蓿中华根瘤菌（*Sinorhizobium meliloti*）组合而成的 AlfaBoost 以及由 *Achromobacter piechaudii* 生产的 CornBoost 具有良好的推广应用价值。

Becker Underwood（加拿大）有限公司利用 PGPR 菌株枯草芽孢杆菌 MBI 600 生产的 Subtilex®产品是获得 EPA 注册登记的生物农药，对镰刀菌（*Fusarium*）、丝核菌（*Rhizoctonia*）、链格孢（*Alternaria*）等土传真菌病原菌具有很强的抑制作用。该产品为固体剂型，有效活菌数不少于 5×10^{10} cfu/g。可以用于拌种（棉花、花生、蔬菜、大豆、苜蓿、牧草等），也可以与泥炭等混合稀释后进行沟施。利用 MBI 600 菌株生产注册登记的 Integral®产品为液体剂型，可用于浸种、灌根等。2004 年，Becker Underwood 公司利用“BioStacked® Technology”，将 PGPR 菌株与根瘤菌进行有效组合，开发出第一个 BioStacked 产品 VAULT®，用于大豆、花生接种，激活根瘤菌结瘤过程、提高根瘤菌在大豆、花生种子表面的存活能力。

绝大多数商品化的 PGPR 产品是在无菌条件下单一菌株或几株菌株的组合生产的。美国 Advanced Microbial Solutions（AMS）利用一个复杂微生物群落发酵过程，生产制造出一种土壤改良剂（soil amendment）。这类产品除含有有益的微生物菌群外，还含有微生物副产物。通过微生物群落发酵过程生产的农用微生物制剂具有复杂的生理生化和生物学特性，不仅具有促进植物生长能力，而且具有改善土壤的功能。该发酵技术比传统的土壤改良剂发酵技术具有显著的优点。AMS 产品最突出的特点就是多功能性，主要包括 4 个方面：①降低土壤盐渍度；②改善土壤结构，降低土壤容重和密实度；③提高土壤湿度；④促进植物营养吸收。在世界范围内，提高肥料利用率和改善土壤水分供给是农业生产中尤其重要的方面。应用效果试验结果表明，AMS 产品能够提高植物耐盐性，提高土壤透水性和保水能力，在化学肥料用量减少 10%～20% 的情况下，仍具有增产效果。这些有益的作用已经超出了我们目前对微生物肥料的认识，尤其是高度定向 PGPR 的应用方面。

3 前瞻性展望与应用前景

3.1 前瞻性展望

3.1.1 PGPR 菌株的大规模筛选与应用研究

植物具有丰富的遗传多样性，尽管几十年来进行了许多植物 PGPR 的筛选鉴定研究，但仍有大量的植物尚未涉及。因此，PGPR 菌株筛选鉴定以及温室和田间条件下的促生、生防效果仍然是今后一段时期十分重要的研究内容。

3.1.2　PGPR 分子生态学

PGPR 在植物根际的生态学规律是其能否发挥作用的关键。从分子水平，着重开展以下几个方面的研究工作：①PGPR 在植物根际定殖的规律；②PGPR 与植物根际微生物群落相互关系；③PGPR-植物相互作用规律。

3.1.3　PGPR 功能基因组学

PGPR 功能基因组学是近年来以及今后很长时期重点研究的内容之一。主要包括以下几个方面：①PGPR 基因组测序及注释；②PGPR 转录组分析；③PGPR 蛋白质组分析；④PGPR 代谢组分析；⑤生物活性物质的基因组发掘；⑥生物活性物质的代谢调控。

3.1.4　PGPR 作用机制

重点开展以下几个方面的研究：①PGPR 植物促生分子机制；②PGPR 生防分子机制；③PGPR 诱导植物系统耐受性机制（证明 PGPR 诱导不同作物对各种非生物胁迫的耐受性；阐明非生物胁迫条件下，PGPR 诱导植物产生 ISI 的信号转导途径）。

3.2　PGPR 应用前景

大量研究与生产实践表明，在农业可持续发展中，PGPR 展示出广阔的应用前景。

3.2.1　PGPR 在克服作物连作障碍中的应用

我国现有作物种植模式及农业生产措施，导致作物连作障碍普遍发生，并日益严重，已经成为制约我国农业可持续发展的瓶颈问题之一。人们普遍认为土传病害的积累、营养不平衡以及植物产生自毒物质是引起作物连作障碍的关键因素。生产实践表明，单纯依赖化学肥料、化学农药不能从根本上解决作物的连作障碍问题；PGPR 的应用是根治作物连作障碍的最行之有效的途径。PGPR 来自于作物根际环境，制造成 PGPR 制剂施用到作物根际环境，具有良好的环境适应性，在作物根际长期稳定地定殖，进行各种代谢过程，发挥多种功能。在生长繁殖过程中，持续不断地产生抗生素、抗菌蛋白、病原菌细胞壁水解酶、抑制性 VOC 等生物活性物质，抑制或杀死植物病原菌；PGPR 还能够诱导作物产生系统抗性，提高作物的抗病性。PGPR 能够产生水解酶，降解植物产生的自毒物质，解除其对作物自身的危害；PGPR 还能通过各种代谢活动，促进土壤养分释放；通过产生生长素、细胞分裂素、VOC 等，促进作物根系生长发育，提高作物对养分的吸收能力，有效缓解作物的营养平衡问题。

3.2.2 PGPR 在作物逆境生产中的应用

作物生产过程中，经常遭遇干旱、积水、盐害、养分亏缺或肥害等恶劣环境条件的影响。PGPR 能够诱导作物产生对非生物胁迫的耐受性，有助于作物在逆境条件下的生长。深入研究 PGPR 诱导植物 IST 形成机制，筛选产生不同特异性 IST 决定因子的 PGPR（如细胞分裂素、IAA、ACC 脱氨酶、VOC 和抗氧化剂等产生菌），进行菌株组合优化，在解决作物生产中经常遇到的非生物胁迫方面具有广阔的应用前景。

3.2.3 PGPR 在豆科作物生产中的应用

PGPR 在大豆、花生、苜蓿等豆科作物生产中的应用，除具有防病、促生效果外，可以作为根瘤菌的“助手”细菌，与根瘤菌协同接种，提高根瘤菌在种子表面的存活能力，激活根瘤菌结瘤过程，显著提高根瘤菌接种剂的效果。

3.2.4 PGPR 在土壤修复中的应用

近年来，利用 PGPR 对污染土壤进行生物修复方面的研究受到持续关注。PGPR 能够降解各种化学农药，减少农药对环境及农产品的污染。利用 PGPR 对重金属进行钝化；PGPR 促进具有生物修复功能的植物生长，显著提高重金属清除效果。

参 考 文 献

Aboaba S A, Ogunwande I A, Walker T M, et al. 2009. Essential oil composition, antibacterial activity and toxicity of the leaves of *Tetrapleura tetraptera* (Schum. & Thonn.) taubert from Nigeria. Nat Prod Commun,

4: 287-290.

Antonopoulos D F, Tjamos S E, Antoniou P P, et al. 2008. Effect of *Paenibacillus alvei*, strain K165, on the germination of *Verticillium dahliae* microsclerotia in planta. Biological Control, 46 (2): 166-170.

Blaha D, Sanguin H, Robe P, et al. 2005. Physical organization of phytobeneficial gene *nifH* and *ipdC* in the plant growth-promoting rhizobaeterium Azospirillum lipoferum $4V_1$. FEMS. Microbiol. Lett 244: 157-163

Bruijn I D, Raaijmakers J M. 2009a. Regulation of Cyclic Lipopeptide Biosynthesis in *Pseudomonas fluorescens* by the ClpP Protease. J Bacteriol, 191 (6): 1910-1923.

Bruijn I D, Raaijmakers J M. 2009b. Diversity and Functional Analysis of LuxR-Type Transcriptional Regulators of Cyclic Lipopeptide Biosynthesis in Pseudomonas fluorescens Appl Environ Microbiol, 75 (14): 4753-4761.

Butcher R A, Schroeder F C, Fischbach M A, et al. 2007. The identification of bacillaene, the product of the PksX megacomplex in *Bacillus subtilis*. PNAS, 104 (5): 1506-1509.

Chen X H, Koumoutsi A, Schol Z R, et al. 2007. Comparative analysis of the complete genome sequence of the plant growth-promoting bacterium *Bacillus amyloliquefaciens* FZB42. Nature Biotechnol, 25 (9): 1007-1014.

Chen X H, Koumoutsi A, Schol Z R, et al. 2009. Genome analysis of *Bacillus amyloliquefaciens* FZB42 reveals its potential for biocontrol of plant pathogens. J Biothechnol. 140: 27-37.

Cheng Z, Duan J, Hao Y, et al. 2009a. Identification of bacterial proteins mediating the interactions between *Pseudomonas putida* UW4 and *Brassica napus* (Canola). Mol Plant-Microbe Interact, 22: 686-694.

Cheng Z, McConkey B J, Glick B. 2010. Proteomic studies of plant-bacteria interactions. Soil Biol Biochem, 42: 1673-1684.

Cheng Z, Wei Y-Y C, Sung W W L, et al. 2009b. Proteomic analysis of the response of the plant growth-promoting bacterium *Pseudomonas putida* UW4 to nickel stress. Proteome Sci, 7: 18.

Cheng Z, Woody O Z, Song J, et al. 2009c. Proteome reference map for the plant growth-promoting bacterium *Pseudomonas putida* UW4. Proteomics, 9: 4271-4274.

Choi S-K, Park S-Y, Kim R, et al. 2008. Identification and functional analysis of the fusaricidin biosynthetic gene of *Paenibacillus polymyxa* E681 Biochem. Biophy Res Commun, 365: 89-95.

Choi S-K, Park S-Y, Kim R, et al. 2009. Identification of a polymyxin synthetase gene cluster of *Paenibacillus polymyxa* and heterologous expression of the gene in *Bacillus subtilis*. J Bacteriol, 191 (10): 3350-3358.

Compant S, Duffy B, Nowak J, et al. 2005. Use of plant growth-promoting bacteria for biocontrol of plant diseases: principles, mechanisms of action, and future prospects. Appl Environ Microbiol, 71 (9): 4951-4959.

DeCoste N J, Gadkar V J, Filion M, et al. 2010. Relative and absolute qRT-PCR based quantification of *hcnC* and *phlD* gene transcripts in natural soil spiked with *Pseudomonas* spp. LBUM300. Appl Environ Microbiol, doi: 10.1128/AEM.01387-10.

Farag M A, Ryu C, Paul W P. et al. 2006. GC-MS SPME profiling of rhizobacterial volatiles reveals prospective inducers of growth promotion and induced systemic resistance in plants. Phytochem, 67:

2262-2268.

Giddens S R, Jackson RW, Moon CD, et al. 2007. Mutational activation of niche-specific genes provides insight into regulatory networks and bacterial function in a complex environment . PNAS, 104 (46): 18247-18252.

Glick B R, Cheng Z, Czarny J, et al. 2007. Promotion of plant growth by ACC deaminase-producing soil bacteria. Eur J Plant Pathol, 119: 329-339.

Gutiérrez-Luna F M, López-Bucio J, Altamirano-Hernández J, et al. 2010. Plant growth-promoting rhizobacteria modulate root-system architecture in *Arabidopsis thaliana* through volatile organic compound emission. Symbiosis, 51: 75-83.

Hill J E, Seipp R P, Betts M, et al. 2002. Extensive profiling of a complex microbial community by high-throughput sequencing. Appl Environ Microbiol, 68 (6): 3055-3066.

Humair B, Wackwitz B, Haas D. 2010. GacA-Controlled Activation of Promoters for Small RNA Genes in *Pseudomonas fluorescens*. Appl Environ Microbiol, 76 (5): 1497-1506.

Kai M, Haustein M, Molina F, et al. 2009. Bacterial volatiles and their action potential. Appl Microbiol Biotechnol, 81: 1001-1012.

Kamilova F, Kravchenko LV, et al. 2006. Effects of the tomato pathogen Fusarium oxysporum f. sp. radicis-lycopersici and of the biocontrol bacterium *Pseudomonas fluorescens* WCS365on the composition of organic acids and sugars in tomato root exudate. Mol Plant Microbe Interact, 19: 1121-1126.

Kamilova F, Validov S, Azarova T, et al. 2005. Enrichment for enhanced competitive plant root tip colonizers selects for a new class of biocontrol bacteria. Environ Microbiol, 7: 1809-1817.

Kidarsa T A, Loper J E, 2009. Microarray analysis of *Pseudomonas fluorescens* Pf-5 grown on seed surfaces. p 24In: Int. Plant Growth Promoting Rhizobacteria Workshop.

Kim J F, Jeong H, Park S Y, et al. 2010b. Genome Sequence of the Polymyxin-Producing Plant-Probiotic Rhizobacterium *Paenibacillus polymyxa* E681. J Bacteriol, 192 (22): 6103-6104.

Kim P I, Ryu J, Kim Y H, et al. 2010a. Production of Biosurfactant Lipopeptides Iturin A, Fengycin, and Surfactin A from *Bacillus subtilis* CMB32 for Control of Colletotrichum gloeosporioides. J Microbiol. Biotechnol, 20 (1): 138-145.

Kleopper J W, Schroth M N, 1978. Plant growth-promoting rhizobacteria on radishes, p879-882 in: Proc. Int. Conf. Plant Pathog. Bact. 4th. Angers, France.

Koumoutsi A, Chen X-H, Scholz R, et al. 2007. DegU and YczE Positively Regulate the Synthesis of Bacillomycin D by *Bacillus amyloliquefaciens* Strain FZB42. Appl Environ Microbiol, 73 (21): 6953-6964.

Li J, Jensen S E, 2008. Nonribosomal Biosynthesis of Fusaricidins by *Paenibacillus polymyxa* PKB1 Involves Direct Activation of a D-Amino. Acid Chem Biol, 15: 118-127.

Loper J E, Gross H, 2007. Genomic analysis of antifungal metabolite production by *Pseudomonas fluorescens* Pf-5 . Eur. J. Plant Pathol, 119: 265-278.

Loper J E, Henkels M D, Shaffer B T, et al. 2008. Isolation and identification of rhizoxin analogs from *Pseudomonas fluorescens* Pf-5 by using a genomic mining strategy. Appl Environ Microbiol, 74 (10): 3085-3093.

López-Bucio J, Campos-Cuevas J C, Hernández-Calderón E, et al. 2007. *Bacillus megaterium* rhizobacteria promote growth and alter root-system architecture through an auxin and ethylene independent signaling mechanism in *Arabidopsis thaliana*. Mol Plant Microbe Interact, 20: 207-217.

Lugtenberg B, Kamilova F. 2009. Plant-growth-promoting rhizobacteria. Annu Rev Microbiol, 63: 541-556.

Ma M, Wang C, Yan Q, et al. 2011. Complete genome sequence of *Paenibacillus polymyxa* SC2, a strain of plant growth-promoting rhizobacterium with broad-spectrum antimicrobial activity. J Bacteriol, 193 (1): 311-312.

Madhaiyan M, Poonguzhali S, Kwon S W, et al. 2010. *Bacillus methylotrophicus* sp. nov. a novel species of methanol utilizing, plant-growth promoting bacterium isolated from rice. Int J Syst Evol Microbiol, 60: 2490-2495.

Matasyoh J C, Maiyo Z C, Ngure R M, et al. 2009. Chemical composition and antimicrobial activity of the essential oil of *Coriandrum sativum*. Food Chem, 113: 226-229.

Ongena M, Jourdan E, Adam A, et al. 2007. Surfactin and fengycin lipopeptides of *Bacillus subtilis* as elicitors of induced systemic resistance in plants. Environ Microbiol, 9: 1084-1090.

Ortíz-Castro R, Contreras-Cornejo H A, Macias-Rodriguez L, et al. 2009. The role of microbial signals in plant growth and development. Plant Signaling & Behavior, 4: 701-712.

Ortíz-Castro R, Martínez-Trujillo M, Lopez-Bucio J. 2008. N-acyl-L-homoserine lactones: a class of bacterial quorum-sensing signals alter post-embryonic root development in *Arabidopsis thaliana*. Plant Cell Environ, 31: 1497-1509.

Paulsen I T, Press C M, Ravel J, et al. 2005. Complete genome sequence of the plant commensal *Pseudomonas fluorescens* Pf-5. Nature Biotech, 23 (7): 873-878.

Pliego C, DeWeert S, Lamers G, et al. 2008. Two similar enhanced root-colonizing Pseudomonas strains differ largely in their colonization strategies of avocado roots and Rosellinia neatrix hyphae. Environ Microbiol, 10: 3295-304.

Rudrappa T, Czymmek K J, Paul W, et al. 2008. Root-secreted malic acid recruits beneficial soil bacteria. Plant Physiol, 148: 1547-1556.

Ryu C-M, Farag M A, Hu C H, et al. 2004. Bacterial Volatiles Induce Systemic Resistance in *Arabidopsis*. Plant Physiol, 134: 1017-1026.

Ryu C-M, Farag M A, Summer L W, et al. 2003. Bacterial volatiles promote growth of *Arabidopsis*. Proc Natl Acad Sci USA, 100: 4927-4932.

Ryu C-M, Yi H-S, Ahn Y R, et al. 2008. Dynamic communication between plants and rhizobacteria via volatile signals. *In*: Lorito M, Woo S L, Scala F. Biology of Plant-Microbe Interactions. Vol. 6. Int. Society for Mol. Plant-Microbe Interact., St. Paul, M N.

Schuhegger R, Ihring A, Gantner S, et al. 2006. Induction of systemic resistance in tomato by N-acyl-L-homoserine lactone-producing rhizosphere bacteria. Plant Cell Environ, 29: 909-918.

Schulz S, Dickschat J S. 2007. Bacterial Volatiles: the smell of small organisms. Nat Prod Rep, 24: 814-842.

Shephard R W, Lindow S, 2008. Two dissimilar N-acyl-homoserine lactone acylases of *Pseudomonas syringae* influence colony and biofilm morphology. Appl Environ Microbiol, 74: 6663-6671.

Sivakumar P M, Sheshayan G, Dible M. 2008. Experimental and QSAR of acetophenones as antibacterial agents. Chem Biol Drug Des, 72: 303-313.

Spaepen S, Vanderleyden J, Remans R, et al. 2007. ndole-3-acetic acid in microbial and microorganismplant signaling. FEMS Microbiol Rev, 1: 425-448.

Takeuchi K, Kiefer P, Reimmann C, et al. 2009. Small RNA-dependent Expression of Secondary Metabolism Is Controlled by Krebs Cycle Function in *Pseudomonas fluorescens*. J Biol Chem, 284: 34976-34985.

Van Loon L C. 2007. Plant responses to plant growth-promoting rhizobacteria. Eur J Plant Pathol, 119: 243-254.

Yang J, Kloepper J W, Ryu C M. 2009. Rhizosphere bacteria help plants tolerate abiotic stress. Trends in Plant Sci, 14: 1-4.

Yin C, Jones K L, Peferson D E, et al. 2010. Members of soil bacterial communities sensitive to tillage and crop rotation. Soil Biol Biochem, 42: 2111-2118.

Zhang H, Kim M-S, Krishnamachari V, et al. 2007. Rhizobacterial volatile emissions regulate auxin homeostasis and cell expansion in *Arabidopsis*. Planta, 226: 839-851.

Zhang H, Xie X, Kim M S, et al. 2008. Soil bacteria augment *Arabidopsis* photosynthesis by decreasing glucose sensing and abscisic acid levels in planta. Plant J, 56: 264-273.

生防微生物研究进展及其应用

1 引言

在农业生产中微生物扮演着重要的角色，并蕴藏进一步开发应用的潜力，由其开发的微生物农药在病虫害生物防治和环境保护等领域发挥了重要作用。微生物农药（microbial pesticide）按照其成分和来源可分为微生物活体农药和微生物代谢产物农药。按照防治对象可分为杀虫剂、杀菌剂、除草剂、杀螨剂、杀鼠剂、植物生长调节剂等。就其利用对象而言，微生物农药一般分为直接利用微生物活体和利用源于微生物的生理活性物质两大类，前者包括细菌、真菌、线虫、病毒及拮抗微生物等，后者包括农用抗生素、免疫抑制剂、植物生长调节剂、性信息素、摄食抑制剂、保幼激素等。微生物农药具有选择性强，对人、畜、农作物和自然环境安全，不伤害天敌，不易产生抗性等特点。在当前要求建设资源节约型、环境友好型社会，要求大力发展绿色农业、环保农业的全球大环境下，微生物农药无疑是今后农药的发展方向之一。截至 2008 年，在我国以苏云金芽孢杆菌制剂（Bt 制剂）、井冈霉素和阿维菌素为主的各类微生物农药施用面积仅占病虫害防治总面积的 10%～15%。我国农药销售额现为 60 亿元，其中 Bt 杀虫剂占市场份额的 2%，棉铃虫病毒杀虫剂占市场份额的 0.2%，农用抗生素占市场份额的 9%，植物源农药占市场份额的 0.5%。据有关专家预测，今后 10 年内，生物农药将取代 20% 以上的化学农药。在巴西，每年有 300 万 hm^2 的农业种植地施用微生物农药。未来 10 年，加拿大预计微生物农药的销售总值将从 2010 年的 750 万美元上升到 2020 年的 2000 万美元。以下是关于微生物农药在全世界范围的应用和商品化，以及相关研究领域的最新进展。

2 由微生物活体开发的农药

2.1 杀虫剂类（insecticides）微生物农药

2.1.1 芽孢杆菌

芽孢杆菌是一种广泛应用于农业生产和病虫害防治的细菌，但是开发成功的

本章作者：阮丽芳、彭东海、孙明。

杀虫并不多，其中最为广泛的是苏云金芽孢杆菌（*Bacillus thuringiensis*，Bt），其次为应用于蚊虫防治的球形芽孢杆菌（*B. sphaericus*）、甲虫防治的日本甲虫芽孢杆菌（*B. popilliae*）。

苏云金芽孢杆菌制剂是微生物农药应用领域一个成功的典范，是世界上应用最多最广的微生物杀虫剂。截至 2010 年，在全世界范围登记的以苏云金芽孢杆菌为活性成分的微生物农药有 136 种。苏云金芽孢杆菌制剂的应用在中国年均超过 3 万 t，使用面积为 800 万 hm^2。商品化制剂有澳大利亚的 Biocrystal（*B. thuringiensis* subsp. *kurstaki*），加拿大的 Novodor（*B. thuringiensis* subsp. *tenebrionis* HB 176），美国的 Florbac（*B. thuringiensis* subsp. *aizawai* NB200），英国的 Turex（*B. thuringiensis* subsp. *aizawai* GC-91）等。在巴西，从 1991 年起，苏云金芽孢杆菌制剂在巴西的年均应用面积为 15 万 hm^2。在加拿大，2010 年农药的销售额为 1.4 亿美元，其中微生物农药的市场份额为 0.5%，而苏云金芽孢杆菌制剂在微生物农药的销售额占 88%，约 650 万美元。目前，中国有 114 家公司登记了苏云金芽孢杆菌的生产许可。

苏云金芽孢杆菌杀虫晶体蛋白（ICP）是其杀虫的核心元件，也是目前唯一用于杀虫转基因植物的基因源，因此是此领域研究者关注的焦点。截至 2010 年 11 月 25 日，目前国际上已注册的Ⅰ类杀虫基因 68 个（与已知基因同源性小于 45% 为Ⅰ类新基因，同源性 45%～78% 为Ⅱ类新基因，同源性 78%～95% 为Ⅲ类新基因，同源性大于 95% 为Ⅳ类新基因。Ⅰ类、Ⅱ类和Ⅲ类通称模式基因），模式基因 211 个。其中我国注册的Ⅰ类杀虫基因 11 个，模式基因 52 个。此外，还有近来发现和证明了层出不穷的 Bt 杀虫相关的毒力因子，包含 Bt 在其致病过程中发挥功能的各类因子。例如，IlsA，帮助其在病原宿主中获得金属铁离子；金属蛋白酶 InhA1、InhA3 在宿主的血腔中发挥免疫抑制因子的作用；Bel 蛋白协助 Bt 在自然致病的过程中破坏宿主肠道的围食膜；几丁质酶同样在致病过程中破坏围食膜主要构成成分。在研究 Bt 以及杀虫晶体蛋白与宿主互作的机制过程中，证明了与 Cry 蛋白和 Vip 蛋白特异性结合的受体-钙黏蛋白和氨肽酶 N，以及与 Bt 致病过程中相互作用的宿主免疫因子，都能起到杀虫活性的增效作用（Raymond et al., 2010；Fang et al., 2009）。

球形芽孢杆菌，作为应用于生物防治的细菌，主要是应用于传播各种人类疾病，如疟疾、丝虫病、乙型脑炎、黄热病和登革热等的媒介蚊虫的防治。一些高毒力菌株在芽孢形成的时候会产生具有活性的伴胞晶体，晶体组成主要是由两个蛋白自然折叠组装成的二元毒素。此外，在一些低毒力菌株及部分高毒力菌株中发现一类 Mtx 毒素。这些毒素的合成与芽孢的形成不相关，它合成于细菌的营养体生长阶段。目前全世界范围内，以球形芽孢杆菌为活性成分的商品制剂有 7 种。

日本甲虫芽孢杆菌是一种应用于金龟子科幼虫毒杀的病原菌。目前全世界范围内，以日本甲虫芽孢杆菌为活性成分的商品制剂仅有 1 种，是美国的 Milky Spore Powder。

2.1.2 绿僵菌和白僵菌

绿僵菌（*Metarhizium* spp.）是最早用于防治害虫的微生物之一，是一种有效的杀虫真菌，利用它来防治害虫的研究与实践已逾百年，主要应用于防治蝗虫、地下害虫、天牛等。研究发现全世界有 200 多种昆虫能被这种真菌感染致死。截至 2010 年，在全世界范围登记的绿僵菌微生物农药有 23 种。除了一种澳大利亚登记的用于防治红头牧场金龟子（redheaded pasture cockchafer）的商品化制剂 Chafer Guard 是以黄绿绿僵菌（*M. flavoviride*）为活性成分，其余均以金龟子绿僵菌为活性成分。在巴西，10%～15% 大豆种植地的梨豆扑腾蛾是利用金龟子绿僵菌来进行防治。2000～2009 年，以金龟子绿僵菌为活性成分的 Green Guard 在澳大利亚被施用超过 10 万 hm^2。2008 年，在中国的江西和安徽，有 5 万 hm^2 林业用地被施用金龟子绿僵菌来防治松褐天牛（*Monochamus alternatus*），该菌在中国西部和西北部施用面积也超过上万公顷。在巴西，绿僵菌用于 25 万 hm^2 面积防治甘蔗根唾蝉（sugarcane root spittlebug）和一种（*Mahanarva fimbriolata*）。绿僵菌代表性的商品化制剂有澳大利亚的 Chafer Guard（*M. flavoviride*），美国的 Tick-Ex（*M. anisopliae* F52），南非的 Green Muscle（*M. anisopliae* subsp. *acridum* IMI 330 189）和加拿大的 Met52（*M. anisopliae* F52）等。

球孢白僵菌（*Beauveria bassiana*）是害虫微生物防治中一种经典的丝孢类虫生真菌，可侵染 15 目、149 科的 700 多种昆虫和若干种蛛螨类。截至 2010 年，在全世界范围登记的球孢白僵菌微生物农药有 41 种。商品化的制剂有南非的 Bb Plus、印度的 Myco-Jaal、韩国的 BotaniGard、英国的 Naturalis-L（*B. bassiana* ATC74040）、俄罗斯的 Boverin、美国的 Naturalis L（*B. bassiana* ATCC 74040），还有俄国以球孢白僵菌和苏云金芽孢杆菌（*B. bassiana*，GHA and *B. thuringensis*）为活性成分的，用于防治科罗拉多薯甲虫（Colorado potato beetle）的 Bitoxibacillin 等。

昆虫病原真菌是唯一通过昆虫表皮侵染的杀虫微生物。绿僵菌和白僵菌侵染寄主昆虫主要有 3 个过程：分生孢子附着在寄主表皮；穿透昆虫表皮入侵到昆虫体内；在昆虫体内利用昆虫营养生长繁殖并分泌毒素直至昆虫得病死亡。由于生防真菌不携带昆虫肠道毒力因子，只能从体壁侵入昆虫体内。在田间害虫防治中，喷施在植物表面的大量菌剂分生孢子完全可能随暴食性食叶害虫取食而进入肠道，却不能发挥应有的侵染作用。这是真菌制剂难以防治暴食性蔬菜害虫的重要原因之一。利用外源毒力基因构建转基因工程菌株，成为国内外近年提高生防真菌毒力的努力目标。例如，超表达家蚕几丁质酶或其融合酶的白僵菌能加速寄主死亡。将蝎毒素整合到绿僵菌中并在寄主血腔特异性表达的工程菌株，对烟草天蛾幼虫、埃及伊蚊及咖啡小蠹幼虫的毒力分别提高 22 倍、9 倍和 16 倍。类似地，高表达蝎毒素的白僵菌工程菌株对松毛虫的毒力增加 15 倍，杀虫速度提高 24% 。我国 Qin 等（2010）以经昆虫体壁侵染的生防真菌分生孢子为载体，高表达苏云金芽孢杆菌营养生长期分泌、经昆虫咀嚼式口器摄入并作用于中肠靶位的非晶体速效杀虫蛋白 Vip3A（昆虫肠道毒力因子），构建既能经体壁附着又能经取食摄入的双途径侵染的生防真菌工程菌株。另外，调控内源性抗氧化物歧化酶、过氧化氢酶、硫氧还蛋白、海藻糖代谢酶等编码基因的过表达，或导入外源的硫氧还蛋白，都可增强生防真菌对夏季高温、阳光紫外辐射的耐受力。

2.1.3 其他真菌杀虫剂

玫烟色拟青霉（*Paecilomyces fumosoroseus*）也是一类重要的昆虫病原真菌，该菌寄主范围广泛，包括同翅目、鳞翅目、双翅目、鞘翅目、膜翅目等 8 目、40 多种昆虫，特别是对同翅目蚜虫、粉虱等刺吸式口器害虫有很强的致病力。截至 2010 年，在全世界范围登记的以玫烟色拟青霉为活性成分的微生物农药有 6 种，并且均用于防治粉虱。商品化的制剂有英国的 Nofly、美国的 PFR-97、印度的 Nemato-Guard 和韩国的 Bangsili。

蜡蚧轮枝菌（*Verticillium lecanii*）是一种广谱高效的生防真菌，对同翅目害虫有很好的防治效果，当害虫种群密度较高时可引起白粉虱、蚜虫疾病的流行。目前国际上商品化的制剂有 19 种，其中 14 种来自印度。2008 年，印度三个大型私营公司报告数据显示的微生物农药的生产总值：210t 木霉菌，28t 球孢白僵菌，30t 蜡蚧轮枝菌和 25t 金龟子绿僵菌。用于杀虫剂的病原真菌还有用于防治蚜虫的 *Conidobolus thromboides*，一种孢子丝属菌（*Sporothrix insectorum*）在巴西被用于 15 000hm^2 橡胶树中一种害虫（*Leptopharsa heveae*）的防治，淡紫拟青霉（*Paecilomyces lilacinus*）在我国和一些国家也被用于白粉虱和植物寄生线虫的防治。

2.1.4 原生动物和线虫

用于防治害虫的原生动物主要是蝗虫微孢子虫（*Nosema locustae*）。目前全世界范围内，以此原生动物登记的商品制剂仅有美国的 Nolo-Bait 和 Semaspore

Bait。蝗虫微孢子虫是蝗虫的专性寄生物，能感染100多种蝗虫及其他直翅目昆虫。我国自1986年从美国引进蝗虫微孢子虫后，目前已成功地用于我国草原蝗害的治理中，累积示范试验面积达50多万公顷。

昆虫病原线虫用于杀虫剂的主要包括异小杆线虫及斯氏线虫。目前全世界范围内登记的商品制剂有27种，其中25种来自加拿大。其余的分别来自俄罗斯和新西兰。异小杆线虫商品制剂中的活性成分有嗜菌异小杆线虫（*Heterorhabdhis bacteriophora*）和另一种异小杆线虫（*H. megidis*）。斯氏线虫商品制剂中的活性成分包括小卷蛾斯氏线虫（*Steinernema carpocapsae*）、夜蛾斯氏线虫（*S. feltiae*）以及另外两种斯氏线虫（*S. kraussei* 和 *S. scapterisc*）。虽然目前全世界有27种登记的病原线虫杀虫剂，但此类杀虫剂的应用是受到严格限制的。

2.1.5 病毒类杀虫剂

杆状病毒是一类节肢动物专一性的病毒，在农业和森林害虫防治的利用中能特异性地杀死特定的害虫。杆状病毒的宿主范围窄，大部分杆状病毒只能感染几种昆虫甚至是专一性的一种，最近的研究表明细胞凋亡是限制杆状病毒宿主范围的因素之一（Feng et al., 2007；Zhang et al., 2002；Clarke and Clem, 2003）。P35是第一个被发现的杆状病毒抗凋亡蛋白，能抑制许多不同动物的凋亡，如线虫，昆虫和哺乳动物（Means et al., 2007）

杆状病毒带有杆状的核衣壳，基因组是大小为80～180kb，由双链环状DNA所构成（Theilmann et al., 2005）。杆状病毒科由核多角体病毒属（Nucleopolyhedrovirus，NPV）和颗粒体病毒属（Granulovirus，GV）组成（Theilmann et al., 2005）。核多角体病毒会产生两种不同类型的病毒粒子：一种是在感染晚期产生的包埋于包涵体蛋白晶体中的病毒粒子，病毒核衣壳在细胞核内获得囊膜，称为包埋型病毒（ODV）；另一种不被包涵体所包埋，病毒核衣壳在核膜或细胞膜处以出芽方式获得囊膜，称为芽生型病毒（BV）。BV可感染同一宿主里的不同细胞，主要负责病毒在体内或培养细胞中细胞-细胞之间的传播；而ODV则是在个体水平上传播病毒（Blissard et al., 2000）。

目前全世界范围内，以杆状病毒登记的商品制剂有62种，其中活性成分为核型多角体的有42种，以颗粒体病毒为活性成分的有18种。还有在中国登记的以黑胸大蠊浓核病毒（Periplaneta fuliginosa densovirus）为活性成分的，用于防治蟑螂的商品制剂。黑胸大蠊浓核病毒（pfDNV）是在我国首先发现并正式分类鉴定的蟑螂浓核病毒，该病毒属细小病毒科（Parvoviridae），浓核病毒亚科（Densovirinae）。病毒杀虫剂在中国的年产量超过2000t，其中棉铃虫多角体病毒杀虫剂和斜纹夜蛾多角体病毒杀虫剂是应用最广的病毒杀虫剂。2004～2005

年，核型多角体病毒在巴西的应用达 200 万公顷。加拿大 2010 年病毒微生物农药的销售额为 5 万美元。

2.1.6 酵母类

目前报道的以酿酒酵母（*Saccharomyces cerevisiae*）为微生物杀虫剂的仅有美国的商品化制剂 Yeast Bull Run。此制剂主要是充当苍蝇引诱剂，将其放在捕蝇器内引诱苍蝇。

2.2 杀真菌剂微生物农药（Fungicides）

2.2.1 真菌类

木霉菌（*Trichoderma* spp.）对一些土传植物病原菌，如立枯丝核菌、齐整小菌核、镰刀菌、核盘菌、疫霉菌、腐霉菌、链格孢菌等的防治具有很好的效果，在土传病害的生物防治中具有重要的地位。目前已用于植物病害生物防治的木霉菌主要包括：哈茨木霉（*T. harzianum*）、绿色木霉（*T. viride*）、康氏木霉（*T. koningii*）、木素木霉（*T. lignorum*）、钩状木霉（*T. hamatum*）、长枝木霉（*T. longibrachiatum*）、多孢木霉（*T. polysporum*）等。国外已商品化的木霉菌制剂有美国的 PlantShield（*T. harzianum* Rifai T-22）、南非的 T-Gro（*T. harzianum* DB103）、欧盟的 Trianum P、俄罗斯的 Gliocladin（*T. harzianum*）、澳大利亚的 Trichodex、印度的 Biozim。美国的商品化制剂 Bioten 以两种木霉菌为活性成分［*T. asperellum* ICC 012 和 *T. harzianum*（gamsii）ATCC 080］。截至 2010 年，在全世界范围登记的木霉菌微生物农药有 34 种，其中以哈茨木霉为活性成分的有 17 种。

木霉菌是一种广谱性拮抗菌，能够拮抗多种病原真菌，子囊菌类真菌、担子菌类真菌和卵菌类真菌，最近报道对线虫也有效果。20 世纪 70 年代以来，人们对木霉菌的拮抗作用及其机制作了深入研究。1932 年，Weindling 发现木霉菌可以寄生于立枯丝核菌等土传病菌，木霉菌菌丝可以沿寄主菌丝生长，或缠绕在寄主菌丝上，或穿入菌丝内部，从而导致寄主菌丝的死亡。这种侵入包括物理过程和细胞壁降解酶的酶解过程。这些酶包括高效几丁质酶、细胞溶解酶、蛋白水解酶等。木霉通过 ABC 膜运输泵、可溶或挥发性代谢物和其他次级代谢物抵御宿主，破坏致病菌的生长环境（Schuster and Schmoll，2010）。目前已发现木霉菌至少可寄生于 18 属的 29 种植物病原真菌。我国高克祥（2002）等利用光学显微镜和扫描电镜观察到哈茨木霉 T88 菌株和深绿木霉 T95 菌株对引起林木病害的

5 种病原真菌的拮抗机制主要是重寄生作用。

白粉寄生孢（*Ampelomyces quisqualis*）是白粉菌上较为重要的重寄生菌，因其较宽的寄主范围及对部分用于防治白粉菌杀菌剂的抗耐性能力而在作物白粉病防治上具有重要意义。已知白粉菌寄生孢可寄生 64 种白粉菌。以白粉寄生孢为活性成分注册的微生物农药在全世界范围内仅有 6 种，如南非的 Bio-Dewcon、韩国的 Cufect、欧盟的 AQ10 以及美国的 PowderyGon。有关白粉寄生孢研究领域的进展很少，2003 年 Szentianyi 对苹果树上白粉寄生孢的越冬进行了系统研究。研究感染白粉病菌（*P. leucotricha*）的苹果树和其他感染白粉病的乔木、灌木、草本植物的白粉寄生孢存活的自然形态，鉴定这些材料上白粉寄生孢的分生孢子器和其他形态结构，并测定分生孢子器的萌发能力及对白粉菌的寄生活力，明确了它们在越冬中的重要性。

盾壳霉（*Coniothyrium minitans*）是核盘菌的重要寄生菌，能寄生核盘菌（*Sclerotinia sclerotiorum*）、小核盘菌（*S. minior*）、三叶草核盘菌（*S. trifoliorum*）、雪腐核盘菌（*S. nivalis*）、洋葱小核菌（*Sclerotium mycetospora*）以及白腐小核菌（*Sclerotium cepivorum* Berk）等。具有专一性强、作用时间长、对植物无致病性等特点。它能通过孢子或菌丝侵染菌丝和菌核破坏性寄生作用，产生抗真菌物质和溶菌作用，杀死病原菌的菌丝体和菌核。在向日葵、莴苣及其他多种植物菌核病的生物防治方面已取得了显著效果。Muthumeenakshi 等（2007）鉴定了 251 个盾壳霉菌核寄生作用中特异表达的基因，拓宽了对这种重要生防真菌分子水平的认识。盾壳霉寄生核盘菌菌核的过程中，β-1，3-葡聚糖酶能帮助其侵入宿主的细胞壁，高活性的 β-1，3-葡聚糖酶能增强盾壳霉的菌核寄生能力（Giczey et al., 2001）。目前全世界范围内商品化的盾壳霉有 4 种，分别以盾壳霉 CON/M/91-08 和盾壳霉 CON/M/91-05 菌株为活性成分。

链孢黏帚霉（*Gliocladium catenulatum*）是黄瓜根茎结镰刀菌属和引起幼苗腐烂的腐霉属真菌的有效真菌防治剂。在分别以几丁质或海带多糖为唯一碳源的合成培养基上，链孢黏帚霉产生几丁质酶和 β-1，3-葡聚糖酶。几丁质酶和 β-1，3-葡聚糖酶可由镰刀菌属细胞壁诱导产生。当加入链孢黏帚霉培养滤液时，镰刀菌属和腐霉属菌丝生长受到严重抑制，两种致病菌的细胞壁被降解。在离体的黄瓜根上，链孢黏帚霉形成附着孢样结构，并且环绕腐霉属菌丝。在培养基中，导致镰刀菌属菌丝的局部降解。通过 RT-PCR，能从含有链孢黏帚霉的黄瓜根组织中扩增到 β-1，3-葡聚糖酶基因。表明 β-1，3-葡聚糖酶能有效降解镰刀菌属和腐霉属菌丝，具有一定生物防治功效（Chatterton and Punja，2009）。目前全世界范围内商品化的链孢黏帚霉有 4 种，均以链孢黏帚霉 J1446 菌株为活性成分。

一种真菌（*Pseudozyma flocculosa*）是对白粉病有重要活性的生物防治制剂，研究者们发现其抗菌活性主要来自一个被命名为 flocculosin 的纤维二糖脂类。Marchand 等（2009）揭示该真菌中合成 flocculosin 相关基因。目前仅有以此真菌（*Pseudozyma flocculosa* PF-A22 UL）为活性成分的商品化制剂，分别是来自美国和欧盟的 Sporodex。

寡雄腐霉（*Pythium oligandrum*）作为一种重要的土传病害生防菌越来越受到关注，它能在多种重要农作物根围定殖，对 20 多种病原真菌或其他卵菌具有拮抗或寄生作用，并能诱导植物产生防卫反应。目前国际上以寡雄腐霉为活性成分的抗真菌微生物农药仅有欧盟的 Polyversum。

黄曲霉（*Aspergillus flavus*）能产生黄曲霉毒素，该毒素是一种致癌剂及哺乳动物免疫抑制剂。Ehrlich 和 Cotty（2004）研究发现，一些不产毒素的黄曲霉菌能与产毒的黄曲霉毒素竞争，抑制产毒黄曲霉侵染感染的植物及降低其产毒量。目前以不产毒素黄曲霉 F36 为活性成分的微生物农药已经在美国商品化，分别是 Aspergillus flavus36 和 Afla-guard。2002 年，分别在亚利桑那州和得克萨斯州应用了 2 万英亩。

黑白轮枝霉（*Verticillium alboatrum*）是棉花枯萎病的病原菌，美国开发的 Dutch Trig 利用其充当疫苗来防治荷兰榆树病。

Lahlali 等（2004）研究发现，假丝酵母［*Candida oleophila*（strain O）］和毕赤酵母［*Pichia anomala*（strain K）］这两株菌株可以用来防治苹果和梨的采收后疾病。目前欧盟利用假丝酵母已经开发出来了防治采收后疾病的商品制剂。

一种称为 *Muscodor albus* 的真菌以无孢菌丝体存在，不产生无性和有性的孢子，也不产生厚垣孢子和菌核等繁殖体。由于其特殊的生活史，因此具有很高的安全性。从洪都拉斯桂树皮分离出来的该真菌菌株 QST20799 产生很多挥发性物质，主要是乙醇、酸和酯，能抑制土传病害和采收后病害。目前美国以其为活性成分开发了抑制采收后病害的商品制剂 Arabesque。

Ulocladium oudemansii 是一种土壤腐生真菌，通过与同一生境的病原菌竞争营养达到抑制的目的，主要用于水果、蔬菜和观赏植物的病害防治。目前以该真菌为活性成分的仅有一种名为 BotryZen 的商品制剂，在美国和新西兰均有登记。

还有一些用于抗真菌的，如乌克兰商品化的 Mikosan，主要活性成分是木蹄层孔菌（*Fomes fomentarius*）。

2.2.2 芽孢杆菌

芽孢杆菌是杀真菌剂中最常见的细菌，主要包括枯草芽孢杆菌、解淀粉芽孢杆菌、地衣芽孢杆菌（*B. licheninformis*）、蕈状芽孢杆菌（*B. mycoides*）、短小芽孢杆菌。目前全世界范围内，以芽孢杆菌为活性成分的商品化杀真菌剂有 46 种，其中 38 种以枯草芽孢杆菌为活性成分。

枯草芽孢杆菌通过成功定殖至植物根际、体表或体内，与病原菌竞争植物周围的营养，分泌抗菌物质以抑制病原菌生长，同时诱导植物防御系统抵御病原菌入侵，从而达到生防的目的。其主要防治对象为丝状真菌所引起的植物病害，如水稻纹枯病、豆类根腐病、苹果霉心病、棉花立枯病、棉花枯萎病等。

研究表明，某些菌株通过产生一种铁载体与环境中的铁离子高度结合，使植物病原菌缺乏铁营养而不能生长繁殖，从而占据一定的生态位（Shoda，2000）。Bacon 等分离了一株玉米内生枯草芽孢杆菌，它与玉米病原真菌串珠镰刀菌（*Fusarium moniliforme*）有相同的生存位点，该菌剂施用后能在玉米体内迅速定殖和繁殖，可有效降低串珠镰孢菌及其毒素 myocotoxin 的积累（Bacon et al.，2001）。橄榄叶面附生菌枯草芽孢杆菌 RB14，接种病原物前 3 天施用、与病原物同时施用和接种病原物后 3 天施用对野油菜黄单胞菌野菜致病变种（*Xanthomonas campestris* pv campestris），防治效果没有差别，而内生菌巨大芽孢杆菌和蜡状芽孢杆菌则是接种病原物前 3 天施用最好，原因可能是后者需要较长时间才能定殖和建立有效种群。

枯草芽孢杆菌能产生多种具有生防活性的抗菌物质，如脂肽类、肽类、磷脂类、多烯类、氨基酸类和核酸类。伊枯草菌素是由枯草杆菌产生的一大类脂肽类化合物，家族成员包括 IturinA、IturinB、IturinC、IturinD、IturinE，芽孢菌素（Bacillomyein）D、芽孢菌素 F、芽孢菌素 L 以及抗霉枯草菌素（Mycosubtilin）等（Stein，2005）。这些脂肽能改变真菌的膜通透性和脂类复合物，引起真菌菌丝体的扩大、溶胀和孢子畸变。枯草芽孢杆菌 155 的代谢产物能抑制采后柑橘类水果病原真菌的菌丝体生长，其次级代谢产物能强烈抑制指状青霉的生长。研究者从一些抗细菌菌株中分离检测到蛋白质类拮抗物质。这类物质包括一些酶类、抗菌蛋白和多肽类。目前已报道的枯草芽孢杆菌分泌的酶类有几丁质酶、Bacillomycin D 合成酶 C（309.04kDa）、激酶（53.38kDa）、1-4-b-葡聚糖酶（46.60kDa）等（Moyne et al.，2004；Liu et al.，2007）。

2.2.3 假单胞菌

假单胞菌（*Peudomonas* spp.）存在于各种作物的根际和叶际，被广泛地用于作物土传病等真菌病害的防治，如荧光假单胞菌对油菜菌核病、苹果的灰霉病、大豆的根腐病、烟草的根黑腐病以及对柑橘根际的真菌类病害等都有较好的防治作用，此外恶臭假单胞菌对柑橘果园中的寄生病原菌有很好的抑制作用。其中荧光假单胞菌在农业生产中应用最多，也是研究最为深入的。Someya 等

(2006)证明荧光假单胞菌 LRB3W1 菌株与杀真菌素苯菌灵同时使用能够更好地抗番茄枯萎病。

荧光假单胞菌对病原的抑制作用主要是通过铁载体竞争病原菌生长所需的铁离子来实现的。荧光假单胞菌能分泌一种可溶性色素 pyoverdin (Pvd)。Pvd 是一种铁载体，对 Fe^{3+} 具有高度亲和力，在体外与 Fe^{3+} 结合形成 Ferripyoverdin，从而将 Fe^{3+} 运至细胞内。而一般情况下，土壤环境中可利用的铁离子浓度很低，由于荧光假单胞菌的存在，其他细菌及病原菌的生长就会受到强烈的抑制(Haas and Défago，2005)。荧光假单胞菌 Pf-5 的全基因组序列也表明荧光假单胞菌能够利用多种铁载体 (Paulsen et al.，2005)。

假单胞菌的次级代谢产物在植物病原菌的生物防治中也起着重要作用。荧光假单胞菌 Pf-5 的全基因组序列显示 Pf-5 中 5.7% 的基因与其次级代谢产物相关。2，4-二乙酰基藤黄酚 (2，4-diacetyl phloroglucinol，Phl) 是其中研究最多的一种次级代谢产物。Phl 能够破坏腐霉的细胞膜，影响游动孢子的形成。吡咯尼林也是其产生的一种次生代谢产物，通过抑制真菌的呼吸链来起作用。环脂肽类抗生素能够插入细胞膜从而抑制病原菌细胞膜的形成，氰化氢是许多金属酶，特别是含铜的细胞色素 c 氧化酶的抑制剂。

截至 2010 年为止，以荧光假单胞菌为活性成分的商品制剂有 9 种，以绿叶假单胞菌为活性成分的商品化制剂有 4 种，以铜绿假单胞菌为活性成分的有 4 种，以丁香假单胞菌为活性成分的有 3 种。

2.2.4 病毒类

核盘菌 (*Sclerotinia sclerotiorum*) 是油菜的重要病原菌，我国 Yu 等 (2010) 发现一种引起核盘菌致病力衰退的单链环状 DNA 病毒 (SsHADV-1)，SsHADV-1 不仅可以侵染不同营养体亲和型的核盘菌个体，而且其 DNA 能够在拟南芥叶面上稳定存在 7 天以上。SsHADV-1 的粒子可以直接侵染核盘菌的菌丝、抑制病菌在拟南芥上扩展。如果将这种病毒应用于田间，它们将侵染寄主真菌，并促使病原真菌群体出现致病力衰退，抑制病害的发生和流行。这种病毒一旦在寄主真菌群体中流行，将导致病原真菌出现长期的衰退，达到高效、持久性控制真菌病害的目的。但目前此类病毒还处于研究阶段，没有商品化制剂。

2.2.5 酵母类

拉嗜油假丝酵母 (*Candida oleophila*) Strain O 是从金冠苹果中分离出来

的，用于防治苹果、梨等水果收获后、储存前的特殊真菌病原菌，如灰霉菌（*Botrytis cinerea*）引起的灰霉病，扩展青霉（*Penicillium expansum*）引起的蓝霉病。其机制主要是与病原菌争夺水果创伤的营养和生存位点。并且拉嗜油假丝酵母 Strain O 产生的 1，3-葡聚糖酶也有助于提高其竞争能力。目前的商品化制剂仅有美国的 NEXY、英国的 Nexyl。

2.3 杀细菌剂（bactericides）类微生物农药

2.3.1 细菌类

目前用于杀细菌的细菌类农药主要是放射形土壤杆菌（*Agrobacterium radiobacter*）。截至 2010 年，以土壤放射杆菌为活性成分的杀细菌剂已在南非、中国、加拿大、美国、澳大利亚、新西兰进行商品化生产，主要用于防治由根癌农杆菌（*A. tumefaciens*）侵染引起的桃、樱桃、玫瑰等果树根癌病。

成团泛菌（*Pantoea agglomerans*）是美国研究者从嘎啦果的花中分离出来的一种植物内生菌，并申请了美国专利（US 591946）。它能竞争性的抑制梨疫火病原细菌的生长和定殖，从而有助于降低苹果、梨疫火病的危害。以成团泛菌为活性成分的杀细菌剂目前仅在美国、加拿大和新西兰有商品化制剂，如美国的 BlightBan C9-1 和 Bloomtime，新西兰的 Bloomtime。

2.3.2 病毒类

目前病毒类杀细菌剂仅在美国有商品化制剂：AgriPhage。AgriPhage 是一种安全、有效的，能防治马铃薯、辣椒等植物细菌性病害的杀细菌剂。目前在美国有分别以丁香假单胞菌噬菌体（bacteriophage of *Pseudomonas syringae* pv.）和野油菜黄单胞菌噬菌体（bacteriophage of *Xanthomonas campestris*）为活性成分的 AgriPhage 商品化制剂。这些噬菌体能专一性的感染有害细菌。

2.4 除草剂（herbicide）类微生物农药

2.4.1 细菌类

细菌除草剂主要是从杂草根系土壤的微生物菌群中筛选出来的，具有除草潜能的根际细菌（rhizobacteria）。目前细菌类除草剂商品化的有美国的以蜡状芽孢杆菌为活性成分的 MepPlus；乌克兰以白色无色杆菌（*Achromobacter album*）

为活性成分的 Albobacteryn；加拿大以乳杆菌（*Lactobacillus* spp.）为活性成分的 Organo-Sol 等。Camperico 是日本新研究的茎叶处理细菌除草剂，其有效成分是一种野油菜黄单胞菌（*Xanthomonsas campestris* pv. poannua），用于防治高尔夫球场的早熟禾，防效可达 90% 以上，且专化性强，具有种间选择性。但汉斌等从马唐和稗草根部分离得到假单胞菌 792 株和欧文氏菌 515 株，其中从狗尾草分离筛选的 S7 菌株可完全抑制狗尾草种子萌发。

2.4.2 真菌类

杂草生防真菌是一类能够有效侵染有害植物，并在一定程度上控制其生长或繁殖的植物病原真菌。杂草生防真菌的种类多，对靶标具有持续控制作用，是杂草综合防治的重要基础。具有杂草生物防治的真菌主要集中在 9 属：刺盘孢菌属（*Colleototrichum*）、疫霉属（*Phytophthora*）、镰刀菌属（*Fusarium*）、交链孢霉属（*Alternaria*）、柄锈菌属（*Puccinia*）、尾孢霉属（*Cercospora*）、叶黑粉菌属（*Entyloma*）、壳单孢菌属（*Ascochyta*）和核盘菌属（*Sclerotinia*）。目前全世界商品化的真菌除草剂有加拿大的以银叶菌（*Chondrostereum purpureum* PFC2139）为活性成分的 Chontro，以核盘菌（*Sclerotinia minor* IMI 344141）为活性成分的 Sarritor，美国的以一种交链孢霉（*Alternaria destruens* 059）为活性成分的 Smolder，以银叶菌（*Chondrostereum purpureum* PFC 2139）为活性成分的 Chontrol Paste，以一种刺盘孢菌（*Colletotrichum gloeosporioides* f. sp. *aeschynomene* ATCC202358）为活性成分的 LockDown，以一种柄锈菌（*Puccinia thlaspeos* woad）为活性成分的 Woad Warrior 等。

1986 年在美国本土的沼泽菟丝子中分离得到的一种交链孢霉（*A. destruens*）是天然的寄生菟丝子属植物的真菌，能寄生于菟丝子、沼泽菟丝子、大粒种子菟丝子、田间菟丝子以及小种子菟丝子。Saxena 等研究发现链格孢菌（*Alternaria alternata*）在特定条件下具有防除马缨丹（*Lantana camara* L.）的潜力（Saxena et al., 2002）。

银叶菌是一种广泛分布于南北半球温带的真菌，通常生长于阔叶树和灌木的木质部，并由于影响木质部输送营养物质到叶从而导致被感染的树木患有银叶病。并由于这种能抑制诸如桤木、白杨等阔叶树残骸的萌芽和再生的特性，而被广泛用于森林采伐和道路开拓方面。使用时通常是直接将糊剂直接涂抹于新砍伐的树木伐根上。它是能替代草甘膦、定草酯、毒莠定和环嗪酮的新型微生物除草剂。该菌已被证实对哺乳动物或野生动植物没有毒性影响。

胶孢炭疽菌锦葵专化型（*Colletotrichum gloeosporioides* f. sp. *malvae*）的孢子，用于控制圆叶锦葵（*Malva rotundifolia* L.）。2×10^6 孢子/mL 的菌悬液

对杂草产生极强的控制效果（Babu et al., 2004）。最近加拿大研究人员从133种对狗尾草（*Setaria iridis*）有致病作用的潜力菌中分离、筛选出高致病作用梨孢霉属病原菌（*Pyricularia setariae*），研究发现该菌具有开发为防治狗尾草的真菌除草剂的潜力，寄主范围测定表明此菌对包括小麦、大麦、燕麦等重要农作物无显著致病作用（Peng et al., 2004）。

柄锈菌属真菌（*Puccinia thlaspeos* woad）的宿主就是它的防治靶标——菘蓝，多数柄锈菌属真菌通常需要两种植物作为宿主来完成其世代交替过程。Gupta利用柄锈菌属真菌（*Puccina romagnoliana* mariesace）来控制桑树地的莎草科杂草香附子，此菌对香附子致病性强，在发病严重时，能引起幼苗死亡，降低块茎的活力和数量，对桑树等经济作物的安全性良好（Gupta et al., 2002）。

Grace等利用一种镰刀菌（*Fusarium oxysporum* Schlecht f. sp. *orthoceras*）的厚垣孢子作为接种体来控制向日葵列当。拟茎点霉属真菌（*Phomopsis convolvulus* ormeno）也曾被认为是防治田旋花（Conyolvulus *arvensis* L.）的真菌除草剂的潜力菌（Grace and Muller-Scharer, 2003）。

2.5 杀线虫剂类微生物农药（nematicides）

2.5.1 细菌类

以细菌为杀线虫活性成分的微生物农药主要有苏云金芽孢杆菌、坚强芽孢杆菌（*B. firmus*）、穿刺巴斯德菌（*Pasteuria penetrans*）等。全世界范围登记的杀线虫的细菌微生物农药很少，只有美国和古巴两个国家有相关登记。古巴登记的杀线虫细菌农药商品制剂有三种，一种是以苏云金芽孢杆菌为主要活性物质的Thurisav-3［*B. thuringiensis* subsp. *kurstaki* LBT-3（INISAV）］，主要是用于防治香蕉根结线虫。另外一种是以微变冢村氏菌（*Tsukamurella paurometabola*）为主要活性物质的HeberNem-L和HeberNem-S，主要是用于防治植物寄生线虫。美国登记的杀线虫细菌农药有两种，一种是以坚强芽孢杆菌为活性成分的BioNem（*B. firmus* I-1582），另外一种是以一种巴氏德菌（*P. usgae*）为活性成分的Econem。乌克兰以荧光假单胞菌、白色链霉菌和玫瑰微球菌为复合活性成分的细菌农药制剂Bactophil用于线虫和病害的防治。

苏云金芽孢杆菌对根结线虫、大豆胞囊线虫、香蕉穿孔线虫（*Radopholus similis*）等多种植物寄生线虫具有毒杀作用。其活性成分主要包括Cry5、Cry6、Cry12、Cry13、Cry14、Cry21和Cry55等晶体蛋白以及β-外毒素等小分子代谢产物。Peleg等（2002）发现了坚强芽孢杆菌CNCM I-1582和蜡状芽孢杆菌

CNCM I-1562 及其突变体有杀线虫的活性。Terefe 通过实验室、温室大棚和田间试验证明含有坚强芽孢杆菌的微生物农药产品 BioNem 防治南方根结线虫的效果：实验室证明 BioNem 对卵孵化的抑制率高达 98%～100%。大棚试验证明 BioNem 可以减少约 91% 的根结形成，而植株的高度和生物量分别提高了 71% 和 50%。田间试验证明 BioNem 可以减少 75%～84% 的根结形成，植株的高度和生物量分别提高了 29%～31% 和 20%～24%（Terefe et al., 2009）。侧胞短芽孢杆菌（*Brevibacillus laterosporus*）G4 可以产生一种胞外碱性蛋白酶 BLG4，BLG4 是一种可以溶解线虫表皮的杀线虫因子。与野生菌种相比，敲除 BLG4 基因的突变株 BLG4-6 丧失了 50% 的杀线虫活性（Tian et al., 2006）。Padgham 报道巨大芽孢杆菌可以作为一种防治水稻拟禾本科根结线虫的生防细菌，使植物线虫感染率下降 40% 并抑制根结形成，巨大芽孢杆菌的次级代谢产物可以抑制线虫卵的孵化，使卵的孵化率下降 60%（Padgham and Sikora, 2007）。我国 Liu 等（2010）鉴定了一个杀线虫的芽孢杆菌新种——杀线虫芽孢杆菌。杀线虫芽孢杆菌能够产生系列信号物质，如苯甲酸苄酯、苯甲醛、苯乙酮、2-庚酮；吲哚、奈和 2，5-二甲基苯甲醚等，这些信号物质能够有效地吸引线虫取食杀线虫芽孢杆菌。在其被线虫取食以后，会产生系列毒力因子，如碱性丝氨酸蛋白酶 Bace16、中性蛋白酶 Bae16 等，这些毒力因子可以降解线虫的肠道和体壁等，最终杀死线虫。此外，一些未鉴定种的芽孢杆菌和假单胞菌（*Pseudomonas* spp.）也被报道有杀线虫活性（Racke and Sikora, 1992；田红林等，1995）。

线虫专性寄生细菌不多，研究最多的主要是穿刺巴斯德菌，该菌对植物病原线虫防治效果显著，施用于土壤中后，对植物病原线虫目标性强，作用专一。所有这些特性使穿刺巴氏杆菌在防治植物寄生线虫方面显示出极大的潜力。但是由于这种细菌是专性寄生，不能在人工合成培养基中生长，必须依靠线虫才能生长繁殖，而线虫的生长又必须通过寄主植物来实现。这种重寄生关系使得巴斯德氏穿刺芽孢杆菌的大规模生产工艺较其他可通过发酵过程来生产的微生物菌剂复杂，其应用受到限制。一种巴氏德菌（*P. usage*）是一种专性寄生在线虫（*Belonolaimus longicaudatus*）的巴斯德杆菌，杀线虫活性物质是黏附于线虫表面的内生孢子（Giblin-Davis et al., 2003）。目前，有三个环境保护机构登记注册了该产品，第一个是 Pasteuria usgae-BL1，EPA Reg. No. 85004-1，时间是 2009 年 6 月 2 日，另外两个是 Econem™，EPA Reg. No. 85004-2 和 Pasteuria usgae-Liquid Formulation，EPA Reg. No. 85004-3，这些产品可以取代传统的杀线虫药。

2.5.2 真菌类

防治线虫的真菌主要有捕食真菌和内寄生真菌。捕食真菌是通过捕食器官来捕食线虫，主要有三属：节丛孢属（*Arthrobotrys* spp.）、单顶孢霉属（*Monacrosporium* spp.）和小指孢霉属（*Dactylella* spp.）。其中应用较为成功的是节丛孢属的寡节丛孢菌（*Arthrobotrys obligospora*）。内寄生真菌产生的孢子附着在线虫的表皮上，发芽形成刺入线虫体内的芽管。内寄生真菌包括拟青霉属（*Paecilomyces* spp.）、轮枝霉属（*Verticillum* spp.）、被毛孢属（*Hirsutella* spp.）和链枝菌（*Catenaria anguillulae*）等。目前，淡紫拟青霉应用得最为成功。这是一种重要的卵寄生真菌，同时可侵染线虫幼虫及其成虫，广泛分布于土壤中，尤其是植物根际。Cayrol 等（1989）报道了淡紫拟青霉的培养液中有杀线虫的活性物质，已被各国学者广泛应用于根结线虫的生物防治并开发成商品制剂。Carvalho 等（2010）报道了淡紫拟青霉对犬弓蛔线虫的卵有很高的活性，用该菌处理犬弓蛔线虫的卵，7 天、14 天和 21 天的致死率分别为 12.3%、18.8% 和 20.0%。Wang 等（2010）报道了丝氨酸蛋白酶的超量表达使淡紫拟青霉对南方根结线虫的杀虫活性提高 20%。Kiewnick 等（2010）报道了淡紫拟青霉菌株 PL251（2×10^5 cfu/g 土）可以降低 69% 卵块的形成和降低 45% 根结的形成，同时证明根际环境并不是影响 PL251 杀虫活性的关键因子。Yang 等（2010）报道了丝氨酸蛋白酶 Ver11 的超量表达使淡紫拟青霉对酸浆糊线虫和秀丽小杆线虫杀虫活性分别提高 79% 和 96%。。截至 2010 年，全世界范围内登记的杀线虫制剂有 21 种，其中真菌类的就有 16 种。以淡紫拟青霉为主要活性成分的商品制剂有 7 种，代表性的商品制剂有美国的 Melo-Con、南非的 Bio-Nematon。乌克兰以节丛孢属为主要活性成分注册了商品制剂 Nematophagin。

Anon（1997）报道了疣孢漆斑菌（*Myrothecium verrucaria*）对线虫有杀虫活性，DiTera™ 是它的商业化名字。该菌特异性的对植物寄生线虫有杀虫活性，而对自由生活的线虫没有活性（Warrior et al., 1999）。该菌对马铃薯胞囊线虫的毒性体现在抑制卵的孵化，影响线虫的运动，而对南方根结线虫的毒性不包括抑制卵的孵化（Perry et al., 2000）。

目前美国已经以疣孢漆斑菌为活性成分注册了商品制剂 DiTera。在中国，还有以厚垣普奇尼亚菌为活性成分登记的杀线虫农药。该菌为线虫卵和胞囊的寄生菌，它的有性型是一种虫草，对线虫具有生物防治价值。

3 微生物的生理活性物质

实践证明，从天然产物资源中发掘新颖杀虫剂是对环境友好，人、畜安全的。据统计，1986～2006 年，将近 1000 种天然产物或其衍生物应用于抗菌、抗虫以及抗癌的药物，取得了良好的效益（Bumpus et al., 2009）。目前从天然产物开发杀虫剂主要包括植物源杀虫剂以及微生物源杀虫剂，微生物源杀虫剂由于其具备生产周期短、易于管理、价格低廉等优势而备受青睐。例如，灰色链霉菌产生的阿维菌素，是美国 Merck 公司首先开发的一类具有杀虫、杀螨、杀线虫活性的十六元大环内酯化合物，是当前生物农药市场中最受欢迎的新产品之一，阿维菌素油膏价格从 2008 年 12 月的 700 元/kg 上涨到目前的 1050 元/kg。再如，美国陶氏农业科学公司由于发展了一种高选择性的、对环境友好的杀虫剂——多杀菌素而被授予设计安全化学品奖。多杀菌素是从刺糖多胞菌发酵液中提取的一种大环内酯类无公害高效生物杀虫剂。绿僵菌产生的具有杀虫活性的次生代谢物质——绿僵菌毒素在生物农药市场上也凸显端倪。

开发新型、高效、低毒的微生物源杀虫剂是生物农药领域的热点。甲氨基阿维菌素苯甲酸盐是一种新型的大环内酯类抗生素，是除虫链霉菌发酵产生的，阿维菌素的衍生物。Ioriatti 等（2009）评价了其对苹果蠹蛾和梨小食心虫等果树害虫的杀虫活性，结果表明，甲氨基阿维菌素苯甲酸盐对两种害虫的幼龄虫均有高毒力，半田间试验显示其毒力持效性为一周以上。由于甲氨基阿维菌素苯甲酸盐具有高效，与已有杀虫剂无交叉抗性等优势，被认为将会成为生物农药库的新组分。白僵菌环四肽是球孢白僵菌产生的一种代谢物，Xu 等（2009）通过敲除其合成基因簇中断白僵菌环四肽合成，研究结果发现，突变株对三种昆虫宿主的感染力大大下降，因此推论白僵菌环四肽是球孢白僵菌产生的一种重要杀虫毒力因子。目前，从微生物中筛选新型杀虫天然产物已经成为一些生物农药跨国公司，如先正达、孟山都、拜耳等公司的战略性导向。目前，随着在细菌中发现的，具生物活性的次级代谢物越来越多，对天然次级代谢物的研究已经由放线菌、真菌扩展到细菌。由苏云金芽孢杆菌产生的杀虫相关次级代谢物，目前报道的有 Zwittermicin 和苏云金素。我们成功解析了苏云金素的分子合成途径（Liu et al., 2010），为苏云金素的改造以及开发应用奠定了基础。在枯草芽孢杆菌中发现了一种新型抗生素——bacillaene，鉴定了其结构和分子合成途径，但是活性没有被鉴定（Butcher et al., 2007）。解淀粉芽孢杆菌能促进植物生长，并能产生丰富的抑制植物病原菌的次级代谢产物。通过比较基因组学，发现解淀粉芽孢杆菌基因组中超过 8.5% 的序列用于合成抗生素（Chen et al., 2007）。图 1 中显示了解淀粉芽孢杆菌产生的次级代谢产物的种类和结构。

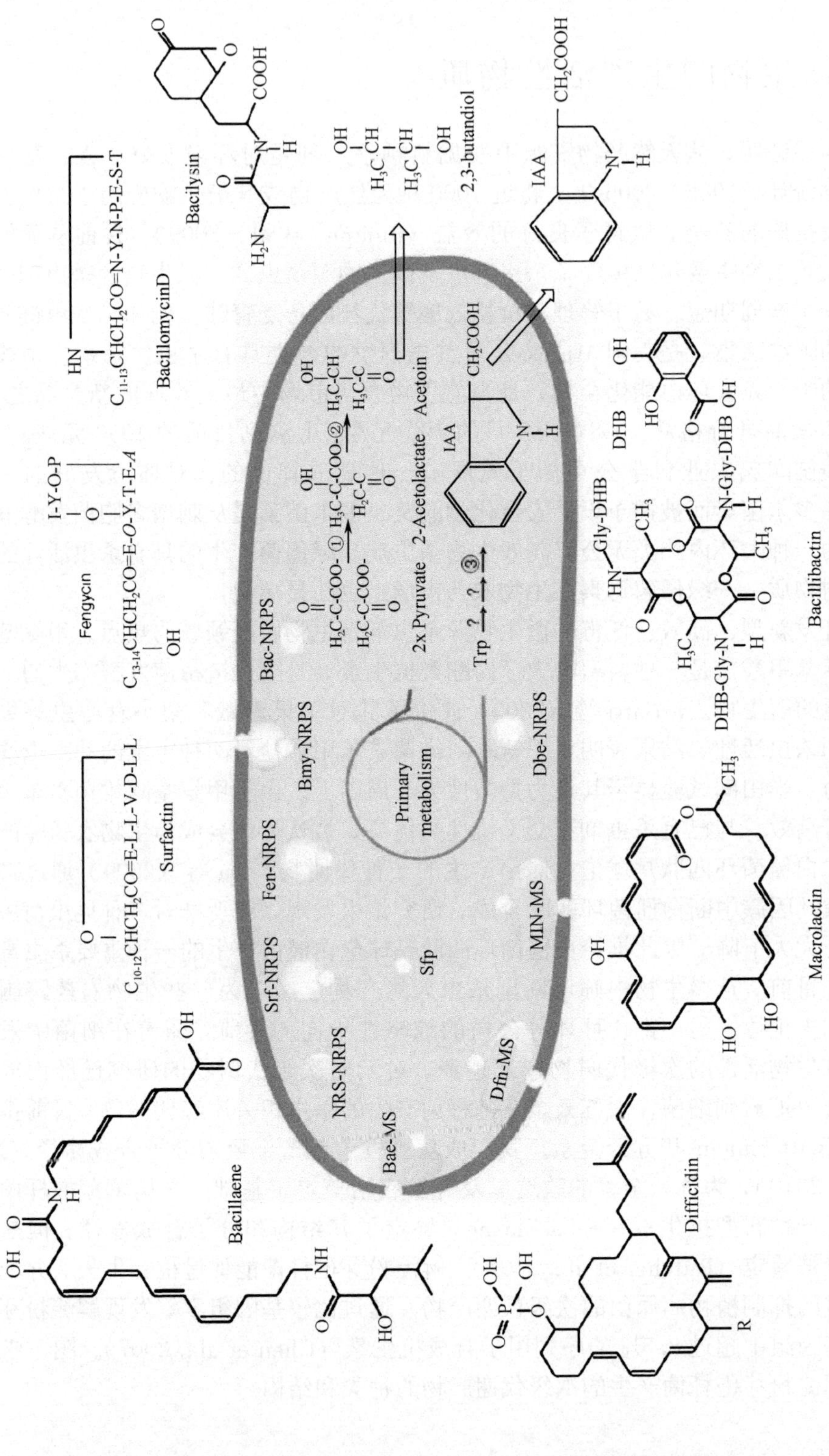

图1　解淀粉芽孢杆菌产生的次级代谢产物的种类和结构

微生物来源的抗生素在农业应用上的典范是吸水链霉菌产生的井冈霉素（国外又称有效霉素），是我国及东南亚水稻主产区用于防治水稻纹枯病的最佳生物农药之一。中国农药信息网上公布的我国登记注册的农用抗生素品种 24 种，其中防病农抗 15 种，杀虫农抗 5 种，除草农抗 1 种，植物生长调节剂农抗 3 种。用于防病的正式登记的有井冈霉素、农抗 120、春雷霉素、多氧霉素、灭瘟素、农业硫酸链霉素、公主岭霉素、中生菌素和宁南霉素。目前我国农用抗生素年产制剂量已超过 8 万 t。从产值来看，已实现大规模生产的最大品种是阿维菌素，其次是井冈霉素和赤霉素。据不完全统计，2005 年，阿维菌素年产值达到 13 亿多元，井冈霉素年产值达到 5 亿多元，赤霉素年产值达到 3 亿多元。井冈霉素在我国每年的应用面积约 200 万 hm^2，阿维菌素年应用面积超过 100 万 hm^2，赤霉素年应用面积为 70 万 hm^2。

Pyrrolinitrin 是由假单胞菌（*Pseudomonas pyrrocinia*）产生的抗真菌抗生素。它在实验室和温室中对灰霉病和稻瘟病具有很好的防治效果，但田间效果不佳，主要原因是它的光敏性。齐巴嘉基公司的科学家通过改变其结构，将第三位的—Cl 用—CN 取代，生成化合物 fenpiclonil，从而大大提高其光学稳定性，在太阳下照射的半衰期由原来的 1/2s 提高到 48h。

微生物源抗菌天然产物代表性产品：乳酸链球菌素（nisin）是从乳酸链球菌发酵产物中提制的一种多肽抗菌素类物质，是目前世界上唯一允许使用于食品防腐方面的抗菌素。苏云金芽孢杆菌中鉴定了一种细菌素（thurincin CD），对肠道致病菌艰难梭状芽孢杆菌（*Clostridium difficile*）有很强的抑制活性，但对肠道其他共生菌没有活性。在治疗艰难梭状芽孢杆菌引起的肠道疾病上具有应用前景。

参 考 文 献

但汉斌，陈永强，魏雪生，等. 2002. 从杂草 DRB 中筛选微生物除草剂的研究。微生物学通报，29（4）：5-9.

高克祥，刘晓光，郭润芳，等. 2002. 木霉菌对五种植物病原真菌的重寄生作用. 山东农业大学学报，33（1）：37-42.

田红林，王寿华，武修英. 1995. 植物根际拮抗线虫的细菌筛选. 北京农业大学学报，21（2）：209-213.

Anon. 1997. DiTera: Controlling nematodes biologically. Methyl Bromide Alternatives, 1: 8-9.

Babu R M, Sajeena A, Seetharaman K, et al. 2004. Advances in bioherbicides development—an overview. Crop Protection, 23（7）：253-655.

Bacon C W, Yates I E, Hinton D M, et al. 2001. Biological control of *Fusarium moniliforme* in maize. Environ Health Perspect,（2）：325-332.

Blissard G W, Black B, Crook N, et al. 2000. Family Baculoviridae. *In*: Van Regenmorte M H V, Fauquet C M, Bishop D H L, et al. Virus Taxonomy: Seventh Report of the International Committee on Taxonomy of Viruses . San Diego : Academic , 195-202 .

Bumpus S B , Evans B S , Thomas P M , et al . 2009 . A proteomics approach to discovering natural products and their biosynthetic pathways . Nat Biotechnol , 27 (10): 951-956 .

Butcer R A , Schroeder F C , Fischbach M A , et al . 2007 . The identification of bacillaene , thc product of the PksX megacomplex in *Bacillus subtilis* . Proc Natl Acad Sci U S A , 104 (5): 1506-1509 .

Carvalho R O , Araújo J V , Braga F R , et al . 2010 . Ovicidal activity of *Pochonia chlamydosporia* and *Paecilomyces lilacinus* on *Toxocara canis* eggs . Vet Parasitol , 169 (1-2): 123-127 .

Cayrol J-C , Djian C , Pijarowski L . 1989 . Study of the nematocidal properties of the culture filtrate of the nematophagous fungus *Paecilomyces lilacinus* . Revue Nematol , 12 (4): 331-336 .

Chatterton S , Punja Z K . 2009 . Chitinase and β-1 , 3-glucanase enzyme production by the mycoparasite *Clonostachys rosea* f . *catenulata* against fungal plant pathogens . Can J Microbiol , 55 (4): 356-367 .

Chen X H , Koumoutsi A , Scholz R , et al . 2007 . Comparative analysis of the complete genome sequence of the plant growth-promoting bacterium *Bacillus amyloliquefaciens* FZB42 . Nat Biotechnol , 25 (9): 1007-1014 .

Clarke T E , Clem R J . 2003 . In vivo induction of apoptosis correlating with reduced infectivity during baculovirus infection . J Virol , 77 (3): 2227-2232 .

Ehrlich K C , Cotty P J . 2004 . An isolate of *Aspergillus flavus* used to reduce aflatoxin contamination in cottonseed has a defective poyketide synthase gene . Appl Microbiol Biotech , 65 (4): 473-478 .

Fang S , Wang L , Guo W , et al . 2009 . *Bacillus thuringiensis* bel protein enhances the toxicity of Cry1Ac protein enhances to *Helicoverpa armigera* larvae by degrading insect intestinal mucin . Appl Environ Microbiol , 75 (16): 5237-5243 .

Feng G , Yu Q , Hu C , et al . 2007 . Apoptosis is induced in the haemolymph and fat body of *Spodoptera exigua* larvae upon oral inoculation with *Spodoptera litura* nucleopolyhedrovirus . J Gen Virol , 88 (8): 2185-2193 .

Giblin-Davis R M , Williams D S , Bekal S , et al . 2003 . 'Candidatus pasteuria usgae' sp . nov ., an obligate endoparasite of the phytoparasitic nematode Belonolaimus longicaudatus . Int J Syst Evol Microbiol , 53 (1): 197-200 .

Giczey G , Kerényi Z , Fülöp L , et al . 2001 . Expression of cmg1 , an Exo-β-1 , 3-glucanase gene from *Coniothyrium minitans* , increases during sclerotial parasitism . Appl Environ Microbiol , 67 (2): 865-871 .

Grace B S , Muller-Scharer H . 2003 . Biological control of *Senecio vulgaris* in carrots (*Daucus carota*) with the rust fungus *Puccinia lagenophorae* . Basic Appl Ecology , 4 (4): 375-384 .

Gupta V P , Kumar V , Mishra R K , et al . 2002 . *Puccinia romagnolaria* Marie&Sacc . a potential bioherbicide agent for biocontrol of purple nutsedge (*Cyperus rotundus* L) in mulberry . J Phytopathology , 150 (4-5): 263-270 .

Haas D , Défago G . 2005 . Biological control of soil-borne pathogens by fluorescent pseudomonads . Nature Reviews Microbiology , 3 (4): 307-319 .

Ioriatti C , Anfora G , Angeli G , et al . 2009 . Toxicity of emamectin benzoate to *Cydia pomonella* (L .) and *Cydia molesta* (Busck) (Lepidoptera : Tortricidae): laboratory and field tests . Pest Manag Sci , 65 (3): 306-312 .

Kiewnick S , Neumann S , Sikora R , et al . 2011 . Effect of *Meloidogyne incognita* inoculum density and application rate of *Paecilomyces lilacinus* strain 251 on biocontrol efficacy and colonization of egg masses analyzed by real-time quantitative PCR. Phytopathology, 101 (1): 105-112.

Lahlali R, Serrhini M N, Jijakli M H. 2004. Efficacy assessment of *Candida oleophila* (strain O) and *Pichia anomala* (strain K) against major postharvest diseases of citrus fruits in Morocco. Communications in Agricultural and Applied Biological Sciences, 69 (4), 601-609.

Leelasuphakul W, Hemmaneea P, Chuenchitt S. 2008. Growth inhibitory properties of *Bacillus subtilis* strains and their metabolites against the green mold pathogen (*Penicillium digitatum* Sacc.) of citrus fruit. Postharvest Biology and Technology, 48 (1): 113-121.

Liu H, Fu Y, Jiang D, et al. 2010. Widespread horizontal gene transfer from double-stranded RNA viruses to Eukaryotic nuclear genomes. J Virol, 84 (22): 11876-11877.

Liu X Y, Ruan L F, Hu Z F, et al. 2010. Genome wide screening revealed the genetic determinants of a antibiotic insecticide in *bacillus thuringiensis*. J Biol Chem, 285 (50): 39191-39200.

Liu Y, Chen Z, Ng T B, et al. 2007. Bacisubin, an antifungal protein with ribonuclease and hemagglutinating activities from *Bacillus subtilis* strain B-916. Peptides, 28 (3): 553-559.

Marchand G, Rémus-Borel W, Chain F, et al. 2009. Identification of genes potentially involved in the biocontrol activity of *Pseudozyma flocculosa*. Phytopathology, 99 (10): 1142-1149.

Means J C, Penaba Z T and Clem R J. 2007. Identification and functional characferization of AMVp33, a novel homolog of the baculovirus caspase inhibitor p35 Round in Amsacta moorei entomopoxvirus Virology 358: 436-447

Moyne A L, Cleveland T E, Tuzun S. 2004. Molecular characterization and analysis of operon encoding the antifungal lipopeptide Bacillomycin. FEMS Microbiol Lett, 234 (1): 43-49.

Muthumeenakshi S, Sreenivasaprasad S, Rogers C W, et al. 2007. Analysis of cDNA transcripts from *Coniothyrium minitans* reveals a diverse array of genes involved in key processes during sclerotial mycoparasitism. Fungal Genetics and Biology, 44 (12): 1262-1284.

Niu Q, Huang X, Zhang L, et al. 2010. A Trojan horse mechanism of bacterial pathogenesis against nematodes. Proc Natl Acad Sci USA, 107 (38): 16631-16636.

Padgham J L, Sikora R A. 2007. Biological control potential and modes of action of *Bacillus megaterium* against *Meloidogyne graminicola* on rice. Op Protection, 26 (7): 971-977.

Paulsen I T, Press C M, Ravel J, et al. 2005. Complete genome sequence of the plant commensal *Pseudomonas fluorescens* Pf-5. Nat Biotechnol, 23 (7): 873-878.

Peleg I, Feldman K. 2002. Bacillus firmus CNCM I-1582 or Bacillus cereus CNCM I-1562 for controlling nematodes. PN: us6406690

Peng G, Byer K N, Bailey K L. 2004. *Pyricularia sctariae*: a potential bioherbicide agent for control of green foxtail (*Setaria viridis*). Weed Science, 52 (1): 105-114.

Perry R N, Twomey U, Rolfe R N, et al. 2000. Effects of DiTera ® on aspects of the life cycle of Globodera rostochiensis. Aspects of Applied Biology, 59: 53-58.

Qin Y, Ying S H, Chen Y, et al. 2010. Integration of insecticidal protein Vip3Aa1 into *Beauveria bassiana* enhances fungal virulence to *Spodoptera litura* larvae by cuticle and per Os infection. Appl Environ Microbiol, 76 (14): 4611-4618.

Racke J, Sikora R A. 1992. Isolation, formulation and antagonistic activity of rhizobacteria toward the potato cyst nematode *Globodera pallida*. Soil Biol Biochem, 24 (6): 521-526.

Raymond B, Johnston P R, Nielsen-LeRoux C, et al. 2010. *Bacillus thuringiensis*: an impotent pathogen . Trends in Microbiology , 18 (5): 189-194 .

Saxena S , Pandey A K . 2002 . Evaluation of an indigenous isolate of Altenaria altemata (LC#508) for use as a myeoherbicide for *Lantana cammara* L . Crop Protection , 21 (1): 71-73 .

Schuster A , Schmoll M . 2010 . Biology and biotechnology of trichoderma . Appl Microbiol Biotechnol , 87 : 787-799 .

Shoda M . 2000 . Baeterial control of plant diseases . J Bioscience Bioengineering , 89 (6): 515-521 .

Someya N , Tsuchiya K , Yoshida T , et al . 2006 . Combined use of the biocontrol bacterium *Pseudomonas fluorescens* strain LRB3W1 with reduced fungicide application for the control of tomato *Fusarium wilt* . Biocontrol Sci , 11 (2): 75-78 .

Stein T . 2005 . *Bacillus subtilis* antibiotics , syntheses and specific function . Mol Microbiol , 56 (4): 845-857 .

Szentivanyi O , Liss L . 2003 . Overwintering of *Ampelomyces mycoparasites* on apple trees and other plants infected with powdery mildews . Plant Pathology , 52 : 737-746 .

Terefe M , Tefera T , Sakhuja P K . 2009 . Effect of a formulation of *Bacillus firmus* on root-knot nematode *Meloidogyne incognita* infestation and the growth of tomato plants in the greenhouse and nursery . J Invertebr Pathol , 100 (2): 94-99 .

Theilmann D A , Blissard G W , Bonning B , et al . 2005 . Baculoviridae . *In*: Fauquet C M , Mayo M A , Maniloff J , et al . Virus Taxonomy : Eighth Report of the International Committee on Taxonomy of Viruses . NewYork : Springer , 1129-1185 .

Tian B Y , Li N , Lian L H , et al . 2006 . Cloning , expression and deletion of the cuticle-degrading protease BLG4 from nematophagous bacterium *Brevibacillus laterosporus* G4 . Arch Microbiology , 186 (4): 297-305 .

Wang J , Wang J , Liu F , et al . 2010 . Enhancing the virulence of *Paecilomyces lilacinus* against *Meloidogyne incognita* eggs by overexpression of a serine protease . Biotechnol Lett , 32 (8): 1159-1166 .

Warrior P , Rehberger L A , Beach M , et al . 1999 . Commercial development and introduction of DiTeraTM , a new nematicide Pesticide Science , 55 : 376-379 .

Xu Y , Orozco R , Kithsiri Wijeratne E M , et al . 2009 . Biosynthesis of the cyclooligomer depsipeptide bassianolide , an insecticidal virulence factor of *Beauveria bassiana* . Fungal Genet Biol , 46 (5): 353-364 .

Yang J , Zhao X , Liang L , et al . 2010 . Overexpression of a cuticle-degrading protease Ver112 increases the nematicidal activity of *Paecilomyces lilacinus* . Appl Microbiol Biotechnol (Epub ahead of print) .

Yu X , Li B , Fu Y , et al . 2010 . A geminivirus-related DNA mycovirus that confers hypovirulence to a plant pathogenic fungus . Proc Natl Acad Sci USA , 107 (18): 8387-8392 .

Zhang P , Yang K , Dai X , et al . 2002 . Infection of wild-type *Autogapha californica* multicapsid nucleopolyhedrovirus induces in vivo apoptosis of *Spodoptera litura* larvae . J Gen Virol , 83 : 3003-3011 .

土壤农药残留微生物修复技术研究进展与应用

我国人多地少，大量施用农药是保证我国粮食高产稳产的主要措施，但这也导致土壤、水体环境和农产品中农药残留严重超标，生态破坏，土壤和水体质量下降，严重威胁食品安全和人民身体健康。生物修复技术具有高效、廉价和无二次污染的优点，克服了物理、化学修复技术费用高、效果差等缺点，被认为是农药污染环境修复最有应用前景的方法，本章主要阐述农药残留微生物降解与修复技术的原理及其在农药污染土壤微生物修复方面的研究和应用成果。

1　我国农药施用及其残留污染现状

农药（pesticide）是指用于预防、消灭或者控制危害农业、林业的病、虫、草害等有害生物，以及有目的地调节植物、昆虫生长的化学药品，或者来源于生物、其他天然物质的一种物质或者几种物质的混合物及其制剂。农药主要包括杀虫剂、除草剂、杀菌剂、杀螨剂、杀线虫剂、杀鼠剂和植物生长调节剂等（张大弟和张晓红，2001）。农药作为现代农业必不可少的重要生产资料，为保护农业生产、保障我国乃至世界粮食安全发挥了至关重要的作用。但因我国人多地少，农田复种指数高、化学农药大量超标施用，目前我国每年施用的化学农药量超过130多万吨，施用量居世界第一，平均每亩施用931.3g，比发达国家高出1倍（刘正礼，2007）。且由于施药技术落后，农药利用率仅20%～30%，70%～80%的农药进入土壤和水体，导致土壤和农产品中农药残留污染严重（周健等，1993）。据中国科学院南京土壤研究所及全国各地的环境监测站的检测数据表明，全国受农药污染的农田约1600万hm^2，达到我国可耕地的10%以上；其中检出率和超标率高的农药种类主要有有机磷类（甲基对硫磷、毒死蜱、甲胺磷和三唑磷等）、有机氯类（六六六和滴滴涕等）、氨基甲酸酯类（呋喃丹等）和菊酯类杀虫剂（氯氰菊酯、溴氰菊酯和联苯菊酯）与三嗪类（阿特拉津）、氯代酰胺类（丁草胺、乙草胺和甲草胺等）、磺酰脲类（氯磺隆和甲磺隆等）等除草剂。统计显示太湖流域农田土壤中六六六、滴滴涕检出率为100%，超标率分别为28%和24%，太湖沉积物中的β-HCH、*p*，*p'*-DDE平均值分别达到6.572ng/g干重、1.432ng/g干重和2.158ng/g干重，长江南京段悬浮物DDT的含量为0.52～

本章作者：何健、蒋建东、李顺鹏。

1.15ng/L，HCH 的含量为 0.14～0.47ng/L，沉积物中 DDT 的含量为 0.21～4.50ng/g，HCH 的含量为 0.18～0.67ng/g（周健等，1993；张大弟和张晓红，2001）。

我国因农田除草剂残留药害事故层出不穷，给农业生产带来巨大损失。近年来，我国每年除草剂药害面积平均达到 3000 万亩（严重受害 500 万亩）。例如，2005 年内蒙古呼伦贝尔市 1300 万亩大豆田因除草剂药害减产 30%，达 7.8 亿 kg；黑龙江 5000 万亩大豆田因除草剂药害，减产 25%～30%，达 25 亿 kg；2005 年江苏宜兴市周边小农药厂磺酰脲类农药生产废水未经处理排放到农田，造成 4 万亩水稻受害，其中 5000 亩绝收，直接经济损失超过 1200 万元。

农药的超量施用还导致我国农产品中农药残留超标严重，2003 年国家质检总局在全国 16 个省的检查结果，蔬菜、水果和茶叶中农药总检出率为 20%～60%，总超标率为 20%～45%。国际绿色和平组织 2009 年检测结果表明我国 90% 农产品检出农药残留，66% 的样品残留着至少 5 种以上不同的农药，著名的沃尔玛超市（北京宣武门店）一颗草莓身上竟含有 13 种农药残留。2010 年春节期间发生的海南毒豇豆事件和 2010 年 4 月发生的青岛毒韭菜事件就是有机磷农药污染导致的。农药残留已经带来了严重的社会问题，造成恶劣影响，据统计我国发生的中毒事故中，近 70% 的中毒死亡事件是农药所致；同时农产品中农药残留含量超标严重影响了我国农产品的出口竞争力，我国加入 WTO 国际市场对我国农产品的贸易壁垒将不再存在，而技术壁垒，主要是农产品品质与卫生指标则成为主要的限制性因素，据有关部门统计，我国农产品出口因农药超标而被退回的事件每年都会有五六百起，由此造成的经济损失超过 70 亿元。农药残留导致了严重的环境污染、生态恶化和农产品品质安全问题，对我们的身体健康和社会发展带来了严重的威胁。

2　农药残留微生物修复技术的原理

2.1　降解农药的微生物种类

进入土壤环境中的农药可以通过自净作用（如吸附与解吸、径流与淋溶、挥发与扩散、化学降解和微生物降解等）从土壤中转移和消失。其中生物的降解作用是土壤中很多种类的农药残留消失的主要原因。土壤微生物是污染土壤生物降解的主体，这主要是由于微生物具有种类多、分布广、个体小、繁殖快、比表面积大、容易变异、代谢多样性的特点。当环境中存在新的有机化合物（如农药）时，其中部分微生物通过自然突变形成新的变种，并由基因调控产生诱导酶，在新的微生物酶作用下产生了与环境相适应的代谢功能从而具备了新的污染物的降解能力。研究表明，环境中存在的各种天然物质，包括人工合成的有机污染物几乎都有使之降解的相应微生物。但当进入土壤中的农药残留浓度过高，超过土壤的自净作用时，残留农药就会在土壤中累积，通过接种高效农药降解菌剂（即生物强化修复）可以快速降解土壤中累积的农药残留。近年来，通过富集驯化、分离筛选等技术已获得了许多能够降解农药的微生物菌株，见表1（王银善和庞学军，1985；张素琴等，1989；王家玲，1991；曹志方和王银善，1996；刘营等，1998；Eaton，1985；Mileski et al.,. 1988；Chanway and Nelsin，1990；Chaudhry and Chapalamadugu，1991；Unge et al.,. 1999）。

表1 常见农药的降解微生物种类

农药	降解微生物种类
甲胺磷	地衣芽孢杆菌、曲霉、青霉、假单胞菌
甲基对硫磷	假单胞菌、芽孢杆菌、副球菌、黄杆菌、根瘤菌、苍白杆菌、邻单胞菌
DDT	无色杆菌、气杆菌、芽孢杆菌、梭状芽孢杆菌、埃希氏菌、假单胞菌、变形杆菌、链球菌、无色杆菌、黄单胞菌、欧文氏菌、巴斯德梭菌、根癌土壤杆菌、产气气杆菌、镰孢霉菌、诺卡氏菌、绿色木霉等
六六六	鞘氨醇杆菌属、鞘酯菌属、白腐真菌、梭状芽孢杆菌、埃希氏菌、大肠杆菌、生孢梭菌等
呋喃丹	放线菌类、假单胞菌、*Achromobacter* sp.、鞘氨醇杆菌属、鞘酯菌属
拟除虫菊酯类农药	产碱杆菌属、假单胞菌、鞘氨醇杆菌属、鞘酯菌属、红球菌、芽孢杆菌、根瘤菌
七氯	芽孢杆菌、镰孢霉菌、小单孢菌、诺卡氏菌、曲霉菌、根霉菌、链球菌
敌百虫	曲霉菌、镰孢霉菌
敌敌畏	假单胞菌、芽孢杆菌
狄氏剂	芽孢杆菌、假单胞菌
艾氏剂	镰孢霉菌、青霉菌
乐果	假单胞菌、不动菌属
阿特拉津	烟曲霉、焦曲霉、葡枝根霉、串珠镰刀菌、粉红色镰刀菌、尖孢镰刀菌、斜卧镰刀菌、微紫青霉、皱褶青霉、平滑青霉、白腐真菌、菌根真菌、假单胞菌、红球菌、诺卡氏菌
丁草胺	副球菌、假单胞菌、镰刀霉、芽孢杆菌、曲霉属
甲磺隆	嗜甲基菌属、假单胞菌、黄单胞菌、放线菌、浅灰链霉菌、黑曲霉、青霉
2,4-D	假单胞菌、无色杆菌、节杆菌、棒状杆菌、黄杆菌、生孢食纤维菌属、链霉菌属、曲霉菌、诺卡氏菌

2.2 农药的微生物降解机制

微生物对农药的降解可以通过直接作用和间接作用两种方式来实现，直接作用是指微生物分泌降解酶类，通过酶促反应降解农药，常见的微生物降解酶类主要有水解酶类和氧化还原酶类。间接作用是指通过微生物的活动改变了化学和物理的环境而间接作用于农药，如微生物活动使环境 pH、氧化−还原电位发生变化而引起农药降解。其中直接作用是微生物降解农药的主要方式。

2.2.1 微生物酶促降解农药的代谢方式

微生物酶促降解农药的代谢方式主要有以下 3 种。

(1) 矿化作用。矿化作用是指污染物在微生物的作用下彻底分解为水、二氧化碳和简单无机化合物。矿化作用是环境污染物降解的最佳方式，可以彻底消除有机有毒化合物的环境污染作用。微生物在矿化作用降解污染物的同时可以从污染物中获得生长所需的能源、碳氮源、磷源和硫源等。

(2) 共代谢作用。共代谢作用是指微生物不能利用这些化合物作为唯一碳源和能源进行生长而需要其他营养源存在或有其他微生物存在的情况下才能降解这些化合物。共代谢作用是某些难降解污染物在土壤环境中的主要降解方式。

(3) 去毒代谢作用。微生物不是从农药中获取营养或能源，而是发展了为保护自身生存的解毒作用。

2.2.2 微生物酶促降解农药反应类型

微生物酶促降解农药反应类型主要有以下 6 种。

(1) 氧化作用。微生物体内的氧化反应包括：羟化反应（芳香族羟化、脂肪族羟化、N-羟化）；环氧化；N-氧化；P-氧化；S-氧化；氧化性脱烷基、脱卤、脱胺。

(2) 还原作用。还原反应包括硝基还原、还原性脱卤、醌类还原等。由微生物引起的还原作用主要有硝基（—NO_2）还原成为氨基（—NH_2）。脱卤作用是某些脂肪酸生物降解的起始反应，若干烃类杀虫剂有此作用。此外，通过微生物的硫醇类化合物将醌类还原成酚类。

(3) 水解反应。水解作用常导致农药丧失活性。水分子可通过一些广泛分布的酶，包括酯酶、酰胺酶、氰水解酶、磷酸酶、几丁质酶的生物催化（水解）作用而进入基质。水解酶可在细胞内、细胞膜表面起反应，甚至通过胞外途径在培养基内起反应。

（4）缩合或共轭形成。缩合包括将有毒分子或其一部分，与另一有机化合物结合，从而使农药或其衍生物失去活性。

（5）环裂解。芳香环可被许多土壤细菌和真菌降解。首先环被单氧酶羟基化生成邻苯二酚类，然后被双氧酶裂解成黏康酸或黏康半醛类。

（6）脱烃作用。此作用发生在某些有烃基连接在氮原子、氧原子或硫原子上的农药（如三氮苯类和甲胺苯类）。烃基连在碳原子上的农药一般不易为微生物所作用。

在微生物降解农药时，其体内并不只是进行单一的反应，多数情况下是多个反应协同作用来完成对农药的降解过程，如好氧条件下卤代芳烃的生物降解，其卤素取代基的去除主要通过两个途径发生：在降解初期通过还原、水解或氧化去除卤素；生产芳香结构产物后通过自发水解脱卤或β-消去卤化烃。

2.3 影响微生物降解效率的因素

微生物降解农药的主要影响因素有温度、pH、通气条件、最初加入的微生物浓度、受试农药的浓度、土壤质地和农药本身特性等。

（1）pH。不同的微生物类群生长对 pH 的要求不一样，所以环境的 pH 对微生物降解污染物有机农药有很大的影响，一般而言，细菌适合在中性偏碱的情况下生长，而真菌则喜好微酸环境。

（2）温度。微生物只有在最适宜的条件下才能使自己的生理代谢水平处在最好状态，保证降解活动的进行，一般温度在 20～35℃最适合微生物生长和发挥降解作用。

（3）土壤类型。不同类型的土壤，其结构、组成和性质有很大差异。总的来讲，黏性小的砂质土适于实施微生物修复，而黏性大、易形成土壤团块的黏质土则适宜性减低。土壤渗透性的好坏是决定微生物修复是否成功的另一个关键。在渗透性好的土壤中营养物和电子受体的传质速度快，有利于生物降解反应的进行。研究表明土壤酶活与土壤有机质之间存在着显著的相关性，提高土壤有机质含量可有效提高生物降解的速率。

（4）土壤水分含量。水分是微生物生长、繁殖以及生理代谢活动的重要物质，如果缺少水分微生物生长就会受到影响，而水分太多，同样会造成氧气供应不足等问题。例如，甲基对硫磷降解菌在土壤水分低于 15% 时，降解活性大大降低，而在水稻田中活性发挥很好。

（5）氧化还原电位。大多数的降解菌更适宜在好氧条件下生长，氧气是好氧菌生长的主要电子受体，为了保证微生物的生长和活性，必须保证氧化还原电位也处于合适的位置。

(6) 农药化学结构和特性。不同有机农药由于在分子结构及理化性质上不同，其微生物可降解性差别很大。

2.4 几种常用农药的降解代谢途径

在农药降解代谢途径方面，国内外已经进行了大量的研究，多种农药（有机磷类、六六六、滴滴涕、菊酯类、阿特拉津和氨基甲酸酯等）的微生物降解代谢途径已基本得到了阐明。而乙酰胺类除草剂和磺酰尿类除草剂的微生物降解代谢途径到目前还不清楚。

2.4.1 有机磷类农药的微生物降解代谢途径

有机磷农药是一类高效、高毒农药，有机磷农药在农药种类中占有重要的地位。我国杀虫剂类农药中有机磷仍占70%的份额。目前，微生物对有机磷农药的代谢途径研究比较清楚的是甲胺磷和甲基对硫磷。有文献报道，甲胺磷在土壤中的降解产物有 PO_4^{3-} 与 NH_3，甲胺磷可能的降解途径如图1所示（范永仙等，2002）。当甲胺磷变为无机磷后，其产物包括：CH_3OH、CH_3SH、PO_4^{3-}、NH_3，其中不含磷的简单C1化合物可被甲基营养菌进一步代谢。

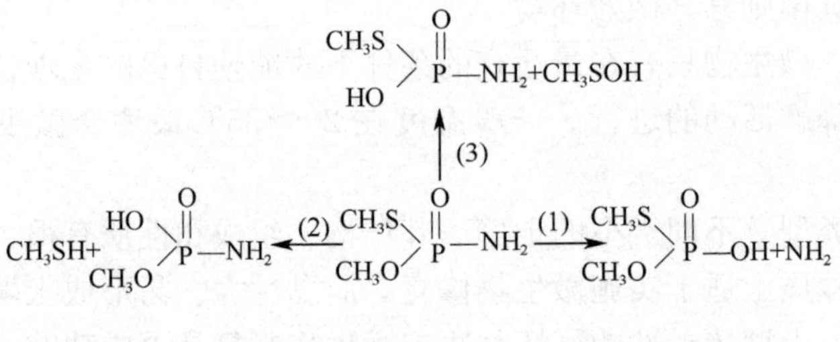

图1 甲胺磷微生物降解代谢（范永仙等，2002）

甲基对硫磷的生物降解主要有两种方式，一种是在好氧条件下水解为二甲基硫代磷酸和对硝基酚，另一种是在厌氧条件下还原为 methyl aminoparathion。

2.4.2 有机氯类农药的微生物降解代谢途径

2，4-D（2，4-二氯苯氧乙酸）是一种广谱性除草剂，*Alcaligenes eutrophus* JMP134 和 *Pseudomonas cepacia* CSV9 是研究最多的2，4-D降解菌（Don et al.，1985）。*Alcaligenes eutrophus* JMP134 的2，4-D降解基因主要位于质粒

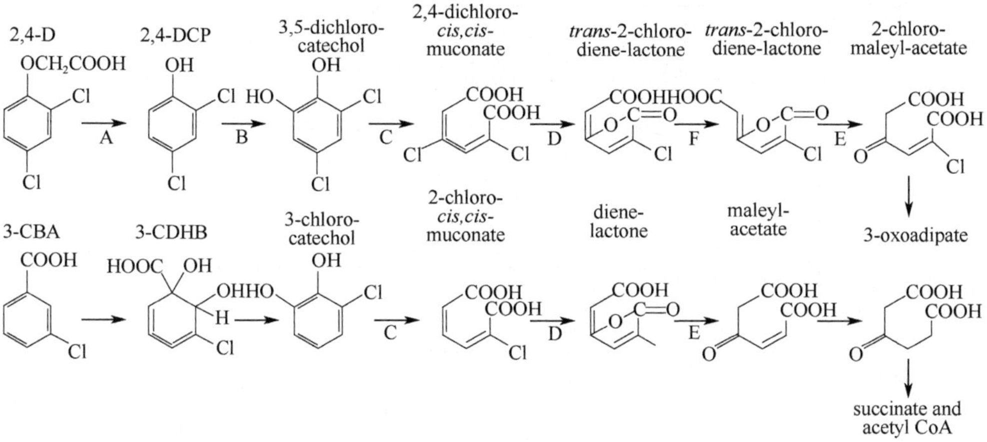

图 2　2,4-D 微生物降解代谢途径 (Don et al., 1985)

pJP4 上，该质粒编码 2，4-D 降解前的 6 步反应所需的酶。*Pseudomonas cepacia* CSV90 降解 2，4-D 的基因也位于质粒上（Pmab1）。2，4-D 的降解途径见图 2。

六六六（hexachlorocyclohexane，HCH 或 BHC）化学名称为六氯环己烷，曾经在世界范围内广泛施用，但由于其具有高度稳定性，在环境中难以被降解，其半衰期长达 30 年，所以被联合国环境保护署列为持久性有机污染物（persistant oganic pollutants，POP），在全球禁止施用的农药，我国已于 1983 年禁止施用。Nagata 等（1999）详细研究了 *Sphingomonas* sp. UT26 HCH 的降解途径（图 3），包含上游反应和下游反应，在上游反应中 HCH 首先连续脱去两分子 HCl，经历五氯环己烯（PCCH）后生成 1，3，4，6-四氯-1，4-环己二烯（1，4-TCDN），1，4-TCDN 再连续经历两步水解脱氯反应后生成 2，5-二氯-2，5-环己二烯-1，4-二醇（2，5-DDOL），2，5-DDOL 脱氢生成 2，5-二氯对苯二酚（2，5-DCHQ），在下游途径中 2，5-DCHQ 被进一步的降解为 CHQ、HQ 直至 CO_2 和 H_2O，降解途径中已有 8 个关键酶的基因（*linA*、*linB*、*linC*、*linD*、*linE*、*linF*、*linX* 和 *linR*）被克隆，其蛋白质产物也相继被纯化和鉴定。

2.4.3　菊酯类农药的微生物降解代谢途径

菊酯类农药是一类人工合成的，类似天然除虫菊酯的神经致毒性杀虫剂，具有杀虫谱广、快速、高效和低毒等优点。目前施用的主要菊酯类农药品种有氯氰菊酯、高效氯氰菊酯、联苯菊酯、氯菊酯、溴氰菊酯、甲氰菊酯、氰戊菊酯等。菊酯类农药已经成为世界第三大类杀虫剂，迄今在国际农药市场年销售额为 13

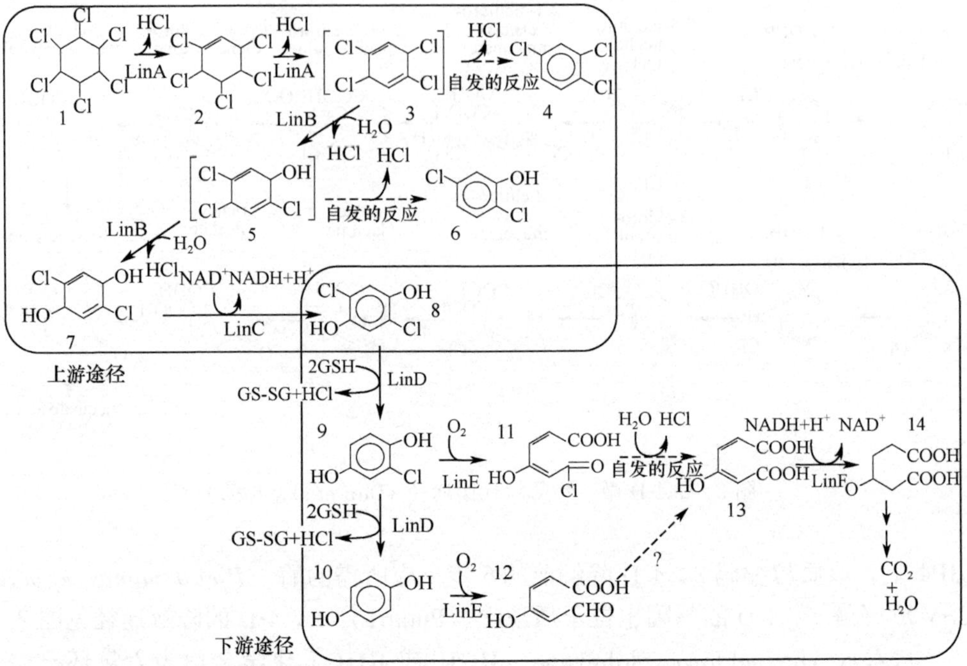

图 3 γ-HCH 在 *Sphingobium japonicum* UT26 中的代谢途径（Nagata et al., 1999）

1. γ-HCH；2. γ-五氯环己烯（γ-PCCH）；3. 1，3，4，6-四氯-1，4-环己二烯（1，4-TCDN）；4. 1，2，4-三氯苯（1，2，4-TCB）；5. 2，4，5-三氯-2，5-环己二烯-1-醇（2，4，5-DNOL）；6. 2，5-二氯苯酚（2，5-DCP）；7. 2，5-二氯-2，5-环己二烯-1，4-二醇（2，5-DDOL）；8. 2，5-二氯对苯二酚（2，5-DCHQ）；9. 氯代对苯二酚（CHQ）；10. 对苯二酚（HQ）；11. 酰氯；12. γ-羟基己二烯二酸半醛（γ-HMSA）；13. 顺丁烯乙酸；14. β-酮己二酸

亿～14 亿美元，占世界杀虫剂市场的 19%～20%，仅次于有机磷和氨基甲酸酯类农药。

目前已发现菊酯类农药的生物降解有两条途径；在很多对菊酯类农药产生很强抗性的昆虫（如库蚊、家蝇和实蝇）体内菊酯类农药可以通过细胞色素 P450 的氧化作用而转化为无毒的化合物，在生物体内，细胞色素 P450 是由 100 多种酶组成的多功能氧化还原酶系，在生物体内有毒物质或异源物质的代谢和脱毒过程中起到至关重要的作用。在很多菊酯降解微生物和部分对菊酯类农药产生抗性的昆虫（黑尾叶蝉）细胞内发现存在着另外一条菊酯降解的途径，即在羧酸酯酶的催化下，菊酯分子的羧酸酯键断裂分解成二氯菊酸和 3-苯氧基苯甲醛（Wang et al., 2009）。图 4 是已报道的降解菌 *Sphingobium* sp. JZ-2 对甲氰菊酯菊酯的降解代谢途径（Guo et al., 2009）。

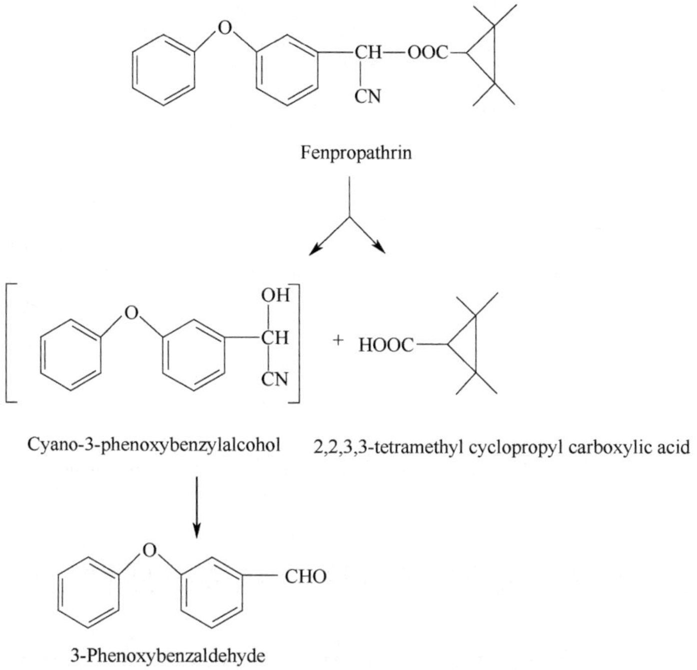

图 4　氰菊酯在 *Sphingobium* sp. JZ-2 中的代谢途径（郭鹏，2009）

2.4.4　阿特拉津的微生物降解代谢途径

阿特拉津，通用名莠去津（atrazine），化学名称为 2-氯-4-乙胺基-6-异丙胺基-1，3，5-三嗪，目前阿特拉津是我国施用最广泛的除草剂之一。在土壤中具有比较长的持留性，其半衰期长，施用量大，因此在国外很多自然水体中都检测到了阿特拉津及其降解产物，造成严重的环境污染，并造成下茬作物药害。假单胞菌 ADP 的降解途径现在已经被阐明，它通过 6 个酶将阿特拉津完全矿化成为 CO_2 和 NH_3，如图 5 所示，编码这一降解途径 6 个酶的基因被定位于一个降解性大质粒 pADP-1 上。而该途径也几乎是所有已知能够矿化阿特拉津降解菌株的降解途径，这一途径在已知的革兰氏阴性细菌中非常普遍，但是大多数革兰氏阳性细菌只进行该途径的前三步反应，因而在培养基中累积氰尿酸（de Souza et al., 1995；Boundy-Mills et al., 1997；Struthers et al., 1998；Sadowsky et al., 1998；Topp et al., 2000；Martinez et al., 2001）。

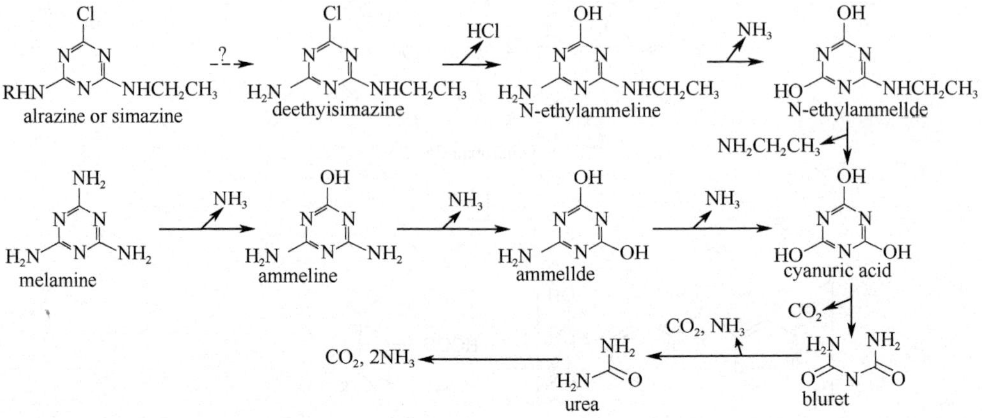

图 5 阿特拉津在假单胞菌 ADP 中的代谢途径（Martinez et al., 2001）

3 农药残留微生物降解与修复菌剂的研发与应用

农药残留微生物修复技术是一种新型的生物修复技术。在国外，生物修复技术已经广泛应用于石油、化工有机污染的清除。美国环境保护局在阿拉斯加 Exxon Vadex 石油泄漏的生物修复项目中，投加超级工程菌，短时间内消除了污染，为生物修复提供了第一个成功的例证。到目前生物修复在国际上已经进入商业化和产业化阶段。在美国生物修复产业的营业额已经达到了百亿美元，已成立了一些专业公司，对一些污染区域的治理进行技术指导、咨询和工程治理。例如，美国 BCI 公司（Bioremediation Consulting Inc.）为有机氯溶剂污染提供分析服务，并根据分析结果提供相应的微生物制剂。美国 WIK Associates Inc. 开发了针对土壤石油烃污染进行原位修复的 Bugs＋plus 系列产品。美国 WIK Associate Inc. 应用 Bugs＋plus 系列产品，采用原位或异位修复方式成功地完成许多石油烃污染修复工程。美国工程服务生物修复公司（Engineering Services and Bioremediation Company）开发了修复土壤污染的系列专利产品，他们的产品有混合微生物制剂（microbial blends）及配套的机械或营养添加物产品，如 Bio-Raptor™，remediline™。但在农药污染治理方面国外还未见应用报道。

国内对农药降解方面的研究和应用非常重视。南京农业大学、中国农科院生物技术所、中国科学院武汉病毒所、浙江大学、沈阳应用生态研究所、天津大学和福建农林大学等单位在农药降解菌株的筛选和特性、降解途径和降解基因、工程菌构建和田间应用等方面进行了大量的工作，具有很好的研究基础。例如，南京农业大学农业部农业环境微生物工程重点开放实验室筛选到1000多株农药高效降解菌株，建立了国内最大的种类齐全的农药降解菌菌种库，能够降解的农药包括有机磷（甲胺磷、1605、三唑磷、甲基1605、久效磷、敌敌畏、蚍虫磷、甲拌磷、毒死蜱等）、有机氮（呋喃丹、杀虫双、杀虫单）、有机氯（六六六、DDT）、菊酯类（氰戊菊酯、溴氰菊酯、氯氰菊酯、杀灭菊酯、联苯菊酯等）和除草剂（阿特拉津、丁草胺、异丙隆、甲磺隆、氯黄隆）等各类农药，获得12个菌株专利。在国际上首次研制成功农药残留降解菌剂产品，商标名为“佰绿得”；农药残留降解菌剂作为新型生物修复制剂产品，已经取得了正式生产登记证［微生物肥（2006）准字（0296）号］，并且获得了2006年度国家重点新产品称号。农药残留降解菌剂在全国各地应用面积达到300万亩，土壤农药残留消除后，生产出高附加值无公害或绿色农产品，市场售价比一般农产品提高10%～15%，创造总的经济效益5亿元以上，相关工作获得了2005年国家科技进步二等奖和2008年教育部技术发明二等奖。

中国农科院生物技术研究所武宁丰等应用生物技术成功地利用酵母高效表达了有机磷降解酶，表达量达到6g/L，这是国内外目前报道的有机磷降解酶最高的表达量。在中试水平上确立了生产有机磷降解酶的稳定发酵工艺，并获得国家发明专利。在此基础上研发的降解酶制剂产品“比亚”牌降解酶2007年生产1400余吨。

4 农药残留微生物降解与修复菌剂对土壤中农药残留的降解与生物学效应试验

4.1 *Pseudomonas* sp. DLL-1 对土壤中甲基对硫磷残留的降解作用

沈标（2001）利用盆钵试验研究了接种降解菌对土壤中甲基对硫磷的降解作用。*Pseudomonas* sp. DLL-1是一株能快速降解有机磷农药的细菌，在接种DLL-1（10^8/g干土）的自然土壤中，甲基对硫磷的降解要显著快于对照土壤，接种DLL-1可使浓度为50mg/kg干土的甲基对硫磷的残留时间缩短为2天，明显地加快了农药的降解。在培养了1.5天后，对照土壤中甲基对硫磷只降解了24.4%，而在接种DLL-1的土壤中甲基对硫磷已降解了91.1%。到了第2天时接种DLL-1的土壤中已经检测不到甲基对硫磷，而在对照土壤中同样的过程需要12天。另外，在自然土壤中甲基对硫磷的降解比灭菌土壤中快得多。接种1.5天后，灭菌土壤中甲基对硫磷被降解了79.4%，而自然土壤中甲基对硫磷降解了91%，表明甲基对硫磷在自然土壤中的降解，除了化学降解外，还有土著微生物的作用。在整个降解过程中，化学降解约为 11%，土著微生物的作用约为 22%，而接种的 DLL-1-B 的贡献高达 67%，充分表明在接种土壤中，农药的降解主要是由接种的微生物所引起的，接种降解菌可以加速农药的降解。

4.2 *Sphingomonas* sp. BHC-A 降解土壤中六六六以及解除黄瓜药害试验

马爱芝（2004）利用六六六（HCH）降解菌株 *Sphingomonas* sp. BHC-A 进行了土壤中六六六异构体降解的盆钵试验。土壤取自南京农业大学菜园土（过 2mm 筛），HCH 及六六六粉剂分别溶于 10mL 丙酮中，浸泡硅藻土，吹干后拌入土壤中，使土壤中 HCH 的理论浓度为 30mg/kg。*Sphingomonas* sp. BHC-A 菌株培养液以 10% 的接种量接入，土壤持水量保持在 60%。结果表明在实验室条件下，经过 7 天的试验，BHC-A 对 α-HCH、β-HCH、γ-HCH 和 δ-HCH 的降解率分别为 90.1%、80.7%、96.9% 和 88.6%。表明 BHC-A 菌株在施入土壤中能高效降解土壤中的 HCH 残留。

选择籽粒饱满均匀的黄瓜种子，先在室温下用水浸泡 12h，然后 30℃催芽 12h。称取 30mg 的六六六农药，按上述相同处理拌入 1000g 的过筛风干土中，使土壤中六六六的理论浓度为 30mg/kg。将处理好的土样置于花盆中，浇足水后放置 36h 待用。在每个花盆中播种已发芽的黄瓜种子 10 粒，在菌剂处理组中加入 20mL 新鲜的 BHC-A 培养液，对照组加 20mL 的水，另设置不加农药为空白对照组，每处理三个重复。置于室外培养，观察黄瓜生长情况，并于 15 天时取样测定土壤中残留的六六六农药的量。试验结果表明与不加菌液的对照组相比，接种菌液后 15 天，土壤中的六六六已降为 0.33mg/kg，降解率达到 84.3%。

不施加菌液的对照组中黄瓜秧苗产生严重的六六六药害，生长受到抑制，叶片墨绿，小而且卷曲，伸展度少，植株矮小瘦弱，从茎底部产生黄色枯斑，逐渐萎缩，严重的在 15 天后死亡；而接种了菌液的处理组中，黄瓜植株健壮生长，茎直立而叶片完全伸展，这说明接种 *Sphingomonas* sp. BHC-A 菌液能够消除污染土壤中的六六六农药，可以有效地缓解植株受害的症状。

4.3 降解菌 *Pseudomonas* sp. SW4 对胺苯磺隆的降解及其生物学效应

顾立峰（2007）研究了接种降解菌 *Pseudomonas* sp. SW4 对胺苯磺隆的降

解及其生物学效应。在含 100mg/kg 胺苯磺隆的土壤中，接种菌剂 *Pseudomonas* sp. SW4 后，土壤中的胺苯磺隆度随时间的变化如图 6 所示。在试验的 30 天中，灭菌土壤接种灭活菌剂组土壤中的胺苯磺隆降解率只有 1.74%，灭活土壤中接种 *Pseudomonas* sp. SW4 后胺苯磺隆的降解率明显提高，15 天时的降解率达到了 57.19%，而 15 天后胺苯磺隆的降解率提高缓慢，到 30 天时的降解率只有 60.13%。在未灭活土壤并接种 *Pseudomonas* sp. SW4 组中，15 天时有 85.06% 的胺苯磺隆被降解了，而同样时间内的未灭活土壤对照组则只有 5.26% 的胺苯磺隆被降解，主要为土著微生物的降解或土壤吸附。比较灭活与非灭活土壤组，同样接种 *Pseudomonas* sp. SW4 的土壤中胺苯磺隆降解率明显要高于其相对应的未接种对照组，说明 *Pseudomonas* sp. SW4 在土壤中可以发挥降解作用，且降解主要发生在接种菌剂后的前 15 天。

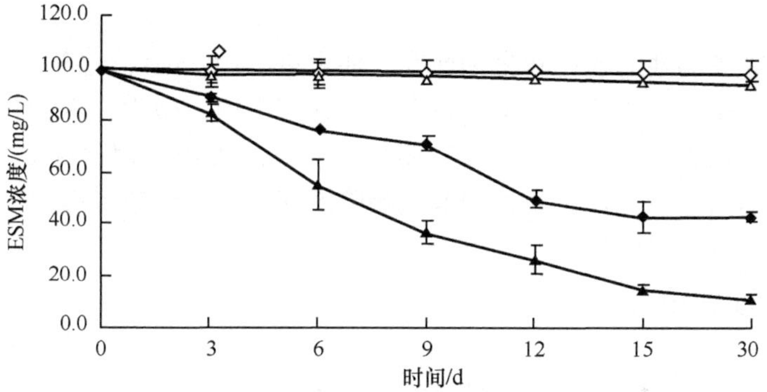

图 6 *Pseudomonas* sp. SW4 降解土壤中的胺苯磺隆试验（顾立峰，2007）

Symbols：(◇) 对照（灭菌土+未接菌）；(◆) 灭菌土+SW4 菌剂；(Δ) 未灭菌土+未接菌；(▲) 未灭菌土+SW4 菌剂

40μg/kg 胺苯磺隆残留严重抑制了玉米的生长，而在接种降解菌 *Pseudomonas* sp. SW4 处理组的玉米鲜根重与空白组基本相同，不形成统计学上的显著水平，说明在 *Pseudomonas* sp. SW4 接种 15 天后土壤中的胺苯磺隆浓度已经不能构成对玉米的药害。

5 农药残留微生物修复技术的应用实例

目前以及今后一个相当长的时期内，化学农药在我国农业生产中的施用是不可避免的，农药残留的问题依然没有得到解决。结合我国目前的农业生产状况，要达到绿色食品 AA 级标准（完全不用农药）是不太现实的（局部小范围可行），但达到 A 级标准（农药残留在安全标准之下）却是可行的，是符合我国国情的。

我国环境微生物科研工作者根据我国的国情，将高效农药降解菌应用于安全农产品的生产，取得了初步的成功。例如，南京农业大学农业部农业环境微生物工程重点开放实验室以农药残留微生物降解技术为核心，并结合抗病虫优良品种，生物防治技术等配套技术，通过技术的综合配套，在土壤及各种农作物，如早竹笋、金丝小枣、茶叶、韭菜、蜜橘以及水稻等作物上应用效果明显，达到国家绿色、无公害农产品标准，形成了无公害农产品的生产、加工、检测体系，生产出优质无公害农产品。

5.1 农药污染土壤微生物修复的工作流程

5.1.1 污染场地信息收集

首先要收集场地的理化和生物情况，如土壤结构、pH、营养、土壤空隙度、渗透性、溶解氧、氧化还原电位、重金属、地下水位、微生物生物量、降解菌数量、耐受和超积累植物资源等。其次要收集土壤污染物的理化性质，如溶解度、化学形态、剖面分析特征、生物和非生物降解速率、迁移速率等。

5.1.2 可行性论证

包括技术可行性和生物可行性分析。技术可行性研究目的在于通过实验室的研究提供微生物修复设计的重要参数，并用取得的数据预测农药污染物降解率，生物修复时间及费用等。生物可行性分析包括了解污染地发生的微生物降解和植物吸收作用，微生物群体数据等。

5.1.3 微生物修复技术的设计和实施

以可行性论证报告为依据，选择合适的微生物修复技术方法，设计合理的修复方案，包括工艺流程和工艺参数，然后在人工控制条件下运行。

5.1.4 修复效果的评价

在修复方案运行结束后，要测量土壤以及植株中的残存农药含量，计算农药污染物的去除率、次生污染物的增加率以及污染物毒性下降等以便综合评定生物修复效果。

5.2 农药残留的微生物修复应用实例

5.2.1 农药残留降解菌剂在沧州绿色金丝小枣生产上的应用

河北沧州是金丝小枣之乡，金丝小枣的资源十分丰富，是世界独有的经济资源。目前全市金丝小枣种植面积已达 144.4 万亩，占全国红枣面积的 14.4%，年产量 1.875 亿 kg，占全国红枣总产量的 14.6%，年产值 7.4 亿元，成为国内外最大的红枣生产基地。然而多年来，由于病虫害的防治严重缺乏科学的农药施用方法，小枣生产过程中不断施用大量化学农药，造成农药残留严重超标，影响了产品的销售与出口，成为小枣生产可持续发展的严重障碍。沧县县委、县政府多年来把金丝小枣作为强县富民的支柱产业重点培植，引进南京农业大学研发的农药残留微生物降解技术在金丝小枣上应用，清除农药残留，大力发展无公害、绿色金丝小枣产业。

首先对基地的农户进行相关技术和操作方法的培训。并对近几年农药施用情况进行调查，包括农药施用品种，化学成分的组成，病虫害防治，用药量多少，防治效果如何等。调查当地病虫害发生规律，调查土壤的理化性质，并取样测定实际的农药残留量。调查实施基地水源情况、空气质量、气象资料、重金属含量等，为应用操作规程的制定提供依据。根据土壤中的农药残留检测结果，实施前期进行土壤修复，并在一个月后进行取样检测农药残留量，验证土壤修复的效果。根据检测结果若有必要，在小枣开花前进行第二次土壤修复，保证土壤中的农药残留彻底消除。在植株的生长过程中，主要根据病虫害的发生规律进行农药残留的消除与控制，在每一次病虫害发生前用符合绿色食品规定的农药进行控制，并在 4 天后喷施农药残留降解菌剂。在接近收获期间对枣样中的农药残留进行检测。

在金丝小枣绿色生态园的建设过程中，以农药残留微生物降解技术为核心生产绿色金丝小枣，配套三位一体沼气工程技术、食用菌种植技术等，技术实施地点主要分布在沧县崔尔庄镇的张村、藏小庄、杨村、刘从务、史韩店、陈村、前垛庄、大垛庄等十几个村，建立了万亩绿色金丝小枣生态农业试验示范基地。实施过程中南京农业大学提供技术操作规程和农药残留降解菌剂及其相关配套技术；当地负责虫情预报和技术实施过程中的监督指导，产品的统一收购和销售；镇政府和村委会帮助组织协调，同时也得到了县政府、县枣业协会、镇政府的大力支持。经过短短的 8 个月时间，金丝小枣园中呋喃丹、六六六和有机磷等农药残留完全清除，小枣中所有农药残留均检测不出，并成功地生产出了全国枣业第一家绿色食品，顺利拿到了国家农业部颁发的绿色食品 A 级证书。

经过项目的实施，生产的绿色金丝小枣年销售2500t，金丝枣粉年销售50t，年累计增加经济效益1250余万元。在农药项目实施过程中，要求统一施用农药后，农药的施用次数由原来的14次/a减少到6次/a，减少了57.14%；农药的施用成本由原来的130元/亩减少到49元/亩，减少了62.31%。农药成本直接节省了81元/亩。通过三位一体沼气工程技术的实施，一个$8m^3$的沼气池年产沼气量为$300m^3$，可节省燃料费150元左右，节省有机肥料600元左右，带动畜牧业的发展可增收800元左右。同时可提高枣树的抗病能力，增加产量。春季修剪的枣树枝条可粉碎种植食用菌，一亩地修剪的枣树枝条70kg左右，以50%转化率计算，可产食用菌37.5kg左右，每斤食用菌按照2元计算，可增收150元左右。综合核算，项目实施面积按照4万亩计算，每年增收8000万元以上。

5.2.2 农药残留微生物降解技术在江苏大丰市韭菜上的应用

江苏大丰市是一农业大市，全市耕地面积124万亩，其中大丰市南阳镇有冬棚韭菜12 000亩，亩产韭菜3000kg，年产值3000万元，是当地农户重要的增收渠道。近年来，由于韭菜迟眼蕈蚊（俗名韭蛆）的危害加重，对韭菜的生产造成了极大的影响，农民大量施用剧毒农药，如呋喃丹、甲基异硫磷、对硫磷等农药防治韭蛆和蓟马，造成农产品农药残留严重超标，进不了上海、杭州等实行蔬菜准入制的市场，销售困难，经济效益差，影响到当地农业的可持续发展。

首先，在韭菜上进行田间小区试验，研究了韭菜上降解菌剂的最佳施用量、施用时间等应用参数。结合使用成本，在施药量$15kg/hm^2$时，施用$75kg/hm^2$的降解菌剂，既降低成本，又能达到较好的降解效果。施用农药后到植株收获前，选择一个最佳用菌时间，充分地发挥降解菌的降解能力，试验表明，在韭菜生长中以施药后3天用菌降解率最高，由此可知，若要降低植株体内的农药残留含量，首先要消除土壤中的农药残留，来阻断农药进入植物体内。所以在施用降解菌时，尽早施用，加速土壤中农药的降解，降低农药进入植物体内的量，能较大限度的降低植物体内的最终农残含量。进一步研究有机磷农药对韭菜虫害的防效，探索出合理的防治方法，并将农药的微生物降解技术应用于韭菜中农药的降解，进行生物原位修复，这既可以达到虫害的有效防治，而且可以生产农残达标的韭菜，为无公害农产品的生产提供了新的思路。采用$3.00kg/hm^2$辛硫磷和$2.63kg/hm^2$甲基对硫磷来防治韭菜蓟马，3天后与不施农药的对照相比，虫口减退率分别达到98.28%和98.39%；20天后虫口减退率分别达到89.94%和94.04%。用浓度分别为$15.00kg/hm^2$、$18.00kg/hm^2$、$21.00kg/hm^2$的辛硫磷来防治韭蛆，3天后与不施农药的对照相比，虫口减退率分别达到了80.77%、93.10%和96.98%；35天后虫口减退率分别达到了92.44%、95.05%和

96.81%。施用降解菌剂对防治蓟马和韭蛆没有不良影响，但可显著降低韭菜中的农药含量。蓟马施药防治后3天喷施45.00L/hm^2 的降解菌剂，3天后与不施菌对照相比，辛硫磷和甲基对硫磷的降解率分别为99.52%和98.83%；20天后韭菜（薹）中农药含量均检测不出。韭蛆施药防治后3天灌施75.00L/hm^2的降解菌剂，35天后不同辛硫磷施用量的降解率分别为100%、100%和99.69%。

在11月上旬、中旬，几次霜后韭菜开始枯叶，割去韭菜上部，留茬高度2cm左右。进行行间施肥，施入腐熟有机肥底肥，辅以沼气发酵液，再以有机磷农药甲基对硫磷或辛硫磷乳油每亩1～2kg灌根防治韭蛆。3天后韭蛆即可消灭，此时实施农药残留降解，以每亩3～5kg降解菌剂兑水均匀浇根，之后覆盖一层1～1.5cm细土，要保持土壤中有一定的含水量，一般应在田间最大持水量的50%～60%。施完降解菌后搭盖拱棚盖膜以保温，膜要拉紧盖严，随着气温的下降，棚面夜间应加盖草毡保温，每天太阳升起后，要揭除草毡晒畦。保持温度在20～24℃，超过25℃要通风散湿，夜间不低于6℃。韭菜盖棚后，原则上不浇水，直至下年揭棚后才进行浇水。韭菜收割时取样检测农药残留，结果表明农药残留降解率在99%以上，经农业部环境质量检测总站检测达到国家无公害食品标准，注册“城乡牌”无公害韭菜品牌，进入上海市场，每公斤增收0.2元以上，亩均增加效益600～1000元，年增收700万～1200万元。

6 农药残留生物修复技术的市场前景和效益

6.1 市场前景

6.1.1 农田土壤修复市场需求预测

全国受农药污染的农田占我国可耕地的10%，治理我国受到农药残留污染的农田土壤已经是一件刻不容缓的大事，正慢慢转化为修复制剂的潜在大市场。国家环保部部长周生贤在2010年全国环境保护会议上强调要开展土壤污染修复试点。要完全修复我国受农药残留污染的土壤，以每亩施用修复制剂10kg计，全国总计需要修复制剂25亿kg（250万t），另外每年当季施用的农药残留也需要修复，全国每年还需要25万t修复制剂。由此可见我国农田土壤农药残留降解修复市场非常巨大。

6.1.2 蔬菜瓜果表面农药污染降解

我国的蔬菜瓜果农药检出率非常高，已经成为一个百姓关注度非常高的社会问题；本课题研制的产品可降解家庭蔬菜瓜果表面的农药残留，我国有 13 亿人口，3 亿～4 亿个家庭，市场潜力非常巨大。

6.1.3 农药厂搬迁后废弃地修复和农药厂排放的生产废水治理需求预测

我国有 2000 多家农药厂，农药生产废水生物处理系统每年需接种修复制剂进行生物强化，每年的需求量达到 1 万～2 万 t。另外我国很多农药厂因城市空间拓展需要搬迁，搬迁后原址土壤的农药污染修复潜在市场前景非常好。

6.2 社会、经济和生态效益

由于生物菌剂具有低毒、环境友好等特点，有非常广泛的应用前景，可带来巨大的社会、经济和生态效益。

（1）生态环境的农药污染及农产品农药残留超标等，已成为农药生产企业、广大消费者等普遍关心的社会公害问题。应用农药残留微生物降解修复技术可大幅度减少化学农药的用量，消除土壤中农药残留，降低生产成本，对改善我国农业生态环境，提高我国农田土壤环境质量，保证我国农产品清洁安全生产具有非常重要的意义。

（2）将面源化学农药污染综合防控技术体系的推广和产业化及农户的经济利益有机结合，农户使用本课题的技术体系后，农产品品质和市场售价得到提高，经济效益显著，对推动农业产业结构调整，促进农民增收、农业增效和可持续发展具有积极意义。

（3）应用农药残留微生物降解技术对增强我国农产品国际竞争力，打破发达国家的“绿色壁垒”和“技术壁垒”，促进我国农产品对外贸易具有重要意义。

参考文献

曹志方，王银善．1996．甲胺磷农药的微生物降解．环境科学进展，4（6）：32-35．

范永仙，陈小龙，姜晓平，等．2002．甲胺磷农药的生物降解研究进展．微生物学杂志，22（3）：45-50．

顾立峰．2007．胺苯磺隆降解菌 SW4 的分离、降解途径及其应用研究．南京农业大学博士学位论文．

郭江峰，孙锦荷．1995．污染土壤生物治理的研究方法．环境科学进展，3（5）：62-68．

郭鹏．2009．拟除虫菊酯降解菌 JZ-2 的分离鉴定、降解特性及菊酯水解酶的纯化和特性研究．南京农业大学博士学位论文．

刘营，孔繁翔，杨积晴，等．1998．菌根真菌对环境污染物的降解、转化能力概述．上海环境科学，17（2）：4-6．

刘正礼. 2007. 我国农药行业综述. 河北化工, 30 (1): 12-14.
马爱芝. 2004. HCH（六六六）降解菌 *Spingomonas* sp. BHC-A 的分离、鉴定和相关 *lin* 基因的克隆. 南京农业大学硕士学位论文.
沈标. 2001. 甲基对硫磷降解菌 DLL-1 的生态学研究. 南京农业大学博士学位论文.
王家玲. 1991. 环境微生物学. 北京: 高等教育出版社.
王银善, 庞学军. 1985. 黄杆菌的分离及降解有机磷农药的某些性质. 环境科学学报, 5 (3): 315-320.
虞云龙, 樊德方, 陈鹤鑫. 1996. 农药微生物降解的研究现状及策略. 环境科学进展, 4 (3): 28-35.
张大弟, 张晓红. 2001. 农药污染与防治. 北京: 化学工业出版社.
张素琴, 陈延, 赵姬永, 等. 1989. 假单胞菌 P12 对菲的降解. 环境科学学报, 9 (1): 80-84.
周健, 张永祥, 段佐亮. 1993. 公元 2020 年农村面源污染控制战略的目标研究. 农业环境与发展, (3): 24-26.
Boundy-Mills K L, de Souza M L, Mandelbaum R T, et al. 1997. The *atzB* gene of *Pseudomonas* sp. strain ADP encodes the second enzyme of a novel atrazine degradation pathway. Appl Environ Microbiol, 63: 916-923.
Chanway C P, Nelsin L M. 1990. Field and laboratory studies of *Triticum aestivum* inoculated with co-existent growth-promoting *Bacillus* strains. Soil Biol Biochem, 22: 789-795.
de Souza M L, Wackett L P, Bound-Mills K L, et al. 1995. Cloning, Characterization, and expressiong of a gene region from *Pseudomonas* sp. strain ADP involved in the dechlorination of atrazine. Appl Environ Microbial, 61: 3373-3378.
Don R H, Pemberton J M. 1985. Genetic and physical map of the 2,4-dichlorophenoxyacetic acid-degradative plasmid pJP4. Bacteriol, 161: 466-468.
Eaton D C. 1985. Mineralization of polychlorinated biphenyls by *Panerochaete chrysosporium*, a ligninolytic fungus. Enzyme Microb. Technol, 7: 194-196.
Guo P, Wang B, Hang B, et al. 2009. Pyrethroid-degrading *Sphingobium* sp. JZ-2 and the purification and characterization of a novel pyrethroid hydrolase. International Biodeterioration & Biodegradation, 63 (8): 1107-1112.
Martinez B, Tomkins J, Wackett L P, et al. 2001. Complete nucleotide sequence and organization of the atrazine catabolic plasmid pADP-1 from *pseudomonas* sp. strain ADP. J Bacteriol, 183: 5684-5697.
Mileski G J, Bumpus J A, Jurek M A, et al. 1988. Biodegradation of pentachlorophenol by the whiterot fungus *Phanerochaete chrysosporium*. Appl Environ Microbiol, 54 (12): 2885-2889.
Nagata Y, Miyauchi K, Takagi M. 1999. Complete analysis of genes and enzymes for γ-hexachlorocyclohexane degradation in *Shingomonas paucimobilis* UT26. J Ind Microbiol Biotechnol, 23: 380-390.
Rasul Chaudhry G, Chapalamadugu S. 1991. Biodegradation of halogenated organic compounds. Microbiological Reviews, 55 (1): 59-79.
Sadowsky M J, Tong Z, de Souza M, et al. 1998. AtzC is a new member of the amidohydrolase protein superfamily and is homologous to other atrazine-metabolizing enzymes. J Bacteriol, 180: 152-158.
Sharmila A M, Ramanand K, Adhya T K, et al. 1988. Temperature and the persistence of methyl parathion in a flooded soil. Soil Biol Biochem, 20: 399-401.
Struthers J K, Jayachandran K, Moorman T B. 1998. Biodegradation of atrazine by *Agrobacterium radiobacter* J14a and use of this strain in bioremediation of contaminated soil. Appl Environ Microbiol, 64: 3368-3375.

Topp E, Zhu H, Nour S M, et al. 2000. Characterization of an atrazine-degrading *Pseudaminobacter* sp. isolated from Canadian and French agricultural soils. Appl Environ Microbiol, 66: 2773-2782.

Unge A, Tombplini R, Molbak L, et al. 1999. Simultaneous monitoring of cell number and metabolic activity of specific bacterial populations with a dual gfp-luxAB marker system. Appl Environ Microbiol, 65 (2): 813-821.

Wang B, Guo P, Hang B, et al. 2009. Cloning of a Novel Pyrethroid-Hydrolyzing Carboxylesterase Gene from *Sphingobium* sp. Strain JZ-1 and Characterization of the Gene Product. Appl Environ Microbiol, 75 (17): 5496-5500.

微生物防治植物寄生线虫研究与应用进展

1　引言

植物寄生线虫是一类重要的病原生物，分布广、种类多，全世界已报道的植物线虫有200多属、5000余种，给农林业生产造成极大的危害，其中危害最为严重的有根结属（*Meloidogyne* spp.）、孢囊属线虫（*Heterodera* spp.）。据Sasser等统计，线虫造成的农作物损失是全球范围主要作物的8%～20%，在全世界它们引起农作物的损失预计每年达到1000亿美元以上（Sasser and Freckman，1987）。

在植物寄生线虫防治中，化学杀线虫剂的应用十分广泛。然而由于化学杀线虫剂高毒、高残留，长期施用会带来一系列不良反应，如抗药性的产生、破坏生态平衡以及污染环境等，施化学杀线虫剂使用受到严格的限制（Schneider et al.，2003）。甲基溴是最有效和使用最广泛的用于防治土传病虫害（包括线虫）的熏蒸剂，尽管拥有广泛的杀虫活性，由于其高毒性与高残留已被一些国家禁止施用，国际社会于1992年通过了《蒙特利尔议定书》，要求国际社会逐步采取措施，将甲基溴从大多数国家市场撤出，以保护臭氧层。此外，二溴氯丙烷及二溴乙烯（ECB）等杀线虫剂因其对人类和环境的危害已从市场上撤回。寻找高效、安全的植物线虫防治方法代替化学杀线虫剂迫在眉睫。目前在全世界范围内正在广泛开展的植物寄生线虫生物防治研究，利用杀线虫天敌微生物进行植物线虫的防治更是受到广泛关注，微生物生防制剂的开发竞争在国际上也相当激烈。

线虫在土壤中常受到真菌和细菌等感染，这使得利用土壤中的微生物来控制植物寄生线虫的危害成为可能。杀线虫微生物天敌种类繁多，作用方式多样，主要包括食线虫真菌（Nematophagous fungus）、细菌（Bacteria）、放线菌（Actinomycetes）、病毒（Virus）和立克次氏体（Rickettsia）等。

2　食线虫真菌

食线虫真菌是指对线虫具有捕食、寄生等拮抗作用的真菌的统称，是植物线虫生物防治中最重要、研究最多的线虫天敌微生物。对该菌的研究已有100多年

本章作者：成飞雪、刘勇。

的历史。1888 年 Zopf 观察到寡孢节丛孢菌（*Arthiobotrys oligospora*）具有捕食线虫的现象，20 世纪七八十年代国外对植物线虫食线虫真菌进行了系统调查和研究。但国外的研究多集中于孢囊线虫（*Heterodera* spp. 和 *Globodera* spp.）上，对根结线虫（*Meloidogyne* spp.）食线虫真菌的调查较少。

我国对食线虫真菌的研究起步较晚，始于 20 世纪 80 年代。但与国外不同的是，我国的研究多集中于根结线虫食线虫真菌的调查，孢囊线虫则报道较少。我国第 1 篇食线虫真菌论文是 1964 年台湾中央研究院植物研究所发表的“台湾捕食线虫真菌和捕食线虫的研究”，余永年撰写的“虫生串孢壶菌——线虫内寄生真菌”，是我国大陆的第 1 篇食线虫真菌论文（1977）。随后的几十年我国学者对食线虫真菌的研究非常活跃，广泛地进行调查，系统地从分类学、生理学、生态学、病理学和生物防治等方面进行了研究。

2.1 食线虫真菌种类

食线虫真菌在全世界广泛分布，存在着巨大的物种多样性，既有广泛分布的常见种类，又有地区分布的特殊种类。它们是线虫生物防治的巨大资源宝库。在早期的文献中，将食线虫真菌分为捕食和内寄生线虫的两类真菌。随着人们对寄生真菌作用机制的研究和深入了解，将食线虫真菌分为捕食线虫真菌（trapping fungus）、内寄生线虫真菌（endoparasitic fungus）、产毒真菌（toxic fungus）和机会真菌（opportunistic fungus）（又叫兼性寄生真菌）4 类（李天飞等，2000）。到目前为止，已有 400 多种真菌被发现对线虫有作用，常见的有寡孢节丛孢（*Arthrobotrys oligospora*）、指状节丛孢（*A. dactyloides*）、厚垣孢普可尼亚菌（*Pochonia chlamydospora*）、淡紫拟青霉（*Paecilomyces lilacinus*）、尖孢镰刀菌（*Fusarium oxysporum*）、黑曲霉（*Aspergillus niger*）、木霉菌（*Trichoderma* spp.）以及担子菌中的粗皮侧耳（*Pleurotus ostreatus*）等。一些种类只有国外报道，如 *Pseudopapulospora kendrickii*、*Nigrospora sphaerica*、*Catenaria auriliaris*、*Verticillium leptobactrum* 等（Gortari and Hours，2008）。而也有一些种类仅在国内被报道，如 *Cylinderonema destructans*、*Drechmeria coniospora*、*Gliocladium catenulatum*、*Humicola fuscoatra* 等。而目前已报道的线虫生防实例中，使用较多的生防真菌主要是淡紫拟青霉和厚垣孢普可尼亚菌等世界广泛分布的种类。在这些食线虫真菌中，已有部分被商品化，如“Royal 300”（Cayrol，1978）、“Royal350”（Cayrol，1981）、“Biocon”（Davide，1988）、“DiTera”（Warrior et al.，1998）、“线虫必克”（厚孢轮枝菌，中国农药登记号 LS2001154）、灭线灵（淡紫拟青霉，中国农药登记号 PD20096841）等用于防治不同植物寄生线虫，也有一些菌剂正在登记中。

2.2 捕食线虫真菌

捕食线虫真菌是一类营养菌丝特化形成捕食器官（Predacious devices），如菌网、黏性球、黏性菌丝、收缩环等捕食线虫的真菌。迄今报道的有12属，我国有5属、43种（张克勤，2000）。其中研究和应用比较广泛的有节丛孢属（*Arthrobotrys*）、单顶孢属（*Monacrosporium*）和隔指孢属（*Dactylella*）。寡孢节丛孢是目前所研究的分子背景了解最清楚的捕食线虫真菌，它对线虫的侵染包括以下的生物学过程：首先是用三维菌网捕捉线虫，菌丝黏附于线虫的体表；接着菌丝分泌胞外酶降解线虫的体壁，并穿透线虫的体壁；最后消解线虫的体内组织并杀死线虫（Tunlid，1994）。

2.3 内寄生真菌

内寄生真菌是指能以黏性或非黏性孢子附着于线虫体表、卵和孢囊或通过线虫口腔而侵入线虫体内的一类真菌。各种分生孢子进入线虫体内或卵内发育成营养菌丝，并大量繁殖产生各种孢子，消耗线虫的营养物质，使线虫死亡，特别是强烈抑制线虫孢囊和卵的孵化。目前对内寄生食线虫真菌的研究主要集中在轮枝菌属（*Verticillium*）、拟青霉属（*Paecilomyces*）和被毛孢属（*Hirsutella*）等真菌。我国已用厚垣孢普可尼亚菌（*Pochonia chlamydospora*）ZK7菌株制成了“线虫必克”商品制剂。而淡紫拟青霉（*Paecilomyces lilacinus*）是研究得最多的卵寄生真菌。该菌广泛存在于土壤中。不少研究表明，淡紫拟青霉可以寄生根结线虫（*Meloidogyne* spp.）（卓侃等，2006）、胞囊线虫（*Heterodera* spp.）（刘杏忠，2004）等植物病原线虫的卵，对南方根结线虫卵的寄生率高达60%～70%（Jatala，1997）。该菌株已被各国学者广泛应用于线虫的生防，并研制成为商品制剂（如灭线灵）。

2.4 产毒真菌

产毒真菌是指能产生对线虫有毒杀作用的一类真菌。目前发现有90多个杀线虫菌物毒素，主要是担子菌（*Basidiomycota*）、子囊菌（*Ascomycotion*）、半知菌（*Deuteromycotina*）中部分真菌产生的杀线虫毒素。Thorn和Barron等报道了5种侧耳属真菌具有侵染和消解线虫活性，发现其作用机制是通过产生毒素作用于线虫（Thorn and Barron，1984）。向红琼（2002）研究发现，粗皮侧耳的子实体可以分泌产生某种毒素杀死线虫，并对花生根结线虫的群体动态产生影响，认为粗皮侧耳对线虫的作用机制是杀虫寄生。

2.5 机会真菌

机会真菌是指一类和植物固着性线虫有密切关系的机会线虫病原真菌，它们寄生于线虫的卵、卵囊、孢囊和雌虫体内，对调节植物寄生线虫的数量起重要作用。机会真菌通过与寄主线虫的相互识别，吸附或黏着于线虫体表，并在几丁质酶的作用下，用菌丝穿透体壁消解卵壳等，在线虫体内或卵内繁殖菌体。Chen 等（1996）就 12 种真菌对大豆孢囊线虫卵的侵染做了电镜观察，其中 10 种能够侵染线虫卵。而 Galper 等（1991）的研究表明，*Cuninghamella elegans* 可以产生胶原蛋白酶，其菌物在胶原蛋白培养基上的培养滤液可以抑制爪哇根结线虫卵的孵化，影响幼虫的活动和侵入。

3 天敌细菌

3.1 杀线虫细菌种类

在土壤微生物中，细菌种类数量最多，这些细菌有很多对线虫有活性。同时由于细菌易于培养，使之成为植物寄生线虫生防中的研究热点。近 20 年中，越来越多的细菌从土壤、植物组织、线虫卵、孢囊中被分离出来（Stirling，1991；Siddiqui and Mahmood，1999；Kerry，2000；Meyer，2003），不同的作用方式被报道，如通过寄生，产生毒素、抗生素、酶等，或干扰线虫与寄主之间的识别，与线虫进行营养竞争及诱导植物抗性等（Tian et al.，2007）。目前，在杀线虫方面具有前景的有巴氏杆菌（*Pasteruria*）、根际细菌（*Rhizobacteria*）、苏云金芽孢杆菌（*Bacillus thuringiensis*）、机会寄生细菌（opportunistic parasitic bacteria）等，它们在线虫防治中表现出巨大的开发潜力。

3.2 寄生细菌——巴氏杆菌

巴氏杆菌，是一类寄生线虫与水生原生动物的专性内寄生细菌，巴氏杆菌属许多种类能寄生线虫，巴氏杆菌中常见的 4 种，除了 *Pasteuria ramosa* 专性寄生于水蚤外，其他 3 种都寄生于线虫，主要寄生于根结线虫的穿刺巴氏杆菌（*Pasteuria penetrans*），主要寄生于根腐线虫的 *P. thornei* 和寄生于孢囊线虫的 *P. nishivauae*（Atibalentja et al.，2000）。最近，根据巴氏杆菌形态特点、寄主识别以及 16S rDNA 基因分析，Giblin-Davis 等（2001，2003）分离出的能寄生于刺线虫（*Belonolaimus longicaudatus*）的巴氏杆菌 S-1，表现出极大的应用潜力。

巴氏杆菌在世界范围内分布广泛，到目前已在 51 个国家分离到该类细菌，可以侵染至少 116 属的 323 种的线虫，几乎所有对重要经济作物有危害的寄生线虫都可以被该类菌寄生（Bird et al ., 2003）。其中穿刺巴氏杆菌是目前研究最多也最有发展前景的杀线虫细菌（Charles et al ., 2005）。

穿刺巴氏杆菌专性寄生于根结线虫的二龄幼虫，以球形的孢子黏附于线虫体表，受侵染的二龄幼虫侵入根系后，随线虫的发育，细菌不断在体内增殖，到线虫发育到成虫时，其体内充满细菌而导致雌成虫彻底被摧毁，释放出大量的细菌于土壤中，再行侵染。该细菌抗干旱，在干燥条件下可存活几年（张克勤等，1991）。穿刺巴氏杆菌对多种作物上发生的多种根结线虫病都有明显的防治作用，主要是通过以下几个方面起作用：黏附芽孢的幼虫活动能力减弱，对植物的侵染能力下降；减少植物根部寄生线虫的数量；降低虫卵量；压低土壤中的线虫虫口密度等，从而减少根结线虫对寄主植物的危害。

虽然许多试验表明穿刺巴氏杆菌是一种非常有希望的植物根结线虫病生防因子，但由于该细菌至今不能在人工培养基上进行培养，而用活体线虫进行繁殖的成本较高，效率很低，限制了在生产中的大规模应用，目前尚无商品化制剂，突破人工培养的限制是穿刺巴氏杆菌广泛应用的关键。

3.3 根际细菌

根际细菌是指从根际分离所得，依据其对植物的反应将其分为有益、有害和中性三类。有益根际细菌又被称为促生根际细菌（plant growth-promoting rhizobacteria，PGPR），PGPR 最早由 Kloepper（1978）及 Suslow（1978）提出，是指与根有密切关系并强定殖于根系，能促进植物生长的细菌。1988 年 Sikora 在研究根际细菌对植物寄生线虫的作用时发现，有些根际细菌并不引起作物产量增加，因此，他提出用 PHPR（plant health-promoting rhizobacteria）代替 PGPR 来定义那些对植物寄生线虫有抑制作用的根际细菌。现在人们研究的根际细菌多指在线虫生防中具有拮抗作用或促生作用的有益根际细菌。

用根际细菌防治植物寄生线虫的研究是 20 世纪 80 年代开始的，是目前用于线虫生防中种类最多的一类。目前在温室和田间对植物寄生线虫有防效的根际细菌有：荧光假单胞菌、球形芽孢杆菌（*Becillus sphaericus*）、枯草芽孢杆菌、放射形土壤杆菌（*Agrobacterium radiobacter*）、光合细菌嗜酸柏拉红菌（*Rhodoblastus acidophilus*）（Becker et al ., 1988；Oostendorp and Sikora，1990；Racke and Sikora，1992；Hallmann et al ., 2002；Khan et al ., 2002；Meyer，2003；刘

志明等，2000，成飞雪等，2008，张飞跃等，2008）及致金色假单胞菌（*Pseudomonas aureofaciens*）（McInnis，1990），还有部分有效根际细菌尚未鉴定。1988年Backer报道根际细菌蜡状芽孢杆菌和两株假单孢菌对防治南方根结线虫（*Meloidogyne incognita*）、大豆孢囊线虫（*Heterodera cajani*）、玉米孢囊线虫（*H. zeae*）和燕麦孢囊线虫（*H. auenal*）有效，减少了根结数，使根系增大，根重增加。Oostendorp等从1988年起，从根际细菌的分离鉴定、对植物寄生线虫的温室和田间防效、根际细菌与植物寄生线虫的体外关系以及拮抗机制等方面作了系统研究（Oostendorp，1990）。根际细菌在温室自然土中防效同田间效果一致，大部分超过40%（Racker and Sikora，1992）。我国刘志明等(2000）从1995年起，开展了根结线虫幼虫致病细菌的筛选，从205份样品中分离和纯化细菌142株，其中4株对番茄根结线虫的校正死亡率达80%以上，同时使香蕉根结线虫侵染率为0。我们从土壤分离获得的一株嗜酸柏拉红菌（*Rhodoblastus acidophilus*）光合细菌菌株对苎麻根腐线虫病具有较好的防治效果，用该菌培养液处理线虫，24h后死亡率达到100%。发病麻园施用100倍培养液稀释液，60天后苎麻根内及根际周围土壤中的线虫减退率分别为93.8%和90.9%。不仅能有效防治苎麻根腐线虫病，还能显著改善苎麻品质，增加苎麻皮厚，增产率可达到23.3%（成飞雪等，2008）。

到目前为止，根际细菌是唯一一类已有商品化生防产品的细菌类群。“Deny”是一种来源于洋葱布克氏菌（*Burkholderia cepacia*）的生防产品，该产品能显著降低线虫卵的腐化和二龄幼虫的运动能力（Meyer et al.，2002）。还有2个来自芽孢杆菌的商品化产品，一个是“BioYield™，Gustafson LLC”被用于防治番茄、辣椒和草莓上的寄生线虫（Meyer，2003）。另一个是“BioNem”，在以色列用来控制根结线虫等（Giannakou and Prophetou-Athanasiadou，2004）。

根际细菌对线虫的作用机制目前不是特别清楚，主要表现为4个方面：一是产生杀线虫物质，抑制线虫卵的孵化，阻止幼虫的生长和直接杀死线虫；通过产生杀线虫物质毒杀线虫是根际细菌侵染线虫的主要途径。杀线虫物质可能是含氮物降解过程中产生的挥发性的NH_3和NO_2（Becker，1988；田红林，1992）。另外，以产毒方式作用于线虫的大多数天敌生物属于细菌（Jatala，1986）。丁酸梭菌（*Clostridium butyricum* Parzmouska）菌株以能在培养液中形成对*Tylenchorhynchus martini*有毒的包括蚁酸（formic acid）、乙酸（acetic acid）、丙酸(propionic acid）和丁酸（butyric acid）的混合物而为人们所知（Johnston，1959）。与此相似，Rodríguez-Kábana等（1965）发现*Desulfovibrio desulfuricans*菌株在水淹稻田中能够释放大量的H_2S控制线虫危害水稻。而我们研究发现光合细菌嗜酸柏拉红菌（*Rhodoblastus acidophilus*）能分泌杀线虫活性物质——5-氨基乙酰丙酸，该物质在农业生产上可作为除草剂、杀虫剂（Rebeiz et al., 1984; Sasaki et al., 1995），我们发现其具有杀线虫作用。目前5-氨基乙酰丙酸杀线虫作用机制还不是十分清楚，但我们初步的研究表明其对线虫的作用机制可能与杀虫机制相似，引起线虫体内产生活性氧物质而氧化膜脂质蛋白，导致细胞膜结构破坏而引起线虫死亡（未发表）。Jatala（1986）认为，由于细菌对线虫的这种作用方式和其产生的有毒化合物易于生产，它们可能是线虫生物防治重要的天敌类群。二是改变根分泌物与线虫的作用方式。Racke 和 Sikora（1992）认为从特定的根区分泌出来的根分泌物是影响线虫生活史中特定发育阶段的重要因素。根分泌物影响线虫卵孵化、线虫趋向于根的运动、线虫与寄主的识别及在根上的寄生与分布。这些阶段被认为是线虫发育的薄弱环节而适用于生物防治。三是营养和空间位点竞争。Zuckerman 和 Jasson（1984）认为线虫与根的相互识别是根表面的外源凝聚素与线虫体表糖类之间的相互识别。G^-菌的细胞壁双层脂膜上具有结合植物外源凝聚素的结构（Oosendorp and Sikora，1989）而优先占据线虫的侵染位点，并且在根部定居繁殖，消耗根围营养，占据空间位点而达到生防的目的。四是直接促进植物的生长与健康或是诱导植物抗性的产生。

3.4 苏云金芽孢杆菌

苏云金芽孢杆菌因其对人、畜安全无毒，不污染环境，生产成本低，是目前世界上应用最成功的微生物杀虫剂，早已被广泛应用于农业、林业、储藏以及卫生等多种害虫的防治。1961 年 Ciordia 等首次发现 Bt 苏云金亚种对线虫有杀灭作用。目前，国际上美国在杀线虫 Bt 菌株方面做了较多的工作，发现了具有杀线虫作用的 Bt 菌株，主要包括 Bt 苏云金亚种、以色列亚种（*Ba. Thuringiensis israelensis*）、库斯塔克亚种（*Ba. thuringiensis kurstaki*）和莫里斯亚种（*Ba. Thuringiensis Morris*）。这些菌株对多种植物线虫具有生物活性，如酸酱线虫（*Panagrellus redivivus*）、南方根结线虫（*M. incognita*）、穿刺短体线虫（*Pratylenchus penetrans*）和大豆孢囊线虫（*Heterodera glycines*）等（*Crickmore* et al., 1998；*Marroquin* et al., 2000；*Wei* et al., 2003；*Kotze* et al., 2005）。国内有关 Bt 在杀线虫方面的研究不多，邓干臻等（2004）筛选获得了对动物寄生线虫猪蛔虫（*Ascaris suum*）和捻转血矛线虫（*Haemonchus contortus*）幼虫有毒杀作用的苏云金芽孢杆菌。

1985 年 Bone 等首次证实了 Bt 伴胞晶体蛋白（δ-内毒素）对线虫的作用活性，利用 Bt 防治线虫的研究得到广泛关注。2003 年 Wei 等研究了不同基因产生的伴孢晶体对几种自由生活线虫的毒性，从 2 个主要的 Bt 晶体蛋白亚家族中表达出了 7 种不同的晶体毒蛋白，通过测试这些毒蛋白对自由生活的不同种线虫有毒性，证实了其中 4 种晶体蛋白（Cry5B、Cry6A、Cryl4A、cry21A）对多种线虫种类均有活性，所测试的线虫至少对 1 种毒素敏感。从而明确提出了 Bt 晶体蛋白具有杀线虫能力。

目前，认为 Bt 对线虫的作用主要是 Bt 毒素蛋白与中肠上皮细胞结合后，有毒性的 α 螺旋穿透细胞膜形成一个离子通道（孔），因 pH 的不同，这些孔具有选择性（仅 K^+ 可通过）和非选择性（Na^+ 和阴离子也可通过）。由于碱性中肠和蛋白酶的作用，因而这些孔发生改变，变得有 Na^+ 和阴离子渗漏。这种渗漏破坏了膜电势，细胞膜破坏、细胞膨胀并裂解，围食膜和上皮细胞退化变性，肠壁受损，中肠的碱性高渗内含物进入血腔，血淋巴 pH 升高而导致线虫麻痹死亡（Li et al., 2008）。

3.5 机会寄生细菌

机会寄生细菌是指那些能通过穿透线虫体壁侵染线虫的一类营腐生生活的细菌。目前已报道的对植物线虫有致病作用的机会寄生细菌主要有侧孢短芽孢杆菌（*Brevibacillus laterosporus*），如分离自云南烟草根际土壤的 G4 菌株以及杀线虫的芽孢杆菌（*Bacillus nematocida*），如 *Bacillus* sp. B16 菌株。机会寄生细菌较容易培养而用于遗传学研究，因此，近年来它们已经发展成为研究细菌侵染线虫机制的一个重要模式生物。

目前机会寄生细菌侵染线虫过程和机制研究比较多的是侧孢短芽孢杆菌。目前分离的该菌中许多菌株具有很强的杀线虫能力，对多种植物寄生线虫有作用，如大豆孢囊线虫、松材线虫（*Bursaphelenchus xylophilus*）和蛇形毛圆线虫（*Trichostrongylus colubriformis*）（Oliveira et al., 2004；Huang et al., 2005）。组织病理电镜实验证实侧孢短芽孢杆菌 G4 细菌菌株能分泌胞外蛋白酶破坏线虫体壁，造成线虫内溶物的泄漏，最终杀死线虫（Huang et al., 2005；Tian et al., 2006）。

4 放线菌

放线菌和真菌、细菌一样，是植物寄生线虫的重要天敌类群之一。放线菌中的一些种类能够产生具有抗生或杀线虫特性的化合物，能影响线虫的体内代谢，包括抑制或影响核酸和蛋白质合成，或作用于核蛋白体、线粒体或其他细胞器，而使线虫体内细胞不能正常进行合成和能量代谢。或是作用于线虫组织的细胞膜，改变其通透性，从而影响机体的生命活动。

常用的抗生素绝大多数均由放线菌产生，目前发现的莫比霉素（Milbemycin）、戒台霉素（Jietaicin）、南昌霉素（Nanchangmycin）和阿维菌素（Avermectins）等高活性杀线虫抗生素都是由放线菌产生的。

从除虫链霉菌的代谢物中分离到的阿维菌素及其衍生物的研究与开发利用是一个成功典范。阿维菌素在我国开发生产后，被广泛的应用于田间生产。据统计，仅 2009 年登记的阿维菌素产品已经达到 500 个（原药 3 个，制剂 167 个，复配产品 330 个）。而在线虫上施用较多的是 0.5% 颗粒剂和 1.8% 乳油，其田间药效可达 70% 以上。阿维菌素对线虫的作用机制普遍认为是由于阿维菌素与虫体内的特异性受体结合，产生一系列的电生理和生物化学反应。在高浓度时，阿维菌素激发 γ-氨基丁酸（GABA）的释放，后者因其细胞膜对 Cl^- 通透性增加，阻滞中枢神经和肌肉的兴奋性传导，使虫体麻痹。最近的研究显示，低浓度的阿维菌素可引起与 GABA 无关的 Cl^- 通道的开放。众多的研究还表明阿维菌素的杀虫活性是由于药物引起谷氨酸控制的 Cl^- 通道的开放，引起神经元休止电位的超极化，使正常的电冲动不能释放，使虫体麻痹。

5 其他天敌微生物

病毒和立克次氏体也被证明对线虫有作用。目前发现有 6 种线虫可被病毒感染，南方根结线虫、鼠膀胱线虫（*Trichosomoides crassicauda*）、异头锥线虫（*Dolichodorus heterocephalus*）、食蚊罗索线虫（*Romanomermis culicicorax*）、马氏矮化线虫（*Tylenchorhynchus martini*）、*Thaumamermis cosgrovei* 等（刘斌，2004）。1973 年，Shepherd 等报道豌豆孢囊线虫（*Heterodera goettingiana*）和马铃薯金线虫（*Globodera rostochiensis*）体内存在有立克次氏体，从而证实立克次氏体是线虫的致病因子。1979 年，Endo 也报道大豆孢囊线虫（*H. glycines*）细胞受到立克次氏体的感染。尽管多年前就证实病毒与立克次氏体能够感染线虫，但利用病毒与立克次氏体进行植物寄生线虫的生物防治至今未见报道。

6 展望

经过国内外植物寄生线虫研究工作者的共同努力，植物寄生线虫的生物防治研究取得了很大成就，大量的微生物生防资源被挖掘并进行了深入研究。尤其是在线虫微生物生防资源的调查、高效菌株的筛选、基因改良、菌剂研制、抗病育种及线虫与植物的互作等研究领域得到广泛应用。同时，其相关的研究方法和评价办法也日臻成熟，这些都为进一步开展更深入和更广泛的研究奠定了良好的基础。

但是，尽管越来越多的微生物被确定为植物寄生线虫的致病菌，并显示出了对线虫种群的明显抑制作用。然而，开发成功的商品化生防制剂数量却极少。其主要原因是在植物线虫生物防治研究中存在几个突出问题：①在生防因子方面，筛选出的生防因子主要是真菌，而细菌和放线菌很少，并且在植物寄生线虫的生防因子的作用机制研究方面还较匮乏。②所开发出的生防制剂仍然存在稳定性差、自然条件下存储时间短的问题，并且剂型单一，推广应用难度大。③优良菌株筛选模型和评价体系不完备。优良菌株筛选模型和评价标准是植物寄生线虫生物防治及生防制剂开发的基础，但至今国内外仍然没有统一的、科学的筛选模型和评价标准，尤其是生防制剂的安全评价标准。④在微生物代谢产物的生防作用研究方面，国内外报道较少。如何利用微生物高活性代谢产物为模板，开发出更多的生物源杀线虫剂，仍是需要进一步深入研究解决的问题。

为了实现商业化的杀线虫制剂与实验室研究结果更好地匹配，在实际应用中得到理想的生防效果，必须对杀线虫微生物的致病机制进行更深入研究。对于很有前景的杀线虫微生物，理解其侵染途径，分析其代谢产物，从分子水平上了解其作用机制，并利用分子生物学手段对其进行改良和利用，将为新型生防制剂的研发开辟新的途径。

参考文献

成飞雪，张德咏，刘勇，等，2008．光合细菌嗜酸柏拉红菌对苎麻根腐线虫病的防治效果．中国生物防治，24（4）：359-362．

邓干臻，姚宝安，冯汉荷，等．2004．14株苏云金芽胞杆菌伴胞晶体蛋白对猪蛔虫第3期幼虫的毒性比较．中国兽医学报，4（24）：338-340．

李天飞，张克勤，刘杏中．2000．食线虫真菌分类学．北京：中国科学技术出版社．

刘斌．2004．线虫病毒和立克次氏体．见：刘杏忠，张克勤，李天飞．植物寄生线虫生物防治．北京：中国科学技术出版社：45-50．

刘杏忠，张克勤，李天飞，等．2004．植物寄生线虫生物防治．北京：中国科学技术出版社：66-76．

刘志明，余玉冰，秦碧霞，等．2000．根结线虫幼虫致病细菌的筛选．中国生物防治，16（3）：142．

田红林．1992．北京市蔬菜线虫种类研究及拮抗线虫的细菌筛选．中国农业大学硕士研究生毕业论文．

向红琼，冯志新．2002．Plattner ostreatus 对线虫作用机理的研究．植物病理学报，30（4）：357-363．

余永年．1977．虫生串胞壶菌——线虫内寄生真菌．微生物学报，4：176-179．

张飞跃，孙炳剑，李洪连，等．2008．植物寄生线虫生防因子研究进展，河南农业科学，8：16-19．

张克勤．2000．食线虫菌物研究．昆明：云南大学出版社：38-39．

张克勤，何世川，周薇，等．1991．真菌和细菌在线虫生防中的作用及其研究进展．杀虫微生物，3：55-61．

祝明亮，李天飞，张克勤，等．2004．根结线虫生防资源概况及进展．微生物学报，31（1）：100-104．

卓侃，廖金铃，崔汝强，等．2006．寄生象耳豆根结线虫上淡紫拟青霉的分离鉴定．见：廖金铃，彭得良，郑经武，等．中国线虫学研究（第1卷）．北京：中国农业科学技术出版社：1-4．

Atibalentja N，Noel G R，Domier L L．2000．Phylogenetic position of the North American isolates of Pasteuria that parasitizes the soybean cyst nematodes, Heterodera glycines, as inferred from 16S rDNA sequence analysis. Int J Syst Evol Micr, 50: 605-613.

Becker, J O. 1988. Effects of rhizobacteria on root knot nematodes and gall formation. Phytopathology, 78: 1466-1469.

Bird D M, Opperman C H, Davies K G. 2003. Interaction between bacteria and plant-parasitic nematodes: now and then. Int J Parasitol, 33: 1269-1276.

Cayrol J C. 1981. Possibilities of biological control of Meloidogyne nematode crop pest with the use of the "R350" nematophagous fungus (Arthrobotrys irregularis). La Defense des Vegetaux, 35: 279-282.

Cayrol J C, Frankowski J P, Laniece A, et al. 1978. Control of nematodes in mushroom cultures. Statement of a method of biological control using a predatory Hyphomycetes: Arthrobotrys robusta strain Antipolis (Royal 300). Pepinieristes Horticulteurs Maraichers, Revue Horticole, 184: 23-30.

Charles L, Carbone I, Davis K G, et al. 2005. Phylogenetic analysis of Pasteuria penetrans by use of multiple genetic loci. J Bacteriol, 187: 5700-5708.

Chen S Y, Dickson D W. 1996. Fungal penetration of the cyst wall of Heterodera glycines. Phytopathology, 86: 319-327.

Crickmore N, Zeigler D R, Feitelson J, et al. 1998. Revision of the Nomenclature for the Bacillus thuringiensis Pesticidal Crystal Proteins Microbiology and Molecular Biology Reviews, 62: 807-813.

Davide R D. 1988. Biocon controls nematodes biologically. Biotechology, 5: 772.

Galper S, Cohn E, Spiegel Y, et al. 1991. A Collagenolytic Fungus, Cunninghamella elegans, for Biological Control of Plant-parasitic Nematodes. J Nematol, 67: 1-14.

Giannakou I O, Prophetou-Athanasiadou D. 2004. A novel non-chemical nematicide for the control of root-knot nematodes. Appl Soil Ecol, 26: 69-79.

Giblin-Davis R M, Williams D S, Beka S, et al. 2003. Candidatus *Pasteuria usgae* sp. nov., an obligate endoparasite of the phytoparasitic nematode, Belonolaimus longicaudatus. Int Syst Evol Microbiol, 53: 197-200.

Giblin-Davis R M, Williams D S, Wergin W P, et al. 2001. Ultrastructure and development of Pasteuria sp. (S-1 strain), an obligate endoparasite of Belonolaimus longicaudatus (Nemata: Tylenchida). J Nematol, 33: 227-238.

Gortari M C, Hours R A. 2008. Chitinases and their biological role in the antagonism onto nematode eggs. A review Mycol Progress, 7: 221-238.

Hallmann J, Faupel A, Krachel A, et al. 2002. Occurrence and biocontrol potential of potato-associated bacteria. Nematol, 4: 285. (Abstr)

Huang X W, Tian B Y, Niu Q H, et al. 2005. An extracellular protease from revibacillus laterosporus G4 without parasporal crystal can serve as a pathogenic factor in infection of nematodes. Res Microbiol, 156: 719-727.

Jatala P. 1986. Biological Control of Plant-Parasitic Nematodes Ann Rev. Phytopathol, 24: 453-489.

Jatala P. 1997. Biological control of plant-parasitic nematodes. Annu Rev Phytopathol, 24: 453-489.

Johnston T M. 1959. Effect of fatty acid mixture on the rice stylet nematode (*Tylenchorhynchus martini*), Fielding. Nature, 183: 1392.

Kerry B R. 2000. Rhizosphere interactions and exploitation of microbial agents for the biological control of plant-parasitic nematodes. Annu Rev Phytopathol, 38: 423-441.

Khan M R, Kounsar K, Hamid A. 2002. Effect of certain rhizobacteria and antagonistic fungi on root- nodulation and root-knot nematode disease of green gram. Nematologia Mediterranea, 31: 85-89.

Kloepper J W, Schroth M N. 1978. In Proc 4th Int Conf Plant Pathog Bact. Angers, Fr. 1: 245～250.

Kotze A C, O' Grady J, Gough J M, et al. 2005. Toxicity of Bacillus thuringiensis toparasitic and free-living life stages of nematodes parasites oflivestock. Int J Parasitol, 35: 1013-1022.

Li X Q, Tan A, Voegtline M, et al. 2008. Expression of Cry5B protein from Bacillus thuringiensis in plant roots confers resistance to root-knot nematode. Biological Control, 47: 97-102.

Marroquin L D, Elyassnia D, Griffitts J S, et al. 2000. Bacillus thuringiensis (Bt) toxin susceptibility and isolation of resistance mutants in the nematode. Caenorhabditis elegans Genet, 155: 1693-1699.

Mclnnis I. 1990. Suppression of Criconemella xenoplax on peach by rhizosphere bacteria. Proc. 2nd Inter. Nematology Congr, Veldhoven, The Netherlands.

Meyer S L F. 2003. United States department of agriculture-agricultural research service research programs on microbes for management of plant-parasitic nematodes. Pest Manag Sci, 59: 665-670.

Meyer S L F, Roberts D P, Chitwood D J, et al. 2002. Application of *Burkholderia cepacia and Trichoderma virens*, alone and in combinations, against Meloidogyne incognita on bell pepper. Nematropica, 31: 75-86.

Oliveira E J, Rabinovitch L, Monnerat R G, et al. 2004. Molecular characterization of Brevibacillus laterosporus and its potential use in biological control. Appl Environ Microbiol, 70: 6657-6664.

Oostendorp M, Sikora R A. 1989. Seed treatment with antagonistic rhizobacteria for the suppression of *Heterodera schachtii* early root infection of sugar beet. Revue Nematol, 12: 77-83.

Oostendorp M, Sikora R A. 1990. In-vitro interrelationships between rhizosphere bacteria and *Heterodera schachtii*. Rev Nematol, 13: 269-274.

Racke J, Sikora R A. 1992. Isolation, formulation andantagonistic activity of rhizobacteria toward the potato cyst nematode Globodera pallida. Soil Biol Biochem, 24: 521-526.

Rebeiz C A, Montazer-Zouhool A, Hopen H, et al. 1984. Photodynamic herbicides Concepts and phenomenology. Enzyme and Microb. Technology, 6: 390～401.

Sasaki K, Marquez F J, Nishio N, et al. 1995. Promotive effects of 5-aminolevulinic acid on the growth and photosynthesis of Spirulina platenesis. Joural Ferm Bioeng, 79: 453～457.

Sasser J N, Freckman D W. 1987. A world perspective on nematology: the role of society. *In*: Dickson D W, J A V a. Vistas on Nematology, Society of Nematologists. Hyatttsville, Mariland: 7-14.

Schneider S M, Rosskopf E N, Leesch J G, et al. 2003. Research on alternatives to methyl bromide: pre-plant and post-harvest. Pest Manag Sci, 59: 814-826.

Siddiqui Z A, Mahmood I. 1999. Role of bacteria in the management of plant parasitic nematodes: A review. Bioresource Technol, 69: 167-179.

Stirling G R. 1991. Biological control of plant parasitic nematode: progress, problems and prospects. CAB International, Wallington, United Kingdom.

Suslow T V, Schroth M N. 1978. In Proc. 4th Int. Conf. Plant Pathog. Bact. Angers, Fr. 2: 885.

Thorn R G, Barron G L. 1984. Carnivorousmushroom. Science, 224: 76-78.

Tian B Y, Li N, Lian L H, et al. 2006. Cloning, expression and deletion of the cuticle-degrading protease BLG4 from nematophagous bacterium Brevibacillus laterosporus G4. Arch Microbial, 186: 297-305.

Tian B Y, Yang J K, Zhang K Q. 2007. Bacteria used in the biological control of plant-parasitic nematodes: populations, mechanisms of action, and future prospects. FEMS Microbiol Ecol, 61: 197-213.

Tunlid A, Ahman J, Oliver R P. 1994. Transformation of the nematode-trapping fungus *Arthrobotrys oligospora*. FEMS Microbiol Letters, 13: 111-116.

Warrior P, Beach R M, Grau P A, et al. 1998. Commercial development and introduction of Ditera, a new nematicide. In 9th international congress of pesticide chemistry, Royal Society of Chemistry, Cambridge, UK.

Wei J Z, Hale K, Carta L, et al. 2003. Bacillus thuringiensis crystal proteins that target nematodes. PNAS, 100: 2760-2765.

Zuckerman B M, Jasson H B. 1984. Nematode chemotaxis and possible mechanisms of host/prey recognition. Ann Rev Phytopathol, 22: 95-113.

微生物絮凝剂的研究及其应用

1 前言

絮凝主要是带有正电（负）性的基团中和一些水中带有负（正）电性难于分离的一些粒子或者叫颗粒，降低其电势，使其处于不稳定状态，并利用其聚合性质使得这些颗粒集中，并通过物理或者化学方法分离出来。一般为达到这种目的而使用的药剂，称之为絮凝剂（flocculant）。

传统絮凝剂主要包括无机絮凝剂、有机大分子絮凝剂和天然高分子絮凝剂（Shih et al., 2001）。无机絮凝剂主要为铁盐和铝盐，铁盐有一定的腐蚀性，而且容易残留铁离子，影响水质感官；铝盐的摄入与老年性痴呆症的引发有关。人工合成的有极高分子絮凝剂，难于降解，且这类高聚物的残余体具有“三致”效应，在许多国家已被禁止或限量使用。天然高分子絮凝剂对人体无害，可生物降解，具有生态安全性，因此成为新型絮凝剂开发研究的热点（胡勇有和高宝玉，2007）。

微生物絮凝剂是一类由微生物产生的有絮凝活性的次生代谢产物，如糖蛋白、黏多糖、蛋白质、纤维素、DNA 等高分子化合物，可使水中不易降解的固体悬浮颗粒和胶体颗粒等絮凝、沉淀，是一种高效、安全、能自然降解的新型天然高分子絮凝剂（Lian et al., 2008）。

2 微生物絮凝剂产生菌的种类

已报道的产生物絮凝剂的菌株有几十种，这些微生物大量存在于土壤、活性污泥、沉积物以及污水中，其中细菌包括粪产碱菌（*Alcaligenes faecalis*）、协腹产碱杆菌（*Alcaligenes cupidus*）、渴望德莱菌（*Alcaligenes cupidus*）、芽孢杆菌属（*Bacillus* sp.）、棒状杆菌（*Corynebacterium brevicale*）、暗色孢属（*Dematium*）、草分枝杆菌属（*Mycobacterium*）、红平红球菌（*Rhodococcus erythropolis*）、铜绿假单胞菌属（*Pseudomonas*）、荧光假单胞菌属（*Pseudomonas*）、粪便假单胞菌属（*Pseudomonas*）、发酵乳杆菌（*Lactobacillus fermentum*）、嗜虫短杆菌（*Brevibacterium insectiphilum*）、金黄色葡萄球菌（*Staph-*

本章作者：杨金水、袁红莉。

ylococcus aureus)、土壤杆菌属(*Agrobacterium*)、环圈项圈蓝细菌(*Anabaenopsis circularis*)、厄式菌属(*Oerskcovia*)、不动细菌属(*Acinetobacter*);真菌包括酱油曲霉(*Aspergillus sojae*)、棕曲霉(*Aspergillus ochraceus*)、寄生曲霉(*Aspergillus parasiticus*)、赤红曲霉(*Aspergillus anka*)、拟青霉属(*Paecilomyces*)、棕腐真菌(brown rot fungus)、白腐真菌(white rot fungus)、白地霉(*Geotrichum candidum*)和粟酒裂殖酵母(*Schizosaccharomyces prombe*);放线菌包括椿象虫诺卡菌(*Nocardia restriea*)、红色诺卡菌(*Nocardia rhodnii*)、石灰壤诺卡菌(*Nocardia calcarca*)、灰色链霉菌(*Streptomyces griseus*)和酒红链霉菌(*Streptomyces vinaceus*);藻类包括小席藻(*Phorimidium* sp.)、环圈拟鱼腥蓝细菌(*Anabaenopsis circularis*)、墨西哥衣藻(*Chlamydomonas mexicana*)和 *Calothrix desertica*(胡勇有和高宝玉,2007),具体见表1。

表1 一些能产生絮凝剂的微生物

微生物	文献来源
Klebsiella sp.	Dermlim et al., 1999
Arcuadendron sp.	Lee et al., 1995
Pestalotiopsis sp.	Kwon et al., 1996
Oscillatoria sp.	Bender et al., 1994
Nocardia amarae	Takeda et al., 1992
Nocardia restrica	Tong et al., 1999
Nocardia calcarea	Tong et al., 1999
Nocardia rhodni	Tong et al., 1999
Streptomyces griseus	Shimofuruya et al., 1996
Streptomyces vinaceus	Nakamura et al., 1976d
R. erythropolis	Kurane et al., 1986a, 1991, 1994a, 1994b, 1995; Takeda et al., 1991b
Acinetobacter sp.	Kurane and Matsuyama, 1994
Alcaligenes latus	Kurane and Nohata, 1991, 1994
Alcaligenes cupidus	Toeda and Kurane, 1991
Alcaligenes faecalis	Shimiziu, 1985
Corynebacterium hydrocarbonacalastus	Zajic and Knetting, 1971
Corynebacterium brevicale	Nakamura et al., 1976d
Dematinum sp.	Tong et al., 1999
Mycobacterium phlei	Misra, 1993
Pseudomonas sp.	Tago and Aida, 1977
Pseudomonas aeruginosa	Nakamura et al., 1976d
Pseudomonas fluorescent	Nakamura et al., 1976d

续表

微生物	文献来源
Bacillus sp.	Kim, 1993; Suh et al., 1997; Seo, 1993; Salehizadeh et al., 2000; Yokoi et al., 1995, 1996b
Kluyveromyces marxianus	Sousa et al., 1992
K. cryocrescens	Kakii et al., 1990
Z. ramigera	Norberg and Enfors, 1982
Methylobacterium rhodesianum	Tong et al., 1999
Flavobacterium sp.	Endo et al., 1976; Hantula and Bamford, 1991a, 1991b
Lactobacillus fermentum	Fumio, 1991
Brevibacterium insectiphilum	Nakamura et al., 1976d
Staphylococcus aureus	Nakamura et al., 1976d
Phormidium sp.	Bar-Or and Shilo, 1987
Anabaenopsis circularis	Levy et al., 1992; Bar-Or and Shilo, 1987
Chlamydomonas mexicana	Takagi and Kadowaki, 1985
Calothrix desertica	Bar-Or and Shilo, 1987
Oscillatoria sp.	Bender et al., 1994
Circinella sydowi	Nakamura et al., 1976d
Aspergillus sojae	Nakamura et al., 1976a, 1976b, 1976c, 1976d
Aspergillus ochraceus	Nakamura et al., 1976d
Aspergillus parasiticus	Hayashi et al., 1976
Aspergillus sp.	Nam et al., 1996
Eupenicillium crustaceus	Nakamura et al., 1976d
Monascus anka	Nakamura et al., 1976d
Geotrichum candidum	Nakamura et al., 1976d
Sordaria fimicola	Nakamura et al., 1976d
Paecilomyces sp.	Takagi and Kadowaki, 1985
Hansenula anomala	Nam et al., 1996
Saccharomyces cerevisiae	Saito et al., 1990
Saccharomyces diataticus	Guirand, 1992
Enterobacter sp.	Yokoi et al., 1996a; Kurane and Matsuyama, 1994
Oerskovia sp.	Kurane and Matsuyama, 1994
Agrobacterium sp.	Kurane and Matsuyama, 1994
Chryseobacterium daeguense W6	Weijie Liu et al., 2010

资料来源：Salehizadeh and Shojaosadati, 2001；Liu et al., 2010。

3 微生物絮凝剂的研究进展

1876 年，Louis Pasteur 首次报道了酵母菌 *Levure casseeuse* 具有絮凝的能力，1899 年，Bordet 发现某些细菌具有同样的作用，1935 年，美国科学家 Butterfield 首次从污泥中分离筛选到絮凝剂产生菌，但是直到 1976 年，Nakamura 等从霉菌、细菌、放线菌、酵母菌等 214 种菌株中筛选出 19 种具有絮凝能力的微生物，微生物絮凝剂的研究工作才正式开始。

我国在微生物絮凝剂方面的工作开展较晚，朱艳彬等（2006）研究了培养基及培养条件等对混合菌群产复合型微生物絮凝剂的影响；程金平（2001）用不同培养基分别培养菌株，得出“DF-1”培养基成本比“PF-1”降低 30% 左右，培养出的絮凝产生菌“bfjm-1”絮凝活性相差不大。柴小莉（2001）研究发现，以葡萄糖、淀粉作培养基最为理想，利用葡萄糖作碳源不仅有利于絮凝剂的产生，也有利于菌的生长。邓述波等（2001）利用含有糖醛酸、中性糖和氨基糖的多糖絮凝剂处理河水，比使用海藻酸钠、明胶等絮凝剂产生的絮团大、沉降快、上清液浊度低，且 COD 值小。尹华等（2003）从石化厂活性污泥中筛选出 J-5 菌株，利用葡萄糖、味精废水母液等作为培养液，制备了微生物絮凝剂 LMBF-25。该絮凝剂热稳定性良好，对石化废水有理想的处理效果，并能改善污泥的沉降性能。

微生物絮凝剂按化学结构分类，主要包括多糖、蛋白质、脂类、糖脂类、糖蛋白以及核酸等大分子。*Bacillus* sp. DP-152 产生的絮凝剂主要由葡萄糖、甘露糖、半乳糖和海藻糖组成，这几种糖的摩尔比为 8∶4∶2∶1，Kurane 等研制的絮凝剂 APR-3 主要由葡萄糖、半乳糖、琥珀酸和丙酮酸组成，其摩尔比为5.6∶1∶0.6∶2.5。*A. sojae* AJ-7002 产生的絮凝剂主要组分是多聚己糖胺和蛋白质，而且还含有 20.9% 的半乳糖胺、0.3% 的葡糖胺、35.3% 的 2-酮基葡糖酸、27.5% 的蛋白质。Liu 等（2010）研究发现，菌株 *Chryseobacterium daeguense* W6 在贫营养培养基中培养时，其产生的絮凝剂主要成分为 32.4% 的蛋白质、13.1% 的多糖和 6.8% 的核酸。放线菌 *N. amarae* 和真菌 *Hansenula anomala* 分泌的絮凝剂的主要成分也是蛋白质。1994 年，Kurane 首次从 *Rerythropol* SSI 的培养液中分离到一种脂类絮凝剂。Sakka 证明菌株 *Pseudomonas* sp. C-120 产生的絮凝剂主要成分是天然双链 DNA。

红外光谱分析表明，微生物絮凝剂的主要基团为羧基、羟基、氨基和磷酸基，大多数科学家认为羧基在微生物絮凝过程中起重要作用，但是也有人认为氨基和磷酸基在絮凝过程中起重要作用。

4　微生物絮凝剂的絮凝机制

到目前为止，微生物絮凝剂的絮凝机制尚不完全清楚，目前被接受的主要有以下几种假说（高志飞和陈建中，2006）。

4.1　桥联作用

桥联作用的核心是絮凝剂大分子借助离子键、氢键、范德华力，同时吸附多个胶体粒子，在颗粒间产生架桥现象，从而形成网状结构沉淀下来。

4.2　电荷中和

当絮凝剂分子表面电荷和水中粒子电荷相反时，将会中和粒子表面的电荷，减少静电斥力，从而使粒子发生碰撞而凝聚。

4.3　卷扫作用

当絮凝剂投加量一定且形成小粒絮状体时，可以在重力作用下网捕，卷扫水中颗粒，从而沉淀分离。

4.4　化学作用

生物大分子中某些活性基团与被絮凝物质相应基团发生化学作用，聚集成较大分子而沉淀下来。

5　微生物絮凝剂研究的应用前景

5.1　去除培养液中的细胞和细胞碎片

微生物絮凝剂最重要的一个用途是用于酿造和发酵工业中。在啤酒酿造中，选用可絮凝的酵母菌发酵生产的啤酒比非絮凝酵母菌发酵生产的啤酒质量更好，此外，在生物乙醇及面包酵母的生产过程中，选用微生物絮凝剂可提高下游工艺的效率并增加产出率。

5.2 污水处理

5.2.1 消除污泥膨胀

废水在采用活性污泥处理的过程中，活性污泥易发生膨胀，影响处理效果，若加入微生物絮凝剂，会消除膨胀，收到良好效果。例如，添加 NOC-1 微生物絮凝剂到甘草制药废水中，污泥的 SVI 值很快从 290 下降到 50，消除了污泥的膨胀，恢复了污泥的沉降性。

5.2.2 水的脱色

在 80mL 造纸厂废水中加入 2mL *Alcaligenes latus* 培养物和 1.5mL 1% 的聚氨基葡萄糖，肉眼即可看见絮凝，脱色率为 94.6%，处理后水的透光率几乎和自来水相近。使用微生物絮凝剂 NOC-1 处理造纸黑液，处理后上清液几乎变得无色透明。

5.2.3 特殊废水处理

对于较难处理及易产生二次污染的废水，如畜产废水和建筑废水，采用微生物絮凝剂可使废水中的 TOC 去除率大为提高，浊度去除率达 95% 以上。

5.3 去除重金属

Bender 报道蓝细菌 *Oscillatoria* sp. 可去除水中的 Mn^{2+}、Pb^{2+}、Cd^{2+}、Cu^{2+}、Zn^{2+}、Co^{2+}、Cr^{3+}、Fe^{3+} 等重金属离子。动胶菌 *Zoogloea* 115 产生的絮凝剂对于高浓度的 Co^{2+}、Cu^{2+}、Fe^{3+} 和 Ni^{2+}（300～800ppm①）的吸附量是动胶菌 *Zoogloea* 1-16-M 吸附量的 2 倍。

5.4 油水分离

用 *Alcaligenes latus* 产生的絮凝剂粗制品可以很容易将棕榈酸从其乳化液中分离出来，形成明显可见的油滴，这些油滴浮于水面，有明显的分层，下层清液

① $1ppm=1\times10^{-6}$，后同。

的 COD 从原来的 450mg/L 降为 235mg/L，去除率为 48%。

参考文献

柴晓莉. 2001. 微生物絮凝产生菌的培养条件. 环境污染与防治, 25 (2): 61-73.

程金平. 2001. 影响微生物絮凝剂产生的因素研究. 环境科学技术, 3: 28-31.

邓述波, 余刚, 蒋展鹏, 等. 2001. 微生物絮凝剂 MBF49 的絮凝机理研究. 水处理技术, 27 (1): 22-25.

高志飞, 陈建中. 2006. 微生物絮凝剂的絮凝. 工业给排水, 28 (5): 25-29.

胡勇有, 高宝玉. 2007. 微生物絮凝剂. 北京: 化学工业出版社.

尹华, 余莉萍, 彭辉, 等. 2003. 微生物絮凝剂 JMBF-25 的结构和性质. 中国给水排水, 19 (1): 1-4.

朱艳彬, 马放, 黄君礼, 等. 2006. 生物絮凝剂絮凝特性与絮凝条件优化研究. 中国给水排水, 22 (3): 4-8.

Lian B, Chen Y, Zhao J, et al. 2008. Microbial flocculation by *Bacillus mucilaginosus*: Applications and mechanisms. Bioresource Technology, 99: 4852-4831.

Liu W J, Wang K, Li B Z, et al. 2010. Production and characterization of an intracellular bioflocculant by *Chryseobacterium daeguense* W6 cultured in low nutrition medium. Bioresource Technology, 101: 1044-1048.

Salehizadeh H, Shojaosadati S A. 2001. Extracellular biopolymeric flocculants: Recent trends and biotechnological importance. Biotechnology Advances, 19: 371-385.

Shih I L, Van Y T, Yeh L C, et al. 2001. Production of a biopolymer flocculant from *Bacillus licheniformis* and its flocculation properties. Bioresource Technology, 78: 267-272.

食用菌研究进展及其产业化发展

食用菌味道鲜美、营养丰富，具高蛋白、低脂肪、低热量、高膳食纤维、高维生素和矿物质的优点，同时，富含真菌多糖、甾醇、非饱和脂肪酸等功能成分，使其成为美味营养功能食品，经常食用，可提高机体免疫力，抗癌、降低血糖、血脂和胆固醇，清除血液垃圾，预防心脑血管系统疾病，延缓衰老，是理想的多功能食品。

在生物循环中，食用菌生产利用秸秆，净化环境（禽畜粪等），将人类不能直接作为食物的农林废物分解，生产营养健康食品后，副产品菇渣回田，改良土壤、提高地力，形成良性生物循环和循环生态。

据农业部统计，食用菌是继粮、棉、油、菜、果之后的第六大产业，是我国主要经济作物和出口农产品，自改革开放以来一直呈稳定快速增长。据中国食用菌协会统计，2009 年产量已经达 2000 万 t（鲜重）左右，食用菌产值 1 亿元县有 189 个，其中 3 亿元以上县有 69 个，直接从业人员 2000 万人以上，带动农业脱贫人口近亿人。

1 世界食用菌现状

随着科研工作者对食用菌的营养、药用价值的研究和开发，消费者对食用菌有了进一步认识，全球食用菌产业走上快速发展之路。全球栽培食用菌市值为 300 亿～340 亿美元，药用菌产品 100 亿～120 亿美元，野生菌 5 亿美元，总计 405 亿～465 亿美元。

1.1 世界食用菌生产现状

在欧美，主打产品为双孢蘑菇，包括白色双孢蘑菇（Button mushroom）、小褐色蘑菇（Crimini mushroom）和大褐色蘑菇（Portabella mushroom）。双孢蘑菇的工厂化生产技术十分成熟，产量稳定，其中美国年产 36 万 t 左右。在欧洲，波兰劳动力成本低，食用菌主产国由荷兰转战波兰。受亚洲市场和消费习惯的影响，对平菇、杏鲍菇、金针菇、香菇、榆黄蘑等珍稀品种的需求日益增加，

本章作者：黄晨阳。

食用菌产品市场稳中有升。

在亚洲，日本食用菌研究和生产技术水平一直处于领先地位，尤其是工厂化栽培技术，日本年产食用菌43万t左右。韩国食用菌年产20万t左右。近年来，越南、泰国、印度尼西亚、印度、马来西亚等东南亚国家食用菌发展较快。

在非洲，纳米比亚、赞比亚、坦桑尼亚、肯尼亚、埃及等都陆续开始了食用菌的生产。双孢蘑菇采用工厂化生产，成套栽培技术引自欧美，而农业式栽培引自我国，多数是生产平菇。

1.2 世界食用菌产业格局的变化

20世纪70年代以前，世界食用菌产业主要集中在荷兰、德国、法国、英国、意大利、美国等欧美发达国家，几乎为单一的双孢蘑菇。1974年第九届国际食用菌大会在日本召开，推出了香菇、平菇、滑菇、金针菇等多种食用菌栽培技术及其产品，欧美独占鳌头的产业格局开始动摇，70年代末开始的我国食用菌产业的快速发展，特别是1987年我国香菇产量超过日本后，世界食用菌产业加快向我国转移。从1990年占全球总产量的28.8%上升到当今的70%以上。

1.3 世界生产方式和技术的转型

食用菌的生产起源于园艺栽培，经历了标准化固定设施（菇房）栽培、工厂化栽培、机械化栽培、智能自动控制栽培、专业化栽培等几个阶段。这种生产方式的转变，是社会进步和经济发展的必然结果。发达国家经历了近百年的生产实践和发展，已经完成了农业向工业的转型，实现了专业化分工的工厂化生产，成为了名副其实的食用菌工业。

2 全球食用菌发展趋势

2.1 食用菌产业发展区域由从西方转向东方

欧美发达国家的食用菌产业从20世纪初开始起步，30～70年代的50年是其快速发展期，80年代至21世纪初期的20年为稳定停滞期，可以说20世纪30年代至21世纪初的80年食用菌产业的重点在欧美发达国家。20世纪60年代开始逐渐向东方转移，始于日本香菇的段木栽培，70年代日本开始工厂化栽培，80年代我国食用菌产业大发展启动，90年代后期越南、泰国、印度等国食用菌产业兴起，特别是我国80年代以来30年的持续发展，加快了食用菌产业从西方向东方的转移。食用菌产业已经转移到以我国为主的东方，已经成为不争的事实。

在多数属于农业国的亚洲各国，食用菌产业劳动密集的特点，使得其由工业化程度高的国家向工业化程度低的国家转移。在亚洲，经济较发达的日本、韩国已经10年几乎没有增长或少许的增长，中国台湾已经由70年代双孢蘑菇出口10万t，逐渐萎缩到近年仅供内销的4200t左右，香菇也从80年代的6万t减到目前的36 000t。

未来亚洲食用菌产业的快速发展，除我国外，还将有越南、泰国、印度、马来西亚等。

2.2 生产方式实现专业化分工

食用菌最初起源于园艺方式的生产栽培，随着科学技术的进步和工业化的进程，最终形成了食用菌工业，实现了专业化分工，如欧美草腐菌双孢蘑菇的生产，由菌种、堆肥、播种、发菌、出菇、采收全部由栽培者完成，发展到菌种和栽培由菌种公司和蘑菇公司两家完成，再发展到菌种、堆肥、栽培三家公司完成，现在又发展到菌种、堆肥、发菌、栽培四家公司完成，完全实现了工业化生产，提高了菇房利用效率，提高了生产效益。不论发达国家，还是发展中国家，实现专业化分工，进行专业化生产是必然趋势。

2.3 栽培种类多样化

随着工业化和信息化社会的进程，世界经济一体化和多元文化的交流交融，食用菌营养和保健功能认识的普及和深化，消费人群将不断增加，对食用菌多样化要求也必将增加。西方发达国家几十年来工业化生产的几乎仅一种——双孢蘑菇。近代的技术进步，使工业化栽培种类增加到金针菇、杏鲍菇、灰树花、滑菇、斑玉蕈、真姬菇、草菇7种。30年前欧美超市的货架上还几乎看不到平菇、金针菇等，如今平菇、金针菇、香菇、褐菇等都已经成为大众化菜肴。国际食用菌学会前主席Mark Wach博士预测，平菇将成为美国最具市场潜力的食用菌。欧美的双孢蘑菇唯一的格局已经改变，平菇、杏鲍菇、金针菇、香菇等都已在美国实现生产性栽培。

随着对食用菌保健功能的深入研究，其增强机体免疫力、抗肿瘤、抗病毒、维护心脑血管健康等功能的发现，西方发达国家对双孢蘑菇之外的食用菌消费需求不断增长，特别是平菇、香菇、黑木耳、金针菇、杏鲍菇和白灵菇。此外，灵芝、云芝、虫草等多种药用菌也将有着广阔的市场前景。

3 中国的发展趋势

我国食用菌产业已经历了30年的快速发展，完成了规模扩张，达到了周年有菇，市场供需平衡，食用菌已经成为我国的大众蔬菜。随着世界经济一体化进程的加快和国内人民生活水平的提高，国内外市场对食用菌质量的要求不断提高，我国食用菌产业经济的发展已经由数量型向质量型转变。我国幅员辽阔，气候多样的自然条件，大量农村人口和劳动力资源及工业化远未完成的农业国经济结构特点，区域间发展不平衡的国情，使我国食用菌产业在这一产业经济发展的转型过程中，主要表现出以下趋势。

3.1 生产方式的组织化、标准化和专业化

我国的食用菌产业发展起源于一家一户的家庭式分散小生产，随着我国经济的发展和国际市场质量要求的不断提高，这种一家一户家庭式分散小生产的产品质量不稳定，特别是食品安全不能得到有效控制，不能满足市场对食品安全要求的需要。特别是我国加入WTO后，国际市场农产品门槛不断提高，这种分散生产方式难以建立生产的可追溯体系，国际市场的开拓受到严重制约。这种国内外市场要求成为我国食用菌生产方式走向组织化、标准化和专业化的强大推动力。

3.2 品种结构更加完善，草腐菌类发展潜力巨大

20世纪70年代，我国商业规模栽培食用菌只有黑木耳、香菇、双孢蘑菇3种，80年代发展到黑木耳、香菇、双孢蘑菇、平菇、金针菇、滑菇、草菇、银耳、毛木耳9种，90年代以来新的商业栽培种类剧增，现已发展到20种，在传统栽培的大宗种类产量稳定增长的同时，新增种类市场空间将更大，因此，未来食用菌产品的品种结构将更加完善，符合市场需求。随着国家大力倡导和发展循环经济政策的出台，建设节约型社会、促进三农问题解决各项措施的落实，草腐菌类增长将超过木腐菌，近年这一趋势已经显现，特别是甘肃、宁夏、内蒙古等秸秆资源丰富，同时具有独特冷资源的区域，双孢蘑菇成为当地反季节规模栽培的首选食用菌。

3.3 南菇北扩，西部崛起，老产区稳定增长，全国性普遍增长

我国的食用菌产业发展起源于福建、浙江等南方省区，随着经济的发展，南

菇北扩已经成为不可阻挡的发展趋势，这主要是因为：①南方沿海地区工业化和信息化进程的加快，经济结构发生变化，农业向工业和信息业转移；②沿海地区经济的发达导致劳动力成本增加，从而导致产业整体成本增加，比较优势下降；③多年的连续生产，导致当地资源的枯竭，现有资源生产的产量不能满足市场的需求。④北方相对干燥冷凉，利于环境控制和优质品的生产，同时可以和南方时令错开，正好满足周年上市供应的要求。南北方的市场是各自不同的，因此，北方食用菌产业的快速发展并不影响南方老产区产业的发展，老产区仍将保持稳定增长。随着各项惠农政策的出台，农业产业结构的调整、循环经济产业重视程度的增加，食用菌产业备受青睐，已经成为诸多省（自治区、直辖市）、市、区、县的重点发展产业，新老产区的共同发展构成全国性的普遍增长。

3.4 多种生产方式并存，高投入促进产业现代化进程

我国大量的农村人口和农村劳动力，区域经济发展的不平衡，市场需求的不同，必然导致食用菌工业化、农业式两大生产方式的共存，工业化的大、中、小不同规模的生产共存，农业方式的园艺设施分散栽培，园艺设施集约规模栽培，庭院经济型的小生产等不同生产方式的共存。各种生产方式在实践中各自完善，提高技术水平和管理水平，提高产品质量，以满足市场的要求。同时，在市场建设和市场秩序不断完善的过程中不断提高适应市场的能力。

食用菌的生产方式是随国家经济的发展和市场需求的变化而变化的。公共财政的支持和生产者投入能力的提高，将促进生产方式的转变。按全国生产规模计，家庭分散简易生产的比重将逐渐减少，园艺设施规模栽培保持稳步增长，小工厂周年生产将快速增长，成套设备的工厂化周年生产也将取得长足的发展。

值得高度注意的是，日本、荷兰等国外食用菌企业已经瞄准中国，积极筹划、选址、投资建厂，设备、技术、管理成套进入中国市场。这些企业的进入，一方面对加快我国食用菌产业的现代化进程发挥作用，另一方面也是个严峻挑战，我国的科技、企业、管理等各方急需紧密团结，加强合作，迎接挑战。

3.5 高附加值产品增加，产业链延长

从总体上说，食用菌主要作为蔬菜食用（占总产的90%以上）。随着对食用菌营养和健康功能认识的不断加深和普及，以食用菌为主要原料的各类强化食品、保健品、调味品、辅助疗品、药品日益受到消费市场的青睐，销量逐年增加。随着我国城市化进程和中产阶级的不断扩大，现代社会生活节奏的加快，即食食品和休闲食品消费量将不断增加，以食用菌为原料加工成的即食食品、调味

料、汤包、汤料市场也将逐渐扩大。总之，以食用菌为原料进行的各类食品和药品的加工及其产品的销售将有效地延长食用菌产业链。

4　结束语

对食用菌的了解，不论是其生物学还是产业技术，都远不及绿色植物那样系统和深入，还没有达到所有种类的工业化。即使是工业化生产的种类，其劳动密集型的要求仍不能改变。在当今发达国家，虽然食用菌的工业化生产已经实现，但是大量的劳动力成本远高于其他行业，其高额劳动力成本成为产业发展的重要限制因素，成为“夕阳”产业是必然的。这为劳动力低廉的发展中国家提供了良好的契机，为其产品提供了日益增加的市场。

我国作为食用菌栽培历史最悠久、栽培种类最多、栽培技术最全面、产量和消费最多、从业人员最多的产业大国，已经成为全球食用菌产业转移的主战场，在未来10～20年内将不仅仅是个食用菌产业大国，而必将成为食用菌强国。

第四部分：微生物肥料标准摘录

微生物肥料术语（NY /T 1113—2006）

1　范围

本标准规定了微生物肥料产品类型、菌种、培养基、灭菌、生产和质量检验等方面的主要术语。

本标准适用于微生物肥料生产、质检、应用、科研和教学等领域。

2　产品类型

2.1

微生物肥料　microbial fertilizer；biofertilizer

含有特定微生物活体的制品，应用于农业生产，通过其中所含微生物的生命活动，增加植物养分的供应量或促进植物生长，提高产量，改善农产品品质及农业生态环境。

注：目前，微生物肥料包括微生物接种剂（2.2）、复合微生物肥料（2.3）和生物有机肥（2.4）。

2.2

微生物接种剂　microbial inoculant

[微生物] 菌剂

一种或一种以上的目的微生物经工业化生产增殖后直接使用，或经浓缩（6.10）或经载体（6.9）吸附（6.11）而制成的活菌制品。

2.2.1

单一菌剂　single species inoculant

由一种微生物菌种制成的微生物接种剂（2.2）。

2.2.2

复合菌剂　multiple species inoculant

由两种或两种以上且互不拮抗的微生物菌种制成的微生物接种剂（2.2）。

2.2.3

细菌菌剂　bacterial inoculant

以细菌为生产菌种制成的微生物接种剂（2.2）。

2.2.4

放线菌菌剂　actinomycetic inoculant

以放线菌为生产菌种制成的微生物接种剂（2.2）。

2.2.5

真菌菌剂 fungal inoculant

以真菌为生产菌种制成的微生物接种剂（2.2）。

2.2.6

固氮菌菌剂 azotobacteria inoculant

以自生固氮菌和（或）联合固氮菌为生产菌种制成的微生物接种剂（2.2）。

2.2.7

根瘤菌菌剂 rhizobia inoculant

以根瘤菌（3.12.2）为生产菌种制成的微生物接种剂（2.2）。

2.2.8

硅酸盐细菌菌剂 silicate bacteria inoculant

以硅酸盐细菌（3.12.3）为生产菌种制成的微生物接种剂（2.2）。

2.2.9

溶磷微生物菌剂 inoculant of phosphate-solubilizing microorganism

以溶磷微生物（3.12.4）为生产菌种制成的微生物接种剂（2.2）。

2.2.10

光合细菌菌剂 inoculant of photosynthetic bacteria

以光合细菌（3.12.5）为生产菌种制成的微生物接种剂（2.2）。

2.2.11

菌根菌剂 mycorrhizal fungi inoculant

以菌根真菌（3.12.6）为生产菌种制成的微生物接种剂（2.2）。

2.2.12

促生菌剂 inoculant of plant growth-promoting rhizosphere microorganism

以植物促生根圈微生物（3.12.8）为生产菌种制成的微生物接种剂（2.2）。

2.2.13

有机物料腐熟菌剂 organic matter-decomposing inoculant

能加速各种有机物料（包括作物秸秆、畜禽粪便、生活垃圾及城市污泥等）分解、腐熟的微生物接种剂（2.2）。

注：改写 NY 609—2002，术语和定义 3

2.2.14

生物修复菌剂 bioremediating inoculant

能通过微生物的生长代谢活动，使环境中的有害物质浓度减少、毒性降低或无害化的微生物接种剂（2.2）。

2.3

复合微生物肥料 compound microbial fertilizer

目的微生物经工业化生产增殖后与营养物质复合而成的活菌制品。

注：改写 NY/T 798—2004，术语和定义 3

2.4

生物有机肥　microbial organic fertilizer

目的微生物经工业化生产增殖后与主要以动植物残体（如畜禽粪便、农作物秸秆等）为来源并经无害化处理的有机物料复合而成的活菌制品。

注：改写 NY 884—2004，术语和定义 3

3　菌种

3.1

种　species

在微生物学中，由表型特征极其相似、具有稳定的遗传性状菌株组成，并与其他类群的菌株存在明显差异。

3.2

菌株　strain

属于同一种，但来源不同的单细胞或纯培养的后代。

3.3

菌落　colony

微生物在固体基质上生长繁殖形成的、肉眼可见的、具有一定形态特征的细胞聚集体。

3.4

菌苔　lawn

大量微生物细胞密集地生长在固体培养基表面而形成的相互连接成片的培养物（6.5）。

3.5

分离　isolation

将微生物个体从含有微生物的样品中分离出来的技术。

3.6

纯化　purification

从混杂的微生物群体中，分离获得同一种微生物个体的技术。

3.7

筛选　screening

从微生物的群体中，采取相关的技术，选择出目的菌株的过程。

3.8

鉴定　identification

对未知微生物菌株进行性状观察和测定，根据规范的参数或检索系统，用对比分析的方法确定该微生物分类地位的过程。

3.9

退化 degeneration

菌株的特定性状逐代减退或消失的现象。

3.10

复壮 rejuvenation

针对菌种退化（3.9）而进行的恢复其原性状的过程。

3.11

保藏 preservation of microorganism

使菌种保持其活力、固有的遗传和生理生化特性以及形态特征的微生物学技术。

3.12

生产菌种

3.12.1

固氮菌 azotobacteria；nitrogen fixing bacteria

具有生物固氮功能的各种细菌的通称。

3.12.2

根瘤菌 rhizobia

能与豆科植物共生，形成根瘤，并进行生物固氮的一类革兰氏阴性杆菌。

3.12.3

硅酸盐细菌 silicate bacteria；silicate dissolving bacteria

能分解硅铝酸盐类矿物，释放钾素营养的细菌。

注：目前用于生产菌种的主要是胶质芽孢杆菌（*Bacillus mucilaginosus*）和土壤芽孢杆菌（*Bacillus edaphicus*）。

3.12.4

溶磷微生物 phosphate solubilizing microorganism

能分解有机磷化合物或溶解无机磷化合物的微生物的总称。

3.12.5

光合细菌 photosynthetic bacteria

能利用光能进行细胞代谢活动的细菌。

3.12.6

菌根真菌 mycorrhizal fungus

能与植物根系共生形成菌根的真菌。

3.12.7

丛枝菌根真菌 arbuscular mycorrhizal fungus

能与植物根系形成丛枝菌根的真菌，简称 AM 真菌。

3.12.8

植物促生根圈微生物 plant growth-promoting rhizosphere microorganism

存在于植物根圈的一类能够产生植物生长物质，或是通过对有害微生物的抑制促进植物生长的微生物的总称。包括植物促生根圈细菌（plant growth-promoting rhizobacterium，PGPR）和植物促生根圈真菌（plant growth-promoting rhizosphere fungus，PGPF）。

4 培养基

4.1

培养基 medium；culture medium

由人工配制的适合微生物生长、代谢、繁殖和保存的营养基质。

4.2

种子培养基 seed medium

为获得微生物接种物（6.2）而制备的培养基（4.1）。

4.3

发酵培养基 fermentation medium

为获得微生物发酵终产物（菌体和代谢产物）而制备的培养基（4.1）。

4.4

天然培养基 natural medium

用动植物组织或微生物细胞及其提取物、粗消化产物制成的培养基（4.1），其营养丰富但不知确切成分。

4.5

合成培养基 defined medium

由成分和含量都已知的化学试剂配制成的培养基（4.1）。

4.6

半合成培养基 semi-defined medium

既含有天然成分又含有化学试剂的培养基（4.1）。

4.7

选择培养基 selected medium

根据某种微生物的特殊营养要求或其对某化学、物理因素的特性而设计的培养基（4.1），其功能是使混合菌群中的某一种菌成为优势菌群。

4.8

鉴别培养基 differential medium

加有抑制剂或指示剂等用于区分不同微生物种类的培养基（4.1）。

5 灭菌

5.1

灭菌 sterilization

应用物理或化学方法杀灭或清除一切微生物的措施。

5.2

高压蒸汽灭菌法 high-pressure steam sterilization

利用高压蒸汽进行灭菌的方法。

5.3

间歇灭菌法 fractional sterilization

指间歇一定时间，采用常压蒸汽连续多次进行灭菌的方法。

5.4

干热灭菌法 dry heat sterilization

利用加热的高温空气进行灭菌的方法。

5.5

火焰灭菌法 flame sterilization

通过火焰高温灼烧进行灭菌的方法。

5.6

电离辐射灭菌法 ionizing radiation sterilization

利用放射性同位素（如^{60}Co或^{137}Cs）产生的γ射线进行灭菌的方法。

5.7

微波灭菌法 microwave sterilization

利用电磁波进行灭菌的方法。

5.8

紫外线灭菌法 ultraviolet light sterilization

利用紫外线照射进行灭菌的方法。

5.9

过滤除菌法 filtration sterilization

用机械阻留技术（如过滤、吸附）除去介质中微生物的方法。

5.10

化学灭菌法 chemical sterilization

利用化学药剂进行灭菌的方法。

6 生产

6.1

接种 inoculation

按无菌操作技术要求将目的微生物移接到培养基质中的过程。

6.2

接种物　inoculum

微生物工业化生产中，用于开始一个新培养的微生物培养物（6.5）。

6.3

接种量　inoculum dose

接种物（6.2）的量（体积或质量）与发酵物的量（体积或质量）之比。

6.4

培养　cultivation

在适宜条件下，使目的微生物生长繁殖和产生代谢产物的方法和技术。

6.5

培养物　culture

经接种（6.1）和培养（6.4）之后，在培养基（4.1）中形成的特定类型微生物的生长物。

6.6

纯培养　pure culture

只让一种微生物生长繁殖的培养（6.4）过程。

6.7

种子扩大培养　inoculum enlargement

将生产菌种经过一系列的步骤逐级扩大培养，获得一定数量和质量的培养物（6.5）的技术和过程。

6.8

发酵　fermentation

采用工业化生产方式培养微生物，获得终产物（菌体和代谢产物）的过程。

6.9

载体　carrier

用于吸附目的微生物，并且适宜其存活，对人、动植物和环境安全的固体物料。

6.10

浓缩　condensation

采用某种技术或方法减少发酵液水分，提高目的微生物的数量和代谢产物含量的过程。

6.11

吸附　adsorption

将发酵液与载体（6.9）混合，使目的微生物附着在载体上的过程。

6.12

造粒　granulation

将微生物肥料（2.1）制成颗粒剂型的过程。

7　质量检验

7.1

外观　appearance

样品的外部形态。

7.2

含水量　moisture percentage

样品在105℃烘烤4～6h所失去的质量，以质量百分数计。

7.3

细度　particle size

样品通过规定标准试验筛的质量百分数。

7.4

有机质含量　content of organic matter

以容量法测定的样品中有机物质的量，以质量百分数计。

注：容量法可参考NY 525—2002《有机肥料》。

7.5

总养分　total primary nutrient

总氮、有效五氧化二磷和氧化钾含量之和，以质量百分数计。

[GB 15063—2001，定义3.8]

7.6

有效菌　functional microorganism；effective microorganism

样品中的目的微生物群体。

7.7

有效[活]菌数　number of functional microorganism

每克或每毫升样品中有效菌（7.6）的数量。

7.8

杂菌　contaminating microorganism

样品中有效菌（7.6）以外的其他菌。

7.9

杂菌数　number of contaminating microorganism

每克或每毫升样品中杂菌（7.8）的数量。

7.10

杂菌率　percentage of contaminating microorganism

样品中杂菌数（7.9）占有效菌数（7.7）与杂菌数（7.9）之和的百分数。

7.11

粪大肠菌群　fecal coliforms

一群在（44.5±0.5)℃条件下，能发酵乳糖、产酸产气、需氧或兼性厌氧的革兰氏阴性无芽孢杆菌的总称。

[GB/T 19524.1—2004，定义 2]

7.12

粪大肠菌群数　number of fecal coliforms

每克或每毫升样品中粪大肠菌群（7.11）的最大可能数（MPN）。

[GB/T 19524.1—2004，定义 2]

7.13

蛔虫卵死亡率　mortality of ascarid egg

样品中死亡蛔虫卵数占总蛔虫卵数的百分数。

7.14

重金属含量　content of heavy metal

样品中含有的砷（As)、铅（Pb)、镉（Cd)、铬（Cr)、汞（Hg）化合物的总量。

7.15

保质期　shelf-life

在标签标识注明的储存条件下，保持微生物肥料质量的期限。

7.16

微生物肥料效应　microbial fertilizer effect

微生物肥料对作物产量、品质、抗病（虫）害和抗逆能力，以及对土壤肥力的效果。

微生物肥料生物安全通用技术准则
（NY 1109—2006）

1　范围

本标准规定了微生物肥料使用菌种安全性分级目录，不同菌种及产品选择毒理学试验的原则、程序、试验方法和结果评价方法。

本标准适用于中华人民共和国境内生产、销售的微生物肥料。

2　规范性引用文件

下列文件中的条款通过本标准的引用而成为本标准的条款。凡是注日期的引用文件，其随后所有的修改单（不包括勘误的内容）或修订版均不适用于本标准。然而，鼓励根据本标准达成协议的各方研究是否可使用这些文件的最新版本。凡是不注日期的引用文件，其最新版本适用于本标准。

GB 15193.3—2003　急性毒性试验

GB/T 4789.28—2003　食品卫生微生物学检验染色法、培养基和试剂

3　术语和定义

下列术语和定义适用于本标准。

3.1　半数致死量　median lethal dose，LD_{50}

是经口给予受试物后，预期能够引起动物死亡率为50%的单一受试物剂量，该剂量为经过统计得出的估计值。其单位是每千克体重所摄入受试物质的毫克数、克数或毫升数，即mg/kg体重、g/kg体重或mL/kg体重。

4　选择毒理学试验的原则

4.1　生产用菌种

微生物肥料生产用菌种分为四级管理，其安全分级目录见附录A。未列入附录A中的菌种，除根瘤菌和乳杆菌（*Lactobacillus*）外，其余均需做毒理学试验。

4.1.1　第一级（A.1）为免做毒理学试验的菌种。

4.1.2　第二级（A.2）为需做急性毒性试验的菌种。

4.1.3　第三级（A.3）为需做致病性试验的菌种。

4.1.4　第四级（A.4）为禁用菌种。

4.2　产品

4.2.1　除有机物料腐熟剂以外的固体微生物接种剂类产品均免做毒理学试验。

4.2.2　复合微生物肥料、生物有机肥和液体剂型微生物接种剂等需做急性毒性

试验。

5　毒理学试验程序

5.1　菌种毒理学试验程序

5.1.1　应提供微生物肥料生产用菌种的鉴定资料，包括属及种的拉丁文学名和中文译名、形态、生理生化特性及鉴定依据、功能评价等资料。

5.1.2　根据产品所含菌种的鉴定资料，依据附录 A 之规定，确定菌种安全级别、是否做毒理学试验及毒理学检测项目。

5.1.3　对于需要做毒理学试验的菌种，生产者需提供试验用纯菌种斜面，经复核确认与该菌种鉴定资料相符且无杂菌污染后，进行毒理学试验。

5.2　产品毒理学程序

需对送检产品进行菌种和载体物料的真实性确认后，进行毒理学试验。

6　试验方法

6.1　受试物的准备

6.1.1　菌种受试物

将试验菌种接种于适宜的培养基中，在适宜的条件下培养一定时间，用生理盐水调整菌液浓度至 2.0×10^{8}～2.0×10^{9} cfu/mL，该溶液为菌种受试物。

6.1.2　产品受试物

固体产品根据试验要求，配制所需浓度，溶剂首选去离子水，也可选用羧甲基纤维素、明胶、淀粉等。液体产品不可稀释，直接使用。

6.2　急性毒性试验

按 GB 15193.3—2003 执行。

6.3　致病性试验

致病性试验包括以下项目。

6.3.1　急性毒性试验

方法同 5.2。

6.3.2　一次破损皮肤刺激试验

6.3.2.1　目的

检测受试物对实验动物皮肤的刺激/腐蚀作用和强度。

6.3.2.2　实验动物

每次实验至少需要 3 只皮肤完好的白色健康家兔或豚鼠。

6.3.2.3　操作程序

（1）涂受试物前，将家兔或豚鼠背部脊柱两侧的毛去掉，去毛范围约 2.5cm×2.5cm，用 75% 乙醇清洁、消毒暴露皮肤，待乙醇挥发后，用灭菌刀片或注射针头分别在两块皮区内划一个“#”形的破损伤口。注意皮肤破损仅达表皮，不要伤及真皮。

(2) 将受试物0.5mL直接滴于破损皮肤上，或滴于同样大小的2～4层纱布上并敷贴于破损皮肤表面，然后用一层无刺激塑料膜或油纸覆盖，再用无刺激胶布固定。另一侧去毛破损皮肤作为空白对照（或溶剂对照），敷贴时间为4h。试验结束后，用温水或无刺激性溶剂除去残留受试物。

(3) 分别于去除受试物后1h、24h和48h观察皮肤局部反应，并按表1进行刺激反应评分。注意鉴别感染和原发性刺激反应的区别，若有感染可疑，应进行重复测试。

表1 皮肤刺激反应的评分标准

皮肤刺激反应	皮肤刺激反应评分
红斑形成：	
无	0
勉强可见	1
明显红斑	2
中等～严重红斑	3
紫红色红斑并有焦痂形成	4
水肿形成：	
无	0
勉强可见	1
皮肤隆起，轮廓清楚	2
水肿隆起约1mm	3
水肿隆起超过1mm	4

6.3.2.4 评价规定

在各个观察时间点，按照表1对动物的皮肤红斑与水肿形成情况进行评分，并按时间点将3只动物的评分相加，除以动物数，获得不同时间点的皮肤刺激反应积分均值（刺激指数）。取其中最高皮肤刺激指数，按表2评定该受试物对动物皮肤刺激强度的级别。

表2 皮肤刺激强度分级

皮肤刺激指数	刺激强度级别
0～<0.5	无刺激性
0.5～<2.0	轻刺激性
2.0～<6.0	中等刺激性
6.0～8.0	强刺激性

6.3.3　溶血试验

6.3.3.1　目的

检测受试物是否具有溶血特性。

6.3.3.2　操作程序

用无菌棉拭子蘸取菌种受试物，以蛇形线接种于血琼脂平板（按 GB/T4789.28—2003 中 4.6 规定），置（36±1）℃培养箱中培养，24h 后观察有无溶血环产生。同时用已知阳性菌株金黄色葡萄球菌等作为对照。

6.3.3.3　试验结果

菌落周围有溶血环的，则溶血试验为阳性；否则为阴性。

6.3.4　抗菌药物敏感试验

质控菌株可选用大肠杆菌 ATCC25922 等标准菌株。

6.3.4.1　目的

检测受试物对抗生素的敏感性强度。

6.3.4.2　试验用抗生素

可选用头孢哌酮（CFP）、四环素（TE）、头孢唑啉（CZ）、链霉素（S）、痢特灵（FR）、环丙沙星（CIP）、复方新诺明（SXT）、氯霉素（C）、氨苄青霉素（AM）、庆大霉素（GM）、强力霉素（DO）、丁胺卡那霉素（AN）、甲氟哌酸（PEF）、氟哌酸（ENO）、多西环素（DO）、依诺沙星（ENO）、阿米卡星（AN）等中的几种。

6.3.4.3　操作程序

（1）用无菌棉拭子将受试物均匀涂抹于营养琼脂平板表面，共涂抹 3 次。每涂抹 1 次，平板应转动 60°，最后将棉拭子绕平板边缘涂抹一周。盖好平皿，置室温干燥 5min。

（2）用无菌棉拭子蘸取浓度为 $2.0\times10^8\sim2.0\times10^9$ cfu/mL 质控菌株菌悬液，均匀涂抹于营养琼脂平板表面，具体方法同上，作为对照试验。

（3）以无菌操作取出抗生素纸片分别贴在涂有受试物和质控菌株菌悬液的平板培养基表面，每个平板放 4 个纸片。然后将平板置于（36±1）℃恒温培养箱中培养 18h 后观察抗生素纸片周围有无抑菌环，量取并记录其直径（包括纸片直径）大小，单位 mm。试验应做 3 个平行，取其均值。

（4）质控菌抑菌环应均在质控范围内，说明试验方法准确可靠，否则试验无效。

6.3.5　急性腹腔注射致病性试验

6.3.5.1　目的

检测受试物的急性致病性。

6.3.5.2 试验动物

清洁级健康成年小鼠，体重 18～20g。

6.3.5.3 操作程序

(1) 选健康成年小鼠 40 只，体重 18～20g，雌、雄各半，剂量为 500mg/kgBW，按 0.1mL/10gBW 经腹腔注射受试物。

(2) 于腹腔注射后第 3 天、第 7 天分别取存活的实验动物雌、雄各 5 只解剖，并做大体病理学观察。

(3) 腹腔注射后第 14 天将剩余实验动物处死、解剖并做大体病理学观察。

6.3.5.4 结果观察、评价

根据试验周期内动物有无死亡及出现的中毒体症、大体病理学观察及病理组织学检查发现病变的程度进行分级判定（表 3）。

表 3 急性致病性判定标准

级 别	判定依据
强致病性	动物出现死亡，死亡动物及 24h 以上存活动物在第 3 天、第 7 天经解剖肉眼检查或病理组织学检查即可发现脏器的明显病变
弱致病性	动物有中毒体症无死亡，动物第 14 天经解剖肉眼检查或病理组织学检查可发现脏器的明显病变
无致病性	动物无中毒体症无死亡，动物第 14 天解剖肉眼检查或病理组织学检查均未发现脏器的明显病变

6.3.6 急性眼刺激试验

6.3.6.1 目的

检测受试物对实验动物眼睛的急性刺激和腐蚀作用。

6.3.6.2 实验动物

3 只家兔，试验前检查家兔双眼，有异常者不能用于试验。

6.3.6.3 操作程序

(1) 吸取受试物 0.1mL，滴入家兔一侧眼结膜囊内，另一侧眼以生理盐水作为正常对照。

(2) 滴受试物后，将眼被动闭合 4s，30s 后用生理盐水冲洗。于滴眼后 1h、24h、48h、72h、7 天、14 天和 21 天，肉眼观察家兔眼结膜、虹膜和角膜的损伤与恢复情况。如果 72h 内未出现刺激反应，或第 7 天或第 14 天，眼睛刺激反应完全恢复，即可提前终止试验。必要时，用 2% 荧光素钠溶液或裂隙灯、放大镜检查角膜及虹膜变化。

6.3.6.4 评价规定

按表 4 对家兔眼角膜、虹膜和结膜的急性刺激反应进行评分，并分别计算每只动物在三个不同观察时间（24h、48h 和 72h）角膜损害、虹膜损害、结膜充血和结膜水肿四个方面的“平均评分”(即每只动物的 24h、48h 和 72h 评分之和除以观察数 3)。分别以动物眼角膜、虹膜和结膜充血、水肿的平均评分和恢复时间进行评分，按表 5 或表 6 眼刺激反应分级标准判定受试物对眼睛的刺激强度 。

表 4　急性眼刺激反应的评分标准

眼损害表现	评分
角膜损害：	
无溃疡形成或混浊	0
散在或弥漫性混浊，虹膜清晰可见	1
半透明区易分辨，虹膜模糊不清	2
出现灰白色半透明区，虹膜细节不清，瞳孔大小勉强可见	3
角膜不透明，混浊，虹膜无法辨认	4
虹膜损害：	
正常	0
皱褶明显加深，充血，肿胀，角膜周围有中度充血，瞳孔对光仍有反应	1
出血、肉眼可见破坏，或瞳孔对光无反应	2
结膜（睑结膜、球结膜）充血：	
血管正常	0
血管充血呈鲜红色	1
血管充血呈深红色，血管不易分辨	2
弥漫性充血呈紫红色	3
结膜（睑结膜、球结膜）水肿：	
无水肿	0
轻微水肿（包括瞬膜）	1
明显水肿，伴有部分眼睑外翻	2
水肿至眼睑近半闭合	3
水肿至眼睑大半闭合	4

表 5　眼刺激反应分级标准

级别		判定依据
可逆性损伤	无刺激性	3 只动物的平均评分：角膜损害＜1、虹膜损害＜1、结膜充血＜2 和结膜水肿＜2；或 3 只动物中至少有 2 只动物的平均评分符合上述标准，另外 1 只动物的刺激反应在 21 天内完全恢复
	轻刺激性	3 只动物中有 2 只动物的平均评分：角膜损害≥1；虹膜损害≥1；结膜充血≥2；结膜水肿≥2，且 7 天内全部动物的刺激反应完全恢复
	刺激性[a]	3 只动物中有 2 只动物的平均评分：角膜损害≥1；虹膜损害≥1；结膜充血≥2；结膜水肿≥2，且 21 天内全部动物的刺激反应完全恢复

续表

级别		判定依据
不可逆性损伤	腐蚀性[b]	至少有 1 只动物的角膜、虹膜或结膜的刺激反应在 21 天的观察期内未完全恢复和（或）在 3 只动物中有 2 只动物的平均评分：角膜损害≥3；虹膜损害≥1.5

注：完全恢复是指动物的眼刺激反应评分：角膜损害＝0，虹膜损害＝0，结膜充血＝0 或 1，结膜水肿＝0 或 1。

a 接触受试物后所产生的可逆性炎性反应。b 接触受试物后所产生的不可逆性组织损伤。

表 6　眼刺激性反应分级标准

<table>
<tr><th>平均评分</th><th>动物数/只</th><th>恢复时间/d[a]</th><th>损伤类型</th></tr>
<tr><td>角膜损害＜1 和
虹膜损害＜1 和
结膜充血＜2 和
结膜水肿＜2</td><td>≥2</td><td>≤21</td><td>无刺激性</td></tr>
<tr><td rowspan="2">角膜损害≥1 或
虹膜损害≥1 或
结膜充血≥2 或
结膜水肿≥2</td><td rowspan="2">≥2</td><td>≤7</td><td>轻刺激性</td></tr>
<tr><td>≤21</td><td>刺激性</td></tr>
<tr><td>角膜损害≥3 或
虹膜损害≥1.5</td><td>≥2</td><td></td><td rowspan="2">腐蚀性[b]</td></tr>
<tr><td>角膜损害≥1 或
虹膜损害≥1 或
结膜充血≥1 或
结膜水肿≥1</td><td>≥1</td><td>＞21</td></tr>
</table>

a 为动物刺激反应评分恢复至角膜损害＝0，虹膜损害＝0，结膜充血＝0 或 1，结膜水肿＝0 或 1 的时间。

b 至少有 1 只动物于 21 天尚存在角膜粘连或血管翳，也可判为腐蚀性。

7　结果评价

凡毒理学试验结果评价为有毒的产品，不得生产和销售；有毒或致病性试验结果不符合的菌种，均不得作为微生物肥料生产用菌种。

7.1　急性毒性试验

根据半数致死量（LD_{50}）数值，判定受试物的毒性分级，半数致死量（LD_{50}）剂量分级按 GB 15193.3—2003 附录 D 执行，凡 LD_{50}＞5000mg/kgBW 的，可通过，即该菌种可作为生产用菌种或该产品可进行生产、销售。

7.2　致病性试验

7.2.1　急性毒性试验

结果判定同 6.1。

7.2.2　一次破损皮肤刺激试验

如结果为无刺激或仅具轻度刺激作用，可通过；否则，应放弃使用。

7.2.3　溶血试验

溶血试验结果为阴性的，可通过；否则，应放弃使用。

7.2.4　抗菌药物敏感试验

受试菌株必须对两种以上的抗生素敏感；否则，应放弃使用。

7.2.5　急性腹腔注射致病性试验

结果为无急性致病性可通过；否则，应放弃使用。

7.2.6　急性眼刺激试验

结果对眼无刺激性或具有轻刺激性的，可通过；否则，应放弃使用。

附录A　菌种安全分级目录

A.1　第一级：免做毒理学试验的菌种

A.1.1　根瘤菌类

Azorhizobium caulinodans	茎瘤固氮根瘤菌［田菁(茎瘤)根瘤菌］
Bradyrhizobium elkanii	埃氏慢生根瘤菌（慢生大豆根瘤菌）
Bradyrhizobium japonicum	日本慢生根瘤菌（慢生大豆根瘤菌）
Bradyrhizobium liaoningense	辽宁慢生根瘤菌（慢生大豆根瘤菌）
Mesorhizobium huakuii	华癸中生根瘤菌（紫云英）
Mesorhizobium loti	百脉根中生根瘤菌
Rhizobium etli	埃特里根瘤菌（菜豆）
Rhizobium leguminosarum biovar *phaseoli*	豌豆根瘤菌（菜豆生物型）
Rhizobium leguminosarum biovar *trifolii*	豌豆根瘤菌（三叶草生物型）
Rhizobium leguminosarum biovar *viceae*	豌豆根瘤菌（蚕豆生物型）
Sinorhizobium fredii	费氏中华根瘤菌（快生大豆根瘤菌）
Sinorhizobium meliloti	苜蓿中华根瘤菌

A.1.2　自生及联合固氮微生物类

Azospirillum lipoferum	生脂固氮螺菌
Azospirillum brasilense	巴西固氮螺菌
Azotobacter beijgerinckii	拜氏固氮菌
Azotobacter chroococcum	褐球（圆褐）固氮菌
Azotobacter vinelandii	棕色固氮菌
Azotobacter paspali	雀稗固氮菌
Beijerinckia indica	印度贝氏固氮菌

A.1.3　光合细菌类

Rhodobacter capsulatus	荚膜红细菌
Rhodobacter sphaeroides	类球红细菌（球形红杆菌）
Rhodopseudomonas acidophila	嗜酸红假单胞菌
Rhodopseudomonas gelatinosa	胶质红假单胞菌
Rhodopseudomonas globiformis	球形红假单胞菌
Rhodopseudomonas palustris	沼泽红假单胞菌
Rhodopseudomonas rutila	血色红假单胞菌

Rhodopseudomonas sulfidophilus	嗜硫红假单胞菌
Rhndopxeudomonas viridis	绿色红假单胞菌
Rhodospirillum fulvum	黄褐红螺菌
Rhodospirillum rubrum	深红红螺菌
Rhodospirillum salinarium	盐场红螺菌
Rubrivivax gelatinosus	胶状红环菌（胶状红长命菌）

A.1.4 分解磷钾化合物细菌类

Bacillus amyloliquefaciens	液化淀粉芽孢杆菌
Bacillus laterosporus	侧孢芽孢杆菌
Bacillus licheniformis	地衣芽孢杆菌
Bacillus megaterium	巨大芽孢杆菌
Bacillus mucilaginosus	胶冻样芽孢杆菌
Bacillus subtilis	枯草芽孢杆菌
Bacillus thuringiensis	苏云金芽孢杆菌
Thiobacillus thiooxidans	氧化硫硫杆菌

A.1.5 促生细菌类

Paenibacillus azotofixans	固氮芽孢杆菌
Paenibacillus polymyxa	多黏类芽孢杆菌

A.1.6 酵母菌类

Candida guilliermondii	季也蒙假丝酵母
Candida membranifaciens	膜醭假丝酵母
Candida tropicalis	热带假丝酵母
Candida utilis	产朊假丝酵母
Endomycopsis fibuligera	扣囊拟内孢霉
Pichia farinosa	粉状毕赤酵母
Pichia membranaefaciens	膜醭毕赤酵母
Saccharomyces cerevisiae	酿酒酵母
Rhodotorula rubra	深红酵母

A.1.7 放线菌类

Frankia sp.	弗兰氏克菌（固氮放线菌）
Streptomyces jingyangensis	泾阳链霉菌
Streptomyces microflavus	细黄链霉菌

A.1.8 AM真菌类

Glomus mosseae	摩西球囊霉

A. 1. 9 其他

Lactobacillus parabuchneri	类布氏乳杆菌
Lactobacillus acidophilus	嗜酸乳杆菌
Lactobacillus bulgaricus	保加利亚乳杆菌
Lactobacillus casei	干酪乳杆菌
Lactobacillus delbruecki	德氏乳杆菌
Lactobacillus lactis	乳酸乳杆菌
Lactobacillus plantarum	植物乳杆菌
Pediococcus pentosaceus	戊糖片球菌
Streptococcus lactis	乳酸链球菌
Streptococcus thermophilus	嗜热链球菌

A. 2 第二级：需做急性毒性（LD_{50}）试验的菌种

Arthrobacter aurescens	金黄节杆菌
Aspergillus candidus Link	亮白曲霉
Aspergillus niger	黑曲霉
Aspergillus oryzae	米曲霉
Aspergillus penicillioides Speg	帚状曲霉
Aspergillus wentii Wehmer	温特曲霉
Eurotium chevalieri Mangin	谢瓦散囊菌
Bacillus brevis（*Brevibacillus brevis*）	短芽孢杆菌
Bacillus circulans	环状芽孢杆菌
Bacillus coagulans	凝结芽孢杆菌
Bacillus pumilus	短小芽孢杆菌
Bacillus sphaericus	球形芽孢杆菌
Brevibacterium sp.	短杆菌
Burkholderia fungorum	真菌伯克霍尔德氏菌
Chaetomium cochliodes	螺卷毛壳
Chaetomium trilaterale	三侧毛壳
Clostridium pasteurianum	巴斯德梭菌
Geobacillus stearothermophilus（*Bacillus stearothermophilus*）	嗜热脂肪地芽孢杆菌
Geotrichum candidum	白地霉
Nocardia sp.	诺卡氏菌
Nocardiopsis sp.	拟诺卡氏菌
Paenibacillus macerans	浸麻类芽孢杆菌

Penicillium citreonigrum	黄暗青霉
Penicillium citrinum	桔青霉
Penicillium frenguentans	常现青霉
Penicillium glabcum	光孢青霉
Pseudomonas fluorescens	荧光假单胞菌
Promicromonospora citrea	柠檬原小单胞菌
Pseudomonas putida	恶臭假单胞菌
Pseudomonas stutzeri	施氏假单胞菌
Pseudomonas vesicularis	泡囊假单胞菌
Rhizopus oryzae	米根霉
Sphingobacterium multivorum	多食鞘氨醇杆菌
Sporotrichum thermophile	嗜热侧孢霉
Streptomyces albidoflavus	微白黄链霉菌
Streptomyces fradiae	弗氏链霉菌
Streptomyces griseospiralis	灰旋链霉菌
Trichoderma harzianum	哈茨木霉
Trichoderma koningii	康宁木霉
Trichoderma viride	绿色木霉

A.3 第三级：需做致病性试验的菌种

Acinetobacter calcoaceticus	乙酸钙不动杆菌
Acinetobacter baumannii	鲍氏不动杆菌
Alcaligenes denitrificans	反硝化产碱菌
Alcaligenes faecalis	粪产碱菌
Alcaligenes xylosoxidans	木糖氧化产碱菌
Bacillus cereus	蜡样芽孢杆菌
Enterobacter agglomerans	成团肠杆菌
Enterobacter cloacae	阴沟肠杆菌
Enterobacter gergoviae	日勾维肠杆菌
Pseudomonas alcaligenes	产碱假单胞菌
Pseudomonas diminuta	缺陷假单胞菌
Proteus sp.	变形菌

A.4 第四级：禁用菌种

Erwinia sp.	欧文氏菌
Klebsiella pneumoniae	肺炎克雷伯氏菌
Klebsiella oxytoca	产酸克雷伯氏菌
Pseudomonas aeruginosa	铜绿假单胞菌

农用微生物菌剂（GB 20287—2006）

1　范围

本标准规定了农用微生物菌剂（即微生物接种剂）的术语和定义、产品分类、要求、试验方法、检验规则、包装、标识、运输和储存。

本标准适用于农用微生物菌剂类产品。

2　规范性引用文件

下列文件中的条款通过本标准的引用而成为本标准的条款。凡是注日期的引用文件，其随后所有的修改单（不包括勘误的内容）或修订版均不适用于本标准，然而，鼓励根据本标准达成协议的各方研究是否可使用这些文件的最新版本。凡是不注日期的引用文件，其最新版本适用于本标准。

GB 1250	极限数值的表示方法和判定方法
GB 8170	数值修约规则
GB 18877—2002	有机-无机复混肥料
GB/T 19524.1	肥料中粪大肠菌群的测定
GB/T 19524.2	肥料中蛔虫卵死亡率的测定
QB/T 1803—1993	工业酶制剂通用试验方法

3　术语和定义

农用微生物菌剂是指目标微生物（有效菌）经过工业化生产扩繁后加工制成的活菌制剂，它具有直接或间接改良土壤，恢复地力，维持根际微生物区系平衡，降解有毒、有害物质等作用；应用于农业生产，通过其中所含微生物的生命活动，增加植物养分的供应量或促进植物生长、改善农产品品质及农业生态环境。

4　产品分类

产品按剂型可分为液体型、粉剂型、颗粒型；按内含的微生物种类或功能特性可分为根瘤菌菌剂、固氮菌菌剂、解磷类微生物菌剂、硅酸盐微生物菌剂、光合细菌菌剂、有机物料腐熟剂、促生菌剂、菌根菌剂、生物修复菌剂等。

5　要求

5.1　菌种

生产用的微生物菌种应安全、有效。生产者应提供菌种的分类鉴定报告，包括属及种的学名、形态、生理生化特性及鉴定依据等完整资料。生产者应提供菌种安全性评价资料。采用生物工程菌，应具有允许大面积释放的生物安全性有关批文。

5.2　产品外观（感官）

粉剂产品应松散；颗粒产品应无明显机械杂质、大小均匀、具有吸水性。

5.3　产品技术指标

5.3.1　农用微生物菌剂产品的技术指标见表 1，其中有机物料腐熟剂产品的技术指标按表 2 执行。

表 1　农用微生物菌剂产品的技术指标

项 目		剂型		
		液 体	粉 剂	颗 粒
有效活菌数(cfu)[a]/[亿/g(mL)]	≥	2.0	2.0	1.0
霉菌杂菌数/[个/g（mL）]	≤	3.0×10^6	3.0×10^6	3.0×10^6
杂菌率/%	≤	10.0	20.0	30.0
水分/%	≤	—	35.0	20.0
细度/%	≥	—	80	80
pH		5.0～8.0	5.5～8.5	5.5～8.5
保质期[b]/月	≥	3	6	

a 复合菌剂，每一种有效菌的数量不得少于 0.01 亿/g（mL）；以单一的胶质芽孢杆菌（*Bacillus mucilaginosus*）制成的粉剂产品中有效活菌数不少于 1.2 亿/g。

b 此项仅在监督部门或仲裁双方认为有必要时检测。

表 2　有机物料腐熟剂产品的技术指标

项 目		剂型		
		液 体	粉 剂	颗 粒
有效活菌数(cfu)/[亿/g(mL)]	≥	1.0	0.50	0.50
纤维素酶活[a]/[U/g(mL)]	≥	30.0	30.0	30.0
蛋白酶活[b]/[U/g(mL)]	≥	15.0	15.0	15.0
水 分/%	≤	—	35.0	20.0
细 度/%	≥	—	70	70
pH		5.0～8.5	5.5～8.5	5.5～8.5
保质期[c]/月	≥	3	6	

a 以农作物秸秆类为腐熟对象测定纤维素酶活。

b 以畜禽粪便类为腐熟对象测定蛋白酶活。

c 此项仅在监督部门或仲裁双方认为有必要时检测。

5.3.2　农用微生物菌剂产品中无害化指标见表 3。

表 3　农用微生物菌剂产品的无害化技术指标

参数		标准极限
粪大肠菌群数/[个/g(mL)]	≤	100
蛔虫卵死亡率/%	≥	95
砷及其化合物（以 As 计）/(mg/kg)	≤	75
镉及其化合物（以 Cd 计）/(mg/kg)	≤	10
铅及其化合物（以 Pb 计）/(mg/kg)	≤	100
铬及其化合物（以 Cr 计）/(mg/kg)	≤	150
汞及其化合物（以 Hg 计）/(mg/kg)	≤	5

6　试验方法

6.1　仪器设备

6.1.1　生物显微镜；

6.1.2　恒温培养箱；

6.1.3　恒温干燥箱；

6.1.4　超净工作台或洁净室；

6.1.5　电子天平（或精密天平）；

6.1.6　摇床；

6.1.7　蒸汽灭菌锅；

6.1.8　试验筛；

6.1.9　酸度计。

6.2　试剂

6.2.1　无离子水、无菌水（或生理盐水）、蒸馏水。

6.2.2　检测用培养基：遵照附录 A 的规定。

6.2.3　染色试剂：参见附录 B。

6.3　产品参数的检测

6.3.1　外观（感官）的测定

取少量样品放到白色搪瓷盘（或白色塑料调色板）中，仔细观察样品的颜色、形状、质地。

6.3.2　有效活菌数的测定

采用平板计数法，根据所测微生物的种类选用适宜的培养基。

若采用最大可能数（most probable number，MPN）5 管法，遵照附录 C 的规定。

6.3.2.1　系列稀释

称取样品 10g（精确到 0.01g），加入带玻璃珠的 100mL 的无菌水中（液体菌剂取 10.0mL 加入 90mL 的无菌水中），静置 20min，在旋转式摇床上 200r/min 充分振荡 30min，即成母液菌悬液（基础液）。

用无菌移液管分别吸取 5.0mL 上述母液菌悬液加入 45mL 无菌水中，按 1∶10 进行系列稀释，分别得到 $1:1\times10^{1}$、$1:1\times10^{2}$、$1:1\times10^{3}$、$1:1\times10^{4}$…稀释的菌悬液（每个稀释度应更换无菌移液管）。

6.3.2.2　加样及培养

每个样品取 3 个连续适宜的稀释度，用无菌移液管分别吸取不同稀释度菌悬液 0.1mL，加至预先制备好的固体培养基平板上，分别用无菌玻璃刮刀将不同稀释度的菌悬液均匀地涂于琼脂表面。

每一稀释度重复 3 次，同时以无菌水作空白对照，于适宜的条件下培养。

6.3.2.3　菌落识别

根据所检测菌种的技术资料，每个稀释度取不同类型的代表菌落通过涂片、染色、镜检等技术手段确认有效菌。当空白对照培养皿出现菌落数时，检测结果无效，应重做。

6.3.2.4　菌落计数

以出现 20～300 个菌落数的稀释度的平板为计数标准（丝状真菌为 10～150 个菌落数），分别统计有效活菌数目和杂菌数目。当只有一个稀释度，其平均菌落数为 20～300 个时，则以该平均菌落数计算。若有两个稀释度，其平均菌落数均为 20～300 个时，应按两者菌落总数之比值决定。若其比值小于等于 2 应计算两者的平均数；若大于 2 则以稀释度小的菌落平均数计算。有效活菌数按式 (1)、式 (2) 计算。

$$n_m = \bar{x}kv_1/(m_0 v_2)\times10^{-8} \tag{1}$$

$$n_v = \bar{x}kv_1/(v_0 v_2)\times10^{-8} \tag{2}$$

式中：

n_m——质量有效活菌数（单位：亿/g）；

n_v——体积有效活菌数（单位：亿/mL）；

$\bar{x}$——菌落平均数（单位：个）；

k——稀释倍数；

v_1——基础液体积（单位：mL）；

v_2——菌悬液加入量（单位：mL）；

v_0——样品量（单位：mL）；

m_0——样品量（单位：g）。

6.3.3 霉菌杂菌数的测定

采用马丁培养基，测定方法同 6.3.2。

6.3.4 杂菌率的测定

除样品有效菌外其他的菌均为杂菌。样品中杂菌率按式（3）计算：

$$m = n_1/(n_1 + n) \times 100 \tag{3}$$

式中：

m——样品杂菌率（单位：%）；

n_1——杂菌数［单位：亿/g（mL）］；

n——有效活菌数［单位：亿/g（mL）］。

6.3.5 水分的测定

将空铝盒置于干燥箱中（105±2）℃烘干 0.5h，冷却后称量记录空铝盒的质量。然后称取 2 份平行样品（颗粒型样品，应先粉碎过 1.0mm 试验筛），每份 20g（精确到 0.01g），分别加入铝盒中并记录质量。将装好样品的铝盒置于干燥箱中（105±2）℃下烘干 4～6h。取出置于干燥器中冷却 20min 后进行称量。水分含量按式（4）计算（结果为两次测定的平均值）。

$$w = (m_1 - m_2)/(m_1 - m_0) \times 100 \tag{4}$$

式中：

w——样品水分含量（单位：%）；

m_0——空铝盒的质量（单位：g）；

m_1——样品和铝盒的质量（单位：g）；

m_2——烘干后样品和铝盒的质量（单位：g）。

6.3.6 细度的测定

6.3.6.1 粉剂样品

称取样品 50g（精确到 0.1g），放入 300mL 烧杯中，加 200mL 水浸泡 10～30min 后倒入孔径 0.18mm 的试验筛中，然后用水冲洗，并用刷子轻轻地刷筛面上的样品，直至筛下流出清水为止。将试验筛连同筛上样品放入干燥箱中，在（105±2）℃烘干 4～6h。冷却后称量筛上样品质量。样品细度按式（5）计算。

$$s = \{1 - m_1/[m_0(1 - w)]\} \times 100 \tag{5}$$

式中：

s——筛下样品质量分数（单位：%）；

m_0——样品质量（单位：g）；

w——样品含水量（单位：%）；

m_1——筛上干样品质量（单位：g）。

6.3.6.2 颗粒样品

称取样品 50g（精确到 0.1g），将两个不同孔径的试验筛（1.0mm 和

4.75mm）摞在一起放在底盘上（大孔径试验筛放在上面）。样品倒入大孔径试验筛内筛样品，然后称小孔径试验筛上的样品质量。颗粒细度按式（6）计算。

$$g = m_1 / m_0 \times 100 \tag{6}$$

式中：

g——样品质量分数（单位：%）；

m_1——小孔径试验筛上样品质量（单位：g）；

m_0——样品质量（单位：g）。

6.3.7　pH 的测定

打开酸度计电源预热 30min，用标准溶液校准。

pH 的测定，每个样品重复三次，计算三次的平均值。

6.3.7.1　液体样品

用量筒取 40mL 样品放入 50mL 的烧杯中，直接用酸度计测定，仪器读数稳定后记录。

6.3.7.2　粉剂样品

称取样品 15g，放入 50mL 的烧杯中，按 1∶2（样品∶无离子水）的比例将无离子水加到烧杯中（如果样品含水量低，可根据基质类型按 1∶3～1∶5 的比例加无离子水），搅拌均匀。然后静置 30min，测样品悬液的 pH，仪器读数稳定后记录。

6.3.7.3　颗粒样品

样品先研碎过 1.0mm 试验筛，按照 6.3.7.2 的方法测定。

6.3.8　粪大肠菌群数的测定

应符合 GB/T 19524.1《肥料中粪大肠菌群的测定》的规定。

6.3.9　蛔虫卵死亡率的测定

应符合 GB/T 19524.2《肥料中蛔虫卵死亡率的测定》的规定。

6.3.10　纤维素酶活、蛋白酶活的测定

应符合附录 D 的规定。

6.3.11　砷、镉、铅、铬、汞的测定

应符合 GB 18877—2002 中的 5.12～5.17《肥料中 As、Cd、Pb、Cr、Hg 限量及试验方法》的规定。

6.3.12　保质期的检验

在产品说明书标明的保质期前，按 6.3.1～6.3.11 方法测定产品相应指标。

7　检验规则

本标准中产品技术指标的数字修约应符合 GB 8170 的规定；产品质量合格判定应符合 GB 1250 中修约值比较法的规定。

7.1 抽样

按每一发酵罐菌液（或每批固体发酵）加工成的产品为一批，进行抽样检验，抽样过程严格避免杂菌污染。

7.1.1 抽样工具

无菌塑料袋（瓶）、金属勺、抽样器、量筒、牛皮纸袋、胶水、抽样封条及抽样单等。

7.1.2 抽样方法和数量

一般在成品库中抽样，采用随机法抽取。

抽样以件为单位，小包装以每一包装箱为一件。随机抽取3～5件，每件中随机抽取一袋（瓶）；若每袋（瓶）包装小于500g（mL）的产品，应多抽几件。大包装产品以一袋（桶）为一件，随机抽取5～10件，在无菌条件下，每件取样500g（mL），然后将抽取样品混匀，按四分法分装3袋（瓶），每袋（瓶）不少于500g（mL）。

7.2 检验分类

7.2.1 出厂检验

产品出厂时，应由生产厂的质量检验部门，按产品标准规定逐批进行检验，检验合格并签发质量合格证的产品，方可出厂。出厂检验时不检保质期。

7.2.2 型式检验

有下列情况之一者，应进行型式检验。

（1）新产品鉴定；

（2）产品的工艺、材料等有较大更改与变化；

（3）出厂检验结果与上次型式检验有较大差异时；

（4）国家质量监督机构进行抽查。

7.3 判定规则

7.3.1 具下列任何一条款者，均为合格产品

（1）检验结果各项技术指标均符合标准要求的产品；

（2）在产品的外观、水分、细度、pH等检测项目中，有1项不符合要求，而其他各项技术指标符合要求的产品。

7.3.2 具下列任何一条款者，均为不合格产品

（1）有效活菌数不符合技术指标；

（2）霉菌杂菌数不符合技术指标；

（3）杂菌率不符合技术指标；

（4）粪大肠菌群不符合技术指标；

（5）蛔虫卵死亡率不符合技术指标；

（6）砷、镉、铅、铬、汞中任一含量不符合技术指标；

（7）有机物料腐熟剂产品中所测酶活不符合技术指标；

（8）在外观、水分、细度、pH 等检测项目中，有 2 项（含）以上不符合要求。

8 包装、标识、运输和储存

8.1 包装

根据不同产品剂型选择适当的包装材料、容器、形式和方法，以满足菌剂产品包装的基本要求。

产品包装中应有产品合格证和使用说明书，在使用说明书中标明使用范围、方法、用量及注意事项等内容。

8.2 标识

标识所标注的内容，应符合国家法律、法规的规定。

8.2.1 产品名称及商标

应标明国家标准、行业标准已规定的产品通用名称，商品名称或者有特殊用途的产品名称，可在产品通用名下以小 1 号字体予以标注。

国家标准、行业标准对产品通用名称没有规定的，应使用不会引起用户、消费者误解和混淆的商品名称。

企业可以标注经注册登记的商标。

8.2.2 产品规格

应标明产品在每一个包装物中的净重，并使用国家法定计量单位。标注净重的误差范围不得超过其明示量的±5%。

8.2.3 产品执行标准

应标明产品所执行的标准编号。

8.2.4 产品登记证号

应标明有效的产品登记证号。

8.2.5 生产者名称、地址

应标明经依法登记注册并能承担产品质量责任的生产者名称、地址、邮政编码和联系电话。进口产品可以不标生产者的名称、地址，但应当标明该产品的原产地（国家/地区），以及代理商或者进口商或者销售商在中国依法登记注册的名称和地址。

8.2.6 生产日期或生产批号

应在生产合格证或产品包装上标明产品的生产日期或生产批号。

8.2.7 保质期

用“保质期______个月（或若干天、年）”表示。

8.3 运输

运输过程中有遮盖物，防止雨淋、日晒及高温。气温低于 0℃时采取适当措施，以保证产品质量。轻装轻卸，避免包装破损。严禁与对微生物菌剂有毒、有害的其他物品混装、混运。

8.4　储存

产品应储存在阴凉、干燥、通风的库房内，不得露天堆放，以防日晒雨淋，避免不良条件的影响。

省略：

附录 A（规范性附录）常用检测培养基

附录 B（资料性附录）常用染色剂

附录 C（规范性附录）稀释法（MPN5 管法）

附录 D（规范性附录）酶活的测定

复合微生物肥料（NY /T 798—2004）

1　范围

本标准规定了复合微生物肥料的定义、要求、试验方法、检验规则、标志、包装运输及储存。

本标准适用于复合微生物肥料。

2　规范性引用文件

下列文件中的条款通过本标准的引用而成为本标准的条款。凡是注日期的引用文件，其随后所有的修改单（不包括勘误的内容）或修订版均不适用于本标准，然而，鼓励根据本标准达成协议的各方研究是否可使用这些文件的最新版本。凡是不注日期的引用文件，其最新版本适用于本标准。

GB 1250—1989	极限数值的表示方法和判定方法
GB 8170—1987	数值修约规则
GB 18877—2002	有机-无机复混肥料
GB/T 19524.1—2004	肥料中粪大肠菌群的测定
GB/T 19524.2—2004	肥料中蛔虫卵死亡率的测定
NY 525—2002	有机肥料

3　术语和定义

复合微生物肥料是指特定微生物与营养物质复合而成，能提供、保持或改善植物营养，提高农产品产量或改善农产品品质的活体微生物制品。

4　要求

4.1　菌种

使用的微生物应安全、有效。生产者须提供菌种的分类鉴定报告，包括属及种的学名、形态、生理生化特性及鉴定依据等完整资料，以及菌种安全性评价资料。采用生物工程菌，应具有获准允许大面积释放的生物安全性有关批文。

4.2　成品技术指标

4.2.1　外观（感官）：产品按剂型分为液体型、粉剂型和颗粒型。粉剂产品应松散；颗粒产品应无明显机械杂质、大小均匀，具有吸水性。

4.2.2　复合微生物肥料产品技术指标见表 1。

表 1　复合微生物肥料产品技术指标

项目		剂型		
		液体	粉剂	颗粒
有效活菌数（cfu）[a]/［亿/g（mL）］	≥	0.50	0.20	0.20
总养分（$N+P_2O_5+K_2O$）/%	≥	4.0	6.0	6.0
杂菌率/%	≤	15.0	30.0	30.0
水分/%	≤	—	35.0	20.0
pH		3.0～8.0	5.0～8.0	5.0～8.0
细度/%	≥	—	80.0	80.0
有效期[b]/月	≥	3	6	

a 含两种以上微生物的复合微生物肥料，每一种有效菌的数量不得少于 0.01 亿/g（mL）。

b 此项仅在监督部门或仲裁双方认为有必要时才检测。

4.2.3　复合微生物肥料产品中无害化指标见表 2。

表 2　复合微生物肥料产品无害化指标

参数		标准极限
粪大肠菌群数/［个/g（mL）］	≤	100
蛔虫卵死亡率/%	≥	95
砷及其化合物（以 As 计）/（mg/kg）	≤	75
镉及其化合物（以 Cd 计）/（mg/kg）	≤	10
铅及其化合物（以 Pb 计）/（mg/kg）	≤	100
铬及其化合物（以 Cr 计）/（mg/kg）	≤	150
汞及其化合物（以 Hg 计）/（mg/kg）	≤	5

5　试验方法

5.1　仪器设备

5.1.1　生物显微镜；

5.1.2　恒温培养箱；

5.1.3　恒温干燥箱；

5.1.4　超净工作台或洁净室；

5.1.5　电子天平（或精密天平，下同）；

5.1.6　摇床；

5.1.7　蒸汽灭菌锅；

5.1.8　试验筛；

5.1.9　酸度计。

5.2　试剂

方法中所用的试剂，在未注明其他规格时，均指分析纯（A.R.）。

5.2.1　无离子水、无菌水（或生理盐水，下同）、蒸馏水。
5.2.2　检测用培养基：根据所测微生物的种类选用适宜的培养基。
5.3　产品参数的检测
5.3.1　外观（感官）的测定

取少量样品放到白色搪瓷盘（或白色塑料调色板）中，仔细观察样品的颜色、形状、质地。

5.3.2　有效活菌数的测定
5.3.2.1　系列稀释

称取固体样品10g（精确到0.01g），加入带玻璃珠的100mL的无菌水中（液体样品用无菌吸管取10.0mL加入90mL的无菌水中），静置20min，在旋转式摇床上200r/min充分振荡30min，即成母液菌悬液（基础液）。

用5mL无菌移液管分别吸取5.0mL上述母液菌悬液加入45mL无菌水中，按1∶10进行系列稀释，分别得到$1:1\times10^1$、$1:1\times10^2$、$1:1\times10^3$、$1:1\times10^4$…稀释的菌悬液（每个稀释度应更换无菌移液管）。

5.3.2.2　加样及培养

每个样品取3个连续适宜的稀释度，用0.5mL无菌移液管分别吸取不同稀释度菌悬液0.1mL，加至预先制备好的固体培养基平板上，分别用无菌玻璃刮刀将不同稀释度的菌悬液均匀地涂于琼脂表面。

每一稀释度重复3次，同时以无菌水作空白对照，于适宜的条件下培养。

5.3.2.3　菌落识别

根据所检测菌种的技术资料，每个稀释度取不同类型的代表菌落通过涂片、染色、镜检等技术手段确认有效菌。当空白对照培养皿出现菌落数时，检测结果无效，应重做。

5.3.2.4　菌落计数

以出现20～300个菌落数稀释度的平板为计数标准（丝状真菌为10～150个菌落数），分别统计有效活菌数目和杂菌数目。当只有一个稀释度，其有效菌平均菌落数为20～300个时，则以该菌落数计算。若有两个稀释度，其有效菌平均菌落数均为20～300个时，应按两者菌落总数之比值（稀释度大的菌落总数×10与稀释度小的菌落总数之比）决定，若其比值小于等于2应计算两者的平均数；若大于2则以稀释度小的菌落平均数计算。有效活菌数按式（1）计算，同时计算杂菌数。

$$n_m = \bar{x}kv_1/(m_0 v_2)\times10^{-8} \text{ 或 } n_v = \bar{x}kv_1/(v_0 v_2)\times10^{-8} \qquad (1)$$

式中：

n_m——质量有效活菌数（单位：亿/g）；

n_v——体积有效活菌数（单位：亿/mL）；

$\overline{x}$——有效菌落平均数（单位：个）；

k——稀释倍数；

v_1——基础液体积（单位：mL）；

v_2——菌悬液加入量（单位：mL）；

v_0——样品量（单位：mL）；

m_0——样品量（单位：g）。

5.3.3　霉菌杂菌数的测定

采用马丁培养基，测定方法同 5.3.2。

5.3.4　杂菌率的计算

除样品有效菌外其他的菌均为杂菌（包括霉菌杂菌）。样品中杂菌率按式（2）计算。

$$m = n_1/(n_1 + n) \times 100 \tag{2}$$

式中：

m——样品杂菌率（单位：%）；

n_1——杂菌数［单位：亿/g（mL）］；

n——有效活菌数［单位：亿/g（mL）］。

5.3.5　水分的测定

将空铝盒置于干燥箱中（105±2)℃烘干 0.5h，冷却后称量记录空铝盒的质量。然后称取 2 份平行样品，每份 20g（精确到 0.01g），分别加入铝盒中并记录质量。将装好样品的铝盒置于干燥箱中（105±2)℃下烘干 4～6h。取出置于干燥器中冷却 20min 后进行称量。水分含量按式（3）计算（结果为两次测定的平均值）。

$$w = (m_1 - m_2)/(m_1 - m_0) \times 100 \tag{3}$$

式中：

w——样品水分含量（单位：%）；

m_0——空铝盒的质量（单位：g）；

m_1——样品和铝盒的质量（单位：g）；

m_2——烘干后样品和铝盒的质量（单位：g）。

5.3.6　细度的测定

5.3.6.1　粉剂样品

称取样品 50g（精确到 0.1g），放入 300mL 烧杯中，加 200mL 水浸泡 10～30min 后倒入孔径 2.0mm 的试验筛中，然后用水冲洗，并用刷子轻轻地刷筛面上的样品，直至筛下流出清水为止。将试验筛连同筛上样品放入干燥箱中，在(105±2)℃烘干 4～6h。冷却后称量筛上样品质量。样品细度按式（4）计算。

$$s = \{1 - m_1/[m_0(1 - w)]\} \times 100 \tag{4}$$

式中：

s——筛下样品质量分数（单位：%）；

m_0——样品质量（单位：g）；

w——样品含水量（单位：%）；

m_1——筛上干样品质量（单位：g）。

5.3.6.2　颗粒样品

称取样品 50g（精确到 0.1g），将两个不同孔径的试验筛（1.0mm 和 4.75mm）摞在一起放在底盘上（大孔径试验筛放在上面）。样品倒入大孔径试验筛内，筛样品。然后称小孔径试验筛上的样品质量，颗粒细度按式（5）计算。

$$g = m_1 / m_0 \times 100 \tag{5}$$

式中：

g——样品质量分数（单位：%）；

m_1——小孔径试验筛上样品质量（单位：g）；

m_0——样品质量（单位：g）。

5.3.7　pH 的测定

打开酸度计电源预热 30min，用标准溶液校准。

pH 的测定，每个样品重复三次，计算三次的平均值。

5.3.7.1　液体样品

用量筒取 40mL 样品放入 50mL 的烧杯中，直接用酸度计测定，仪器读数稳定后记录。

5.3.7.2　粉剂样品

称取样品 15g，放入 50mL 的烧杯中，按 1∶2（样品∶无离子水）的比例将无离子水加到烧杯中（如果样品含水量低，可根据基质类型按 1∶3～5 的比例加无离子水），搅拌均匀。然后静置 30min，测样品悬液的 pH，仪器读数稳定后记录。

5.3.7.3　颗粒样品

样品先研碎过 1.0mm 试验筛，按照 5.3.7.2 的方法测定。

5.4　$N + P_2O_5 + K_2O$ 含量的测定

应符合 NY 525—2002 中 5.3～5.5 的规定。

5.5　粪大肠菌群数的测定

应符合 GB/T 19524.1—2004 中的规定。

5.6　蛔虫卵死亡率的测定

应符合 GB/T 19524.2—2004 中的规定。

5.7　As、Cd、Pb、Cr、Hg 的测定

应符合 GB 18877—2002 中 5.12～5.17 的规定。

6 检验规则

本标准中产品技术指标的数字修约应符合 GB 8170—1987 的规定；产品质量指标合格判定应符合 GB 1250—1989 中修约值比较法的规定。

6.1 抽样

按每一发酵罐菌液（或每批固体发酵）加工成的产品为一批，进行抽样检验，抽样过程严格避免杂菌污染。

6.1.1 抽样工具

无菌塑料袋（瓶），金属勺、抽样器、量筒、牛皮纸袋、胶水、抽样封条及抽样单等。

6.1.2 抽样方法和数量

一般在成品库中抽样、采用随机法抽取。

随机抽取 5～10 袋（桶），在无菌条件下，每袋（桶）取样 500g（mL），然后将抽取样品混匀，按四分法分装 3 袋（瓶），每袋（瓶）不少于 500g（mL）。

6.2 判定规则

6.2.1 具下列任何一条款者，均为合格产品。

（1）检验结果各项技术指标均符合标准要求的产品；

（2）在 pH、水分、细度、外观等检测项目中，有一项不符合技术指标，而其他各项符合指标要求的产品。

6.2.2 具下列任何一条款者，均为不合格产品。

（1）有效活菌数不符合技术指标；

（2）杂菌率不符合技术指标；

（3）在 pH、水分、细度、外观等检测项目中，有两项以上（含）不符合技术指标；

（4）有效养分含量不符合技术指标；

（5）粪大肠菌群值不符合技术指标；

（6）蛔虫卵死亡率不符合技术指标；

（7）As、Cd、Pb、Cr、Hg 中任一含量不符合技术指标。

7 包装、标识、运输和储存

7.1 包装

根据不同产品剂型选择适当的包装材料、容器、形式和方法，以满足产品包装的基本要求。

产品包装中应有产品合格证和使用说明书，在使用说明书中标明使用范围、方法、用量及注意事项等内容。

7.2 标识

标识所标注的内容，应符合国家法律、法规的规定。

7.2.1　产品名称及商标

应标明国家标准、行业标准已规定的产品通用名称，商品名称或者有特殊用途的产品名称，可在产品通用名下以小一号字体予以标注。

国家标准、行业标准对产品通用名称没有规定的，应使用不会引起用户、消费者误解和混淆的商品名称。

企业可以标注经注册登记的商标。

7.2.2　产品规格

应标明产品在每一个包装物中的净重，并使用国家法定计量单位。标注净重的误差范围不得超过其明示量的±5%。

7.2.3　产品执行标准

应标明产品所执行的标准编号。

7.2.4　产品登记证号

应标明有效的产品登记证号。

7.2.5　生产者名称，地址。

应标明经依法登记注册并能承担产品质量责任的生产者名称、地址、邮政编码和联系电话。进口产品可以不标生产者的名称、地址，但应当标明该产品的原产地（国家/地区），以及代理商或者进口商或者销售商在中国依法登记注册的名称和地址。

7.2.6　生产日期或生产批号

应在生产合格证或产品包装上标明产品的生产日期或生产批号。

7.2.7　保质期

用“保质期______个月（或年）”表示。

7.3　运输

运输过程中有遮盖物，防止雨淋、日晒及高温。气温低于0℃时采取适当措施，以保证产品质量。轻装轻卸，避免包装破损。严禁与对微生物肥料有毒、有害的其他物品混装、混运。

7.4　储存

产品应储存在阴凉、干燥、通风的库房内，不得露天堆放，以防日晒雨淋，避免不良条件的影响。

生物有机肥（NY 884—2004）

1　范围

本标准规定了生物有机肥的要求、检验方法、检验规则、标识、包装、运输和储藏。

本标准适用于生物有机肥。

2　规范性引用文件

下列文件中的条款通过本标准的引用而成为本标准的条款。凡是注日期的引用文件，其随后所有的修改单（不包括勘误的内容）或修订版均不适用于本标准，然而，鼓励根据本标准达成协议的各方研究是否可使用这些文件的最新版本。凡是不注日期的引用文件，其最新版本适用于本标准。

GB 8170—1987	数值修约规则
GB 18877—2002	有机-无机复混肥料
GB/T 1250—1989	极限数值的表述方法和判定方法
GB/T 19524.1—2004	肥料中粪大肠菌群的测定
GB/T 19524.2—2004	肥料中蛔虫卵死亡率的测定
NY 525—2002	有机肥料
NY/T 798—2004	复合微生物肥料

3　术语和定义

下列术语和定义适用于本标准。

生物有机肥是指特定功能微生物与主要以动植物残体（如畜禽粪便、农作物秸秆等）为来源并经无害化处理、腐熟的有机物料复合而成的一类兼具微生物肥料和有机肥效应的肥料。

4　要求

4.1　菌种

使用的微生物菌种应安全、有效，有明确来源和种名。

4.2　外观（感官）：粉剂产品应松散、无恶臭味；颗粒产品应无明显机械杂质、大小均匀、无腐败味。

4.3　技术指标

生物有机肥产品的各项技术指标应符合表 1 的要求。

表1 生物有机肥产品技术要求

项目		剂型	
		粉剂	颗粒
有效活菌数（cfu）/（亿/g）	≥	0.20	0.20
有机质（以干基计）/%	≥	25.0	25.0
水分/%	≤	30.0	15.0
pH		5.5～8.5	5.5～8.5
粪大肠菌群数/[个/g（mL）]	≤	100	
蛔虫卵死亡率/%	≥	95	
有效期/月	≥	6	

4.4 生物有机肥产品中As、Cd、Pb、Cr、Hg含量指标应符合NY/T 798—2004中4.2.3的规定。

4.5 若产品中加入无机养分，应明示产品中总养分含量，以（$N+P_2O_5+K_2O$）总量表示。

5 抽样方法

对每批产品进行抽样检验，抽样过程应避免杂菌污染。

5.1 抽样工具

抽样前预先备好无菌塑料袋（瓶）、金属勺、剪刀、抽样器、封样袋、封条等工具。

5.2 抽样方法和数量

在产品库中抽样，采用随机法抽取。

抽样以袋为单位，随机抽取5～10袋。在无菌条件下，从每袋中取样200～300g，然后将所有样品混匀，按四分法分装3份，每份不少于500g。

6 试验方法

6.1 外观

用目测法测定：取少量样品放在白色搪瓷盘（或白色塑料调色板）中，仔细观察样品的形状、质地，应符合4.2的要求。

6.2 有效活菌数测定

应符合NY/T 798—2004中5.3.2的规定。

6.3 有机质的测定

应符合NY 525—2002中5.2的规定。

6.4 水分测定

应符合NY/T 798—2004中5.3.5的规定。

6.5 pH测定

应符合NY/T 798—2004中5.3.7的规定。

6.6 粪大肠菌群数的测定

应符合 GB/T 19524.1—2004 的规定。

6.7 蛔虫卵死亡率的测定

应符合 GB/T 19524.2—2004 的规定。

6.8 As、Cd、Pb、Cr、Hg 的测定

应符合 GB 18877—2002 中 5.12～5.17 的规定。

6.9 $N+P_2O_5+K_2O$ 含量测定

应符合 NY 525—2002 中 5.3～5.5 的规定。

7 检验规则

7.1 检验分类

7.1.1 出厂检验（交收检验）

产品出厂时，应由生产厂的质量检验部门按表 1 进行检验，检验合格并签发质量合格证的产品方可出厂。出厂检验时不检有效期。

7.1.2 型式检验（例行检验）

一般情况下，一个季度进行一次。有下列情况之一者，应进行型式检验。

(1) 新产品鉴定；

(2) 产品的工艺、材料等有较大更改与变化；

(3) 出厂检验结果与上次型式检验有较大差异时；

(4) 国家质量监督机构进行抽查。

7.2 判定规则

7.2.1 本标准中产品技术指标的数字修约应符合 GB 8170 的规定；产品质量合格判定应符合 GB/T 1250 中修约值比较法的规定。

7.2.2 具下列任何一条款者，均为合格产品

(1) 产品全部技术指标都符合标准要求；

(2) 在产品的外观、pH、水分检测项目中，有 1 项不符合标准要求，而产品其他各项指标符合标准要求。

7.2.3 具下列任何一条款者，均为不合格产品

(1) 产品中有效活菌数不符合标准要求；

(2) 有机质含量不符合标准要求；

(3) 粪大肠菌群数不符合标准要求；

(4) 蛔虫卵死亡率不符合标准要求；

(5) As、Cd、Pb、Cr、Hg 中任一含量不符合标准要求；

(6) 产品的外观、pH、水分检测项目中，有 2 项以上不符合标准要求。

8 标识、包装、运输和储藏

生物有机肥的标识、包装、运输和储藏应符合 NY/T 798—2004 中第 7 章的规定。

微生物肥料菌种鉴定技术规范
（NY /T 1736—2009）

1　范围

本标准规定了微生物肥料使用菌种鉴定程序与方法的选用原则。

本标准适用于微生物肥料科研、教学、质检和生产等领域中的菌种鉴定。

2　规范性引用文件

下列文件中的条款通过本标准的引用而成为本标准的条款。凡是注日期的引用文件，其随后所有的修改单（不包括勘误的内容）或修订版均不适用于本标准，然而，鼓励根据本标准达成协议的各方研究是否可使用这些文件的最新版本。凡是不注日期的引用文件，其最新版本适用于本标准。

NY/T 1113—2006　　　　微生物肥料术语

3　术语和定义

本标准采用下列术语和定义。

3.1　细菌 bacterium

形体微小，结构简单，通常以二分裂方式进行繁殖的单细胞原核生物，基本形态有球状、杆状、弧状和螺旋状。

3.2　放线菌 actinomycete

细胞呈丝状、孢子方式繁殖和高 G+C mol% 的革兰氏阳性细菌。

3.3　酵母菌 yeast

单核的单细胞真菌，以芽殖或裂殖方式行无性生殖，或形成孢子行有性生殖。

3.4　丝状真菌 filamentous fungus

菌丝体发达，不产生肉眼可见子实体的真菌。

3.5　种 species

由表型特征相似、遗传性状相近的菌株组成，并与其他类群的菌株存在明显差异。

3.6　菌株 strain

指属于同一种，但来源不同的单细胞或纯培养的后代。

见 NY/T 1113—2006 3.2。

3.7　纯培养物 pure culture

由单个细胞繁殖而来的培养物。

3.8　纯度检测 purity examination

检测菌种是否为纯培养物的过程。

3.9　鉴定 identification

根据通用的检索系统，对未知微生物菌株进行性状观察和测定，确定该微生物分类地位的过程。

4　鉴定原则

4.1　用于鉴定的菌株应为纯培养物。

4.2　依据所鉴定菌株的类群和特性，选择相应的鉴定检索系统和鉴定方法。

4.3　鉴定结果应与对应的鉴定检索系统或模式菌株性状进行对比，确定菌株的分类地位。

5　菌种鉴定常规流程图

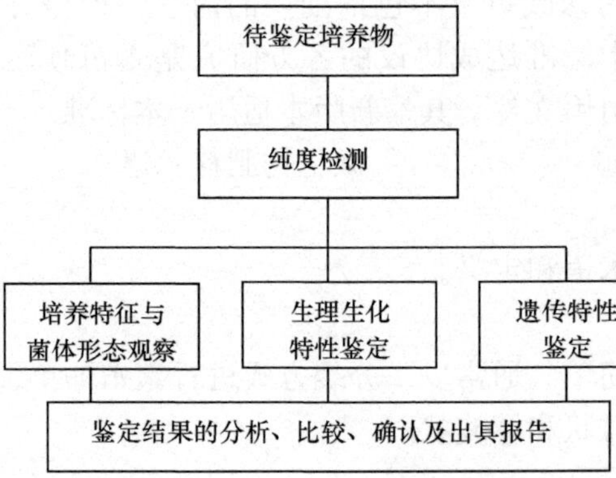

6　鉴定方法

6.1　纯度检测

6.1.1　菌落形态观察

在适宜培养基平板上，将待鉴定培养物划线或稀释涂布，经适宜条件下培养后，选取划线或稀释涂布分离得到的单菌落，观察其在同一平板上的大小、形状、颜色、质地、光泽等。

6.1.2　菌体形态观察

挑取待鉴定细菌培养物，涂布于载玻片上无菌水滴中，进行简单染色或革兰氏染色；酵母菌和丝状真菌制成水浸片。显微镜下观察菌体形态。

6.1.3　纯度确定

菌落和菌体形态一致者，确定培养物符合要求。

6.2 培养特征观察

6.2.1 细菌菌落特征

将待鉴定培养物划线或稀释涂布于营养肉汤培养基（附录 A.1）或其他适宜的细菌培养基平板上，适宜条件下培养 2～5 天后，观察和记录幼龄和老龄菌落的大小、形状、质地、边缘、隆起、颜色、光泽、透明度等性状。

6.2.2 放线菌培养特征

将待鉴定培养物点植、划线或稀释涂布于适宜的培养基（附录 A.3～A.7）平板上，28℃培养 5～15 天，观察菌落的大小、形状、表面状况、气生菌丝、基内菌丝的颜色及可溶性色素。

6.2.3 酵母菌培养特征

将待鉴定培养物划线或稀释涂布于麦芽汁琼脂（附录 A.9）平板上，25～28℃培养 3～7 天，观察菌落的大小、形状、质地、隆起、边缘、颜色、光泽等性状。

将待鉴定培养物接种于麦芽汁液体培养基中，25～28℃培养 3 天，观察是否形成醭膜、菌环或岛及沉淀。

6.2.4 丝状真菌培养特征

将待鉴定培养物点植或稀释涂布于 PDA 培养基（附录 A.11）或察氏培养基（附录 A.8）平板上，25～28℃培养 2～14 天，观察菌落质地、颜色、生长速度、色素的产生情况、渗出液、菌落背面的颜色等。

6.3 菌体形态特征观察

6.3.1 细菌形态特征

挑取在适宜培养基上生长的幼龄培养物，涂片、革兰氏染色，显微镜下观察菌体形状、大小、革兰氏染色反应等；观察芽孢的有无、形态和着生位置。

6.3.2 放线菌形态特征

以斜角将灭菌盖玻片插入将要凝固的培养基中，每个培养皿可插 4～9 片。沿盖玻片与培养基的交接处划线接种放线菌，培养平板正置于 28℃培养 2 天、5 天、7 天、10 天、15 天，定期取出盖玻片，显微镜或扫描电子显微镜下观察气生菌丝、基内菌丝、孢子丝的形态，孢子着生方式、颜色或孢囊着生位置（气丝或基丝）、孢囊的形状。

6.3.3 酵母菌形态特征

将待鉴定培养物接种于麦芽汁液体培养基中，25～28℃培养 3 天，挑取一环培养物，制成水浸片，观察细胞大小、形态和无性繁殖方式。在玉米粉琼脂（附录 A.10）平板上划线接种 2～3 条待鉴定培养物，上覆盖玻片，25～28℃培养 3～5 天，低倍显微镜下观察划线处是否形成假菌丝。在适宜生孢子培养基上观察孢子的形态特征。

6.3.4　丝状真菌形态特征

将待鉴定培养物接种于 PDA 培养基（附录 A.11）或察氏培养基（附录 A.8）平板或斜面上，25～28℃培养 2～14 天，挑取少量培养物制成水浸片，或采用玻片培养法（附录 B.1），显微镜下观察菌体形态特征、无性繁殖体和有性繁殖体的形态特征（附录 B.2）。

6.4　生理生化特性鉴定

按附录 C 所列的待鉴定培养物类群，测定对应的生理生化项目。可以利用微生物自动鉴定系统进行鉴定。

6.5　遗传特性鉴定

细菌和放线菌进行 16S rDNA 序列分析；酵母菌进行 26S rDNA 中 D_1/D_2 区域序列分析或 ITS 序列分析或 18S rDNA 序列分析；丝状真菌进行 ITS 序列分析或 18S rDNA 序列分析。序列测定的扩增引物见附录 D。

7　鉴定结果

根据实验结果，对照通用的鉴定系统，确定待鉴定菌株的分类地位。菌种名称采用国际命名规则，使用属名和种加词的拉丁词，并附加中文译名。有异名的应同时标注。

8　鉴定报告

菌种鉴定结果报告应列出送检单位、送检时间、样品编号、名称、数量、鉴定操作人签字、鉴定技术负责人签字、鉴定内容、结果及参考文献等信息。采用微生物自动鉴定系统和（或）序列测定的，还应附上原始数据。

附录（略）。

肥料合理使用准则　微生物肥料
（NY /T 1535—2007）

1　范围

本标准规定了合理使用微生物肥料的基本原则和技术要求。

本标准适用于各类微生物肥料的使用。

2　规范性引用文件

下列文件中的条款通过本标准的引用而成为本标准的条款。凡是注日期的引用文件，其随后所有的修改单（不包括勘误的内容）或修订版均不适用于本标准，然而，鼓励根据本标准达成协议的各方研究是否可使用这些文件的最新版本。凡是不注日期的引用文件，其最新版本适用于本标准。

NY/T 1113　微生物肥料术语

3　术语和定义

NY/T 1113 中确立的以及下列术语和定义适用于本标准。

3.1　目的微生物：target microbe

是指产品中含有的具有特定功能的微生物。

4　基本原则

4.1　有利于目的微生物生长、繁殖及其功能发挥。

4.2　有利于目的微生物与农作物亲和。

4.3　有利于目的微生物与土壤环境相适应。

5　通用技术要求

5.1　产品选择

5.1.1　应选择获得农业部登记许可的合格产品。

5.1.2　根据作物种类、土壤条件、气候条件及耕作方式，选择适宜的微生物肥料产品。对于豆科作物，在选择根瘤菌菌剂时，应选择与之共生结瘤固氮的产品。

5.2　产品储存

产品应储存在阴凉干燥的场所，避免阳光直射和雨淋。

5.3　产品使用

5.3.1　应根据需要确定微生物肥料的施用时期、次数及数量。

5.3.2　微生物肥料宜配合有机肥施用，也可与适量的化肥配合使用，但应避免化肥对微生物产生不利影响。

5.3.3 应避免在高温或雨天施用。

5.3.4 应避免与过酸、过碱的肥料混合使用，避免与对目的微生物具有杀灭作用的农药同时使用。

6 产品使用要求

6.1 液体菌剂

6.1.1 拌种。将种子与稀释后的菌液混拌均匀，或用稀释后的菌液喷湿种子，待种子阴干后播种。

6.1.2 浸种。将种子浸入稀释后的菌液 4～12h，捞出阴干，待种子露白时播种。

6.1.3 喷施。将稀释后的菌液均匀喷施在叶片上。

6.1.4 蘸根。幼苗移栽前将根部浸入稀释后的菌液中 10～20min。

6.1.5 灌根。将稀释后的菌液浇灌于农作物根部。

6.2 固体菌剂

6.2.1 拌种。将种子与菌剂充分混匀，使种子表面附着菌剂，阴干后播种。

6.2.2 蘸根。将菌剂稀释后，按 6.1.4 进行操作。

6.2.3 混播。将菌剂与种子混合后播种。

6.2.4 混施。将菌剂与有机肥或细土/细沙混匀后施用。

6.3 有机物料腐熟剂

将菌剂均匀拌入所腐熟物料中，调节物料的水分、C/N 等，堆置发酵并适时翻堆。

6.4 复合微生物肥料和生物有机肥

6.4.1 基肥。播种前或定植前单独或与其他肥料一起施入。

6.4.2 种肥。将肥料施于种子附近，或与种子混播。对于复合微生物肥料，应避免与种子直接接触。

6.4.3 追肥。在作物生长发育期间采用条/沟施、灌根、喷施等方式补充施用。

微生物肥料田间试验技术规程
及肥效评价指南（NY /T 1536—2007）

1　范围

本标准规定了微生物肥料田间试验的方案设计、试验实施、数据分析、效果评价和试验报告撰写。

本标准适用于中华人民共和国境内生产、销售和使用的微生物肥料田间试验效果的综合评价。

2　规范性引用文件

下列文件中的条款通过本标准的引用而成为本标准的条款。凡是注日期的引用文件，其随后所有的修改单（不包括勘误的内容）或修订版均不适用于本标准，然而，鼓励根据本标准达成协议的各方研究是否可使用这些文件的最新版本。凡是不注日期的引用文件，其最新版本适用于本标准。

NY/T 1113—2006	微生物肥料术语
NY/T 497—2002	肥料效应鉴定田间试验技术规程
NY/T 1114—2006	微生物肥料实验用培养基技术条件
GB/T 5009.157—2003	食品中有机酸的测定
GB/T14487—93	茶叶感官评审术语
GB/T 8305—2002	茶水浸出物测定
GB/T 8312—2002	茶咖啡碱测定
GB/T 8313—2002	茶茶多酚测定
GB/T 8314—2002	茶游离氨基酸总量测定

3　术语和定义

NY/T 1113—2006、NY/T 497—2002 确立的以及下列术语和定义适用于本标准。为了方便，下面重复列出了 NY/T 1113—2006、NY/T 497—2002 中的一些术语。

3.1　微生物肥料　microbial fertilizer

含有特定微生物活体的制品，应用于农业生产，通过其中所含微生物的生命活动，增加植物养分的供应量或促进植物生长，提高产量，改善农产品品质及农业生态环境。微生物肥料包含微生物菌剂（接种剂）、复合微生物肥料和生物有机肥。

引自 NY/T 1113—2006，2.1

3.2

微生物菌剂 microbial inoculant

微生物接种剂

一种或一种以上的目的微生物经工业化生产增殖后直接使用，或经浓缩或经载体吸附而制成的活菌制品。

引自 NY/T 1113—2006，2.2

3.3

复合微生物肥料 compound microbial fertilizer

目的微生物经工业化生产增殖后与营养物质复合而成的活菌制品。

引自 NY/T 1113—2006，2.3

3.4

生物有机肥 microbial organic fertilizer

目的微生物经工业化生产增殖后与主要以动植物残体（如畜禽粪便、农作物秸秆等）为来源并经无害化处理的有机物料复合而成的活菌制品。

引自 NY/T 1113—2006，2.4

3.5

常规施肥 regular fertilizing

亦称习惯施肥，指当地前三年的平均施肥量（主要指氮、磷、钾肥）、施肥品种和施肥方法。

引自 NY/T 497—2002，3.5

3.6

空白对照 control

指无肥处理，用于确定肥料效应的绝对值，评价土壤自然生产力和计算肥料利用率等。

引自 NY/T 497—2002，3.6

3.7

基质 substrate

指不含目的微生物或目的微生物被灭活的物料。

4 田间试验

4.1 试验设计

不同类型微生物肥料（有机物料腐熟剂除外）的田间效果试验设计应当符合表1要求。

表 1 微生物肥料田间试验设计及要求

<table>
<tr><th rowspan="2">项 目</th><th colspan="2">产品种类</th></tr>
<tr><th>微生物菌剂类产品[a]</th><th>复合微生物肥料和生物有机肥</th></tr>
<tr><td>处理设计</td><td>1. 供试肥料＋常规施肥
2. 基质＋常规施肥
3. 常规施肥
4. 空白对照</td><td>1. 供试肥料＋减量施肥[b]
2. 基质＋减量施肥[b]
3. 常规施肥
4. 空白对照</td></tr>
<tr><td>试验面积</td><td colspan="2">1. 旱地作物（小麦、谷子等密植作物除外）小区面积 30m²；
2. 水田作物、小麦、谷子等密植旱地作物小区面积 20m²；
3. 设施农业种植作物小区面积 15m²，并在一个大棚内安排整个区组试验；
4. 多年生果树每小区不少于 4 株，要求土壤地力差异小的地块和树龄相同、株形和产量相对一致的成年果树</td></tr>
<tr><td>重复次数</td><td colspan="2">不少于 3 次</td></tr>
<tr><td>区组配置及小区排列</td><td colspan="2">小区采用长方形，随机排列</td></tr>
<tr><td>施用方法</td><td colspan="2">按样品标注的使用说明或试验委托方提供的试验方案执行</td></tr>
<tr><td>试验点数或试验年限</td><td colspan="2">一般作物试验不少于 2 季或不少于 2 种不同地区，果树类不少于 2 年</td></tr>
</table>

a 根瘤菌菌剂产品可设减少氮肥用量的处理。

b 减量施肥是根据产品特性要求，适当减少常规施肥用量。

4.2 试验准备

4.2.1 试验地选择

试验地的选择应具有代表性，地势平坦，土壤肥力均匀，前茬作物一致，浇排水条件良好。试验地应避开道路、堆肥场所、水沟、水塘、溢流、高大建筑物及树木遮阴等特殊地块。

4.2.2 试验地处理

(1) 整地、设置保护行、试验地区划；(小区、重复间尽量保持一致)

(2) 小区单灌单排，避免串灌串排；

(3) 测定土壤的有机质、全氮、速效磷、速效钾、pH；

(4) 微生物种类和含量、土壤物理性状指标等其他项目根据试验要求测定。

4.2.3 供试肥料准备

按试验设计准备所需的试验肥料样品，供试肥料经检验合格后方可使用。

4.2.4 供试基质准备

将供试的微生物肥料样品，经一定剂量^{60}Co照射或微波灭菌后，随机取样进行无菌检验（见附录 A），确认样品达到灭菌要求后，留存该样品做基质试验。

4.2.5 试验作物品种选择

应选择当地主栽作物品种或推广品种。

4.3 试验实施

按 4.1 执行，并做好田间管理、记录、分析和计产等工作。

4.3.1 田间管理及试验记录

各项处理的管理措施应一致，并进行试验记录。

(1) 供试作物名称、品种；

(2) 注明试验地点、试验时间、方法设计、小区面积、小区排列、重复次数(采用图标的形式)；

(3) 试验地地形、土壤质地、土壤类型、前茬作物种类；

(4) 施肥时间、方法、数量及次数等；

(5) 试验期间的降水量及灌水量；

(6) 病虫害防治情况及其他农事活动等；

(7) 作物的生长状况田间调查，包括出苗率、移苗成活率、长势、生育期及病虫发生情况等。

4.3.2 收获和计产

(1) 先收保护行；

(2) 每个小区单收、单打、单计产；

(3) 分次收获的作物，应分次收获、计产，最后累加；

(4) 室内考种样本应按试验要求采样，并系好标签，记录小区号、处理名称、取样日期、采样人等。

4.3.3 作物品质、土壤肥力和抗逆性等记录

根据试验要求，记录供试肥料对农产品品质、土壤肥力及抗逆性等效应。

5 效果评价

5.1 产量效果评价

5.1.1 试验结果的统计分析按 NY/T 497—2002 附录 B 执行。

5.1.2 进行供试微生物肥料处理与其他各处理间的产量差异分析。

5.1.3 增产差异显著水平的试验点数达到总数的 2/3 以上者，判定该产品有增产效果。

5.2 品质效果评价

5.2.1 评价指标

(1) 外观指标包括外形、色泽、口感、香气、单果重/千粒重、大小、耐储运性能等；

(2) 内在品质指标：①粮食作物测定淀粉及蛋白质含量；②叶菜类作物测定硝酸盐含量、维生素含量；③根（茎）类作物测定淀粉、蛋白质、氨基酸、维生素等含量；④瓜果类作物主要测定糖分、维生素、氨基酸等；⑤具体作物品质指标及测试方法参见附录 B。

5.2.2 效果评价

根据农产品的种类选择相应的标准进行评价。

5.3 抗逆性效果评价

抗逆性包括抑制病虫害发生（病情指数记录）、抗倒伏、抗旱、抗寒及克服连作障碍等方面。抗逆性指标比对照应提高20%以上的效果。

5.4 土壤改良效果评价

若经过同一地块两季以上的肥料施用，可测定土壤中的微生物种群与数量、有机质、速效养分、pH、土壤容重（团粒结构）等。

5.5 安全指标评价

对试验作物或土壤进行农药残留、重金属等有毒有害物质含量的测定，以评价试验样品对其是否具有降解和转化功能。

6 试验报告

6.1 试验来源和目的

6.2 试验材料与方法

（1）试验时间和地点；

（2）供试土壤分析；

（3）供试肥料；

（4）供试作物；

（5）试验设计和方法。

6.3 试验结果与分析

（1）不同处理对作物产量及产值的影响；

（2）不同处理对作物生物学性状的影响；

（3）品质效果评价；

（4）抗逆性效果评价；

（5）土壤改良效果评价。

6.4 试验结论

6.5 试验执行单位及主持人

附　录　A

（规范性附录）

基质无菌检验方法

A.1　取样

从基质样品中随机取样。

A.2　样品检验

A.2.1　培养基制备

分别配制 NY/T 1114—2006 中 A1、A9、A11、A13 4 种培养基。

A.2.2　菌悬液的制备

称取样品 10g（精确到 0.01g），加入带玻璃珠的 100mL 的无菌水中，静置 20min，在旋转式摇床上 200r/min 充分振荡 30min，制成菌悬液。

A.2.3　加样及培养

在预先制备好的 4 种固体培养基平板上分别加入 0.1mL 菌悬液，并用无菌玻璃刮刀将菌悬液均匀地涂于培养基平板表面，重复 3 次，于适宜温度条件下培养 2～7 天。以无菌水作空白对照。

A.2.4　灭菌效果鉴定

空白对照无菌落出现，而其他培养平板上菌落总数≤5 个，则该样品可用作基质试验。反之，须重新灭菌。空白对照有菌落出现，须重做无菌检验。

附　录　B

（资料性附录）

部分作物品质评价指标参考

表 B.1　作物品质的评价指标

作物名称	品质指标	测试方法
芹菜	纤维素	质量法
油菜、黄瓜、圆白菜、白菜	维生素 C	2,6-二靛酚容量法
辣椒	辣椒素	分光光度法
茄子	可溶性固形物	手持糖量剂法
萝卜、西瓜	水溶性糖	便携式折光糖度计
花生、大豆	粗蛋白质	凯氏定氮法
棉花	纤维长度	自动光电长度仪法
	纤维成熟度	偏光仪法
马铃薯	支链淀粉	碘-淀粉复合物测定法
水稻、小麦	粗蛋白质	凯氏定氮法
	支链淀粉	铜还原-直接滴定法
玉米、红薯	支链淀粉	铜还原-直接滴定法
柑橘、苹果等瓜果类	水溶性糖	便携式折光糖度计
	有机酸	GB/T 5009.157—2003 食品中有机酸的测定
	维生素 C	2,6-二靛酚容量法
	可溶性固形物	手持糖量剂法
人参	人参皂甙	/
番茄	水溶性糖	便携式折光糖度计
	可溶性固形物	手持糖量剂法
	有机酸	GB/T 5009.157—2003 食品中有机酸的测定
	维生素 C	2,6-二靛酚容量法
烟叶	落黄时间、一级、二级、三级烟叶的比率	/

续表

作物名称	品质指标	测试方法
茶叶	外观、汤色、香气、滋味	GB/T14487—93 茶叶感官评审术语
	水浸出物	GB/T 8305—2002 茶 水浸出物测定
	咖啡碱	GB/T 8312—2002 茶 咖啡碱测定
	茶多酚	GB/T 8313—2002 茶 茶多酚测定
	游离氨基酸总量	GB/T 8314—2002 茶 游离氨基酸总量测定
甘蔗	可溶性糖	便携式折光糖度计
苦荞	黄酮	乙醇提取，分光光度计法

微生物肥料生产菌株质量评价通用技术要求
（NY /T 1847—2010）

1　范围

本标准规定了微生物肥料生产菌株的术语和定义、质量要求、试验方法和评价规则。

本标准适用于微生物肥料生产中使用的菌株。

2　规范性引用文件

下列文件对于本文件的应用是必不可少的。凡是注日期的引用文件，仅注日期的版本适用于本文件。凡是不注日期的引用文件，其最新版本（包括所有的修改单）适用于本文件。

NY 882	硅酸盐细菌菌种
NY 1109	微生物肥料生物安全通用技术准则
NY/T 1113—2006	微生物肥料术语
NY 1117	水溶肥料钙、镁、硫含量的测定
NY/T 1536—2007	微生物肥料田间试验技术规程及肥效评价指南
NY/T 1735	根瘤菌生产菌株质量评价技术规范

3　术语和定义

NY/T 1113—2006、NY/T 1536—2007 界定的以及下列术语和定义适用于本文件。为了便于使用，以下重复列出了 NY/T 1113—2006、NY/T 1536—2007 中的某些术语和定义。

3.1　微生物肥料　microbial fertilizer

含有特定微生物活体的制品，应用于农业生产，通过其中所含微生物的生命活动，增加植物养分的供应量或促进植物生长，提高产量，改善农产品品质及农业生态环境。

[NY/T1113—2006，定义 2.1]

3.2　微生物肥料生产菌株　strain for microbial fertilizer production

从自然界分离筛选或经人工诱变，具备微生物肥料功能，并可用于生产的菌株。以下将其简称为“菌株”。

3.3　基质　substrate

指不含目的微生物或目的微生物被灭活的物料。

[NY/T 1536—2007，定义 3.7]

4 质量要求

4.1 基本要求

——菌株通过安全性评价，符合 NY 1109 中的规定。

——菌株细胞、菌落形态一致，无杂菌污染，生长繁殖力强；生长所需的碳源、氮源等原料易获得。

——菌株遗传性状稳定，其功能和发酵性能可长期保持，存活能力强。

4.2 菌株功能要求

4.2.1 提供或活化养分功能

4.2.1.1 溶解无机磷能力

在含有难溶性无机磷培养液中，接种菌株与未接种相比，可溶性磷的含量增加 70mg/L 以上。

4.2.1.2 分解有机磷能力

在含有难溶性有机磷培养液中，接种菌株与未接种相比，可溶性磷的含量增加 5mg/L 以上。

4.2.1.3 固氮能力

4.2.1.3.1 共生固氮菌

具有共生固氮作用的菌株质量应符合 NY/T 1735 的规定。

4.2.1.3.2 自生固氮菌和联合固氮菌

在盆栽试验中，接种菌株与未接种处理相比，植株总含氮量增加量达到 t 检验的显著水平。

4.2.1.4 解钾能力

具有解钾作用的菌株质量应符合 NY 882 的规定。

4.2.1.5 溶解中量元素能力

在含有难溶性钙、镁或硫元素的培养液中，接种菌株与未接种相比，相应的可溶性元素增加量分别达到 t 检验的显著水平。

4.2.2 产生促进作物生长活性物质能力

在适宜培养条件下，菌株产生的具有促进作物生长功能的活性物质总量应在 5mg/L 以上。其中包括赤霉素、吲哚乙酸、细胞分裂素等。

4.2.3 促进有机物料腐熟功能

4.2.3.1 产纤维素酶能力

在适宜的培养条件下，菌株产生纤维素酶的活力在 70μ/mL（g）以上。

4.2.3.2 产木聚糖酶能力

在适宜的培养条件下，菌株产生木聚糖酶的活力在 700μ/mL（g）以上。

4.2.3.3 产蛋白酶能力

在适宜的培养条件下，菌株产生蛋白酶的活力在 100μ/mL（g）以上。

4.2.4　提高作物品质功能

接种菌株与基质处理相比，提高作物品质效应差异达到统计检验显著水平。

4.2.5　提高作物抗逆性能力

接种菌株与基质处理相比，能够减轻作物病虫害发生(病情指数)，或提高作物抗倒伏、抗旱、抗寒、克服作物连作障碍等方面的能力，t 检验达到显著水平。

4.2.6　改良和修复土壤功能

4.2.6.1　改良土壤功能

接种菌株与基质处理相比，能够改善土壤容重、团粒结构、养分供给以及土壤中的微生物种群结构与数量等，t 检验达到显著水平。

4.2.6.2　修复土壤功能

接种菌株与基质处理相比，能够减少试验作物或土壤中的残留农药、重金属等有毒有害物质的含量，t 检验达到显著水平。

5　试验方法

5.1　可溶性磷

按本标准的附录 A 规定执行。

5.2　固氮能力

按 NY/T 1735 规定执行。

5.3　解钾能力

按 NY 882 规定执行。

5.4　可溶性钙、镁或硫

按 NY 1117 规定执行。

5.5　活性物质

按 NY 882 规定执行。

5.6　纤维素酶活力

按本标准的附录 B 规定执行。

5.7　木聚糖酶活力

按本标准的附录 C 规定执行。

5.8　蛋白酶活力

按本标准的附录 D 规定执行。

5.9　作物品质

按 NY/T 1536 规定执行。

5.10　作物抗逆性

按 NY/T 1536 规定执行。

5.11　改良和修复土壤

按 NY/T 1536 规定执行。

6 评价规则

菌株符合 4.1 要求，并符合 4.2 要求中的任一项，评定其达到生产菌株的要求，可作为微生物肥料生产菌株。

附 录 A

（规范性附录）

可溶性磷的测定方法

A.1 范围

本标准规定了用钼锑抗比色法测定微生物肥料生产菌株溶解难溶性磷能力的方法。

本标准适用于微生物肥料生产菌株溶解难溶性磷能力的测定。

A.2 原理

在酸性条件下，磷酸盐与钼酸铵形成黄色锑磷钼混合杂多酸络合物，在锑剂存在下，用抗坏血酸将其还原生成蓝色络合物，在一定浓度范围内其颜色深浅与磷的含量成正比。因此可根据测定样品吸光度计算出可溶性磷的含量。

A.3 培养基

葡萄糖	10g
$(NH_4)_2SO_4$	0.5g
$MgSO_4 \cdot 7H_2O$	0.3g
NaCl	0.3g
KCl	0.3g
$FeSO_4 \cdot 4H_2O$	0.036g
$MnSO_4 \cdot 4H_2O$	0.03g
蒸馏水	1000mL
pH	7.0

无机磷源可为 $Ca_3(PO_4)_2$、$AlPO_4$ 或 $FePO_4 \cdot 4H_2O$ 中的一种，加入量为10g；有机磷源为卵磷脂或植酸钙等，加入量为2.0g。

A.4 试剂与溶液

除非另有说明，在分析中仅使用确认为分析纯的试剂和蒸馏水或去离子水或相当纯度的水。

A.4.1 氢氧化钠溶液（100g/L）：称取10g氢氧化钠（NaOH）溶于100mL水中。

A.4.2 硫酸溶液（体积分数5%）：吸取5mL浓硫酸缓缓加入90mL水中，冷却后加水至100mL。

A.4.3 酒石酸锑钾溶液（5g/L）：称取酒石酸锑钾（$KSbOC_4H_4O_6 \cdot 1/2H_2O$）

0.5g，溶于100mL水中。

A.4.4　钼锑储存溶液：浓硫酸（H_2SO_4）153mL缓慢倒入约400mL水中，同时搅拌。放置冷却。另称10g钼酸铵［$(NH_4)_6Mo_7O_{24}\cdot 4H_2O$］溶于约60℃的300mL蒸馏水中，冷却。将配好的硫酸溶液缓缓倒入钼酸铵溶液中，同时搅拌。随后加入5g/L酒石酸锑钾溶液（A.4.3）100mL，最后用蒸馏水稀释至1000mL。避光保存。

A.4.5　钼锑抗显色剂：称取1.50 g抗坏血酸（$C_6H_8O_6$，左旋，旋光度+21～+22）加入到100mL钼锑储存液（A.4.4）中。此液须随配随用。

A.4.6　二硝基酚指示剂：称取0.2g 2，6-二硝基酚或是2，4-二硝基酚［$C_6H_3OH(NO_2)_2$］溶于100mL水中。

A.4.7　磷标准储备溶液（100mg/L）：0.4390g磷酸二氢钾（KH_2PO_4，105℃烘2h）溶于100mL蒸馏水中，加入5mL浓硫酸，定容至1000mL。

A.4.8　磷标准溶液（5mg/L）：吸取磷标准储备溶液（A.4.7）10mL于200mL容量瓶中，定容。此溶液不宜久存。

A.5　仪器与设备

A.5.1　分析天平：感量0.0001g。

A.5.2　摇床。

A.5.3　离心机。

A.5.4　分光光度计：能检测350～800nm的吸光度范围。

A.6　测定

A.6.1　待测菌株发酵培养

将活化好的待测菌株按一定比例接种到培养基中（A.3），在适宜的条件下培养一定时间，即获得待测菌株的发酵产物。同时以加入等量的无菌水的发酵液做空白对照。

A.6.2　标准曲线绘制

分别吸取磷标准溶液（A.4.8）0mL、1.00mL、2.00mL、3.00mL、4.00mL、5.00mL、6.00mL于50mL容量瓶中，加蒸馏水稀释至约30mL，加二硝基酚指示剂（A.4.6）2滴，用氢氧化钠溶液（A.4.1）或稀硫酸溶液（A.4.2）调节pH至溶液刚呈微黄色。然后加入钼锑抗显色剂（A.4.5）5mL，摇匀，定容，即得0.0mg/L、0.1mg/L、0.2mg/L、0.3mg/L、0.4mg/L、0.5mg/L、0.6mg/L标准系列溶液。在室温高于15℃的条件下放置30min后，在分光光度计上用波长700 nm比色，读取吸光度。以吸光度为纵坐标，磷浓度为横坐标，绘制标准曲线或建立回归方程。

A.6.3　样品测定

将样品（A.6.1）4000r/min离心20min后，吸取上清液5～10mL（含磷

5～25μg，如超过此范围可适当稀释）于50mL容量瓶中，加水稀释至约30mL，加二硝基酚指示剂（A.4.6）2滴，用氢氧化钠溶液（A.4.1）或稀硫酸溶液（A.4.2）调节pH至溶液刚呈微黄色。然后加入钼锑抗显色剂（A.4.5）5mL，摇匀，定容。在室温高于15℃的条件下放置30min后，以空白试验溶液作参比调零点，与标准溶液系列同条件显色、比色，读取吸光度。从工作曲线上查出所测吸光度对应磷的质量浓度（*P*）。

A.7　结果计算

按照下式计算磷的含量：

$$X=\frac{P\times V_1\times K}{V_2} \tag{A1}$$

式中：

X——培养液中磷的含量（单位：mg/L）；

P——工作曲线查得磷的质量浓度（单位：mg/L）；

V_1——显色液体积（单位：mL）；

K——稀释倍数；

V_2——吸取上清液体积（单位：mL）。

A.8　重复性

每个试样取两份平行样进行分析测定，所得结果相对误差不超过10%，测定结果用二者算术平均值表示。

附　录　B

（规范性附录）

纤维素酶活力的测定方法　滤纸法

B.1　范围

本标准规定了以滤纸为底物，用还原糖比色法测定微生物肥料生产菌株产纤维素酶活力的方法。

本标准适用于微生物肥料生产菌株产纤维素酶活力的测定。

B.2　原理

纤维素酶水解滤纸产生的纤维二糖、葡萄糖等还原糖能将碱性条件下的3，5-二硝基水杨酸还原，生成棕红色的氨基化合物，在540nm波长处有最大吸收，在一定范围内酶解产生还原糖的量与反应液的吸光度成正比。

B.3　单位定义

在50℃，pH 5.5条件下，1g（mL）样品1min降解滤纸产生1μg葡萄糖为1个酶活力单位，以μ/g（mL）表示。

B.4　试剂和溶液

除非另有说明，在分析中仅使用确认为分析纯的试剂和蒸馏水或去离子水或相当纯度的水。

B.4.1　氢氧化钠溶液（200g/L）：称取氢氧化钠（NaOH）20.0g，加入100mL水溶解。

B.4.2　柠檬酸溶液（0.1mol/L）：称取柠檬酸（$C_6H_8O_7 \cdot H_2O$）2.10g，加水溶解定容至100mL。

B.4.3　柠檬酸钠溶液（0.1mol/L）：称取柠檬酸钠（$Na_3C_6H_5O_7 \cdot 2H_2O$）2.94g，加水溶解定容至100mL。

B.4.4　柠檬酸盐缓冲液（0.05mol/L，pH5.5）：称取柠檬酸（$C_6H_8O_7 \cdot H_2O$）10.5g，加入氢氧化钠（NaOH）5.0g，再加800mL水溶解，用柠檬酸溶液（B.4.2）或柠檬酸钠溶液（B.4.3）调节pH至5.5，再加水定容至1000mL。

B.4.5　葡萄糖标准溶液（10.0mg/mL）：将葡萄糖在恒温干燥箱中105℃下干燥至恒重，称取1g，精确至0.0001g，加柠檬酸盐缓冲液（B.4.4）溶解，定容至100mL。

B.4.6　3，5-二硝基水杨酸溶液（DNS）：称取3，5-二硝基水杨酸3.15g，加水500mL搅拌溶解，水浴至45℃，然后逐步加入NaOH溶液（B.4.1）100mL，同时不断搅拌，直至完全溶解，再逐步加入四水酒石酸钾钠（$C_4H_4KNa_6 \cdot 4H_2O$）91.0g、苯酚（C_6H_6O）2.50g、无水亚硫酸钠（Na_2SO_3）2.50g，不断搅拌，直到物质完全溶解，冷却到室温后，定容至1000mL。过滤，将滤液储存于棕色瓶中，避光保存。室温放置7天后使用，有效期6个月。

B.4.7 新华Ⅰ号滤纸：将待用滤纸放入干燥器中平衡24h，平衡后的滤纸制成1.0cm×6.0cm。

B.5 仪器与设备

B.5.1 分析天平：感量为0.0001g。

B.5.2 pH计：精确至0.01。

B.5.3 分光光度计：能检测350～800nm的吸光度范围。

B.5.4 离心机。

B.5.5 恒温水浴锅：精度±0.2℃。

B.5.6 摇床。

B.5.7 磁力搅拌器：附加热功能。

B.5.8 电磁振荡器。

B.6 测定

B.6.1 待测菌株的发酵培养

将活化好的待测菌株按一定比例接种到最适发酵培养基中，在适宜的条件下培养一定时间，即获得待测菌株的发酵产物。

B.6.2 纤维素酶液的制备

称取发酵产物（B.6.1）5.00g或5.00mL于三角瓶中，根据需要加入一定体积柠檬酸盐缓冲液（B.4.4），200r/min摇床振荡30min后，于5000r/min离心10min，上清液即为待测酶液，再用柠檬酸盐缓冲液（B.4.4）做适当稀释(推荐浓度范围为酶活力7～32U/mL)。

B.6.3 标准曲线的绘制

B.6.3.1 分别吸取葡萄糖标准溶液（B.4.5）0.00mL、2.00mL、3.00mL、4.00mL、6.00mL、8.00mL、10.00mL，分别用柠檬酸盐缓冲液（B.4.4）定容至50mL，配成浓度为0μg/mL、400μg/mL、600μg/mL、800μg/mL、1200μg/mL、1600μg/mL和2000μg/mL的葡萄糖系列标准溶液。

B.6.3.2 分别吸取葡萄糖标准溶液（B.6.3.1）各1.00mL于25mL具塞比色管中，各加2.00mL水和2.00mL DNS试剂（B.4.6），沸水浴5min。冷却至室温，用水定容至25mL。在540nm波长下，以0μg/mL葡萄糖标准溶液为空白对照调零点，分别测定各浓度标准溶液的吸光度。以吸光度为横坐标，标准葡萄糖溶液浓度为纵坐标，列出直线回归方程。每次新配制DNS试剂均需要重新绘制标准曲线。

B.6.4 样品测定

B.6.4.1 吸取 10.0mL 经过适当稀释的酶液（B.6.2），50℃水浴平衡 10min。

B.6.4.2 在 25mL 具塞比色管中加入滤纸条（B.4.7）——滤纸条须对称剪成 32 片并全部放入，加 1.0mL 柠檬酸盐缓冲液（B.4.4）浸润滤纸片，50℃水浴平衡 10min，再依次加入 2.00mL DNS 试剂（B.4.6）、0.5mL 酶液（B.6.4.1）、5mL 水，电磁振荡 3～5s，50℃水浴中保温 60min，然后在沸水浴中煮沸 5min，冷却至室温，用水定容至 25mL。以 0μg/mL 葡萄糖标准溶液为空白对照调零点，在 540nm 波长处测定吸光度 A_1。

B.6.4.3 在 25mL 具塞比色管中加入滤纸条（B.4.7）——滤纸条须对称剪成 32 片并全部放入，加 1.0mL 柠檬酸盐缓冲液（B.4.4）浸润滤纸片，50℃水浴平衡 10min，再依次加入 0.5mL 酶液（B.6.4.1）和 5mL 水，电磁振荡 3～5s，50℃水浴中保温 60min，加入 2.00mL DNS 试剂（B.4.6），然后在沸水浴中煮沸 5min，冷却至室温，用水定容至 25mL。以 0μg/mL 葡萄糖标准溶液为空白对照调零点，在 540nm 波长处测定吸光度 A_2。

B.7 试样酶活力的计算

按照下式计算样品的滤纸纤维素酶活性：

$$X = \frac{[(A_2 - A_1) \times K + b] \times D}{t} \tag{B1}$$

式中：

X ——样品纤维素酶活力［单位：U/g（或 U/mL）］；

A_1——酶空白样的吸光度；

A_2——酶反应液的吸光度；

K ——标准曲线的斜率；

b ——标准曲线的截距；

D ——试样的总稀释倍数；

t——反应时间（单位：min）。

B.8 重复性

每个试样取两份平行样进行分析测定，所得结果相对误差不超过 20%，测定结果用二者算术平均值表示。

附　录　C

（规范性附录）

木聚糖酶活力的测定方法

C.1　范围

本标准规定了用分光光度法测定微生物肥料生产菌株产木聚糖酶活力的方法。

本标准适用于微生物肥料生产菌株产木聚糖酶活力的测定。

C.2　原理

木聚糖酶能将木聚糖降解成寡糖和单糖。还原性寡糖和单糖在沸水浴条件下可以与3，5-二硝基水杨酸试剂发生显色反应。反应颜色的深度与酶解产生的还原糖量成正比，而还原糖的生成量又与反应液中木聚糖的活力成正比。因此通过分光光度法比色测定反应液颜色的强度，可以计算反应液中木聚糖酶的活力。

C.3　酶活单位定义

在50℃、pH5.5条件下，1g（mL）样品在1min内水解木聚糖底物，产生相当于1μg木糖的还原糖的酶量为1个酶活力单位，以U/g（mL）表示。

C.4　试剂和溶液

除非另有说明，在分析中仅使用确认为分析纯的试剂和蒸馏水或去离子水或相当纯度的水。

C.4.1　氢氧化钠溶液（200g/L）：称取氢氧化钠（NaOH）20.0g，加入100mL水溶解。

C.4.2　乙酸溶液（0.1mol/mL）：吸取冰乙酸（$C_2H_4O_2$）0.60mL，加水溶解，定容至100mL。

C.4.3　乙酸钠溶液（0.1mol/mL）：称取三水乙酸钠（$C_2H_3NaO_2 \cdot 3H_2O$）1.36g，加水溶解，定容至100mL。

C.4.4　乙酸-乙酸钠缓冲液（0.1mol/mL，pH 5.50）：称取三水乙酸钠（$C_2H_3NaO_2 \cdot 3H_2O$）23.14g，加入冰乙酸（$C_2H_4O_2$）1.70mL。加水溶解，定容至2000mL。测定溶液的pH，如果pH偏离5.50，再用乙酸溶液（C.4.2）或乙酸钠（C.4.3）调节至pH 5.50。

C.4.5　木糖溶液（10.0mg/mL）：称取无水木糖（$C_5H_{10}O_5$）1.000g，用乙酸-乙酸钠缓冲液（C.4.4）溶解后定容至100mL。

C.4.6　木聚糖溶液：称取木聚糖（Sigma X0627）1.00g，加入0.32g氢氧化钠

(NaOH)，加入 90mL 水，磁力搅拌，同时缓慢加热直至完全溶解。然后停止加热，继续搅拌 30min 后，加入 0.5mL 冰乙酸（$C_2H_4O_2$）。继续磁力搅拌，测定其 pH。如果 pH 为 5.50，用乙酸-乙酸钠缓冲液（C.4.4）定容至 100mL。如果偏离 5.50，再用乙酸溶液（C.4.2）或乙酸钠（C.4.3）调节至 5.50 后，用乙酸-乙酸钠缓冲液（C.4.4）定容至 100mL。4℃避光保存，有效期 12h。

C.4.7 3，5-二硝基水杨酸溶液：见 B.4.6。

C.5 仪器与设备

见 B.5。

C.6 测定

C.6.1 待测菌株的发酵培养

将活化好的待测菌株按一定比例接种到最适发酵培养基中，在适宜的条件下培养一定时间，即获得待测菌株的发酵产物。

C.6.2 待测酶液的制备

称取发酵产物（C.6.1）5.00g 或 5.00mL 于三角瓶中，根据需要加入一定体积的乙酸-乙酸钠缓冲液（C.4.4），200r/min 摇床振荡 30min 后，5000r/min 离心 10min，上清液即为待测酶液，再用乙酸-乙酸钠缓冲液（C.4.4）做适当稀释（推荐浓度范围为酶活力 6～15U/mL）。

C.6.3 标准曲线绘制

C.6.3.1 吸取乙酸-乙酸钠缓冲液（C.4.4）4.0mL，加入 DNS 试剂（C.4.7）5.0mL，沸水浴加热 5min。用自来水冷却至室温，用水定容至 25.0mL，制成标准空白样。

C.6.3.2 分别吸取木糖溶液（C.4.5）1.00mL、2.00mL、3.00mL、4.00mL、5.00mL、6.00mL 和 7.00mL，分别用乙酸-乙酸钠缓冲液（C.4.4）定容至 100mL，配制成浓度为 100μg/mL、200μg/mL、300μg/mL、400μg/mL、500μg/mL、600μg/mL 和 700μg/mL 木糖标准溶液。

C.6.3.3 分别吸取上述系列浓度的木糖标准溶液各 2.0mL（做两个平行），分别加入到具塞比色管中，再分别加入 2.0mL 乙酸-乙酸钠缓冲液（C.4.4）和 5.0mL DNS 试剂（C.4.7）。电磁振荡 3～5s，沸水浴加热 5min。用自来水冷却至室温，用水定容至 25mL。以标准空白样（C.6.3.1）为对照调零，在 540nm 处测定吸光度 A。以木糖浓度为纵坐标，吸光度 A 为横坐标，绘制标准曲线。每次新配制 DNS 试剂均需要重新绘制标准曲线。

C.6.4 样品测定

C.6.4.1 吸取 10.0mL 木聚糖溶液（C.4.6），50℃平衡 20min。吸取 10.0mL 经适当稀释的待测酶液（C.6.2），50℃平衡 20min。

C.6.4.2 吸取 2.0mL 待测酶液（C.6.4.1），加入到具塞比色管中，再加入 DNS

试剂（C.4.7）5.0mL，电磁振荡3～5s。加入2.0mL木聚糖溶液（C.4.6），50℃保温30min，沸水浴加热5min。用自来水冷却至室温，用水定容至25.0mL，电磁振荡3～5s。以标准空白样（C.6.3.1）为对照调零，在540nm处测定吸光度A_1。

C.6.4.3 吸取2.0mL待测酶液（C.6.4.1），加入到具塞比色管中，再加入2.0mL木聚糖溶液（C.6.4.1），电磁振荡3～5s，50℃保温30min。加入DNS试剂（C.4.7）5.0mL，电磁振荡3～5s，以终止酶解反应。沸水浴加热5min。用自来水冷却至室温，用水定容至25.0mL，电磁振荡3～5s。以标准空白样（C.6.3.1）为对照调零，在540nm处测定吸光度A_2。

C.7 酶活力计算

按照下式计算样品的木聚糖酶的活力：

$$X=\frac{[(A_2-A_1)\times K+b]\times D}{t} \tag{C1}$$

式中：

X——样品木聚糖酶活力［单位：U/g（或U/mL)］；

A_1——酶空白样的吸光度；

A_2——酶反应液的吸光度；

K——标准曲线的斜率；

b——标准曲线的截距；

D——试样的总稀释倍数；

t——反应时间（单位：min）。

C.8 重复性

每个试样取两份平行样进行分析测定，所得结果相对误差不超过10%，测定结果用二者算术平均值表示。

附 录 D

（规范性附录）

蛋白酶活力的测定 福林法

D.1 范围

本标准规定了用福林法测定微生物肥料生产菌株产蛋白酶活力的方法。

本标准适用于微生物肥料生产菌株产蛋白酶活力的测定。

D.2 原理

蛋白酶在一定温度与pH条件下，水解酪素底物，产生含有酚基的氨基酸，在碱性条件下，将福林试剂还原，生成钼蓝与钨蓝，用分光光度计于波长680nm下测定溶液的吸光度，酶活力与吸光度成比例，由此可以计算样品酶活力。

D.3 单位定义

在一定温度和pH条件下，1g（mL）样品1min水解酪素产生1μg酪氨酸为1个酶活力单位，以U/g（mL）表示。

D.4 试剂和溶液配制

除非另有说明，在分析中仅使用确认为分析纯的试剂和蒸馏水或去离子水或相当纯度的水。

D.4.1 福林试剂的制备：于2000mL磨口回流装置中加入钨酸钠（$Na_2WO_4 \cdot 2H_2O$）100.0g、钼酸钠（$Na_2MoO_4 \cdot 2H_2O$）25g、水700mL、85%磷酸50mL、浓盐酸100mL，小火沸腾回流10h，取下回流冷却器，在通风橱中加入硫酸锂（Li_2SO_4）50g、水50mL和数滴浓溴水（99%），再微沸15min，以除去多余的溴水（冷却后仍有绿色需再加溴水，再煮沸除去过量的溴），冷却，加水定容至1000mL。混匀，过滤。试剂应呈金黄色，储存于棕色瓶内。

D.4.2 福林使用液：1份福林试剂（D.4.1）与2份水混合，摇匀。也可用市售福林溶液配制。

D.4.3 碳酸钠溶液（0.4mol/L）：称取无水碳酸钠（Na_2CO_3）42.4g，用水溶解并定容至1000mL。

D.4.4 三氯乙酸（0.4mo/L）：称取三氯乙酸（$CCl_3 \cdot COOH$）65.4g，用水溶解并定容至1000mL。

D.4.5 氢氧化钠溶液（0.5mol/L）：称取20g氢氧化钠（NaOH），溶于900mL水中，待溶液冷却到室温后定容至1000mL。

D.4.6 盐酸溶液（1mol/L）：量取 90mL 浓盐酸，注入 1000mL 水，摇匀。

D.4.7 盐酸溶液（0.1mol/L）：量取 9mL 浓盐酸，注入 1000mL 水，摇匀。

D.4.8 磷酸缓冲液（pH 7.5，适用于中性蛋白酶）：称取磷酸氢二钠（$Na_2HPO_4 \cdot 12H_2O$）6.02g 和磷酸二氢钠（$NaH_2PO_4 \cdot 2H_2O$）0.5g，加水溶解并定容至 1000mL。

D.4.9 乳酸钠缓冲液（pH 3.0，适用于酸性蛋白酶）：取乳酸（$C_3H_6O_3$）（80%～90%）4.71g 和乳酸钠（$CH_3H_5NaO_3$）（70%）0.89g，加水至 900mL，搅拌至均匀，用乳酸或乳酸钠调整 pH 到（3.0±0.05），定容至 1000mL。

D.4.10 硼酸缓冲液（pH10.5，适用于碱性蛋白酶）：称硼酸钠（NaB_4O_7）9.54g，氢氧化钠（NaOH）1.60g，加水至 900mL，搅拌至均匀。用盐酸（D.4.6）或氢氧化钠溶液（D.4.5）调整 pH 到（10.5±0.05），定容至 1000mL。

D.4.11 酪蛋白溶液（10g/L）：称取酪蛋白 1.000g，用少量氢氧化钠溶液（D.4.5）（若酸性蛋白酶则用浓乳酸 2～3 滴）湿润后，加入相应的缓冲液约 80mL，在沸水浴中加热煮沸 30min，并不时搅拌，直至完全溶解，冷却后转入 100mL 容量瓶中，用适宜的缓冲液稀释至刻度，定容前检查并调整 pH 至相应缓冲液的规定值。此溶液在冰箱内储存，有效期为 3 天。使用前重新确认并调整 pH 至规定值。

D.4.12 L-酪氨酸标准溶液（100μg/mL）：称取预先于 105℃干燥至恒重的L-酪氨酸 0.1000g，用盐酸（D.4.6）60mL 溶解后定容至 100mL，为 1mg/mL 酪氨酸标准溶液。吸取 1mg/mL 酪氨酸标准溶液 10.00mL，用盐酸（D.4.7）定容至 100mL，即得到 100μg/mL 的 L-酪氨酸标准溶液。

D.5 仪器与设备

见 B.5。

D.6 测定

D.6.1 待测菌株的发酵培养

将活化好的待测菌株按一定比例接种到最适发酵培养基中，在适宜的条件下培养一定时间，即获得待测菌株的发酵产物。

D.6.2 待测酶液的制备

称取发酵产物（D.6.1）5.00g 或 5.00mL 于三角瓶中，加入一定体积的相应缓冲液，并稀释到一定浓度（推荐浓度范围为酶活力 10～15U/mL），然后 200r/min 摇床振荡 30min 后，再 3000r/min 离心 20min，上清液即为待测酶液。

D.6.3 标准曲线绘制

D.6.3.1 分别吸取 L-酪氨酸标准溶液（D.4.12）0.00mL、1.00mL、2.00mL、3.00mL、4.00mL、5.00mL，分别用水补足至 10mL，配制成浓度为 0μg/mL、

10μg/mL、20μg/mL、30μg/mL、40μg/mL、50μg/mL L-酪氨酸标准溶液。

D.6.3.2 分取上述溶液各 1.00mL（做 2 个平行），各加碳酸钠溶液（D.4.3）5.00mL、福林试剂使用溶液（D.4.2）1.00mL，置于（40±0.2）℃恒温水浴中显色 20min 后取出。用分光光度计于 680nm，以不含 L-酪氨酸的标准溶液为空白，分别测定其吸光度。以吸光度 *A* 为纵坐标，酪氨酸浓度为横坐标，绘制标准曲线。

D.6.4 样品测定

D.6.4.1 将酪蛋白（D.4.11）溶液放入（40±0.2）℃恒温水浴中，预热 5min。

D.6.4.2 吸取待测酶液（D.6.2）1.00mL 放入试管中，置于（40±0.2）℃恒温水浴中 2min。加入三氯乙酸（D.4.4）2.00mL，摇匀，置于（40±0.2）℃恒温水浴中 30min，再加酪蛋白溶液（D.6.4.1）1.00mL，摇匀。静止 10min 后过滤（慢速定性试纸）。取滤液 1.00mL 加入另一试管中，再加入碳酸钠溶液（D.4.3）5.00mL、福林试剂使用液（D.4.2）1.00mL，置于（40±0.2）℃恒温水浴中显色 20min 后取出，作为空白对照。

D.6.4.3 吸取待测酶液（D.6.2）1.00mL 放入试管中（需作两个平行试样），置于（40±0.2）℃恒温水浴中 2min。加入酪蛋白溶液（D.6.4.1）1.00mL，摇匀，置于（40±0.2）℃恒温水浴中 30min。再加入三氯乙酸 2.00mL，摇匀。静止 10min 后过滤（慢速定性试纸）。取滤液 1.00mL 加入另一试管中，再加入碳酸钠溶液（D.4.3）5.00mL、福林试剂使用液（D.4.2）1.00mL，置于（40±0.2）℃恒温水浴中显色 20min 后取出。

D.6.4.4 用分光光度计于 680nm 波长下，以空白对照调零点，测试样吸光度。

D.7 计算

样品的蛋白酶活力按式（D1）计算。

$$X = \frac{A \times 4 \times D}{t} \tag{D1}$$

式中：

X——样品的酶活力［单位：U/g（或 U/mL）］；

A——由标准曲线得出的样品最终稀释液的酶活力（单位：U/mL）；

4 ——反应试剂的总体积（单位：mL）；

D——试样的总稀释倍数；

t——反应时间（单位：min）。

D.8 重复性

每个试样取两份平行样进行分析测定，所得结果相对误差不超过 10%，测定结果用二者算术平均值表示。